# 耐火材料原料

林彬荫　胡龙　编著

北 京
冶金工业出版社
2020

## 内 容 提 要

　　本书系统阐述了耐火材料矿物基础知识、各种耐火材料原料的矿物组成及其对产品的影响、使用中应注意的问题、原料产地及特性等内容，对耐火材料企业改善生产经营、创新品种、提高质量有很好的参考作用。

　　本书可供耐火材料领域的生产、科研、设计、管理、营销、教学人员阅读参考。

**图书在版编目（CIP）数据**

　　耐火材料原料／林彬荫，胡龙编著 . —北京：冶金工业出版社，2015.10（2020.7 重印）
　　ISBN 978-7-5024-7038-8

　　Ⅰ. ①耐… 　Ⅱ. ①林… 　②胡… 　Ⅲ. ①耐火材料—原料
Ⅳ. ①TQ175.4

　　中国版本图书馆 CIP 数据核字（2015）第 222121 号

出 版 人　陈玉千
地　　　址　北京市东城区嵩祝院北巷 39 号　邮编　100009　电话　(010)64027926
网　　　址　www. cnmip. com. cn　电子信箱　yjcbs@ cnmip. com. cn
责任编辑　刘小峰　李维科　美术编辑　彭子赫　版式设计　孙跃红
责任校对　王永欣　责任印制　李玉山
ISBN 978-7-5024-7038-8
冶金工业出版社出版发行；各地新华书店经销；北京中恒海德彩色印刷有限公司印刷
2015 年 10 月第 1 版，2020 年 7 月第 2 次印刷
169mm×239mm；35.5 印张；10 彩页；719 千字；548 页
**89.00 元**
**冶金工业出版社　投稿电话　(010)64027932　投稿信箱　tougao@ cnmip. com. cn**
**冶金工业出版社营销中心　电话　(010)64044283　传真　(010)64027893**
**冶金工业出版社天猫旗舰店　yjgycbs. tmall. com**
　　　　　　（本书如有印装质量问题，本社营销中心负责退换）

林彬荫，1936年12月出生，广西南宁人，壮族。武汉科技大学高级工程师，于1986~2013年任河南巩义市第五耐火材料总厂总工程师。

教学上，在材料系主讲结晶学、矿物学及岩相分析等课程；科研上，近30年来专注于蓝晶石、红柱石、硅线石（简称"三石"）的研发，提出的"三石"研发加法技术路线（焦宝石、矾土、莫来石、刚玉＋"三石"→优质耐火材料）简明、实用、有效，与其团队取得多项成果，突出的重大成果是硅线石低蠕变耐火砖，该种砖成功应用在武钢5号高炉（3200m³）热风炉上，使用16年后，该砖基本完好，目前仍是国内外领先水平，由此终结了该种砖从国外进口的历史，影响、带动了我国耐火材料的技术进步。

大墙砖基本完好

格子砖基本完好

河南五耐集团所产H23硅线石低蠕变砖在武钢5号高炉热风炉使用16年（1990~2007年5月）后

曾获两项国家专利，国家教委、冶金科技进步奖各一项，2010年被有关部门评为"中国十大创新人物"，并在北京大学演讲。发表论文30余篇，出版著作（编著、合著）7部。

1989年出版

2001年出版

2011年出版

# 前　言

好的耐火矿物原料是好的耐火材料产品的基础，而好的耐火材料产品才有可能适应高温工业窑炉对耐火材料的苛求。原料之重要性，不言而喻。鉴于此，在冶金工业出版社杨传福副社长的倡议下，我们二人合作，调研、走访了几十家耐火原料企业（产地）、耐火制品生产企业后，几经酝酿，将在科研、生产实践中的感悟，在《耐火矿物原料》（林彬荫、吴清顺编著，冶金工业出版社 1989 年出版）、《蓝晶石 红柱石 硅线石》（林彬荫等编著，1998 年第 1 版，2003 年第 2 版，2011 年第 3 版，冶金工业出版社出版）等著作的基础上，并参阅有关著作、论文与资料，写成本书，与广大读者交流分享。编写过程中，我们凝心聚力，几易其稿，但愿本书能对进一步提升我国耐火材料生产技术水平和耐火制品质量有所帮助。

本书着重介绍中国耐火材料原料，以用为主，侧重实用性：对于天然矿物原料，根据原料来源和耐火制品性能要求，科学配料，采用"复合"等多种处理手段，提升原料价值，以获得同等原料条件下的优质复相耐火制品；有更好条件的，倡导人工合成原料，用多种途径合成多品种的优质原料，提升原料的使用价值，以提升耐火制品品质，增加效益。

本书主要包括"通论"、"各论"两部分，其中以"各论"为主。"通论"部分阐述结晶学、矿物学、岩石学一般基础知识，这是充分认识矿物原料、科学合理使用矿物原料或对矿物原料进行有效改质的必要知识，旨在方便不同读者，也是为了与"各论"衔接。"各论"按耐火材料的习惯分类分章撰写，各章内容均包括：耐火原料主体矿物的成分、结构、形态、物性，人工合成矿物原料、杂质等影响因素，有关技术标准、原料产地、生产企业举例，应用及使用中应注意问题等。由于对矿物原料的认识程度、使用的技术水平、市场需求不一，所以"各论"中不同章节对相关内容的描述，其繁简程度也不太一致。

　　本书的编写和出版得到很多单位和朋友鼎力支持，借本书出版之际，特致以诚挚的谢意。

耐火材料原料企业和朋友：

| | | | | |
|---|---|---|---|---|
| 铝硅质 | 黏土 | 广西扶绥县盛唐矿物<br>材料有限责任公司 | 总经理 | 李生才 |
| | 矾土 | 山西道尔投资有限公司 | 董事长 | 霍　平 |
| | | | 总经理 | 李永全 |
| | 莫来石 | 江苏晶鑫新材料股份<br>有限公司 | 董事长 | 李正坤 |
| | | | 技术副总经理 | 张家勤 |
| | | | 行政副总经理 | 谈福桂 |
| | | 湖南靖州华鑫莫来石<br>有限公司 | 总经理 | 单文春 |
| | | | 副总经理 | 李述党 |
| | | | 销售经理 | 张家理 |
| | 刚玉 | 郑州威尔特材有限公司 | 董事长 | 赵法焱 |
| | | 登封市少林刚玉有限公司 | 总经理 | 赵运录 |
| | | | 副总经理 | 赵明阳 |
| 三石 | 蓝晶石 | 南阳市开元蓝晶石矿 | 董事长 | 杨敬梅 |
| | | | 总经理 | 杨文伟 |
| | | 邢台兴国蓝晶石制造<br>有限公司 | 董事长 | 王兴国 |
| | | | 总经理 | 温秀英 |
| | | | 生产技术处经理 | 陈发策 |
| | 红柱石 | 浙江金瓯实业有限公司 | 董事长 | 缪维绥 |
| | | 甘肃金地矿业有限公司 | 经理 | 王金龙 |

陶瓷耐火原料企业和朋友：

| | | |
|---|---|---|
| 北京创导工业陶瓷有限公司 | 董事长 | 郭海珠 |

佛山市三水山摩无机材料有限公司　　董事长　　　　贺晓红

漳州市红兴新型材料有限公司　　　总经理　　　　林志兴

耐火材料生产企业和朋友：

河南五耐集团实业有限公司　　　　董事长　　　　张建武

　　　　　　　　　　　　　　　技术经理　　　　赵永安

武汉威林科技股份有限公司　　　　董事长　　　　王渝斌

　　　　　　　　　　　　　　　总经理　　　　　刘忠江

　　　　　　　　　　　　　　　技术总监　　　　苏伯平

北京市昌河耐火材料有限公司　　　董事长　　　　胡　龙

　　武汉科技大学的许多同仁，以及我们的朋友；中国耐火材料行业协会徐殿利常务副会长、陈建雄秘书长及"中国耐材之窗网"负责耐火材料信息的朋友；原冶金工业出版社许晓海编审；河南科技大学周宁生教授；原《中国耐火材料》（英文版）刘解华主编；郑州大学叶方保教授、葛铁柱教授；武汉理工大学高惠民教授；中国地质大学（武汉）潘宝明教授；冶金工业信息标准研究院高建平、仇金辉等给予了很多的关心和支持。

　　李永全总工、叶叔方总工，在百忙之中，还牵挂着作者，通过各种方式、渠道分别提供了铝土矿、菱镁矿石及镁砂的照片和文字说明等资料；北京通达王林俊总工、赛迪付强经理、海南广海源公司吴继海总经理、湘耐章兴高总工、巩义耕生石凯总工给予了很多关照。

　　江苏沙育锋经理、巩义曹志龙总工分别提供蓝晶石系列矿样与照片、红柱石样；孙云海总经理委派专人提供林口硅线石标本及资料；鸡西硅线石刘选军经理、新疆宝安红柱石郑胜利总经理给予了关心和支持。

　　巩义自力公司李跃普总工及李东杰等热情关心作者书稿撰写进度，他们不但提供原料的资料，还多次与作者讨论；巩义育红公司郭长江及山耐翟永经理给予了关心和支持。

　　郑州安耐克李富朝董事长、吕迎军董事长助理；法国英格瓷红柱石公司熊小勇博士、刘新彧总经理、樊卫东经理；天津科富莱商贸公司李刚、邸晓瑜经理给予了关心和帮助。

　　还有诸多的朋友给予了关心和鼓励：郑州安联凯公司李建涛董事长、陈泉峰总工，郑州宏瑞公司谷金勇董事长、周栓成总经理，邯郸翔恩公司张灵恩董事长、李友三经理，阳泉高润文经理、杨亚辉经理，海南董文董事长、帅途总经理，新密创新公司张朝阳总经理，等等。

　　友谊诚可贵，作者铭记在心。是朋友、同行的关心、鼓励与帮助激励了作者，我们唯有更努力地写作以回报。

　　本书写作中，用到林彬荫研发团队成员的论文及资料（"三石"研发的成员论文已用）：王新全（黏土、镁钙）、帅博（高铝）、刘培杰（碱性）、郭海珠（石墨、堇青石）、吴畏虎（不烧砖等）、苏伯平（轻质砖料）、史道明、熊有文（钛酸铝）、戴元清（堇青石）等。另外，本书成文后，第十二章（莫来石）、第十三章（刚玉）、第十七章（镁铝），承蒙江苏晶鑫新材料股份有限公司李正坤董事长、张家勤总工审阅。

　　在此，作者再次对上述各位的关心帮助，表示由衷的感谢！

　　书中不妥之处，热诚欢迎读者指正。

林彬荫　胡　龙

2015 年 4 月于武科大

# 目　录

## 第一篇　耐火材料原料通论

## 第二篇 耐火材料原料各论

# 附　录

## 部分矿物彩照

# 第一篇

# 耐火材料原料通论

NAIHUO CAILIAO YUANLIAO TONGLUN

# 第一章　几何结晶学

## 第一节　晶体的概念及基本性质

自然界的物质通常以气态、液态和固态三种形式存在。介于固体和液体之间的中间状态称为液晶，它既有液体的流动性，又有晶体的光学、电学特性。

耐火矿物原料和制品大多是固态物质。这些固态物质都是由非常微小的质点（原子、离子、分子或原子团、离子团、分子团）组成的。在固态物质里，质点的排列有一定的规律性，并不是杂乱无章的。质点在三维空间呈周期性重复排列的固体，称为晶体。如果物质内部质点的排列是无规律的，则称它为非晶质体，例如玻璃、塑料、树胶等。

晶体在适宜的环境下生长时，常具有完好的几何多面体外形，如菱镁矿为菱面体，尖晶石、磁铁矿为八面体，食盐为立方体（见图1-1）。完好的几何外形是晶体内部质点有规律排列的外在反映。但是许多形体较大的晶体在生长过程中，受到外界条件的限制，最终并不一定具有几何多面体的规则外形。

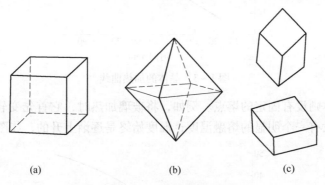

(a)　　　　　　　　　(b)　　　　　　　　　(c)

图1-1　晶体的外形

（a）立方体；（b）八面体；（c）菱面体

黏土中的矿物，粒度细小（一般小于2μm），其规则的几何外形在电子显微镜下才能观察到。例如高岭石矿物在电子显微镜下呈现假六方片状，如图1-2所示。

玻璃等非晶质体则没有规则的多面体外形，所以也称无定形体。

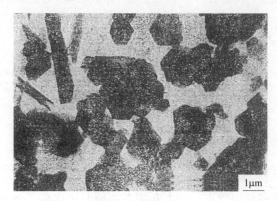

图 1 - 2 高岭石

晶体具有一定的熔点，如冰的熔点为 0℃，方镁石（MgO）为 2800℃，刚玉（α - Al₂O₃）为 2050℃ 等。将晶体加热时，起初温度是逐渐上升的，但到某一温度时，温度停止上升，如图 1 - 3 所示，此时所加的热量用以破坏晶体的内部构造，在晶体熔融而变为液体后，温度才继续上升，停止上升时的温度则为晶体的熔点。因此晶体的增温曲线为一具有平面的折线。

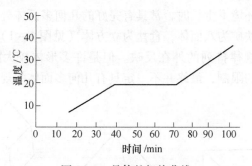

图 1 - 3 晶体的加热曲线

非晶质体则没有固定的熔点。例如，将玻璃加热时，它首先变软，然后变为黏稠液体，没有一个明显的熔融温度，温度始终是逐渐上升的，如图 1 - 4 所示。

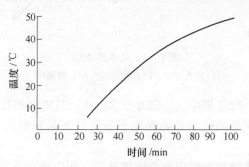

图 1 - 4 非晶质体的加热曲线

非晶质体与晶体在一定条件下可以相互转化。如晶体矿物锆石，因放射性蜕变而成非晶质锆石；非晶质体的火山玻璃，在漫长的地质年代中，可全部或部分转变为晶质体。

晶体具有各向异性，即晶体在不同的方向上具有不同的性质。晶体的力学性质（解理、硬度、弹性等）、热学性质（热膨胀系数、导热系数等）、光学性质（折射率等）等常因晶体方向的不同而不同。例如，云母矿物的晶形呈薄片状，沿着薄片的面极易分离成薄片，而沿其他方向就困难得多。此外，晶体还具有对称性。非晶质体因其内部质点排列杂乱无章，一般表现为各向同性。例如，玻璃的折射率、膨胀系数与弹性等不随测定方向的改变而改变。

按照质点间作用力的不同，晶体又可分为离子晶体、原子晶体、分子晶体和金属晶体四种基本类型，如食盐为离子晶体，金刚石为原子晶体，冰为分子晶体，铁为金属晶体。

# 第二节　空间格子和晶格常数

## 一、空间格子

上面指出，晶体就是内部质点有规律排列的固体。质点在三维空间有规律地呈周期性重复排列，构成格子构造。下面以 NaCl（食盐）晶体为例来说明这个问题。

图 1-5 表示 NaCl 晶体质点的排列情况，其中大球表示氯离子（$Cl^-$），小球表示钠离子（$Na^+$），由 $Cl^-$ 和 $Na^+$ 堆积成小立方体。

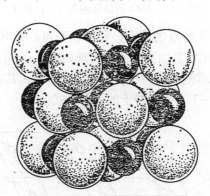

图 1-5　NaCl 晶体质点排列

（大球表示 $Cl^-$，小球表示 $Na^+$）

根据 X 射线分析结果，在 $1mm^3$ 的食盐（NaCl）晶体中就有 $10^{18} \sim 10^{19}$ 个如图 1-5 所示的小立方体，这些小立方体中的离子排列方式完全一致，在空间的不同方向上，$Cl^-$和$Na^+$各自都是按照一定的间隔重复出现的。例如沿着立方体的三个棱边方向，$Cl^-$与$Na^+$各自都是每隔0.5628nm（$1nm = 10^{-6}mm$）的距离重复一次；而沿着对角线方向，则各自都是每隔0.3978nm重复一次；在其他方向上，情况也都类似，只不过各自重复的间隔大小不同罢了。

为了进一步了解晶体内部质点排列的规律，我们对晶体作某种假设，把每一个质点用一个几何点来表示，点的位置就是质点的中心，点之间的距离表示质点中心的距离。例如图1-6(a)所示的NaCl晶体，图中黑点表示$Cl^-$，圆圈表示$Na^+$。观察其中代表$Cl^-$的黑点，可以看出，它具有如下两个特点：

（1）每个点的成分相同，都是代表$Cl^-$。

（2）在相同方向、相等距离上都有相同的质点。例如每个$Cl^-$在水平方向上每隔0.2814nm都可以找到一个代表$Na^+$的点，而且在其他方向也一样，相同的质点都有规律地重复出现。

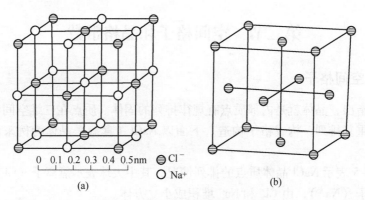

0 0.1 0.2 0.3 0.4 0.5nm ⊜$Cl^-$
○ $Na^+$
(a)　　　(b)

图1-6　NaCl的晶体构造与空间格子

我们把具有上述两个特点的质点，称为相当点。在NaCl晶体结构中，所有的$Cl^-$都是相当点，如果将其抽出来，就出现如图1-6(b)所示的形式。由相当点在三维空间有规律地排列成的格子，称为空间格子，其表示晶体中质点呈规律排列的几何图形。图1-7为空间格子的一般形式。

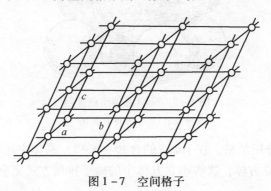

图1-7　空间格子

分析图1-6中代表 $Na^+$ 的黑点，结果也一样，即每一个 $Na^+$ 也是相当点，如果将它抽出来，也同样能够构成如图1-6(b)的空间格子形式。NaCl 的晶体构造就是 $Na^+$ 和 $Cl^-$ 按照图1-6(b)所示的相同的空间格子形式排列，然后穿插在一起而成的。对由两种或两种以上质点所组成的离子化合物，无论从哪一种质点来分析，也都归属于同一格子。晶体构造中，质点排列的规律性就是若干套形式完全相同的空间格子按一定方式而相互穿插。

## 二、晶格常数

构成空间格子的基本构造单位是平行六面体。平行六面体的三个棱长（轴单位）$a$、$b$、$c$ 和其夹角（轴角）$\alpha$、$\beta$、$\gamma$ 称为晶格常数（或称晶体常数）。晶格常数不同，平行六面体的形状也不同。每一个晶体都有其晶格常数，具体数值由 X 射线衍射分析法测定。

图1-8为平行六面体的各种形状。

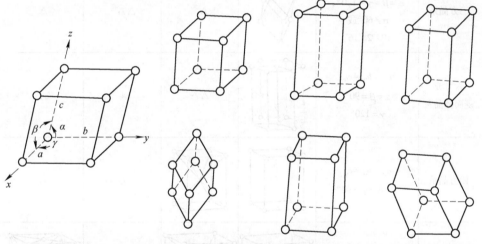

图1-8 平行六面体的各种形状

不同的晶体由不同的质点所组成，不同质点在晶体内的排列，其具体形式均不同，由此便组成了不同类型的晶格。根据 A·布拉维（1885年）等人的研究，晶体共有14种晶格，称为布拉维点阵（Bravais lattice），见表1-1。

表1-1 14种布拉维格子

| 所属晶系 | 单位平行六面体[①] 参数特征 | 原始格子（P）[②] | 体心格子（I） | 底心格子（C） | 面心格子（F） |
|---|---|---|---|---|---|
| 三斜晶系 | $a_0 \neq b_0 \neq c_0$ $\alpha \neq \beta \neq \gamma$ $\alpha, \beta, \gamma \neq 90°$ | | △ | △[③] | △ |

| 所属晶系 | 单位平行六面体[①]<br>参数特征 | 原始格子（P）[②] | 体心格子（I） | 底心格子（C） | 面心格子（F） |
|---|---|---|---|---|---|
| 单斜晶系 | $a_0 \neq b_0 \neq c_0$<br>$\alpha = \gamma = 90°$<br>$\beta \neq 90°$ | 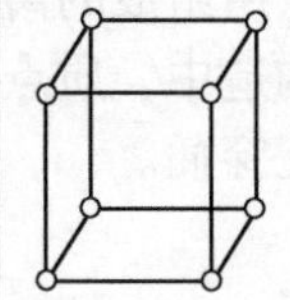 | △△△[⑤] | 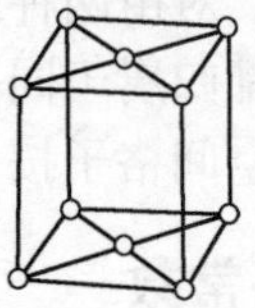 | △ |
| 斜方晶系 | $a_0 \neq b_0 \neq c_0$<br>$\alpha = \beta = \gamma = 90°$ | 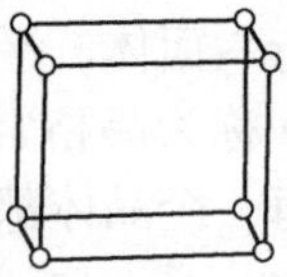 | 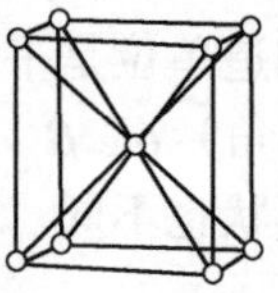 | 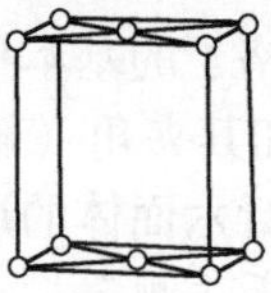 | 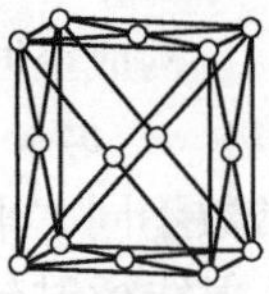 |
| 三方晶系 | $a_0 = b_0 = c_0$<br>$\alpha = \beta = \gamma < 120°$，<br>$\alpha \neq 60°$或<br>$109°28'16''$ | 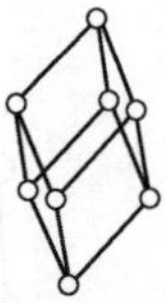 | △[③] | △△[④] | △ |
| 六方或<br>菱面体晶系 | $a_0 = b_0 \neq c_0$<br>$\alpha = \beta = 90°$<br>$\gamma = 120°$ | 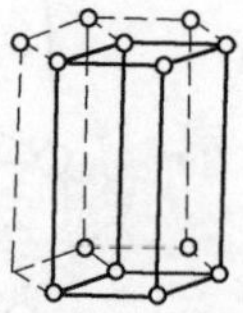 | △△ | * | △△ |
| 四方晶系 | $a_0 = b_0 \neq c_0$<br>$\alpha = \beta = \gamma = 90°$ | 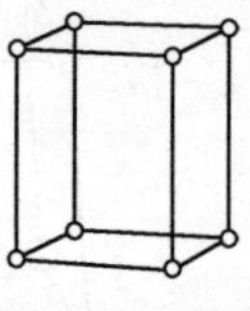 | 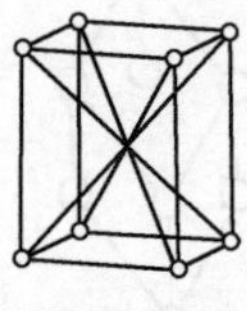 | △ | △ |
| 等轴晶系 | $a_0 = b_0 = c_0$<br>$\alpha = \beta = \gamma = 90°$ | 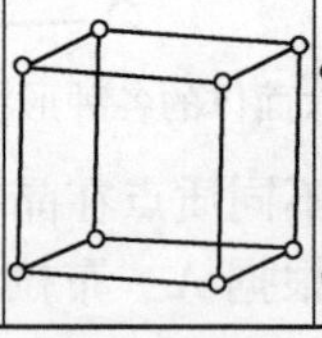 | 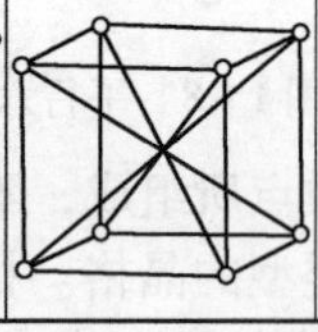 | △△ | 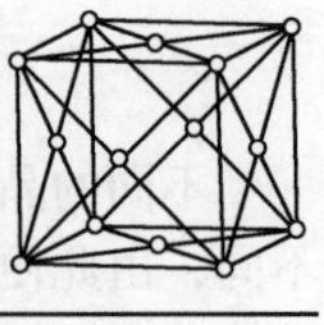 |

①真正的单位平行六面体底面中心带有结点的格子不符合六方格子的对称特点；

②通常所称的六方底心格子，即六方原始格子；

③△表示不符合选择原则；

④△△表示不符合单位平行六面体的对称性；

⑤△△△表示可以改换划分方式变为单斜底心格子。

**14 种晶格按结点在平行六面体中分布的特点，又分为四个基本类型：**

（1）原始格子（用 P 表示），仅在平行六面体的角顶有结点；

（2）底心格子（用 C 表示），除平行六面体角顶上有结点外，上、下底面的中心各有一个结点；

（3）体心格子（用 I 表示），除平行六面体角顶上有结点外，在六面体的中心有一个结点；

（4）面心格子（用 F 表示），除平行六面体角顶上有结点外，在六面体每一个面的中心各有一个结点。

## 第三节　晶系与晶族

晶体既然具有规则的几何外形，晶体外形上的点（角顶）、线（晶棱）、面（晶面）相同部分就有可能重复出现。这种物体相等部分作有规律的重复的性质，称为对称。为了便于对晶体进行研究，需要根据晶体对称特点，将晶体进行分类。

晶体的对称，简单的对称要素有对称轴、对称面和对称中心。

对称轴以 $L^n$ 表示，它是通过晶体中心的一条假想直线，物体的相同部分围绕该直线旋转 360°，有规律地重复出现。在旋转 360° 的过程中，物体相同部分重复出现二次的对称轴称为二次对称轴（用 $L^2$ 表示）；能重复出现三次的对称轴称为三次对称轴（用 $L^3$ 表示）；相应也可以有四次（$L^4$）、六次（$L^6$）对称轴。传统认为在晶体中不可能有五次及高于六次的对称轴。对称轴大于 $L^2$ 的对称轴称为高次轴，即 $L^3$、$L^4$、$L^6$ 为高次轴，它是划分晶族的依据。

图 1-9 表示一个立方体对称轴的应有位置。

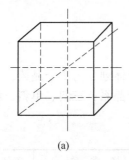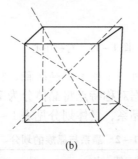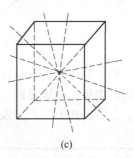

(a)　　　　　　　　(b)　　　　　　　　(c)

图 1-9　立方体中对称轴的位置

（a）四次轴 $L^4$（通过对应面中心的直线）；（b）三次轴 $L^3$
（通过两个对应顶角的直线）；（c）二次轴（通过对应晶棱中点的直线）

对称面以 $P$ 表示，它是一个假想的平面，通过晶体中心将晶体平分为互成镜像反映的相等的两部分。

图 1-10 为立方体应有的对称面，共有 9 个。

对称中心用 $C$ 表示。设晶体内有一定点，通过该点的任意方向直线，在其相反的两端等距离上都可以找到形体相同的对应点，称晶体内的这一定点为对称中心。在晶体中的对称中心可有可无，若有对称中心，最多只有一个，并与重心一致，如图 1-11 所示。而不具有对称中心的晶体，则产生压电效应。

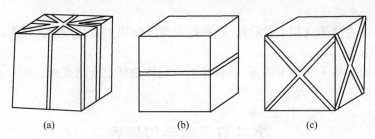

图 1-10　立方体的九个对称面

（a）四个垂直对称面；（b）一个水平对称面；（c）四个倾斜对称面

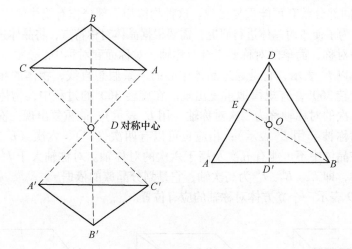

图 1-11　对称中心

根据晶体是否有高次轴，有一个或多个高次轴，将晶体划分为 3 个晶族，即低级、中级、高级晶族。又根据对称特点将晶体分为 7 个晶系：三斜、单斜、斜方、三方、四方、六方及等轴晶系，具体划分见表 1-2。

表 1-2　晶系与晶族的划分

| 晶族 | 晶系 | 对　称　特　点 | | 晶　格　常　数 | 举例 |
|------|------|--------|--------|--------|------|
| 低级 | 三斜 | 无高次轴 | 无 $L^2$ 无 $P$ 或仅有 $C$ | $a \neq b \neq c$，$\alpha \neq \beta \neq 90°$ | 钠长石 |
| | 单斜 | | 必有 $L^2$、$P$，其数目不超过 1 个 | $a \neq b \neq c$，$\alpha = \gamma = 90°$，$\beta \neq 90°$ | 石膏 |
| | 斜方（正交） | | 必有 $L^2$、$P$，其数目超过 1 个 | $a \neq b \neq c$，$\alpha = \beta = \gamma = 90°$ | 橄榄石 |
| 中级 | 三方（菱面体） | 有 1 个高次轴 | 一定有 1 个 $L^3$ | $a = b \neq c$，$\alpha = \beta = 90°$，$\gamma = 120°$ | 菱镁矿 |
| | 四方（正方） | | 一定有 1 个 $L^4$ | $a = b \neq c$，$\alpha = \beta = \gamma = 90°$ | 锆英石 |
| | 六方 | | 一定有 1 个 $L^6$ | $a = b \neq c$，$\alpha = \beta = 90°$，$\gamma = 120°$ | 石墨 |
| 高级 | 等轴 | 高次轴多于 1 个 | 一定有 4 个 $L^3$ | $a = b = c$，$\alpha = \beta = \gamma = 90°$ | 尖晶石 |

晶系与晶族在晶体光学中又有如下的划分：高级晶族（等轴晶系）的矿物称为均质矿物，是光性均质体；中级晶族（三方、四方、六方晶系）的矿物称为一轴晶矿物；低级晶族（三斜、单斜、斜方晶系）的矿物称为二轴晶矿物。

# 第四节　单形和聚形

晶体的理想形态可分两类：单形和聚形。

在观察晶体模型时可以见到，有些晶体所有晶面都同形等大，有些晶体则具有两种或两种以上不同形和不等大的晶面，前者叫单形，后者称为聚形，如图1 – 12 所示。

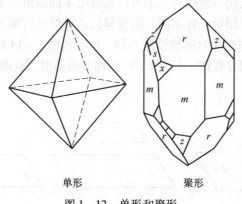

単形　　　　　　　聚形

图 1 – 12　单形和聚形

## 一、单形

单形是指晶体中相互间可用对称要素联系起来的同形等大的一组晶面的总和。聚形则是几组同形等大的晶面的聚合。不同单形的晶面没有对称要素相联系。

例如八面体，它是由八个同形等大的晶面组成的，其对称型为：$3L^4 4L_6^3 6L^2 9PC$（$L_6^3$ 为旋转反映轴）。利用八面体对称型中全部对称要素的作用，由一个已知晶面推得八面体的全部晶面，如图 1 – 13 所示。

图 1 – 13 中当晶面 1 由直立轴 $L^4$ 作用后，可得晶面 2、3、4，即每转动 90° 就得到一个晶面，如果上部的四个晶面再经水平方向的对称面反映后得到 5、6、7、8 晶面，这样由八个等边三角形的晶面所组成的晶形，便是八面体单形。

在晶体模型上找单形时，必须要注意找同形等大的晶面，一组同形等大的晶面就是单形。

单形的各晶面可以用对称要素相联系。晶面与对称要素的相对位置有平行、

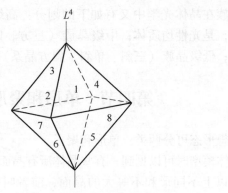

图 1 - 13 单形各晶面与对称要素的联系

垂直和斜交三种，因此不同的对称型可以推导出不同的单形来，即使是同一对称型因晶面与对称要素相对位置不同，所推导出的单形也可能不同。例如，对称型 $L^4PC$，因原始晶面与四次对称轴位置不同，推导出图 1 - 14 所示的三种单形：四方柱、平行双面、四方双锥。具有 $L^4PC$ 对称型的晶型，只能由这三种单形构成。

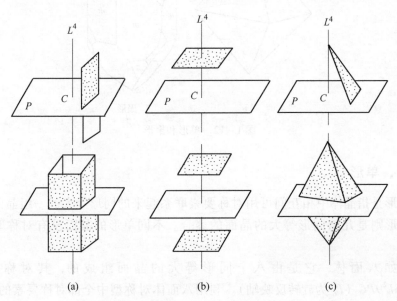

图 1 - 14 对称型 $L^4PC$ 中单形的推导图解
（a）四方柱；（b）平行双面；（c）四方双锥

用同样的方法，可以对其余的对称型进行推导。若仅考虑几何外形的不同，按传统的推导，推导出晶体的单形共 47 种，如图 1 - 15 所示。

20 世纪中期，我国学者彭志忠教授在实验的基础上，以科学的思维推导了含五次对称的点群和单形，与经典晶体学相比，增加了 14 个新点群和 24 个新单形，极大地丰富了晶体学的内容。

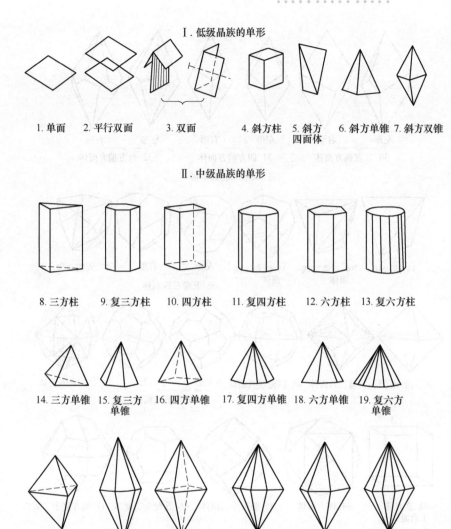

Ⅰ．低级晶族的单形

1. 单面　2. 平行双面　3. 双面　　4. 斜方柱　5. 斜方　6. 斜方单锥　7. 斜方双锥
　　　　　　　　　　　　　　　　　　　　　　四面体

Ⅱ．中级晶族的单形

8. 三方柱　9. 复三方柱　10. 四方柱　11. 复四方柱　12. 六方柱　13. 复六方柱

14. 三方单锥　15. 复三方　16. 四方单锥　17. 复四方单锥　18. 六方单锥　19. 复六方
　　　　　　　单锥　　　　　　　　　　　　　　　　　　　　　　　　　　单锥

20. 三方双锥　21. 复三方双锥　22. 四方双锥　23. 复四方双锥　24. 六方双锥　25. 复六方双锥

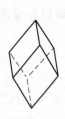
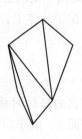
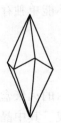

26. 四面体　　　27. 菱面体　　　28. 四方偏　　29. 复三方偏
　　　　　　　　　　　　　　　　　三角面体　　　三角面体

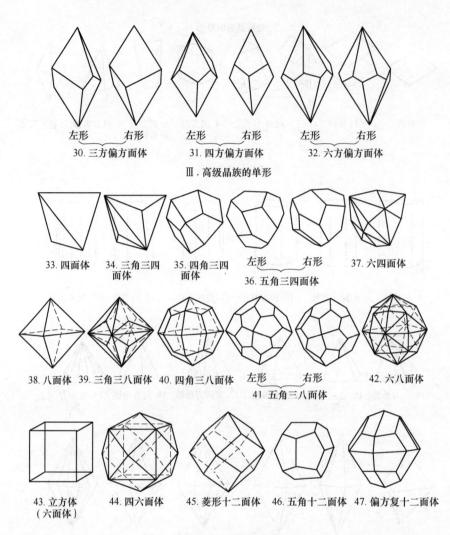

左形 右形 左形 右形 左形 右形
30. 三方偏方面体　31. 四方偏方面体　32. 六方偏方面体

Ⅲ. 高级晶族的单形

33. 四面体　34. 三角三四面体　35. 四角三四面体　左形 右形　37. 六四面体
36. 五角三四面体

38. 八面体 39. 三角三八面体 40. 四角三八面体　左形 右形　42. 六八面体
41. 五角三八面体

43. 立方体（六面体）　44. 四六面体　45. 菱形十二面体　46. 五角十二面体　47. 偏方复十二面体

图 1-15　47 种单形

单形根据它的晶面是否封闭一定的空间，分为闭形和开形。其中开形不能封闭一定的空间，不能单独存在于晶体上，但可以在聚形中找到。

## 二、聚形

图 1-16 所示的火柴盒状的晶体对称型为 $3L^2 3PC$，它由六个晶面组成。其中晶面 1，由于对称面 $P$ 或二次对称轴 $L^2$ 或对称中心的作用可产生另一个与其同形等大的晶面 3，但不能产生晶面 2、4、5、6，因此，能由对

图 1-16　火柴盒状晶体

称要素联系起来的晶面1和晶面3为一个单形（板面）。同理，晶面2与4、晶面5与6也各为一个单形（板面）。火柴盒状晶体由三个板面单形组成，故为一个聚形。聚形的特点就是具有几组同形等大的晶面，或者说聚形指的是几个单形的总和。必须指出，组成聚形的单形不是任意结合的，只有属于同一对称型的单形才能相聚合。

天然的矿物晶体，成单形出现者较少，大多数为聚形。图1－17为几种常见的聚形。

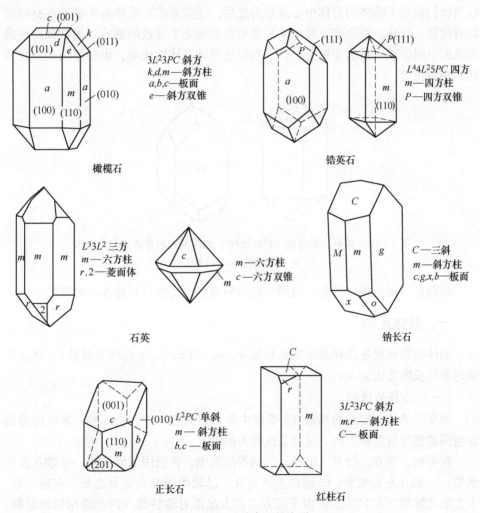

图1－17 几种常见的聚形

在自然界中，矿物很少单独存在，多呈集合体出现。例如，片状集合体由一些片状晶体组成，如石墨；粒状集合体是由很多大小一致的晶粒集合而成的块体，如橄榄石等；土状集合体是由一均匀而细小的物质组成的疏松块体，如高岭土；致密状集合体是由均匀而细小的物质组成的致密块体，如燧石；块状集合体是由无晶面出现的结晶物质组成的不规则块体，如块状石英。

# 第五节 晶面符号

图 1-18 是由四方柱、四方双锥组成的聚形，其对称型都为 $L^4 4L^2 5PC$。但两种聚形在晶体外形上有着显著的差别，其差别主要是晶面在空间的位置不同。所以当我们确定了晶体的对称中心及单形之后，还需要确定晶体各个晶面在空间的相对位置。此外，对许多重要光学现象的观察和光学常数的测定，通常都要在确定晶面空间位置关系的前提下进行，当叙述某种晶体性质时，也会用到晶面在空间的相对位置。

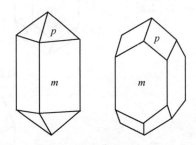

图 1-18 单形、对称型（$L^4 4L^2 5PC$）相同的两种形态不同的聚形

p—四方双锥；m—四方柱

晶面在空间的相对位置，可用一定符号表示，这些符号称为晶面符号。

## 一、晶体定向

晶体的定向就是选择晶体的坐标轴 $x$、$y$、$z$（$x$、$y$、$z$ 也称为晶轴），确定晶轴的单位长度之比 $a:b:c$。

（一）晶轴的选择

相交于晶体一定点的几条（3 条或 4 条）假想直线作为坐标轴，来决定晶面在空间的相对位置和方向，这些直线称为晶轴。

在等轴、四方、斜方、单斜、三斜等晶系中，各选用三根晶轴：$ox$ 轴在前后水平；$oy$ 轴在左右水平；$oz$ 轴在上下直立。晶轴的两端有正负之分，在前、右、上方的晶轴用（＋）表示。由于三方、六方晶系对称特殊，因此选用四根晶轴：$oz$ 轴直立，垂直于 $oz$ 轴的同一平面内选取三个正端互成 120°的 $ox$、$oy$、$ou$ 三轴。各晶系晶轴的命名和定向如图 1-19 所示。

晶轴的选择应符合内部格子的构造规律。在具体选择时，首先找出该晶体的全部对称要素，然后根据对称要素的特点来选择晶轴。先选对称轴作为晶轴；在

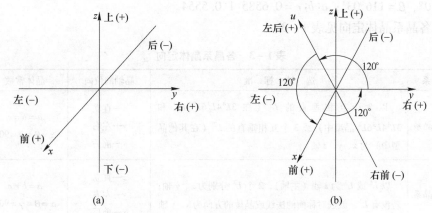

图 1-19 晶轴的命名和定向

（a）非三方、六方晶系；（b）三方、六方晶系

缺少对称轴时，则选对称面的法线作为晶轴；如果对称轴、对称面都没有，则以平行于晶棱的方向为晶轴。晶轴要尽可能互相垂直。另外，在晶体定向时，轴单位尽可能相等。

各晶系晶轴的选择要符合该晶系的对称特点，与各晶系的晶格常数相一致。

（二）轴单位和轴率

根据选轴原则，选择对称轴、对称面法线或晶棱方向作为晶轴。这些方向实际上都是晶体内部构造中的行列方向，所以，$x$、$y$、$z$ 上的轴单位长度，实际为该方向行列的结点间距。在晶体定向工作中，把作为晶轴的行列上的结点间距称为轴单位。$x$ 轴上的轴单位以 $a$ 表示，$y$ 轴上的轴单位以 $b$ 表示，$z$ 轴上的轴单位以 $c$ 表示。轴单位之比 $a:b:c$ 又称为轴率。晶轴、轴角、轴单位如图 1-20 所示。

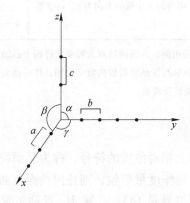

图 1-20 晶轴、轴角、轴单位

一般以 $b$ 为一个单位长度，欲求得晶体的 $a:b:c$ 数值，需要进行 X 射线测定。例如，属单斜晶系的钾长石矿物，是一种硅酸盐工业原料，其晶格常数为

$\alpha = 90°$，$\beta = 116°03'$；$a:b:c = 0.6585:1:0.5554$。

各晶系晶体定向见表 1 - 3。

表 1 - 3 各晶系晶体定向

| 晶系 | 选轴标准 | 晶轴的位向 | 晶体常数 |
|---|---|---|---|
| 等轴晶系 | 以 3 个互相垂直的 $L^4$（在 $3L^4 4L^3 6L^2 9PC$ 和 $3L^4 4L^3 6L^2$ 晶型中）或 3 个互相垂直的 $L^2$（在其他晶型中）为 $x$、$y$、$z$ 轴 | $z$—直立 $y$—左右 $x$—前后 | $a = b = c$ $\alpha = \beta = \gamma = 90°$ |
| 四方晶系 | 以 $L^4$ 或 $L^2$ 为 $z$ 轴（主轴），2 个 $L^2$ 分别为 $x$、$y$ 轴；若没有 $L^2$，就选对称面的法线或晶棱的方向为 $x$、$y$ 轴 | $z$—直立 $y$—左右 $x$—前后 | $a = b \neq c$ $\alpha = \beta = \gamma = 90°$ |
| 六方晶系 三方晶系[①] | 以 $L^3$、$L^6$ 或 $L_6^3$ 为 $z$ 轴（主轴），$L^2$ 为 $x$、$y$、$u$ 轴；若没有 $L^2$，则选对称面法线方向或晶棱方向为 $x$、$y$、$u$ 轴 | $z$—直立 $y$—左右 $xu$—对着观察者 | $a = b \neq c$ $\alpha = \beta = 90°$ $\gamma = 120°$ |
| 斜方晶系 | 以 3 个 $L^2$ 为 $x$、$y$、$z$ 轴；在 $L^2 2P$ 晶型中以 $L^2$ 为 $z$ 轴，2 条对称面的法线分别为 $x$、$y$ 轴 | $z$—直立 $y$—左右 $x$—前后 | $a \neq b \neq c$ $\alpha = \beta = \gamma = 90°$ |
| 单斜晶系 | 以 $L^2$ 或 $P$ 的法线为 $y$ 轴，任何 2 个垂直于 $y$ 轴的棱的方向为 $x$、$z$ 轴 | $z$—直立 $y$—左右 $x$—斜对着观察者 | $a \neq b \neq c$ $\alpha = \gamma = 90°$ $\beta \neq 90°$ |
| 三斜晶系 | 以任何不在同一平面内的 3 个棱的方向为 $x$、$y$、$z$ 轴 | $z$—直立 $y$—左右 $x$—对着观察者 | $a \neq b \neq c$ $\alpha \neq \beta \neq \gamma \neq 90°$ |

①六方与三方晶系的定向方法相同，其共同特点为需要选择四个晶轴（三个水平轴，一个直立轴），只有这样，才可以使同一单形的各晶面指数的数字相同。任一晶面在三水平轴上的指数总和等于零。$L_{2n}^n$（$n = 2, 3$）称为旋转反映轴。

## 二、晶面符号

用以表示晶面在晶体上相对位置的符号，称为晶面符号，其理论基础是整数定律：在晶轴上把轴单位当作度量单位，则任何晶面在晶轴上的截距系数之比为简单整数比。常用的晶面符号是 1837 年 W. H. 米勒尔发明的符号，简称米氏符号。它是在整数定律的基础上，把截距系数倒数之比也定为简单整数比，具体内容表述如下：取晶面在各晶轴截得的截距，然后取其系数之比的倒数，再化简，按 $x$、$y$、$z$（或 $x$、$y$、$u$、$z$）轴次序连写在一起，去比例点，加上小括号，则得米氏符号。例如，确定图 1-21 中 $A'B'C'$ 晶面的米氏符号步骤如下：

（1）取晶面 $A'B'C'$ 在晶轴 $ox$、$oy$、$oz$ 所截取的线段的长度比例为 $2a:3b:6c$；

（2）取晶面 $A'B'C'$ 截距系数的倒数 $\frac{1}{2}$：$\frac{1}{3}:\frac{1}{6}$；

（3）化简，各项分别乘以最小公倍数 6，得 $3:2:1$；

（4）去比例点，并加小括号则得（321）。

（321）为晶面 $A'B'C'$ 的米氏符号。括号内的数字为晶面指数。

晶面指数都是指晶面对其对应轴上截距系数的倒数。晶面在某晶轴上截距系数越大，则在相应晶轴上的晶面指数越小，如果晶面平行

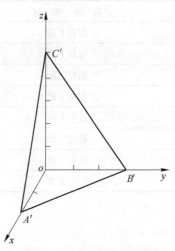

图 1-21 米氏符号说明

于某一晶轴（即截距无限大），则对应的晶面指数为 $0\left(\frac{1}{\infty}=0\right)$。在非三方、六方晶系中，晶面指数的排列顺序为（$hkl$），与 $x$、$y$、$z$ 三轴相对应；在三方、六方晶系中，晶面指数的排列顺序为（$hk\bar{i}l$），分别与 $x$、$y$、$u$、$z$ 轴相对应，其中前三个晶面指数之和等于零，即 $h+k+\bar{i}=0$。

图 1-22 为立方体、八面体各晶面符号，各晶面位置对应的晶面符号见表 1-4。图 1-23 为六方柱各晶面符号，各晶面位置对应的晶面符号见表 1-5。

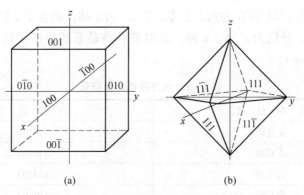

（a）　　　　　　　　　　（b）

图 1-22 立方体与八面体各晶面符号
（a）立方体；（b）八面体

注：对称型 $3L^4 4L_6^3 6L^2 9PC$ 为等轴晶系，以 3 个 $L^4$ 分别为 $x$、$y$、$z$ 轴，此时符合等轴晶系的晶格常数为 $a=b=c$，$\alpha=\beta=\gamma=90°$。

表1-4　八面体各晶面符号

| 晶　面　位　置 | 晶　面　符　号 |
| --- | --- |
| 前右上面 | $(111)$ |
| 前右下面 | $(11\bar{1})$ |
| 前左上面 | $(1\bar{1}1)$ |
| 前左下面 | $(1\bar{1}\bar{1})$ |
| 后左上面 | $(\bar{1}\bar{1}1)$ |
| 后左下面 | $(\bar{1}\bar{1}\bar{1})$ |
| 后右上面 | $(\bar{1}11)$ |
| 后右下面 | $(\bar{1}1\bar{1})$ |

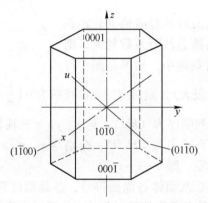

图1-23　六方柱各晶面符号

注：对称型 $L^6 6L^2 7PC$ 为六方晶系，以 $L^6$ 为 $z$ 轴，垂直于 $z$ 轴的正向交角为 $120°$ 的 3 个 $L^2$，分别为 $x$、$y$、$u$ 轴，此时符合该晶系的晶格常数为 $\alpha = \beta = 90°$，$\gamma = 120°$，$a = b \neq c$。

表1-5　六方柱各晶面符号

| 晶　面　位　置 | 晶　面　符　号 |
| --- | --- |
| 正前面 | $(10\bar{1}0)$ |
| 正后面 | $(\bar{1}010)$ |
| 前左面 | $(1\bar{1}00)$ |
| 前右面 | $(01\bar{1}0)$ |
| 后左面 | $(0\bar{1}10)$ |
| 后右面 | $(\bar{1}100)$ |
| 顶面 | $(0001)$ |
| 底面 | $(000\bar{1})$ |

确定各晶面符号的步骤为：（1）先找出晶体的全部对称要素；（2）由对称特征确定晶体所属的晶系；（3）选晶轴，此时所选晶轴要符合各晶系的晶格常数。

### 三、单形符号

因为同一单形的各个晶面与坐标轴的相对位置相同，由其中的一个晶面符号可以推导出其他晶面。例如，立方体中六个晶面均与两个晶轴平行并与另一晶轴相交，且相交后的截距系数绝对值相等。每一个晶面符号中所不同的是三个晶面指数的顺序和正负。因此，为了方便起见，选择单形中的一个晶面符号，将小括号换成大括号，即可表示整个单形，称为单形符号。

单形中的代表晶面，通常选择靠近 $x$ 轴的前、右、上方的晶面，此时，晶面指数一般为正值。例如，立方体的单形符号为 $\{100\}$，八面体的单形符号为 $\{111\}$，六方柱的单形符号为 $\{10\bar{1}0\}$。

必须指出，同一单形符号在不同晶系所代表的单形不同。例如，$\{100\}$ 在等轴晶系中代表立方体，在四方晶系中代表四方柱，而在斜方晶系中则代表平行双面（板面）。

# 第二章　晶体化学概论

上一章我们介绍了晶体与晶格的概念，它是从几何观念来认识晶体内部质点排列的规律性的。但是，对一个晶体来讲，它的性质不仅表现在几何观念方面，还在物理化学方面表现出来。晶体的性质是由晶体的结构所决定的，而晶体的结构又与晶体化学组成密切联系着。所以这一章从晶体化学的角度来认识晶体，主要是讨论晶体的化学组成、晶体结构与晶体性质之间的相互关系。

## 第一节　离子晶体结构的特征

硅酸盐工业中经常遇到的化合物，其化学键主要是离子键。因此，讨论离子晶体所遵循的一般规律是很有必要的。

离子晶体结构的决定因素主要有：离子的相对大小、离子的极化等。

### 一、离子半径

离子是由原子得到电子或失去电子形成的。它有一个其他离子不得侵入的作用圈，这个作用圈是近似于球形的，该作用圈的半径称为离子半径。元素的离子半径大小，有如下几个特点：

（1）阴离子的半径一般比阳离子大。阴离子半径为 $0.135 \sim 0.22nm$（或 $0.13 \sim 0.25nm$），而阳离子为 $0.01 \sim 0.165nm$（或 $0.01 \sim 0.17nm$），大部分阳离子在 $0.12nm$ 以下。

（2）对同一元素而言，阳离子的半径随价数增大而减小。例如 $Fe^{2+}$（$0.080nm$）、$Fe^{3+}$（$0.067nm$）、$Mn^+$（$0.091nm$）、$Mn^{3+}$（$0.070nm$）、$Mn^{4+}$（$0.052nm$）。因为正电荷增加就是失去电子，因而电子云作用圈就缩小。

（3）不同元素的离子半径相差很大，有如下变化规律：

1）同一周期中，离子半径随元素所属的族数递增而递减，见表 2-1。

表 2-1　不同族元素的离子半径与族数的关系

| 离子 | $Na^+$ | $Mg^{2+}$ | $Al^{3+}$ | $Si^{4+}$ |
|---|---|---|---|---|
| 族数 | I | II | III | IV |
| r/nm | 0.098 | 0.078 | 0.057 | 0.039 |

2）同一族中，离子半径随元素的原子序数的递增而递增，见表2-2。

表2-2　同一族元素的离子半径与原子序数的关系

| 离子 | Li$^+$ | Na$^+$ | K$^+$ | Rb$^+$ | Cs$^+$ |
|---|---|---|---|---|---|
| 原子序数 | 3 | 11 | 19 | 37 | 55 |
| $r$/nm | 0.078 | 0.098 | 0.133 | 0.149 | 0.165 |

3）周期表中，位于某些对角线上的元素的离子（自左上角到右下角方向），其半径相近或相等，见表2-3。

表2-3　周期表中位于某些对角线上的元素的离子半径　　（nm）

| I | II | III | IV | V | VI | VII |
|---|---|---|---|---|---|---|
| Li 0.078 | Be 0.034 | B 0.015 | | | | |
| Na 0.098 | Mg 0.078 | Al 0.057 | Si 0.039 | | | |
| K 0.133 | Ca 0.106 | Sc 0.082 | Ti 0.064 | | | |
| Rb 0.149 | Sr 0.127 | Y 0.106 | Zr 0.087 | Nb 0.069 | Mo 0.068 | |
| Cs 0.165 | Ba 0.143 | TR 0.099~0.122 | Hf 0.086 | Ta 0.069 | W 0.068 | Re 0.068 |

硅酸盐晶体中最常见的离子半径和氧盐中最常见的配离子半径，分别见表2-4和表2-5。

表2-4　硅酸盐晶体中最常见的离子半径　　（nm）

| Na$^+$ 0.098 | Mg$^{2+}$ 0.078 | Al$^{3+}$ 0.057 | Si$^{4+}$ 0.039 | F$^-$ 0.133 | O$^{2-}$ 0.132 |
|---|---|---|---|---|---|
| K$^+$ 0.133 | Ca$^{2+}$ 0.106 | Fe$^{3+}$ 0.067 | Ti$^{4+}$ 0.064 | Cl$^-$ 0.181 | |
| | Fe$^{2+}$ 0.080 | | Zr$^{4+}$ 0.087 | | |

表 2-5 自然氧盐中最常见的配离子半径

| 配离子 | $IO_3^-$ | $NO_3^-$ | $CrO_4^{2-}$ | $SO_4^{2-}$ | $CO_3^{2-}$ |
|---|---|---|---|---|---|
| $R/nm$ | 0.355 | 0.257 | 0.300 | 0.295 | 0.300 |
| 配离子 | $PO_4^{3-}$ | $AsO_4^{3-}$ | | $BO_3^{3-}$ | $SiO_4^{4-}$ |
| $R/nm$ | 0.300 | 0.295 | | 0.268 | 0.290 |

离子半径是一个电磁场作用的范畴，必然受外界因素的影响而改变其大小，如温度、压力、离子的极化等，其中以离子的极化影响最大。

## 二、离子的极化

离子在外电场作用下，改变其形状大小，这种现象称为极化，如图 2-1 所示。

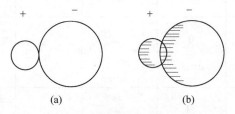

图 2-1 两个离子的相互作用
（a）未考虑极化效应；（b）考虑极化效应

在晶体构造中，每个离子都是处在周围离子所形成的电场作用下，因而，极化现象是不可避免的。在极化现象中，每个离子本身都具有双重作用，一是极化周围离子，二是自身被极化，即极化和被极化是一个事物的两个方面，两者同时存在，不可分割。

不同的离子由于其外电子层构造不同，极化的性质就有所不同。离子半径小、电荷多的离子，则其极化能力强，容易使其他离子变形。相反，离子半径大、电荷少的离子，则其自身易被极化。如果离子的大小和电荷相同，则视离子的外电子层数目而决定其极化能力。外层具有 18 个电子的离子具有很强的极化能力，如铜型离子。

下面列表说明离子半径大小与极化性质之间的关系，用极化系数 $\alpha$ 来说明离子的极化程度。

电荷相同，离子的极化系数随其半径的增大而增大，离子易被极化，见表 2-6。例如同一族的 $Li^+$、$Na^+$、$K^+$、$Rb^+$、$Cs^+$，随着半径的增加，极化性为：$Li^+ < Na^+ < K^+ < Rb^+ < Cs^+$。电荷增加时，电荷多的离子的极化系数随半径减小而降低，极化作用明显。例如同一周期（表 2-7）的 $Na^+$、$Mg^{2+}$、$Al^{3+}$、$Si^{4+}$，随正电荷增加，半径减小，极化系数也随之减小，其极化周围离子的能力依次递增，即极化性为：$Na^+ < Mg^{2+} < Al^{3+} < Si^{4+}$。

表 2－6　电荷相同离子的离子半径与极化性质的关系

| 离子 | Li$^+$ | Na$^+$ | K$^+$ | Rb$^+$ | Cs$^+$ |
|---|---|---|---|---|---|
| $r$/nm | 0.078 | 0.098 | 0.133 | 0.149 | 0.165 |
| $\alpha$ | $0.0295 \times 10^{24}$ | $0.182 \times 10^{24}$ | $0.844 \times 10^{24}$ | $1.42 \times 10^{24}$ | $2.45 \times 10^{24}$ |

| 离子 | F$^-$ | Cl$^-$ | Br$^-$ | I$^-$ |
|---|---|---|---|---|
| $r$/nm | 0.133 | 0.181 | 0.196 | 0.220 |
| $\alpha$ | $0.99 \times 10^{24}$ | $3.05 \times 10^{24}$ | $4.17 \times 10^{24}$ | $6.82 \times 10^{24}$ |

表 2－7　同一周期离子的离子半径与极化性质的关系

| 离子 | Li$^+$ | Be$^{2+}$ | B$^{3+}$ | C$^{4+}$ | Na$^+$ | Mg$^{2+}$ | Al$^{3+}$ | Si$^{4+}$ |
|---|---|---|---|---|---|---|---|---|
| $r$/nm | 0.078 | 0.074 | 0.020 | 0.015 | 0.098 | 0.078 | 0.057 | 0.039 |
| $\alpha$ | $0.0295 \times 10^{24}$ | $0.0080 \times 10^{24}$ | $0.00303 \times 10^{24}$ | $0.00135 \times 10^{24}$ | $0.182 \times 10^{24}$ | $0.12 \times 10^{24}$ | $0.065 \times 10^{24}$ | $0.043 \times 10^{24}$ |

　　一般而言，阴离子因为半径大，经常是被极化，而阳离子因其半径小，电荷集中，经常起极化作用，使其他离子发生形变。铜型离子二者兼而有之。

　　由于极化作用使离子发生变形，而改变其半径的大小，影响到配位数、晶格类型、键性、晶体的物理性质等。

### 三、球的紧密堆积和空隙类型

　　离子可以看成为具有一定半径的球体，因此，离子的相互结合可视为球体的相互堆积。在晶体结构中，由于质点之间的作用力（引力），使质点尽可能地靠近，以便占有最小的体积，使晶体具有最小的内能，以使晶体处于稳定的状态。从球的堆积方式分析，质点应以最紧密的方式堆积。

　　球的最紧密堆积，可分等径与不等径球体的堆积。前者由同一元素组成，如 Cu、Fe 等金属的晶体；后者则由不同元素组成，如 NaCl、MgO 等。耐火材料生产工艺中配料的粒度组合，可视为不等径的球体堆积。

　　（一）等径球体的紧密堆积

　　在水平面上，将等径球体排列成一层，它们相互接触，如图 2－2 所示。每个球的周围被邻近六个球所围绕，球之间形成三角孔的位置有两种：一种是尖端朝上，另一种是尖端朝下。如果在第一层球上堆积第二层球，堆积方式仅有一种，堆在第一层球朝上的三角孔或朝下的三角孔之上。两种堆积位置是一样的，将图形转 180° 就重复，如图 2－3 所示。

　　在第二层球的基础上继续堆第三层球时，将出现两种堆积方式：一是与第一层球重复，二是堆在第一、二层球的空隙之上。以 *A*、*B*、*C* 分别表示第一、二、三层球，则有：第一种方式为 *ABA*…… 即每二层球重复出现。第二种方式为 *ABCABCA*…… 即每三层球重复出现。

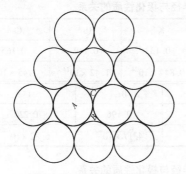 

图2-2　球体的平面排列　　　　图2-3　晶体构造中第二层球的堆积

以上的堆积和空间格子联系起来，第一种堆积得到六方底心格子，所以，这种堆积称为六方最紧密堆积。第二种方式堆积，球是按立方面心格子分布，称为立方最紧密堆积（见图2-4）。

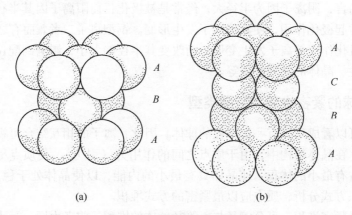

图2-4　球体的最紧密堆积

（a）六方最紧密堆积；（b）立方最紧密堆积

等径球体的最紧密堆积，还可能有其他的堆积方式，但以六方、立方最紧密堆积最为常见。许多单质的晶体具有上述的堆积，如石墨（C）、Be、Cd、Os、Ti、Zn等具有六方底心最紧密堆积；Al、Cu、Ni、Pb、Co、$\alpha$-Fe等则具有立方最紧密堆积。

上述两种最紧密堆积中，是否还有空隙呢？空隙还是有的。在这两种最紧密堆积中，空隙占整个空间的25.95%，即最紧密堆积的空间利用率只有74.05%。

研究指出，立方、六方两种最紧密堆积形成两种空隙类型，即四面体空隙和八面体空隙，如图2-5所示。

四面体空隙（见图2-5(a)）是由4个球组成，连接4个球的中心得到1个

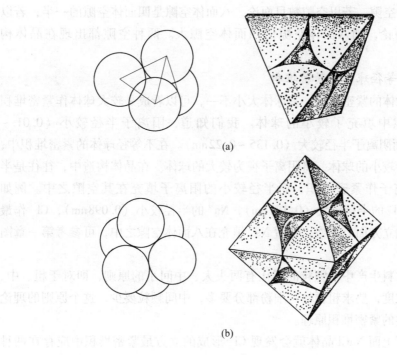

(a)

(b)

图 2 - 5　空隙类型

(a) 四面体空隙；(b) 八面体空隙

四面体，或者说 4 个球分布在四面体的 4 个角顶上。

四面体空隙的数目与球的数目之间的关系为：由于四面体空隙是由 4 个球组成，即每一个球应占有 $\frac{1}{4}$ 空隙，但是参加紧密堆积的每一个球又同时参加 8 个四面体空隙，所以参加紧密堆积的每一个球应占有 $\frac{1}{4} \times 8 = 2$ 个四面体空隙。一般来说，参加紧密堆积有 $n$ 个球就有 $2n$ 个四面体空隙。

八面体空隙（见图 2 - 5(b)）由 6 个球组成，其中 3 个球在上，3 个球在下，彼此错开 60°。6 个球分布在八面体 6 个角顶上，相当于八面体每一个角顶有一个球，故称该空隙为八面体空隙。

八面体空隙数目与球的数目的关系为：由于八面体空隙是由 6 个球组成，每一个球占的空隙应为 $\frac{1}{6}$，但每一个参加紧密堆积的球又同时参加 6 个八面体空隙，所以，每一个球应占有 $\frac{1}{6} \times 6 = 1$ 个八面体空隙。一般来说，参加紧密堆积有 $n$ 个球，就应有 $n$ 个八面体空隙。

上述两种空隙，若以空隙数目而论，八面体空隙是四面体空隙的一半；若以空隙的大小而论，则八面体空隙比四面体空隙大。两种空隙都出现在晶体构造上。

（二）不等径球体的紧密堆积

不等径球体的紧密堆积，其球体大小不一，可以看成是较大球体作紧密堆积后，在其空隙中填充了较小的球体。我们知道，阳离子半径较小（0.01 ~ 0.165nm），而阴离子半径较大（0.135 ~ 0.22nm）。在不等径球体的紧密堆积中，将阳离子视为较小的球体，将阴离子视为较大的球体。在晶体构造中，往往是半径较大的阴离子作紧密堆积，而半径较小的阳离子填充在其空隙之中。例如 NaCl 晶体，$Cl^-$ 的半径较大（0.181nm），$Na^+$ 的半径较小（0.098nm），$Cl^-$ 作最紧密堆积形成立方面心晶格，然后 $Na^+$ 填充在八面体空隙之中，可参考第一章图 1 - 6。

在耐火材料生产中，颗粒的配比有两头大、中间小的原则，即对于粗、中、细三种组分粒度，要求粗颗粒与细粉部分要多，中间颗粒要少，这个原则的理论依据就是上述的紧密堆积原理。

细心观察上面 NaCl 晶体就会发现 $Cl^-$ 形成的立方最紧密堆积中应存在两种空隙类型：四面体空隙和八面体空隙。而 $Na^+$ 只填充在八面体空隙中，不填充在四面体空隙中。这个现象要由正负离子的配位数和配位多面体来解释。

## 四、配位数和配位多面体

离子晶体结构内，阴离子包围阳离子，这些阴离子与中心阳离子间的距离相等，阴离子个数则为阳离子的配位数。例如 NaCl 晶体结构中，$Na^+$ 填充在由 6 个 $Cl^-$ 所形成的八面体空隙之中，即 $Na^+$ 的周围有 6 个 $Cl^-$，所以 $Na^+$ 的配位数为 6。

按一定配位数排列在阳离子周围的阴离子，是按一定几何形状排列成为多面体形态的，这种多面体称为配位多面体。具体地说，配位多面体是将阳离子周围的最邻近的阴离子中心连接起来所形成的多面体。例如，当配位数为 6 时，在阳离子周围的阴离子构成正八面体；当配位数是 4 时，则构成正四面体。

显然，配位数决定了配位多面体的形态，但在晶体构造中，配位数又和哪些因素有关呢？

在离子晶体中，阳离子周围能够直接接触到的阴离子数（即配位数）取决于阴、阳离子半径大小的比值。

表 2 - 8 列出了阴、阳离子半径比值与相应的阳离子配位数的关系。

表2-8　阴、阳离子半径比值与配位数、配位多面体的关系

| $r^+/r^-$ | 阴离子围绕阳离子的配置形式 | 配位数 | 阳离子的配位数及配位多面体 | 实例 |
|---|---|---|---|---|
| 0~0.155 | 直线的两端 | 2 | 2 | $CO_2$ |
| 0.155~0.225 | 等边三角形的角顶 | 3 | 3 | $[CO_3]^{2-}$ 等 |
| 0.225~0.414 | 四面体的角顶 | 4 | 4 | $[SiO_4]^{4-}$ 等 |
| 0.414~0.732 | 八面体的角顶 | 6 | 6 | NaCl |
| 0.732~1.000 | 立方体的角顶 | 8 | 8 | CsCl |
| 1.000 | 立方八面体 | 12 | 12 | Cu、Au |

注：$r^+$—阳离子半径；$r^-$—阴离子半径。

现以配位数 6 为例，具体说明阴、阳离子半径比值的关系，如图 2-6 所示。

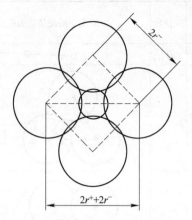

图 2-6　计算 $r^+/r^-$ 值图解

配位数为 6，即阳离子周围有 6 个阴离子，它分布在八面体的角顶。我们通过 4 个阴离子的中心作一个切面，设阳、阴离子的半径分别为 $r^+$、$r^-$，则得：

$$2(2r^-)^2 = (2r^+ + 2r^-)^2$$

$$2\sqrt{2}r^- = 2r^- + 2r^+$$

上式各项分别除以 $2r^-$，并化简得出：$\dfrac{r^+}{r^-} = \sqrt{2} - 1 \approx 1.414 - 1 = 0.414$。

也就是说，阳离子与阴离子半径的比值 $\left(\dfrac{r^+}{r^-}\right)$ 为 0.414 时，其配位数为 6。

现在回到我们上面提出的问题。在 NaCl 晶体中，为什么 $Na^+$ 仅充填在八面体空隙之中，即 $Na^+$ 的配位数为 6 呢？要回答这个问题，只需计算 $r_{Na^+}/r_{Cl^-}$ 的比值就可以解决了。

$r_{Na^+} = 0.098nm$，$r_{Cl^-} = 0.181nm$，$r_{Na^+}/r_{Cl^-} = 0.098/0.181 = 0.54$，即阳、阴离子半径的比值介于 0.414 ~ 0.732 之间，所以 $Na^+$ 得到的配位数为 6。上面指出，配位数决定了配位多面体的形状。当配位数为 6 时，在阳离子周围的阴离子构成正八面体。NaCl 晶体中，$Na^+$ 周围的 $Cl^-$ 也应形成八面体，换句话说，$Na^+$ 充填在八面体空隙之中，此时晶体构造才最稳定。

在硅酸盐晶体构造中，阴离子是 $O^{2-}$，根据 $r^+/r^-$ 比值，可以计算常见阳离子 $Si^{4+}$、$Al^{3+}$、$Mg^{2+}$ 等在硅酸盐晶体中的配位数和配位多面体。

先计算 $Si^{4+}$，$r_{Si^{4+}} = 0.039nm$，$r_{O^{2-}} = 0.132nm$，可得：

$$\frac{r_{Si^{4+}}}{r_{O^{2-}}} = \frac{0.39}{1.32} = 0.296$$

该值介于 0.225 ~ 0.414 之间，所以 $Si^{4+}$ 的配位数为 4，形成四面体的配位多面体。

再计算 $Al^{3+}$，因 $Al^{3+}$ 的半径为 0.057nm，$r_{Al^{3+}}/r_{O^{2-}}=0.43$，所以配位数为 6，构成八面体的配位多面体。但有时可以取代 $Si^{4+}$ 形成四面体配位。

而 $Mg^{2+}$ 的半径为 0.078nm，$r_{Mg^{2+}}/r_{O^{2-}}=0.59$，一般配位数为 6，但也有配位数为 4 的情况。

由此可见，只要知道了阳、阴离子半径的比值，就可以预测出它们的配位数并推测配位多面体的形状。

在天然化合物中，绝大多数元素的配位数为偶数，尤以 6 为最多，其次为 4、8、12 等，至于奇数如 5、7、9、11 等很少见，这是因为偶数配位数使化合物更趋于稳定。

表 2-9 列出了硅酸盐阳离子的配位数。表 2-10 为常见阳离子与氧结合时的配位数。

**表 2-9　硅酸盐主要阳离子配位数**（$r_{O^{2-}}=0.132nm$）

| 阳离子 | 离子半径比 | 预计配位数 | 观察到的配位数和实例 |
|---|---|---|---|
| $Be^{2+}$ | 0.034/0.132=0.25 | 4 | 4：绿柱石 |
| $Si^{4+}$ | 0.039/0.132=0.37 | 4 | 4：石英，鳞石英，方石英 |
| $Al^{3+}$ | 0.057/0.132=0.432 | 4 或 6 | 4，5，6：硅线石（4，6）[1]，红柱石（5，6），蓝晶石（4，6） |
| $Mg^{2+}$ | 0.078/0.132=0.59 | 6 | 4，6：尖晶石（4），镁橄榄石（6） |
| $Na^+$ | 0.098/0.132=0.74 | 6 | 6，8：方沸石（6），钠长石（8） |
| $Ti^{4+}$ | 0.078/0.132=0.58 | 6 | 6：金红石（6） |
| $Zr^{4+}$ | 0.082/0.132=0.62 | 6、8 | 8：锆英石（8） |
| $Ca^{2+}$ | 0.106/0.132=0.80 | 8 | 7，8，9：榍石（7），钠长石（8） |
| $K^+$ | 0.133/0.132=1 | 12 | 8～12 |
| $Fe^{2+}$ | 0.082/0.132=0.62 | 6 | 大部分含铁硅酸盐 |
| $Fe^{3+}$ | 0.067/0.132=0.5 | 6 | [$FeO_6$] 能代替大部分硅酸盐中 $Al^{3+}$ |

①括号内数字为配位数。

**表 2-10　常见阳离子的配位数**（配位离子为氧离子）

| 配位数 | 阳离子 |
|---|---|
| 3 | $B^{3+}$，$C^{4+}$，$N^{5+}$ |
| 4 | $Be^{2+}$，$B^{3+}$，$Al^{3+}$，$Si^{4+}$，$P^{5+}$，$S^{6+}$，$Cl^{7+}$，$U^{5+}$，$Cr^{6+}$，$Zn^{2+}$，$Ge^{2+}$，$Ge^{4+}$，$As^{5+}$，$Se^{6+}$ |
| 6 | $Li^+$，$Mg^{2+}$，$Al^{3+}$，$Sc^{3+}$，$Ti^{4+}$，$Cr^{3+}$，$Mn^{2+}$，$Fe^{2+}$，$Fe^{3+}$，$Co^{2+}$，$Ni^{2+}$，$Cu^{2+}$，$Zn^{2+}$，$Ga^{+}$，$Nb^{5+}$，$Ta^{5+}$，$Sn^{4+}$ |
| 6～8 | $Na^+$，$Ca^{2+}$，$Sr^{2+}$，$Y^{3+}$，$Zr^{4+}$，$Cd^{2+}$，$Ba^{2+}$，$Ce^{4+}$，$Sm^{3+}$，$Lu^{3+}$，$Hf^{4+}$，$Th^{4+}$，$U^{4+}$ |
| 8～12 | $Na^+$，$K^+$，$Ca^{2+}$，$Rb^+$，$Sr^{2+}$，$Cs^+$，$Ba^{2+}$，$Ca^{2+}$，$Ce^{3+}$，$Sm^{3+}$，$Pb^{2+}$ |

从以上分析可知，配位数是由阳、阴离子半径的比值所决定的。当离子半径

一定时，配位数就有确定值，相应得到配位多面体。但实际情况是，离子半径受到温度、压力和离子的极化等因素的影响。温度增高，会使离子半径增大，阳离子配位数减小；压力增大，使离子半径减小，配位数增大。但温度与压力对离子半径的影响较小，而影响较大的是离子的极化。

上述就是影响离子晶体结构的因素，可归纳为：晶体构造取决于晶体构造单位的种类、数量比、相对大小和极化性质。用数学公式表示为：

$$s = f(\Sigma n, r^+, r^-, \alpha)$$

式中，$\Sigma n$ 为构造单位的数目，构造单位是指组成晶体的基本质点，如离子、配离子等；$r^+$、$r^-$ 分别为阳、阴离子半径；$\alpha$ 为极化率。下面作简单解释：

（1）晶体中组成质点的种类和数量比不同，则晶体结构不同。如 MgO 和 $SiO_2$ 两种化合物，组成质点不同，前者是 Mg 和 O，后者是 Si 和 O；其比例也不同，前者是 1:1，属 AB 型化合物，后者是 1:2，属 $AB_2$ 型化合物。

（2）晶体中组成质点的比例相同，但质点大小不同，晶体结构也不同。如 MgO 和 CaO 两者阳、阴离子比例都是 1:1，但离子大小不同（$r_{Mg^{2+}} = 0.078nm$，$r_{Ca^{2+}} = 0.106nm$），因而，阳离子各有不同配位数，晶体结构不同。

（3）晶体中组成质点的比例相同，质点大小相似，但极化性能不同，晶体结构也不同。如 NaCl 和 CuCl，它们的离子比例都是 1:1，属 AB 型，离子半径也相似（$r_{Na^+} = 0.098nm$，$r_{Cu^+} = 0.096nm$，$r_{Cl^-} = 0.181nm$），其阳、阴离子半径比值也相近（NaCl 为 0.54，CuCl 为 0.53）。根据计算结果它们的配位数均应为 6，但由于极化性能不同，晶体结构不一，$Cu^+$ 的极化作用较强，相当于 $Na^+$ 极化作用的 10 倍，所以 $Cu^+$ 的配位数由 6 降到 4。

以上 $\Sigma n$，$r^+$、$r^-$，$\alpha$ 三个因素是一个整体，不能分开。至于哪一个因素起主导作用，视具体情况而定。

晶体的化学组成不同，晶体结构不同，性质也就不同。有时，晶体的化学组成相同，由于温度、压力等物理条件不同，可以形成两种或多种晶体结构，这种现象称为同质多象。如金刚石和石墨，成分都为 C，前者为等轴晶系，后者为六方晶系、六方底心格子。因其内部构造不同，其物性有明显差异，如莫氏硬度，金刚石为石墨的 10 倍。再如，$SiO_2$ 在不同温度下，具有多种变体，即 β - 石英、α - 石英、α - 鳞石英、α - 方石英等。

# 第二节 晶 格 能

为了定量比较离子晶体的稳定性而引出晶格能的概念。晶格能是指距离极远的几个阳离子和阴离子，当它们相互靠近，并结合成为 1mol 离子化合物时，释放出来的能量的总和。或者说，晶格能就是破坏 1mol 离子化合物的晶格所需要的能量。离子晶体的晶格能一般为 $800 \sim 4000 kJ/mol$；而硅酸盐物质的晶格能可高达 $40000 kJ/mol$。

晶格能的计算公式有多种，下面列出近年来计算多种氧化物的矿物晶格能的方法，即：

$$U = \left[ \frac{287.2 \times 2 \times Z_A \times S}{r_A + r_0} \left(1 - \frac{0.345}{r_A + r_0}\right) + 1.25 \times 2 \times Z_A \times S \right] \times 4.184$$

式中　$U$——晶格能，$kJ/mol$；

$Z_A$——计算所得的所有阳离子的均衡价数；

$r_A$——计算所得的所有阳离子半径的均衡离子半径；

$r_0$——氧离子半径；

$S$——包含氧在内所有离子数的总和。

按上述公式列出的矿物晶格能的数值见表 2 – 11。

表 2 – 11　矿物的晶格能

| 矿物名称 | 矿物化学式 | $Z_A$ | $r_A + r_0$ /nm | $U$ /kJ·mol$^{-1}$ | $U_实$ /kJ·mol$^{-1}$ | 差值/% |
|---|---|---|---|---|---|---|
| 钙钛矿 | $CaTiO_3$ | 3.2008 | 0.20848 | 15564.5 | 15413.9 | +1 |
| | $BaTiO_3$ | 3.3019 | 0.21686 | 15535.2 | 15125.2 | +3 |
| | $MgTiO_3$ | 2.7987 | 0.20270 | 19480.7 | 19535.1 | 0 |
| | $PbWO_3$ | 4.5057 | 0.20457 | 26685.6 | 26430.3 | +1 |
| | $CaMoO_4$ | 4.4416 | 0.20165 | 26606.1 | 29292.2 | -9 |
| 斜顽辉石 | $MgSiO_4$ 或（$MgO·SiO_2$） | 3.2157 | 0.18633 | 17066.5 | 16828.0 | +1 |
| 硅灰石 | $CaSiO_3$ 或（$CaO·SiO_2$） | 3.3257 | 0.19275 | 17196.2 | 16489.1 | +4 |
| | $BaSiO_3$ | 3.4667 | 0.20042 | 17388.7 | 16233.9 | +7 |
| 镁橄榄石 | $Mg_2SiO_4$ 或（$2MgO·SiO_2$） | 2.8935 | 0.19051 | 21133.4 | 20639.7 | +2 |
| | $CaSiO_4$ | 3.0134 | 0.20033 | 21166.9 | 19928.4 | +6 |
| 钠长石 | $NaAlSi_3O_8$ 或（$Na_2O·Al_2O_3·6SiO_2$） | 3.4151 | 0.18251 | 47873.3 | 48003.0 | 0 |
| 正长石 | $KAlSi_3O_8$ 或（$K_2O·Al_2O_3·6SiO_2$） | 3.4547 | 0.18395 | 48141.1 | 48095.1 | 0 |
| 透辉石 | $CaMgSi_2O_6$ 或（$CaO·MgO·2SiO_2$） | 3.2729 | 0.18955 | 34287.9 | 33342.3 | +3 |
| 钙长石 | $Ca[Al_2Si_2O_8]$ 或 $CaO·Al_2O_3·2SiO_2$ | 3.3642 | 0.18913 | 45894.3 | 43396.4 | +6 |
| | $Ca_2Mg_5[Si_4O_{11}]_2(OH)_2$ | 3.1231 | 0.18371 | 13739.0 | 131415.3 | +4 |
| 白云母 | $KAl_2[AlSi_3O_{10}](OH)_2$ | 2.9748 | 0.17915 | 68320.5 | 67241.1 | +2 |
| 滑石 | $Mg_3[Si_4O_{10}](OH)_2$ | 2.9758 | 0.17827 | 68596.7 | 67730.6 | +1 |

晶格能表征晶体质点间结合力的大小，它是晶体的一个重要物理量，随着晶格能的增大，晶体的硬度、熔点增高（注意只能与同种晶格相比）。晶格能与熔点、硬度的关系见表 2 – 12。

表 2 – 12 晶格能与熔点、硬度的关系

| 化合物 | $U/\text{kJ} \cdot \text{mol}^{-1}$ | 硬度 | 熔点/℃ | 晶格类型 |
|--------|------|------|--------|----------|
| MgO | 3933.4 | 6.5 | 2800 | |
| CaO | 3523.3 | 4.5 | 2570 | |
| SrO | 3309.5 | 3.5 | 2430 | 立方面心格子 |
| BaO | 3125.4 | 3.3 | 1923 | |
| $Li_2O$ | 3061.4 | | 1700 | |
| $Na_2O$ | 2794.9 | | 1275 | 立方反萤石型 |
| $K_2O$ | 2423.0 | | 881 | |

由上述分析可以推论，在硅酸盐工业中，如果在不影响最终产品使用性能的前提下，选用煅烧后新生物相晶格能低的原料，产品烧成温度可以大大降低，有利于节约能源。

应用晶格能可以判断晶体稳定性的大小。晶格能高的晶体，质点之间结合牢固，晶体难于拆散，即它的稳定性高，质点不易移动，难以进行固相反应和烧结。

# 第三节 硅酸盐结构分类

硅酸盐矿物在地球表面分布很广，约有 800 种矿物，占全部已知矿物总数的 $\frac{1}{3}$ 左右，它又很重要，很多硅酸盐矿物是硅酸盐工业的原料。例如，镁橄榄石（$Mg_2[SiO_4]$）是镁橄榄石质耐火材料的主要矿物原料；高岭石（$Al_2[Si_2O_5](OH)_4$）是黏土的主要矿物成分；正长石（$K[AlSi_3O_8]$）是陶瓷的原料。

硅酸盐矿物的组成有三部分：

（1）各种阳离子。研究指出，参加硅酸盐组成中的元素主要是形成惰性气体型离子的元素；其次是形成过渡型离子的元素；而铜型离子的元素在硅酸盐中少见，见表 2 – 13。

（2）Si 和 O 组成的硅氧配阴离子团，如 [$SiO_4$]、[$SiO_3$]、[$Si_2O_5$]，又称硅氧骨干（架）。

（3）附加阴离子，常见的有 $(OH)^-$、$F^-$、$Cl^-$ 等。

阳离子的作用是与硅氧骨干部分连结成化合物，作为外加阳离子平衡结构中的电价填补空隙；而附加阴离子主要是平衡结构中的电价。此外还可能存在结晶水和吸附水。硅氧骨干在硅酸盐的结构中起着骨架作用，它是硅酸盐类矿物的分类依据。因此，我们首先研究硅氧骨干。

表 2-13 组成硅酸盐矿物的化学元素在周期表中的位置

| | | | | | | | | | | | | | | | | | |
|---|---|---|---|---|---|---|---|---|---|---|---|---|---|---|---|---|---|
| | H① | | | | | | | | | | | | | | | | |
| He | Li | Be | | B | C② | N | O | F | | | | | | | | | |
| Ne | Na | Mg | | Al | Si | P | S | Cl | | | | | | | | | |
| Ar | K | Ca | Sc | Ti | V | Cr | Mn | Fe | Co | Ni | Cu | Zn | Ga | Ge | As | Se | Br |
| Kr | Rb | Sr | Y | Zr | Nb | Mo | Tc | Ru | Rh | Pd | Ag | Cd | In | Sn | Sb | Te | I |
| Xe | Cs | Ba | La | Hf | Ta | W | Re | Os | Ir | Pt | Au | Hg | Tl | Pb | Bi | Po | At |
| Rn | Fr | Ra | Ac | Th | Pa | U | | | | | | | | | | | |
| 1③ | 2 | | | | 3a | | | | 3b | | | | 4 | | | | 2 |

① "_"代表在硅酸盐矿物中经常遇到的元素;

② "…"代表在硅酸盐中可能遇到的元素;

③ "1"表示惰性气体原子;"2"表示惰性气体型离子;"3"表示过渡型阳离子(3a 亲氧性强, 3b 亲硫性强);"4"表示铜型阳离子。

# 一、硅氧四面体([SiO₄])及其特性

随着 Si 与 O 数量比例由 1:4 变为 1:2,相应的硅氧骨干形式也发生改变。尽管硅氧骨干形式多样,或者说,硅酸盐的结构尽管很复杂,但都有一个基本的结构单位——硅氧四面体 $[SiO_4]$ (或部分硅被铝代替,构成铝氧四面体),如图 2-7 所示。

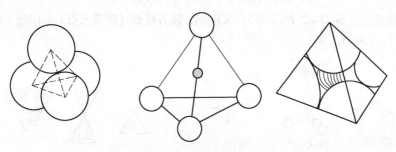

图 2-7 硅氧四面体
●—Si; ○—O

硅氧四面体中 $Si^{4+}$ 被四个分布在四面体角顶的 O 所包围,即 Si 的配位数为 4,构成正四面体。其中 Si—O 间的距离为 0.16 ± 0.001nm,O—O 间的距离为 0.26nm,O—Si—O 间的键角 108°4′,Si—O 间的化学键近似于共价键(离子键向共价键过渡)。

硅氧四面体( $[SiO_4]^{4-}$ )中每个 O 可以从 Si 取得一个正电荷,结果每个氧离子均未中和,各剩余一个负电荷(这样的氧离子叫活性氧)。所剩余的负电价,就可以连结其他阳离子形成化合物。例如,锆英石(Zr$[SiO_4]$)等,或者与另外硅氧四面体彼此共用角顶(共用 1 个、2 个、3 个或 4 个)连接起来,组成

复杂的配阴离子（硅氧骨干）。所以，在硅酸盐配阴离子中 Si: O 介于 (1:4) ~ (1:2) 之间。

硅氧四面体间之所以通过角顶连结，是因为这样能形成稳定的结构。

## 二、硅氧骨干的各种形式

根据硅氧四面体之间共用角顶（即氧离子）数目的不同，可形成不同的硅氧骨干，主要有下列几种。

**（一）岛状构造的硅酸盐**

硅氧骨干在结晶构造中孤立存在，如图 2-8 所示，通过电价未中和的氧离子与其周围的金属阳离子联系。按硅氧骨干的形式又可细分为：

（1）孤立硅氧四面体 $[SiO_4]^{4-}$ 型。硅氧四面体与其他硅氧四面体之间没有共用角顶，而是通过金属阳离子的联系来达到电性中和，如镁橄榄石 $Mg_2[SiO_4]$、锆英石 $Zr[SiO_4]$。硅与氧数量比为 1:4。

（2）双硅氧四面体 $[Si_2O_7]^{6-}$ 型。由两个硅氧四面体通过一个角顶共用连结而成。此时公用角顶上的氧离子，由于与两个硅离子连结，故电性已中和，称为惰性氧。其余 6 个氧离子各带一负电荷，故硅氧骨干总电价为 -6 价，与金属阳离子联系达到电性中和。硅氧骨干和总电价用式子表示如下：

$$2[SiO_{4-(1/2)}] = 2[SiO_{7/2}] = [Si_2O_7]^{6-}$$

硅与氧数量比为 Si: O = 2:7 = 1:3.5。又例如，镁方柱石（镁黄长石）$Ca_2Mg[Si_2O_7]$、硅钙石 $Ca_3[Si_2O_7]$。

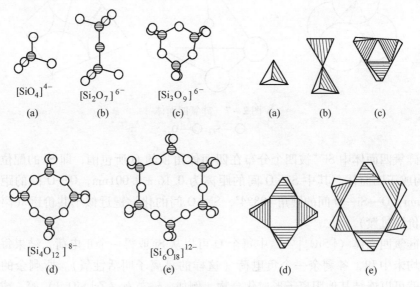

$[SiO_4]^{4-}$    $[Si_2O_7]^{6-}$    $[Si_3O_9]^{6-}$

(a)    (b)    (c)      (a)    (b)    (c)

$[Si_4O_{12}]^{8-}$    $[Si_6O_{18}]^{12-}$

(d)    (e)      (d)    (e)

图 2-8 孤立硅氧四面体群的各种类型

（a）孤立硅氧四面体；（b）双硅氧四面体；（c）~（e）三、四、六环状硅氧四面体

（3）环状硅氧四面体 $[Si_nO_{3n}]^{2n-}$ 型（其中 $n=3$，4，6）。由 3 个、4 个或 6 个硅氧四面体彼此以 2 个角顶公用组成平面上封闭的孤立环，相应分为：

三环 $3[SiO_{4-(1/2)\times2}]=3[SiO_3]=[Si_3O_9]^{6-}$

四环 $4[SiO_{4-(1/2)\times2}]=4[SiO_3]=[Si_4O_{12}]^{8-}$

六环 $6[SiO_{4-(1/2)\times2}]=6[SiO_3]=[Si_6O_{18}]^{12-}$

一般表示式为：$[Si_nO_{3n}]^{2n-}$（$n=3$，4，6），硅与氧数量比为 Si∶O =1∶3。例如，绿柱石 $Be_3Al_2[Si_6O_{18}]$。

此外还有复杂构造的双层六方环状 $[Si_{12}O_{30}]^{12-}$，即由 12 个硅氧四面体组成上下两层的双层环，如整柱石 $KCa(Be，Al)_3[Si_{12}O_{30}]$ 等。

（二）连续链状构造的硅酸盐

连续链状构造的硅酸盐分为单链和双链。

1. 单链

硅氧四面体彼此共用 2 个角顶，沿一个方向无限延伸的链，链与链之间由金属阳离子连接构成整个结晶构造，如图 2-9(a) 所示。

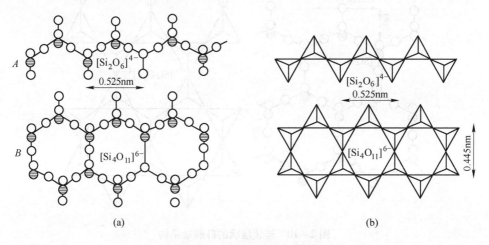

图 2-9　连续链状的硅酸盐结构

（a）单链；（b）双链

硅氧骨干组成及电价：$n[SiO_{4-(1/2)\times2}]=[SiO_3]_n^{2-}$，$n\to\infty$，也可以表达为 $[Si_2O_6]_\infty^{4-}$，Si∶O =1∶3。例如，透辉石 $CaMg[Si_2O_6]$，斜顽辉石 $Mg[SiO_3]$。

此外，在硅灰石 $Ca[SiO_3]^{2-}$ 构造中，单键在形式上与辉石有所不同，是属双四面体和硅氧四面体相互交接连接而成的单链构造。

2. 双链

由单链硅氧四面体通过一个镜面的反映，即形成双链状。此时，硅氧四面体之间除了彼此共用 2 个角顶之外，还有彼此共用 3 个角顶的（见图 2-9（b））。

硅氧骨干组成及电价为：

$$n\{[SiO_{4-(1/2)\times 2}] + [SiO_{4-(1/2)\times 3}]\} = n\{[SiO_3] + [SiO_{5/2}]\} = [Si_4O_{11}]_n^{6-}$$

$$Si:O = 4:11 = 1:2.75$$

例如，透闪石 $Ca_2Mg_5[Si_4O_{17}]_2(OH)_2$。

此外，还有硬硅钙石中的双链 $[Si_6O_{11}]_n^{10n-}$，硅线石的双链 $[AlSiO_5]_n^{3n-}$。

（三）连续层状构造的硅酸盐

每个硅氧四面体有 3 个角顶与相邻硅氧四面体共用，连结成二维空间连续延伸的平面层。如同六方平面网，每个硅氧四面体公用的氧离子（称活性氧离子）都指向一方，形成特别活跃的一层，借此可与金属阳离子连结起来形成化合物，如图 2-10 所示。

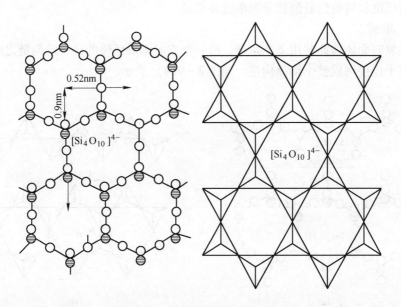

图 2-10 连续层状的硅酸盐结构

硅氧骨干的组成及电价为：

$$n[SiO_{4-(1/2)\times 3}] = [SiO_{5/2}]_n^{2n-} = [Si_2O_5]_n, N \to \infty$$

$$Si:O = 2:5 = 1:2.5$$

硅与氧比值逐渐变小，而结构趋于复杂。例如：高岭石 $Al_2[Si_2O_5](OH)_4$、滑石 $Mg_3[Si_4O_{10}](OH)_2$、叶蜡石 $Al_2[Si_4O_{10}](OH)_2$、蛇纹石 $Mg_3[Si_2O_5](OH)_4$。

此外，在硅氧骨干中，硅氧四面体中的硅常有一部分被 Al 替换，如白云母 $KAl_2[AlSi_3O_{10}](OH)_2$ 等。

（四）连续架状构造的硅酸盐

每个硅氧四面体的 4 个角顶全部与相邻的硅氧四面体互相连接，形成向三维空间连续延伸的架状四面体群。

硅氧骨干及电价为：

$$n\left[SiO_{4-(1/2)\times4}\right]=\left[SiO_2\right]_\infty^0,n\to\infty$$

$$Si:O=1:2$$

例如，石英、鳞石英、方石英具有此种结构。

但在架状构造中，部分硅氧四面体被铝氧四面体 $\left[AlO_4\right]^{5-}$ 代替，即一部分硅离子被具有相同配位数为 4 的铝离子所置换，构成铝硅酸盐矿物。这种类型的硅氧骨干可用 $\left[\left(Al_xSi_{n-x}\right)O_{2n}\right]^{x-}$ 表示，式中 $x$ 不得超过硅离子数目的一半，即 $Si:Al$ 为 3:1 或 1:1。铝替代硅所产生的负电价不高，多为一价或二价。构造中由电价低、半径大的阳离子 $Na^+$、$K^+$、$Ca^{2+}$、$Ba^{2+}$ 等所中和，例如钠长石 $Na\left[AlSi_3O_8\right]$、钙长石 $Ca\left[Al_2Si_2O_8\right]$。

总而言之，由于硅氧四面体的角顶数（活性氧）与相邻硅氧四面体共用个数不同，而有不同的硅氧骨干形式，相应有不同构造的硅酸盐。随着硅氧四面体彼此共用角顶数由 0、1、2、3、4 逐次增加，硅与氧的比例由 1:4 到 1:2，其构造逐渐复杂，呈点（孤立的）→线（链状）→面（层状）→体（架状）发展。

硅酸盐矿物的各种类型综合对比见表 2-14。

**表 2-14　硅酸盐矿物的各种构造类型**

| 构造类型 | | $\left[SiO_4\right]^{4-}$ 共用角顶数 | 形状 | 硅氧骨干结构式 | $Si:O$ | 实　例 |
|---|---|---|---|---|---|---|
| 孤立的 | 四面体 | 0 | 四面体 | $\left[SiO_4\right]^{4-}$ | 1:4 | 锆石 $Zr\left[SiO_4\right]$ |
| | 四面体群 | 1 | 双四面体 | $\left[Si_2O_7\right]^{6-}$ | 1:3.5 | 镁方柱石 $Ca_2Mg\left[Si_2O_7\right]$ |
| | | 2 | 三环 | $\left[Si_3O_9\right]^{6-}$ | 1:3 | |
| | | 2 | 四环 | $\left[Si_4O_{12}\right]^{8-}$ | 1:3 | |
| | | 2 | 六环 | $\left[Si_6O_{18}\right]^{12-}$ | 1:3 | 绿柱石 $Be_3Al_2\left[Si_6O_8\right]$ |
| 连续的 | 链状 | 2（一向） | 单链 | $\left[SiO_3\right]^{2n-}$ | 1:3 | 透辉石 $CaMg\left[SiO_3\right]_2$ |
| | | 2、3（一向） | 双链 | $\left[Si_4O_{11}\right]^{6n-}$ | 1:2.75 | 透闪石 $Ca_2Mg_5\left[Si_4O_{11}\right]_2(OH)_2$ |
| | 层状 | 3（二向） | 层 | $\left[Si_4O_{10}\right]^{4n-}$ | 1:2.5 | 高岭石 $Al_4\left[Si_4O_{10}\right](OH)_8$ |
| | 架状 | 4（三向） | 架 | $\left[Al_xSi_{n-x}O_{2n}\right]^{x-}$ $x=0,1,2;n=4$ | 1:2 | 石英 $SiO_2$、正长石 $K\left[AlSi_3O_8\right]$ |

表 2-14 所列的是硅酸盐矿物硅氧骨干的主要类型。有些硅酸盐矿物的构造是过渡型的，如我国首次测定的葡萄石 $Ca_2Al\left[AlSi_3O_{10}\right](OH)_2$ 的构造属层架状，是层状与架状之间的过渡类型。

不同类型的硅酸盐，由于硅氧骨干不同，其性质有所差异。一般具有孤立硅氧四面体的硅酸盐矿物在形态上表现为三向等长型，无解理或解理不完全，其比重比环状、层状、架状要大，如橄榄石等。链状构造的硅酸盐矿物常为针状、柱状，表现出两组完全的解理，其方向与链的延长方向一致，如辉石。层状构造的硅酸盐矿物，往往成片状或板状，具有一向完全解理，解理面平行于层状方向，硬度较小，如云母。架状构造的硅酸盐矿物，其形态、解理取决于化学键的分布情况。

# 第三章　矿物的化学成分

## 第一节　类质同象和固溶体

自然界的矿物绝大多数是化合物，少数由单质元素组成，如金刚石（C）、石墨（C）等。无论是化合物还是单质，其化学成分不是绝对固定的，通常或多或少都含有一些其他元素的杂质，因而发生变化。引起变化的原因之一，便是类质同象替换，矿物中类质同象替换是一种很普遍的现象。

### 一、类质同象的概念

化学成分相近，结晶构造相似的物质，晶格中相似的构造单位（原子、离子、配离子等）互相替换而不破坏原有的结晶构造，这种性质称为类质同象，所形成的中间成分的化合物称类质同象混合物。

如菱镁矿 $MgCO_3$ 和菱铁矿 $FeCO_3$，在成分上都是碳酸盐类，在构造上都是三方晶系的菱面体格子，因此，菱镁矿中的 $Mg^{2+}$ 可以被 $Fe^{2+}$ 置换一部分，形成含铁的菱镁矿 $(Mg, Fe)CO_3$，同样，菱铁矿中的 $Fe^{2+}$ 也可以被 $Mg^{2+}$ 置换一部分，形成含镁的菱铁矿 $(Fe, Mg)CO_3$。

类质同象混合物化学式的写法为：成类质同象的元素用圆括号括起来，含量多的写在前面，并用逗号分开；若是较复杂的类质同象混合物，可将两端组分都写出来，用 $n$ 和 $(100-n)$ 写在两个组分化学式的前面，中间用圆点分开。如由钠长石和钙长石组成的斜长石类质同象系列可写成：

$$nNa[AlSi_3O_8] \cdot (100-n)Ca[Al_2Si_2O_8]$$

### 二、类质同象的分类

根据质点替换的程度，类质同象可分为完全（或无限）的和不完全（有限的）的两类。前者，如镁橄榄石 $Mg_2[SiO_4]$ 和铁橄榄石 $Fe_2[SiO_4]$，其中两种成分的离子（$Fe^{2+}$ 和 $Mg^{2+}$）可以互相无限制地替换（混溶），形成一连续的混合晶体系列。在矿物学中，将完全类质同象系列的两端，即只由一种组分组成的矿物称为端员矿物。在上述的镁橄榄石–铁橄榄石系列中，镁橄榄石和铁橄榄石便是该系列的端员矿物。后者，如闪锌矿中的 $Zn^{2+}$ 可部分地被 $Cd^{2+}$ 所替换，但替换量不能超过 5%，即两种组成不能以任意比例形成一连续的混合晶体系列，而是具有一定限度的混溶性，故称为不完全类质同象。

根据替代质点的离子电价是否相等，类质同象可分为等价与异价两种。等价类质同象，即替换质点的离子电价与被替换质点的离子电价是相等的，如镁橄榄石与铁橄榄石系列。异价类质同象中互换的离子电价是不等的，如钠长石与钙长石系列。$Na^+$ 与 $Ca^{2+}$，$Si^{4+}$ 与 $Al^{3+}$ 离子相互替换都是异价，但替换后总的电价应保持平衡。

表 3 - 1 列出了硅酸盐正离子的类质同象置换。

表 3 - 1　硅酸盐中正离子的类质同象置换

| 相互置换的正离子 | | 合计电价 | 实　例 |
|---|---|---|---|
| I | II | | |
| $Na^+ + Si^{4+}$ | $Ca^{2+} + Al^{3+}$ | 5 | 钠长石 $Na[AlSi_3O_8] - Ca[Al_2Si_2O_8]$ 钙长石 |
| $K^+$ | $Na^+$ | 1 | 钾钠长石 $(K, Na)[AlSi_3O_8]$ |
| $Si^{4+} + Mg^{2+}$ | $2Al^{3+}$ | 6 | 微晶高岭石 $(Al_2Mg_3)[Si_4O_{10}](OH)_2 \cdot nH_2O$ |
| $3Mg^{2+}$ | $2Al^{3+}$ | 6 | |
| $Mg^{2+} + Si^{4+}$ | $Ti^{3+} + Al^{3+}$ | 6 | |
| $Ca^{2+} + Mg^{2+}$ | $Na^+ + Al^{3+}$ | 4 | |
| $2Li^+ + Si^{4+}$ | $3Fe^{2+}$ | 6 | |
| $Mg^{2+}$ | $Fe^{2+}$ | 2 | 橄榄石 $(Mg, Fe)_2[SiO_4]$ |
| $Si^{4+}$ | $Na^+ + Al^{3+}$ | 4 | |

注意，表中置换双方的第一、二个离子与相应的第一、二个离子置换。如钠长石与钙长石之间，$Na^+$ 与 $Ca^{2+}$ 置换，$Si^{4+}$ 与 $Al^{3+}$ 置换，置换前后总的电价保持平衡，否则矿物的构造就不稳定。

### 三、类质同象混合物形成的条件

类质同象混合物形成的条件如下：

（1）原子和离子的大小相近。形成类质同象的质点，其半径必须相近，否则配位数要发生变化，构造类型也会发生转变。用 $r_1$ 和 $r_2$ 分别代表较大和较小的原子或离子的半径，两种质点的半径差率用 $\Delta r = \dfrac{r_1 - r_2}{r_2}$ 表示。

当 $\Delta r$ 小于 10% ~15% 时，一般形成完全类质同象。

当 $\Delta r$ 在 15% ~25% 的范围内时，一般形成不完全类质同象，或者在高温下形成完全类质同象，而在温度下降时，固溶体就发生分解，如钾长石与钠长石类质同象系列即是如此。

当 $\Delta r$ 大于 25% ~40% 时，即使在高温下也只能形成不完全的类质同象，在低温时更不能形成类质同象。

例如，$Fe^{2+}$ 和 $Mg^{2+}$ 的离子半径相近，$r_{Fe^{2+}} = 0.083nm$，$r_{Mg^{2+}} = 0.078nm$，$\Delta r = 6\%$，因此，矿物中的 $Mg^{2+}$ 与 $Fe^{2+}$ 可以以任意比例互相替换，形成一系列的类质同象混合物，如镁橄榄石与铁橄榄石系列（$Mg[SiO_4]$ – $Fe_2[SiO_4]$）、菱镁矿与菱铁矿系列（$MgCO_3$ – $FeCO_3$）、方镁矿与方铁矿系列（$MgO$ – $FeO$）等。

异价类质同象，元素相互代替的能力主要取决于电荷的平衡，而离子半径大小退居于次要地位，因此对于异价类质同象来说，离子半径的限制范围较宽，所以 $\Delta r$ 在 40% ~50% 时，仍可形成类质同象。例如斜长石中 $Al^{3+}$ 和 $Si^{4+}$ 的 $\Delta r$ 为 46%，黑云母中 $Mg^{2+}$ 和 $Al^{3+}$ 的 $\Delta r$ 为 37%。

此外，在第二章我们曾讲过，元素周期表上从左上方到右下方的对角线方向，不同元素的阳离子半径近似相等，这就导致了在异价类质同象替代中，存在着所谓的对角线规则。

（2）离子的类型和键型要相似。$Na^+$（0.098nm）和 $Cu^+$（0.096nm），$Ca^{2+}$（0.104nm）和 $Hg^+$（0.112nm），从电价、半径来看它们可以形成类质同象。但由于 Na、Ca 为惰性气体型离子，电负性小，极化性弱；而 Cu、Hg 为铜型离子，电负性大，极化性强。它们的成键特性不一致，惰性气体型离子在化合物中基本上都以离子键结合，而铜型离子则以共价键为主，因此在这两种不同类型的离子之间，就难以发生类质同象替换。例如，闪锌矿（Zn，Fe）S 中的 $Zn^{2+}$ 与 $Fe^{2+}$ 半径相近，$\Delta r$ 值极小，似乎可以形成完全类质同象，但由于 $Zn^{2+}$ 与 $Fe^{2+}$ 为不同类型的离子，电负性和极化性均有差别，所以闪锌矿中最多只有 26% 的 $Fe^{2+}$。

成键性对类质同象替代能力的影响是明显的。

（3）替换前后电价应保持平衡。此外，温度、压力、pH 值、介质的浓度等外界条件对类质同象也有重要影响。一般认为，在高温条件下，有利于质点之间的相互置换，这是由于离子的活动性增大，晶体结构变得较松弛，从而使离子间相互代替的限度放宽所致。例如，碱性耐火材料中的 MgO 与 CaO 组分，因 $Ca^{2+}$（0.106nm）与 $Mg^{2+}$（0.078nm）半径差值较大（$\Delta r = 26.41\%$），很难形成类质同象，但在高温情况下（1650℃以上），少量 CaO 可以与 MgO 互溶。镁质制品中的方镁石（MgO）与镁铁矿（$MgO \cdot Fe_2O_3$），在高温时两者互溶，而降到低温时镁铁矿从方镁石中分离出来。

耐火材料的生产与使用是在高温作业条件下进行的，所以温度与压力、浓度等因素也是不能忽视的。

## 四、固溶体

一种晶体的质点溶入另一种晶体的结构中，而不影响其晶格类型的变化，所形成的固态物质就称为固溶体。它与普通液态的溶液或溶体相类似，只不过溶剂是固态物质，而其中被溶解的物质（溶质）则可以是固体、液体或气体。由此可见，固溶体的含义更为广泛。

固溶体一般分三种类型：置换固溶体、侵入固溶体和缺位固溶体，如图 3 - 1 所示。

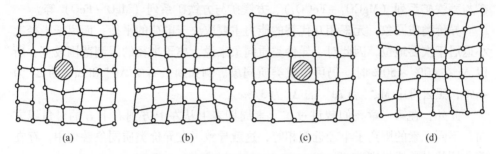

（a）　　　　　　　（b）　　　　　　　（c）　　　　　　　（d）

图 3 - 1　固溶体形成引起的晶格变形示意图

（a）大质点取代；（b）小质点取代；（c）插入型固溶体；（d）缺位型固溶体

置换固溶体，它是属于离子或原子能够互相替换而形成的固溶体，前面介绍的类质同象，即属于置换固溶体一类。类质同象在天然矿物中很常见，对于理解矿物的组成，阐明矿物中元素的结合等，均有重要意义，故把类质同象当成独立现象来讨论。

侵入固溶体（或称嵌入固溶体、间隙固溶体）是一种组分（溶质）侵入另一种组分（溶剂）晶格的原子或离子的间隙之中形成的。只有当两种组分的原子或离子的大小相差很大时，侵入固溶体才有可能产生。钢的两种结构铁素体和奥氏体，就是侵入固溶体，它们都是碳元素的原子进入到铁元素原子的晶格空隙中去，如图 3 - 2 所示。

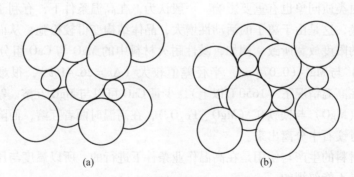

（a）　　　　　　　　　　（b）

图 3 - 2　铁素体与奥氏体

（a）铁素体；（b）奥氏体

图 3 - 2 中，铁素体是碳溶于 $\alpha$ - Fe 中的固溶体，奥氏体是碳溶于 $\gamma$ - Fe 中

的固溶体。小球代表碳原子（0.077nm），大球代表铁原子（0.126nm）。

缺位固溶体，晶体间的质点相互替代时，如果进入晶格的质点数比取代出来的质点少，则形成的固溶体为缺位固溶体。例如在刚玉（$Al_2O_3$）中的 $Al^{3+}$ 被 $TiO_2$ 的 $Ti^{4+}$ 取代时，为了维持电价平衡，必须进入 3 个 $Ti^{4+}$ 而取代 4 个 $Al^{3+}$，这时进入晶格的质点就少了 1 个，使 $Al_2O_3$ 晶格出现了一个空位，形成缺位固溶体。

固溶体可以认为是组成可变的均匀的固相。与类质同象一样，温度升高和压力减小，有利于形成固溶体；当温度下降，并达到一定程度时，原来互相混溶在一起的组分便被分解成为不同的两种矿物，并形成一定的结构，这种作用称为固溶体分离。

固溶体的概念在金属学、硅酸盐物理化学中常用。在矿物学中主要用类质同象概念，而把固溶体视为类质同象的同义词。

# 第二节　矿物中的水

很多矿物常含有水，它是矿物的化学组成之一。由于水的存在对矿物的许多性质有重要的影响，根据水在矿物中的存在形式和它与晶体结构的关系，可将水划分为吸附水、结晶水、结构水三种基本类型，以及性质介于吸附水与结晶水之间的层间水和沸石水两种过渡类型。

矿物中水的特征见表 3-2。

表 3-2　矿物中的水

| 主要类型 | 水在矿物中赋存形式 | 水是否参加矿物结构 | 矿物和矿物集合体中水的种类 | 失水温度/℃ | 对矿物比重、折射率影响 |
|---|---|---|---|---|---|
| 结构水 | $OH^-$，$H^+$，$H_3O^+$ 离子 | 参加晶格 | | 600～1000 | 影响 |
| 结晶水 | 中性水分子（$H_2O$） | 参加晶格 | 结晶水化物的水 | 一般 200～500 | 影响 |
| 吸附水 | 中性水分子（$H_2O$） | 不参加晶格 | 气态水、湿存水、液态水（薄膜水、毛细管水）、胶体水、固态水 | 约 110 | |
| 层间水 | 中性水分子（$H_2O$） | 参加晶格，结晶水与吸附水之间的过渡型 | | 加热失水，晶格收缩；吸水晶格膨胀 | 失水后矿物比重、折射率增高 |
| 沸石水 | 中性水分子（$H_2O$） | 参加晶格，结晶水与吸附水之间的过渡型 | | 加热失水，不破坏晶格 | |

## 一、结构水

它是呈 $H^+$、$OH^-$ 或 $H_3O^+$ 的离子状态加入矿物晶格构造的。这些离子在晶格中占有一定的位置，其含量一定，结合牢固。因此，只有在高温（600 ~ 1000℃之间）条件下，当晶格破坏后才能释放出水。

矿物中通常含有 $OH^-$，含 $H_3O^+$ 则极少，因为含 $H_3O^+$ 不稳定。$H_3O^+$ 的大小与 $K^+$ 相近，白云母 $KAl_2[AlSi_3O_{10}](OH)_2$ 在风化作用中，$K^+$ 被 $H_3O^+$ 置换而存在于水云母中（$K$，$H_3O$）$^+Al_2[AlSi_3O_{10}](OH)_2$。

结构水的失水温度是固定的。表 3 - 3 列出一些含结构水的矿物的失水温度。

表 3 - 3　一些含结构水的矿物的失水温度

| 矿　物 | 化　学　式 | 失水温度/℃ |
|---|---|---|
| 高岭石 | $Al_4[SiO_4O_{10}](OH)_8$ | 580 |
| 滑　石 | $Mg_3[SiO_4O_{10}](OH)_2$ | 950 |
| 蛇纹石 | $Mg_6[Si_4O_{10}](OH)_8$ | 670 |
| 氢氧镁石 | $Mg(OH)_2$ | 410 |

## 二、结晶水

水以中性分子（$H_2O$）的形式参加矿物的结晶构造，并占有固定的位置，水分子的数量与矿物中其他成分成简单整数比。例如，$CaSO_4 \cdot 2H_2O$ 中水在晶格中排成层形，但层间距离不变，水所占成分比例一定。结晶水在矿物晶格中结合牢固程度远比结构水差，加热失水，失水温度一般都在200 ~ 500℃之间，个别矿物可高达600℃。某些矿物失水有阶段性，如：

$$CuSO_4 \cdot 5H_2O \xrightarrow{30℃} CuSO_4 \cdot 3H_2O \xrightarrow{100℃} CuSO_4 \cdot H_2O \xrightarrow{400℃} CuSO_4$$

蓝色晶体　　　　　　天蓝色晶体　　　　　浅蓝色晶体　　　　白色粉末

伴随着结晶水的脱失，原矿物的晶体结构都要发生破坏或被改造，从而重建新的晶格成为另一种矿物。

## 三、吸附水

吸附水是由表面能而吸附存在于矿物表面或缝隙中的普通水。其中附着于矿物颗粒表面的称为薄膜水；充填在矿物个体或集合体间细微裂隙中的称为毛细管水；作为分散媒吸附在胶粒表面上的称为胶体水。胶体水在矿物中的含量是可以变化的，如蛋白石 $SiO_2 \cdot nH_2O$。

吸附水不参加矿物的结晶构造，其含量随温度的不同而变化，在常压下，当

加热到 $100 \sim 110℃$ 时，可全部从矿物中逸出；而胶体水逸出的温度较高，为 $100 \sim 250℃$。

矿物中吸附水的存在，对矿物的风化起着重要的作用。

## 四、层间水

它是以中性分子形式存在于某些具有层状结构的硅酸盐矿物中的水，如存在于蒙脱石（胶岭石、微晶高岭石）$Mg_3[Si_4O_{10}](OH)_2 \cdot nH_2O$ 矿物中。蒙脱石具有层状构造，水分子即处在层之间，并夹杂有交换性的阳离子 $Na^+$、$Ca^{2+}$ 等。水的含量多少受交换性阳离子的种类和矿物所处的空气潮湿程度控制，水可以吸入和排出。吸水晶格膨胀，失水晶格收缩，但构造不破坏，其晶格常数 $c$ 值在 $0.96 \sim 2.84nm$ 之间变化，如图 3 - 3 所示。

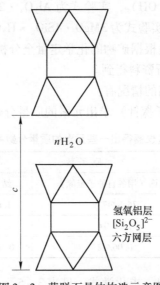

图 3 - 3　蒙脱石晶体构造示意图

## 五、沸石水

以中性水分子形式存在于沸石族矿物晶格中的水，称为沸石水。沸石具有海绵状的原子结构，在这种结构中存在有大小不等的孔道，水分子就存在于这些孔道之中，位置并不十分固定。沸石水的含量可根据周围介质的湿度而变化，加热时，在 $80 \sim 110℃$ 范围内，逐渐失水，但此时晶体结构并不因此而被破坏；一旦外界湿度达到某种程度时，则又重新吸水，并恢复到原来的含水限度。

沸石水性质与层间水类似，是介于结晶水与吸附水之间的一种过渡型。

顺便指出，沸石对流体混合物能起筛选作用，可以除去液体或气体中的有害杂质，达到净化的目的。

在一种矿物中可以存在几种形式的水。研究水在矿物中的存在形式，最好的方法是热分析法，此外 X 射线结构分析、电子衍射法和中子衍射法也很有效。

应用矿物的失水温度可以鉴定矿物，并为某些矿物原料的烧成曲线提供参数。

# 第三节　矿物化学式及其计算

矿物的化学式有实验式和结构式两种。实验式只能表示矿物中组成元素的种类及其数量比，未反映元素在构造中的相互关系。构造式不仅能表示矿物中组成元素的种类及其数量比，并且可以反映出元素在构造中的相互关系。例如，高岭石的结构式为 $Al_4[Si_4O_{10}](OH)_8$，实验式为 $Al_2O_3 \cdot 2SiO_2 \cdot 2H_2O$；滑石的结构式为 $Mg_3[Si_4O_{10}](OH)_2$，实验式为 $3MgO \cdot 4SiO_2 \cdot H_2O$。

矿物化学式的计算，是根据矿物的化学定量全分析数据换算而得来的，结构式还需结合 X 射线结构分析资料得到。

在实际工作中可能遇到的情况有：

（1）通过仪器（如电子探针）求出元素的质量分数，求化学式，见表 3 - 4。

表 3 - 4　通过仪器得出一些元素的质量分数并求出化学式

| 成　分 | 质量分数/% | 原 子 数 | | 原子数目简单比例 | 化学式 |
| --- | --- | --- | --- | --- | --- |
| | | 换算（用各自原子量除） | 结果 | | |
| Ti | 76.8 | 76.8/47.9 | 1.60 | 1$^+$ | |
| N | 18.8 | 18.8/14 | 1.34 | 1$^-$ | TiN(C) |
| C | 0.06 | 0.06/12 | 0.005 | 痕 | |

（2）已知化学分析结果，求化学式，见表 3 - 5。

表 3 - 5　通过化学分析结果求出化学式

| 成　分 | 质量分数/% | 分 子 数 | | 分子数目简单比例 | 化学式及矿物名称 |
| --- | --- | --- | --- | --- | --- |
| | | 换算（以各自的分子量除） | 结果 | | |
| BeO | 14.01 | 14.01/25.1 | 0.5582 | 3 | $3BeO \cdot Al_2O_3 \cdot 6SiO_2$ |
| $Al_2O_3$ | 19.26 | 19.26/102.2 | 0.1885 | 1 | 或归并成 |
| $SiO_2$ | 66.37 | 66.37/60.3 | 1.1007 | 6 | $Be_3Al_2[Si_6O_{18}]$ 绿柱石 |
| 合　计 | 99.64 | | | | |

（3）已知化学式求矿物的理论组成。

高岭石的化学式为 $Al_2O_3 \cdot 2SiO_2 \cdot 2H_2O$，其理论组成计算见表 3 - 6。

**表 3 – 6  高岭石理论组成的计算**

| 化 学 式 | 成 分 | 分子量 | 质量分数/% |
|---|---|---|---|
| $Al_2O_3 \cdot 2SiO_2 \cdot 2H_2O$ | $Al_2O_3$ | 101.9 | $101.9/258.1 \times 100\% = 39.5$ |
| | $SiO_2$ | 120.2 | 46.5 |
| | $H_2O$ | 36.0 | 14.0 |
| | 合 计 | 258.1 | |

# 第四章 矿物的物理性质

矿物的物理性质与其形态一样，主要取决于矿物的化学成分和内部构造，而形成时的物理化学环境对其也有一定的影响。例如，金刚石和石墨，成分同是碳，但在密度（比重）、硬度、解理、导电性等方面明显不同，主要是内部构造中碳的排列方式不一样，见表4-1。

表4-1 金刚石和石墨的性质对比

| 性质 | 成分 | 晶系 | 透明度 | 莫氏硬度 | 解 理 | 密度/g·cm$^{-3}$ | 导电性 |
|---|---|---|---|---|---|---|---|
| 金刚石 | C | 等轴 | 透明 | 10 | 平行 {111} 中等 | 3.5~3.35 | 弱 |
| 石墨 | C | 六方 | 不透明 | 1 | 平行 {0001} 完全 | 2.23~2.09 | 强 |

矿物的物理性质是鉴定矿物的主要依据，某些矿物的性质还是工业部门应用的特性。从事耐火材料工作，研究矿物物理性质，主要是为了合理选择和利用工业原料，并探讨其与耐火材料性能之间的关系。鉴于此，本章仅讨论与耐火材料专业较为密切的矿物的物理性质。

## 第一节 矿物的力学性质

矿物的力学性质是在外力作用下（如刻划、敲打等）所表现出的能力，包括解理、硬度等。

### 一、解理和断口

矿物被敲打后沿一定的结晶方向破裂成光滑平面的能力，称为解理，该平面称为解理面。如不沿一定的方向而是任意方向破裂成凹凸不平的表面，称为断口。

解理的产生与晶体的内部构造密切相关，而与外形无关。在晶体内质点各方向结合力的强度不同，结合力最弱的地方容易产生解理，如图4-1所示。

由图4-1可见，解理在平行于密度最大的面网发生，即沿1-1发生，而沿2-2方向较难，沿3-3方向则不易产生解理，因为3-3方向两边面网之间的距离最小。

解理面是质点间结合力最小的平面，如层状结构的硅酸盐矿物云母、蛭石，

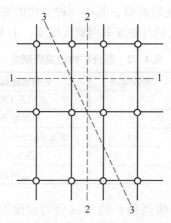

图 4-1　解理面与面网密度的关系

构造中层与层之间以分子键来联系，键能弱，所以平行层面有极完好的解理；而孤岛状构造的硅酸盐矿物，如镁橄榄石，因构造各方向键能相近，往往解理不完全。解理和断口互为消长，解理极完全则无断口，断口发育则无解理。

矿物解理按其产生的难易和解理的平滑程度分为四级：

（1）极完全解理。矿物极易沿一定方向裂成叶片或薄片，解理面平滑，如云母。

（2）完全解理。矿物被敲击后容易分裂成小块，解理面相当平滑，如方解石、菱镁矿。

（3）中等解理。解理程度较差，矿物破碎后可以见到解理面，也可以见到方向不定的断口，如长石。

（4）不完全解理。解理面很小，不易发现，大部分为平坦的断口，如绿柱石、橄榄石。

如果所见矿物的分裂面都是断口，如石英（具有贝壳状断口），则称为无解理的矿物。

由于结晶格架中构造单位之间的连结力在各个方向不同，故同一矿物可以有不同方向和不同发育程度的几组解理同时出现。不同的矿物，具有不同的解理。

解理与耐火材料生产工艺关系密切，容易发生解理或解理方向较多的矿物，则容易破碎，因而可以大大缩短破碎时间，提高破碎效率。但是，破碎后的颗粒缺少棱角，易使坯体及制品的气孔率偏高。

某些晶体利用解理这一性质，提高其使用价值。如石墨、滑石，因其薄片状解理发育，可作为润滑材料。

## 二、硬度

矿物抵抗外来机械作用（刻划、压入、研磨等）的能力称为矿物的硬度。

通常以两种矿物相互刻划比较而得，其中一种矿物的硬度为已知，就可确定另一种矿物的相对硬度。矿物的相对硬度采用莫氏硬度，由十种矿物表示，见表4－2。

表4－2　部分矿物的莫氏硬度

| 矿物名称和分子式 | 硬度等级 | 矿物名称和分子式 | 硬度等级 |
|---|---|---|---|
| 滑石 $Mg_3(Si_4O_{10})(OH)_2$ | 1 | 正长石 $KAlSi_3O_8$ | 6 |
| 石膏 $CaSO_4 \cdot 2H_2O$ | 2 | 石英 $SiO_2$ | 7 |
| 方解石 $CaCO_3$ | 3 | 黄玉 $Al_2[SiO_4](F, OH)_2$ | 8 |
| 萤石 $CaF_2$ | 4 | 刚玉 $Al_2O_3$ | 9 |
| 磷灰石 $Ca_5(PO_4)_3(F, Cl, OH)$ | 5 | 金刚石 C | 10 |

在表4－2中，硬度等级高的矿物可以刻划硬度等级低的矿物并留有刻痕。矿物的硬度也可用下列代用品近似确定，如指甲硬度为1～2.5，小刀硬度为5～5.5。若要精确地测定矿物硬度，可用显微硬度计等专业仪器。

矿物的硬度取决于它的化学成分与内部构造。一般说来，晶体构造中原子或离子的结合力越强，则硬度就越大。从晶体化学观点来看，晶体矿物的硬度与离子半径、离子电价、阳离子配位数等因素有关。阳离子电价越高，半径越小，配位数越高，则排列越紧密，质点距离越小，吸引力越大，抵抗外力的强度就越大，故硬度越大。

矿物中含有水分子或遭受风化，有裂隙，具有脆性，含杂质及粉末状、土状等疏松状集合体都会使硬度降低。

不仅不同矿物的硬度不同，而且在同一晶体的不同方向上硬度也有所不同。如蓝晶石矿物，在（100）面上，沿晶体延长方向的硬度为4.5，而沿垂直延长方向的硬度为6.5。

矿物的硬度与耐火材料生产的关系颇为密切。矿物与原料的硬度大，就难破碎，破碎时耗能大，设备效率低且容易损坏。但是矿物的硬度可以表征耐火制品的耐压强度。如果耐火制品中的主要矿物的硬度较大，可得到较高的耐压强度。高硬度的矿物是重要的工业原料，如金刚石广泛被用于研磨、抛光、切割等重要工序。

## 第二节　矿物的热学性质

耐火材料生产与使用离不开温度的因素。因此，矿物的各种热学性质对耐火材料的制造与使用十分重要。

### 一、熔点

熔点就是晶体物质的熔融温度。熔点的高低与晶体结构有关，晶体质点之间的结合力越大，结构越稳定，其熔点越高。由共价键、离子键结合的晶体，因质点的结合力强，有较高的熔点。硅酸盐硅氧骨干的化学键近似于共价键，硅氧骨干与外部阳离子是以离子键联系，因而硅酸盐矿物具有较高的熔点，如镁橄榄石为1890℃，滑石为1550℃。氧化物是由离子键结合，也具有较高的熔点，如方镁石（MgO）为2800℃，刚玉（$Al_2O_3$）为2050℃。而金属键、分子键结合的晶体熔点较低，如由分子键结合的有机化合物晶体的熔点非常低，例如萘（$C_{10}H_8$）熔点为80.1℃。

研究指出，具有立方面心晶格的AO型氧化物和$AO_2$型（萤石型）氧化物具有较高的熔点，见表4-3和表4-4。

表4-3 具有NaCl型结构的AO型氧化物的熔点

| 氧化物 | MgO | CaO | SrO | NiO | BaO | CoO | MnO |
|---|---|---|---|---|---|---|---|
| 熔点/℃ | 2800 | 2570 | 2430 | 2090 | 1923 | 1935 | 1790 |

表4-4 具有萤石型结构的$AO_2$氧化物的熔点

| 氧化物 | $ThO_2$ | $ZrO_2$ | $CeO_2$ | $UO_2$ |
|---|---|---|---|---|
| 熔点/℃ | 3050 | 2710 | 2600 | 2800 |

萤石型结构如图4-2所示。

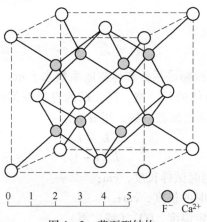

图4-2 萤石型结构

碱金属氧化物$Li_2O$、$Na_2O$、$K_2O$等，虽然也属萤石型结构，但是这两种离子所处的位置已全部互相调换，即表现出反同形体的现象，致使结构变松弛，并在同一种系列中，晶胞越大，熔点的下降也越显著，见表4-5。

表4-5 反萤石型氧化物的熔点

| 氧化物 | $Li_2O$ | $Na_2O$ | $K_2O$ |
|---|---|---|---|
| 熔点/℃ | 1270 | 1275 | 881 |
| 单位晶格/nm | 0.462 | 0.555 | 0.641 |

就氧化物而言，一般配位数较大，晶体的熔点都较高，化学稳定性和硬度也都较大。目前认为耐火氧化物中最有前途的是下列几种：$Al_2O_3$（熔点 2050℃）、$SiO_2$（熔点 1713℃）、$MgO$（熔点 2800℃）、$CaO$（熔点 2572℃）、$Cr_2O_3$（熔点 2275℃）、$ZrO_2$（熔点 2710℃或 2950℃）。

碳化物和氮化物是陶瓷、耐火材料等高温材料的重要原料，它们的熔点较高（见表4-6），其原因是正离子和填充在间隙内的碳或氮原子之间的键能非常大。

**表4-6　碳化物、氮化物的熔点**

| 碳化物 | 单位晶格/nm | 熔点/℃ | 氮化物 | 单位晶格/nm | 熔点/℃ |
|---|---|---|---|---|---|
| TiC | 0.432 | 3140 | TiN | 0.423 | 3220 |
| ZrC | 0.469 | 3532 | ZrN | 0.462 | 2980 |
| HfC | 0.464 | 4160 | HfN | — | — |
| VC | 0.414 | 2810 | VN | 0.413 | 2320 |
| NbC | 0.440 | 3500 | NbN | 0.441 | 2050 |
| TaC | 0.445 | 4150 | TaN | — | 3360 |

熔点与耐火材料的关系是很明显的。耐火材料需要高熔点的矿物，如果耐火制品中的主要矿物熔点高，则制品在高温下抵抗熔化的性能就好，其耐火度就高。

## 二、热膨胀性

固体的热膨胀常用线膨胀系数和体膨胀系数来表示。固体由于温度上升1℃所引起的线度（如长方体的长、宽、高，球的直径等都叫做线度）的增长与它在0℃时的线度的比，叫线膨胀系数，用 $\alpha$ 表示：

$$\alpha = \frac{L_t - L_0}{L_0(t - t_0)}$$

式中　$L_0$——0℃或室温时试样长度，cm；

　　　$L_t$——测定温度时的长度，cm；

　　$t$，$t_0$——分别为测定温度，0℃（或室温）。

热膨胀率是在测定温度范围内试样长度变化值占原长度的百分数，其表示式为：

$$P = \frac{L_t - L_0}{L_0} \times 100\%$$

体膨胀系数用 $\beta$ 表示，它是固体由于温度上升1℃所引起的体积增大与其在0℃时体积的比：

$$\beta = \frac{V_t - V_0}{V_0 t}$$

式中 $V_t$——试样在温度为 $t$℃时的体积；

$V_0$——试样在 0℃ 或室温时的体积。

等轴晶系晶体无膨胀异向性，而中级晶族与低级晶族晶体膨胀具异向性。各个方向的线膨胀系数都相同的固体，它的体膨胀系数是线膨胀系数的三倍。各个方向线膨胀系数不同的晶体，可近似地认为体膨胀系数等于线膨胀系数之和。

热膨胀的原因有两个：一是由于键的长度增加，离子或原子间的距离变大；二是键的长度虽无变化，但键的方向发生了变化。例如，石英矿物的各种变体，因 Si—O 键的长度增加产生的膨胀不大，它们在转变点发生的膨胀是由键的方向发生变化引起的，也就是键角的变化引起较大的热膨胀。由于熔融石英是无序结构，键与键之间的角度完全没有规律，膨胀完全是由于键的长度增加，所以膨胀系数很小。

从以上热膨胀的原因可知，由离子键或共价键形成的晶体，热膨胀均较小，而以分子键结合的分子晶体，热膨胀则非常大，如草酸（有机物）为 $2.6 \times 10^{-4}$/℃。

晶体的热膨胀系数通常随温度升高而增大。在温度升高时，晶格中离子结合力减弱，质点间距离易变大。表 4 – 7 列出方镁石的热膨胀系数与温度的关系。

表 4 – 7 方镁石的热膨胀系数与温度的关系

| 温度/℃ | 50 | 100 | 200 | 300 | 400 | 500 |
|---|---|---|---|---|---|---|
| $\alpha$/℃$^{-1}$ | $6.7 \times 10^{-6}$ | $9.1 \times 10^{-6}$ | $10.9 \times 10^{-6}$ | $11.6 \times 10^{-6}$ | $12.1 \times 10^{-6}$ | $12.6 \times 10^{-6}$ |
| 温度/℃ | 600 | 700 | 800 | 900 | 1000 | |
| $\alpha$/℃$^{-1}$ | $13.0 \times 10^{-6}$ | $13.2 \times 10^{-6}$ | $13.5 \times 10^{-6}$ | $13.7 \times 10^{-6}$ | $13.8 \times 10^{-6}$ | |

热膨胀性对耐火制品的高温使用性能（如体积稳定性、热震稳定性）有重要影响。热膨胀系数大的制品的热震稳定性差。在应用耐火材料砌筑热工窑炉时，需要注意各类耐火材料在不同部位的膨胀性，以便留有足够的缝隙。材料的热膨胀性、热膨胀系数的大小，热膨胀曲线的特征，是正确制定烘炉升温曲线的依据。

制品的热膨胀性能主要取决于其物相组成、显微结构和外界温度。表 4 – 8 列出了某些矿物的热膨胀系数。

表 4 – 8 某些矿物的热膨胀系数

| 矿物名称 | 成　分 | 温度/℃ | 热膨胀系数 $\alpha$/℃$^{-1}$ |
|---|---|---|---|
| 方镁石 | MgO | 20 ~ 1000 | $13.5 \times 10^{-6}$ |
| 石灰 | CaO | 0 ~ 1700 | $13.8 \times 10^{-6}$ |
| 镁铁矿（铁酸镁） | $MgO \cdot Fe_2O_3$ | 100 ~ 1100 | $13.2 \times 10^{-6}$ |
| 镁铝尖晶石 | $MgO \cdot Al_2O_3$ | 100 ~ 1100 | $9.2 \times 10^{-6}$ |

| 矿物名称 | 成　分 | 温度/℃ | 热膨胀系数 $\alpha/℃^{-1}$ |
|---|---|---|---|
| 铬铁矿 | $FeO \cdot Cr_2O_3$ | 100 ~ 1100 | $8.2 \times 10^{-6}$ |
| 刚玉 | $\alpha - Al_2O_3$ | 0 ~ 1000 | $8.0 \times 10^{-6}$ |
| 莫来石 | $3Al_2O_3 \cdot 2SiO_2$ | 25 ~ 1400 | $5.4 \times 10^{-6}$ |
| 锆英石 | $ZrO_2 \cdot SiO_2$ | 20 ~ 1000 | $4.2 \times 10^{-6}$ |
| 碳化硅 | $SiC$ | 0 ~ 1000 | $3.5 \times 10^{-6}$ |
| 堇青石 | $3MgO \cdot 2Al_2O_3 \cdot 5SiO_2$ | 0 ~ 1000 | $2.0 \times 10^{-6}$ |
| 石墨 | $C$ | 0 ~ 1000 | $1.4 \times 10^{-6}$ |

## 三、导热性

热从物体温度较高的部分，沿着物体内部自动传到温度较低的部分，叫做热传导。用导热系数（或导热率）$\lambda$ 表示不同物质的导热性能，单位为 $kJ/(m \cdot h \cdot ℃)$。以下为晶体导热系数的一个公式：

$$\lambda = K\rho cvL$$

式中　$\rho$——密度；

　　　$c$——比热容；

　　　$v$——声速（固体介质中热波的平均传播速度）；

　　　$L$——平均自由程长。

$L$ 和温度 $t$ 一般成反比关系。晶体的导热主要是晶格质点的热振动，当温度升高时，质点热振动加剧，其平均自由程较小。表 4 - 9 列出氧化物在不同温度下的 $\lambda$ 值。

表 4 - 9　几种氧化物在不同温度下的 $\lambda$ 值

| 温度/℃ | $\lambda/kJ \cdot (m \cdot h \cdot ℃)^{-1}$ | | | | | | |
|---|---|---|---|---|---|---|---|
| | $Al_2O_3$ | $BeO$ | $MgO$ | $CaO$ | $ZrO_2$ | $ThO_2$ | $UO_2$ |
| 100 | 0.3025 | 2.1757 | 0.3443 | 0.1523 | 0.0195 | 0.1025 | 0.0979 |
| 600 | 0.0912 | 0.4686 | 0.1100 | 0.0828 | 0.0210 | 0.0435 | 0.0439 |
| 1100 | 0.0615 | 0.2029 | 0.0669 | 0.0778 | 0.0229 | 0.0305 | 0.341 |
| 1200 | 0.0552 | 0.1724 | 0.0586 | — | 0.0239 | 0.0251 | — |
| 1400 | 0.0548 | 0.1636 | 0.0577 | — | 0.0244 | 0.0247 | — |
| 1600 | 0.0607 | 0.1515 | 0.0657 | — | 0.0244 | — | — |

由表 4 - 9 可见，当温度升高时，金属氧化物的导热系数有所降低。一般晶体的导热系数均随温度升高而降低，即 $\dfrac{d\lambda}{dT} < 0$。在无定形物质（如玻璃）内，平

均自由程长由于质点的无规则排列而变得很小，使得玻璃的导热率 $\lambda$ 小于晶体，并且玻璃质和非晶体物质的导热率随温度升高而增大，即 $\dfrac{\mathrm{d}\lambda}{\mathrm{d}T}>0$。

除温度影响外，矿物组成和气孔率均影响导热率。等轴晶系矿物热传导是各向同性的，非等轴晶系矿物热传导是各向异性的。气孔率与导热率成反比，气孔的形状、大小对导热率有影响。

耐火制品是多矿物和玻璃质的集合体，气孔是无序排列的，并且各种制品玻璃相含量不同，温度升高时，导热系数有不同变化。例如黏土砖、硅砖，由于含有较多的玻璃相，所以温度升高时导热系数增大；而镁砖中玻璃相量少，主晶相是方镁石，基质主要是镁橄榄石和钙镁橄榄石，所以其导热系数随温度升高反而下降。

导热系数 $\lambda$ 小于 $0.84\mathrm{kJ/(m \cdot h \cdot ℃)}$ （ $0.2\mathrm{kcal/(m \cdot h \cdot ℃)}$ ）的材料，称为隔热材料。例如硅藻土砖，体积密度 $0.55\mathrm{g/cm^3}$ ，导热系数 $0.08+0.21\times10^{-3}t_\mathrm{p}$ ，允许工作温度为 $900℃$ ，还有轻质黏土砖、蛭石、珍珠岩制品、漂珠制品等。

导热系数表示砖体在骤热或骤冷时热传递速度的快慢。导热系数大的制品内外层温差减小，相应地减少了内外层间的热应力，从而有利于提高热震稳定性。测定耐火制品的导热系数对于热工设计中进行热量衡算是必不可少的。

# 第三节　矿物的比重和其他物理性质

## 一、比重

矿物的比重是指矿物在空气中的重量与同体积的水在 $4℃$ 时重量之比，其数值与密度完全一样。天然矿物的比重变化范围很大，由比重为 0.9 的地蜡直到比重为 23 的锇铱矿族矿物为止。一般把矿物的比重分为如下三级：轻的，比重在 2.5 以下；中等的，比重在 2.5 ~ 4 之间；重的，比重在 4 以上。绝大多数的矿物比重在 2.5 ~ 4 之间。由于矿物中常有类质同象混入物，故比重可在一定范围内变化。同质异象变体，其比重也常不同，如金刚石和石墨，前者为 3.5，后者为 2.1 ~ 2.2。

矿物比重与矿物化学成分、内部构造有关，比重与化学成分中原子量或分子量成正比。阳离子半径小，配位数高，或阳离子电价高，阴离子电价低时比重均较大。总之，构造越紧密，则比重越大。岛状构造硅酸盐比重较大，层状次之，架状最小。

矿物的比重除了作为一种鉴定特征外，在分选有用矿物、研究原料的烧结行为时，都有很大的实用意义。例如，原料中常存在的铁，烧结过程中随着电价的变化，比重发生变化，体积效应相应变化，即：

$$FeO \longrightarrow Fe_2O_3 \longrightarrow FeO \cdot Fe_2O_3$$

比重　5.6　　　5.26　　　4.96~5.20

又如，二氧化硅在加热过程有多种变体，各变体比重不一样，相应有体积效应发生，即：

$$\beta - 石英 \xrightleftharpoons{573℃} \alpha - 石英，\Delta V = 0.82\%$$

比重 2.65　　比重 2.533

## 二、润湿性

矿物表面能否被液滴所润湿的性质称为润湿性。矿物润湿性的大小，可以根据水在矿物表面所形成的接触角 $\theta$ 的大小来确定，如图 4-3 所示，$\theta$ 越小者，润湿性越大。表 4-10 为某些矿物的接触角。一般难润湿的矿物易浮，润湿性强的矿物难浮，前者如滑石、石墨、黄铜矿等，后者如石英、方解石、云母等。矿物的润湿性是浮选的理论基础，是浮选常用来判断矿物可浮性好坏的标志，也是用以考察制品抗渣性能的重要参数。

表 4-10　矿物的接触角　　　　　　　　　　　　　(°)

| 矿物名称 | 云母 | 石英 | 方解石 | 重晶石 | 黄铁矿 | 萤石 | 黄铜矿 | 石墨 | 滑石 |
|---|---|---|---|---|---|---|---|---|---|
| $\theta$ | 0 | 0~10 | 20 | 30 | 33 | 41 | 47 | 60 | 69 |

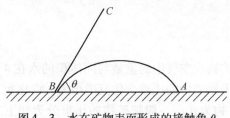

图 4-3　水在矿物表面形成的接触角 $\theta$

## 三、磁性

根据矿物在磁场内引起磁场强度变化的不同，矿物磁性分为三类：

（1）铁磁性矿物，能为磁体所吸，本身也可吸铁，易磁化，磁化后磁性保留而不失去，如磁铁矿。

（2）顺磁性矿物，能为磁体所吸，本身不能吸铁，可以磁化，磁化后磁性可失去，如黄铁矿。

（3）逆磁性矿物，为磁体所排斥，这类矿物极少。

利用矿物的电磁性可将矿物分离，以及制造各种电讯材料，还可利用它进行物相鉴定。在用黏土、高铝耐火原料合成莫来石时应用磁性去除铁质矿物。

## 四、导电性

矿物对电流的传导能力，称为矿物的导电性。矿物的导电性可用矿物的导电率来表示。导体，如自然金属矿物、大部分硫化物矿物，其导电率 $\rho = 10^2 \Omega^{-1} \cdot cm^{-1}$ 以上；非导体矿物，如硅酸盐、碳酸盐矿物，其导电率 $\rho \leqslant 10^{-12} \Omega^{-1} \cdot cm^{-1}$；导电率介于以上两者之间的矿物属于半导体矿物，如部分硫化物及金属氧化物类。

某些矿物的导电性有重要的实用意义，如石墨是良导体，可作为电极材料；云母是不良导体，可作为绝缘材料。耐火矿物原料在烧结过程中，某些矿物熔融成为熔体，导电率会发生变化。据此，可用来测定并判断液相生成情况。

## 五、可塑性

矿物与水作用，可塑成任意形状，如高岭石等黏土矿物具有这一性质。此外，矿物还具有介电性、荷电性、光性、放射性、挠性、弹性、脆性、滑腻感等性质，可作为鉴定矿物和应用矿物的依据。

# 第五章 耐火材料化学矿物组成

耐火材料是高温工业窑炉的衬材，为此耐火材料必须要与使用的窑炉工作环境相适应。一般而言，优质的耐火材料应具备高的力学性能（如高荷重软化温度、抗蠕变性、高强度等）、抗热震性、抗侵蚀性等。而耐火材料的特定性质又取决于其化学矿物组成和组织结构，即取决于所用的原料和制造方法。显然合理选择与控制原料是十分重要的。

本章仅对耐火材料化学矿物组成进行阐述。

## 第一节 耐火材料化学组成

耐火材料的化学组成是其基本特征，要了解、掌握或改善（改变）耐火材料的特性，需要对其化学组成有全面的认识。化学组成即耐火材料的化学成分，它是耐火材料最基本的特征之一，通常按各种化学成分含量和其作用分为主成分和次成分。主成分为含量多的成分，次成分为含量少的成分。

### 一、主成分

主成分是耐火材料制品中基本的成分，是耐火材料的特性基础，它的性质与含量决定耐火材料制品的性质。耐火材料的特性之一是耐高温，为此主成分的原料应是高熔点的化合物，对原料的检测有一个指标要求，即耐火度（℃），要求耐火度不低于 1580℃。

高熔点的化合物应用较多的主要是周期表中第二周期ⅢA～ⅣA族元素，即硼、碳、氮、氧的化合物，其中量最大的是氧化物，所以又分为氧化物及非氧化物两大类，也可以是复合氧化物（如莫来石 $3Al_2O_3 \cdot 2SiO_2$）或单质（如石墨 C）。

常用耐火氧化物与非氧化物的熔点分别见表 5-1 和表 5-2。常见的耐火氧化物及复合成的主要耐火矿物见表 5-3 及图 5-1。常见的非氧化物耐火材料组成如图 5-2 所示。

表 5-1 常用耐火氧化物的熔点

| 氧化物 | 熔点/℃ | 氧化物 | 熔点/℃ |
|---|---|---|---|
| $SiO_2$ | 1725 | CaO | 2572 |
| $Al_2O_3$ | 2050 | $ZrO_2$ | 2710 |
| MgO | 2800 | $Cr_2O_3$ | 2275 |

**表5－2　常用非氧化物的熔点**

| 名　称 | 化学组成 | 熔点/℃ |
|---|---|---|
| 氮化硼 | BN | 3000 |
| 碳化硼 | $B_4C$ | 2350（分解） |
| 碳化硅 | SiC | 2700（分解） |
| 氮化硅 | $Si_3N_4$ | 2170（分解） |
| 氮化钛 | TiN | 3205 |
| 碳化锆 | ZrC | 3530 |
| 石　墨 | C | 3700 |

**表5－3　主要耐火复合物的熔点**

| 矿物名称 | 化学组成 | 熔点/℃ |
|---|---|---|
| 莫来石 | $3Al_2O_3 \cdot 2SiO_2$ | 1810 |
| 镁铝尖晶石 | $MgO \cdot Al_2O_3$ | 2135（分解） |
| 镁铬尖晶石 | $MgO \cdot Cr_2O_3$ | 2180 |
| 锆英石 | $ZrO_2 \cdot SiO_2$ | 2500 |
| 硅酸二钙 | $2CaO \cdot SiO_2$ | 2130 |
| 镁橄榄石 | $2MgO \cdot SiO_2$ | 1890 |
| 白云石 | $MgO \cdot CaO \cdot 2CO_2$ | 2300（MgO与CaO低共熔点） |
| 钛酸铝 | $Al_2O_3 \cdot TiO_2$ | 1860 |

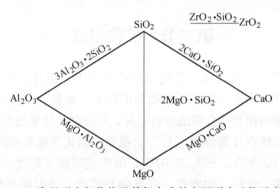

图5－1　常见耐火氧化物及其复合成的主要耐火矿物示意图

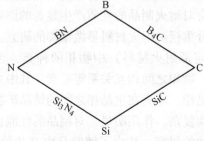

图5－2　常见非氧化物耐火材料组成示意图

## 二、次成分

次成分包含杂质成分和添加成分。

### （一）杂质成分

杂质成分是指对耐火制品性能具有不良影响的部分，来自原料中带入或生产过程中混入，一般而言，$R_2O(K_2O、Na_2O)$、$Fe_2O_3$、$TiO_2$ 都是耐火材料中的有害杂质成分。另外，酸性耐火材料中的碱性氧化物以及碱性耐火材料（以 RO 为主成分）中的酸性氧化物（$RO_2$）都被视为有害物质。因其在高温下具有强烈的溶剂作用，这种作用使得共溶液相生成温度降低，生产的液相量增加，而且随温度的升高，液相量增长的速度加快，从而严重影响耐火制品的高温性能。因此了解杂质成分对耐火制品的危害，在选择原料时要注意控制杂质。

### （二）添加成分

为了弥补主要成分在使用性能、生产性能或作业性能中的某方面的不足而使用。它能明显改变耐火制品某种功能或特性，用量很少。例如，煤层顶底板围岩煤矸石，若将其煅烧成低铝莫来石（M45），为避免产品中的物相生成方石英，添加某种成分是可行的选择。又例如，不定形耐火材料（如浇注料），为了抵消或减少它在高温下的收缩，防止产生结构剥落，加入某种物料作为膨胀剂（如蓝晶石），已成为耐火材料同行的共识。

# 第二节 矿物组成

耐火制品的矿物组成取决于它的化学组成和工艺条件。化学组成相同的制品，由于工艺条件的不同，所形成矿物相的种类、数量、结晶程度、晶粒大小、形状、分布和物相的相互结合情况会有差异，致使制品性能迥然不同。例如，蓝晶石、红柱石、硅线石（简称"三石"），虽然它们化学成分相同，都是 $Al_2O_3 \cdot SiO_2$，其中 $Al_2O_3$ 62.93%，$SiO_2$ 37.07%，但生成时由于温度、压力不同，地质环境不一，其结构、性质（如密度、高温物相变化、高温膨胀性等）则完全不同。即使是矿物的组成相同或相近，其矿物相的结晶程度大小、形状分布及物相之间相互关系不同，也会对耐火制品的性质产生显著的影响。

鉴于此，我们要十分重视对耐火材料显微结构的研究。所谓耐火材料显微结构是指耐火制品（含不定形耐火材料）中物相的种类、含量，主晶相的结晶程度、形状、大小、分布，物相之间相互关系等要素。其中主晶相是耐火制品结构的主体，是熔点较高的晶相。填充在主晶相之间的结晶矿物或玻璃称为基质。基质数量不多，但成分结构复杂，作用明显，对制品的性能也有重要影响。

对耐火制品显微结构的研究，从中了解制品中有几种晶相，主晶相的含量，主晶相本身性质、特点（如晶体发育程度），有无相互交错，与次晶相或与基质相互结合的状态等，从而可判断制品的性质，预测制品使用中的问题。因此，对耐火制品使用过程或使用后进行显微结构分析，可提供今后改进质量的方向。

一个真实的例子：某钢铁公司高炉热风炉拱顶经过几年使用，发现有鼓胀现象，停炉检查，拱顶用的硅砖中除含有鳞石英外，还含有方石英，其含量大大超标（远大于1%）。由于方石英在$SiO_2$变体中，$\Delta V$最大（$\Delta V = 2.8\%$），因此发生鼓胀现象。由此可见确认耐火制品中矿物组成相互关系和矿物的性质有多么重要。耐火材料显微结构，详见高振昕等专家的专著（2002年）。常见耐火制品的主要化学及矿物组成见表5-4。

**表5-4 常见耐火制品的主要化学及矿物组成**

| 制品类别 | 主要化学成分 | 主晶相 | 主成分含量/% |
|---|---|---|---|
| 硅砖 | $SiO_2$ | 鳞石英、方石英 | $SiO_2 > 93$ |
| 半硅砖 | $SiO_2$、$Al_2O_3$ | 莫来石、方石英 | $SiO_2 > 65$ |
| 黏土砖 | $SiO_2$、$Al_2O_3$ | 莫来石、方石英 | $Al_2O_3 > 30$ |
| Ⅲ等高铝砖 | $Al_2O_3$、$SiO_2$ | 莫来石、方石英 | $Al_2O_3\ 48 \sim 60$ |
| Ⅱ等高铝砖 | $Al_2O_3$、$SiO_2$ | 莫来石、方石英 | $Al_2O_3\ 60 \sim 75$ |
| Ⅰ等高铝砖 | $Al_2O_3$、$SiO_2$ | 莫来石、刚玉 | $Al_2O_3 > 75$ |
| 莫来石砖 | $Al_2O_3$、$SiO_2$ | 莫来石 | $Al_2O_3\ 70 \sim 78$ |
| 刚玉砖 | $Al_2O_3$、$SiO_2$ | 刚玉、莫来石 | $Al_2O_3 > 90$ |
| 电熔刚玉砖 | $Al_2O_3$ | 刚玉 | $Al_2O_3 \geqslant 98$ |
| 铝镁砖 | $Al_2O_3$、$MgO$ | 刚玉（或莫来石）、镁铝尖晶石 | $Al_2O_3 > 70$，$MgO\ 8 \sim 10$ |
| 镁砖 | $MgO$ | 方镁石 | $MgO > 87$ |
| 镁硅砖 | $MgO$、$SiO_2$ | 方镁石、镁橄榄石 | $MgO > 82$，$SiO_2\ 5 \sim 10$ |
| 镁铝砖 | $MgO$、$Al_2O_3$ | 方镁石、镁铝尖晶石 | $MgO > 80$，$Al_2O_3\ 5 \sim 10$ |
| 镁铬砖 | $MgO$、$Cr_2O_3$ | 方镁石、镁铬尖晶石 | $MgO > 40$，$Cr_2O_3\ 5 \sim 18$ |
| 铬镁砖 | $Cr_2O_3$、$MgO$ | 镁铬尖晶石、方镁石 | $MgO\ 25 \sim 55$，$Cr_2O_3\ 20 \sim 35$ |
| 镁橄榄石砖 | $MgO$、$SiO_2$ | 镁橄榄石、方镁石 | $MgO\ 55 \sim 65$，$SiO_2\ 20 \sim 35$ |
| 镁钙砖 | $MgO$、$CaO$ | 方镁石、硅酸二钙 | $MgO > 80$，$CaO > 8$ |
| 镁白云石砖 | $MgO$、$CaO$ | 方镁石、氧化钙 | $MgO > 74$，$CaO > 20$ |
| 白云石砖 | $CaO$、$MgO$ | 氧化钙、方镁石 | $CaO > 45$，$MgO > 35$ |
| 锆刚玉砖 | $Al_2O_3$、$ZiO_2$、$SiO_2$ | 刚玉、莫来石、斜锆石 | |
| 锆莫来石砖 | $Al_2O_3$、$SiO_2$、$ZrO_2$ | 莫来石、锆英石 | |
| 锆英石砖 | $ZrO_2$、$SiO_2$ | 锆英石 | |
| 镁碳砖 | $MgO$、$C$ | 方镁石、无定形碳（或石墨） | |
| 铝碳砖 | $Al_2O_3$、$C$ | 刚玉、莫来石、无定形碳（或石墨） | |

# 第六章 岩石学基础

在以后有关耐火材料原料的论述中，将会遇到矿物的成因等问题，接触到新的词汇或术语，如各类岩石、矿床的品位及储量等，故在本章简要讨论岩石，提供岩石学的一些知识，帮助我们更好了解、掌握有关原料方面的情况，以便更合理利用。另外在今后工作中研究原料的物质成分和性质以及对原料的加工等，也要用到岩石学方面的知识和方法。

## 第一节 岩石的概念

简单的说，岩石是矿物的集合体，是各种地质作用的产物，具有一定的地质意义，是构成地壳的物质基础。单独一块矿物不能算作岩石，只能称为矿物；而同一种矿物的许多颗粒集合起来，才可以叫岩石。这种同一种矿物的集合物，通常称为单矿物岩石。工业上有开采利用价值的矿物集合体叫做矿床，如符合技术要求的白云岩称为白云石矿床。所谓地质意义就是代表一些地质作用，对于地壳的形成和发展有一定关联性，而人造岩石并无地质意义。

## 第二节 岩石的分类

岩石根据成因可分为三大类：岩浆岩（又称火成岩）、沉积岩、变质岩。在这三大类岩石中，岩浆岩占有比较重要的地位。

### 一、岩浆岩

岩浆岩是内力地质作用的产物，是地壳深处的岩浆沿地壳裂缝上升冷凝而成，埋在地下深处或接近地表的称为侵入岩；而喷出地表的称为喷出岩。其特征为：一般较坚硬，矿物多成结晶粒状紧密结合，常具有块状、流纹状及气孔状构造，原生节理发育。

研究岩浆岩需从物质成分、结构构造、产状几个方面研究，鉴于本书研究对象以耐火材料为主，而非地质类专业，故多讨论物质成分内容。

（一）岩浆岩化学成分

地壳中存在的元素在岩浆岩中都存在，但含量变化很大。所以常用氧化物来表示，岩浆岩主要由 $SiO_2$、$Al_2O_3$、$Fe_2O_3$、$FeO$、$MgO$、$CaO$、$Na_2O$、$K_2O$、$H_2O$、$TiO_2$ 等十种氧化物组成，其重量总和占总重量的99%以上，在这些氧化物中最重要的是 $SiO_2$，它是划分各类岩浆岩的基础。

（二）岩浆岩类型和一般特征

按 $SiO_2$ 含量的多少，可将岩浆划分为四个类型，见表6-1。

**表6-1 岩浆岩分类及矿物成分、常见岩石**

| 名称 | $SiO_2$ 含量/% | 矿物成分及主要矿物 | 常见岩石 | | |
| --- | --- | --- | --- | --- | --- |
| | | | 深成岩 | 浅成岩 | 喷出岩 |
| 超基性岩 | <45（<40） | 以镁铁矿物为主，如橄榄石、辉石；其次为角闪石、黑云母 | 橄榄岩、辉石岩、金伯利岩 | | |
| 基性岩 | 45~52（或40~52） | 有较多镁铁矿物，如辉石、角闪石、橄榄石；出现大量铝硅酸盐矿物，如斜长石和石英 | 辉长岩 | 辉绿岩 | 玄武岩 |
| 中性岩 | 52~65 | 镁铁矿物相对减少，主要为角闪石，其次为辉石和黑云母；硅铝矿物显著增多，主要为中性斜长石，并有少量钾长石 | 闪长岩 | 闪长玢岩 | 安山岩 |
| 酸性岩 | >65（或65~75） | 硅铝矿物大量增多，含大量石英（>20%），尚有钾长石和斜长石；暗色矿物少量，主要为黑云母、角闪石 | 花岗岩 | 花岗斑岩或称石英斑岩 | 流纹岩 |
| 碱性岩 | $K_2O + Na_2O$ 含量特别高 | | 正长岩 | 正长斑岩 | 粗面岩 |

注：各种岩石矿物组成、结构构造等，详见岩石学。

除上述主要岩浆岩外，尚可见到呈脉状产出的浅成岩，如煌斑岩、细晶岩、伟晶岩等，统称脉岩。

（三）岩浆岩中的主要矿产

岩浆岩中蕴藏着许多重要的金属和非金属矿产。现将与耐火材料领域关联较多的矿产作如下说明：在超基性的橄榄岩、基性的辉长岩中有铬铁矿，产地为内蒙古、甘肃；在中性的闪长岩或其接触带中有稀土元素矿床，如四川西南部地区；在正长岩、石英正长岩、正长斑岩中常有稀土元素，如东北、河北、江西等地；在酸性的花岗岩、中性的花岗闪长岩中也有稀土元素产出。

脉岩中的花岗伟晶岩中有硕大的石英、长石和云母晶体，以及钾长石、锂辉石等。

在岩浆岩中产出的玄武岩、辉绿岩、珍珠岩、松脂岩等本身就是矿产。玄武岩非常坚硬但具脆性，强度高（1000~5000kg/cm²），密度较大（3000~3300kg/m³）。用玄武岩或辉绿岩加上炉渣和少量铬铁矿，烧成的产品可制造熔铸辉绿岩板或管道，具有高强度以及良好的耐酸、耐碱、耐磨性，是一种优良的非金属耐腐蚀材料。

## 二、沉积岩

沉积岩是由各种先前生成的岩石（岩浆岩、变质岩和原有的沉积岩）在地表遭受风化破坏而形成的碎块、颗粒等，经过搬运后在低洼地方沉积，又经过压固、脱水、胶结及重结晶作用而形成坚硬的岩石。其特征常具碎屑状、鲕状等结构及层状构造，并富含生物化石和结核。

**（一）沉积岩的物质成分**

沉积岩的矿物分为两类：一类是原来的岩石经过风化、剥蚀，并被搬运来的矿物，如铁镁矿物易于风化，而石英、正长石、白云母等比较稳定，因而得以保存下来。另一类是在沉积作用下形成的新矿物，主要有方解石、白云石、岩盐、高岭石、菱铁矿、褐铁矿等。

在沉积物颗粒之间，还有胶结构，胶结构按其成分可以分为下列几种：泥质胶结物、钙质胶结物、硅质胶结物、铁质胶结物。由于这些物质胶结的结果，岩石更加坚硬。胶物在岩石中的含量一般占25%左右。

**（二）沉积岩的分类**

按沉积作用的类型、沉积物的性质，大致分类见表6-2。

表6-2 沉积岩的分类

| 沉积作用 | 沉积性质 | 沉积物 | 沉积岩 |
|---|---|---|---|
| 机械沉积 | 砾石状（粒径大于2mm） | 坡积、砾石、漂砾石 | 角砾岩、砾岩、冰砾岩 |
| | 砂质<br>（粒径2~0.01mm） | 粗砂2~0.5mm | 粗砂岩 |
| | | 中砂0.5~0.1mm（火山灰质） | 砂岩、细砂岩（凝灰砂岩） |
| | | 细沙0.1~0.01mm | 长石、砂岩 |
| | | 泥沙黄土0.1~0.01mm | 泥砂岩、黄土岩 |
| | 泥质<br>（粒径0.01mm以下） | 砖土 | 砂质页岩 |
| | | 黏土 | 页岩、黏土岩 |
| | | 泥 | 泥岩 |
| | | 红土 | 红色页岩 |
| | | 灰泥 | 泥灰岩 |
| 化学沉积 | 灰质或钙质 | $CaCO_3$沉积 | 石灰岩、鲕状石灰岩、石灰华、钟乳石 |
| | 镁质 | $MgCO_3$沉积 | 白云岩、白云石质石灰岩 |
| | 硅质 | 硅胶 | 燧石、碧玉、硅矿 |
| | 铁质 | 铁胶 | 褐铁矿、赤铁矿、针铁矿 |
| | 盐质 | 湖海等处 | 岩盐、石膏、硬石膏 |
| | 锰质 | 锰胶 | 水锰矿、铁锰矿、硬锰矿 |
| | 铝质 | 铝土矿 | 铝矾土 |

续表6-2

| 沉积作用 | 沉积性质 | 沉积物 | 沉积岩 |
|---|---|---|---|
| 生物或<br>有机沉积 | 钙质 | 介壳砂、藻砂、海砂 | 珊瑚礁石灰岩 |
| | 硅质 | 放射虫、硅藻、海绵骨针 | 含生物遗体的硅藻土 |
| | 碳质 | 泥炭 | 褐煤、烟煤、无烟煤 |
| | 铁质 | 细菌沉积 | 石油、沼铁矿 |
| | 磷质 | 骨骼、鸟粪 | 粪化石、磷块岩 |

根据沉积物的成因特征、物质成分、结构等分为三类：碎屑岩、黏土岩、化学岩及生物化学岩。

（1）碎屑岩。原生岩石由于机械及风化作用而破碎成或大或小的碎屑（碎屑一般大于0.01mm），经过地质作用或远或近的搬运后沉积下来，再被胶结物胶结而成的岩石。最普通的胶结质成分有各种碳酸盐、氧化铁、黏土、硅酸、石膏、磷酸及砂质等。碎屑岩的矿物，主要有石英和部分长石及一些比较少的物质。

（2）黏土岩。它是介于碎屑和化学岩之间的一种岩石，粒度小于0.01mm。矿物成分主要是黏土矿物，如高岭石（$Al_2O_3 \cdot 2SiO_2 \cdot 2H_2O$）、蒙脱石（胶岭石、微晶高岭石）、水云母等，还有少量的石英、长石、云母、绿泥石等碎屑矿物，以及少量的氧化铁、碳酸盐、石膏等。大部分黏土岩被称为页岩，为黏土岩的一种构造变种，具有页片状层状解理，其中含有石油成分（碳质和沥青）的页岩是人造石油的重要原料。

（3）化学岩和生物化学岩。母岩经化学风化作用而发生分解，形成真溶液或形成微细的胶体（质点，粒度$1 \sim 100\mu m$），这些化学作用的产物经过搬运而沉淀生成的岩石叫化学岩。大部分化学岩生成于水盆地中，此时环境比较安定，溶液性质不变，导致化学沉积的发生，加之常有各种生物活动，它们死亡后骨骼堆积起来可以形成岩石，称为生物化学岩。

化学岩和生物化学岩的种类很多，根据化学成分分类有：铝质岩、铁质岩、硅质岩、碳酸盐岩、盐类岩等。

（三）沉积岩中的主要矿产

沉积岩中蕴含着极为丰富的矿产，与耐火材料较为密切的主要有：铝土矿（或称铝矾土），产地为河南、山东、山西、贵阳、广西等地；菱镁矿，产于东北地区；耐火材料和作为水泥原料的黏土岩（含页岩）、石灰岩、白云岩；作为硅质耐火材料、玻璃、陶瓷原料的石英砂岩。

## 三、变质岩

变质岩是由原来的岩石（岩浆岩、沉积岩）经过变质作用形成的。使岩石变质的主要因素有下列四个方面：

（1）高温；

（2）高压；

（3）由岩浆中溢出的炽热气体及其他物质的作用；

（4）渗入岩石中的水溶液的作用。

根据上述四种因素，变质作用的种类可以分为：

（1）接触变质作用。只由高温作用引起的变质（热力变质），没有矿化剂参加，而是直接和岩浆接触引起的变质。

（2）气化热液变质作用。由挥发性气体或热水溶液的作用所引起的变质现象。

（3）动力变质作用。当造山作用或岩石陷入较深的地方，在高压的作用下岩石所发生的变化。

（4）区域变质作用。在和大量火成岩接触的地方，受到熔浆高温的影响，挥发物质及熔解于赤热的岩浆水中的矿化剂的作用，岩层错动时产生的动力变质等诸多因素的综合作用，而使原来岩石变质。

变质岩的分类见表6-3。

表6-3 变质岩的分类表

| 原来岩石（母岩） | | 变质后产物 | | |
| --- | --- | --- | --- | --- |
| | | 浅 带 | 中 带 | 深 带 |
| 火成岩 | 粗粒含长石火成岩，如花岗岩 | 白云母、石英片岩 | | 眼球状片麻岩 |
| | 细粒含长石火成岩，如凝灰岩 | 千枚岩 | 绢云母、绿泥片岩、黑云母、角闪片岩 | 正片麻岩 |
| | 基性火成岩，如辉绿岩、辉长岩等 | 绿泥片岩 | 角闪片岩 | 含石榴子片麻岩 |
| | 超基性火成岩，如橄榄岩、辉岩 | 蛇纹岩 | 滑石片岩 | |
| 沉积岩 | 砾岩 | 片岩 | | 片麻岩 |
| | 砂岩 | 石英岩 | | 云母、石英片岩、长石、角岩 |
| | 页岩 | 红柱石片岩、绿泥绢云母片岩、刚玉、尖晶石岩、千枚岩 | 堇青石角岩、绿泥黑云母片岩 | 蓝晶石片岩、十字石片岩、硅线石片麻岩 |
| | 石灰岩 | 大理岩 | 角闪石、大理岩、硅嘎岩 | 燧石灰岩 |
| 变质岩 | 各种热液、热力、动力变质产物 | 重结晶或破碎（糜棱岩） | 重结晶或产生新矿物 | 重结晶或产生新矿物 |

# 第二篇

# 耐火材料原料各论

NAIHUO CAILIAO YUANLIAO GELUN

 

本篇讨论耐火材料用原料。在原料中主要侧重矿物化学成分、晶体结构、性能、特点及其与生产工艺、产品性能的关系，人造矿物应用及产地等，逐一从铝硅质、锆质、镁质、镁钙质、镁铝质、镁硅质、低膨胀原料、碳质、非氧化物等不同种类耐火材料原料展开讨论。

铝硅质耐火材料，主要成分为 $Al_2O_3$ 和 $SiO_2$，按 $Al_2O_3$ 的含量可分为硅质、半硅质、黏土质、高铝质、刚玉质等，见表 II-1 及图 II-1。

表 II-1　铝硅质耐火材料的化学矿物组成

| 化学组成/% | 耐火材料名称 | 主体原料 | 主 要 物 相 |
|---|---|---|---|
| $Al_2O_3 < 1 \sim 1.5$，$SiO_2 > 93$ | 硅质 | 硅石 | 鳞石英、方石英、残留石英玻璃相 |
| $Al_2O_3\ 15 \sim 30$ | 半硅质 | 半硅黏土、叶蜡石、黏土加石英 | 莫来石、石英变体、玻璃相 |
| $Al_2O_3\ 30 \sim 48$ | 黏土质 | 耐火黏土 | 莫来石（约50%）和玻璃相 |
| $Al_2O_3\ 48 \sim 65$ | 高铝质III等 | 高铝矾土加黏土 | 莫来石（约70%）和玻璃相（15%~25%） |
| $Al_2O_3\ 65 \sim 75$ | 高铝质II等 | | 莫来石（65%~85%）和玻璃相（4%~6%） |
| $Al_2O_3 > 75$ | 高铝质I等 | 高铝矾土加黏土 | 刚玉（>50%）、莫来石、玻璃相 |
| $Al_2O_3\ 68 \sim 77$ | 莫来石质 | | 莫来石、玻璃相、刚玉 |
| $Al_2O_3 > 90$ | 刚玉质 | 高铝矾土加工业氧化铝、电熔刚玉加工业氧化铝 | 刚玉及很少量玻璃相 |

注：$Al_2O_3$ 63.1%、$SiO_2$ 36.9% 为"三石质"，主要原料有蓝晶石、红柱石和硅线石。

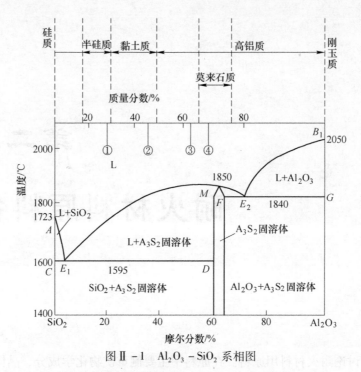

图Ⅱ-1 $Al_2O_3-SiO_2$ 系相图

在 $Al_2O_3-SiO_2$ 系统中，除了相图上表示的莫来石以外，自然界中还存有硅线石、红柱石、蓝晶石矿物，化学组成为：$Al_2O_3$ 62.9%，$SiO_2$ 37.1%。称硅线石族矿物或称蓝晶石族矿物，俗称"三石"，以下以"三石"称谓。"三石"矿物不能稳定存在，当高温时不可逆分解为莫来石和 $SiO_2$。"三石"矿物是重要的耐火原料。

附图 1　石英晶体

附图 2　石英岩齿状镶嵌结构

附图 3　广西维罗白泥原矿

# ■ 矾土（山西省吕梁地区交口县等产；一水硬铝石—高岭石型）

矾土照片由山西道尔投资有限公司李永全提供

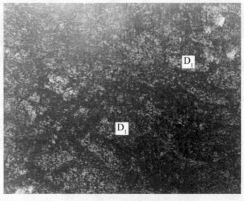

附图 4　条状或柱状的硬水铝石集合体的
碎屑（D₁）被高岭石胶结（50×）

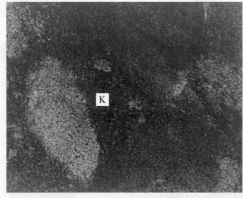

附图 5　颜色不同的碎屑，碎屑间为褐色的
高岭石（K）（200×）

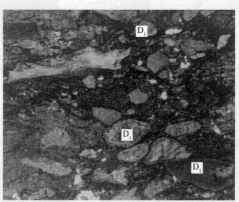

附图 6　形态、大小、颜色不同的碎屑被
高岭石胶结在一起（50×）
（碎屑包含椭圆状、不规则状及棱角分明的
不规则条状）

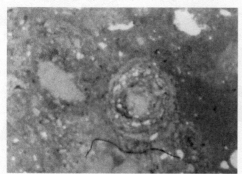

附图 7 半粗糙状铝土矿

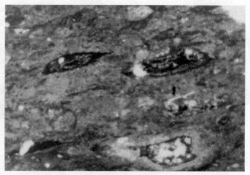

附图 8 半粗糙状铝土矿中的变形鲕状

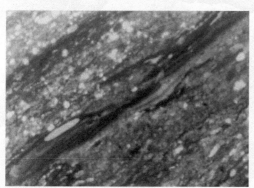

附图 9 致密状铝土矿中的变形鲕状

附图 10 碎屑状铝土矿

附图 11 碎屑状铝土矿中的鲕状

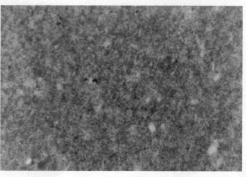

附图 12 粗糙状铝土矿

# ■ "三石"：蓝晶石

蓝晶石照片大部分由沙育峰提供

附图 13　南阳市隐山蓝晶石开发
有限公司原矿

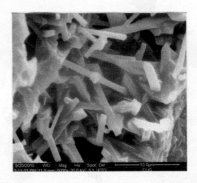

附图 14　南阳开元 KY58-M 显微结构
（中国地质大学（武汉）潘宝明等检测）

附图 15　邢台兴国蓝晶石晶体

附图 16　母岩中蓝晶石晶体和蓝晶石晶体
（由邢台兴国蓝晶石制造有限公司提供）

附图 17　桐柏华成矿业有限公司
蓝晶石原矿

附图 18　江苏鼎立矿业有限
公司蓝晶石原矿

# ■ "三石"：红柱石

附图 19　河南西峡红柱石
（由巩义曹志龙提供）

附图 20　河南西峡红柱石晶体及碳质包体
（空晶石）

附图 21　丹东创大红柱石一号矿体

附图 22　川西红柱石

# ■ "三石"：红柱石

附图 23　内蒙古红柱石

附图 24　新疆库尔勒红柱石

附图 25　陕西眉县红柱石矿石及精矿

附图 26　甘肃金地矿业生产的红柱石颗粒

## ■ "三石"：硅线石

附图 27 黑龙江林口硅线石矿石

附图 28 黑龙江林口县信源硅线石精矿

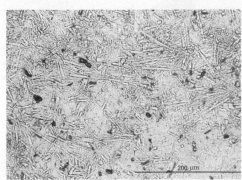

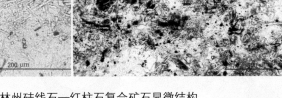

附图 29 林州硅线石—红柱石复合矿石显微结构
（据柯元硕，2009)

附图 30 黑龙江鸡西硅线石矿石

# ■ 莫来石

181号  1600℃  2000×Fe  10μm

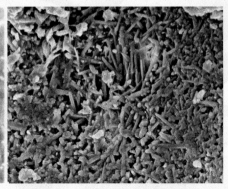

附图31　红柱石转化的莫来石晶体
（星点状为铁的固溶）

附图32　北京创导工业陶瓷有限公司
低膨胀复合原料中的针状莫来石结晶

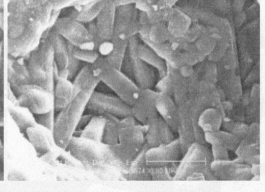

附图33　江苏晶鑫JMS-60莫来石显微结构　　附图34　江苏晶鑫JMS-70莫来石显微结构

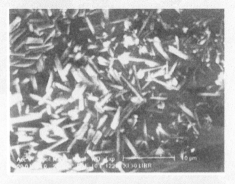

附图35　山西右玉泉鑫M45莫来石
SEM图像（以煤矸石为基，2000×）

附图 36　湖南靖州华鑫 SM70 烧结莫来石

附图 37　安徽金岩高岭土科技有限公司全天然煅烧莫来石

附图 38　湖南靖州华鑫 FM70 电熔莫来石

附图 39　郑州威尔电熔莫来石

# ■ 刚玉

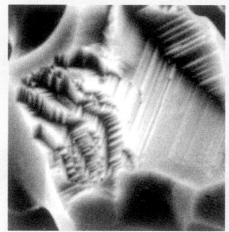 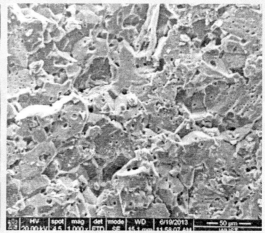

附图 40  江苏晶鑫烧结刚玉板状晶体形态 　 附图 41  江苏晶鑫微孔刚玉气孔分布显微结构

附图 42  郑州威尔亚白刚玉

附图 43  郑州威尔高铝刚玉 　 附图 44  郑州威尔棕刚玉 　 附图 45  郑州威尔致密刚玉

# ■ 锆莫来石／锆刚玉／锆英石

附图 46　郑州威尔锆莫来石

附图 47　郑州威尔锆刚玉显微结构

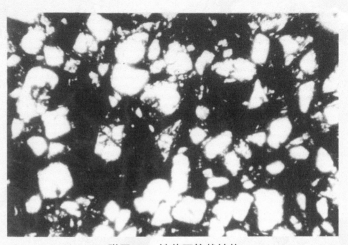

附图 48　锆英石粒状结构

# ■ 镁砂

各品位烧结镁砂照片由营口博隆耐材有限公司叶叔方提供；
98电熔镁砂照片由太钢王新全提供

附图49　品位稍高的高铁低品位菱镁石

附图50　品位稍低的高铁低品位菱镁石

附图51　中等品位的菱镁石

附图52　中高品位菱镁石

附图53　高品位80烧结镁砂

附图54　低品位80烧结镁砂

附图55　90烧结镁砂（铁低、钙中等型）　　　附图56　90烧结镁砂（铁低、钙高型）

附图57　90烧结镁砂（铁高、钙低型）　　　附图58　90烧结镁砂（铁低、钙低型）

## ■ 镁砂

附图 59　95 中档压球烧结镁砂

附图 60　93 电熔镁砂

附图 61　98 电熔镁砂（产地：东北）

■ **尖晶石**

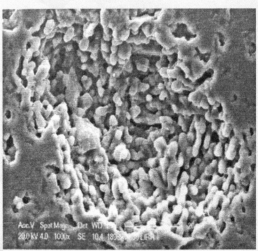

附图 62　江苏晶鑫 JMA-66
烧结尖晶石晶体形貌

附图 63　江苏晶鑫 JMA-78 烧结尖晶石
八面体晶体形貌

附图 64　郑州威尔尖晶石

# ■ 董青石

附图 65　北京创导工业陶瓷有限公司低膨胀复合原料中的柱状董青石结晶

附图 66　漳州市红兴董青石熟料细粉

附图 67　漳州市红兴董青石熟料砂

附图 68　漳州市红兴合成董青石熟料块

# 第七章　硅质耐火材料原料

硅质原料：结晶硅石、胶结硅石、石英砂

$SiO_2$ 的加热变化

$SiO_2$ 的晶型转变

硅砖中矿物组成与真比重关系

使用硅质原料注意问题

熔融石英

轻质硅砖

硅质耐火材料主要产品是硅砖，硅砖 $SiO_2$ 含量为 93% ~ 98%。制造硅砖的原料主要是硅石，硅石质量的优劣，是制砖的先决条件，它关系到硅砖的生产工艺过程、产品质量和使用效果。如质纯、石英颗粒大的硅质原料，采用细颗粒配料和加入适量的矿化剂，可以减弱其膨胀性并加速晶型转变。又如，不致密硅石不能用于制造重要用途的硅砖，但可磨成细粉与致密硅石配合使用。

## 第一节　硅质原料

### 一、硅质原料分类及其特征

硅质原料主要是硅石。硅石不是矿物名称而是工业术语，是工业上对块状硅质原料的统称，其化学组成主要是 $SiO_2$，矿物组成主要是石英。此外，硅砂也可作为硅质原料。

硅石的分类有多种方法，可按硅质结构致密程度、晶型转化速度、加热膨胀程度及制砖工艺等进行分类。

按制砖工艺，硅石一般分为结晶硅石和胶结硅石两类，这两类硅石与相应岩石互有联系。结晶硅石包括脉石英、石英岩；胶结硅石包括石英砂岩、燧石岩。

（一）结晶硅石

1. 脉石英

脉石英是由地下岩浆分泌出的氧化硅热水溶液填充沉淀在岩石裂缝中形成的，外观呈乳白色、白色，致密坚硬。石英为显晶质，结晶颗粒粗大，在 2mm

以上，化学成分很纯，$SiO_2$ 含量达 99% 以上，杂质成分很少，有的夹有红色或黄褐色水锈。这类硅石在加热时，二氧化硅晶型难转变，如果工艺条件不当，制品容易出现裂纹甚至开裂，气孔率高，强度较低，但制品抗渣性好。

脉石英也是石英玻璃的原料，在陶瓷工业中，作为优质日用陶瓷的瘠化料，以降低陶瓷坯料的可塑性、干燥收缩及烧成收缩。

2. 石英岩

石英岩是由石英砂岩或硅质岩，经区域变质作用而形成的。此时石英砂岩中的石英颗粒和硅质胶结物结合为一体，因此强度很大，抗压强度可达 $294 \times 10^6 Pa$（$3000kg/cm^2$）。石英岩的主要矿物成分是石英，含量大于 85%，粒度也较大，一般大颗粒为 $0.2 \sim 0.5mm$，小颗粒为 $0.01 \sim 0.08mm$，含少量的长石、绢云母、白云母、黑云母、角闪石及绿泥石等。纯粹的石英岩颜色浅白，含铁的氧化物呈红色；具有花岗变晶结构（等粒状，如图 7-1 所示）、齿状结构和镶嵌结构及块状构造；硬度大、难于加工。石英岩的 $SiO_2$ 含量在 98% 以上，有一定杂质成分，主要是 $Al_2O_3$、$R_2O$。石英粒度也较大，在加热时，$SiO_2$ 多晶较容易发生转变，尤以具有锯齿形结构的细粒结晶硅石表现出较好的工艺性能，以此为原料制砖时温度容易控制，膨胀性小，不易松散，有利于制得优质制品。相对而言，具有花岗变晶结构的结晶硅石，石英颗粒等粒状，在烧成过程中，$SiO_2$ 转化较困难，具有较高的膨胀性，也易于松散，用它制得的硅砖气孔率高、强度低，并易出现烧成裂纹。所以，对于石英岩，宜注意区分其结构上的差异。

图 7-1 石英岩齿状镶嵌

石英岩主要用于制作硅砖，此外还作为冶金熔剂、玻璃原料、建桥基石等。某些石英岩磨光后极为美观，可作为加工石料。

我国的石英岩以震旦纪的为最好，分布在东北、华北一带，如河北、辽宁、河南等地均有较大规模的石英岩矿床。

还有一种变质石英岩，呈灰黄褐色、青灰色，如内蒙古都拉哈拉硅石。石英岩的石英晶粒受地壳压力而产生扭曲，含杂质较多且钙皮多附结在原料表面，加热时，$SiO_2$ 容易转化，可制一般硅砖。

我国部分地区石英岩的显微结构见表7-1。

**表7-1 我国石英岩的显微结构实例（部分）**

| 产地 | 工艺分类 | 显微结构特征 |
|---|---|---|
| 河南铁门 | 结晶硅石 | 以镶嵌结构和齿状结构为主，晶粒为0.15~0.25mm，杂质少 |
| 辽宁石门 | 结晶硅石 | 以镶嵌结构为主，晶粒一般为0.2~0.6mm，多为0.3mm，晶粒大小比较均匀，杂质较少 |
| 山东王村 | 结晶硅石 | 以齿状结构为主，晶粒在1mm左右，晶粒间大小不均，杂质比较多 |
| 江苏江阴 | 结晶硅石 | 以镶嵌结构为主，晶粒为0.1~0.2mm，有少量杂质 |
| 湖南湘乡 | 结晶硅石 | 以镶嵌结构为主，晶粒0.8~1.0mm，最大为1~1.5mm的粗晶 |
| 四川、重庆 | 结晶硅石 | 全晶质粒状结构，晶粒以0.1~0.5mm为主，大小颗粒不均，大晶体间接触平滑，膨胀大，杂质较多 |
| 内蒙古包头 | 结晶硅石 | 以粒状镶嵌结构为主，晶粒为0.2~0.5mm，另一种为0.4~0.7mm，晶粒大小不均匀 |

**（二）胶结硅石**

**1. 石英砂岩**

石英砂岩又称硅质砂岩，属胶结硅石，是机械沉积类型中的一种，岩石由碎屑和胶结物两部分组成。碎屑部分主要由石英颗粒组成，占90%以上，此外还有少量的铝硅酸盐矿物，如长石、云母，总量为1%~2%，最多不超过4%~5%，也有微量的燧石和碳酸盐矿物混入。胶结物绝大部分为硅质，有时为碳酸盐、铁质等。按胶结物类型不同可分为：硅质石英砂岩、钙质（白云石质）石英砂岩和铁质石英砂岩。

石英砂岩的化学成分主要为 $SiO_2$，一般含量在95%以上，其次含有 $Al_2O_3 <$ 1%~3%，$Fe_2O_3 < 1\%$，$MgO < 0.1\%$，$CaO < 0.6\%$，$Na_2O + K_2O < 1\%~2\%$。纯的石英砂岩为白色、灰白色；一般因混入一定杂质，故呈淡黄色、淡红色；当胶结物类型为铁质胶结时，呈褐色。岩石中石英颗粒常为很好的浑圆体，大小均一，有粗粒（0.5~1mm）的，也有细粒（0.1~0.25mm）的。

岩石的断面粗糙，肉眼能看到石英颗粒。但有时石英砂岩的硅质（玉髓、蛋白石等）胶结物可在碎屑颗粒上结晶次生增长，此时肉眼难以区别其中的颗粒和胶结物。其耐火度高，可达1700℃。

由于石英砂岩杂质成分多，致密性差、强度低，并且石英颗粒小，在烧成时氧化硅晶型转变较快，烧后易于松散。但它可用来制造一般硅砖，以及作为玻璃的原料。

河北秦皇岛、四川铜梁、湖南湘潭、湖北葛店等地有质量较好且规模较大的石英砂岩矿床。

### 2. 燧石岩

燧石岩是硅质岩的一种，主要是由玉髓、石英或蛋白石组成的，主要成分为 $SiO_2$，还含有 $Al_2O_3$、$Fe_2O_3$、$CaO$、$MgO$、$K_2O$、$Na_2O$ 等杂质，颗粒细小，多呈次棱角状，硬度较大。

我国山西五台山的复合硅石（也称赤白硅石）既属于该类型，又属于胶结硅石，这种复合硅石含有均匀的细分散含铁矿物和石英细粒，在加热时，$SiO_2$ 易于转化。原太钢耐火厂用它做硅砖，质量较好，鳞石英含量高达 70%，现属山西盂县西小坪耐火材料有限公司。

### 3. 石英砂

石英砂别名硅砂，是由石英岩、石英砂、脉石英及含硅高的岩石风化后的碎屑，经过流水的搬运，在滨海、湖泊及河流中沉积而成的。石英砂的主要矿物为石英矿物，占 95% 以上，另含少量的长石颗粒（5%）和极少量的重砂物及有机质。石英颗粒大小均匀，表面光滑，圆度及分选性较好，粒度在 0.15~0.5mm 之间。质地纯净的石英砂为白色，因含有铁质，故多呈淡黄色、浅灰色或褐红色。其化学成分波动大，主要是 $SiO_2$（90% 以上）、$Al_2O_3$（<5%）、$Fe_2O_3$（<1%），其次还有 $TiO_2$、$Cr_2O_3$、$K_2O$、$Na_2O$ 等。

石英砂可作为一般硅砖的原料，大多用作捣打料。石英砂是制造玻璃的主要原料，制玻璃用石英砂的工业要求见表 7-2。

表 7-2 玻璃用石英砂的工业指标 （%）

| 级别 | $SiO_2$ | $Al_2O_3$ | $Fe_2O_3$ | $Cr_2O_3$ | $TiO_2$ |
|---|---|---|---|---|---|
| 一级 | >99 | <0.5 | <0.05 | | |
| 二级 | >98 | <1 | <0.1 | <0.001 | <0.05 |
| 三级 | >96 | <2 | <0.2 | | |

我国江苏（东海）、山东、吉林（甘旗卡）、广东（新会、珠海）、湖南等地都有质量较好的石英砂。其中江苏东海石英砂采用东海石英加工而成，$SiO_2$ 含量高且杂质低，是生产熔融石英、玻璃制品、陶瓷、耐火材料等产品的首选原料，其化学成分为：$SiO_2 \geqslant 99.8\%$、$Fe_2O_3 \leqslant 0.015\%$、$Al_2O_3 \leqslant 0.025\%$、$Na_2O \leqslant 0.003\%$、$CaO \leqslant 0.005\%$。

## 二、耐火材料用硅石行业标准

耐火材料用硅石行业标准（YB/T 5268—2014）见表 7-3。硅石产品粒度要求见表 7-4。

**表 7 - 3 耐火材料用硅石的理化指标（YB/T 5268—2014）**

| 牌 号 | 化学成分（质量分数）/% | | | | 耐火度/℃ |
| --- | --- | --- | --- | --- | --- |
| | SiO$_2$ | Al$_2$O$_3$ | Fe$_2$O$_3$ | CaO | |
| GSN99A | ≥99.0 | ≤0.25 | ≤0.5 | ≤0.15 | 1740 |
| GSN99B | ≥99.0 | ≤0.30 | ≤0.5 | ≤0.15 | 1740 |
| GSN98 | ≥98.0 | ≤0.50 | ≤0.8 | ≤0.20 | 1740 |
| GSN97 | ≥97.0 | ≤1.00 | ≤1.0 | ≤0.30 | 1720 |
| GSN96 | ≥96.0 | ≤1.30 | ≤1.3 | ≤0.40 | 1700 |

注：1. 表中"GSN"为"硅石耐"的拼音首字母大写；
2. 产品中不应混入废石、角砾状硅石、风化石，不应混入外来杂质。

**表 7 - 4 硅石产品粒度要求**

| 粒度范围/mm | 最大粒度/mm | 允许波动范围/% | |
| --- | --- | --- | --- |
| | | 下限 | 上限 |
| 20 ~ 40 | 50 | 10 | 8 |
| 40 ~ 60 | 70 | 10 | 8 |
| 60 ~ 120 | 140 | 10 | 5 |
| 120 ~ 160 | 170 | 10 | 8 |
| 160 ~ 250 | 260 | 8 | 6 |

# 第二节 SiO$_2$ 的加热变化

## 一、SiO$_2$ 的晶型转变

不论何种硅石，其主要化学成分都是 SiO$_2$，SiO$_2$ 在加热过程中发生晶型转变，并伴随体积膨胀。SiO$_2$ 的晶型转变以及各个变体的性质，对硅砖的制造技术和使用性能有密切关系，应引起足够注意。

SiO$_2$ 同质多象变体生成时的温度与压力关系如图 7 - 2 所示。SiO$_2$ 的晶型转变和体积变化如图 7 - 3 所示。

SiO$_2$ 常见的变体主要有 8 种：β - 石英、α - 石英、α - 鳞石英、β - 鳞石英、γ - 鳞石英、β - 方石英、α - 方石英、石英玻璃等，这 8 种变体除石英玻璃为非结晶质外，其余均为结晶质体。自然界中主要以 β - 石英（低温

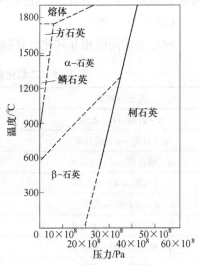

图 7 - 2 SiO$_2$ 同质多象变体生成时的温度与压力关系

石英）形式产出，而高温石英较少，方石英则更少。但在普通硅砖中则相反，制品中主要矿物是鳞石英（以 $\gamma$ – 鳞石英形式存在），其次为方石英，残留的石英则希望越少越好。

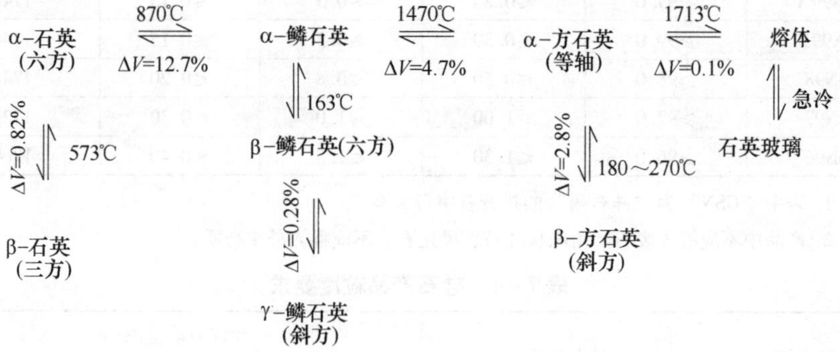

图 7 – 3　$SiO_2$ 的晶型转变

图 7 – 3 中：（1）符号 $\beta$、$\alpha$ 分别表示低温变体和高温变体，当有 $\gamma$、$\beta$、$\alpha$ 三种变体存在时，$\gamma$、$\beta$、$\alpha$ 各表示低温、中温、高温变体；（2）$SiO_2$ 的其他变体，如柯石英、斯石英、凯石英等不予讨论。

## 二、$SiO_2$ 各变体特点分析

### （一）熔点

方石英熔点 1713℃，鳞石英熔点 1670℃，方石英的熔点比鳞石英高，但两种矿物的熔点差距不明显。硅砖中有较多的方石英存在，硅砖的耐火度就较高。

### （二）体积变化

$SiO_2$ 变体间的相互转化，伴随有体积变化，见表 7 – 5 和图 7 – 4。

表 7 – 5　二氧化硅不同变体间转变时的体积变化

| 互变性转变 | 体积变化/% | 转变温度/℃ |
| --- | --- | --- |
| $\beta$ – 石英→$\alpha$ – 石英 | +0.82 | 573 |
| $\alpha$ – 石英→$\alpha$ – 鳞石英 | +12.7 | 870 |
| $\alpha$ – 鳞石英→$\alpha$ – 方石英 | +4.7 | 1470 |
| $\alpha$ – 石英→$\alpha$ – 方石英 | +17.4 | 1200 ~ 1350 |
| $\alpha$ – 方石英→熔体 | +0.1 | 1713 |
| $\beta$ – 方石英→$\alpha$ – 方石英 | +2.8 | 180 ~ 270 |
| $\gamma$ – 鳞石英→$\beta$ – 鳞石英 | +0.28 | 117 |
| $\beta$ – 鳞石英→$\alpha$ – 鳞石英 | +0.2 | 163 |
| 熔融石英→$\alpha$ – 方石英 | −0.4 | 约 1200 |

由表7－5及图7－4可见：

（1）石英在加热过程中，都有正的体积变化（膨胀）。

（2）石英、鳞石英、方石英晶型之间比各晶型的不同变体（α、β、γ）之间的体积膨胀大，由石英转变为鳞石英时为12.7%，而由石英转变为方石英时则为17.4%。

（3）α、β、γ各变体间的转变所产生的体积变化，以β－方石英转变为α－方石英最为剧烈，$\Delta V = 2.8\%$；其次是β－石英转变为α－石英，$\Delta V = 0.82\%$；而鳞石英的体积变化较小，$\Delta V = 0.2\% \sim 0.28\%$，所以鳞石英的性能较好。

（三）结构

在硅砖中，鳞石英形成特殊的结构，γ－鳞石英的矛头状双晶互相交错，形成结晶网格（如图7－5所示），制品能获得坚固的骨架。同时，

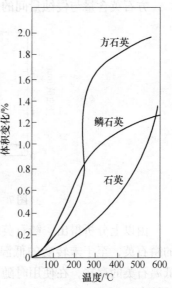

图7－4　$SiO_2$变体加热时的
体积变化曲线

鳞石英不易熔于液相，这就使制品不因液相的出现而发生变形，只有温度达到使鳞石英熔融，破坏了晶网，制品才被压溃，就是说鳞石英的存在能使砖的结构强度增大，高温荷重软化温度较高（1620～1670℃），接近其熔点。在硅砖中，方石英没有结晶网络。

图7－5　鳞石英矛头状双晶

（四）抗渣性

研究指出，各种硅石受热后转变成的方石英越多，向方石英转化越早，侵蚀量就越多，其原因是方石英的结晶比石英更松散，α－方石英比重为2.23，β－石英为2.65，所以方石英反应面积较大。另外，由于向方石英转化而产生较大的体积效应，致使组织脆弱。

方石英含量与侵蚀量间的关系如图 7-6 所示。

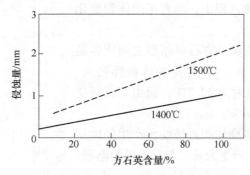

图 7-6 方石英含量与侵蚀量关系

由以上分析得出，鳞石英的性能优于方石英。所以，在硅砖中希望获得较多的鳞石英，至于未转变的低温石英（残余石英）在硅砖中当然越少越好。因为低温石英的存在，在使用时随着温度的升高或者长期受高温作用，将再次发生晶型转变，相应产生残余膨胀，影响制品的高温体积稳定性。

### 三、获得鳞石英的途径

#### （一）加入矿化剂

$SiO_2$ 在加热过程中，由低温石英转变成鳞石英，若不加任何矿化剂，则是极为困难的。我们曾对河南铁门硅石进行过一系列试验，将硅石分别煅烧到 1000℃、1350℃、1420℃、1450℃、1550℃，通过偏光显微镜观察硅石煅烧的物相，主要变体是方石英和未转变的石英。铁门结晶硅石在不同温度下未加矿化剂时的矿物组成见表 7-6。

表 7-6 铁门结晶硅石在不同温度下未加矿化剂时的矿物组成

| 烧成温度（保温时间）/℃（h） | 石英/% | 方石英/% | 鳞石英/% | 真比重 | 石英形态变化 |
|---|---|---|---|---|---|
| 1000（2） | 95~97 | 2~3 | — | 2.636 | |
| 1350（2） | 90~92 | 10~7 | — | 2.542 | 有些石英的颗粒边缘已龟裂为过渡型的偏方石英 |
| 1450（2） | 80~70 | 30~40 | — | 2.521 | 亚稳方石英 |
| 1550（2） | 3~5 | 93 | 1~2 | 2.314~2.315 | |

上述硅石的转化，即不加矿化剂的硅石煅烧后各变体的转化，在工艺上又称为干转化。硅石干转化时，得到的是方石英而没有（或极少量的）鳞石英。

但当加入矿化剂时，硅石转化将得到多量的鳞石英。采用的矿化剂主要有铁鳞、软锰矿等，目前生产中主要用铁鳞，并要求 FeO + Fe$_2$O$_3$ > 90%，粒度大于 0.5mm 的不超过 1% ~ 2%，小于 0.088mm 的大于 80%。

硅石中加入矿化剂，煅烧过程的转变关系如图 7 - 7 所示。

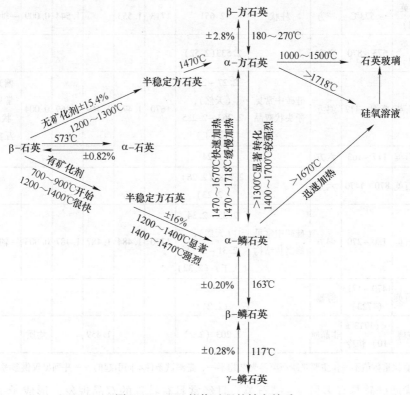

图 7 - 7　SiO$_2$ 煅烧过程的转变关系

从图 7 - 7 可见，硅石加入矿化剂时，1200℃ 以上转化较快，1400℃ 以上转化激烈，并伴有较大的体积效应。为此砖坯在烧成过程中，高温阶段的升温速度要适当控制。

（二）温度控制

在理论上，鳞石英的稳定温度范围为 870 ~ 1470℃，若超过 1470℃，将变为方石英。所以，硅砖的生产温度不能超过 1470℃，实际上硅砖最高烧成温度不应超过 1430℃，温度过高时，因方石英生成过多，会增加烧成废品率。

此外，为了保证鳞石英的生成，在高温带 1300℃ 以上停留时间宜长一些，在止火温度下给予 20 ~ 48h 的保温时间。

## 四、SiO$_2$ 各变体的性质

SiO$_2$ 变体有多种，常见的变体性质见表 7 - 7。

**表 7 – 7 SiO₂ 变体的性质**

| 变体名称 | 稳定温度/℃ | 晶系 | 结晶习性 | 常温下的真比重① | 熔点/℃ | 折射率 $N_g$ | 折射率 $N_m$ | 折射率 $N_p$ | 双折射率 | 光性 |
|---|---|---|---|---|---|---|---|---|---|---|
| β – 石英（低温） | <573℃ | 三方 | 柱状 | 2.651 | 1713 | 1.553 | | 1.544 | 0.009 | 一轴正光性 |
| α – 石英（高温） | 573 ~ 870 | 六方 | | 2.533(2.52) | | | | | | |
| γ – 鳞石英 | 常温 ~ 117 | 斜方 | 硅砖中常见矛头状双晶 | 2.27 ~ 2.35（天然），2.262 ~ 2.285（人工） | 1670 | 1.473 | 1.469 | 1.469 | 0.004 | 偏光镜下常见矛头状晶体，互相交错 |
| β – 鳞石英 | 117 ~ 163 | 六方 | | 2.24 | | | | | | |
| α – 鳞石英 | 870 ~ 1470 | 六方 | | 2.228（2.26）（2.23） | | | | | | |
| β – 方石英 | 180 ~ 270 | 斜方 | 硅砖中常见蜂窝状结构 | 2.33 ~ 2.34（天然），2.31 ~ 2.32（人工）（2.32） | 1730 | 1.484 | 1.487 | 1.487 | 0.003 | 一轴负光性 |
| α – 方石英 | 1470 ~ 1713（1723） | 等轴 | | 2.229（2.21） | | | | | | |
| 石英玻璃 | <(1713 ± 10) 快冷 | 非晶质 | | 2.203（2.2） | | | | 1.459 | 均质 | |

①真比重数值不一，主要是鳞石英等夹杂物不一，是测试条件不同引起的，一并列出仅供参考。

优质硅砖具有多量 γ – 鳞石英，且经常具有特殊的双晶现象，形成矛头状双晶（见图 7 – 5）。识别鳞石英的矛头状双晶，在正交偏光显微镜下观察，旋转物台，可见一明一暗的图像。

# 第三节 SiO₂ 晶型转变分析

SiO₂ 各变体的结构，以石英、鳞石英、方石英三矿物为主要结构类型，它们又各有自己的高温型和低温型。

## 一、α – 石英

α – 石英（六方晶系）基本结构单元是硅氧四面体。它的 Si—O—Si 键角是150°，硅氧四面体在构造中呈螺线形排列，每个都向同一方向盘绕，如图 7 – 8（a）所示，标出 Si 不同的标高，这些不同标高的 Si 的 [SiO₄] 四面体，通过 O 彼此连接，依次螺旋上升成为一个开口的六方环，由于 [SiO₄] 四面体群呈这样的螺旋状，所以有左右之分。

图 7-8(b) 是 α-石英中 Si 的分布情况，其中虚线表示单位晶胞垂直 c 轴的投影，在这个方向上，每个 [SiO₄] 有 2 个 O 朝上，2 个 O 朝下。

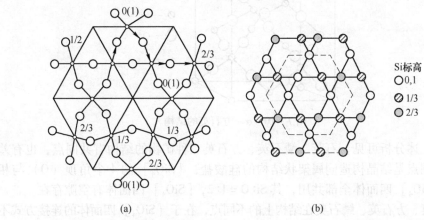

(a)　　　　　　　　　　　　(b)

图 7-8　α-石英构造（垂直于 c 轴）(a) 及其 Si 分布情况（b）

## 二、α-鳞石英

α-鳞石英（六方晶系）基本结构单元是硅氧四面体。硅氧四面体依角顶相互连接成架状，结构较空旷，在 c 轴方向上 [SiO₄] 四面体是直立的，并且上部和下部硅氧四面体中的氧呈面对称关系，它的 Si—O—Si 键角为 182°，硅和氧都按六方底心格子排列，如图 7-9 所示。

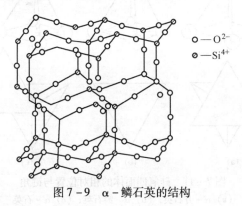

○—$O^{2-}$
◉—$Si^{4+}$

图 7-9　α-鳞石英的结构

## 三、α-方石英

α-方石英（等轴晶系）的结晶构造同样由 [SiO₄] 四面体所组成，属立方面心格子构造。硅离子在立方晶胞中的分布类似碳在金刚石构造中一样。Si 除在角顶和中心有分布外，如将晶胞分成 8 个小立方体，还有 4 个 Si 分布在相同排列的小立方体的中心，而 O 位于两个 Si 之间，Si—O—Si 键角为180°，如图7-10所示。

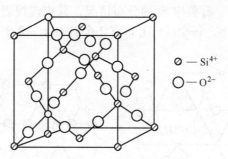

$\oslash$ — $Si^{4+}$
$\bigcirc$ — $O^{2-}$

图7-10　α-方石英的结构

由上述分析可见，石英、鳞石英、方石英三种矿物的结构有共同点，也有差别。共同点是结晶构造同属架状结构的硅酸盐，[$SiO_4$] 的4个角顶（O）与相邻的 [$SiO_4$] 四面体全部共用，其 Si: O = 1: 2，[$SiO_4$] 四面体有空隙存在。

石英、方石英、鳞石英在结构上的不同点，在于 [$SiO_4$] 四面体的连接方式不同，具体表现为硅氧四面体相对位置和 Si—O—Si 间的键角不同，如图7-11所示。

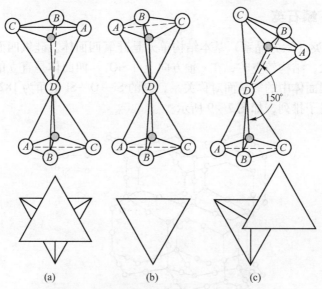

(a)　　　　　　　(b)　　　　　　　(c)

图7-11　硅氧四面体的相对位置与键角
(a) α-方石英；(b) α-鳞石英；(c) α-石英

图7-11中，α-方石英晶体中2个 [$SiO_4$] 四面体中 Si—O—Si 键角为180°，2个 [$SiO_4$] 是直立的，但2个 [$SiO_4$] 四面体的 O 不是上下对称，而是相互错开60°，呈中心对称关系。

α-鳞石英中2个 [$SiO_4$] 四面体中 Si—O—Si 键角也是180°，但上下2个 [$SiO_4$] 四面体的 O 是呈面对称关系，这一点与 α-方石英不同。

α-石英中 2 个［SiO₄］四面体的 O 的对应关系和 α-方石英相似，只是 Si—O—Si 键角为 150°，故也可以看成是扭转了的方石英。

由以上三种矿物的结构可知，从 α-石英转变为鳞石英是很困难的，在没有矿化剂的条件下，这种转化极难实现，因变体的转化需要破坏其原来的晶体结构，拆散原来的 Si—O—Si 键角，然后重新排列，建立另一种结构形式，显然难以达到。由 α-石英向方石英转化较容易，因为它们的晶体结构没有根本的变化，只是晶体结构稍有移动扭曲，Si—O—Si 键角稍有不同。在实际情况下，β-石英（低温石英）在煅烧过程中，不管有无矿化剂存在，总是先转变为方石英的一种中间相即介稳状态的方石英（亚稳方石英或偏方石英），如图 7-12 所示。之后，如有矿化剂则向鳞石英转化。

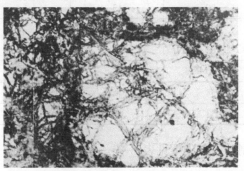

图 7-12 亚稳方石英

以上各晶型间的转变，转化速度较慢，称这种转化为慢转化；而同一晶型不同变体 α、β、γ 间转变较快（因为只是键角的角度略有变化），称这种转化为快转化，转变前后的两种矿物的结构差别不大，均由［SiO₄］以角顶相连而成，仅在 Si—O—Si 键角略有差别。例如，β-石英（低温），Si—O—Si 键角为 137°，α-石英（高温）键角为 150°，两者相差 13°，如图 7-13 所示。同样由高温过冷所得的方石英，在 230℃时，即可从 α-方石英很快转化为 β-方石英。

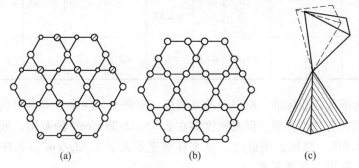

图 7-13 β-石英与 α-石英的［SiO₄］四面体

(a) β-石英（低温）；(b) α-石英（高温）；(c) β-石英（上方实线四面体）
与 α-石英（上方虚线四面体）中的硅氧四面体连接角度

## 第四节 硅砖中矿物组成与真比重的关系

硅砖生产中,一般是通过测定砖的真比重,来间接了解硅砖中鳞石英、方石英、残存石英和玻璃相的含量,也就是了解硅石因加入矿化剂,经煅烧后转化的完善程度。

据研究,硅砖真比重与矿物组成的关系见表7-8。

**表7-8 硅砖真比重与矿物组成的关系**

| 硅砖真比重 | 鳞石英/% | 方石英/% | 残余石英/% | 玻璃相/% |
|---|---|---|---|---|
| 2.33 | 80 | 13 | — | 7 |
| 2.34 | 72 | 17 | 3 | 8 |
| 2.37 | 63 | 17 | 9 | 11 |
| 2.39 | 60 | 15 | 9 | 16 |
| 2.40 | 58 | 12 | 12 | 18 |
| 2.42 | 53 | 12 | 17 | 18 |

我国部分硅砖制品的真比重见表7-9。

**表7-9 我国硅砖国家或行业标准对真密度、残余石英的要求**

| 项目 | 硅砖 GB/T 2608—2001 | | | 焦炉硅砖 YB/T 5013—2005 | | 热风炉用硅砖 YB/T 133—2005 | 玻璃窑用 | | | | |
|---|---|---|---|---|---|---|---|---|---|---|---|
| | | | | | | | 硅砖 YB/T 147—2007 | | | 优质硅砖 JC/T 616—2003 | |
| | GZ-96 | GZ-95 | GZ-94 | 炉底、炉壁 | 其他 | RG-95 | BG-96A | BG-96B | XBG-96 | ZBG-96 | DBG-96 |
| 真密度 /g·cm⁻³ | ≤2.34 | ≤2.35 | ≤2.35 | ≤2.33 | ≤2.34 | | ≤2.34 | ≤2.34 | ≤2.34 | ≤2.34 | ≤2.34 |
| 显密度 /g·cm⁻³ | | | | | | ≤2.32 | | | | | |
| 残余石英/% | | | | ≤1.0 | ≤1.0 | ≤1.0 | ≤3 | ≤3 | | | |

国家标准或行业标准,对硅砖的真密度、显密度、残余石英含量的要求,因其用途不同,有些小差异,但真密度多在2.33~2.35g/cm³的范围,残余石英含量不大于1.0%。热风炉用硅砖,要求真密度不大于2.32g/cm³,意味着硅石转化更完全,获得更多鳞石英。

为了降低硅砖真密度,提高硅砖质量,可以从改进生产工艺入手,可以用不同转化类型的硅石混合制砖。由某厂实验结果可知:硅石临界粒度2.0mm,碱度

2.0，铁鳞加入量0.5%，在1360～1400℃烧成，保温50h，可使河南铁门硅石制品真比重达到2.34。而用五台山胶结硅石和铁门结晶硅石混合制砖，其真比重为2.33～2.34。

# 第五节 使用硅质原料需要注意的问题

## 一、原料的处理

### （一）水洗涤原料除去杂质

硅石原料中，$Al_2O_3$ 是最有害的杂质，$Al_2O_3$ 多来源于黏土附着物，为此，硅石原料在使用前要经拣选、水洗涤。研究指出，冲洗可以将天然硅石中 $Al_2O_3$ 的含量减少约0.2%。用这种方法可除去 1/3 的 $Al_2O_3$ 和黏结在石英裂纹中的残留物。

表 7-10 为山西五台山胶结硅石洗涤后化学成分和耐火度的变化情况。可以看出，洗涤后杂质含量明显降了下来，因此，工业生产中用水冲洗硅石是不可缺少的辅助手段。

表 7-10 洗涤前后五台山硅石的化学成分

| 原料名称 | 灼减/% | 化学成分/% | | | | | 耐火度/℃ |
|---|---|---|---|---|---|---|---|
| | | $SiO_2$ | $Al_2O_3 + TiO_2$ | $Fe_2O_3$ | CaO | MgO | |
| 未洗硅石 | 0.38 | 97.76 | 0.70 | 0.44 | 0.03 | 0.14 | 1730 |
| 洗后硅石 | 0.08 | 98.70 | 0.54 | 0.34 | 0.03 | 0.09 | 1750 |
| 增减值 | -0.30 | +0.94 | -0.16 | -0.10 | 0 | -0.05 | +20 |

在玻璃窑用优质硅砖的化学成分中，要求（$Al_2O_3 + 2R_2O$）%（即熔蚀指数）≤0.5%。另有资料报道，20世纪90年代初，对瓶罐池窑选用的优质硅砖、普通硅砖的熔蚀指数（$Al_2O_3 + 2R_2O$）% 要求分别为（$Al_2O_3 + 2R_2O$）% ≤0.5% 和（$Al_2O_3 + 2R_2O$）% ≤0.7%，可见硅石原料中，用水洗涤的方法除去杂质的重要性。

### （二）硅石块度应有一定要求

GB 2416—81 把硅石块度划分为 5 种规格，即：

（1）20～40mm。最小不小于 10mm，小于 20mm 的不大于 10%；最大不大于 50mm，大于 40mm 的不大于 8%。

（2）40～60mm。最小不小于 30mm，小于 40mm 的不大于 10%；最大不大于 70mm，大于 60mm 的不大于 8%。

（3）60～120mm。最小不小于 50mm，小于 60mm 的不大于 10%；最大不大于 130mm，大于 120mm 的不大于 8%。

（4）120～160mm。最小不小于 110mm，小于 120mm 的不大于 10%；最大

不大于170mm，大于160mm 的不大于8%。

（5）160～250mm。最小不小于150mm，小于160mm 的不大于10%；最大不大于260mm，大于250mm 的不大于8%。

很明显，块度小会引进过多的杂质，尤其是 $Al_2O_3$。

## 二、原料的煅烧

由于 $SiO_2$ 在加热过程中发生晶型转变，并伴有体积变化，为此，在原料的煅烧过程中，应注意以下几点：

（1）由于 $SiO_2$ 各晶型转变温度会引起体积效应，所以升温要均匀、缓慢。

（2）冷却时，在低于600℃时，应缓慢冷却，以防止冷裂。

（3）在高温阶段，升温缓慢。终止温度要有足够的保温时间，以便生成多量的鳞石英。

## 三、提高硅砖的抗热震性

硅砖的抗热震稳定性较差，为此，可添加金属以及它们的氧化物，如 MnO、$TiO_2$、$Fe_2O_3$、$ZrO_2$ 等其中加入 $ZrO_2$，主要是利用 $ZrO_2$ 相变和微裂纹增韧来提高硅砖的热震性能。关于 $ZrO_2$ 相变和微裂纹增韧详见第十四章。

# 第六节　熔融石英玻璃

## 一、熔融石英

熔融石英是熔融石英制品的主要原料。它是由各种纯净的天然石英，如水晶、脉石英砂等经过熔化而制得的。

熔融石英，化学成分主要为 $SiO_2$，含量一般为98.5%～99.5%，物相中含少量方石英（0.5%～1.5%），具有膨胀系数低（0～1000℃时）（优质熔融石英为 $0.5 \times 10^{-6}$/℃左右，普通熔融石英为 $0.55 \times 10^{-6}$/℃左右），强度高，耐酸和氯的化学侵蚀等性能，见表7－11。

表7－11　熔融石英一般性能

| 项　目 | 高级（或优质） | 普　通 |
| --- | --- | --- |
| $SiO_2$ 含量/% | 99.5（99.7） | 98.5 |
| 方石英含量/% | 0.5 | 1.5 |
| 抗拉强度/GPa | 73.5～88 | 65.5～80 |
| 热膨胀系数/℃$^{-1}$ | $0.5 \times 10^{-6}$（0～1000℃） | $0.55 \times 10^{-6}$（0～1000℃） |
| 导热系数/W·(m·K)$^{-1}$ | 0.99 | 0.8 |

续表 7 - 11

| 项　目 | 高级（或优质） | 普　通 |
|---|---|---|
| 比重 | 2.20 | 2.07 ~ 2.1 |
| 硬度 | 6.7 | 6.7 |
| 软化点/℃ | 1430 | 1430 ~ 1480 |
| 化学性能 | 耐酸 | 耐酸 |

注：因所用原料变动，表中数据为一般值。

江苏东海优质熔融石英，以当地优质石英为原料，经过电熔制成，主要指标（据沙育锋 2015 年 3 月数据）为：

$SiO_2 > 99.9\%$、$Fe < 35ppm(0.0035\%)$、$Ca < 20ppm(0.002\%)$、$K < 20ppm$、$Na < 20ppm$。

石英玻璃在熔点以下处于稳定状态，但热学性质不稳定，长期在 1000℃ 以上能缓慢转化为 α - 方石英晶粒，发生体积变化，造成制品出现裂纹和剥落现象。

## 二、防止石英玻璃转化为方石英的措施

防止石英玻璃转化为方石英（即结晶化）是生产中的关键问题。生产中应注意：

（1）杂质。杂质要少，尤其是碱金属氧化物和氧化铁的含量要少。杂质含量越多，对其结晶化的影响也越大，这是因为杂质是促进石英玻璃相转化为方石英的矿化剂。

（2）粒度。微粒石英玻璃比大颗粒更易转化为方石英。为此，注意坯料的颗粒组成，细粉细度与含量要适当。

（3）气氛。据研究，熔融石英是分子式为 $SiO_{2-x}$ 的化合物，其氧含量低于 $SiO_2$ 分子式中的氧含量，即在高温氧化气氛下，石英玻璃容易转化为方石英。因此最好在还原气氛下烧成，尽量避免同水汽和氧气接触。

（4）烧成。在烧成制度上既高速烧结又不使方石英明显生成。

## 三、应用

以熔融石英为原料的熔融石英制品，因其具有优良性能，如热膨胀系数小、热震稳定性好、导热率低、耐酸和氯的化学侵蚀、耐冲刷等，其应用范围不断扩大。

在耐火材料方面，可用于制作连铸型浸入式水口砖，在连铸钢中，除含锰较高的特殊钢种外，其他钢种均能浇铸。

在玻璃工业上，由于熔融石英制品抗玻璃侵蚀能力很强，用来砌筑玻璃熔窑效果甚好。

另外熔融石英制品在国防工业上也有广泛应用。

# 第七节 轻质硅砖

轻质硅砖为 $SiO_2$ 含量在 90% 以上、体积密度为 $0.9 \sim 1.1g/cm^3$ 的轻质硅质耐火制品。原料一般采用结晶石英岩，配料中加入易燃物质如焦炭、无烟煤、锯末等，或以气体发泡法形成多孔结构，生产工艺与硅砖相似。

轻质硅砖应用主要有：

（1）在不与熔渣接触的高温条件下（1500～1550℃）长期使用，如大型高炉热风炉拱顶硅砖内衬的隔热材料，玻璃窑硅砖砌体的隔热材料。

（2）可直接与火焰接触，如轧钢加热炉炉顶。

（3）一般工业窑炉的隔热。

# 第八章　半硅质耐火材料原料——叶蜡石

叶蜡石成分、结构、性质
蜡石分类
蜡石加热变化
蜡石应用

半硅质耐火材料是含 $Al_2O_3 \leqslant 30\%$ ，$SiO_2 \geqslant 65\%$ 的半酸性耐火材料。一般蜡石含 $Al_2O_3$ 15% ~ 30% ，$SiO_2$ 70% ~ 85% ，杂质成分较少，是半硅质耐火材料良好的原料。

蜡石名称有多种，用于不同使用部门称谓不一。如蜡石产地称寿山石、青田石等；还可根据颜色来命名，如色红如血的称鸡血石等；而地质部门以矿物名称叶蜡石命名；非金属矿物加工利用部门，有的称为蜡石，或称为叶蜡石岩，也有称叶蜡石。此处所讲的蜡石系指以叶蜡石为主要矿物的天然矿石，叶蜡石为其矿物名称。

我国蜡石资源较丰富，主要分布在东南沿海福建、浙江火山岩地区的蜡石成矿带，多系凝灰岩矿化而成。此外在北京（门头沟）、内蒙古、辽宁、吉林、黑龙江、新疆、广西（德保县）等地也有发现。矿床成因主要为火山热液型，其次为变质型。

## 第一节　叶蜡石化学成分与晶体结构

叶蜡石（pyrophyllite）是蜡石矿石的主要矿物组成，它的存在与含量对蜡石的性状与应用有举足轻重的影响，故先行讨论。

### 一、化学成分

叶蜡石属层状构造硅酸盐矿物，其硅氧骨干结构为 $[Si_4O_{10}]_n^{4n-}$ 。其结构式为 $Al_2[Si_4O_{10}](OH)_2$ ，化学式为 $Al_2O_3 \cdot 4SiO_2 \cdot H_2O$ ，化学成分为：$Al_2O_3$ 28.3% ，$SiO_2$ 66.7% ，$H_2O$ 5.0% 。自然界中纯叶蜡石少见，常混入各种杂质，如 $Fe_2O_3$ 、CaO、MgO 等。

### 二、晶体结构

叶蜡石为单斜晶系，$a = 0.517nm$ ，$b = 0.895nm$ ，$c = 1.864nm$ ，$\beta = 99°50'$ 。

叶蜡石晶体结构与滑石 $Mg_3[Si_4O_{10}](OH)_2$ 相似，同为 2:1 型，如图 8-1 和图 8-2 所示。两种晶体的差异在于：叶蜡石在两层 $[Si_4O_{10}]_2$ 组成的六方网状之间由 $Al(OH)_3$（氢氧铝层）来联系，而滑石则由 $Mg(OH)_2$（氢氧镁层）来联系。在叶蜡石的八面体层中，铝（Al）充填于八面体空隙中，配位数为 6，即被 4 个氧离子和 2 个氢氧根离子所包围，八面体层中有 6 个位置可以安置 Al，但实际上叶蜡石晶体结构中只有 4 个 Al，即充填了 2/3 的八面体空隙，因此叶蜡石属二八面体型结构，而滑石则属三八面体型结构，因其八面体空隙全被 Mg 充填。

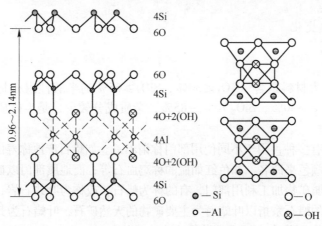

图 8-1　叶蜡石晶体结构中的层序

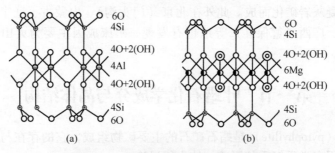

图 8-2　叶蜡石和滑石晶体结构示意图

（a）叶蜡石；（b）滑石

在叶蜡石的结构单位层中，单位晶胞内正负电荷已平衡，不发生离子置换。结构单元层之间靠氢键连接，其键能弱，故其硬度低。

# 第二节　叶蜡石的性质

## 一、基本性质

叶蜡石的颜色一般为白色，微带浅黄或淡绿色，条痕白色；玻璃光泽，有珍珠状晕彩。其密度为 2.65～2.90（或 2.84）$g/cm^3$（或 2.75～2.80$g/cm^3$）；硬度小（1～1.5 或 1～2）。解理为平行 ｛001｝完全；具滑腻感。化学性能稳定，一般与强酸强碱不反应，只有在高温下才能被硫酸分解；叶蜡石具有较好的耐热性和绝缘性，是一种密封与传压的介质材料。

## 二、叶蜡石加热变化

叶蜡石加热变化，详见本章第五节，这里只作简单说明。

叶蜡石加热至 600℃ 以前没有明显变化；600～1200℃ 时结构水逐渐脱出，由含结构水的叶蜡石变为脱水叶蜡石，体积收缩，叶蜡石完全消失，即：

$$Al_2O_3 \cdot 4SiO_2 \cdot H_2O \xrightarrow{600\sim900℃} Al_2O_3 \cdot 4SiO_2 + H_2O\uparrow$$
$$\text{（叶蜡石）} \qquad\qquad\qquad \text{（脱水叶蜡石）}$$

$$3(Al_2O_3 \cdot 4SiO_2) \xrightarrow{1200℃} 3Al_2O_3 \cdot 2SiO_2 + 10SiO_2$$
$$\text{（脱水叶蜡石）} \qquad\qquad \text{（莫来石）} \qquad \text{（石英）}$$

在 1200～1350℃ 时，随着莫来石、石英含量增加呈现出膨胀；1400℃ 时石英转化为方石英，体积明显产生膨胀，但膨胀率低，在 1.2%～2.1% 之间。

由于叶蜡石含结构水少（仅 5.0%），在加热过程中因脱水产生的体积收缩小，脱水过程比较缓慢，脱水过程也较长，从 590℃ 延续到 1100℃ 左右，加热脱水后仍保持原来晶体结构，基于以上性质，其生料可直接制成不烧砖使用。

叶蜡石的硬度、耐压强度，随着加热温度的升高而升高，其原因是物相发生了变化，见表 8-1 和表 8-2。

表 8-1　叶蜡石加热过程中硬度的变化

| 温度/℃ | 常温 | 600～800 | 900 | 1000 | 1100 | 1350 |
|---|---|---|---|---|---|---|
| 硬度（莫氏） | 1～2 | 略增 | 4 | 6 | 7 | 8 |

表 8-2　叶蜡石加热过程中耐压强度的变化

| 温度/℃ | 100 | 300 | 500 | 600 | 700 |
|---|---|---|---|---|---|
| 耐压强度/MPa | 65 | 55 | 41 | 75 | 82 |
| 温度/℃ | 800 | 900 | 1000 | 1100 | 1200 |
| 耐压强度/MPa | 92 | 98 | 84 | 77 | >84 |

## 三、叶蜡石的检测

研究方法有多种，如用 X 射线衍射方法、红外、吸收光谱、热分析（差热与失重分析），岩相分析等。以下着重介绍较简便的两种检测方法：

（1）偏光显微镜观察。叶蜡石为单斜晶系，主要光学常数 $N_g = 1.596\sim$

1.601，$N_m = 1.586 \sim 1.589$，$N_p = 1.543 \sim 1.566$，$N_g - N_p = 0.146 \sim 0.062$，单偏光下，叶蜡石为无色透明，中正突起，（001）解理完全；正交镜下最高干涉色三至四级，平行解理切面方向为一级，正延性，平行消光或小角度斜消光；二轴负光性，光轴角 $2V = 53° \sim 62°$。

（2）差热分析。叶蜡石在加热过程中，仅在 600～700℃ 有一个平稳的吸热反应谷，也有的在 700～800℃ 发生吸热反应，到 1000℃ 还没有出现放热反应峰，如图 8-3 所示。

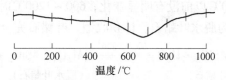

图 8-3 福建峨嵋叶蜡石的差热曲线

### 四、叶蜡石与滑石性质比较

如前所述，叶蜡石与滑石晶体结构相似，因而在性质上也有近似之处。两种矿物一般性质比较见表 8-3。

表 8-3 叶蜡石与滑石的一般性质

| 项 目 | 叶 蜡 石 | 滑 石 |
|---|---|---|
| 化学式 | $Al_2O_3 \cdot 4SiO_2 \cdot H_2O$ | $3MgO \cdot 4SiO_2 \cdot H_2O$ |
| 成分 | $Al_2O_3$ 28.3%、$SiO_2$ 66.7%、$H_2O$ 5.0% | MgO 31.7%、$SiO_2$ 63.5%、$H_2O$ 4.8% |
| 类型 | 含水硅酸铝 | 含水硅酸镁 |
| 晶系 | 单斜晶系 | 单斜晶系 |
| 色泽 | 白、灰、斑点、赭红等 | 白、灰、黄、微红等 |
| 密度/g·cm⁻³ | 2.8～2.9 | 2.6～2.8 |
| 硬度（莫氏） | 1.0～2.5 | 1.0～3.5 |
| 熔点/℃ | 约1400 | >1300～1400 |
| 热导率/W·(m·s·℃)⁻¹ | 0.2～1.1 | — |
| 脱水温度/℃ | 500～700 | 800～1000 |
| 电阻率/Ω·m | $8.5 \times 10^9$（室温） | $>10^{16}$（1000℃） |
| 收缩系数 | 0.980 | 1.020 |
| pH 值 | 6 | 9 |

## 第三节  蜡石的化学成分与矿物组成

在耐火材料等工业领域，使用的蜡石并非纯叶蜡石，还含有其他杂质。

## 一、化学成分

表8-4列出了我国闽浙蜡石化学成分及矿物组成（部分）。

表8-4　我国闽、浙蜡石化学与矿物成分（部分）

| 矿床产地 | | 矿石自然类型 | 化学成分/% | | | | | | | | | 矿物成分 | | |
|---|---|---|---|---|---|---|---|---|---|---|---|---|---|---|
| | | | $Al_2O_3$ | $SiO_2$ | $Fe_2O_3$ | $TiO_2$ | $CaO$ | $MgO$ | $K_2O$ | $Na_2O$ | 灼减 | 主要 | 次要 | 杂质 |
| 福建峨嵋 | 1号 | 叶蜡石质蜡石 | 28.19 | 65.82 | — | — | 0.18 | — | — | — | 5.32 | 叶蜡石约95% | 高岭石约5% | 褐铁矿等 |
| | 2号 | 高岭石质蜡石 | 36.75 | 50.95 | 0.47 | 0.15 | 0.26 | | 1.04 | | 9.35 | 高岭石约70% | 叶蜡石约20%；水云母约10% | 褐铁矿等 |
| | 3号 | 水铝石质蜡石 | 42.16 | 48.02 | | | 0.13 | | | | 9.80 | 叶蜡石约70% | 水铝石约30% | 蓝晶石、褐铁矿、金红石 |
| | 4号 | 硅质蜡石 | 15.60 | 80.06 | 0.20 | 0.12 | | 0.24 | 0.48 | 0.11 | 3.03 | 叶蜡石约70% | 石英、玉髓约40% | 铁质等 |
| 福建寿山 | | 叶蜡石质蜡石 | 30.45 | 63.47 | 0.08 | 0.23 | 痕量 | 痕量 | 0.04 | 0.10 | 5.56 | 叶蜡石约97% | 水铝石约2% | 金红石、石英等 |
| 浙江青田 | | 叶蜡石质蜡石 | 32.00 | 60.54 | 0.33 | 0.10 | 0.20 | 0.06 | 0.10 | 无 | 6.63 | 叶蜡石约90% | 水铝石约10% | 褐铁矿、金红石、方解石 |
| 浙江上虞 | | 叶蜡石质蜡石 | 32.95 | 59.25 | 0.29 | 0.05 | 0.29 | 无 | | 0.10 | 7.27 | 叶蜡石约90% | 石英和玉髓约5%；水铝石约5% | 硅线石、褐铁矿等 |

从表8-4中可见：

（1）福建峨嵋的几种蜡石试样，仅1号样与叶蜡石理论化学成分（含 $Al_2O_3$ 28.3%、$SiO_2$ 66.7%、$H_2O$ 5.0%）相近外，其他各试样（2号、3号、4号）与叶蜡石化学成分相差甚远。1号杂质 $Fe_2O_3$、$TiO_2$、RO 及 $R_2O$ 都较少（少于0.5%）；2号、3号、4号总杂质大于0.5%，在 $R_2O$ 杂质中以 $K_2O$ 占优势。

福建寿山、浙江青田及上虞的叶蜡石质蜡石，与福建峨嵋1号相类似，都与叶蜡石化学成分相近。

灼减则伴随着 $SiO_2$ 含量增多或 $Al_2O_3$ 减少出现明显下降。

（2）矿物组成中，都以叶蜡石矿物为主，含量70%左右，其中尤以叶蜡石质蜡石含叶蜡石矿物最多，含量高达95%~97%。

一般而言，蜡石矿石中含叶蜡石矿物越多越好，但仍要综合分析次要矿物、杂质矿物，如果含碱（RO、$R_2O$）较高，对耐火材料品质有不良影响。

据报道，上海某钢厂钢包曾用蜡石质耐火材料，效果颇佳，其原料采用高硅低碱蜡石。蜡石中含叶蜡石不少于70%。制品中各组分含量为：$Al_2O_3$ 16%~

20%，$SiO_2$ 77%～80%，$Fe_2O_3$ < 1.0%，$K_2O + Na_2O$ < 0.6%。在江苏、浙江多年从事蜡石砖开发和技术管理的潘承恺认为，最适宜作为优质蜡石砖原料的蜡石以 $SiO_2$ 含量较高，$R_2O$、$Fe_2O_3$ 含量低，石英结晶大，且转化速度慢的为好，即高硅低碱、$SiO_2$ 含量不少于80%的蜡石－石英质原料。

## 二、矿物组成

蜡石矿石中的矿物组成见表8－5。

**表8－5　蜡石矿石中的矿物组成**

| 主要矿物 | 叶蜡石、石英、高岭石、绢云母（云母类矿物） |
|---|---|
| 伴生矿物 | 硬水铝石、勃姆石、刚玉、红柱石、石英、玉髓、水云母、迪开石、蒙脱石 |
| 杂质矿物 | 黄铁矿、赤铁矿、褐铁矿、板钛矿、硅钱石、金红石、蓝晶石、磁铁矿、锆英石 |

在表8－5中，蜡石矿石除叶蜡石矿物外，还有硅质矿物如石英、玉髓等；铝质矿物和其他含铝矿物，如高岭石、水铝石、云母类矿物。矿石中杂质矿物如磁铁矿、赤铁矿、褐铁矿及黄铁矿。

# 第四节　蜡石的分类

蜡石按其化学成分及矿物组成可分为三大类：叶蜡石质蜡石、铝质蜡石、硅质蜡石。为便于各行业应用，国内外学者根据接触到的蜡石矿石、工作环境、条件又进一步细分，在徐平坤编著的《蜡石》一书中有详细的介绍。编著者选择了几种蜡石的分类作简要介绍。

## 一、蜡石自然类型的划分

宋祥铨根据蜡石中主要矿物及其含量和次要矿物，将福建蜡石划分为五种类型，见表8－6。

**表8－6　蜡石的分类**

| 类　型 | 主要矿物 | 次要矿物 |
|---|---|---|
| 叶蜡石质蜡石 | 叶蜡石90%～95% | 玉髓、石英、高岭石 |
| 水铝石质蜡石 | 叶蜡石60%～90%、水铝石5%～40% | 石英、玉髓 |
| 高岭石质蜡石 | 叶蜡石30%～70%、高岭石20%～30% | 水云母、绢云母、石英 |
| 凝灰质蜡石 | 叶蜡石70%～80% | 石英、玉髓、脱玻化火山灰 |
| 硅质叶蜡石[①] | 叶蜡石、石英 | 玉髓、蛋白石 |

①原分类为石英叶蜡石，编著者改为硅质叶蜡石。

## 二、根据蜡石中矿物理论含量进行分类

根据矿石的矿物理论含量，何英才将蜡石划分九大类，见表8-7。

表8-7　根据矿物理论含量划分蜡石类型

| 编号 | 蜡石类型 | 矿物理论含量[①]/% |
| --- | --- | --- |
| 1 | 高铝矿物型 | D+C+An≥50（或其中1~2种之和不小于50），K<50，S<10 |
| 2 | 高岭石型 | K≥50，D+C+An<50，P<50，S<10 |
| 3 | 叶蜡石型 | P≥50，Q<26，S<10 |
| 4 | 高硅型 | P53~74，Q26~47，S<10 |
| 5 | 叶蜡石、石英或石英岩 | P<53，Q>47 |
| 6 | 绢云母、叶蜡石、高岭石型 | S10~50，P+C+An+K>50 |
| 7 | 绢云母、高岭石、石英叶蜡石型 | S10~50，P>40，Q<26 |
| 8 | 绢云母、叶蜡石、石英岩 | S10~50，P>64，Q>26 |
| 9 | 绢云母型[②] | S≥50，其他总和小于50 |

①P—叶蜡石；K—高岭石；S—绢云母；D—硬水铝石；C—刚玉；An—红柱石；Q—石英。

②绢云母型包括云母类矿物总和和伊利石等矿物，其中6、7、8号这几种类型可能含有较多。

## 三、根据蜡石中矿物组合进行分类

国外有学者根据蜡石的矿物组合提出的分类，见表8-8。

表8-8　蜡石的分类

| 类　型 | Ⅱ类 | 矿石名称 | 矿物组分 | |
| --- | --- | --- | --- | --- |
| | | | 主要矿物 | 次要矿物 |
| 叶蜡石型 | 硅质 | 硅质蜡石 | P、Q | ±K、±D、±S |
| | 叶蜡石质 | 叶蜡石质蜡石 | P | Q、K、±D、±C、±S |
| | 高铝质 | 含硬水铝石质蜡石 | P、D | K、±Q、±B、±S |
| | | 含刚玉蜡石 | P、C | K、±Q、±B、S、±D |
| | | 含红柱石蜡石 | P、A | K、±Q、±C、±S、±D |
| 高岭石型 | 硅质 | 硅质高岭土 | Q、K | ±D、±P、±Q |
| | 高铝质 | 地开石或高岭土 | K | ±D、±P |
| | | 硬水铝石 | K、D | ±P |
| 绢云母 | | 陶石 | Q、S | ±P |
| | | 绢云母 | S | ±P、±Q、±K |

注：P—叶蜡石；B—勃姆石；A—金红石；K—高岭土矿物；D—硬水铝石；Q—石英；S—绢云母；
　　C—刚玉；±—有时无。

蜡石分类的目的在于应用。编著者将蜡石分为：叶蜡石质蜡石、高铝质蜡石及硅质蜡石三大类，其中高铝质蜡石含高岭石、云母、水铝石等。这样分类，易于在矿山生产中用肉眼大致区分蜡石矿石类型。

# 第五节　蜡石加热过程中的变化

蜡石加热过程中的性状变化与前述叶蜡石加热过程的相变化是密切相关的，在蜡石中除叶蜡石矿物外，还含有石英、高岭石、水铝石、云母类矿物等，这些矿物的含量与分布，形成不同的蜡石类型，不同类型的蜡石在加热过程中的性状、变化特点存在差异。一般叶蜡石、石英含量较高的蜡石具有明显的加热膨胀性，石英晶粒较大，膨胀率较高；绢云母（云母类矿物）、高岭石等铝硅酸盐含量较高的蜡石，膨胀量较小，特别是绢云母质蜡石，往往在加热过程中产生收缩。

## 一、蜡石的加热变化

以叶蜡石主要矿物组成的蜡石，经不同温度煅烧后，使用衍射仪测试得出如下结果，这一结果与前述叶蜡石加热变化大体相似：

（1）600℃时仍为叶蜡石，但颜色变浅，即有脱色现象。

（2）1000℃处理后，叶蜡石结构大部分被破坏，X射线衍射谱线仅有微弱的叶蜡石线条。

（3）1100℃处理后，开始出现微弱的莫来石、$\alpha$-石英谱线。

（4）1200℃时，莫来石及$\alpha$-石英谱线显著增强，说明这两相含量在增加。

（5）1350℃时，X射线衍射谱线与1200℃时相比，没有明显差异。显微镜观察表明，叶蜡石颗粒仍保持原来的假象，只有个别的颗粒边界不清，轮廓模糊。

（6）1400℃时，石英转变为方石英。

叶蜡石的加热变化表明，以叶蜡石为主要矿物组成的制品，在1200℃以下使用时，结构稳定。1200℃使用时，由于存在石英向方石英的相变，呈现出膨胀性。

## 二、蜡石煅烧过程中体积密度与气孔率的变化

各种蜡石的气孔率在900℃以后，均有明显下降，其中以高岭石质蜡石最为突出。这是因为这种类型的蜡石还含有较多的云母类矿物，在900℃以后有较多的低共熔物出现。

在加热过程中，气孔率、体积密度的变化曲线如图8-4和图8-5所示。

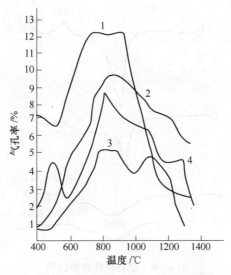

图 8-4　叶蜡石加热过程中的气孔率变化
1—高铝质蜡石；2—水铝石质蜡石；3—叶蜡石质蜡石；4—硅质蜡石

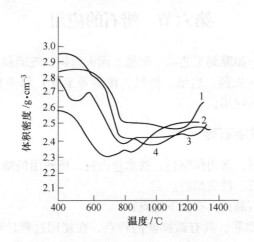

图 8-5　蜡石加热过程中的体积密度变化
1—高铝质蜡石；2—水铝石质蜡石；3—叶蜡石质蜡石；4—硅质蜡石

## 三、蜡石产差热分析曲线

图 8-6 为蜡石的差热分析曲线。由图 8-6 可见，1、2 号差热曲线吸热谷、放热峰狭窄尖锐，3、4 号曲线吸热谷则较为宽大平缓。前者是高岭石、水铝石的急剧脱水造成的，后者是因为叶蜡石的灼减小且叶蜡石质和硅质蜡石脱水缓慢。

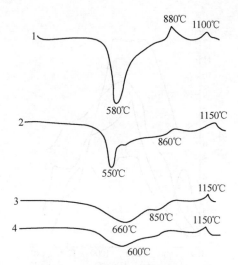

图 8-6 蜡石差热分析曲线

1—高铝质蜡石；2—水铝质蜡石；3—叶蜡石质蜡石；4—硅质蜡石

# 第六节 蜡石的应用

蜡石用途广泛，如雕刻工艺品、陶瓷、耐火材料、玻璃和水泥原料，还用于合成分子筛、填料（农药、造纸、塑料、橡塑等工业）和涂料，本节着重讨论蜡石在耐火材料中的应用。

## 一、高硅低碱蜡石砖

蜡石质耐火材料，常用作钢包、铁水包内衬，所使用的蜡石，是高硅低碱蜡石，如叶蜡石质蜡石、硅质蜡石。

用高硅低碱蜡石制砖，有如下优点：

（1）制品受热膨胀，具有微膨胀的特点，在使用过程砖缝变小，高温下提高砖体的整体性。

（2）在高温下蜡石生成高黏度的玻璃相提高制品的抗渣性能；在砖的表面生成一层釉层，具有工作面光滑不挂渣的特点。

（3）导热系数。蜡石砖导热系数比黏土砖小，约是黏土砖的一半，因而可减少散热。用高硅低碱蜡石制砖，可采用全生料制砖或加入少量黏土配料。

如果使用铝质蜡石制砖（高岭石质蜡石，水铝石质蜡石、云母质蜡石），因在高温下蜡石不是微膨胀而是产生收缩，故不宜用生料直接制砖。

上海某钢厂蜡石质钢包衬砖，使用蜡石指标有如下要求：$Al_2O_3$ 18% ±3%，$SiO_2$ 77% ±3%，$Fe_2O_3$ ≤0.5%，（$K_2O + Na_2O$）≤0.5%，耐火度不低于1650℃。

其中 $R_2O$ 是有害杂质，已是耐火材料同行共识。因 $R_2O$ 含量高会使制品荷重软化温度，强度下降，抗侵蚀性变差，如图 8-7 和图 8-8 所示。

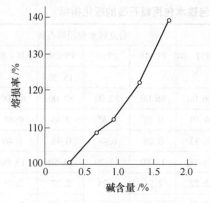

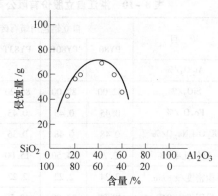

图 8-7　碱含量与熔损率的关系　　　　图 8-8　$SiO_2$ 含量与侵蚀量的关系

为此，使用蜡石时，要控制或设法剔除带入 $R_2O$ 的矿物（如云母类矿物）。我国浙江上虞、江苏昆山等地耐火材料厂，生产蜡石砖除要求 $SiO_2 \geqslant 80\%$ 外，还要求 $R_2O < 0.3\% \sim 0.5\%$，十分苛刻，以尽可能提高玻璃相黏度，实例见表 8-9。为提高钢包衬砖抗侵蚀等性能，可在配料中加入锆英石、碳化硅、氧化铬或蓝晶石等。

表 8-9　浙江翔发耐火材料有限公司钢包铁水包用叶蜡石砖的理化指标

| 品牌 | PY75 | PY80 | PY82 |
| --- | --- | --- | --- |
| $Al_2O_3/\%$ | 20 ~ 15 | ≥13 | ≥12 |
| $SiO_2/\%$ | ≥75 | ≥80 | ≥82 |
| $Fe_2O_3/\%$ | ≤0.5 | ≤0.5 | ≤0.5 |
| $K_2O + Na_2O/\%$ | 0.48 | 0.48 | 0.48 |
| 显气孔率/% | ≤15 | ≤15 | ≤15 |
| 体积密度/g·cm⁻³ | 2.2 | 2.2 | 2.2 |
| 耐压强度/MPa | 30 ~ 40 | 35 ~ 45 | 35 ~ 45 |
| 耐火度/℃ | 1630 | 1650 | 1650 |
| 荷重软化温度/℃ | 1400 | 1450 | 1450 |

注：引自《耐材之窗》，2013 年第 106 期。

## 二、应用实例

蜡石在使用中有一定的膨胀性，又不粘渣，用作衬材整体性好，已在钢包、铁水包等部位使用，尤其是被浙江上虞、长兴等地耐火材料公司普遍采用。

浙江自立股份有限公司在铁水包、钢包、中间包、鱼雷罐车等部分都使用蜡石或蜡石－碳化硅砖，取得明显效果。在铁水包、钢包上所用耐火砖的理化指标见表8－10和表8－11。

**表8－10 浙江自立股份有限公司钢包铁水包用蜡石砖的理化指标**

| 项 目 | 自立钢包用蜡石砖 | | | | | 自立铁水包用蜡石砖 | | |
| --- | --- | --- | --- | --- | --- | --- | --- | --- |
| | PY80 | PY80B | PY83T | PY83T－84 | PY84S | PY80 | PY80B | NH－R2 |
| $Al_2O_3$/% | | | | | | — | 15.20 | — |
| $SiO_2$/% | 82.00 | 82.00 | 85.20 | 86.00 | 86.00 | 82.00 | 82.00 | 83.00 |
| $Fe_2O_3$/% | 0.45 | 0.45 | 0.43 | 0.40 | 0.35 | 0.45 | 0.45 | 0.44 |
| $K_2O+Na_2O$/% | 0.48 | 0.48 | 0.36 | 0.33 | 0.28 | 0.48 | 0.48 | 1.46 |
| 显气孔率/% | 13.20 | 14.50 | 15.00 | 15.00 | 13.80 | 13.20 | 14.50 | 13.00 |
| 体积密度/g·cm$^{-3}$ | 2.24 | 2.22 | 2.22 | 2.22 | 2.25 | 2.24 | 2.22 | 2.25 |
| 耐压强度/MPa | 40.30 | 32.00 | 40.50 | 40.50 | 35.00 | 40.30 | 32.00 | 46.30 |
| 耐火度/℃ | 1650 | 1630 | 1650 | 1650 | 1650 | ≥1650 | ≥1630 | ≥1610 |
| 荷重软化温度（$T_2$）/℃ | — | — | 1560 | 1560 | 1580 | | | |
| 使用部位 | 安全层 | | 电炉钢包工作层 | | | 工作层/永久层 | 永久层 | 永久层 |

**表8－11 浙江自立股份铁水包用蜡石－碳化硅砖**

| 项目 品牌 | | 化学成分/% | | | | | 显气孔率 /% | 体积密度 /g·cm$^{-3}$ | 耐压强度 /MPa |
| --- | --- | --- | --- | --- | --- | --- | --- | --- | --- |
| | | $SiO_2$ | SiC | $Al_2O_3$ | C | $Fe_2O_3$ | | | |
| 烧成砖 | PSF－10 | 51.40 | 10.50 | 30.7 | | | 16.70 | 2.32 | 35.70 |
| | PS－12.5K | 69.00 | 14.00 | 10.85 | — | 0.36 | 13.50 | 2.28 | 55.00 |
| | PS－15B | 72.10 | 13.30 | 8.80 | | | 13.90 | 2.28 | 46.20 |
| | PSF－15 | 69.50 | 16.50 | 9.50 | | 0.80 | 14.70 | 2.28 | 45.20 |
| | SC－20 | 62.90 | 16.15 | 9.40 | | 1.10 | 14.10 | 2.30 | 46.00 |
| | LP－1 | 62.90 | 22.00 | 9.40 | | — | 13.60 | 2.30 | 48.20 |
| 不烧砖 | PS－12.5B | 51.40 | 12.00 | 31.00 | | | 12.00 | 2.62 | 40.70 |
| | PS－12B | 70.50 | 13.50 | — | | | 12.50 | 2.43 | 38.00 |
| | BC－1 | 70.50 | 17.50 | 8.00 | | | 10.00 | 2.47 | 55.00 |
| | BC－3 | 67.40 | 14.20 | 13.40 | | | 12.50 | 2.41 | 35.60 |
| | BC－10 | 73.80 | 10.50 | 10.40 | | | 10.10 | 2.47 | 39.20 |
| | PSC－12 | 67.00 | 13.80 | 11.00 | 3.00 | — | 11.20 | 2.45 | 38.20 |

注：引自自立股份产品目录。

# 第九章　黏土质耐火材料原料——黏土

黏土的分类与资源特点

黏土化学成分、矿物组成、杂质

黏土主要矿物：高岭石、多水高岭石

耐火黏土的工艺特性；加热变化

黏土矿床类型与实例：山东焦宝石；广西维罗黏土（球黏土）

黏土使用中注意的问题

耐火黏土的应用

膨润土

黏土是一种天然的土状物，其组成不是单一矿物，而是含有相当数量的黏土矿物，即主要由直径小于 $1 \sim 2\mu m$（0.001mm）的多种层状含水铝硅酸盐矿物的混合物，细粉在湿态的状态下具有可塑性，干燥后变硬，在一定温度下加热玻化。作为耐火材料用的黏土称为耐火黏土，其耐火度不小于 1580℃。

在地质学上，耐火黏土按可塑性、矿石特征和工业用途分为软质黏土、半软质黏土、硬质黏土和高铝黏土四类。软质和半软质黏土含 $Al_2O_3$ 30%～45%，硬质黏土为 35%～50%，高铝黏土为 55%～70%。本书将高铝黏土归在第十章讨论。

## 第一节　黏土的分类与资源特点

### 一、黏土的分类

（一）根据生成分类

黏土系外生沉积作用或铝酸盐岩石（火成的、变质的、沉积的）长期风化而成，有些是低温热液对围岩蚀变的产物，如长石风化。

（1）正长石（或称钾长石），$K[AlSi_3O_8]$ 或 $K_2O \cdot Al_2O_3 \cdot 6SiO_2$，分解产物为高岭石、胶体二氧化硅、碳酸钾，反应式如下：

$$4K[AlSi_3O_8] + 6H_2O \longrightarrow Al_4[Si_4O_{10}](OH)_8 + 8SiO_2 + 4KOH$$

　　　钾长石　　　　　　　　　　高岭石

或 $4K[AlSi_3O_8] + 2CO_2 + 4H_2O \longrightarrow Al_4[Si_4O_{10}](OH)_8 + 8SiO_2 + 2K_2CO_3$

　　钾长石　　　　　　　　　　高岭石

（2）钙长石，$Ca[Al_2Si_2O_8]$ 或 $CaO \cdot Al_2O_3 \cdot 2SiO_2$，分解产物为高岭石、胶体二氧化硅、碳酸钙。

根据生成情况，黏土分为：

（1）原生黏土是指长石经风化后生成高岭石及其他含水硅酸盐矿物、石英等，未完全风化的碎粒残留在原地，而可溶性盐类则被溶解。

（2）次生黏土是由原生黏土在自然动力条件下转移到其他地方，再次沉积的黏土。

由风化形成的黏土，其化学成分、杂质及伴生产物受母岩成分所制约。

（二）根据可塑性分类

可塑性指标是黏土的工艺特性之一。可塑性指标可用下式表示：

$$可塑性指标 = (d - b)p$$

式中　$d$——试验前泥球直径，cm；

　　　$b$——试验后泥球高度，cm；

　　　$p$——泥球出现裂纹时（裂纹 3~5mm）负荷重量，kg。

有关可塑性指标的计算方法详见本章第五节。

根据可塑性指标，耐火黏土可分为三类：可塑性指标小于 1.0 为硬质黏土；大于 2.5 为软质黏土；介于 1~2 之间为半软质黏土。

1. 硬质黏土

硬质黏土多属原生黏土，在水中不易分解，可塑性较低，可塑性指标小于1.0，颜色一般呈灰白、灰至深灰色，组织结构致密，质地坚硬，具贝壳断口，矿物颗粒极细。我国目前已知的硬质黏土多为高岭石单矿物型的沉积黏土，间或有迪开石或水母类矿物伴生。其 $Al_2O_3$ 和 $SiO_2$ 含量的波动范围较小，从化学组成看，它接近高岭石理论组成，$Al_2O_3$ 含量为 39.48%，所含杂质除游离石英外，常含有的杂质有 $Fe_2O_3$、$TiO_2$、$K_2O$、$Na_2O$、$CaO$、$MgO$ 及 $FeS$ 等，这些有害成分不同程度地影响耐火制品的性能。硬质黏土按杂质的含量分为以下类型：低铁质、高铁质（$Fe_2O_3$ 大于 3.5%）、高钛质（$TiO_2$ 大于 4.5%）、高碱质（$K_2O + Na_2O$ 大于 1%）和高硫质等。硬质黏土煅烧后的熟料，又称焦宝石熟料，硬质黏土熟料的理化指标见表 9-1。

表 9-1　硬质黏土熟料理化指标（YB/T 5207—2005）

| 牌　号 | 化学成分/% | | 杂质含量/% | 耐火度/℃ | 体积密度/g·cm⁻³ | 吸水率/% |
|---|---|---|---|---|---|---|
| | $Al_2O_3$ | $Fe_2O_3$ | | | | |
| YNS-45 | 45~50 | ≤1.0 | ≤2.0 | 1780 | ≥2.55 | 2.5 |
| YNS-44 | 44~50 | ≤1.3 | ≤2.5 | 1760 | ≥2.50 | 2.5 |
| YNS-43 | 43~50 | ≤1.5 | ≤3.0 | 1760 | ≥2.45 | 3.0 |
| YNS-42 | 42~50 | ≤2.0 | ≤3.5 | 1740 | ≥2.40 | 3.5 |
| YNS-40 | 40~50 | ≤2.5 | ≤3.5 | 1720 | ≥2.35 | 4.0 |
| YNS-36 | 36~42 | ≤3.5 | ≤4.0 | 1680 | ≥2.30 | 4.0 |

### 2. 软质黏土

软质黏土又称结合黏土，多属次生黏土，在水中易分散，有较高的可塑性，可塑性指标大于 2.50。我国有工业价值的软质黏土主要是高岭石型的黏土，杂质有游离的石英、黄铁矿、金红石、方解石、石膏及有机物等。由于杂质成分的染色作用，颜色有多种变化，有灰色、深灰色，甚至黑色，也有白、黄、紫色。软质黏土颗粒细微，常集结为松散块状或土状，$Al_2O_3$ 含量在 20% ~ 33% 之间波动（也有在 33% 以上），其可塑性和黏结性很强，用作制砖或不定型耐火材料的结合剂等。

### 3. 半软质黏土

半软质黏土的可塑性和水中的分散性介于硬质和软质黏土之间。我国有较大工业价值的半软质黏土主要是高岭石型的黏土，常呈灰色，与硬质黏土伴生。它与硬质黏土相比，$Al_2O_3$ 含量较低，通常不超过 35%；而 $SiO_2$ 含量和碱金属氧化物含量较高；与软质黏土相比，$Al_2O_3$ 含量较高，颗粒比较粗，主要用作黏土熟料或细磨后用于结合黏土。软质与半软质黏土的技术要求见表 9 - 2。

表 9 - 2　软质与半软质黏土的技术要求（YBQ 42001—85）

| 类　型 | 等　级 | 化学成分/% | | 耐火度/℃ | 灼减/% | 可塑性指标 |
| --- | --- | --- | --- | --- | --- | --- |
| | | $Al_2O_3$ | $Fe_2O_3$ | | | |
| 软质黏土 | 特级品 | ≥33 | ≤1.5 | ≥1710 | ≤15 | ≥4.0 |
| | 一级品 | ≥30 | ≤2.0 | ≥1670 | ≤16 | ≥3.5 |
| | 二级品 | ≥25 | ≤2.5 | ≥1630 | ≤17 | ≥3.0 |
| | 三级品 | ≥20 | ≤3.0 | ≥1580 | ≤17 | ≥2.5 |
| 半软质黏土 | 一级品 | ≥35 | ≤2.5 | ≥1690 | ≤17 | ≥2.0 |
| | 二级品 | ≥30 | ≤3.0 | ≥1651 | ≤17 | ≥1.5 |
| | 三级品 | ≥25 | ≤3.5 | ≥1610 | ≤17 | ≥1.0 |

## 二、黏土的分布与特点

我国黏土的分布有如下特点：

（1）我国黏土资源分布既广泛又相对集中，已查明全国 26 个省（区）市都有分布。硬质黏土分布在山东、山西、内蒙古、河北、辽宁、河南及湖北七个省（区）；软质、半软质黏土分布在吉林、河北、山西、湖南、广东、广西等省（区）。

（2）中低档矿多，优质矿少。硬质黏土和软质、半软质黏土中，二级品和三级品占大多数。

（3）单一矿床少，共生伴生矿床多，因此综合开发利用具有重要意义。

# 第二节 黏土的化学成分与耐火度

黏土是以含水铝硅盐为主体的土状混合物，主要的化学组成是三氧化二铝和二氧化硅两种氧化物。硬质黏土含有 $Al_2O_3$ 36% ~50%，$SiO_2$ 40% ~60%（按熟料计）；软质、半软质黏土含有 $Al_2O_3$ 20% ~35%，$SiO_2$ 40% ~60%。$Al_2O_3$ 主要来源于黏土矿物，$SiO_2$ 除来自黏土矿物外，主要来自微粒的石英。当 $Al_2O_3$ 含量和 $Al_2O_3/SiO_2$ 比值越接近高岭石矿物理论值时（$Al_2O_3$ 39.48%，$Al_2O_3/SiO_2$ = 0.85）表明这类黏土的纯度越高。黏土中高岭石含量越多，其质量越优，$Al_2O_3/SiO_2$ 值越大，黏土耐火度就越高，黏土的烧结熔融范围也就越宽；而其值越小，则相反。

黏土通常含有一定量的杂质，杂质主要为碱、碱土金属和铁、钛等氧化物，软质黏土还含有有机物。各种氧化物均起助熔作用，降低原料的耐火度，因此，黏土中杂质含量尤其是 $Na_2O + K_2O$ 含量越低（2.0% ~5.0%）时，可根据下面公式近似地计算耐火度 $T$：

$$T = (360 + [Al_2O_3] - R)/0.228$$

式中 $[Al_2O_3]$——假设黏土中 $Al_2O_3$ 与 $SiO_2$ 总量为100%时，$Al_2O_3$ 所占的质量分数；

$R$——在上述情况下，其他杂质氧化物的质量分数。

黏土原料耐火度高，意味着 $Al_2O_3$ 含量高，A/S 值大，杂质尤其含碱物质含量较低时，烧结范围也较宽。表 9-3 为我国部分耐火黏土的化学组成。

表 9-3 我国耐火黏土的化学成分与耐火度（部分）

| 产 地 | | 原料名称、类型 | $Al_2O_3$ | $SiO_2$ | $Fe_2O_3$ | $TiO_2$ | CaO | MgO | $K_2O$ | $Na_2O$ | I·L | 耐火度/℃ |
|---|---|---|---|---|---|---|---|---|---|---|---|---|
| 广西 | 南宁 | 维罗球黏土，软质黏土 | 33.30 | 50.20 | 0.65 | 1.57 | 0.23 | 0.13 | 0.15 | 0.20 | 12.61 | 1730 |
| | | | 34.10 | 49.32 | 0.68 | 1.45 | 0.16 | 0.11 | 0.09 | 0.02 | 13.28 | 1730 |
| | | | 34.10 | 47.14 | 0.88 | 1.39 | 0.13 | 0.17 | 0.26 | 0.03 | 13.20 | 1730 |
| | 扶绥 | 软质黏土 | 37.41 | 43.86 | 0.72 | 1.92 | 0.1 | 0.09 | 0.04 | 0.17 | 14.16 | 1750 |
| | | | 27 ~36 | 54 ~60 | 0.6 ~0.7 | 1 ~1.4 | <0.1 | | <0.1 | | 10 ~14 | >1690 |
| | 武鸣 | 硬质黏土 | 30 ~42 | 44 ~48 | 0.3 ~6.0 | | | <0.3 | | <0.1 | 13 ~16 | >1690 |
| 广东飞天燕 | | 软质黏土 | 32.77 | 51.19 | 0.82 | 0.99 | 0.09 | 0.07 | 5.50 | 0.19 | 7.92 | 1710 |
| 湖南 | 怀化 | 硬质黏土 | 32.4 | 44.2 | 0.49 | — | 0.29 | | 2.92 | | 15.2 | 1790 |
| | 辰溪 | 硬质黏土 | 38.37 | 44.08 | 0.25 | 1.12 | 0.12 | 0.17 | 0.22 | | 14.48 | 1770 |
| | 湘潭 | 软质黏土 | 37.78 | 45.02 | 1.09 | 1.70 | 0.26 | 0.28 | 0.25 | | 13.63 | 1750 |

续表 9 - 3

| 产　地 | | 原料名称、类型 | Al$_2$O$_3$ | SiO$_2$ | Fe$_2$O$_3$ | TiO$_2$ | CaO | MgO | K$_2$O | Na$_2$O | I·L | 耐火度/℃ |
|---|---|---|---|---|---|---|---|---|---|---|---|---|
| 河南 | 焦作 | | 39.03 | 43.48 | 1.26 | 0.26 | 1.66 | 0.39 | 0.53 | | 13.48 | 1770 |
| | | 硬质黏土 | 36.86 | 48.18 | 1.73 | 1.99 | 0.15 | 0.42 | 1.15 | 0.15 | 8.94 | 1690 |
| | | | 38.56 | 42.94 | 0.85 | 0.32 | 1.63 | 1.01 | 0.46 | | 13.45 | 1770 |
| | | 软质黏土 | 31.88 | 43.48 | 2.91 | 1.66 | 3.25 | 0.32 | | | 13.04 | 1670 ~ 1690 |
| | 博爱 | 半软质黏土 | 35.6 | 45.7 | 2.11 | 0.92 | 0.90 | | 1.37 | | 12.9 | 1730 |
| 河北古冶 | | D 级黏土，硬质 | 38.13 | 44.23 | 0.96 | 1.65 | 0.44 | 0.04 | 0.69 | | 14.29 | |
| | | 四节土，软质 | 33.30 | 48.53 | 1.76 | 1.61 | 0.58 | 0.08 | 1.60 | | 11.53 | 1750 |
| | | 紫木节 | 36.20 | 42.7 | 1.37 | 0.48 | 0.83 | | 1.84 | | 16.5 | 1750 |
| 辽宁 | 牛心台 | 硬质黏土 | 37.43 | 43.04 | 1.24 | 1.15 | 0.47 | 0.04 | 2.42 | | 14.20 | 1770 |
| | 复州湾 | 半软质黏土 | 36.96 | 44.35 | 2.60 | 1.04 | 0.80 | 0.24 | | | 14.19 | 1730 |
| 吉林舒兰 | | 水曲柳黏土，软质 | 30.06 | 54.39 | 1.37 | 0.96 | 1.39 | 0.45 | 0.22 | 0.73 | 11.29 | |
| | | | 28.10 | 60.13 | 1.93 | 0.03 | 0.43 | 0.05 | 0.16 | | 9.28 | 1710 |
| 黑龙江 | 牡丹江 | 牡丹江泥土，软质 | 31.3 | 55.5 | 2.68 | 0.90 | 0.62 | | 1.75 | | 10.7 | 1710 |
| | 林口 | 软质 | 29.92 | 55.59 | 1.21 | 0.43 | 0.55 | 0.57 | 2.94 | | 7.79 | 1670 |
| 山东淄博 | | 硬质黏土 | 38.23 | 44.53 | 0.66 | | 0.29 | 0.29 | 0.29 | | 13.82 | 1770 ~ 1790 |
| | | 坊子黑黏土 | 34.65 | 55.14 | 0.67 | | 2.02 | 0.54 | | 0.58 | 16.92 | 1620 |
| 江苏 | 苏州 | 苏州土，软质 | 37.60 | 47.69 | 0.31 | | 0.19 | 0.06 | | 0.03 | 14.06 | |
| | | | 36.22 | 46.58 | 0.63 | 0.46 | 0.14 | 0.06 | 0.26 | 0.09 | 14.46 | |
| | 吴县 | 苏州土，软质 | 37.14 | 48.93 | 0.09 | 微 | 0.48 | 0.35 | | | 13.64 | |
| | | | 31.60 | 52.32 | 1.58 | 0.28 | 0.27 | 0.14 | 0.41 | 0.03 | 13.00 | 1750 |
| | 宜兴 | 软质 | 32.9 | 50.1 | 3.15 | 0.20 | 0.15 | | 0.16 | | 11.4 | |
| 福建漳州 | | 漳州土 | 24.01 | 57.34 | 1.73 | 0.94 | 0.40 | 0.86 | 0.40 | 0.08 | 14.0 | 1610 ~ 1630 |
| 江西 | 星子 | 高岭土 | 34.07 | 50.14 | 1.04 | | 0.20 | 0.33 | 1.73 | 0.10 | 11.85 | |
| | | | 30.1 | 50.1 | 1.04 | | | 0.53 | 1.83 | | 11.9 | 1650 |
| | 吉安 | 软质黏土 | 27.32 | 56.32 | 2.12 | 0.89 | 0.02 | 0.81 | 2.36 | 0.10 | 9.28 | |
| | 庐江 | 硬质黏土 | 36.1 | 48 | 0.48 | 0.21 | 0.12 | 0.04 | 0.01 | 0.05 | 14.0 SO$_3$ 0.30 | 白度 82 |

续表9-3

| 产　地 | | 原料名称、类型 | Al₂O₃ | SiO₂ | Fe₂O₃ | TiO₂ | CaO | MgO | K₂O | Na₂O | I·L | 耐火度/℃ |
|---|---|---|---|---|---|---|---|---|---|---|---|---|
| 安徽 | 庐江 | 紫木节 | 32.66 | 42.47 | 0.72 | 1.34 | 1.96 | 0.81 | — | 0.23 | 19.23 | |
| | 淮南 | | 38.85 | 44.97 | 1.64 | 0.08 | 0.18 | 0.05 | 0.54 | 0.09 | 13.83 | |
| 山西 | 阳泉 | 阳泉软质 | 35.74 | 43.60 | 3.81 | 1.90 | 0.20 | 0.31 | 0.77 | 0.05 | 13.06 | 1650 |
| | 阳泉 | | 35.1 | 45.2 | 1.08 | 0.61 | 0.47 | 0.37 | 0.46 | — | 12.80 | |
| | 朔州 | 硬质黏土 | 39.15 | 45.18 | 0.11 | 0.37 | 0.01 | 0.01 | 0.01 | 0.02 | 15.5 | |
| | 中阳 | 中阳土 | 35.46 | 47.24 | 1.40 | 2.05 | 0.38 | 0.30 | 0.19 | 0.04 | 11.96 | |
| | 太原 | 五灰矸（硬质） | 39.41 | 43.49 | 0.97 | 1.27 | 0.46 | 0.08 | 未测 | 未测 | 13.48 | |
| | 太原 | 灰片矸（软质） | 31.82 | 54.08 | 0.5 | 0.30 | 0.25 | — | 0.99 | | 10.91 | |
| 陕西 | 耀县 | 半软质 | 38.76 | 44.55 | 0.73 | 1.04 | 0.06 | 0.10 | 0.14 | | 14.20 | 1730 |
| | 铜川 | 黑黏土 | 36.26 | 42.61 | 0.16 | 0.51 | 0.20 | 0.14 | 0.10 | 0.27 | — | |
| 甘肃 | 安口 | 黑干泥,软质 | 33.38 | 52.49 | 1.0 | 0.8 | — | — | | | 10 | |
| | 清远 | 紫黏土,软质 | 37.0 | 44.7 | 0.2 | — | 0.81 | 0.42 | | | 14.90 | |
| 新疆 | | 额敏土 | 35.85 | 44.85 | 0.53 | | | | 1.07 | 2.70 | 10.76 | |
| 四川叙永 | | 叙永土,软质 | 38.80 | 44.56 | 0.30 | | 0.82 | 0.20 | 0.11 | 0.13 | 15.49 | 1710~1730 |
| | | | 28.37 | 57.63 | 1.13 | 0.90 | 0.49 | 0.59 | 0.65 | | 9.78 | 1710~1730 |
| 云南 | | 山县高岭土 | 39.88 | 43.96 | | | 0.10 | 0.28 | 0.24 | 0.24 | 15.40 | |
| 青海 | | 软质黏土 | 29.34 | 56.92 | 0.98 | | 0.95 | 0.83 | 2.52 | 8.41 | | |

# 第三节　黏土的矿物组成与杂质矿物

## 一、黏土的矿物组成

黏土原料按岩石类型分有：高岭土、高岭石黏土（软质黏土）、高岭石黏土岩。各类黏土可能含有的矿物组成见表9-4，表9-5为我国部分软质黏土的矿物组成实例。一般来说，黏土矿物多集中于小于2μm的粒级组成，非黏土矿物集中在大于2μm的粒级部分。

表 9 - 4　黏土可能含有的矿物组成

| 岩石类型 | 主要成分（高岭石族） | 少量成分（主要为杂质矿物成分） | | |
|---|---|---|---|---|
| | 主要的 | 少见的 | 常见的 | 一般含量很少的（碎屑，同生及后生） |
| 高岭土 | 高岭石 | 多水高岭石、迪开石、变水高岭石、珍珠陶土、富硅高岭石 | 石英、长石、黑（白）云母、水云母 | 铁的氧化物（褐铁矿、赤铁矿、针铁矿、磁铁矿），铁的硫化物（黄铁矿），菱铁矿，含钛的化合物（金红石、锐钛矿、板钛矿、钙镁碳酸盐和硫酸盐），有机物等 |
| 高岭石黏土（软质黏土） | 高岭石 | 多水高岭石、变水高岭石、迪开石 | 石英、水云母、三水铝石 | |
| 高岭石黏土岩（半软质及硬质黏土） | 高岭石 | 变水高岭石 | 石英、水云母、水铝石、勃姆石 | |

从表 9 - 4 可见，黏土的矿物种类多，通常由五、六种矿物组成，主要矿物为高岭石矿物。常见非黏土矿物有石英、长石、云母，其次为铝的氢氧化物（水铝石、勃姆石、三水铝石）、铁的氧化物、铁的硫化物、钛的氧化物、钙镁碳酸盐及硫酸盐、有机物等。除石英外，其他矿物含量一般较少，分布较为均匀，对耐火材料性能影响不大。如果杂质含量大或分布不均匀，则严重影响黏土的质量，具体见表 9 - 5。

表 9 - 5　我国软质黏土的矿物组成实例（部分）

| 产地与名称 | 主要矿物 | 次要矿物 |
|---|---|---|
| 广西维罗黏土 | 高岭石 | 石英、蒙脱石、水云母 |
| 江苏苏州土 | 高岭石 | 石英 |
| 吉林水曲柳黏土 | 高岭石 | 石英、蒙脱石 |
| 四川叙永黏土 | 多水高岭石（叙永石、埃洛石） | 石英 |
| 河南焦作黏土 | 高岭石 | 石英、云母 |
| 河北古冶紫木节 | 高岭石 | 石英、云母 |
| 江西星子黏土 | 高岭石 | 白云母、石英 |
| 吉林永吉黏土 | 高岭石 | 石英、伊利石 |
| 山东章丘王伯庄 | 高岭石 | 水云母、勃姆石 |

## 二、黏土中的杂质

### （一）石英（$SiO_2$）

石英是黏土中含量较多的杂质，多以细粒形态分布在黏土中，也有大颗粒，甚至呈游离砂粒形态存在。石英是非塑性矿物，它将减弱黏土的结合能力和可塑性，但它却能降低砖坯干燥和烧成时的收缩，故石英对黏土质量的影响，视其数量、粒度大小和分布的不同而异。石英以细粒形态存在于黏土中，在高温时（1350～1400℃），石英起熔剂作用，容易与黏土中的氧化铁等杂质发生作用而生成易熔物，降低黏土的耐火性能。石英颗粒越小，则其熔剂作用，即形成熔融物的温度越低，如在黏土中存在的碱金属 Na、K 和碱土金属 Ca、Mg 与 Fe 元素，在 1000℃ 与 $SiO_2$ 反应，生成黏滞的液体，降低其耐火性能。石英以粗粒形态存在于黏土中时，当和其他熔剂接触时，只是表面熔化，不形成玻璃相，故对黏土的耐火性能影响有限。

### （二）铁的化合物

铁的化合物是黏土的有害杂质之一。它以如下几种形态存在：

（1）铁的氧化物和氢氧化物包括褐铁矿（$Fe_2O_3 \cdot nH_2O$）、水针铁矿（$Fe_2O_3 \cdot H_2O$）、赤铁矿（$Fe_2O_3$）、磁铁矿（$Fe_3O_4$）等，这几种铁的化合物在黏土中多以细分散状态存在，使黏土呈不同程度的黄色、红色和褐色。若这些铁矿物不多，则对黏土质量影响不大。

（2）铁的硫化物，主要是黄铁矿和白铁矿（$FeS_2$）以结核体或分散体存在于黏土中。当受高温时，细分散状物会使黏土制品形成黑斑点，而其结核体会使黏土制品产生熔洞、鼓胀和过早形成熔瓷疤釉，害处颇大。除影响砖的外形，还可降低黏土制品的耐火度、抗侵蚀性等耐火性能。

（3）菱铁矿（$FeCO_3$）在黏土中有时呈分散状或结核状，在 500～600℃ 分解，对耐火制品的有害作用类似于黄铁矿。

以上讨论指出，在黏土中有较多的铁的化合物存在时，在外形上，黏土制品表面形成黑点、熔洞、熔疤、鼓胀等缺陷；而在制品的质量上，因铁的化合物起熔剂作用，降低制品的耐火性能。研究指出，每增加 1% 的 $Fe_2O_3$，耐火黏土的耐火度降低 10℃ 左右。$Fe_2O_3$ 的含量多少，对黏土的烧成体积密度有直接的影响。含 $Fe_2O_3$ 为 1% 左右时，黏土烧成体积密度为 2.48～2.58g/cm$^3$；含 $Fe_2O_3$ 为 0.35% 时，黏土烧成体积密度为 2.59～2.64g/cm$^3$。

鉴于铁的化合物的有害作用，因而有必要对黏土除铁提纯。根据含铁化合物的种类、性质，目前有手选、磁选、浮选、水洗、酸洗等方法。

耐火黏土中的铁含量以 $Fe_2O_3$ 计算，硬质黏土含量为 0.5%～2.5%，软质黏土中一般为 1.0%～2.5%。

（三）钙镁碳酸盐和硫酸盐

这类矿物主要指方解石（$CaCO_3$）、白云石（$CaMg(CO_3)_2$ 或 $CaCO_3 \cdot MgCO_3$），石膏（$CaSO_4 \cdot 2H_2O$）等。在黏土中，多呈细分散状或结核状，含量较少，熔剂作用比低铁的化合物强。CaO 与 $SiO_2$ 反应生成各种低熔点的矿物，在黏土煅烧过程中放出 $CO_2$，使熟料呈蜂窝状。

实践得出，CaO 含量增加 1%，黏土制品的耐火度降低 15℃左右。一般要求 MgO + CaO < 0.6% ~ 1.5%。

（四）$K_2O + Na_2O$ 杂质

这类杂质存在于长石、云母等矿物中，是强熔剂，使黏土在煅烧过程中（约 800 ~ 1000℃）产生玻璃相，降低烧结温度，并使烧结温度范围变得狭窄。例如，$K_2O$ 与 $Na_2O$ 分别为 0.5% 和 1% 的耐火黏土，在 1000℃ 时形成的玻璃相为 7.5% ~ 13.0%；含 $Na_2O + K_2O$ 总量为 1.4% 的耐火黏土，烧结范围在 1260 ~ 1280℃较窄，而低于 1260℃ 产品则欠烧，一般要求 $Na_2O + K_2O$ < 1.5% ~ 2.0%。

（五）含 $TiO_2$ 的矿物

主要是金红石、锐钛矿、板钛矿矿物。黏土中有少量 $TiO_2$，当耐火黏土煅烧时，可促进莫来石晶体的形成和发育。但高钛黏土煅烧时，出现粘窑现象，要采取必要的预防措施。

此外，黏土中的有机物质可改善黏土的可塑性能和结合性能，但在煅烧过程中烧失，会增大制品的气孔率和烧成收缩等。

# 第四节　黏土的主要矿物

## 一、高岭石

（一）高岭石族概述

高岭石矿物名称出自我国，是因江西省浮梁县高岭山所产高岭石质量优良而得名。

高岭石族矿物包括高岭石、珍珠陶土、迪开石和富硅高岭石。迪开石和珍珠陶土的化学成分与高岭石完全相同，即 $Al_4[Si_4O_{10}](OH)_8$ 或 $Al_2O_3 \cdot 2SiO_2 \cdot 2H_2O$，所不同的是结构的叠置有差异。它们的晶胞参数见表 9 - 6。

表 9 - 6　高岭石族矿物晶胞参数表

| 名　称 | $a_0$/nm | $b_0$/nm | $c_0$/nm | $\alpha$ | $\beta$ | $\gamma$ | 晶系 |
|---|---|---|---|---|---|---|---|
| 高岭石 | 0.515 | 0.895 | 0.734 | 91°48′ | 104°30′ | 90° | 单斜 |
| 迪开石 | 0.515 | 0.895 | 1.442 | 90° | 96°50′ | 90° | 单斜 |
| 珍珠陶土 | 0.515 | 0.896 | 4.30 | 90° | 91°43′ | 90° | 单斜 |

富硅高岭石的 $SiO_2$ 含量较高，非晶质体的水铝英石成分也相当于高岭石或富硅高岭石。

本族矿物颗粒极细，可以呈胶体微粒，用一般显微镜难以辨认，需用电子显微镜、X 射线分析、热分析等方法进行综合研究。用电子显微镜主要是研究微粒的形状和大小。在电子显微镜下观察高岭石可见到完好的自形晶，它呈假正六方片状，以此可与其他黏土矿物相区别。应用差热分析研究黏土矿物也是一种有效的方法。图 9－1 为高岭石类矿物的差热分析曲线。

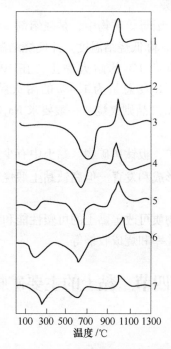

图 9－1　高岭石类矿物的差热分析曲线

1—高岭石；2—迪开石；3—高岭石＋迪开石；4—变水高岭石；

5，6—多水高岭石；7—水合多水高岭石

在图 9－1 中可见，高岭石在 600℃ 左右有一强的吸热谷，迪开石、珍珠陶土（属高岭石变体）的吸热谷比高岭石约高 100℃，这是因为结晶程度较好所致，在 980℃ 有与高岭石相似的放热峰。多水高岭石因结晶程度差，在 100～200℃ 就出现明显的吸热谷，放出过剩的水分，在 600℃ 和 900℃ 的热效应与高岭石近似。

**（二）高岭石晶体结构**

高岭石的化学式为 $Al_4[Si_4O_{10}](OH)_8$ 或 $Al_2O_3 \cdot 2SiO_2 \cdot 2H_2O$，其中 $Al_2O_3$ 39.5%，$SiO_2$ 46.54%，$H_2O$ 13.96%。

高岭石为单斜晶系，属层状构造的硅酸盐，其结构特点是：每一硅氧四面体 $[SiO_4]$ 有 3 个 O 与其相邻的硅氧四面体共有，剩余的 O 朝同一方向，形成一平面层（犹如六方形面网一样），该层在结构中特别活跃。结构中，负离子 $O^{2-}$ 与 $Al^{3+}$ 离子相连，而每个 $Al^{3+}$ 同时和 2 个 $O^{2-}$ 和 4 个 $(OH)^-$ 相连，即 $Al^{3+}$ 填充在 2 个 $O^{2-}$ 和 4 个 $(OH)^-$ 形成的八面体空隙之中，但 $Al^{3+}$ 只填充空隙数的 2/3，$Al^{3+}$ 配位数为 6，如此构成了一层氢氧铝八面体平面层。氢氧铝层与硅氧四面体的平面层结合成一个单一的分子层。无数的单一分子层沿垂直的方向（即 $c$ 轴方向）重复叠置，成为高岭石的晶体结构。高岭石的结构属双层结构单元层，单元层之间以分子键相联系，结合较薄弱，因此高岭石有完全的 {001} 底面解理，比重不大，硬度也小。

高岭石的双层结构为一个层状硅氧四面体 + 一个氢氧铝层，构成高岭石结构单元，即：

$$[Si_2O_5] + Al_2(OH)_6 - 2OH \longrightarrow Al_2[Si_2O_5](OH)_4$$

高岭石结构单元层之间存在空隙，但结构单元层内部正负电荷已经平衡，所以阳离子的交换能力较差，在黏土矿物中是较低的。

如图 9-2 所示，在高岭石晶体结构中看到多数的 $OH^-$ 处于每一层的表面，它结合得不如层内质点那么牢固，因此在一定的温度下，高岭石脱水发生莫来石化反应。

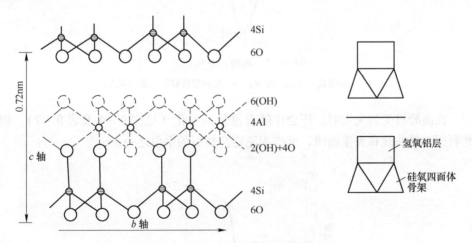

图 9-2　1:1 型（高岭石结构）

**（三）高岭石的性质**

高岭石因颗粒细小，需用电子显微镜方可看到六角形鳞片状，肉眼下为致密细粒状或土状集合体。

纯的高岭石色白，而实际上因含杂质而带有浅黄、浅灰、浅红、浅绿、浅褐色等颜色，硬度较低，一般 1～3，沿平行 {001} 面有极完全解理，比重为 2.61～2.68，熔点 1750～1787℃（或 1850℃），可以溶于热硫酸之中。高岭石土状块体手摸有粗感，易于捏碎成粉，潮湿时具有可塑性，干燥时有吸水性，用舌尖舔之粘舌。

　　高岭石在加热过程中，低温下首先失去吸附水；约 550～650℃ 时（600℃ 左右）失去结晶水（OH⁻）而成为偏高岭石，这是吸热反应；至 980℃ 左右偏高岭石即行分解而转变成尖晶石相，这是放热反应；1200℃ 左右转变为莫来石，这也是放热反应。结晶程度对差热曲线稍有影响。结晶程度较差的高岭石在加热到 100℃ 左右有一个小而不明显的波浪形吸热谷，同时失去结晶水的吸热谷温度及重结晶放热峰都比结晶程度好的高岭石低 20～30℃。在 600～1000℃ 范围内的差热曲线较为平直，放热峰前缺少小的吸热谷。高岭石差热曲线如图 9-3 所示。

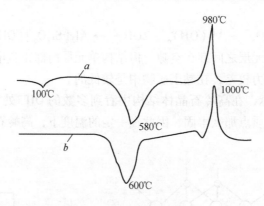

图 9-3　高岭石差热曲线

a—结晶程度差（江西萍乡）；b—结晶程度较好（苏州阳山）

　　在高岭石受热失水时，还会伴随有重量的变化（见图 9-4 及表 9-7）。因此利用差热曲线和失重曲线，可作为鉴定高岭石的手段之一。

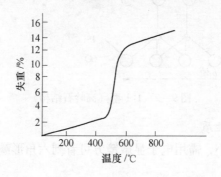

图 9-4　高岭石（江西萍乡）脱水曲线

表9-7　高岭石矿物在不同温度下的失重

| 温度/℃ | 失重/% | 温度/℃ | 失重/% |
|---|---|---|---|
| 0 | 0 | 500 | 2.9 |
| 80 | 0.4 | 600 | 12.7 |
| 100 | 0.8 | 700 | 13.5 |
| 200 | 1.4 | 800 | 13.9 |
| 300 | 1.5 | 900 | 14.0 |
| 400 | 1.8 | 1000 | 14.0 |
| 450 | 2.1 | | |

高岭石具有如下性能：（1）烧后呈白色；（2）有很好的成型性；（3）可使坯体具有干燥或烧成强度；（4）成品尺寸稳定；（5）可使坯体表面光滑；（6）化学性质稳定；（7）很好的电气性；（8）高耐火度（其熔点较高）；（9）生料的强度高等。它是很重要的窑炉原料。陶瓷器绝缘质制品主要利用其（1）～（7）的性能，而耐火材料则利用其（4）、（6）、（8）、（9）的特性。此外，造纸工业的填充料、涂料、橡胶、塑料等的填充或伸展剂，药品、农药、化妆品的掺和增量剂等广泛采用高岭石。

但在实际上，耐火材料都不直接使用纯粹的高岭石，而使用以高岭石为主要成分的黏土。

## 二、多水高岭石

多水高岭石（叙永石或埃洛石）化学组成为 $Al_4[Si_4O_{10}](OH)_8 \cdot 4H_2O$，其中 $Al_2O_3$ 34.7%、$SiO_2$ 40.8%、$H_2O$ 24.5%，多半数为结晶水，半数为化合水（OH）。

多水高岭石与高岭石肉眼难以区分，需采用 X 射线、差热分析等手段加以鉴别。两种矿物的主要异同见表9-8。

表9-8　多水高岭石与高岭石主要异同

| 项　目 | | 高　岭　石 | 多水高岭石 |
|---|---|---|---|
| 成　分 | | $Al_4[Si_4O_{10}](OH)_8$ 或 $Al_2O_3 \cdot 2SiO_2 \cdot 2H_2O$，$Al_2O_3$ 39.5%，$SiO_2$ 46.54%，$H_2O$ 13.96% | $Al_4[Si_4O_{10}](OH)_8 \cdot 4H_2O$ 或 $Al_2O_3 \cdot 2SiO_2 \cdot 4H_2O$，$Al_2O_3$ 34.7%，$SiO$ 40.8%，$H_2O$ 24.5% |
| 晶体结构 | 晶系 | 单斜 | 单斜 |
| | 晶胞参数 | $a_0 = 0.515nm$，$\alpha = 90°48'$ | $a_0 = 0.515nm$ |
| | | $b_0 = 0.895nm$，$\beta = 104°30'$ | $b_0 = 0.89nm$，$\beta = 100°12'$ |
| | | $c_0 = 0.739nm$，$\gamma = 90°$ | $c_0 = 1.01nm$ |
| | 结构有序性 | 有序结构 | 无序结构 |
| | 层间连结键 | 氢键 | 微弱分子键 |
| | 层间含水情况 | 层间不含水 | 层间含水，故 $c_0$ 值比高岭石大 |

| 项　目 | 高　岭　石 | 多水高岭石 |
|---|---|---|
| 形　态 | 集合体呈疏松鳞片状、土状或致密块状，电子显微镜下可见片状 | 常呈胶凝体状块体，干燥后压碎可呈尖棱状碎块，电镜下可见小管状 |
| 阳离子交换能力 | 较低 | 较弱，其层间水可以被有机分子所代替 |
| 加热变化 | | 脱水温度比高岭石低 |

注：高岭石与多水高岭石差热分析曲线见图 9 – 1。

# 第五节　耐火黏土的工艺特性

耐火黏土的工艺特性主要有分散性、可塑性、结合性和烧结性等。这些性质主要取决于黏土的矿物组成和颗粒组成，与黏土质耐火材料的制造工艺密切相关。

## 一、分散性

分散性是反映黏土杂质及其含量的分散程度的性质，通常用它的颗粒组成或比表面积来表示。黏土属于高分散性物质，黏土矿物（高岭石、水云母等）为微细颗粒，一般不大于 $10\mu m$。黏土的工艺性质取决于小于 $2.0\mu m$ 颗粒的数量。黏土中含有的粗颗粒部分（大于 $0.05\mu m$）是杂质最集中的部分（如石英砂、黄铁矿及母岩残屑等）。

黏土的分散度与可塑性有密切关系。分散度越高可塑性越好，同时在水中分散性也越强。分散度与水中分散性的关系见表 9 – 9。

**表 9 – 9　分散度等级与在水中的分散性**

| 分散性 | 优良 | 中等 | 困难 |
|---|---|---|---|
| 小于 $1\mu m$ 颗粒所占比例/% | >45 | >35 | <35 |

## 二、可塑性

由于黏土的颗粒极细（小于 $2\mu m$），适量水与之掺和后的泥料，受外力作用（捏或压）可以塑成任意的形状。外力消失后仍能保持不变，干燥后具有一定的强度，这种性质称为黏土的可塑性。可塑性是黏土泥团能否控制成型成所希望的形状的重要特性。

黏土和水掺和形成可塑泥料时，有一个使其可塑性最好的适宜加水量，过多或过少均会使其可塑性降低，这个加水量称为最大可塑性水，即相当于泥料处于粘手和不粘手的临界状态下的调和水量百分数，计算式如下：

$$W = \frac{W_s - W_g}{W_g} \times 100\%$$

式中　$W$——最大掺和水的百分数；

　　　$W_g$——可塑泥团中干泥土的质量；

　　　$W_s$——可塑泥团的质量。

可塑性的强弱，一般以可塑性达最大值时的水分含量（即可塑水分）来衡量，见表 9-10。

表 9-10　按可塑水区分的黏土可塑性等级

| 黏土可塑性等级 | 最大调和水的百分数/% |
|---|---|
| 高 | 35 ~ 45 |
| 中 | 25 ~ 35 |
| 低 | 15 ~ 25 |
| 无 | < 15 |

可塑性等级也有用可塑性指标来表示的。可塑性指标用变形力与试样试验前泥球直径与试验后（至第一条裂纹开始出现时）的高度差的乘积来表示，即：

$$可塑性指标 = (d - b) \cdot p$$

式中　$d$——试验前泥球直径，cm；

　　　$b$——试验后试样高度，cm；

　　　$p$——泥球出现裂纹时负荷质量，kg（YB/T 2429—2009 规定出现裂纹 3 ~ 5mm）。

表 9-11 为按可塑性指标划分的黏土可塑性等级。

表 9-11　按可塑性指标划分的黏土可塑性等级

| 黏土可塑性等级 | 可塑性指标 |
|---|---|
| 高 | >3.6 |
| 中 | 2.5 ~ 3.6 |
| 低 | <2.5 |

黏土可塑性的强弱，取决于黏土的矿物组成、杂质及其含量、颗粒的细度和数量、液相的性质等方面。以高岭石为主要矿物且呈细粒的黏土，其可塑性较好。用甘油或甘油的水溶液调和能使黏土产生比用水调和时更好的可塑性，相反，用煤油、汽油与黏土掺和则得不到可塑性。

在生产中，增加黏土可塑性的方法主要有：

（1）选料，除去非可塑性的杂质，如石英。

（2）黏土细磨成细粉，以增加其分散度。由于分散度的提高，增加了与液相的接触，可塑性随之增强。

（3）加入适量塑性物质如亚硫酸纸浆废液、淀粉、动物或植物胶等。

（4）真空处理泥料。

（5）手工成型的黏土制品，常采用困料的办法（指黏土润湿和较长时间的存放）以提高其可塑性。

表9-12和表9-13为软质黏土原料理化性能实例。

表9-12 软质黏土原料理化性能实例

| 产　地 | 化学成分/% | | | | | | | | 真密度/g·cm⁻³ | 耐火度/℃ |
|---|---|---|---|---|---|---|---|---|---|---|
| | $Al_2O_3$ | $SiO_2$ | $Fe_2O_3$ | $TiO_2$ | CaO | MgO | $K_2O + Na_2O$ | 灼减 | | |
| 辽宁复州 | 36.32 | 44.35 | 2.60 | 1.04 | 0.80 | 0.24 | — | 14.19 | 2.59 | 1750 |
| 山东烟台 | 34.01 | 44.12 | 2.43 | 1.43 | 0.92 | 0.21 | 2.28 | 13.00 | 2.68 | 1730 |
| 吉林水曲柳 | 28.10 | 60.18 | 1.93 | 0.03 | 0.43 | 0.25 | 0.16 | 9.28 | 2.65 | 1710 |
| 河北古冶 | 25.06 | 56.18 | 2.60 | 0.96 | 1.30 | 0.25 | 1.94 | 10.25 | 2.65 | 1630 |

| 产　地 | 干燥收缩/% | 干燥强度/MPa (kg/cm²) | 结合强度/MPa (kg/cm²) | 可塑水/% | 可塑性 | 分散度 | | | |
|---|---|---|---|---|---|---|---|---|---|
| | | | | | | >10μm | 10～1μm | <1μm | 水中分散性 |
| 辽宁复州 | 3.7 | 2.2 (22.5) | 0.2 (2.0) | 16.8 | 不良 | 65 | 20 | 15 | 困难 |
| 山东烟台 | 6.4 | 2.5 (25.1) | 0.25 (2.6) | 27.6 | 中等 | 30 | 36 | 34 | 中等 |
| 吉林水曲柳 | 5.7 | 2.2 (22.5) | 0.3 (3.0) | 31.1 | 中等 | 20 | 32 | 48 | 优 |
| 河北古冶 | 8.7 | 5.4 (55.4) | 0.8 (8.2) | 39.5 | 高 | 6 | 39 | 55 | 优 |

表9-13 软质黏土的可塑性能（部分）

| 名　称 | 液限/% | 塑限/% | 可塑水指数/% | 可塑性指标 | 应含水率/% |
|---|---|---|---|---|---|
| 苏州土 | 63.5 | 36.6 | 26.9 | 1.6 | |
| 文本泥 | 75.5 | 28.9 | 46.8 | | |
| 叙永泥 | 65.3 | 42.0 | 23.3 | | |
| 永吉泥 | 47.1 | 25.5 | 21.6 | | |
| 宜兴泥 | 22.8 | 14.9 | 7.9 | 4.7 | 20.2 |
| 南京泥 | 5.9 | 29.1 | 26.8 | 3.7 | |
| 怀化土 | 67.9 | 26.2 | 41.7 | | |
| 博爱土 | 32.1 | 19.0 | 13.1 | | |
| 紫木节 | | | 17.3 | 2.44 | |
| 牡丹江黏土 | 39.8 | 21.8 | 18 | | |

## 三、结合性

结合性是指软质、半软质黏土具有黏结非塑性物料的能力，使成型后的砖坯能保持预定的形状，并且有一定的机械强度的性能。利用该性能，黏土在 $Al_2O_3$ $-SiO_2$ 材料中作为结合剂使用。一般情况下，黏土的分散性、可塑性越好，它的结合性也越好。

## 四、烧结性

黏土在高温下煅烧时，获得致密和坚硬的烧结体，该性能称为黏土的烧结性。

烧结良好的黏土，其热收缩使体积达到最小程度，体积稳定，强度较大，吸水率也很小。故常用体积密度、显气孔率、吸水率、加热线度变化等指标来表示烧结的程度，硬质黏土在 $1300 \sim 1350℃$，软质黏土在 $1150 \sim 1200℃$ 温度范围煅烧即可达到烧结。

黏土的烧结机理主要是液相烧结过程。因此黏土烧结性能主要取决于高温下产生熔液的数量和性质。显然，这与黏土所含杂质的种类和数量有关，还与 $Al_2O_3/SiO_2$ 值有关。从黏土矿物原料组分看，$SiO_2$ 含量高，一般大于 $50\%$，在 $1200℃$ 左右，可以形成富 $SiO_2$ 高黏度的液相，为莫来石晶核的生长提供了充足的 $SiO_2$ 组分，促成液相中莫来石微晶的大量出现。随着温度的提高，促使莫来石趋于致密，高黏度液相填充于晶体间隙，气孔率降低，形成以莫来石为主晶相的网络显微结构。烧结良好的黏土，其吸水率一般要求小于 $5\%$。

从烧结温度到开始软化温度之间的温度范围称为烧结范围。烧结范围是黏土等耐火原料一个极为重要的性质，据此可以确定原料适合于制造何种形式的制品以及选择何种形式的窑炉和烧成制度。生产中希望黏土的烧结范围宽些，以利于掌握烧成制度。

黏土的烧结性主要取决于黏土的化学-矿物组成及其加热变化过程。软质黏土的烧结性能见表 9-14。

表 9-14　某些软质黏土的烧结性能

| 性　能 | 温度/℃ | 广西 | 永吉泥 | 苏州泥 | 复州泥 | 焦作泥 | 南京泥 |
|---|---|---|---|---|---|---|---|
| 体积密度 /g·cm⁻³ | 110 | 1.76 | 2.09 | 1.52 | 2.11 | 1.70 | — |
| | 1000 | 2.01 | 1.93 | 1.45 | — | — | 1.40 |
| | 1300 | 2.77 | 2.38 | 2.35 | 1.87 | 2.45 | 2.08 (1100℃) |
| | 1400 | 2.73 | 2.35 | 2.38 | 1.80 | 2.31 | 2.21 (1350℃) |
| | 1500 | 2.21 | 1.86 | 2.35 | 1.82 | 2.11 | 2.26 (1400℃) |

| 性　能 | 温度/℃ | 广西 | 永吉泥 | 苏州泥 | 复州泥 | 焦作泥 | 南京泥 |
|---|---|---|---|---|---|---|---|
| 显气孔率/% | 1000 | 38.3 | 28.2 | 46.2 | | | 28.4 |
| | 1300 | 11.7 | 4.5 | 11.9 | 24.4 | 3.5 | 12.8 |
| | 1400 | 11.1 | 5.0 | 9.8 | 29.0 | 1.7 | 12.5 |
| | 1500 | 10.0 | 19.3 | 7.4 | 23.7 | 6.1 | |
| 烧后线收缩/% | 1000 | 4.79 | 5.20 | | | | |
| | 1300 | 14.0 | 12.23 | 18.5 | 1.2 | 16.0 | |
| | 1400 | 13.48 | 11.57 | 18.7 | 0.3 | 13.9 | |
| | 1500 | 10.57 | 2.53 | 19.1 | 0.3 | 11.1 | |

注：各种类黏土化学成分见表 9 – 3。

# 第六节　黏土的加热变化

黏土在加热过程中，将发生一系列的物理化学变化，诸如分解、化合、重结晶等，并伴有体积收缩。这些变化对黏土质制品的工艺过程和其性质有着重要的影响。

我国黏土原料，不论是硬质黏土、软质黏土或半软质黏土，主要是高岭石型。因此，黏土的加热变化，其实质就是高岭石的加热变化和高岭石与杂质矿物之间发生的物理化学反应。

高岭石的加热变化如下：

（1）脱水分解。加热到 100 ~ 110℃高岭石失去吸附水，温度继续升高，450 ~ 600℃则失去结构水：

$$\underset{\text{高岭石}}{Al_2O_3 \cdot 2SiO_2 \cdot 2H_2O} \xrightarrow[\text{吸热}]{600℃左右} \underset{\text{偏高岭石}}{Al_2O_3 \cdot 2SiO_2} + 2H_2O$$

（2）偏高岭石的分解。温度升高到 980℃左右时，生成大量 Al – Si 尖晶石、少量弱结晶莫来石及无定形 $SiO_2$：

$$\underset{\text{偏高岭石}}{Al_2O_3 \cdot 2SiO_2} \xrightarrow[\text{放热}]{980℃左右} \begin{cases} Al_6Si_2O_{13}（Al – Si 尖晶石）大量 \\ 3Al_2O_3 \cdot 2SiO_2（弱结晶莫来石）少量 \\ SiO_2（无定形）35\% ~ 38\% \end{cases}$$

（3）莫来石的结晶。Al – Si 尖晶石中的 Al，有莫来石的 Al 离子的两种配位，即四次配位（$AlO_4$）和六次配位（$AlO_6$），这种尖晶石在第二个放热峰时，转化成莫来石，而不释出无定型 $SiO_2$：

$$Al_6Si_2O_{13} \xrightarrow[\text{放热}]{1250℃左右} 3Al_2O_3 \cdot 2SiO_2$$

　　Al – Si 尖晶石　　　　　　　　莫来石

$$SiO_2(\text{不定形}) \xrightarrow{>1200℃} SiO_2(\text{方石英})$$

综合反应式为：

$$3(Al_2O_3 \cdot 2SiO_2 \cdot 2H_2O) \longrightarrow 3Al_2O_3 \cdot 2SiO_2 + 4SiO_2 + 6H_2O$$

　　高岭石　　　　　　　　莫来石　　　　方石英

以上整个过程的体积效应为 $\Delta V = -20\%$。

　　关于莫来石矿物的形成过程的说法不一，一般认为 1000℃ 左右开始（或 1030~1100℃），并迅速进行，在 1250℃ 左右基本完成（或 1250~1350℃），随着温度的升高，晶体发育长大，1400℃ 时晶体已显著长大。在更高的温度下（1500~1600℃）莫来石则溶于液相。

　　这里要指出，关于偏高岭石的分解，所形成的产物和过程，除上述讨论的以外，还有多种见解。

　　偏高岭石在 980℃ 左右进一步反应出现放热峰，该现象是客观存在的。有人认为该放热反应是由无定型状态的 $Al_2O_3$ 急剧变为 $\gamma – Al_2O_3$ 结晶化而引起的（把高岭石脱水分解的产物看成是无定型状态的 $Al_2O_3$ 和 $SiO_2$ 混合物）。然而有人否认有游离状态的 $Al_2O_3$ 存在，而是 $Al_2O_3$ 和 $SiO_2$ 形成松弛结合状态和无水硅酸盐化合物。有人认为是莫来石和 $\gamma – Al_2O_3$。有人认为黏土（高岭石型）在加热过程中，先形成 $2Al_2O_3 \cdot 3SiO_2$ 化合物（Al – Si 尖晶石），由于硅离子从晶格中逐步扩散失去，而形成类似莫来石的化合物（$Al_2O_3 \cdot SiO_2$）作为中间产物。该中间产物进一步再失去硅氧而形成莫来石。这一反应过程如下：

$$2(2Al_2O_3 \cdot 3SiO_2) \xrightarrow{930~980℃} 2Al_2O_3 \cdot 3SiO_2 + SiO_2$$

　　偏高岭石　　　　　　　　Si – Al 尖晶石

$$2Al_2O_3 \cdot 3SiO_2 \xrightarrow{1100℃} 2(Al_2O_3 \cdot SiO_2) + SiO_2$$

Si – Al 尖晶石　　　　　　　$\gamma$ 莫来石

$$3(Al_2O_3 \cdot SiO_2) \xrightarrow{1200~1400℃} 3Al_2O_3 \cdot 2SiO_2 + SiO_2$$

　　$\gamma$ 莫来石　　　　　　　　莫来石　　　　方石英

　　黏土的加热变化，对黏土制品烧成制度有重要影响。一般黏土砖的烧成制度在点火温度至 1500℃ 的范围内，可以快速烧成，因为此时 $\Delta V$ 变化较小。至于烧成终止温度的影响因素较多，不能统一规定，但必须考虑到在 1400℃ 时，莫来石晶体已发育长大的特点，烧成温度不宜超过 1400℃。

# 第七节　我国黏土矿床类型与矿床实例

## 一、矿床类型

如前述，我国软质黏土、半软质黏土、硬质黏土的矿物成分主要是高岭石，以高岭石族矿物为主的黏土或黏土岩统称为高岭土。本节讨论黏土矿床类型，主要指高岭土矿床类型。

根据成矿地质作用，高岭土的成因类型主要有三类：风化型、热液蚀变型和沉积型，见表9-15。

表9-15　高岭土矿床成因类型

| 矿床类型 | 成因类型 | 矿床实例 |
|---|---|---|
| 风化型 | 风化残积亚型 | 江西高岭、星子，湖南界牌 |
| | 风化淋滤亚型 | 四川叙永，山西阳泉 |
| 热液蚀变型 | 古代热液蚀变亚型 | 苏州观山、阳西、阳东 |
| | 近代热液蚀变亚型 | 西藏羊八井，云南腾冲 |
| 沉积型 | 古代沉积和沉积风化亚型 | 山东淄博，山西大同 |
| | 近代沉积 | 广西南宁、合浦，吉林水曲柳 |

以上各成因类型的成矿原岩、成矿作用、矿体形状、矿物组成等见表9-16。

表9-16　高岭土矿床各成因类型一些特征

| 成因类型 | 主要成矿原岩 | 成矿作用 | 矿体形状 | 矿物组成 | |
|---|---|---|---|---|---|
| | | | | 主要 | 主要伴生矿物 |
| 风化残积亚型 | 富含长石的岩石、黏土质岩石 | 原地风化 | 似层状、槽状、透镜状、不规则状 | 高岭石、埃洛石 | 石英、长石、云母、水云母、褐铁矿 |
| 风化淋滤亚型 | 含黄铁矿黏土质岩石 | 风化淋滤 | 巢状、不规则状 | 埃洛石 | 有机质、三水铝石、明矾石、水铝英石、褐铁矿 |
| 古代热液蚀变亚型 | 富含长石的岩石、黏土质岩石 | 中低温热液蚀变 | 似层状、脉状、透镜状、不规则状 | 高岭石、地开石 | 石英、绢云母、黄铁矿、明矾石、叶蜡石、蒙脱石 |
| 近代热液蚀变亚型 | 富含长石的岩石、黏土质岩石 | 低温热液蚀变 | 似层状、脉状、透镜状、不规则状 | 高岭石 | 蛋白石、石英、明矾石、自然硫、蒙脱石 |
| 古代沉积亚型 | 主要物质来源于已形成的高岭土，富含铝的火山岩碎屑物等 | 沉积 | 层状、透镜状 | 高岭石 | 水铝石、勃姆石、石英、有机质 |
| 近代沉积亚型 | 主要物质来源于已形成的高岭土 | 沉积 | 层状、透镜状 | 高岭石 | 石英、绢云母、水云母、蒙脱石、有机质 |

中国主要耐火黏土矿床的成因主要是沉积型，其时代以石炭纪（C）和二叠纪（P）为主，其次是侏罗纪（J）、第三纪（R）和第四纪（Q）。

## 二、矿床实例

### （一）硬质黏土

山东淄博、章丘明水是我国盛产优质硬质黏土的地区，其次是：山西（阳泉、孟县、朔州、孝义、柳林等）、河南（焦作、鲁山、禹州、巩义）、河北（唐山、沙河、磁县）等。

淄博硬质黏土化学成分稳定，成分为：$Al_2O_3 > 36\%$，$SiO_2 > 44\%$，$Fe_2O_3 < 0.7\% \sim 0.8\%$，其耐火度大于 1750℃，矿物组成主要是高岭石（见表 9 – 17），在水中不分散，不具可塑性。

**表 9 – 17　山东博山硬质黏土化学矿物成分**

| 序　号 | | 1 | | 2 | 3 | |
|---|---|---|---|---|---|---|
| 颜　色 | | 淡灰褐色 | 深灰色 | 淡黄茶色 | 灰色 | |
| 耐火度/℃ | | $1790^-$ | $1790^+$ | $1770^+$ | 1770 | 1790 |
| 化学成分（质量分数）/% | $Al_2O_3$ | 14.01 | 14.04 | 14.24 | 14.25 | 14.45 |
| | $SiO_2$ | 45.82 | 45.46 | 44.30 | 44.43 | 45.13 |
| | $Fe_2O_3$ | 1.31 | 0.46 | 1.09 | 1.78 | 0.69 |
| | $TiO_2$ | 36.87 | 37.98 | 38.66 | 38.95 | 38.85 |
| | CaO | 0.33 | 0.44 | 0.54 | 0.46 | 0.65 |
| | MgO | 0.71 | 0.45 | 0.12 | 0.06 | 0.07 |
| | $Na_2O$ | 0.43 | 0.37 | 0.05 | 0.09 | 0.05 |
| | $K_2O$ | 0.29 | 0.32 | 0.43 | 0.02 | 0.07 |
| | 灼减 | 0.08 | 0.10 | 0.11 | 0.03 | 0.05 |
| | 总计 | 98.85 | 99.72 | 99.54 | 100.07 | 100.01 |
| 矿物组成 | | 高岭石 | 高岭石 | 高岭石 | 高岭石 | 高岭石 |

注：表中化学矿物成分均为国外分析。

硬质黏土煅烧后，俗称焦宝石，颜色呈白色、灰白色或夹杂有淡黄色，外观致密状、块状、鲕状，断口为贝壳状，化学成分稳定。优质的焦宝石，其成分为：$Al_2O_3 \geqslant 44\%$、$Fe_2O_3 < 1\% \sim 1.2\%$、杂质总量小于 1.5%，耐火度大于 1750℃，体积密度大于 $2.5g/cm^3$，是生产优质黏土砖、高铝砖的主要原料。

但必须指出，焦宝石的化学成分和体积密度，既受硬质黏土（生料）自身因素的影响，也受生产工艺、煅烧设备的影响。表 9 – 18 为不同煅烧设备对焦宝石质量的影响。

表9-18　不同煅烧设备对硬质黏土熟料质量的影响

| 设　备 | Al$_2$O$_3$/% | Fe$_2$O$_3$/% | 吸水率/% | 显气孔率/% | 体积密度/g·cm$^{-3}$ | 真密度/g·cm$^{-3}$ |
|---|---|---|---|---|---|---|
| 鼓风竖窑 | 45~46 | 1.0~1.4 | | | 2.37~2.50 | <2.66 |
| 回转窑 | 45~46 | 1.0~1.3 | 1.8~2.6 | 4.5~6.5 | 2.4~2.55 | 2.65~2.70 |
| 圆形外燃式燃烧竖窑 | 约46.5 | 1.0~1.3 | 1.2~1.7 | 3.0~4.0 | 2.56~2.63 | 2.7~2.75 |
| 矩形外燃式燃油竖窑 | 约46.5 | 1.0~1.3 | 0.9~1.5 | 2.5~3.6 | 2.56~2.65 | 2.74~2.78 |

外国对焦宝石的品质要求很高（见表9-19），其中真密度要求不小于2.7g/cm$^3$。此时用鼓风竖窑，回转窑设备煅烧就难以达到。

表9-19　某外国公司对焦宝石理化指标要求实例

| 名　称 | Al$_2$O$_3$/% | SiO$_2$/% | Fe$_2$O$_3$/% | TiO$_2$/% | CaO/% | MgO/% | K$_2$O+Na$_2$O/% | 灼减/% | 耐火度/℃ | 真密度/g·cm$^{-3}$ |
|---|---|---|---|---|---|---|---|---|---|---|
| 焦宝石（硬质黏土熟料） | 44~48 | 40 | ≤1.0 | ≤0.5 | ≤0.3 | ≤0.3 | ≤0.3 | ≤0.3 | >1750 | ≥2.7 |

### （二）软质黏土

以广西南宁维罗黏土为例。

南宁维罗泥土，曾作为上海宝钢建设用原料，1978年原首钢炼铁厂已在使用，并逐渐在国内耐火材料市场推广应用。编著者及弟子于20世纪80年代中期做过研究并在服务的耐火材料厂使用。该厂近30年来，累计使用数千吨，作为耐火材料（定形、不定形）结合剂、涂料、泥浆和炮泥等，效果很好。

刘长龄在20多年前将南宁维罗软质黏土冠以球黏土称谓。球黏土，实质上是优质软质黏土，其颗粒细微，在水中易分散，具有极高可塑性的沉积黏土。成矿地质年代是较新的新生代，见表9-20，而主要矿物为高岭石，属于高岭石型黏土。

表9-20　中国球黏土的成矿时代（部分）

| 序　号 | 产　地 | 成矿时代 |
|---|---|---|
| 1 | 吉林舒兰、永吉 | 新生代第三纪 |
| 2 | 黑龙江、牡丹江、密山、鸡东 | 新生代第三纪 |
| 3 | 广东清远，南粤 | 新生代第四纪 |
| 4 | 江西赣中 | 新生代第四纪 |
| 5 | 福建漳州 | 新生代第四纪 |
| 6 | 湖南华容 | 新生代第四纪 |
| 7 | 广西南宁 | 新生代第四纪 |

注：据刘长龄，表中地质时代符号为新生代（K$_z$）、第三纪（R）、第四纪（Q）。

南宁维罗黏土，市场上又称广西白泥，或称广西维罗球黏土。其分布除南宁市郊维罗产的优质软质黏土之外，还分布于扶绥、邕宁、武鸣、合浦、钦州等地。近年来，因矿源关系，主要产地逐渐转移到扶绥县（扶绥县盛唐矿物材料有限公司）。

1. 化学成分与耐火度

表 9 - 21 列出编著者和不同单位得出的一些分析数据。

表 9 - 21　南宁维罗球黏土

| 序号 | 颜色与特征 | $Al_2O_3$ /% | $SiO_2$ /% | $Fe_2O_3$ /% | $TiO_2$ /% | CaO /% | MgO /% | $K_2O$ /% | $Na_2O$ /% | 灼减 /% | 耐火度 /℃ |
|---|---|---|---|---|---|---|---|---|---|---|---|
| 1 |  | 32.72 | 49.99 | 1.04 | 2.05 | 0.30 | 0.36 | 0.152 | 0.075 | 12.61 | 1750 ~ 1770 |
|  |  | 31.86 | 52.0 | 1.20 | 2.0 | 0.40 | 0.36 | <0.25 | 0.05 | 12.55 | 1730 |
|  |  | 33.49 | 49.0 | 1.28 | — | 0.30 | 0.43 | 0.102 | 0.032 | 13.2 | 1750 ~ 1770 |
|  |  | 32.34 | 51.41 | 1.11 |  | 0.25 | 0.32 |  |  | 12.38 | 1710 ~ 1730 |
|  |  | 34.59 | 48.61 | 0.91 |  | 0.20 | 0.36 | 0.112 | 0.04 | 13.04 | 1750 ~ 1770 |
| 2 | 白色（280 目）、淡黄白色，块状 | 34.21 | 47.62 | 0.73 | 1.73 | 0.16 | 0.13 | 0.18 | 0.03 | 12.89 | 1730 |
|  |  | 34.10 | 49.32 | 0.68 | 1.45 | 0.16 | 0.11 | 0.09 | 0.02 | 13.28 |  |
|  |  | 33.30 | 50.20 | 0.65 | 1.57 | 0.23 | 0.13 | 0.20 | 0.15 | 12.61 |  |
|  |  | 37.69 | 44.55 | 0.87 | 1.63 | 0.07 | 0.26 | — | — | 13.48 | 1750 |
|  |  | 37.41 | 43.86 | 0.72 | 1.92 | 0.18 | 0.09 | 0.04 | 0.14 | 14.46 |  |
|  |  | 37.72 | 44.39 | 0.94 | 1.63 | 0.15 | 0.19 | — |  | 13.52 |  |
|  |  | 37.63 | 45.64 | 0.75 | 1.33 | 0.14 | 0.24 |  |  | 13.39 |  |
| 3 |  | 36.89 | 44.18 | 1.11 | 1.95 | 0.13 | 0.12 | 0.10 | 0.03 |  |  |
|  |  | 36.99 | 43.85 | 0.58 | 2.04 | 0.07 | 0.14 | 0.05 | — | 14.13 |  |
|  |  | 37.57 | 45.11 | 0.75 | 2.04 | 0.27 | 0.09 | — | — | 13.44 |  |
|  |  | 34.10 | 47.14 | 0.88 | 1.39 | 0.13 | 0.165 | 0.26 | 0.03 | 13.2 |  |
|  |  | 31.98 | 49.52 | 0.59 | 2.36 |  |  |  |  |  |  |

注：1. 原首钢钢研所，炼铁厂1978.9；
　　2. 林彬荫、王新全1986～1992；
　　3. 广西冶金研究所1987～1995。

由表 9 - 21 可见，南宁维罗球黏土的化学成分与耐火度在下列范围内波动：$Al_2O_3$ 31% ~ 37%，$Fe_2O_3$ 0.6% ~ 1.2%，$TiO_2$ 1.3% ~ 2%，RO 0.3% ~ 0.8%，$R_2O$ <0.4% ~ 0.5%，灼减小于15%，总的杂质含量大多为3%，而 RO 及 $R_2O$ 杂质含量较低（多数小于0.5%）；耐火度为1710~1770℃。

2. 矿物组成

编著者与王新全等曾用 X 射线衍射分析、红外光谱分析、热分析等手段，对南宁球黏土矿物组成做过专题研究。

（1）X 射线衍射分析。X 射线衍射分析如图 9-5 所示。

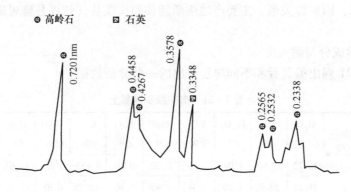

图 9-5 南宁球黏土的 X 射线衍射图谱

X 射线衍射分析结果为：南宁球黏土主要矿物为高岭石，次为石英；若高岭石为无序，X 射线衍射的（001）峰呈宽钝而欠对称状；如果高岭石为有序，（001）衍射峰呈尖锐而对称状。

（2）红外光谱分析。取广西维罗 1 号和 2 号黏土样本进行红外光谱分析，其化学成分和耐火度见表 9-22。

表 9-22 红外光谱分析

| 项 目 | 化学成分/% | | | | | | | | | 耐火度/℃ |
|---|---|---|---|---|---|---|---|---|---|---|
| | $Al_2O_3$ | $SiO_2$ | $Fe_2O_3$ | $TiO_2$ | CaO | MgO | $K_2O$ | $Na_2O$ | 灼减 | |
| 广西 1 号 | 34.10 | 49.32 | 0.68 | 1.45 | 0.16 | 0.11 | 0.09 | 0.02 | 13.28 | 1730 |
| 广西 2 号 | 37.41 | 43.86 | 0.72 | 1.92 | 0.10 | 0.09 | 0.04 | 0.17 | 14.46 | 1750 |

经红外光谱分析，1 号、2 号样品在 $3680(3685)\,cm^{-1}$、$3615(3618)\,cm^{-1}$ 吸收分解很明显，十分清晰。在两个强的吸热峰之间有两个锯齿状的弱吸热峰。这些特征显示了试样主要是结晶完好的高岭石，而区别于埃洛石等黏土矿物。1 号、2 号样品分别含高岭石矿物 70%、73%，如图 9-6 所示。

（3）热分析。维罗球黏土的 DTA 曲线如图 9-7 所示，从图中可见，这种黏土具有高岭石的典型特征。

综合以上对维罗球黏土的分析，这种黏土中的主要矿物是高岭石以及少量矿物为水云母-绿泥石类矿物，另有资料指出，还有很少量金红石、白钛矿等。

3. 维罗球黏土的粒度和可塑性

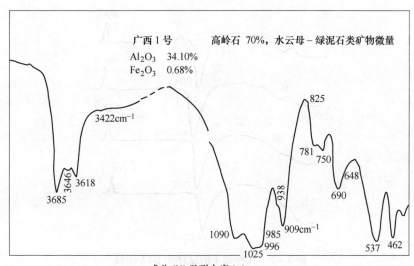

(a)

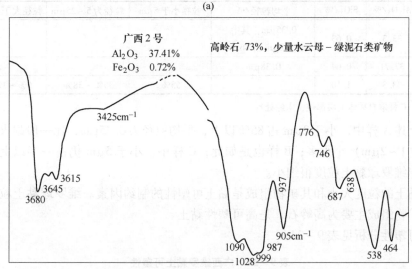

(b)

图 9-6　广西南宁球黏土红外光谱图

（a）1 号样品；（b）2 号样品

维罗球黏土的粒度很细小，编著者等对于其粒度组成的分析数据见表 9-23。

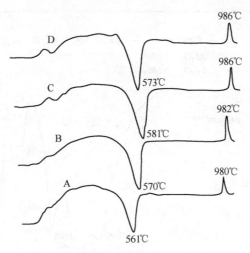

图9-7 几种黏土的试样的 DTA 曲线

（A、B 分别为广西 1 号、2 号，C、D 为苏州土）

**表9-23 维罗球黏土粒度组成**

| 序号 | Al₂O₃/% | SiO₂/% | 平均粒径/% | 粒径小于 5μm | 粒径为 5~25μm | 粒径大于 25μm |
|---|---|---|---|---|---|---|
| A | 33.3 | 0.63 | 0.35μm，其中<br>小于 2μm 占 86.6% | | | |
| B | 37.71 | 0.64 | 0.38μm | | | |
| C | 33.3 | 1.10 | | 55% | 35%~38% | 6%~12% |

注：C 样取自矿体上层部位，未经处理。

上述 A 样中，小于 2μm 占 85% 以上，平均粒径为 0.35μm，比一般耐火黏土粒度（1~2μm）小很多；B 样也是如此；C 样中，小于 5μm 仍占一半以上。可见南宁维罗球黏土粒度很细小。

黏土的粒度大小和其矿物组成是黏土可塑性的制约因素。维罗球黏土粒度细小，矿物组成主要为高岭石，是高可塑性黏土。

可塑性分析见表9-24。

**表9-24 广西维罗黏土可塑性**

| Al₂O₃/% | Fe₂O₃/% | 灼减/% | 液限/% | 塑限/% | 可塑水指数/% | 可塑性指标 | 可塑性 |
|---|---|---|---|---|---|---|---|
| 33.30 | 1.10 | 11.60 | 75.6 | 28.8 | 46.6 | | 高 |
| 32.72 | 1.04 | 12.61 | | | 43 | | 高 |
| 32.34 | 1.11 | 12.38 | | | 38.4 | | 高 |
| 34.10 | 0.88 | 13.32 | | | | 3.5~4 | 高 |

从表9-24可见，维罗球黏土达到可塑性最大值时的水含量（可塑水分）为 35%~45% 或可塑性指标大于 3.6，属于高可塑性黏土。

高可塑性是球黏土的重要特征，某些软质黏土并不具有高可塑性。

4. 维罗球黏土的分散性

维罗球黏土具有良好的分散性。表 9 - 25 为维罗球黏土试样的分散度与真比重。

表 9 - 25　维罗球黏土分散度与真比重

| 成分 | $Al_2O_3$ | $SiO_2$ | $Fe_2O_3$ | $TiO_2$ | CaO | MgO | $K_2O$ | $Na_2O$ | 灼减 |
|---|---|---|---|---|---|---|---|---|---|
| 含量/% | 33.30 | 50.20 | 0.65 | 1.57 | 0.23 | 0.13 | 0.15 | 0.20 | 12.61 |
| 粒度 | $0.35\mu m$，其中 $<2\mu m$ 占 86.6% | | | | | | | | |
| 真比重 | 2.55 | | | | | | | | |
| 粒度/$\mu m$ | <2 | 2~5 | 5~10 | 10~20 | 20~30 | 30~40 | >40 | | |
| 分散度/% | 13 | 7 | 6 | 6 | 5 | 3 | 60 | | |

从表 9 - 25 可见，小于 $10\mu m$ 占 26%，小于 $20\mu m$ 占 32%，小于 $30\mu m$ 占 37%，小于 $40\mu m$ 占 40%。可见黏土的分散度是良好的。

5. 维罗球黏土的烧结性

表 9 - 26 及表 9 - 27 为南宁维罗球黏土的烧结试验研究结果。

表 9 - 26　南宁维罗球黏土烧结试验之一

| 温度/℃ | 显气孔率/% | 体积密度/% | 吸水率/% | 真比重 | 烧失量/% |
|---|---|---|---|---|---|
| 1000 | 31.2 | 1.8 | 13.9 | 2.70 | |
| 1200 | 12.4 | 2.3 | 3.4 | 2.63 | 12.0 |
| 1300 | 8.4 | 2.4 | 3.5 | 2.60 | 12.3 |

表 9 - 27　南宁维罗球黏土烧结试验之二

| 温度/℃ | 110 | 1000 | 1300 | 1400 | 1500 |
|---|---|---|---|---|---|
| 体积密度/$g \cdot cm^{-3}$ | 1.76 | 2.01 | 2.77 | 2.73 | 2.21 |
| 显气孔率/% | | 38.3 | 11.7 | 11.1 | 10.0 |
| 烧后线收缩/% | | 4.79 | 14.0 | 13.48 | 10.57 |

从表 9 - 27 可见，温度为 1000 ~ 1400℃ 时，随温度递升，物料体积密度增大，显气孔率则递减，达到 1400℃ 时，综合各项指标分析，物料已经烧结，因此该物料的烧结范围在 1300 ~ 1400℃，烧结温度较低且烧结范围较宽是其特点，而高岭土烧结温度较高，烧结范围较窄。

综合以上所述，南宁维罗球黏土具有如下特点：

（1）化学成分与高岭土相近，其中优质品为：$Al_2O_3$ 含量在 35% 以上，耐火度较高，可达 1750 ~ 1770℃；杂质含量少，一般 3% 左右，$Fe_2O_3$ 含量一般小于

1%，但 $TiO_2$ 含量较高，为 1% ~ 2%，RO 与 $R_2O$ 含量均小于 0.5%。

（2）矿物组成，以高岭石为主，为无序高岭石。高岭石无序性与成矿地质年代较新（第四纪）有关。

（3）粒度细小，粒度小于 $2\mu m$ 的比例大于 85%，较粗者中小于 $5\mu m$ 的达 50% 以上，分散度好。

（4）具有高可塑性，可塑性指标 3.5 以上，可塑性指数 35% 以上。

因此广西球黏土是优质的软质黏土，其品质很好，处于国内一流，世界领先的水平。图 9-8 为广西维罗白泥原矿与扶绥盛唐矿物材料有限公司大型太阳能烘晒车间。

(a)          (b)

图 9-8 广西白泥原矿与扶绥盛唐矿物材料有限公司大型（$23000m^2$）太阳能烘晒车间
（a）广西白泥原矿；（b）广西扶绥盛唐矿物材料有限公司大型（$23000m^2$）太阳能烘晒车间

## 第八节 耐火黏土的应用及使用中应注意的问题

### 一、耐火黏土的应用

黏土的用途广，涵盖的应用领域也广，但作为耐火黏土，在耐火材料方面，硬质黏土熟料主要作为黏土质耐火材料的骨料，而软质黏土主要作为耐火材料定形与不定形的结合剂。广西扶绥县盛唐矿物材料有限公司，目前是球黏土最大的供应商。根据长年生产实践和用户反馈的信息，从市场需求出发，提出球黏土级别、理化指标与应用范围，见表 9-28。

表 9-28 南宁维罗球黏土理化指标与应用相关性

| 级别 | $Al_2O_3$ /% | $SiO_2$ /% | $Fe_2O_3$ /% | $R_2O$ /% | 水分 /% | 耐火度 /℃ | 可塑水指数/% | 粒度 | 应用举例 |
|---|---|---|---|---|---|---|---|---|---|
| 低水分特级 | ≥34 | 46 ~ 52 | <1.5 | <1 | <5 | >1700 | >32 | | 无水炮泥、喷补料、高级浇注料 |

| 级别 | $Al_2O_3$ /% | $SiO_2$ /% | $Fe_2O_3$ /% | $R_2O$ /% | 水分 /% | 耐火度 /℃ | 可塑水 指数/% | 粒度 | 应用举例 |
|------|------|------|------|------|------|------|------|------|------|
| 耐火特级 | ≥32 | 48 ~ 53 | <2 | <1.5 | | >1680 | >28 | | 浇注料、喷补料、耐火结合剂、炮泥 |
| 陶瓷电瓷级 | ≥28 | 49 ~ 57 | <1 | | | | >26 | | 陶瓷、电瓷行业 |
| 纳米级 | | | | | | | | 小于2μm 占92% | |

## 二、使用耐火黏土应注意的问题

使用耐火黏土应注意的问题有:

(1) 注意原料的纯度,为此要采取必要选料措施,除去杂质,提高纯度。在原冶金部颁布的黏土(硬质、半软质、软质)技术要求中(见表9-1和表9-2)对 $Fe_2O_3$ 含量有所限制,实际生产中也应对其他杂质加以控制,因为这些杂质影响制品的性能,尤其是对 $K_2O$、$Na_2O$、$CaO$、$MgO$ 杂质要控制。

(2) 对多熟料的制品,应选择可塑性好、结合性好的软质黏土,如能够选球黏土当然更好。对普通熟料制品可选用可塑性弱的黏土(如半软质黏土)作为结合黏土。如果其结合能力满足不了成型工艺的要求,可以采取一些能够增强黏土结合性的技术措施,如将结合黏土充分细磨,掺入纸浆液等。

切忌选用两种软质黏土作为结合黏土混合使用,这是因为其化学组成的不同,导致加热变化不同,这就给烧结带来困难,容易出现过烧或欠烧现象。如果要选两种结合黏土共同使用,其化学组成不应波动太大,以确保烧结温度的波动范围不致过大。

(3) 软质黏土和半软质黏土由于水分含量较大(可达15% ~25%),一般需经干燥后才能粉磨,为了保证黏土的可塑性和结合性,干燥温度不宜过高(小于200℃)。

(4) 黏土熟料应充分烧结,以保证制品形状和尺寸的稳定。黏土熟料的烧结常以体积密度来表示,不同品级的黏土熟料对体积密度的要求见表9-1。如果体积密度过小,说明料块未充分烧结,本身气孔较多,用来制砖时,烧成收缩大,制品气孔率偏高。

(5) 耐火黏土的地质成因、矿物组成、形态及工艺特性与其黏土制品的生产工艺、性能有密切的关系。因此加深对耐火黏土的成矿研究,对黏土的矿物组成、工艺特性的了解,无疑对制品的生产工艺有指导意义。

# 第九节　膨 润 土

膨润土（bentonite）一词，中文译名有斑脱岩、皂土、膨土岩等名称，它是一种以蒙脱石为主要矿物成分的黏土岩。

世界上膨润土资源主要分布在中国、美国和前苏联。中国储量居世界首位，占世界总量的 60%。中国最大的几个膨润土矿床依次位于广西、新疆、内蒙古。

膨润土在某些不定形耐火材料中使用，如耐火泥浆、涂料、喷补料等，故也在耐火黏土一章中予以讨论。

## 一、膨润土的主要矿物——蒙脱石

膨润土的主要矿物成分是蒙皂石族矿物，蒙皂石族矿物包括二八面体和三八面体两个亚族。膨润土所含通常为二八面体亚族中矿物，有以下三种矿物：

蒙脱石 $E_{0.33}^+(Al_{1.67}Mg_{0.33})Si_4O_{10}(OH)_2 \cdot nH_2O$

贝得石 $E_{0.33}^+Al_2^{3+}(Si_{3.67}Al_{0.33})O_{10}(OH)_2 \cdot nH_2O$

绿脱石 $E_{0.33}^+Fe_2^{3+}(Si_{3.67}Al_{0.33})O_{10}(OH)_2 \cdot nH_2O$

其中 $E^+$ 为可交换的阳离子。

某些膨润土以三八面体亚族中的皂石（一种含镁的蒙皂石）和锂蒙脱石（含锂和镁的变种）为主要矿物成分。

膨润土常含有其他黏土矿物，主要有伊利石、高岭石、埃洛石、绿泥石、水铝英石等；同时含有非黏土矿物，如沸石、石英、长石、方解石、黄铁矿、铁的氧化物质及岩屑等。

膨润土的主要性能由所含矿物成分而定，而对膨润土性能起主导作用的矿物是蒙脱石。为此，首先讨论蒙脱石矿物。

### （一）化学组成与晶体结构

蒙脱石又称胶岭石或微晶高岭石，是一种层状含水的铝硅酸盐矿物，单斜晶系，晶胞参数：$a_0 = 0.517nm$，$b_0 = 0.894nm$，$c_0 = 0.96 \sim 1.52nm$，理论结构式为：

$$\left(\frac{1}{2}Ca, Na\right)_{0.66}(Al, Mg, Fe)_4[(Si, Al)_8O_{20}](OH)_4 \cdot nH_2O$$

其化学成分为：$Al_2O_3$ 11% ~ 22%，$SiO_2$ 48% ~ 56%，$Fe_2O_3$ 约 5%，MgO 4% ~ 9%，CaO 0.8% ~ 3.5%，$H_2O$ 12% ~ 24%，此外还会有 $K_2O$、$Na_2O$、$TiO_2$、MnO、$P_2O_5$、Cl 和 $CO_2$ 等，理想化学式为：$Al_2O_3 \cdot 4SiO_2 \cdot nH_2O$。矿物颗粒细，在电镜下可见到片状、球状或海绵状等集合体形状。

晶体结构类型与叶蜡石、滑石结构相似，其结构单元层由三个基本结构层组成，如图9-9所示。

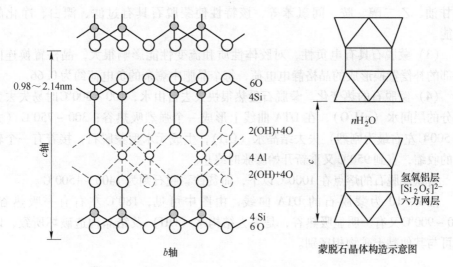

6O
4Si

2(OH)+4O

4 Al

2(OH)+4O

4 Si
6 O

0.98~2.14nm

$c$轴

$b$轴

$n\mathrm{H_2O}$

$c$

氢氧铝层
$[Si_2O_5]^{2-}$
六方网层

蒙脱石晶体构造示意图

图9-9　2:1型（蒙脱石结构）

所不同的是结构单元层内的电荷并没有达到中和状态，即在晶体结构中四面体中心的 $Si^{4+}$ 可被 $Al^{3+}$ 置换，而八面体中心的 $Al^{3+}$ 可被 $Fe^{3+}$ 或 $Mg^{2+}$ 所置换，故单元层内电荷没有达到中和状态，为了补偿电荷的不足，结构单元层的层间需充填部分其他种类阳离子，而层间的阳离子结合不强，又无固定的晶体位置，所以，这些阳离子可以交换。因此蒙脱石晶格内异价类质同象置换是最基本、最重要的结构特征。

（二）蒙脱石基本特性

蒙脱石的基本特性有：

（1）具有很强的阳离子交换性能。蒙脱石结构单元层层间所吸附的阳离子是可以交换的。主要阳离子如 $Na^+$、$Ca^{2+}$、$K^+$、$Mg^{2+}$、$Li^{2+}$、$H^+$、$Al^{3+}$ 等的交换是可逆的。阳离子交换次序为：

$$H^+ > Al^{3+} > Ba^{2+} > Sr^{2+} > Ca^{2+} > Mg^{2+} > NH_4^+ > K^+ > Na^+ > Li^+$$

通常电价高的阳离子具有较高的交换能力，这与其吸附力强有关。

在 pH 值为 7 的介质中阳离子变换容量为 70~140mmol/100g。

蒙脱石以其层间可交换阳离子的种类及含量划分亚种，有：Na-蒙脱石，Ca-蒙脱石，Al-蒙脱石，Mg-蒙脱石，Na-Ca 蒙脱石，Mg-Na 蒙脱石等。

（2）膨胀性与吸附性。蒙脱石含有三种状态的水，即表面自由水、层间吸附水和结构水。蒙脱石吸水性很强，吸水后晶体膨胀，但加热时逐渐失去其吸着水。由于这个关系，在高水化状态时，晶轴 $c_0$ 可达 1.84~2.14nm。蒙脱石在水介质中能分散成胶体状态。

蒙脱石结构的层间不但可以吸附水分子，而且可以吸附一些极性有机分子如甘油、乙二醇、胺、间氯苯等，该特性使蒙脱石具有过滤、漂白、净化的功能。

（3）蒙脱石具有电负性，对胶体性质和流变性能影响很大，晶格置换连同内部的补偿置换形成的晶格静电电荷，每个晶胞中剩余的负电荷约为 0.66。

（4）蒙脱石的热变化。蒙脱石受热很快失去自由水，100~300℃时易失去大部分的层间水（$n\mathrm{H_2O}$），在 DTA 曲线上形成一个强烈吸热谷；300~750℃（尤以 500℃左右最为剧烈）失去结晶水（OH），生成无水型蒙脱石，接着有一个较大的收缩，直到 950℃又重新开始膨胀时终止。

富铁蒙脱石的熔点在 1000℃以下，而贫铁蒙脱石则为 1400~1500℃。

图 9-10 为蒙脱石的 DTA 曲线，由图中可见，180℃左右有一吸热谷，700~900℃又有一明显吸热谷，是失去结构水（OH）及结晶构造破坏所致，以此可与其他黏土矿物相区别。

图 9-10　膨润质黏土（辽宁黑山县）差热曲线

## 二、膨润土化学组成

膨润土主要化学组成是三氧化二铝（$\mathrm{Al_2O_3}$）、二氧化硅（$\mathrm{SiO_2}$）和水（$\mathrm{H_2O}$），而氧化铁（$\mathrm{Fe_2O_3}$）和氧化镁（MgO）含量有时也较高，此外，钙、钠、钾含量不定。

膨润土中的氧化钠（$\mathrm{Na_2O}$）和氧化钙（CaO）含量对膨润土的物理化学性能和工艺技术性能影响很大。

我国膨润土矿的化学成分见表 9-29。

表 9-29　我国膨润土的化学成分（部分）

| 产　地 | 化学成分/% | | | | | | | | |
|---|---|---|---|---|---|---|---|---|---|
| | $\mathrm{SiO_2}$ | $\mathrm{Al_2O_3}$ | $\mathrm{TiO_2}$ | $\mathrm{Fe_2O_3}$ | CaO | MgO | $\mathrm{K_2O}$ | $\mathrm{Na_2O}$ | 灼减 |
| 福建连城县朋口 | 65.92 | 20.72 | 0.31 | 1.70 | 0.14 | 2.26 | 1.14 | 0.32 | 6.70 |
| 浙江余杭县仇山 浙江临安县平山 浙江临安县兰巾 | 70.60 | 17.58 | 0.24 | 2.59 | 2.06 | 2.54 | 0.86 | 0.3 | 4.9 |
| | 68.01 | 15.40 | — | 3.94 | 2.50 | 2.50 | — | — | 5.90 |
| | 69.90 | 17.06 | 0.36 | 1.64 | 2.36 | 2.28 | 1.70 | 2.14 | 3.80 |
| | 65.14 | 15.4 | 0.52 | 3.01 | 2.84 | 2.09 | 0.88 | 1.58 | 4.66 |
| | 70.94 | 15.26 | 0.05 | 1.38 | 1.65 | 2.26 | 1.51 | 2.00 | — |

| 产　地 | 化学成分/% | | | | | | | | |
|---|---|---|---|---|---|---|---|---|---|
| | $SiO_2$ | $Al_2O_3$ | $TiO_2$ | $Fe_2O_3$ | CaO | MgO | $K_2O$ | $Na_2O$ | 灼减 |
| 江苏江宁县淳化 | 65.98 | 17.39 | 0.48 | 2.60 | 3.45 | 4.11 | 0.42 | 0.40 | 5.41 |
| 江苏溧阳 | 60.40 | 17.00 | — | 2.50 | 2.05 | 2.23 | 0.62 | 0.1 | 15.65 |
| 江苏溧阳茶亭 | 56~58 | 17.8~19.6 | — | 1.90~2.73 | 1.78~2.73 | 2.90 | 0.35~1.05 | 0.1~0.3 | 15~16 |
| 山东淮县涌泉 | 71.34 | 15.14 | 0.19 | 1.97 | 2.43 | 3.42 | 0.43 | 0.31 | 5.06 |
| 湖北襄阳 | 50.14 | 16.17 | 0.88 | 6.84 | 4.73 | 6.24 | 1.84 | 0.19 | 11.56 |
| 河南信阳五里店 | 72.02 | 15.76 | 0.21 | 1.44 | 3.27 | 3.27 | 0.38 | 0.22 | 5.91 |
| 河北张家口 | 61.14 | 20.11 | 0.62 | 3.10 | 2.42 | 3.31 | 1.63 | 2.11 | 5.19 |
| 河北宜化县 | 68.18 | 13.03 | 0.25 | 1.24 | 3.89 | 5.07 | 0.44 | 0.78 | 6.78 |
| 辽宁黑山县十里岗 | 73.06 | 16.17 | 0.16 | 1.64 | 2.01 | 2.72 | 0.41 | 0.39 | 4.81 |
| 辽宁法库县 | 71.39 | 14.41 | — | 1.71 | 1.20 | 1.52 | 0.44 | 1.48 | 5.25 |
| | 74.86 | 15.00 | 0.28 | 1.23 | 2.23 | 2.18 | 0.30 | 0.43 | 4.86 |
| 吉林九台县二重沟 | 71.33 | 14.82 | 0.26 | 2.4 | 2.18 | 2.18 | 0.3 | 0.43 | 4.86 |
| 吉林双阳县烧埚 | 71.58 | 14.56 | 0.37 | 2.95 | 2.3 | 2.72 | 0.25 | 0.37 | 4.58 |
| 黑龙江龙江县 | 58.48 | 18.35 | 1.74 | 9.12 | 1.23 | 1.45 | 1.32 | 0.47 | 6.75 |
| 甘肃嘉峪关大草滩 | 62.5 | 18.61 | 0.98 | 5.37 | 1.35 | 1.86 | 2.38 | 1.25 | 6.31 |
| 新疆托克逊矿 | 60~65 | 14~20 | — | 2~3 | | | | | |

## 三、膨润土属性与鉴别

为便于工业上的应用，将膨润土进行分类。分类主要依据的是蒙脱石的可交换阳离子种类、数量和比例。

我国在《膨润土矿地质勘探规范》中采用的膨润土属性分类如下：

（1）钠基膨润土，$E_{Na^+} / \sum EC \times 100\% \geqslant 50\%$；

（2）钙基膨润土，$E_{Ca^{2+}} / \sum EC \times 100\% \geqslant 50\%$；

（3）镁基膨润土，$E_{Mg^{2+}} / \sum EC \times 100\% \geqslant 50\%$；

（4）铝基膨润土，$(E_{Al^{3+}} + E_{H^+}) / \sum EC \times 100\% \geqslant 50\%$。

若可交换性阳离子没有超过交换总量的 50% 时，则以最多交换量的两种阳离子进行复名，例如：

$$\frac{E_{Na^{2+}}}{\sum EC} \times 100\% \geqslant 40\%, \quad \frac{E_{Ca^{2+}}}{\sum EC} \times 100\% \geqslant 30\%,$$ 则为钠钙基膨润土

式中，$E_x$（$x = Na^+$、$Ca^{2+}$、$Mg^{2+}$、$Al^{3+}$、$H^+$）为可交换的阳离子，$\sum EC$ 为阳离子交换总量。

各种膨润土某些鉴别依据见表9-30。

**表9-30 各种膨润土的某些鉴别依据**

| 类 型 | 水中崩解特点 | 吸水率 | 膨胀性能 | 可塑性 | 胶体分散性能 |
|---|---|---|---|---|---|
| 钠基膨润土 | 强烈吸水，膨胀软化，但不崩塌 | 高 | 好 | 强 | 有极高的分散性能，形成十分稳定的悬浮液，矿物能被分散成很薄的片 |
| 钙镁基膨润土 | 在水中崩塌成散粒状团块 | 中等 | 中等 | 中等 | 不易形成稳定的悬浮液，矿物颗粒常凝聚成集合体 |
| 铝（氢）基膨润土 | 水中急剧崩塌成片状 | 较低 | 差 | 弱 | 分散性能差 |

钠基膨润土吸收后高度膨胀，钙基膨润土吸水后膨胀不太大，我国以钙基膨润土居多，约占90%。

## 四、膨润土性质与用途

### (一) 性质

膨润土是主要由蒙脱石类矿物组成的岩石，其性质与蒙脱石密切相关。蒙脱石具有的性质、特性决定了膨润土的基本性能。

膨润土具有吸水性、膨胀性、阳离子交换性、触变性、黏结性、吸附性、增稠性、润滑性、稳定性、脱色性等性能。

但是，不同属性的膨润土在理化性质、工艺技术性能上有差异，表9-31为钠基与钙基膨润土性能的比较，表9-32为山东潍坊膨润土的理化性能。

**表9-31 钠基与钙基膨润土性能比较**

| 项 目 | | 钠基膨润土 | 钙基膨润土 |
|---|---|---|---|
| 吸水性 | 吸水速度 | 慢 | 快 |
| | 吸水率与膨胀性 | 较大 | 较小 |
| | 阳离子交换量 | 多 | 少 |
| | 在水介质中分散性 | 好 | 较差 |
| | 胶质价 | 高 | 低 |
| | pH 值 | 高 | 低 |
| | 触变性、润滑性 | 好 | 较差 |
| | 可塑性、黏结性 | 较高 | 较低 |
| 强 度 | 湿压强度 | 高 | 低 |
| | 干压强度 | 高 | 低 |

表 9 – 32　山东潍坊钠基与钙基膨润土理化性能

| 项　目 | | 钠基膨润土 | 钙基膨润土 |
|---|---|---|---|
| 化学成分/% | SiO$_2$ | 69.32 | 67.23 |
| | Al$_2$O$_3$ | 14.27 | 15.88 |
| | CaO | 1.99 | 2.22 |
| | MgO | 2.69 | 4.01 |
| | K$_2$O | 1.38 | 0.19 |
| | Na$_2$O | 1.85 | 0.13 |
| | Fe$_2$O$_3$ | 1.84 | 2.62 |
| | FeO | 0.63 | 0.03 |
| | MnO | 0.10 | 0.00 |
| | TiO$_2$ | 0.13 | 0.13 |
| | P$_2$O$_5$ | 0.04 | 0.06 |
| | 烧失 | 5.67 | 8.09 |
| 胶质价 | | 100 | >60 |
| 膨胀倍数 | | >15 | >10 |
| 湿压强度/kg·cm$^{-2}$ | | >0.50 | >0.34 |
| 热湿拉强度/g·cm$^{-2}$ | | >30 | >10 |
| pH 值 | | >9.5 | >8.5 |
| 水分/% | | <10 | <10 |

注：细度 95% 通过 200 目筛。

（二）用途

膨润土用途十分广泛，它在国民经济中有独特的作用，目前应用在耐火材料、炼铁、陶瓷、铸造、能源、钻探、造纸、化工、建筑、医药、纺织、农业、食品、水净化和污水处理等几十个部门。今后通过进一步创新发展会有更多领域应用。

（1）耐火材料。主要利用它的可塑性能，如改善耐火泥浆和作为耐火材料涂料、喷补料等，由于膨润土具有强的吸湿性和膨胀性，为避免高温下的收缩，使用时用水量较少为宜。

（2）炼铁行业。膨润土作为铁精矿球团黏结剂，质量要求见表 9 – 33。

表 9 – 33　冶金球团黏结膨润土质量要求（JC/T 529—1995）

| 项目标记 | 水分/% | 粒度干法<br>(0.075mm)/% | 吸蓝量/g·<br>(100g)$^{-1}$（试样） | 吸水率<br>/mL·g$^{-1}$ | 膨胀容[①]<br>/mL·g$^{-1}$ |
|---|---|---|---|---|---|
| P – Q – 1 | ≤13 | ≥99 | ≥35 | ≥150 | ≥15 |
| P – Q – 2 | ≤13 | ≥99 | ≥30 | ≥120 | ≥12 |
| P – Q – 3 | ≤13 | ≥95 | ≥20 | ≥100 | ≥9 |

①膨胀容表示膨润土的膨胀性能。膨润土在稀盐酸溶液中膨胀后的容积称为膨胀容。钠基膨润土比钙基膨润土的膨胀容高。

（3）钻井泥浆，用膨润土配制具有高流变和触变性的钻井泥浆悬浮液，其质量要求见表9－34。

表9－34　钻井泥浆用膨润土质量标准（JC/T 529—1995）

| 项　目 | 标　记 | P－N |
|---|---|---|
| 悬浮体性能 | 600r/min 时黏度计读数 | 30 |
| | 屈服值/Pa | ≤1.44×塑性黏度 |
| | 30min 滤失量/mL | ≤15.0 |
| | 湿筛分析＋0.075mm 筛余量/% | ≤4.0 |
| | 水分/% | ≤10 |

（4）陶瓷工业。用作陶瓷原料的增塑剂，制造釉料及搪瓷等；精细陶瓷也可使用。精细陶瓷用膨润土的质量要求，见表9－35。

表9－35　精细陶瓷用膨润土质量标准

| 指　标 | $\phi$PK |
|---|---|
| $Fe_2O_3＋TiO_2$ 含量/% | ≤1.75 |
| $SiO_2$ 含量/% | ≤0.50 |
| 膨胀性/mL | ≥80 |
| 吸附指标/mg·g$^{-1}$ | ≥200 |
| 平均抗弯强度极限（黏结能力）/kg·cm$^{-2}$ | ≥20 |
| 水分含量/% | ≤20 |
| 50mm 以下块状含量/% | ≤10 |
| 300mm 以上块状含量/% | ≤10 |

注：1. 对于无线电陶瓷膨润土含 $SiO_2$ 不大于 0.25%。

　　2. 前苏联 ГОСТ 7032—75。

将黏土的主要矿物组成进行归纳，见表9－36，便于查阅。

表9－36　黏土的主要矿物组成归纳

| 矿物名称 | 分　子　式 | $Al_2O_3$/% |
|---|---|---|
| 高岭石 | $Al_2O_3·2SiO_2·2H_2O$ | 39.55 |
| 珍珠陶土 | $Al_2O_3·2SiO_2·2H_2O$ | 39.65 |
| 迪开石 | $Al_2O_3·2SiO_2·2H_2O$ | 38.93 |
| 水铝英石 | $Al_2O_3·2SiO_2·nH_2O$ | 37.73 |
| 埃洛石[①] | $Al_2O_3·2SiO_2·4H_2O$ | 36.58（或34.7） |
| 伊利石 | $K_{1～15}Al_4[Si_{6.5～7}Al_{1～15}O_{20}(OH)_4]$ | 30.15 |
| 叶蜡石 | $Al_2O_3·4SiO_2·H_2O$ | 28.64 |
| 蒙脱石[②] | $Al_2O_3·4SiO_2·nH_2O$ | 16.54～22.96 |

①埃洛石或叙永石，又称多水高岭石，结构式为 $Al_4[Si_4O_{10}](OH)_8·4H_2O$；

②蒙脱石又称胶岭石或微晶高岭石。

# 第十章　高铝质耐火材料原料——铝矾土

铝土矿矿床与矿石类型、矿物组成及分类

铝矾土主要矿物

　　一水硬铝石（水铝石、硬水铝矿）

　　一水软铝石（勃姆石、波美石、水铝矿）

　　三水铝石（水铝氧石、氢氧铝石、三水铝矿）

铝矾土加热变化与影响烧结的因素

铝矾土化学成分与杂质对耐火材料的影响

铝矾土生料与熟料物相含量的计算

铝矾土的均化

　　高铝质耐火原料是指 $Al_2O_3$ 含量大于 48% 的 $Al_2O_3 - SiO_2$ 系耐火原料，主要包括：高铝矾土、"三石"、莫来石、刚玉等。

　　高铝矾土，又称铝矾土、矾土（bauxite），多是耐火材料同行的称呼，而地质部门则称铝土矿，二者可相提并论。高铝矾土是指煅烧后 $Al_2O_3$ 含量大于48%，而 $Fe_2O_3$ 含量较低的铝土矿。铝土矿主要是指由一水硬铝石（又称水铝石、硬水铝矿，$\alpha - Al_2O_3 \cdot H_2O$，$Al_2O_3$ 含量为 85%）、一水软铝石（又称勃姆石、波美石、水铝矿，$\gamma - Al_2O_3 \cdot H_2O$，$Al_2O_3$ 含量为 85%）、三水铝石（又称水铝氧石，氢氧铝石三水铝矿，$Al_2O_3 \cdot 3H_2O$，$Al_2O_3$ 含量为 65.4%）三种矿物以各种比率构成的细分散胶体混合物，并含有高岭石、赤铁矿、水云母、绿泥石、石英、蛋白石等多种矿物，$Al_2O_3$ 含量为 40% ~75%。

　　另外地质部门将矾土划归耐火黏土一类，矿石类型为高铝黏土。

　　我国有丰富的铝土矿矿产资源，居世界前列，与圭亚那、苏里南和巴西同为资源大国，主要分布在贵州、山西、河南、山东、四川、广西、河北等省、区。铝土矿是制造高铝质耐火材料，制造刚玉型研磨材料、高铝水泥、氧化铝等的原料。河北的铝土矿基本上被开采殆尽。

## 第一节　我国铝土矿矿床与矿石类型

### 一、铝土矿矿床类型

　　铝土矿矿床类型有多种分类。按铝土矿成因，划分为三大类型，即沉积型、堆积型及红土型，见表 10 – 1。

表 10-1　我国铝土矿矿床类型

| 矿床类型 | 地质特征 | 矿体特征 | 矿石特征 | | | 矿床产地 |
|---|---|---|---|---|---|---|
| | | | 外观和颜色 | 矿物组成 | 化学成分 | |
| 沉积型 产于碳酸盐岩侵蚀面上的亚类 | 矿层假整合产于碳酸盐岩侵蚀面上 | 呈似层状、透镜状、漏斗状，矿体长度一般几百至2000余米，厚度不稳定（1~4m），矿床规模多为大、中型 | 土状、鲕状、碎屑状，白、灰、红、浅绿等色豆状 | 一水硬铝石为主，其次为高岭石、水云母、绿泥石、褐铁矿、赤铁矿、针铁矿、一水软铝石等 | $Al_2O_3$ 40%~75%，$SiO_2$ 4%~18%，$Fe_2O_3$ 2%~20%，S 0.8%~8%，A/S=3~12 | 贵州修文、山西孝义、山东津水、河南新安、河南巩义、四川南川、广西平果、陕西府谷等铝土矿 |
| 产于其他岩石侵蚀面上的亚类 | 矿层多产于砂岩、页岩泥岩、玄武岩、灰岩等侵蚀面上 | 呈层状、透镜状、单矿体长度几百至1000余米，厚度1~4米，矿床规模多为中、小型 | 致密状、角砾状、豆状、鲕状，青灰、浅绿、紫红等色灰 | 一水硬铝石为主，其次为高岭石、埃洛石、脱水叶蜡石、褐铁矿、黄铁矿等 | $Al_2O_3$ 40%~70%，$SiO_2$ 8%~20%，$Fe_2O_3$ 2%~20%，S 0.8%~3%，A/S=2.6~9 | 云南、广东、湖南孝家田、山东王村、四川乐山等铝土矿 |
| 堆积型 | | 形态复杂，呈不规则状、斗篷状，矿体长度几百至2000余米；矿床规模多为小型 | 鲕状、土状、碎屑状，红、灰褐，杂色 | 一水硬铝石为主，其次为高岭石、针铁矿、赤铁矿三水铝石等 | $Al_2O_3$ 30%~50%，$SiO_2$ 2%~12%，$Fe_2O_3$ 16%~25%，S < 0.8%，A/S=4.5 | 广西平果、云南、广南等堆积矿 |
| 红土型 | 产于玄武岩风化壳中，风化淋滤而成 | 斗篷状，不规则状，产状平缓，含矿面积0.2~4km²，厚度0.1~1m，矿体规模多为小型 | 残余结构，气孔状、杏仁状、斑点状，灰白、砂状，棕黄、褐红等色 | 三水铝石为主，其次为褐铁矿、针铁矿、高岭石、一水软铝石、石英、蛋白石等 | $Al_2O_3$ 30%~50%，$SiO_2$ 7%~10%，$Fe_2O_3$ 18%~25%，A/S=4~6 | 海南文昌蓬莱镇、福建漳浦 |

注：资料来源于《据非金属矿工业手册》上册（1992.12）。

## 二、铝土矿矿石类型

铝土矿矿石，经常先从外观入手进行分类，即从其颜色、宏观特征进行粗略的划分，有如下几个类型：

（1）粗糙状（土状）铝土矿（矾土）。其特点是表面粗糙，硬度 3～5，颜色常见有灰色、灰白色、浅黄色等。矿石主要成分为水铝石和高岭石。

（2）致密状铝土矿（矾土）。其特点是表面光滑、脆、致密坚硬、断口呈贝壳状，颜色多为灰色、青灰色、局部为浅粉红色。矿石主要成分以水铝石或高岭石（叶蜡石）为主。

（3）豆状、鲕状铝土矿（矾土）。其特点是表面呈鱼子状或豆状，如图 10－1 所示，胶结物主要是粗糙状铝矾土，次为致密状铝矾土，颜色多为灰色，深灰色、灰绿色、红褐色或灰白色。豆状、鲕粒在矿石中所占比例各地不一，颗粒核心成分也不一。大致有如下几种：

1）鲕粒全系水铝石（如山西矾土），水铝石成为粗晶体或为隐晶质；

2）鲕状核心为高岭石或叶蜡石，边缘为水铝石；

3）鲕粒为水铝石和高岭石多层交错组成；

4）鲕粒中心为水云母（如河南矾土）；

5）鲕粒中心为勃姆石（如广西矾土）。

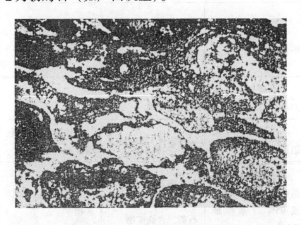

图 10－1　具豆状结构的铝土矿

（4）气孔状、杏仁状铝土矿（矾土）。因含氧化铁较多（$Fe_2O_3$ 12%～14%），矾土呈暗红或黄褐色，常有大小不等的块状夹杂于红土之中，矾土矿石表面有气孔或呈杏仁状。矿石主要矿物为三水铝矿，如福建漳浦矾土。

（5）高铁铝土矿（铁矾土）。其特点是含铁较高，颜色常见为褐红或褐黄，表面比较粗糙，部分矿石具豆状、鲕状构造。

# 第二节　铝土矿矿石的矿物组成与分类

## 一、铝土矿矿石的矿物组成

铝土矿矿石的矿物组成见表 10-2 和表 10-3。

**表 10-2　我国铝土矿矿石矿物组成之一（部分）**

| 序号 | 产地 | | 矿物组成 | | | 矿石类型 |
|------|------|------|------|------|------|------|
| | | 主　要 | 次　要 | 少　量 | | |
| 1 | 贵州修文 | 一水硬铝石（水铝石）70%~90% | 水云母、铁的氧化物、勃姆石 | 锐钛矿、电气石、锆石、刚玉 | | 粗糙状（土状） |
| | | 一水硬铝石（水铝石）60%~75% | 高岭石30% | 水云母、绿泥石、金红石、锆石、电气石 | | 致密状 |
| 2 | 山西孝义 | 一水硬铝石（水铝石）95%~98% | 三水铝石4.7%~6.7%（个别），高岭石、地开石、水云母 | 赤铁矿、针铁矿、磁铁矿、含钛氧化物、石英等 | | 有致密状、粗糙状、豆状、鲕状、碎屑状等 |
| 3 | 四川南川 | 一水硬铝石（水铝石）85% | 勃姆石、高岭石、水云母、鳞绿泥石、黄铁矿等 | 锆石、钛铁矿、锐钛矿、电气石等 | | 粗糙状（土状）、豆状、鲕状、致密状与豆鲕状 |
| 4 | 河南　新安 | 一水硬铝石（水铝石）70%~85% | 高岭石、水云母、氧化铁矿物 | 绿泥石、蛇纹石 | | |
| | 河南　巩义 | 一水硬铝石（水铝石）80% | 水云母12% | 锐钛矿、叶蜡石、绿泥石、埃洛石 | | 致密状、豆鲕状、半粗糙状 |
| 5 | 广西平果 | 一水硬铝石（水铝石）70%~85%或95%（某些地段） | 勃姆石、高岭石、绿泥石、水云母、石英、含铁矿物 | 三水铝石、含钛矿物 | | 常见豆状、鲕状，尚有致密状、多孔状 |
| 6 | 四川乐山 | 一水硬铝石（水铝石）75%~85% | 高岭石15%~20%，鳞绿泥石10%~20% | 板钛矿、锆石、榍石、黑云母、石英、电气石、勃姆石 | | 致密状、半粗糙状、鲕状及假鲕状 |
| 7 | 贵州遵义 | 一水硬铝石（水铝石）60%~80% | 高岭石、埃洛石、氧化铁矿物 | 水云母、锆石、电气石、锐钛矿 | | 粗糙状（土状）、半土状、致密状、豆鲕状 |

续表 10 – 2

| 序号 | 产地 | 矿物组成 | | | 矿石类型 |
| --- | --- | --- | --- | --- | --- |
| | | 主 要 | 次 要 | 少 量 | |
| 8 | 福建漳浦 | 三水铝石 80%~85% | 赤铁矿、针铁矿共 10% | 石英、勃姆石、伊利石、钛铁矿 | 保留有玄武岩的残余结构，矿石外有铁质皮壳、气孔与球状构造 |
| 9 | 海南文昌蓬莱镇 | 三水铝石 65%~70%（个别 25%） | 氧化铁矿物 10%~20% | 伊丁石 5%，磁铁矿 3%，钛铁矿 2%~5% | 圆球形结核状、粉砂岩状、斑点状、气孔状、致密状 |

注：1. 表中序号 1~5 为沉积型，6~7 为堆积型，8~9 为红土型；

　　2. 有学者认为广西平果铝土矿为水铝石 – 三水铝石 – 高岭石（D – G – K）型。

#### 表 10 – 3　我国铝土矿矿石矿物组成之二（部分）

| 产 地 | | 矿物组成/% | | | | | | |
| --- | --- | --- | --- | --- | --- | --- | --- | --- |
| | | 主要 | 次要 | 水云母 | 叶蜡石 | 钛矿物 | 铁矿物 | 锆石、电气石、方解石、玉髓等 |
| 山西阳泉 | 特级 | 一水硬铝石 84~85 | 高岭石 10~11 | | | 1~2 | <0.5 | 1~2 |
| | 二级 | 一水硬铝石 44~45 | 高岭石 50~51 | | | 1~2 | <1 | 2~3 |
| 山东淄博 | 一级（田庄） | 一水硬铝石 76~77 | 高岭石 18~19 | | | 1~2 | <1 | <2.5 |
| | 二级（洪山） | 一水硬铝石 54~55　一水软铝石（勃姆石）47~48 | 高岭石 38~39　高岭石 48~49 | | | 1~2　1~1.5 | <1　0.5 | <3.5　<0.3 |
| 河南 | 特级（杜家沟） | 一水硬铝石 86~87 | 高岭石约 9 | | | 1~2 | <0.2 | <1.5 |
| | 一级（偃师） | 一水硬铝石 81~82 | | 17~18 | 1.5~2 | — | — | |
| | 特级（巩义）涉村 | 一水硬铝石 89~90 | | 4.0 | | 约3 | 0.5 | 约2 |
| | 二级（巩义）涉村 | 一水硬铝石 67~68 | | 27~28 | | 约3 | <1 | <1.5 |

续表 10 - 3

| 产　地 | | 矿物组成/% | | | | | |
|---|---|---|---|---|---|---|---|
| | | 主要 | 次要 | 水云母 | 叶蜡石 | 钛矿物 | 铁矿物 | 锆石、电气石、方解石、玉髓等 |
| 贵州贵阳 | （麦格）特级 | 一水硬铝石 93 | | | | 约 2（1.62） | <0.5 | <1 |
| | （赵家山）特级 | 一水硬铝石 91 | | | | 约 3（2.72） | | |
| 湖南辰溪 | 二级 | 一水软铝石（勃姆石）46 | 高岭石 45 | | | 约 1 | 约 1 | <5 |

## 二、铝土矿按矿物组成分类

据表 10 - 2 和表 10 - 3，从铝土矿的矿物组成分析，我国铝土矿可分为两个基本类型：一水型铝土矿和三水型铝土矿，以一水型铝土矿为主；而耐火材料领域更习惯于称其为：一水铝矾土和三水铝矾土。根据各基本类型中所含次要矿物和杂质矿物（含少量）又细分为若干亚类，见表 10 - 4。

表 10 - 4　中国铝矾土的分类及主要产地

| 基本类型 | 亚类型 | 主要分布地区 |
|---|---|---|
| 一水型铝土矿 | 水铝石 - 高岭石型（D - K 型） | 山西、山东、河北、河南、贵州 |
| | 水铝石 - 叶蜡石型（D - P 型） | 河南 |
| | 勃姆石 - 高岭石型（B - K 型） | 山东、山西、广西、湖南 |
| | 水铝石 - 伊利石型（D - I 型） | 河南 |
| | 水铝石 - 高岭石 - 金红石型（D - K - R 型） | 四川 |
| 三水型铝土矿 | 三水铝石型（G 型） | 福建、海南 |

注：一水硬铝石（diasporite），高岭石（kaolinite），叶蜡石（pyrophyllite），勃姆石（boehmite，即一水软铝石），伊利石（illite），金红石（rutile），三水铝石（gibbsite）。

## 三、铝矾土生料的分级

在一水型铝土矿的五个亚类型中，又以水铝石 - 高岭石亚类型（D - K 型）分布较多。对该类型铝矾土，根据氧化铝含量、$Al_2O_3/SiO_2$ 比值、外观特征，并考虑高铝耐火材料的生产条件等又有如下等级划分，见表 10 - 5。

表 10 –5 水铝石 – 高岭石铝矾土生料等级的划分

| 铝矾土等级 | Al$_2$O$_3$/% | Al$_2$O$_3$/SiO$_2$ | 外 观 特 征 |
|---|---|---|---|
| 特等 | >76 | >20 | 浅灰色，重而硬，结构致密均匀 |
| 一等 | 68 ~ 76 | 5.5 ~ 20 | 浅灰色，重而硬，结构致密均匀 |
| 二等（甲） | 60 ~ 68 | 2.8 ~ 5.5 | 灰白色，结构尚致密，具鲕状体但量不多 |
| 二等（乙） | 52 ~ 60 | 1.8 ~ 2.8 | 灰色，结构疏松，鲕状体较多 |
| 三等 | 42 ~ 52 | 1.0 ~ 1.8 | 灰色，质轻又软，易碎，结构致密均匀 |

关于铝矾土（生料）等级的划分，在耐火材料行业标准（YB 327—63）又有新的规定，见表 10 –6。

表 10 –6 耐火材料用铝矾土（生料）等级的划分（YB 327—63）

| 铝矾土等级 | Al$_2$O$_3$/% | Fe$_2$O$_3$/% | CaO/% | 耐火度/℃ | 备注 |
|---|---|---|---|---|---|
| 特级 | >75 | <2.0 | <0.5 | >1770 | 代替铝氧 |
| 一级 | 70 ~ 75 | <2.5 | <0.6 | >1770 | |
| 二级 | 60 ~ 70 | <2.5 | <0.6 | >1770 | |
| 三级 | 55 ~ 60 | <2.5 | <0.6 | >1770 | |
| 四级 | 45 ~ 55 | <2.5 | <0.7 | >1770 | |

注：1. 铝矾土的混级量不得大于总量的 10%；

2. 矿石块度 50 ~ 300mm，小于 50mm 的不得超过总量的 10%（当用竖窑煅烧熟料时）；

3. 矿石的杂质（如山皮、黏土等）不得超过发货数量的 1%，且不能混入明显的块状或片状石灰石。

# 第三节　铝矾土主要矿物的检测与理化性质

## 一、铝矾土主要矿物检测

铝矾土中主要矿物为一水硬铝石、一水软铝石和三水铝石。这三种矿物，肉眼难以识别，但可通过差热分析、红外光谱分析、X 射线衍射分析、偏光、电子显微镜鉴定等方法检测。

在诸多检测方法中，重点讨论差热分析方法。

（一）差热分析

如果铝矾土是一水硬铝石（水铝石） – 高岭石型（D – K 型），则在差热分析曲线上可以看到两个吸热谷和一个放热峰，第一个吸热谷为水铝石，温度 500℃左右；而第二个吸热谷和放热峰，温度分别为 600℃ 和 980℃，为高岭石矿物。

根据吸热谷、放热峰的温度和峰谷高的比例，可以推断铝矾土中的主要矿物和其含量。例如放热峰的峰高随高岭石含量的减少而降低，而吸热谷的峰高则随水铝石或高岭石含量的减少而降低。

如果矾土中除水铝石和高岭石外还含有一水软铝石（勃姆石），因勃姆石的吸热分解温度为575℃，介于水铝石和高岭石之间，则第一个吸热谷呈宽扁状，峰温不明显。如果没有出现高岭石的吸热和放热曲线，则表明这类矾土中高岭石的存在量很少，也可能含有别的矿物，如叶蜡石、少量云母类矿物等。

图 10 - 2 为铝矾土的差热分析测试实例，表 10 - 7 为相应测试样的化学成分和物相分析。

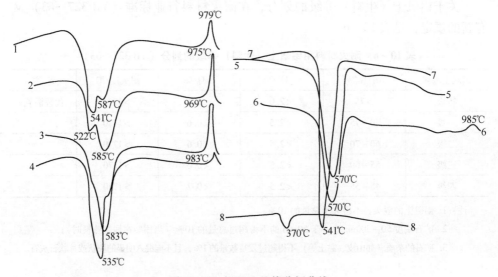

图 10 - 2  铝矾土差热分析曲线

表 10 - 7  做差热分析的铝矾土试样的化学成分 （%）

| 图 10 - 2 中序号 | 产地 | Al$_2$O$_3$ | SiO$_2$ | Fe$_2$O$_3$ | TiO$_2$ | CaO | MgO | K$_2$O | Na$_2$O | 灼减 | 物 相 |
|---|---|---|---|---|---|---|---|---|---|---|---|
| 1 | — | 58.86 | 21.80 | 0.92 | 2.80 | 0.13 | 0.27 | 0.01 | 0.02 | 14.47 | 水铝石及高岭石，541℃为水铝石脱水，587℃为高岭石脱水，979℃为 γ - Al$_2$O$_3$ 重结晶及隐晶质莫来石形成 |
| 2 | — | — | — | — | — | — | — | — | — | — | 522℃ 为水铝石脱水，585℃ 和 975℃ 为高岭石特征 DTA 曲线 |
| 3 | — | — | — | — | — | — | — | — | — | — | 主要为高岭石，含少量水铝石 |

| 图10-2中序号 | 产地 | Al₂O₃ | SiO₂ | Fe₂O₃ | TiO₂ | CaO | MgO | K₂O | Na₂O | 灼减 | 物　相 |
|---|---|---|---|---|---|---|---|---|---|---|---|
| 4 | — | 67.94 | 14.30 | 0.92 | 2.80 | 0.13 | 0.32 | 0.39 | 0.03 | 13.80 | 主要为水铝石，含少量高岭石 |
| 5 | 河南 | 69.19 | 10.50 | 1.08 | 3.59 | 0.15 | 0.18 | 1.09 | 0.10 | 12.95 | 主要为水铝石，含少量水云母，570℃为水铝石脱水 |
| 6 | — | 59.43 | 20.74 | 1.11 | 2.22 | 0.18 | 0.18 | 3.75 | 0.10 | 11.30 | 主要为水铝石，含少量高岭石和水云母 |
| 7 | 贵州 | — | — | — | — | — | — | — | — | — | 水铝石，541℃为水铝石脱水所致 |
| 8 | — | 62.40 | 20.70 | 0.92 | 1.10 | 11.9 | 0.51 | $R_2O$ (0.39) | | 2.30 | 三水铝石 |

（二）光学显微镜、X 射线衍射等方法

表10-8 为通过多种研究方法对河南巩义小关矾土矿物组成进行测试的实例。

表 10 - 8　河南巩义小关各类矾土矿物组成

| 矾土构造 | 分 析 方 法 | | | |
|---|---|---|---|---|
| | 差热分析 | 红外光谱 | X 射线衍射 | 光学和电子显微镜 |
| 致密状矾土 | 一水硬铝石、水云母、叶蜡石 | 一水硬铝石、水云母、叶蜡石 | 一水硬铝石80%，水云母12%，锐钛矿、叶蜡石、绿泥石 | 一水硬铝石（隐晶、显晶）、水云母、高岭石、叶蜡石、赤铁矿 |
| 豆状、鲕状矾土 | 一水硬铝石、水云母 | 一水硬铝石、水云母、高岭石 | 一水硬铝石、水云母、埃洛石、叶蜡石、绿泥石 | 一水硬铝石、水云母、叶蜡石、赤铁矿、针铁矿 |

从表10-8 可见，矾土的主要矿物（有益矿物）一水硬铝石，在诸多研究方法中都能鉴别，但含量少的次要矿物，通过某些研究方法则难以测定。

河南巩义位于嵩山隆起带周围，含有较多的水云母等杂质。水云母是导致 $R_2O$ 含量较高的原因。

## 二、矾土主要矿物理化性质

铝矾土主要矿物有一水硬铝石、一水软铝石和三水铝石，矿物的特征分述如下。

（一）一水硬铝石

一水硬铝石又名水铝石、硬水铝矿，与一水软铝石属同质二象，化学式为 $\alpha$ – AlO(OH) 或 $\alpha$ – $Al_2O_3 \cdot H_2O$，其中 $Al_2O_3$ 85%、$H_2O$ 15%，有时含有 $Fe_2O_3$（7% 以下）及 $Mn_2O_3$（5% 以下）。含锰多者称含锰一水硬铝石，也有 $Ga_2O_3$、$SiO_2$ 等混入物，含 Ga 高者可考虑综合利用。

一水硬铝石为斜方晶系，呈 {010} 面发育的薄片状或沿 $c$ 轴伸长的柱状、针状（见图 10–3），常呈片状或鳞片状集合体，颜色为白色、灰绿、灰白、淡紫色或黄褐色。其具有平行 {010} 完全解理，比重、硬度比勃姆石及三水铝石均高，硬度 6 ~ 7，比重 3.3 ~ 3.5，较脆。其折射率 $N_g = 1.754$，$N_m = 1.722$，$N_p = 1.705$。加热时，其于 530 ~ 600℃先失水后，相变为 $\alpha$ – $Al_2O_3$（三方晶系刚玉）。

图 10–3　一水硬铝石

（二级矾土原料，二次电子图像，6000 ×）

（二）一水软铝石

一水软铝石又名波美石、勃姆石、水铝矿、薄水铝矿，化学式为 $\gamma$ – AlO(OH) 或 $\gamma$ – $Al_2O_3 \cdot H_2O$，其中 $Al_2O_3$ 85%、$H_2O$ 15%，铁和镓以类质同象混入晶体结构，属层状，斜方晶系晶体，呈细小菱形片状或扁豆状，通常在铝土矿中成隐晶质块体或胶体形成物，颜色白色或微黄色。其具有平行 {010} 完全解理，硬度小（3.5 ~ 4），比重 3.01 ~ 3.06。其折光率 $N_g = 1.651$，$N_m = 1.645$，$N_p = 1.638$。加热时，其于 530 ~ 600℃失水后，相变为 $\gamma$ – $Al_2O_3$（等轴晶系刚玉）。

（三）三水铝石

三水铝石又名三水铝矿、水铝氧石，化学式为 $Al(OH)_3$ 或 $Al_2O_3 \cdot 3H_2O$，其中 $Al_2O_3$ 65.35%、$H_2O$ 34.65%，类质同象混入物有 $Fe_2O_3$（达到 2%）、$Ga_2O_3$（达到 0.006%），此外还有 $SiO_2$ 及 $P_2O_5$ 等混入物。

三水铝石晶体结构属层状，单斜晶系，晶体呈细小的似六角板状晶体（见图10-4），集合体呈鳞片状，或结核状、豆状等隐晶质块体，颜色白色或带浅灰、浅绿、浅红和褐色，硬度小（2.5～3.5），比重小（2.30～2.43）。其底面｛001｝有极完全解理，折光率 $N_g = 1.587$，$N_m = 1.566$，$N_p = 1.565$，其理化性质见表10-9。

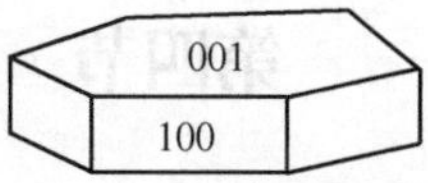

图10-4　三水铝石的晶体

表10-9　三水铝石-水铝石矿物的理化性质

| 矿物名称 | 化学式 | 晶系 | 形状 | 硬度 | 比重 | 解理 | 折射率 | | | 加热变化 | 加热后体积变化/% |
|---|---|---|---|---|---|---|---|---|---|---|---|
| | | | | | | | $N_g$ | $N_m$ | $N_p$ | | |
| 一水硬铝石（水铝石、硬水铝矿） | $\alpha-Al_2O_3 \cdot H_2O$ | 斜方 | 长板状或柱状、针状 | 大（6～7） | 3.3～3.5 | 平行｛010｝解理完全 | 1.754 | 1.722 | 1.705 | 在530～600℃之间变为 $\alpha-Al_2O_3$：$\alpha-Al_2O_3 \cdot H_2O$ $\xrightarrow{530～600℃}$ $\alpha-Al_2O_3 + H_2O$ | -27.74 |
| 一水软铝石（勃姆石、水铝矿、薄水铝矿、波美石） | $\gamma-Al_2O_3 \cdot H_2O$ | 斜方 | 细小菱形片状 | 小（3.5～4） | 3.01～3.06 | 平行｛010｝解理完全 | 1.651 | 1.645 | 1.638 | 在530～600℃之间变为 $\gamma-Al_2O_3$：$\gamma-Al_2O_3 \cdot H_2O$ $\xrightarrow{530～600℃}$ $\gamma-Al_2O_3 + H_2O$ $\xrightarrow{900～1200℃}$ $\alpha-Al_2O_3$ | -13.03 |
| 三水铝石（三水铝矿、水铝氧石） | $\gamma-Al_2O_3 \cdot 3H_2O$ | 单斜 | 似六角板状 | 小（2.5～3.5） | 小（2.3～2.4） | 平行｛001｝解理极完全 | 1.587 | 1.566 | 1.565 | 在400～450℃之间变为一水软铝石：$\gamma-Al_2O_3 \cdot 3H_2O$ $\xrightarrow{400～450℃}$ $\gamma-Al_2O_3 + H_2O$ $\xrightarrow{900～1200℃}$ $\alpha-Al_2O_3$ | -55.65 |

三水铝石在受热过程中的反应是：加热至170～200℃左右时，开始失水，到400℃或350℃时，水全部失去。故其差热曲线在200～400℃之间有一个大的吸热谷出现。400℃（或450℃）时转变为勃姆石，进一步加热900～1200℃变为 $\alpha-$ 刚玉。

三水铝石是一种典型的次生矿物，由含铝的硅酸盐矿物（如长石）分解和水解而成，与一水硬铝石、一水软铝石、赤铁矿、蛋白石、高岭石等矿物伴生。福建漳浦、海南等地有单独由三水铝石形成的矿床。

# 第四节 铝矾土的加热变化与影响烧结的因素

## 一、铝矾土的加热变化

铝矾土是生产高铝质耐火材料的主体原料，了解其加热变化，对于材质的应用研究有重要意义。

下面以我国铝矾土主要矿石类型，即一水硬铝石（水铝石）－高岭石型（D－K型）为例说明铝矾土的加热变化，如物相的变化、晶体粒度的变化和膨胀与收缩等。

### （一）高岭石的加热分解反应

高岭石（$Al_2O_3 \cdot 2SiO_2 \cdot 2H_2O$）的差热分析，有一个明显的吸热谷（温度580℃左右）和一个明显的放热峰（温度980℃左右）。该放热峰表征高岭石分解，生成莫来石雏晶，随温度升高，高岭石进一步分解，莫来石晶体发育长大。综合反应式如下：

$$(Al_2O_3 \cdot 2SiO_2 \cdot 2H_2O) \xrightarrow[>1200℃明显]{>1000℃} 3Al_2O_3 \cdot 2SiO_2 + 4SiO_2 + 6H_2O$$

　　高岭石　　　　　　　　　　　　　　莫来石　　　　方石英

整个过程体积效应 $\Delta V = -20\%$。

### （二）水铝石的分解

$$Al_2O_3 \cdot H_2O \xrightarrow{450 \sim 550℃} \alpha - Al_2O_3 + H_2O$$

　　　　水铝石　　　　　　　　　　刚玉

水铝石在450～550℃开始脱水，出现刚玉假相，这种假相仍保持原来水铝石的外形，但边缘模糊不清，折射率比水铝石低些，为 1.634～1.668（水铝石 $N_g = 1.745$，$N_m = 1.722$，$N_p = 1.705$）。

### （三）二次莫来石的生成

在1200℃以上，由水铝石变化而生成的 $\alpha - Al_2O_3$，可以与在高岭石转化为莫来石过程中析出的游离 $SiO_2$ 继续发生反应：

$$3Al_2O_3 + 2SiO_2 \xrightarrow{1200 \sim 1400℃或1500℃} 3Al_2O_3 \cdot 2SiO_2$$

　　　　　　　　　　　　　　　　　　　　　　　二次莫来石

整个过程体积效应 $\Delta V = 10\%$ 左右。

可见，二次莫来石是水铝石－高岭石型铝矾土加热过程的必然产物。

伴随二次莫来石的生成，产生较大的体积膨胀，$\Delta V = 10\%$ 左右，致使烧成的制品疏松，气孔率增大，尺寸难以控制，这是铝矾土难烧结的原因所在。请相关技术人员多加注意。

（四）重晶烧结阶段（1400℃或1500℃以上）

随着温度的升高，在液相的作用下，莫来石、刚玉晶体长大。表10-10为随温度升高，莫来石、刚玉晶粒增长情况。

表10-10　温度升高，莫来石、刚玉晶粒的增长

| 温　度 | 莫来石 | 刚　玉 |
| --- | --- | --- |
| 1500℃ | 10μm | 10μm |
| 1700℃ | 一般90μm，最大240μm | 一般60μm，最大100μm |

微观气孔在1100~1500℃时变化不大，平均为100~300μm，随着温度升高，迅速缩小和消失，物料渐趋于致密，体积密度达3.0~3.2g/cm³。

高铝矾土的加热变化过程，如图10-5所示。

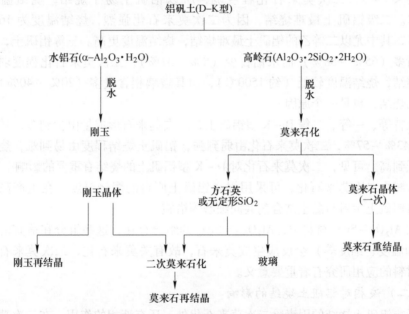

图10-5　D-K型铝矾土的加热变化

由图10-5可知，铝矾土煅烧得到的主要物相有：莫来石、α-刚玉和玻璃相。在特级和一级铝矾土中可能还有铝板钛矿（钛酸铝）$Al_2O_3 \cdot TiO_2$（简写为AT）出现。如果在铝矾土中，特别是特级和一级铝矾土中含有方解石鲕状体或夹层，则在高温煅烧时同水铝石分解的刚玉反应生成铝酸钙（$CA_6$）。

## 二、影响铝矾土烧结的因素

（一）二次莫来石化对铝矾土烧结性能的影响

二次莫来石化是铝矾土（D-K型）煅烧时客观存在，且必然出现的过程。

它是影响铝矾土烧结的主要因素，主要因为二次莫来石化伴随有体积膨胀（$\Delta V$ = +10%左右）。

二次莫来石的形成量与水铝石、高岭石矿物密切相关。如果高岭石加热时析出的 $SiO_2$ 恰与水铝石加热分解出的 $Al_2O_3$ 完全反应生成莫来石时，则二次莫来石生成量达最大值。显然，高岭石含量增多，水铝石减少，或者高岭石减少，水铝石增多，都将减少二次莫来石生成量。一般认为，$Al_2O_3$ 含量为 65% ~70%（此时接近于莫来石的 $Al_2O_3$ 含量 71.8%）的二级铝矾土，$Al_2O_3/SiO_2$ 比值在 2.55 左右时，莫来石含量最高，二次莫来石化程度最高，此时铝矾土也最难烧结。不同等级的铝矾土因水铝石、高岭石含量比例不同，二次莫来石化的程度不一，烧结情况有明显差异。表 10 – 11 为不同等级（D – K 型）铝矾土的烧结情况。

从表 10 – 11 可见，特级（D – K 型）铝矾土，水铝石多（>85%）而高岭石少（<9%），二次莫来石化程度弱，所以铝矾土易于烧结，烧结温度约 1600℃。二级铝矾土最难烧结，因为二次莫来石化强烈，烧结温度为 1600 ~1700℃，其中尤以二等乙的铝矾土最难烧结，烧结温度更高。三等铝矾土，则因高岭石多（65% ~88%）而水铝石少（8% ~31%），二次莫来石化程度弱，故易于烧结，烧结温度较低（约 1500℃），而其玻璃相含量多（20% ~40%），物料液相烧结，也是一个原因。

从特等、一等、二等 D – K 型铝矾土，二次莫来石形成量由少到多，从小于 5% 至 43% ~57%，二次莫来石化由弱到强，铝矾土烧结程度由易到难，烧结温度由低到高。可见，二次莫来石化对 D – K 型铝矾土的烧结有重要的影响。

为减少二次莫来石化，可采用提高铝矾土原料的煅烧温度；在生产高铝砖时，将铝矾土生料与黏土结合剂共同细磨等措施。

在 $Al_2O_3$ – $SiO_2$ 材料中，$Al_2O_3$ 与 $SiO_2$ 的组分存在，这些组分在适宜的条件下（如温度、细度等）会反应生成莫来石，故有关莫来石化、二次莫来石的概念对材料的应用研究有着重要意义。

**（二）液相对铝矾土烧结的影响**

影响铝矾土烧结的因素除二次莫来石化外，还有液相的作用。在二次莫来石化进行的同时（温度 1300 ~1400℃），铝矾土中的杂质成分 $Fe_2O_3 \cdot TiO_2$、CaO + MgO、$K_2O + Na_2O$ 等反应形成液相，此时的铝矾土烧结是在有液相存在的情况下进行的。液相可促进铝矾土的烧结，但对材料的高温性能有不利影响。

**（三）实例**

1. 实例 1：探讨影响铝矾土烧结性能的因素

作者与帅博曾于 1990 年对河南巩义 Q 地铝矾土作过试验研究，探讨影响铝矾土烧结性能的因素。

试验研究用铝矾土生料的化学成分见表 10 – 12。

表 10-11　二次莫来石化对（D-K型）铝矾土烧结性能的影响

| 铝矾土等级 | Al₂O₃含量/% | Al₂O₃/SiO₂ | 主要矿物组成 | | 二次莫来石形成量/% | 杂质含量（烧后计）/% | 煅烧后相组成/% | | | 烧后Al₂O₃含量/% | 铝矾土按相组成分类 | 铝矾土烧结难易程度 | 烧结温度/℃ |
|---|---|---|---|---|---|---|---|---|---|---|---|---|---|
| | | | 水铝石 | 高岭石 | | | 莫来石 | 刚玉 | 玻璃相 | | | | |
| 特级 | >76 | >20 | >85 | <9 | <5 | 4.0~7.3 | <5 | >82 | 10±2 | >90 | 刚玉质 | 易 | 约1600 |
| 一等 | 68~76 | 5.5~20 | 67~85 | 9~28 | 5~30 | 4.0~7.3 | 5~35 | 55~82 | 10±2 | 80~90 | 刚玉－莫来石质 | 较难 | 1600以上 |
| 二等（甲） | 60~68 | 2.8~5.5 | 49~67 | 28~46 | 30~57 | 3.2~5.7 | 35~72 | 20~55 | 10±2~20 | 70~80 | 莫来石－刚玉质 | 难 | 1600~1700 |
| 二等（乙） | 52~60 | 1.8~2.8 | 31~49 | 46~65 | 43~57 | 3.2~5.7 | 70~80 | 10~20 | | 60~70 | 莫来石质 | 很难 | 1700以上 |
| 三等 | 42~52 | 1.0~1.8 | 8~31 | 65~88 | 13~43 | 2.8~4.5 | 55~70 | 5~10 | 20~40 | 48~60 | 低莫来石质 | 易 | 约1500 |

表 10 -12 试验用铝矾土生料化学成分

| 试样编号 | 化学成分/% | | | | | | | | | 杂质总量 | A/S 比值 | 矾土等级 |
|---|---|---|---|---|---|---|---|---|---|---|---|---|
| | $Al_2O_3$ | $SiO_2$ | $Fe_2O_3$ | $TiO_2$ | CaO | MgO | $K_2O$ | $Na_2O$ | I·L | | | |
| $B_1$ | 73.26 | 7.70 | 0.2 | 4.00 | 0.07 | 0.21 | 1.71 | 0.03 | 13.18 | 6.22 | 9.51 | 一等 |
| $B_2$ | 75.57 | 3.28 | 2.37 | 3.50 | 0.09 | 0.44 | 0.22 | 0.05 | 14.32 | 6.67 | 23.04 | 特级 |
| $B_3$ | 77.76 | 3.54 | 0.30 | 2.78 | 0.10 | 0.27 | 0.64 | 0.04 | 14.26 | 4.13 | 21.97 | 特级 |
| $B_4$ | 79.67 | 1.84 | 0.41 | 2.63 | 0.08 | 0.15 | 0.20 | 0.01 | 14.80 | 3.48 | 43.30 | 特级 |

将上述四种铝矾土分别破碎，细磨至全部通过 200 目筛，用水结合，成型，压成 $\phi$36mm×36mm 的样块，后经 1400℃、1450℃、1500℃、1550℃下煅烧并各保温 2h。之后测定试样体积密度、显气孔率、吸水率等指标，见表 10 -13，其编号与铝矾土生料对应。

表 10 -13 四种铝矾土煅烧后的性能

| 编号 | 煅烧温度 | 体积密度/$g \cdot cm^{-3}$ | 显气孔率/% | 吸水率/% | 体积收缩/% |
|---|---|---|---|---|---|
| $B'_1$ | 1400℃×2h | 2.55 | 26.51 | 8.32 | 20.01 |
| | 1450℃×2h | 2.75 | 21.38 | 6.21 | 25.06 |
| | 1500℃×2h | 3.02 | 14.19 | 3.76 | 31.86 |
| | 1550℃×2h | 3.29 | 1.68 | 0.41 | 36.71 |
| $B'_2$ | 1400℃×2h | 2.52 | 29.75 | 9.65 | 20.78 |
| | 1450℃×2h | 2.90 | 20.36 | 5.61 | 30.95 |
| | 1500℃×2h | 3.30 | 0.85 | 0.21 | 42.92 |
| | 1550℃×2h | 3.19 | 0.30 | 0.08 | 36.50 |
| $B'_3$ | 1400℃×2h | 2.26 | 35.17 | 12.45 | 14.46 |
| | 1450℃×2h | 2.39 | 32.39 | 10.85 | 18.17 |
| | 1500℃×2h | 2.63 | 26.75 | 8.14 | 23.71 |
| | 1550℃×2h | 2.88 | 21.68 | 6.03 | 30.07 |
| $B'_4$ | 1400℃×2h | 2.07 | 40.23 | 17.50 | 8.10 |
| | 1450℃×2h | 2.08 | 39.30 | 15.11 | 9.25 |
| | 1500℃×2h | 2.21 | 38.05 | 13.77 | 13.71 |
| | 1550℃×2h | 2.28 | 37.69 | 13.24 | 16.62 |

从表 10 – 13 中各试样来看：因各试样 A/S 比值都较大，莫来石化影响小；杂质是影响烧结的主要因素。B′₂、B′₃、B′₄ 三个试样，都是特级铝矾土，总的杂质含量 B′₂（6.67%）> B′₃（4.13%）> B′₄（3.48%），从物料烧结程度的几个指标（即体积密度、显气孔率、吸水率）分析，B′₂ 较易烧结，在约 1550℃可以烧结，而杂质含量较低的 B′₃ 及 B′₄ 样，则需 1550℃ 以上才行。杂质降低了液相的形成温度，从而可降低煅烧温度。

2. 实例 2：$R_2O$ 杂质对河南巩义 C 地铝矾土烧结的影响

杂质 $R_2O$（$K_2O$ 和 $Na_2O$）的存在，更易使铝矾土产生液相，就烧结而言，更易促进烧结。表 10 – 14 为 $R_2O$ 杂质对河南巩义 C 地铝矾土烧结的影响。

表 10 – 14　$R_2O$ 对河南巩义 C 地矾土烧结的影响

| 序　号 | $Al_2O_3$/% | $K_2O + Na_2O$/% | 烧结范围/℃ |
|---|---|---|---|
| 1 | 73.95 | 0.13 | 1600 ~ 1700 |
| 2 | 73.35 | 0.32 | 1500 ~ 1600 |
| 3 | 75.98 | 0.38 | 1500 ~ 1600 |
| 4 | 54.07 | 0.54 | 1300 ~ 1400 |
| 5 | 73.25 | 1.00 | 1450 ~ 1500 |
| 6 | 71.36 | 1.92 | 1450 ~ 1500 |
| 7 | 68.60 | 2.50 | 1350 ~ 1400 |
| 8 | 50.60 | 5.38 | 1100 ~ 1150 |

从表 10 – 14 可见，铝矾土烧结温度随 $R_2O$ 含量增加而递减。序号为 1、2、5 的铝矾土的 $Al_2O_3$ 含量都在 73% 左右，$R_2O$ 含量分别为 0.13%、0.32%、1.00%，烧结温度分别为 1600 ~ 1700℃、1500 ~ 1600℃、1450 ~ 1500℃，相差 100 ~ 150℃。

# 第五节　铝矾土化学成分及其杂质对耐火材料的影响

## 一、铝矾土化学成分

铝矾土主要化学成分为 $Al_2O_3$、$SiO_2$、$Fe_2O_3$、$TiO_2$，约占总成分的 95%（以熟料计），次要成分为 $CaO$、$MgO$、$K_2O$、$Na_2O$，另有少量 $MnO$、有机质及微量的 $Ga$、$Ge$ 等。我国铝矾土化学成分见表 10 – 15。

表 10 – 15 铝矾土的化学成分（部分）

| 产 地 | | 等级 | $Al_2O_3$ /% | $SiO_2$ /% | $Fe_2O_3$ /% | $TiO_2$ /% | CaO /% | MgO /% | $K_2O$ /% | $Na_2O$ /% | 灼减 /% | 烧结温度 /℃ | 耐火度 /℃ |
|---|---|---|---|---|---|---|---|---|---|---|---|---|---|
| 山西 | 阳泉 | 特 | 73.42 | 6.88 | 0.70 | 3.51 | 0.11 | 0.16 | <0.01 | 0.03 | 15.02 | 1550 | |
| | | 一 | 72.19 | 8.59 | 0.84 | 3.25 | 0.12 | 0.19 | <0.01 | 0.03 | 14.70 | 1550 | |
| | | 二 A | 67.17 | 14.42 | 0.87 | 2.53 | 0.12 | 0.15 | <0.01 | 0.04 | 14.69 | 1700 | |
| | | 二 A | 61.80 | 20.12 | 0.88 | 1.79 | 0.12 | 0.11 | <0.01 | 0.04 | 14.68 | 1700 | |
| | | 二 B | 59.11 | 21.90 | 1.23 | 2.21 | 0.13 | 0.22 | <0.01 | 0.04 | 15.44 | 1700 | |
| | | 二 B | 54.49 | 26.61 | 1.22 | 2.28 | 0.11 | 0.20 | 0.02 | 0.04 | 15.01 | 1600 | |
| | | 三 | 48.19 | 33.84 | 1.22 | 2.42 | 0.09 | 0.18 | 0.04 | 0.04 | 14.40 | 1500 | |
| | 中阳 | 特 | 76.27 | 2.65 | 1.85 | 3.57 | 0.21 | 0.28 | 0.08 | 0.03 | 14.38 | | |
| | 白羊墅 | 特 | 76.02 | 5.40 | 0.36 | 2.90 | 0.34 | — | 0.15 | 0.09 | 14.51 | | |
| 河北 | 古冶 | 一 | 72.07 | 7.68 | 2.36 | 3.09 | 微 | 0.22 | | | 14.49 | | |
| | | 二 | 59.82 | 21.02 | 1.12 | 1.74 | 0.32 | 0.10 | | | 14.68 | | |
| | | 三 | 46.05 | 37.44 | 0.79 | 1.60 | 0.02 | 微 | | | 14.18 | | |
| 山东淄博 | | 特 | 80.77 | 1.85 | 1.06 | 1.36 | | | | | 14.02 | | |
| | | 一 | 70.09 | 10.90 | 1.16 | 2.95 | 0.17 | 0.35 | 0.71 | 0.03 | 13.74 | | |
| | | 二 | 59.50 | 21.38 | 1.13 | 2.49 | 0.15 | 0.35 | 0.01 | 0.03 | 14.42 | | |
| 河南 | 杜家沟 | 特 | 75.19 | 4.25 | 1.36 | 3.58 | 0.25 | 0.13 | 微 | 微 | 14.34 | | |
| | | 特 | 76.72 | 3.42 | 0.80 | 3.60 | 0.21 | 0.37 | 0.68 | 0.08 | 14.66 | | |
| | | 一 | 74.70 | 4.38 | 0.76 | 4.41 | 0.28 | 0.27 | 0.34 | 0.06 | 14.31 | | |
| | 沁阳 | 一 | 72.51 | 7.56 | 0.97 | 3.74 | 0.08 | 0.25 | | | 13.97 | | |
| | | 二 | 68.46 | 13.22 | 1.36 | 3.34 | 0.26 | 0.46 | | | 12.69 | | |
| | 巩义（涉村） | 特 | 75.98 | 4.01 | 0.93 | 3.90 | 0.24 | 0.35 | 0.32 | 0.06 | 12.95 | | |
| | | 一 | 71.36 | 9.81 | 0.80 | 2.68 | 0.11 | 0.36 | 1.86 | 0.10 | 11.91 | | |
| | | 二 | 65.31 | 14.82 | 1.33 | 3.20 | 0.12 | 0.49 | 2.37 | 0.07 | 13.35 | | |
| | | 三 | 50.70 | 31.46 | 0.68 | 2.74 | 0.32 | 0.63 | 0.14 | 0.11 | 13.22 | | |
| | 巩义（小关） | 特 | 77.76 | 3.54 | 0.03 | 2.78 | 0.10 | 0.27 | 0.64 | 0.04 | 14.26 | | |
| | | 一 | 73.26 | 7.70 | 0.20 | 4.00 | 0.07 | 0.21 | 1.71 | 0.03 | 13.18 | | |
| | | 三 | 58.30 | 23.80 | 1.00 | 1.25 | 0.28 | 0.37 | 0.36 | 0.06 | 14.39 | | |
| 四川 | 南川 | 特 | 77.73 | 3.82 | 0.87 | 2.55 | 0.03 | 0.11 | 0.14 | 0.07 | 14.00 | | |
| | 攀枝花（二滩） | 一 | 61.16 | 14.78 | 1.20 | 10.67 | 2.84 | 微 | — | — | 9.10 | 1250 | 1650 ~ 1670 |
| | | 二 | 47.32 | 34.93 | 2.40 | 7.24 | 0.14 | 微 | — | — | 7.41 | 1250 | 1730 |

续表 10 – 15

| 产　地 | | 等级 | Al$_2$O$_3$ /% | SiO$_2$ /% | Fe$_2$O$_3$ /% | TiO$_2$ /% | CaO /% | MgO /% | K$_2$O /% | Na$_2$O /% | 灼减 /% | 烧结温度 /℃ | 耐火度 /℃ |
|---|---|---|---|---|---|---|---|---|---|---|---|---|---|
| 贵州 | 贵阳 | 特 | 70.05 ~ 70.68 | 1.81 ~ 3.69 | 0.98 ~ 1.22 | 3.15 ~ 3.45 | 0.12 ~ 0.34 | — | 0.25 ~ 0.55 | 0.08 | 14.00 ~ 14.45 | 1600 | >1770 |
| | | 一 | 74.47 | 6.92 | 0.91 | 2.82 | 0.09 | 0.09 | 0.35 | 0.08 | 14.46 | 1400 | >1770 |
| | | 二 | 60.45 ~ 68.5 | 12.93 ~ 22.10 | 0.82 ~ 0.88 | 2.20 ~ 3.07 | 0.01 ~ 0.38 | 0.10 ~ 0.51 | 0.70 ~ 1.08 | 0.1 ~ 0.2 | 13.10 ~ 13.67 | 1400 ~ 1600 | >1770 |
| 广西平果 | | 特 | 67 ~ 80 76.89 | 2 ~ 12 2.44 | 0.5 ~ 4 0.19 | 5.33 | 0.1 ~ 0.25 0.44 | 0.2 ~ 0.4 0.05 | — | — | 12 ~ 15 14.16 | | |
| 湖　南 | | 三 | 57.76 59.86 | 22.96 21.82 | 0.94 0.25 | 1.44 1.52 | 0.12 0.04 | 0.35 0.18 | 0.10 0.10 | 0.03 0.03 | 15.24 15.02 | | |

从表 10 – 15 可见，我国铝矾土的化学成分在下列范围变化：

（1）Al$_2$O$_3$ 含量在 45% ~80% 之间，Al$_2$O$_3$ 与 SiO$_2$ 含量呈反比关系。

（2）Fe$_2$O$_3$ 含量为 1% ~1.5% 。

（3）TiO$_2$ 含量除了个别地区（如四川攀枝花二滩）较高外（7% ~11% ），其余地区在 2% ~4% 范围内。但 TiO$_2$ 有随 Al$_2$O$_3$ 含量增高而增多的趋势。

（4）CaO + MgO 含量较低，总量在 1% 左右。

（5）多数地区 K$_2$O + Na$_2$O 的含量小于 1% ，以山西阳泉、河南杜家沟、四川南川等地区的铝矾土中的含量最低，其含量小于 0.5% 。而在河南嵩山隆起带周边地区如巩义，K$_2$O + Na$_2$O 含量多数都大于 1% ；但也有特殊情况，巩义地区的三级铝矾土（地质剖面层位于 K6 层，当地俗称 K6 石）是较好矾土，K$_2$O + Na$_2$O 含量较低（ <0.5% ），煅烧后莫来石相达到 83% 左右。

我国矾土总碱量（RO + R$_2$O）相对较高，TiO$_2$ 的含量也较高，从而影响材料的相组成与使用性能。

高振昕、李广平搜集了近 400 个矾土试样的化学分析数据，取 Al$_2$O$_3$ 含量为 40% 作为矾土的下限，上限达到 81% ，SiO$_2$ 的最低含量为 0.5% 。得出我国矾土化学组成统计数据，见表 10 – 16。

由表 10 – 16 可见：

（1）D – K、D – P 和 B – K 型矾土的 Al$_2$O$_3$ 含量和 SiO$_2$ 含量基本呈反比关系，如图 10 – 6 所示。

（2）TiO$_2$ 有随 Al$_2$O$_3$ 的含量增多而增高的趋势。Al$_2$O$_3$ 含量大于 70% 的试样，TiO$_2$ 含量为 3% ~4.5% 。但在 D – K – R 型矾土中，TiO$_2$ 可达 12% ~16% ，最低值为 4.5% ，一般在 8% 左右。

表 10-16　我国高铝矾土化学组成统计分析结果（部分）

| 类型 | 矿区 | 化学成分/% | | | | | | | | |
|---|---|---|---|---|---|---|---|---|---|---|
| | | $Al_2O_3$ | $SiO_2$ | $TiO_2$ | $Fe_2O_3$ | CaO | MgO | $R_2O$ | 灼减 |
| 水铝石-高岭石型，D-K | 河北古冶 | 41~80 | 0.7~41 | 2.46±0.56 | 1.15±0.52 | 0.31±0.18 | 0.13±0.67 | | 14.26±0.38 |
| D-K | 山西 | 32~45 | 0.4~38 | 3.13±0.62 | 1.00±0.54 | 0.34±0.19 | 0.22±0.12 | 0.15±0.07 | 14.51±0.32 |
| D-K | 河南 | 40~80 | 0.8~42 | 2.99±0.88 | 0.90±0.40 | 0.19±0.11 | 0.21±0.16 | 0.42±0.26 | 14.10±0.39 |
| D-K | 贵州 | 55~81 | 0.6~28 | 3.34±0.69 | 1.18±0.37 | 0.21±0.11 | 0.17±0.14 | 0.95±0.79 | 14.04±0.32 |
| 水铝石-叶蜡石型，D-P | 河南 | 40~76 | 4~44 | 2.99±0.88 | 0.90±0.40 | 0.16±0.11 | 0.21±0.16 | 0.42±0.26 | 11.32±1.89 |
| 勃姆石-高岭石型，B-K | 山东 | 40~76 | 3~41 | 1.97±0.63 | 1.52±0.47 | 0.27±0.10 | 0.21±0.10 | 0.48±0.23 | 14.41±0.35 |
| 水铝石-伊利石型，D-I | 河南 | 37~76 | 4~44 | 2.99±0.88 | 0.90±0.40 | 0.16±0.11 | 0.31±0.16 | 2.97±1.95 | 11.12±2.24 |
| 水铝石-高岭石-金红石型，D-K-R | 四川 | 40~73 | 5~39 | 8.33±1.96 | 1.97±1.07 | 0.29±0.12 | 0.14±0.07 | 0.42±0.41 | 11.45±1.36 |

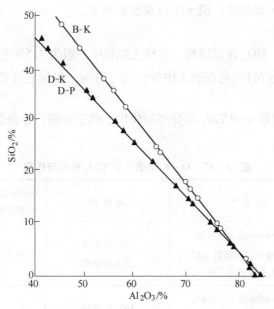

图 10 - 6 D - K、D - P 和 B - K 型矾土中 $Al_2O_3$ 含量和 $SiO_2$ 含量的关系

（3）$Fe_2O_3$ 与 CaO、MgO。$Fe_2O_3$ 含量一般不大于 1.5%，但山东、四川矾土含量略高；CaO 和 MgO 的平均含量均很低。

## 二、矾土中的杂质及其对耐火材料的影响

矾土化学成分中，$Fe_2O_3$、$TiO_2$、CaO、MgO、$K_2O$、$Na_2O$ 是有害杂质，但是各对矾土煅烧后相组成、液相量、物理性能和制品的烧结等各有不同影响。

（一）$Fe_2O_3$ 和 FeO

氧化铁的存在，会使 $Al_2O_3$ - $SiO_2$ 系列制品表面产生黑点或铁疤，严重者产生铁团，对材料形成液相的温度有影响。在氧化气氛下，当矾土的 $Al_2O_3/SiO_2$ 比值小于 2.55 时，在 1380℃ 或稍高温度下形成液相；$Al_2O_3/SiO_2$ 比值大于 2.55 时，于 1460℃ 形成液相，形成液相温度较高。在还原气氛下，含莫来石和刚玉的高铝制品吸收大量的 FeO，在 1380℃ 出现液相，但含莫来石和方石英的黏土质制品，只要含有少量的 FeO，在 1210℃ 左右就已经形成液相。从上述可见，氧化铁在不同的氧分压下（还原或氧化气氛），均对材料形成液相的温度产生影响。

$Fe_2O_3$ 在矾土熟料的矿物莫来石、刚玉（见后面详述）中有较大的固溶度。$Fe_2O_3$ 在 1200℃ 开始固溶到莫来石，到 1300℃ 固溶 10% ~ 12%；而在刚玉中，1200℃ 时固溶约 12%，1400℃ 时约为 18%。在还原气氛下，固溶降低，易于脱溶进入玻璃相。

河南矾土中的铁矿物，以赤铁矿为主，其次是针铁矿，极少量为钛铁矿和黄

铁矿；但在湖南（如辰溪）矾土中以黄铁矿为主。

（二）$TiO_2$

我国矾土中，$TiO_2$ 含量较高，在矾土熟料中一般为 3.5% 左右，最高达 10% 左右（如四川攀枝花）。它在矾土中的作用与影响，根据它在物相中的分配比例与作用而定。

我国 D – K 型矾土中 $TiO_2$ 的分布与作用，据王金相、钟香崇的研究，归纳如下，见表 10 – 17。

表 10 –17　D – K 型矾土中 $TiO_2$ 分布与作用

| 矾土等级 | 结 晶 相 | 玻 璃 相 | 对高温力学性能影响 | 烧结矾土中玻璃相含量/% |
|---|---|---|---|---|
| 特级 | $TiO_2$ 有 60% 进入结晶相，其中一部分形成钛酸铝（AT）；或固溶在莫来石中 | $TiO_2$ 有 40% 进入玻璃相 | 有害 | 9 ±2 |
| 一级 | $TiO_2$ 有 60% 进入结晶相，其中一部分形成钛酸铝（AT）；或固溶在莫来石中 | $TiO_2$ 有 40% 进入玻璃相 | 有害 | 8 ±2 |
| 二级 | 有 90% $TiO_2$ 与莫来石形成固溶体 | $TiO_2$ 有 5% ~10% 进入玻璃相 | 影响不大 | 6 ±2（二甲）8 ±2（二乙） |
| 三级 | | $TiO_2$ 有 20% ~30% 进入玻璃相 | 影响较大 | >20 |

表 10 – 17 指出，$TiO_2$ 在 D – K 型各等级矾土中分布与作用。在二级矾土中，$TiO_2$ 主要与莫来石形成固溶体，进入玻璃相较少，对制品的烧结不利，但对制品的高温力学性能有利；在特级、一级、三级矾土中，$TiO_2$ 进入玻璃相较多，因而增加液相量，降低液相黏度，有利于烧结，但不利于提高制品的性能。

在一般矾土中，$TiO_2$ 于 1200℃ 开始固溶进入莫来石晶格的固溶量约 2.5%，促使莫来石晶体长大；在 1500 ~ 1600℃ 含 $TiO_2$ 0.75% 时可使莫来石化达最佳程度。

很明显，矾土中含少量或微量的 $TiO_2$，可促进材料的烧结和促使莫来石晶体发育长大。$TiO_2$ 可作为烧结剂应用于材料中，以降低材料的烧成温度。

（三）CaO、MgO

我国矾土中 CaO 含量一般在 0.2% 左右，个别地区高达 2% 以上。在 CaO – $Al_2O_3$ – $SiO_2$ 系相图中形成钙长石 – 莫来石 – 鳞石英相组成，它们的共熔温度为 1345℃，共熔组成 CaO 9.8%，$Al_2O_3$ 19.8%，$SiO_2$ 70.4%。CaO 含量为 1% 时，生成共熔液相达 10%。材料出现液相的温度早，液相量多，无疑对材料高温性能不利。

CaO 杂质的存在，还会使砖表面产生熔洞。

MgO 杂质存在，对材料的不良影响类似 CaO，但影响程度小一些。

（四）$K_2O + Na_2O(R_2O)$

$R_2O$ 指碱金属氧化物，即 $K_2O$、$Na_2O$。$R_2O$ 是一种有害的熔剂，它对于矾土的烧结、熟料的相组成以及高铝砖的性能均会产生很大的影响。

$R_2O$ 在约 1000℃时产生液相，加上其他杂质成分的综合作用，形成液相温度更低。液相的出现和液相量的增加，促进矾土的烧结。特级和一级矾土中 $R_2O$ 含量在 0.5% 以下，烧结温度为 1600℃左右；$R_2O$ 含量接近于 1.0% 时，烧结温度为 1500℃左右。二级矾土 $R_2O$ 含量大于 2.0% 时，其烧结温度降低为 1250～1300℃。三级矾土中 $R_2O$ 含量为 0.5%～2%，烧结温度在 1100～1400℃之间。另据实验，矾土中有 1% 的 $R_2O$ 可形成约 10% 高温熔融液，使矾土的烧结范围变小，烧成收缩变大。用这种原料制砖，制品的烧成温度范围窄且不易控制，制品易变形，高温性能欠佳，因此其危害作用较大。

$R_2O$ 含量直接影响矾土熟料的相组成和其含量。矾土熟料的晶相之一——莫来石，其含量随 $R_2O$ 含量的增加而减少。当 $R_2O$ 含量接近 2% 时，莫来石晶相趋于消失，而有多量的刚玉。这说明，当有碱金属氧化物强熔剂存在时，在较低温度下即形成液相，$SiO_2$ 组分进入液相中，因而阻碍二次莫来石化的完成。高铝矾土煅烧过程中 $R_2O$ 的作用机理，首先是阻碍二次莫来石化的进程，其次是分解已经形成的莫来石，主要是分解一次莫来石。正因为 $R_2O$ 对莫来石的形成、破坏有着重要影响，导致矾土莫来石针状晶体互相穿插的网络结构崩溃，而以孤岛状存在于玻璃相之中，显然这种显微结构对制品高温性能不利。实验指出，$Al_2O_3/SiO_2$ 比值相近而 $R_2O$ 量不同时，每增加 1% 的 $R_2O$，玻璃相增加 7%，荷重软化温度降低 120℃。

李广平教授曾分析 $Al_2O_3$ 含量大致相同而 $R_2O$ 含量有差异的高铝砖，由于 $R_2O$ 促使莫来石分解，相组成有明显不同，见表 10-18。

表 10-18 $R_2O$ 对高铝砖相组成的影响

| 原生产单位 | 原料产地 | $Al_2O_3$/% | $R_2O$/% | 莫来石/% | 刚玉/% | 玻璃相/% |
|---|---|---|---|---|---|---|
| 洛耐厂 | 河南沁阳 | 82.78 | 0.94 | 6.07 | 77.49 | 16.40 |
| 洛耐厂 | 河北井陉 | 82.5 | 0.12 | 31.64 | 60.70 | 7.66 |
| 洛耐院 | 河南巩义 | 80.35 | 1.41 | 4.22 | 74.16 | 21.62 |
| 抚顺耐火厂 | 山西阳泉 | 79.75 | 0.30 | 38.91 | 54.58 | 6.51 |
| 武钢耐火厂 | 河南巩义 | 70.39 | 1.15 | 43.11 | 40.98 | 15.91 |
| 洛耐厂 | 山西阳泉 | 70.59 | 0.30 | 68.95 | 23.09 | 7.96 |

从表 10 - 19 杂质氧化物对 $Al_2O_3 - SiO_2$ 系相组成的影响看到，$R_2O$ 杂质对矾土的不利影响比其他杂质影响更大。

表 10 - 19 杂质氧化物对 $Al_2O_3 - SiO_2$ 系相组成的影响

| 氧化物 | 固相线温度/℃ | 温度/℃ | 含1%杂质的液相量/% | 氧化物 | 固相线温度/℃ | 温度/℃ | 含1%杂质的液相量/% |
|---|---|---|---|---|---|---|---|
| $Na_2O$ | 732 | 1050 | 13.0 | CaO | 1170 | 1345 | 10.2 |
| | | 1100 | 13.9 | | | 1400 | 13.2 |
| | | 1200 | 17.2 | | | 1500 | 31.2 |
| | | 1300 | 23.9 | MgO | 1350 | 1400 | 10.6 |
| | | 1400 | 33.3 | | | 1500 | 27.8 |
| | | 1500 | 55.6 | $TiO_2$ | 1490 | 1490 | 8.1 |
| $K_2O$ | 985 | 935 | 10.5 | | | 1500 | 9.1 |
| | | 1000 | 10.6 | $Fe_2O_3$ | 1150 | 1380 | 2.4 |
| | | 1100 | 11.7 | | | 1400 | 2.7 |
| | | 1200 | 13.3 | | | 1500 | 5.9 |
| | | 1300 | 17.5 | FeO | 1073 | 1210 | 3.1 |
| | | 1400 | 23.3 | | | 1300 | 3.6 |
| | | | | | | 1400 | 4.3 |
| | | 1500 | 43.5 | | | 1500 | 9.5 |

从表 10 - 19 中看到，$Na_2O$ 在不同温度下，与其他杂质氧化物相比，产生的液相量最多。其次是 $K_2O$，有资料指出，关于 $K_2O$ 加入物对二等烧结矾土材料的影响为：每增加 1% $K_2O$，玻璃相含量增加 7%，莫来石含量减少 15% ~ 20%，刚玉含量增加 8% ~ 13%，显然随着 $K_2O$ 的加入，莫来石的网络结构，被富钾玻璃所破坏，导致高温荷重、蠕变性能明显恶化。

杂质氧化物对 $Al_2O_3 - SiO_2$ 系耐火材料的有害影响，其顺序为：$Na_2O >$ $K_2O > CaO > MgO > TiO_2 > Fe_2O_3$。显然，在使用矾土时要尽量减少或控制 $R_2O$（$Na_2O + K_2O$）的杂质成分含量，否则将会影响到制品的高温性能，如高温力学性能，荷重软化温度降低，抗蠕变性变差。

# 第六节 铝矾土生料及熟料矿物组成的计算

## 一、铝矾土生料矿物组成的计算

我国铝矾土以一水硬铝石（水铝石）- 高岭石类型（D - K 型）为主。在 D - K 型矾土中，水铝石、高岭石矿物含量可用下式来计算：

$$K = 2.15S \qquad (10-1)$$
$$D = 100\% - K - F \qquad (10-2)$$

式中　$K$——高岭石（kaolinite）含量，%；

　　　$D$——水铝石（diaspore）含量，%；

　　　$S$——$SiO_2$ 含量，%；

　　　$F$——杂质氧化物总量，%。

以山西阳泉特级和一级铝矾土为例：

（1）山西特级 D - K 型铝矾土，见表 10 - 20。

表 10 - 20　山西特级 D - K 型铝矾土成分计算实例

| 化学成分/% | $Al_2O_3$ | $SiO_2$ | $Fe_2O_3$ | $TiO_2$ | CaO | MgO | $K_2O$ | $Na_2O$ | 灼减 |
|---|---|---|---|---|---|---|---|---|---|
| | 77.28 | 3.46 | 0.70 | 2.95 | 0.10 | 0.11 | 0.03 | 0.02 | 15.04 |
| 矿物组成 | 计算 | 高岭石含量 $K = 2.15 \times 3.46 = 7.44\%$ | | | | | | | |
| | | 水铝石含量 $D = 100 - 7.44 - 3.91 = 88.65\%$ | | | | | | | |
| | 实测 | 高岭石含量 10%，水铝石含量 90% | | | | | | | |

（2）山西一级 D - K 型铝矾土，见表 10 - 21。

表 10 - 21　山西一级 D - K 型铝矾土成分计算实例

| 化学成分/% | $Al_2O_3$ | $SiO_2$ | $Fe_2O_3$ | $TiO_2$ | CaO | MgO | $K_2O$ | $Na_2O$ | 灼减 |
|---|---|---|---|---|---|---|---|---|---|
| | 73.76 | 7.00 | 0.93 | 0.11 | 0.10 | 2.71 | 0.05 | 0.10 | 14.47 |
| 矿物组成 | 计算 | 高岭石含量 $K = 2.15 \times 7.00 = 15.05\%$ | | | | | | | |
| | | 水铝石含量 $D = 100 - 2.15 \times 7.00 - 4.0 = 81\%$ | | | | | | | |
| | 实测 | 高岭石含量 10% ~ 15%，水铝石含量 80% ~ 85% | | | | | | | |

从以上的实例可见，D - K 型铝矾土的计算值与实测值有一定误差，其值为 3% ~ 5%。该误差是可以理解的，因为矾土中还有少量的其他杂质。

由式（10-1）和式（10-2）可以快捷地计算出 D - K 型铝矾土中的矿物组成，便于分析有关问题。

## 二、铝矾土熟料矿物组成的计算

本章第四节在水铝石 - 高岭石型（D - K 型）铝矾土加热变化讨论中可知，铝矾土经高温煅烧后形成的物相主要有：莫来石、$\alpha$ - 刚玉和玻璃相等，这些物相的含量与矾土的 $Al_2O_3$ 含量和 $Al_2O_3/SiO_2$（A/S）比值有一定的关系。根据钟香崇等人的研究，我国 D - K 型铝矾土煅烧后物相含量与烧结铝矾土中 $Al_2O_3$ 含量的关系式见表 10 - 22。

表10－22　D－K 型铝矾土烧结后的物相含量与 $Al_2O_3$ 含量关系

| 烧结铝矾土 $Al_2O_3$/% | 莫来石含量 $M$/% | 刚玉含量 $C$/% | 玻璃相含量 $G$/% | 矾土等级 |
|---|---|---|---|---|
| >69 | $M = 343.8 - 3.76A$ | $C = -239 + 3.6A$ | $G = -4.21 + 0.1523A$ | 特级，一级，二 A |
| <69 | $M = 0.52 + 1.169A$ | $C = -15.91 + 0.4377A$ | $G = 116.27 - 1.604A$ | 二 B，三级 |

注：$M$—莫来石（mullite）含量；$C$—刚玉（corundum）含量；$G$—玻璃相（glass）含量；$A$—$Al_2O_3$ 含量。表中关系式的适用范围为：$Al_2O_3 > 50\%$，$TiO_2 < 4\%$，$Fe_2O_3 < 3\%$，$CaO + MgO < 0.6\%$，$K_2O + Na_2O < 0.3\%$。

　　杂质的含量对玻璃相形成有明显的影响，当杂质含量较低时，计算得出的玻璃相量要比实际值偏高；反之，当杂质含量偏高时，计算出的玻璃相量低于实际值，误差为 2%~3%，莫来石、刚玉晶相的误差在 5% 左右。尽管如此，仍可以认为应用表 10－22 中的公式计算 D－K 型矾土的矿物组成是简单可行的，对评价高铝矾土具有一定的实际意义。

　　图 10－7 为烧结矾土材料的相组成。

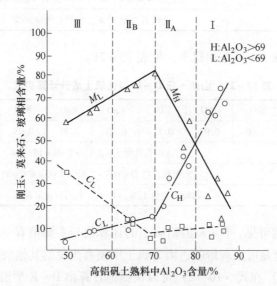

图 10－7　烧结矾土材料的相组成

D－K 型矾土熟料物相含量的计算公式实例：

（1）特级铝矾土熟料的 $Al_2O_3$ 含量为 86.53%，应用上述公式物相的含量为：
莫来石 $M = 343.8 - 3.76 \times 86.53 = 18.45\%$，实测 25.31%，误差 $\Delta = 6.86\%$；
刚玉 $C = -239 + 3.6 \times 86.53 = 72.51\%$，实测 67.56%，误差 $\Delta = 5\%$；
玻璃相 $G = -4.21 + 0.1523 \times 86.53 = 8.97\%$，实测 7.13%，误差 $\Delta = 1.86\%$。

（2）二级乙铝矾土熟料的 $Al_2O_3$ 含量为 64.13%，物相的含量为：
莫来石 $M = 0.52 + 1.169 \times 64.13 = 75.49\%$，实测 75.39%，误差 $\Delta = 0.1\%$；

刚玉 $C = -15.91 + 0.4377 \times 64.13 = 12.16\%$ ，实测 $12.83\%$ ，误差 $\Delta = 0.67\%$ ；

玻璃相 $G = 116.27 - 1.604 \times 64.13 = 13.43\%$ ，实测 $11.78\%$ ，误差 $\Delta = 1.65\%$ 。

# 第七节　铝矾土的均化

铝矾土的均化，是指将不同类型、不同等级的矾土原矿混合，经过破碎筛分、成分调整、细磨、均化、压坯或压球、煅烧等工艺，获得均质矾土熟料，即化学成分、矿物成分分布均匀的熟料。

## 一、铝矾土均化的意义

"我国的天然耐火原料要走均化、浮选分级、提纯的道路"，这是钟香崇院士等老一辈耐火材料专家和学者呼吁、组织、践行的结果。现在铝矾土均质料的发展越来越受到人们的重视，在山西、河南、贵州等地新建了一批铝矾土均质料生产线，有效地解决了铝矾土熟料紧缺、质量提高的问题，编著者认为其在以下方面意义重大：

（1）资源综合利用。大幅度提高了铝矾土资源的利用率，使大量松体料和粉矿（$30\% \sim 40\%$）得到了充分利用，使矾土混级料使用不再是难题。

（2）原料煅烧。不同品级、不同组织结构类型的铝矾土，通过配矿、细磨、均化，可以在同一温度下煅烧，减少或去除因铝矾土组织结构类型的差异（土状、致密状、豆状、鲕状等），而经煅烧产生的欠烧现象，因而节能降耗。

（3）熟料质量。不同类型品级的矾土，通过配矿、均化煅烧等工艺处理，获得的各品级铝矾土熟料质量优良。其外观、色泽、密度大体一致；化学成分均匀稳定，体积密度高；微观结构稳定，在物相种类、含量上基本一致。原料是耐火材料的基础，有了优质原料，就有可能生产出优质、稳定和可靠的产品。

总之，铝矾土的均化，大幅度提高了资源的综合利用率，促进了铝矾土质量、耐火材料品种和附加值的升级，将资源优势转化为技术优势、经济优势，扭转过去"一等原料、二等加工、三等价格"的被动局面。

## 二、铝矾土均质料技术标准

20世纪70年代末，鞍山焦耐院与阳泉铝矾土矿合作；80年代初，洛阳耐火材料研究所与渑池铝矾土煅烧厂合作，对铝矾土均质料进行了很有成效的研发。至今，更有一大批企业投资新建矾土均质料生产线，矾土均质料标准由北京通达耐火技术股份有限公司牵头制定，均质料发展形势喜人。矾土基耐火均质料理化指标见表 10 – 23。

**表 10 - 23 矾土基耐火均质料的理化指标**

| 产品牌号 | 化学成分（质量分数）/% | | | | | 体积密度 /g·cm⁻³ | 吸水率/% |
|---|---|---|---|---|---|---|---|
| | $Al_2O_3$ | $Fe_2O_3$ | $TiO_2$ | CaO + MgO | $K_2O + Na_2O$ | | |
| FNJ – 88 | 88 ± 1 | ≤1.8 | ≤3.5 | ≤0.50 | ≤0.6 | ≥3.30 | ≤2.5 |
| FNJ – 85 | 85 ± 1 | ≤1.8 | ≤3.5 | ≤0.50 | ≤0.6 | ≥3.15 | ≤2.5 |
| FNJ – 80 | 80 ± 1 | ≤2.0 | ≤3.5 | ≤0.50 | ≤0.6 | ≥3.00 | ≤2.5 |
| FNJ – 70 | 70 ± 1 | ≤1.5 | ≤3.0 | ≤0.50 | ≤0.6 | ≥2.75 | ≤3.0 |
| FNJ – 60 | 60 ± 1 | ≤1.5 | ≤3.0 | ≤0.60 | ≤0.6 | ≥2.65 | ≤3.0 |
| FNJ – 50 | 50 ± 1 | ≤1.5 | ≤3.0 | ≤0.60 | ≤0.6 | ≥2.55 | ≤3.0 |

注：牌号中 F、N、J 分别代表"矾土基"、"耐火"和"均质料"，数字为氧化铝的质量分数。

## 三、国内铝矾土均质料生产企业（部分）

国内已有一批企业生产铝矾土均质料，主要分布于山西阳泉、孝义，河南，贵州，山东等地。

### （一）北京通达耐火技术股份有限公司

隶属于北京通达耐火技术股份有限公司的阳泉金隅通达高温材料有限公司，凭借阳泉优质矾土的原料优势，致力于我国优质矾土基均质合成耐火原料，堪称我国资源综合利用的典范。该公司以优选的铝矾土为主料，加入添加物，经均化、湿磨、高温煅烧，制成莫来石质、刚玉 – 莫来石质、刚玉质系列产品，广泛应用于钢铁、有色、建材、石化、陶瓷等高温工业窑炉，其理化指标见表 10 – 24 ~ 表 10 – 26。

**表 10 - 24 通达耐火烧结莫来石质均质料**

| 成 分 | TD – SM60 | | TD – SM70 | |
|---|---|---|---|---|
| | 典型值 | 保证值 | 典型值 | 保证值 |
| $Al_2O_3$/% | 60.85 | ≥60.0 | 70.34 | ≥70.0 |
| $Fe_2O_3$/% | 1.19 | ≤1.2 | 1.13 | ≤1.3 |
| $SiO_2$/% | 34.16 | — | 24.69 | — |
| $TiO_2$/% | 2.89 | ≤3.0 | 2.76 | ≤3.0 |
| CaO/% | 0.20 | ≤0.5 | 0.26 | ≤0.5 |
| MgO/% | 0.24 | | 0.14 | |
| $Na_2O$/% | 0.08 | ≤0.5 | 0.22 | ≤0.5 |
| $K_2O$/% | 0.19 | | 0.06 | |
| LOI/% | 0.10 | ≤0.2 | 0.10 | ≤0.2 |
| 体积密度/g·cm⁻³ | 2.69 | ≥2.65 | 2.82 | ≥2.75 |
| 吸水率/% | 1.7 | ≤2.5 | 1.9 | ≤2.5 |

表 10 - 25　通达耐火烧结刚玉莫来石质均质料

| 成　分 | TD - SCM80 | | TD - SCM85 | |
|---|---|---|---|---|
| | 典型值 | 保证值 | 典型值 | 保证值 |
| $Al_2O_3$/% | 80. 29 | ≥79. 0 | 85. 24 | ≥84. 0 |
| $Fe_2O_3$/% | 1. 77 | ≤1. 8 | 1. 63 | ≤1. 8 |
| $SiO_2$/% | 13. 74 | — | 8. 88 | — |
| $TiO_2$/% | 3. 32 | ≤3. 5 | 3. 52 | ≤4. 0 |
| CaO/% | 0. 19 | ≤0. 6 | 0. 16 | ≤0. 6 |
| MgO/% | 0. 29 | | 0. 18 | |
| $Na_2O$/% | 0. 07 | ≤0. 6 | 0. 06 | ≤0. 6 |
| $K_2O$/% | 0. 23 | | 0. 21 | |
| LOI/% | 0. 05 | ≤0. 2 | 0. 07 | ≤0. 2 |
| 体积密度/g·cm$^{-3}$ | 3. 12 | ≥3. 10 | 3. 24 | ≥3. 20 |
| 吸水率/% | 1. 9 | ≤2. 5 | 1. 8 | ≤2. 5 |

表 10 - 26　通达耐火烧结刚玉质均质料

| 成　分 | TD - SC88 | | TD - SC90 | |
|---|---|---|---|---|
| | 典型值 | 保证值 | 典型值 | 保证值 |
| $Al_2O_3$/% | 88. 19 | ≥87. 5 | 90. 34 | ≥89. 5 |
| $Fe_2O_3$/% | 1. 66 | ≤1. 8 | 1. 63 | ≤1. 8 |
| $SiO_2$/% | 6. 24 | — | 3. 86 | — |
| $TiO_2$/% | 3. 34 | ≤4. 0 | 3. 62 | ≤4. 0 |
| CaO/% | 0. 18 | ≤0. 6 | 0. 16 | ≤0. 6 |
| MgO/% | 0. 14 | | 0. 16 | |
| $Na_2O$/% | 0. 03 | ≤0. 6 | 0. 04 | ≤0. 6 |
| $K_2O$/% | 0. 16 | | 0. 15 | |
| LOI/% | 0. 02 | ≤0. 2 | 0. 03 | ≤0. 2 |
| 体积密度/g·cm$^{-3}$ | 3. 38 | ≥3. 35 | 3. 44 | ≥3. 40 |
| 吸水率/% | 1. 3 | ≤2. 0 | 1. 6 | ≤2. 0 |

（二）郑州宏瑞耐火材料有限公司

该公司以新密、焦作所产的中、低档品位矾土为主要原料，添加特种添加物、均化、湿磨、压坯，经高温煅烧获得特种复合莫来石熟料，提升了原料的使用价值。该熟料除供该公司使用之外，还可投放市场，其亮点是创新、提质、增效、促发展。

此外，该公司还出产高铝均质料，是用优质矾土为原料，经分级拣选、多级均化、高温烧制而成。上述产品理化指标见表 10 - 27 和表 10 - 28。

表 10 - 27　宏瑞特种复合莫来石熟料理化指标

| 牌号 | $Al_2O_3$/% | $SiO_2$/% | $Fe_2O_3$/% | $K_2O$/% | $Na_2O$/% | 体积密度 /g·cm$^{-3}$ | 吸水率/% | 耐火度/℃ |
|---|---|---|---|---|---|---|---|---|
| M45 | 42 ~ 45 | 49 ~ 55 | ≤1 | ≤1.6 | ≤0.4 | ≥2.55 | ≤2 | ≥1790 |
| M60 | 58 ~ 62 | 33 ~ 38 | ≤1 | ≤0.2 | ≤0.1 | ≥2.65 | ≤2 | ≥1850 |
| M70 | 68 ~ 73 | 22 ~ 28 | ≤1 | ≤0.2 | ≤0.1 | ≥2.80 | ≤3 | ≥1850 |
| M75 | 73 ~ 77 | 21 ~ 25 | ≤0.8 | ≤0.2 | ≤0.1 | ≥2.80 | ≤3 | ≥1850 |

表 10 - 28　宏瑞高铝均质料理化指标

| 牌号指标 | $Al_2O_3$/% | $Fe_2O_3$/% | $SiO_2$/% | $R_2O$/% | MgO/% | CaO/% | 吸水率/% | 体积密度 /g·cm$^{-3}$ |
|---|---|---|---|---|---|---|---|---|
| GAL - 85 | ≥85 | ≤1.8 | ≤3 | ≤0.4 | ≤0.18 | ≤0.15 | ≤1.5 | 3.35 |
| GAL - 88 | ≥88 | ≤1.8 | ≤2.5 | ≤0.4 | ≤0.15 | ≤0.12 | ≤1.0 | 3.45 |
| GAL - 89 | ≥89 | ≤1.6 | ≤2.5 | ≤0.4 | ≤0.15 | ≤0.12 | ≤1.0 | 3.45 |
| GAL - 90 | ≥90 | ≤1.6 | ≤2.0 | ≤0.4 | ≤0.15 | ≤0.12 | ≤1.0 | 3.5 |

## 四、均质料前景

均质料前景光明，主要体现在：

（1）优质原料是优质耐火材料的基础，同行已有更多共识。

（2）对于原料的均化同行也有更多共识。对高品位矾土进行均化处理，达到均质，对低、中档品位矾土及硬质黏土也进行均化处理，提升原料的价值。

（3）注意引入"三石"等原料进行均化处理，制成复合耐火原料，进一步提升原料的品质。

（4）在资金方面，有识之士投入巨资开发原料。这里值得点赞的是山西道尔投资有限公司董事长霍平，为了我国耐火材料产业的发展，投入数亿巨资，在山西省吕梁市交口县建成山西省最大的耐火材料生产基地，其中，至 2016 年底建成年产 30 万吨耐火级铝矾土均质料项目、合成优质莫来石项目、耐火材料（定形、不定形）生产项目等。目前铝土矿选矿厂已建成投产，有不同品位铝矾石熟料、铝矾土均质料等。创大业，万里生辉，我国即将有更多的铝矾土均质料及不同品位的铝矾土熟料生产线，促进耐火材料品质迈上新台阶。

# 第十一章　高铝质耐火材料原料——
# 蓝晶石、红柱石及硅线石

　　"三石"矿产资源
　　"三石"基本性质
　　"三石"工艺特性
　　"三石"价值与应用

　　蓝晶石（kyanite）、红柱石（andalusite）及硅线石（sillimanite）（简称"三石"）矿物有不同的称谓：在矿物学上如前苏联 А·Г·别捷赫琴（А·Г·Бетехтин）著《矿物学教程》和南京大学主持编著的《结晶学和矿物学》称蓝晶石族矿物；而王濮等编著的《系统矿物学》，分类观点偏重于晶体结构，将蓝晶石和红柱石归为红柱石族矿物，硅线石与莫来石归在硅线石族中。

　　因资源储量不一，各国称谓又不同，如前苏联称蓝晶石族矿物；美国称为硅线石族或蓝晶石族矿物；法国称红柱石族矿物。

　　我国地质部门称高铝矿物原料，另外还有属硅线石矿物的硅用矽，即矽线石。在耐火材料应用中，为方便起见，将这三种矿物简称"三石"。

　　我国"三石"开发应用，主要得益于上海宝钢建设的促进作用。为了满足宝钢建设的需要，也为了填补我国"三石"开发应用的空白，在国内大力开展"三石"找矿、勘探、选矿、物化性能测试、制品研发等工作。30多年来，收获颇丰，已在国内26个省（区、市）发现并探明"三石"矿产资源，品种全，储量大，使我国成为资源大国；"三石"选矿厂陆续建成，至2012年，年产精矿能力达15万余吨，不但能自给，还能出口。随着大家对"三石"作用、地位、价值的认识不断提高与深化，以"三石"为辅料或主料开发出不少优质产品，广泛应用于冶金、水泥、玻璃、陶瓷等领域。

## 第一节　"三石"矿产资源

### 一、"三石"矿物形成时的地质环境

　　蓝晶石、红柱石及硅线石三种矿物，与地质变质作用密切相关，各矿物形成时受一定的温度、压力控制。其形成时与温度、压力的关系如图 11 – 1 所示。

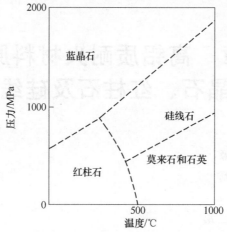

图 11 - 1  $Al_2O_3 - SiO_2$ 系统中的矿物相与温度、压力的关系

红柱石常产于浅变质地层中，主要赋存于富铝的泥质或泥质岩石与中酸性侵入体接触变质的角岩、板岩、片岩或次生石英岩中。它形成时的压力较低，在 600 ~ 800MPa 之间，温度约为 550℃，是典型的由接触变质带及区域变质所产生。

硅线石是典型的变质矿物，分布广泛，常见于火成岩（尤其花岗岩）与富含铝质岩石的接触带及片岩、片麻岩发育的地区，形成时的压力（430 ~ 1800MPa）和温度（300 ~ 1000℃）都比较高。

蓝晶石为区域变质作用产物，是结晶片岩中典型的变质矿物，在富铝岩石中，在中压、低温区域变质作用下产出；而在某些高压变质带也有产出，形成时的温度、压力都较高。

我国蓝晶石与硅线石主要产在如下变质岩型中：石英岩型、片岩型、片麻岩型及变粒岩型。

## 二、"三石"矿物矿床类型

"三石"矿床根据生成条件、矿石矿物组成等条件，可划分为区域变质、接触变质、热液交代、动力变质及风化矿床等类型。我国"三石"矿床类型见表 11 - 1，矿床类型与矿物特征见表 11 - 2。

**表 11 - 1    "三石"矿床类型（部分）**

| 类型 | 矿床类型（亚类） | 矿床特征 | 典型矿床 |
|---|---|---|---|
| 区域变质矿床 | 黑云石榴蓝晶石片麻岩型 | 产于太古界变质岩系中，含矿岩石以蓝晶石、石榴子石、黑云母斜长片麻岩为主。蓝晶石矿体呈层状、大扁豆体状，单矿体延长数百米。蓝晶石含量 10% ~ 25%，可回收石榴石和独居石 | 河北卫鲁、辽宁大荒沟、安徽霍邱 |

续表 11 - 1

| 类型 | 矿床类型（亚类） | 矿床特征 | 典型矿床 |
|---|---|---|---|
| 区域变质矿床 | 蓝晶石绿泥片岩型 | 产于太古界，蓝晶石不均匀地分布在绿泥石片岩中。矿体呈透镜体状。蓝晶石含量为百分之几至百分之二十几 | 江苏韩山、河南隐山、吉林磐石、新疆可可托海、四川汶川、云南温塘 |
| | 刚玉硅线石片麻岩型 | 产于太古界变质岩系中。矿体呈透镜状，主要矿石矿物为硅线石，还有二云母花岗岩、微斜长石、刚玉等 | 黑龙江三道沟、河北罗圈南洞、辽宁红透山 |
| | 硅线石石英片岩型 | 产于石英片岩或石榴石英片岩带中。矿体多呈层状、似层状、透镜状，一般长几十米至数百米。主要矿石矿物为硅线石，呈针柱状或毛发状集合体。工业品位为10%~30% | 广东大王山、山西峪里 |
| | 红柱石片岩型 | 产于元古界二云母石英片岩、黑云片岩和石榴堇青炭质片岩中。矿层呈层状，单层厚十几米至数十米。红柱石含量一般10%~20%，有时含有蓝晶石、十字石、硅线石 | 河南杨乃沟、辽宁老虎碴子、山东小庄 |
| 接触变质矿床 | 红柱石型 | 矿床产于高铝的泥岩与中酸性岩浆岩侵入接触变质带内。矿体呈似层状、透镜状，沿侵入体呈环状分布。矿石矿物以红柱石为主，伴生有石英、黑云母、堇青石 | 甘肃米家沟、北京太平口、江西长洛、吉林老虎东沟 |
| 热液交代矿床 | 刚玉 - 红柱石型 | 产于中酸性火山岩经热液蚀变生成的次生石英岩中。矿体一般长几十米至三百米，宽几十米。红柱石呈细粒浸染状、团块状，品位较高，刚玉为主要回收矿物 | 福建赖店、浙江瑞安 |
| 动力变质矿床 | 蓝晶石型 | 矿体产于蓝晶石石英岩中，位于动力变质岩中心，产状与动力变质带糜棱纹理、片理一致。蓝晶石呈他形粒状或板粒状，粒径小于1cm，含量为15%~30% | 吉林柳树沟 |
| 风化矿床 | 硅线石砂矿床 | 硅线石来自含硅线石片岩、片麻岩。硅线石含量为6%~10%，含有丰富的钛铁矿、锆石、金红石 | |
| | 红柱石砂矿床 | 红柱石来源于含红柱石片岩，经风化搬运富集成矿。红柱石含量达50% | |

### 表 11 -2 "三石"矿床成因类型和矿物特征

| 成因类型 | 矿种 | 矿床分布地 | 岩石类型 | 矿物类型 | | | 矿物组成 | |
|---|---|---|---|---|---|---|---|---|
| | | | | 晶形 | 大小/mm | 含量/% | 主要 | 次要 |
| 区域变质型 | 蓝晶石 | 河北邢台1 | 片麻岩 | 长柱状 | 20 | 15~20 | 蓝晶石、黑云母、斜长石 | 石英、白云母、石榴石 |
| | | 河北邢台2 | 片麻岩 | 长柱状 | 20 | 15~20 | 蓝晶石、硅线石、黑云母、石墨 | 石英、绢云母 |

| 成因类型 | 矿种 | 矿床分布地 | 岩石类型 | 矿物类型 | | | 矿物组成 | |
|---|---|---|---|---|---|---|---|---|
| | | | | 晶　形 | 大小/mm | 含量/% | 主要 | 次要 |
| 区域变质型 | 蓝晶石 | 辽宁大荒沟 | 片麻岩 | 针状、柱状、毛发状 | | 5~22 | 蓝晶石、黑云母 | 十字石、石榴石 |
| | | 山西繁峙 | 片岩 | 长柱状 | 10~20 | 10~20 | 蓝晶石、绿泥石 | 斜长石、黑云母 |
| | | 新疆契布拉盖 | 片岩 | 长板状、束状 | 200 | 25~85 | 蓝晶石、黑云母 | |
| | | 四川汶川 | 片岩 | 片板状、放射状 | 100×8 30×5 | 8~10 | 蓝晶石、黑云母、白云母 | 石墨、石英 |
| | | 江苏1 | 片岩 | | | | 蓝晶石、石英、白云母 | |
| | | 江苏2 | 石英岩 | 板状、板柱状 | | 16~25 | 蓝晶石、石英、白云母 | 黄玉、黄铁矿 |
| | | 安徽岳西 | 片岩 | | | | 蓝晶石、石英 | 石榴石、白云母 |
| | | 安徽霍山 | 片岩 | | | | 蓝晶石、石英 | 云母 |
| | | 内蒙古 | 石英岩 | | | >15 | 石英、蓝晶石 | |
| | | 河南隐山 | 石英岩 | | | 10~15 | | |
| | 硅线石 | 河南叶县 | 片麻岩 | 纤维状、针状 | | 5~10 | 斜长石、硅线石 | 石榴石等 |
| | | 辽宁红透山 | 片麻岩 | 毛发状、针状 | 2~4 | 20~30 | 石英、硅线石 | 黑云母 |
| | | 黑龙江鸡西 | 片岩 | | | | | |
| | | 河南镇平 | 片岩 | 针状、柱状 | | 30~60 | 硅线石、石英 | 石榴石、云母 |
| | | 新疆 | 片岩 | 针状 | 40 | 60~80 | 硅线石、石英 | 黑云母 |
| | | 内蒙古 | 片岩 | 纤维状、针状、柱状 | 0.4 | 25 | 石英、硅线石 | 云母 |
| | | 陕西丹凤 | 片岩 | | | | | |
| | | 河北灵寿、平山 | 砾岩 | | | | 硅线石、石英 | 微斜长石、白云母 |
| 接触变质型 | 红柱石 | 浙江瑞安 | 次生石英岩 | | | | 红柱石、石英 | 磁铁矿、绢云母 |
| | | 北京房山、周口店 | 角岩 | 柱状 | 1×1×1 | 10 | 红柱石、石英、硅线石 | 绿泥石、绢云母 |
| | | 辽宁林西 | 角岩 | | | | 红柱石、硅线石 | 绢云母、石英 |
| | | 河北沙河 | 角岩 | | | | 红柱石、石英 | 黑云母、磁铁矿 |
| | | 浙江温州 | 角岩 | 放射状 | <0.3 | 20 | 红柱石、刚玉 | 石英 |
| | | 吉林二道甸子 | 角页岩 | 长柱状 | 5~15 | 10~15 | 红柱石、石英、云母 | |
| 次生砂岩 | 蓝晶石 | 陕西详县 | 砂石矿 | 似层状 | | | 石英 | 蓝晶石 |

## 三、我国"三石"矿产分布

我国"三石"矿产分布见表11-3。

**表11-3　我国"三石"矿产分布（部分）**

| 省（区、市） | 硅 线 石 | 红 柱 石 | 蓝 晶 石 |
|---|---|---|---|
| 黑龙江 | 鸡西[①]、林口[①]、双鸭山 | | |
| 吉 林 | | 珲春、二道甸子 | 磐石、柳树沟 |
| 辽 宁 | 青原红透山 | 岫岩[①]、凤城[①] | 大荒沟 |
| 北 京 | | 门头沟、西山、房山、周口店 | |
| 内蒙古 | 土贵乌拉 | 蹬口 | 丰镇 |
| 山 西 | | | 繁峙 |
| 山 东 | | 五莲 | |
| 河 北 | 灵寿[①]、平山[①] | | 邢台[①] |
| 河 南 | 镇平[①]、内乡[①]、西峡[①]、叶县 | 西峡[①] | 南阳[①]、桐柏[①] |
| 陕 西 | 丹凤 | 眉县[①]、太白 | 详县 |
| 甘 肃 | 玉门 | 漳县[①] | 玉门、肃北、天水 |
| 青 海 | | 互助 | |
| 新 疆 | 阿勒泰、申它什 | 拜城、库尔勒[①]、阿克苏 | 富蕴、契布拉盖 |
| 江 苏 | | | 沭阳[①]、房山 |
| 浙 江 | | 瑞安、诸暨、温州 | |
| 福 建 | 莆田、泉州 | | |
| 安 徽 | 回龙山 | | 霍山、宿松、岳西 |
| 江 西 | | 铅山 | |
| 广 东 | 郁南、罗定、陆丰 | | |
| 广 西 | | 灵山 | 玉林 |
| 海 南 | | 儋县[①] | |
| 湖 南 | | 安东 | |
| 云 南 | | | 热水塘 |
| 四 川 | | 川西道孚 | 甘孜、丹巴 |
| 西 藏 | | | 珠峰地区前寒武纪变质岩系有产出 |

①已有精矿产品。

## 四、我国"三石"矿床规模

根据原地质矿产部对非金属矿矿床的划分，以矿物储量为依据划分大、中、小矿床，见表 11 - 4，根据以上划分，我国"三石"矿床规模见表 11 - 5。

表 11 - 4 "三石"矿物矿床划分标准

| 矿床规模 | "三石"矿物储量/万吨 | 备　注 |
|---|---|---|
| 大型<br>中型<br>小型 | >200<br>200 ~ 50<br><50 | 编著者将"三石"矿物储量大于 1000 万吨的称特大型矿床 |

表 11 - 5 我国"三石"矿床规模（部分）（截至 2014 年）

| | 名称与产地 | 矿床规模 | 现状<br>（是否开采） | 年精矿生产能力<br>/万吨 | 备　注 |
|---|---|---|---|---|---|
| 蓝晶石 | 河南南阳市隐山（开元蓝晶石矿）<br>河南南阳市隐山（南阳蓝晶石开发有限公司） | 大 | 已开采<br>已开采 | 3 ~ 4<br>1 ~ 1.5 | 现有两个公司：南阳开元蓝晶石矿；南阳市蓝晶石开发有限公司 |
| | 河南南阳市桐柏 | 中 | 曾开采 | | |
| | 江苏沭阳县韩山 | 中 | 曾开采 | | |
| | 河北邢台市兴国蓝晶石 | 中 | 已开采 | 约2 | 有两个选矿分厂，蓝晶石晶体发育、粗大 |
| 红柱石 | 新疆库尔勒<br>新疆宝安新能源矿业有限公司，原新疆益隆红柱石有限公司 | 中 ~ 大 | 已开采 | 2 ~ 3 | 二期工程精矿扩建约 3 万吨/年 |
| | 新疆拜城 | 特大 | 未开采 | | |
| | 甘肃漳县（甘肃漳县金地矿业有限公司） | 大 | 已开采 | 2 ~ 3 | 总公司为浙江金瓯实业有限公司 |
| | 甘肃嘉峪关金塔县 | 中 ~ 大 | 筹建 | | |
| | 陕西眉县（陕西陇秦矿业有限公司） | 小 ~ 中 | 已开采 | 1 | |
| | 河南西峡 | 大 | 曾开采 | | 红柱石晶体粗大 |
| | 内蒙古蹬口县（蹬口富邦矿业有限公司） | 大 | 已开采 | 约2 | 内部调整，暂时停产 |
| | 辽宁丹东凤城 | 中 ~ 大 | 曾开采 | | |
| | 四川道孚容须卡 | 特大 | 未开采 | | 红柱石晶体粗大 |
| | 江西铅山县 | 小 ~ 中 | 未开采 | | |
| | 海南儋县 | 小 | 未开采 | | |

| 名称与产地 | 矿床规模 | 现状（是否开采） | 年精矿生产能力/万吨 | 备　注 |
|---|---|---|---|---|
| 黑龙江鸡西市（鸡西天盛非金属矿业有限公司） | 大 | 已开采 | 2 | 我国第一家"三石"选厂，早在1985年已有精矿供应市场 |
| 黑龙江林口县（林口县信源硅线石矿业有限公司） | 中~大 | 已开采 | 约1 | |
| 河北灵寿（灵寿京唐矿业有限公司） | 小 | 已开采 | 0.5~1 | |
| 河南镇平—内乡—叶县 | 中 | 曾开采 | | |
| 河南安阳市林州（河南林州伟隆硅线石有限公司） | 小 | 已开采 | 0.5 | 硅线石-红柱石复合粉料粒度细小，约200目居多 |

（硅线石）

由表 11 - 5 可见：（1）我国"三石"矿产资源，品种全，储量大，尤以红柱石储量最多，主要分布在西部地区，如四川、新疆、甘肃、内蒙古等。在四川道孚，2006 年四川地矿局对部分矿区进行勘探，矿石储量约 4 亿吨；矿石品位约20%；红柱石为粗晶体。（2）硅线石多分布在黑龙江等省；而蓝晶石主要分布在河南西部南阳地区。

## 五、我国"三石"精矿

我国"三石"精矿，经历从无到有的跨越，从有到优的追求。上海宝钢在建设之初，外方提出使用"三石"，虽然数量不多，但当时因我国底子薄发展缓慢，未能解决。1985 年，黑龙江鸡西建成我国第一条硅线石选矿生产线，此后陆续建成蓝晶石、红柱石选矿生产线。精矿产量已能满足国内所需，并且还可出口，质量上乘，稳中求好，逐步提高。2010 年颁布耐火材料行业"三石"新标准，进一步规范"三石"精矿的质量要求和市场运作。必须指出，"三石"生产企业的精矿，依据其企业标准，不但达到了新标准的质量要求，而且还有突破。

### （一）"三石"现行行业标准

行业标准《蓝晶石、红柱石、硅线石》（YB/T 4032—2010）代替了原标准（YB/T 4032—1991），现行业标准的"三石"理化指标见表 11 -6 ~ 表 11 -8。

### 表 11 – 6　蓝晶石理化指标

| 项　目 | 普　型 | | | | 精　选 | | | |
|---|---|---|---|---|---|---|---|---|
| | LP – 54 | LP – 52 | LP – 50 | LP – 48 | LJ – 56 | LJ – 54 | LJ – 52 | LJ – 50 |
| $Al_2O_3$/% | ≥54 | ≥52 | ≥50 | ≥48 | ≥56 | ≥54 | ≥52 | ≥50 |
| $Fe_2O_3$/% | ≤0.9 | ≤1.0 | ≤1.1 | ≤1.3 | ≤0.7 | ≤0.8 | ≤0.9 | ≤1.0 |
| $TiO_2$/% | ≤1.9 | ≤2.0 | ≤2.1 | ≤2.2 | ≤1.6 | ≤1.7 | ≤1.8 | ≤1.9 |
| $K_2O + Na_2O$/% | ≤0.8 | ≤0.9 | ≤1.0 | ≤1.2 | ≤0.4 | ≤0.5 | ≤0.6 | ≤0.8 |
| 灼减/% | ≤1.5 | | | | ≤1.5 | | | |
| 耐火度/℃ | ≥1800 | ≥1760 | | | ≥1800 | | | ≥1760 |
| 水分/% | ≤1 | | | | | | | |
| 线膨胀率 (1450℃)/% | 必须进行这项检测，测定时的牌号、粒径由供需双方协商，并将实测数据在质量保证书中注明 | | | | | | | |

### 表 11 – 7　红柱石理化指标

| 项　目 | 指　标 | | | | |
|---|---|---|---|---|---|
| | HZ – 58 | HZ – 56 | HZ – 55 | HZ – 54 | HZ – 52 |
| $Al_2O_3$/% | ≥58 | ≥56 | ≥55 | ≥54 | ≥52 |
| $Fe_2O_3$/% | ≤0.8 | ≤1.1 | ≤1.3 | ≤1.5 | ≤1.8 |
| $TiO_2$/%[①] | ≤0.4 | ≤0.5 | ≤0.6 | ≤0.7 | ≤0.8 |
| $K_2O + Na_2O$/% | ≤0.5 | ≤0.6 | ≤0.8 | ≤1.0 | 1.2 |
| 灼减/% | ≤1.5 | | | | |
| 耐火度/% | ≥1800 | ≥1780 | | | ≥1760 |
| 水分/% | ≤1 | | | | |
| 线膨胀率 (1450℃)/% | 必须进行这项检测，测定时的牌号、粒径由供需双方协商，并将实测数据在质量保证书中注明 | | | | |

①对氧化钛含量高于表中的红柱石，由供需双方商定。

### 表 11 – 8　硅线石理化指标

| 项　目 | 普　型 | | | | | 精　选 | | | | |
|---|---|---|---|---|---|---|---|---|---|---|
| | GP – 57 | GP – 56 | GP – 55 | GP – 54 | GP – 52 | GP – 57 | GP – 56 | GP – 55 | GP – 54 | GP – 53 |
| $Al_2O_3$/% | ≥57 | ≥56 | ≥55 | ≥54 | ≥52 | ≥57 | ≥56 | ≥55 | ≥54 | ≥53 |
| $Fe_2O_3$/% | ≤1.2 | ≤1.3 | ≤1.5 | ≤1.5 | ≤1.5 | ≤0.8 | ≤0.9 | ≤1.0 | ≤1.1 | ≤1.2 |
| $TiO_2$/% | ≤0.6 | ≤0.6 | ≤0.7 | ≤0.7 | ≤0.7 | ≤0.5 | ≤0.5 | ≤0.6 | ≤0.6 | ≤0.6 |
| $K_2O + Na_2O$/% | ≤0.6 | ≤0.6 | ≤0.8 | ≤0.8 | ≤1.0 | ≤0.5 | ≤0.5 | ≤0.6 | ≤0.7 | ≤0.7 |
| 灼减/% | ≤1.5 | | | | | ≤1.5 | | | | |

续表 11 -8

| 项　目 | 普　型 | | | | | 精　选 | | | | |
|---|---|---|---|---|---|---|---|---|---|---|
| | GP-57 | GP-56 | GP-55 | GP-54 | GP-52 | GP-57 | GP-56 | GP-55 | GP-54 | GP-53 |
| 耐火度/℃ | ≥1800 | ≥1780 | | ≥1760 | | ≥1800 | ≥1780 | | | |
| 水分/% | ≤1 | | | | | ≤1 | | | | |
| 细膨胀率<br>（1500℃）/% | 必须进行这项检测，测定时的牌号、粒径由供需双方协商，并将实测数据在质量保证书中注明 | | | | | | | | | |

在实际生产中还需注意：

（1）需方对产品有特殊要求时，由供需双方协商确定。

（2）产品粒度由供需双方协商确定。

（3）产品中不得混入外来夹杂物。

（二）"三石"生产企业产品简介（部分）

1. 蓝晶石

截至 2013 年年末，国内蓝晶石精矿生产企业有：河南南阳市开元蓝晶石矿、南阳市蓝晶石开发有限公司、河北邢台市兴国蓝晶石制造有限公司、南阳市桐柏华成矿业有限公司、江苏沭阳县韩山蓝晶石矿。

A　河南省南阳市开元蓝晶石矿

该矿位于南阳市隐山。隐山蓝晶石矿石储量大，矿石品位高，平均品位约 23%，其中富矿品位高达 45% ~50%，属大型矿床。

开元蓝晶石矿，近年生产各品级精矿 3 ~4 万吨，目前是国内最大的供应商。国内首家用蓝晶石精矿煅烧或合成莫来石（M45、M60）生产线已投产，可供市场需求。各品级蓝晶石精矿理化指标见表 11 -9。

表 11 -9　开元蓝晶石精矿理化指标

| 项　目 | 普　型 | | | 精　选 | | | |
|---|---|---|---|---|---|---|---|
| | LP-48 | LP-50 | LP-52 | LJ-50 | LJ-52 | LJ-54 | LJ-56 |
| $Al_2O_3$/% | ≥48 | ≥50 | ≥52 | ≥50 | ≥52 | ≥54 | ≥56 |
| $Fe_2O_3$/% | ≤1.0 | ≤0.8 | ≤0.8 | ≤0.7 | ≤0.7 | ≤0.6 | ≤0.6 |
| $TiO_2$/% | ≤2.2 | ≤2.0 | ≤2.0 | ≤1.8 | ≤1.7 | ≤1.6 | ≤1.6 |
| $R_2O$/% | ≤1.2 | ≤1.0 | ≤0.9 | ≤0.8 | ≤0.7 | ≤0.7 | ≤0.5 |
| 灼减/% | ≤1.5 | | | | | | |
| 耐火度/℃ | >1760 | | | | | >1800 | |
| 水分/% | ≤1 | | | | | | |
| 线膨胀率<br>（1450℃，1h）/% | 实测数据，供用户参考 | | | | | | |
| 可供粒度/mm | -0.3，-0.147，-0.074，-0.043 | | | | | | |

**B 河北邢台兴国蓝晶石制造有限公司**

该公司位在邢台市皇寺镇卫鲁村，该公司蓝晶石储量较大，属中到大型矿床。蓝晶石晶体发育，呈扁形长柱状，尺寸（5～8）mm×（1～2）mm，在国内外均属罕见，如图 11 -2 所示。矿石品位 15% 左右，建有两个选矿厂，年生产能力 3 万吨。各品级精矿杂质含量均较低，总量约 2.5%，其中 TiO < 0.5%、$R_2O$ < 0.5%（0.2%～0.5%），见表 11 -10，其亮点是质量国内领先、国际一流。

图 11 -2 邢台蓝晶石晶体

表 11 -10 邢台兴国蓝晶石精矿理化指标

| 项 目 | LJ -52 | LJ -55 | LJ -58 |
|---|---|---|---|
| $Al_2O_3$/% | ≥52 | ≥55 | ≥58 |
| $Fe_2O_3$/% | ≤1.5 | ≤1.3 | ≤1.3 |
| $TiO_2$/% | ≤0.5 | ≤0.5 | ≤0.4 |
| $K_2O + Na_2O$/% | 0.5 | 0.3 | 0.2 |
| 灼减/% | ≤1.5 | | |
| 耐火度/℃ | ≥1800 | | ≥1860 |
| 水分/% | ≤1 | | |
| 线膨胀率（1450℃，1h）/% | 实测数据，供用户参考 | | |

注：1. 还可提供 LJ50，LJ60 牌号，供需双方商定。

   2. 可供粒度 40～80 目、80～120 目、120～200 目、325 目，特殊要求粒度由供需双方协商。

**2. 红柱石**

截至 2013 年年末，国内红柱石精矿生产企业有：新疆宝安新能源矿业有限公司、甘肃漳县金地矿业有限公司，陕西眉县陇秦矿业有限公司、内蒙古蹬口县富邦矿业有限公司等。

**A 新疆宝安新能源矿业有限公司**

新疆宝安新能源矿业有限公司（简称宝安矿业）成立于 2008 年 7 月，注册资金 3000 万元。一期工程年生产红柱石精矿约 1.5 万吨，二期扩建工程完成后将达到年产 3 万吨的规模，是国内红柱石精矿最大的供应商。

宝安矿业红柱石精矿有多种品种和不同粒度规格，已形成系列化，可满足不同客户的不同需要。其系列产品理化指标及粒度见表 11 – 11。

表 11 – 11　宝安矿业红柱石精矿主要理化指标及粒度规格

| 项　目 | HZ58 | HZ57 | HZ56 | HZ55 | HZ54 |
|---|---|---|---|---|---|
| $Al_2O_3$/% | ≥58 | ≥57 | ≥56 | ≥55 | ≥54 |
| $Fe_2O_3$/% | ≤0.9 | ≤1.1 | ≤1.3 | ≤1.5 | ≤1.6 |
| $TiO_2$/% | ≤0.3 | ≤0.3 | ≤0.4 | ≤0.5 | ≤0.6 |
| $K_2O + Na_2O$/% | ≤0.6 | ≤0.7 | ≤0.8 | ≤1.0 | ≤1.1 |
| 灼减/% | ≤1.0 | ≤1.0 | ≤1.2 | ≤1.2 | ≤1.2 |
| 水分/% | ≤1.0 | ≤1.0 | ≤1.0 | ≤1.0 | ≤1.0 |
| 耐火度/℃ | ≥1800 | ≥1800 | ≥1800 | ≥1800 | ≥1800 |
| 可供粒度/mm | 5~3, 3~2, 3~1, 2~1, 1~0.5, 1~0, 0.5~0, 200 目, 300 目等 9 个规格 | | | | |

**B　陕西眉县陇秦矿业有限公司**

该公司生产的红柱石精矿是含 $TiO_2$ 较高的类型。这一类型有特殊功能，如 $TiO_2$ 有利于产品抗热震性，但对产品荷重及抗蠕变性稍有影响，如果使用得当，对产品品质无大碍，而成本也可降下来，年产近万吨精矿，所产精矿的理化指标见表 11 – 12。

表 11 – 12　眉县陇秦红柱石精矿理化指标

| 粒度/mm | $Al_2O_3$/% | $Fe_2O_3$/% | $TiO_2$/% | $K_2O + Na_2O$/% | 耐火度/℃ | 精矿中含红柱石/% |
|---|---|---|---|---|---|---|
| 5 ~ 1 | ≥56 | ≤1.3 | 约 2.2 | ≤0.8 | | |
| | ≥54 | ≤1.5 | 约 2.2 | ≤1.0 | | |
| < 1 | ≥56 | ≤1.1 | 约 2 | ≤0.6 | ≥1800 | |
| | ≥54 | ≤1.3 | 约 2 | ≤0.8 | | |
| < 0.5 | ≥58 | ≤0.8 | ≤1.9 | ≤0.5 | | ≥90 |
| 0 ~ 1 (典型值) | 57 (典型值) | 1.07 (典型值) | 1.7 (典型值) | $K_2O$ 0.56, $Na_2O$ 0.15 (典型值) | >1800 (典型值) | |

**3. 硅线石**

截至 2013 年年底，国内硅线石精矿生产企业有：黑龙江鸡西市鸡西天盛非金属矿业有限公司，黑龙江林口县林口信源硅线石矿业有限公司、河北灵寿县灵寿京龙矿业有限公司、河南林州市伟隆硅线石有限公司。

**A　黑龙江鸡西天盛非金属矿业公司**

该公司于 1985 年建成我国第一条硅线石精矿生产线，填补了国内空白，有力推动我国"三石"的开发利用，现生产 $Al_2O_3$ 含量为 53% ~ 56% 品牌的系列硅线石精矿，粒度 50 ~ 200 目。也可以根据用户需要生产更高纯度的硅线石精矿。目前，年产硅线石系列精矿能力约 2 万吨，是我国最大的硅线石生产基地，鸡西天盛硅线石精矿化学成见表 11 - 13。

表 11 - 13　鸡西天盛硅线石精矿化学指标

| 牌　号 | $Al_2O_3$/% | $Fe_2O_3$/% | $TiO_2$/% | $R_2O$/% | 粒度/mm |
|---|---|---|---|---|---|
| PG - 53 | ≥53 | ≤1.5 | ≤0.3 | ≤0.6 | 0.2 ~ 0.043 |
| PG - 54 | ≥54 | ≤1.5 | ≤0.3 | ≤0.6 | 0.2 ~ 0.043 |
| PG - 55 | ≥55 | ≤1.5 | ≤0.3 | ≤0.6 | 0.2 ~ 0.043 |
| PG - 56 | ≥56 | ≤1.5 | ≤0.3 | ≤0.6 | 0.2 ~ 0.043 |
| GC - 53 | ≥53 | ≤1.0 | ≤0.3 | ≤0.6 | 0.2 ~ 0.043 |
| GC - 54 | ≥54 | ≤1.0 | ≤0.3 | ≤0.6 | 0.2 ~ 0.043 |
| GC - 55 | ≥55 | ≤1.0 | ≤0.3 | ≤0.6 | 0.2 ~ 0.043 |
| GC - 56 | ≥56 | ≤1.0 | ≤0.3 | ≤0.6 | 0.2 ~ 0.043 |

注：PG 为普通；GC 为高纯。

**B　黑龙江林口县信源硅线石矿业公司**

该公司是中国非金属矿工业总公司骨干企业，于 1991 年改制为民营企业。该公司主导产品有普通型与高纯硅线石精矿，指标达到或超过行业标准，年产精矿近万吨。硅线石精矿（普通型）理化指标见表 11 - 14。

表 11 - 14　林口县信源硅线石矿业公司硅线石精矿（普通型）理化指标

| 编号 | $Al_2O_3$/% | $Fe_2O_3$/% | $TiO_2$/% | $R_2O$/% |
|---|---|---|---|---|
| 1 | ≥54 | ≤1.5 | ≤0.3 | ≤0.6 |
| 2 | ≥55 | ≤1.5 | ≤0.3 | ≤0.5 |
| 3 | ≥56 | ≤1.4 | ≤0.2 | ≤0.4 |
| 4 | ≥57 | ≤1.3 | ≤0.2 | ≤0.3 |

注：1. 高纯精矿中 $Fe_2O_3$ 含量不大于 1.0%。
　　2. 粒度由供需双方协商，一般产品中 60 ~ 200 目占 55%，-200 目占 45%。

**C　河南林州伟隆硅线石有限公司**

该公司生产特殊类型的产品，即硅线石与红柱石复合粉料，该粉料具有易烧结的特性，其化学矿物成分见表 11 - 15。

表 11-15  林州硅线石与红柱石复合料化学矿物组成

| 化学成分/% | Al$_2$O$_3$ | SiO$_2$ | Fe$_2$O$_3$ | TiO$_2$ | RO | R$_2$O | 灼减 |
|---|---|---|---|---|---|---|---|
| 出厂规定值/% | 36~40 | 56~60 | ≤1.5 | ≤1.0 | ≤1.5 | ≤1.5 | ≤1 |
| 典型值/% | 38.64 | | 1.2 | 0.76 | 0.83 | 1.28 | |
| 复合粉料中硅线石与红柱石含量/% | ≥60(最高达80%) | | | | | | |
| 可供粒度 | -40目，-60目，-80目，-120目，-180目，-200目以-180目，-200目居多 | | | | | | |

## 六、国内"三石"市场的商贸与企业

国内"三石"市场的商贸企业有：

（1）英格瓷（Imerys）达姆瑞克（Damrec）红柱石公司，主营红柱石系列产品。该公司在21世纪初进入中国市场，促进我国"三石"的开发应用。

（2）天津科富莱商贸发展有限公司，经营南非红柱石、美国蓝晶石、印度硅线石。该公司经营多品种"三石"，促进我国"三石"的开发应用。

（3）河南省南召沃德森物资有限公司，主营蓝晶石。

（4）河南南阳桐柏山蓝晶石矿业有限公司，主营蓝晶石等。

（5）河南南阳三和矿产有限公司，主营蓝晶石等。

（6）无锡市恒进国际贸易有限公司，主营印度硅线石。

（7）北京国内贸易有限公司。

# 第二节  "三石"矿物基本性质

## 一、同质多象变体

"三石"矿物是蓝晶石、红柱石与硅线石的俗称，属于同质多象变体，具有相同的化学成分而晶体结构各异，分述如下。

（一）化学成分

"三石"矿物，化学成分相同，化学式均为 Al$_2$O$_3$ · SiO$_2$，其中 Al$_2$O$_3$ 62.92%（或63.1%）、SiO$_2$ 37.08%（或36.9%）。这几种矿物，其矿石均经选矿处理，故杂质含量均较低，大多数"三石"杂质总量（约2.5%）是特级铝矾土杂质总量（7%~7.5%）的1/3左右。

（二）晶体结构

"三石"矿物同属硅酸盐矿物，但形成时地质环境如温度、压力、岩性等不同，造成晶体结构相异。

**1. 蓝晶石、红柱石**

蓝晶石和红柱石属于有附加阴离子的岛状基型,其结构式分别为:

$$Al_2[SiO_4]O \quad 及 \quad AlAl[SiO_4]O。$$

晶体结构的特征,是阳离子 $Al^{3+}$ 的配位数不同,有部分的 $Al^{3+}$ 进入配位数为 6 的格架,形成 $[AlO_6]$ 八面体,其余的 $Al^{3+}$ 有不同的配位:蓝晶石仍为 6 次配位,红柱石则为 5 次配位。

"三石"矿物的硅线石,阳离子 Al 除有 6 次配位,还有 4 次配位,蓝晶石、红柱石及硅线石阳离子 Al 的配位数见表 11 – 16。

表 11 – 16 "三石"的阳离子配位

| 矿物名称 | Al 的配位数 | 晶 系 |
|:---:|:---:|:---:|
| 蓝晶石 | $Al_2^{(6)}[SiO_4]O$ | 三斜晶系 |
| 红柱石 | $Al^{(6)}Al^{(5)}[SiO_4]O$ | 斜方晶系 |
| 硅线石 | $Al^{(6)}[Al^{(4)}SiO_5]$ | 斜方晶系 |

注:上角数字(4)、(5)、(6)是指 Al 的配位数。

**A 蓝晶石($Al_2[SiO_4]O$)**

晶体结构如图 11 – 3 所示。其形态常沿 $c$ 轴呈扁平的柱体晶形,如图 11 – 4 所示,图中 $a$、$b$、$c$、$m$、$n$、$L$、$P$ 为常见平行双面单形。

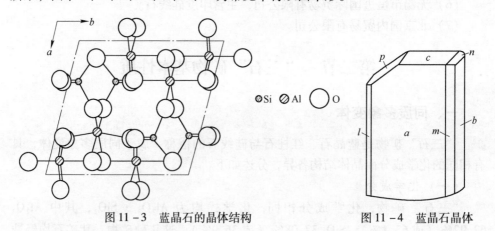

图 11 – 3 蓝晶石的晶体结构　　　图 11 – 4 蓝晶石晶体

**B 红柱石($AlAl[SiO_4]O$)**

晶体结构如图 11 – 5 所示。晶体呈斜方柱状,横断面呈近四边形,如图 11 – 6 所示,图中 $m$、$n$ 为斜方柱,$c$ 为平行双面单形。某些红柱石在生长过程中所捕获的碳质和黏土物质常见定向排列,致使其横断面上呈黑十字形,又称空晶石,如图 11 – 7 所示。

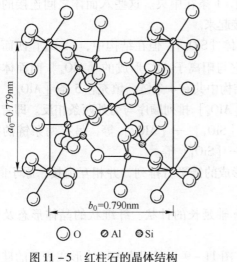

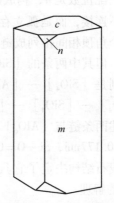

图11-5　红柱石的晶体结构　　　　　图11-6　红柱石晶体

图11-7　西峡红柱石晶体及碳质包体（空晶石）

## 2. 硅线石（$Al[AlSiO_5]$）

硅线石的化学组成为 $Al[SiO_5]$，其中 $SiO_2$ 37.08%、$Al_2O_3$ 62.92%，成分比较稳定，常有少量的类质同象混入物 $Fe^{3+}$ 代替铝，有时存在微量的钛、钙、镁和碱等混入物。硅线石晶体结构因与莫来石晶体有相似之处，同为铝硅酸盐，属链状基型，故在此处稍多叙述。

硅线石的晶体结构为斜方晶系，$a_0 = 0.743nm$，$b_0 = 0.758nm$，$c_0 = 0.574nm$，$z = 4$。主要粉晶谱线：3.385(100)，2.537，2.180，1.517，1.272，1.271(50)。

硅线石矿物有两种阳离子 $Al^{3+}$、$Si^{4+}$。阳离子 $Al^{3+}$ 的配位数有6和4两种，前者构成铝氧八面体 $[AlO_6]$，后者构成铝氧四面体 $[AlO_4]$。$[AlO_4]$ 四面体与 Si 构成的硅氧四面体 $[SiO_4]$ 交替排列，彼此共用一个氧离子形成链状，而 $[AlO_6]$ 八面体之间彼此共用两个氧离子（共棱）连接成另一种形式的链状。在结构中共有 5 条链，4 条分布在角顶，1 条在中央。这些八面体之间连接的链又通过 [SiO₄] 与 [AlO₄] 四面体连接起来。

Si 的配位数是 4，构成硅氧四面体 [SiO₄]。但在结构中，[SiO₄] 四面体之间彼此不连接，而是孤立存在的，它与阳离子 $Al^{3+}$ 形成的 [AlO₄] 四面体彼此共用一个角顶相间排列成链状。它结构中共有 4 条链，填充在 5 条 [AlO₆] 八面体之间，但其中两条的 [SiO₄] 与 [AlO₄] 排列顺序与另外两条相反。即有两条链的排列是 [SiO₄] — [AlO₄] — [SiO₄] — [AlO₄] 等，另有两条链的排列是 [AlO₄] — [SiO₄] — [AlO₄] — [SiO₄] 等。

上述两条链与 [AlO₆] 八面体形成的链平行排列，并相互衔接，原子间距：Al—O = 0.177nm，Si—O = 0.161nm。

硅线石结构决定了它具有平行 $c$ 轴延长的针状、纤维状的晶体形态及平行 {010} 的解理。

图 11 - 8 为硅线石的晶体结构，图 11 - 9 为以配位多面体形式表现的硅线石晶体结构。

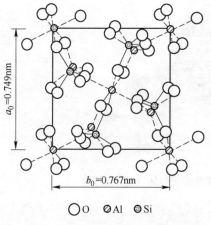

○ O ⊘ Al ⊛ Si

图 11 - 8 硅线石的晶体结构

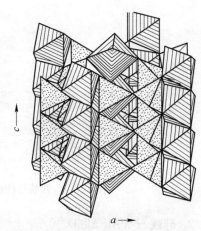

图 11 - 9 以配位多面体形式表现的
硅线石晶体结构

莫来石的晶体是由 4 个硅线石晶胞经过某些取代后组成的，即每个硅线石晶胞中有 1 个 Si 被 Al 置换，如图 11 - 10 所示标高 0.25 的位置，被取代链变成 [AlO₄] — [AlO₄] — [AlO₄] 等链。

由于每一个硅经石晶胞中有 1 个 Si 被 Al 所置换，造成了莫来石结构中缺氧，即缺席结构。具体计算如下。

莫来石是由 4 个硅线石晶胞组成的。硅线石单位晶胞中有 4 个"分子"，即 $4 \times Al_2O_3 \cdot SiO_2 = Al_8Si_4O_{20}$，4 个硅线石晶胞即为：

$$4 \times Al_8Si_4O_{20} = Al_{32}Si_{16}O_{80}$$

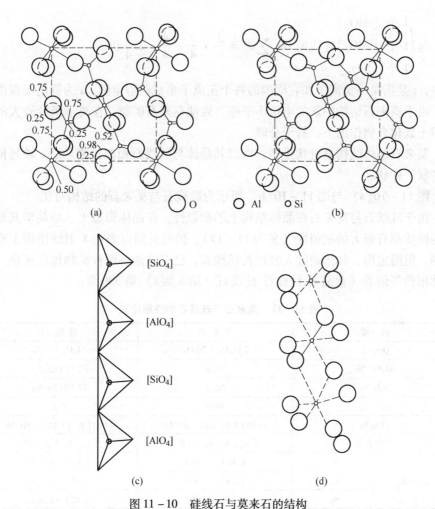

图 11-10　硅线石与莫来石的结构

（a）硅线石；（b）莫来石；（c）［SiO₄］与［AlO₄］交替排列的链；（d）［AlO₆］八面体链

每一个硅线石晶胞有一个 Si 被 Al 所置换，即：

$$Al_{32}Si_{16}O_{80} - 4Si + 4Al = Al_{36}Si_{12}O_{80}$$

而 $Al_{36}Si_{12}O_{80}$ 正好是 6 个 $3Al_2O_3 \cdot 2SiO_2$ "分子"加 2 个 O。缺氧的位置至今还不很清楚。

再者，在莫来石结构中，氧的电价不平衡（但总的电价平衡），具体计算如下：

$$与 \begin{cases} 2 \ 个 \ [AlO_6] \\ 1 \ 个 \ [SiO_4] \end{cases} 连接的 \ O, \quad \sum_i s_i = 2 \times \frac{3}{6} + \frac{4}{4} = 2 \ 价$$

$$与 \begin{cases} 2 \ 个 \ [AlO_6] \\ 1 \ 个 \ [AlO_4] \end{cases} 连接的 \ O, \quad \sum_i s_i = 2 \times \frac{3}{6} + \frac{3}{4} = 1\frac{3}{4} \ 价$$

$$与\begin{cases}1\ 个\ [AlO_6] \\ 1\ 个\ [AlO_4]连接的\ O, \\ 1\ 个\ [SiO_4]\end{cases}\sum_i s_i = \frac{3}{6} + \frac{3}{4} + \frac{4}{4} = 2\frac{1}{4}价$$

式中，$i$ 是指某一负离子和它周围的每个正离子形成的静电键，$s$ 为静电键强度。

由于莫来石结构中氧的电价不平衡，致使莫来石矿物，在离子半径较大的碱或碱土族化合物作用下，易于分解。

莫来石晶体结构呈链状排列，所以其晶体与硅线石相似，都是沿 $c$ 轴延伸的长柱状、针状。

图 11 - 10(a) 与图 11 - 10(b) 所示为硅线石与莫来石的结构对比。

由于硅线石与莫来石在晶体结构上的相似性，在晶体形态上、结晶学其他方面的性质都有很大的相似性（见表 11 - 17），因而长期以来在 X 射线图谱上难以区别。但潘宝明、林彬荫等人经过长期探索，已有效地将两种矿物加以区别，详见林彬荫等编著《蓝晶石 红柱石 硅线石（第 3 版）》第 390 页。

表 11 - 17 莫来石与硅线石的性质比较

| 性 质 | | 莫 来 石 | 硅 线 石 |
|---|---|---|---|
| 化学式 | | $3Al_2O_3 \cdot 2SiO_2$ | $Al_2O_3 \cdot SiO_2$ |
| $Al_2O_3/\%$ | | 71. 8 | 62. 92(63. 1) |
| $SiO_2/\%$ | | 28. 2 | 37. 08(36. 9) |
| 晶 系 | | 斜方 | 斜方 |
| 柱面角 | | $(110) \wedge (1\bar{1}0) = 89°13'$ | $(110) \wedge (1\bar{1}0) = 80°15'$ |
| 光性方位 | | $c//n_g,\ b//n_m,\ a//n_p$ | $c//n_g,\ b//n_m,\ a//n_p$ |
| 折射率 | $n_g$ | 1. 653 ~ 1. 682 | 1. 673 ~ 1. 683 |
| | $n_m$ | 1. 641 ~ 1. 665 | 1. 658 ~ 1. 662 |
| | $n_p$ | 1. 639 ~ 1. 661 | 1. 654 ~ 1. 661 |
| 光轴角 $2V$ | | $45° ~ 50°( + )$ | $21° ~ 30°( + )$ |
| 相对密度 | | 3. 03(3. 155 ~ 3. 158) | 3. 24(3. 23 ~ 3. 27) |

## 二、"三石"矿物的基本性质

"三石"矿物的基本性质见表 11 - 18。

表 11 - 18 "三石"矿物的基本性质

| 矿物性质 | 蓝晶石 | 红柱石 | 硅线石 |
|---|---|---|---|
| 成 分 | $Al_2O_3 \cdot SiO_2$<br>$Al_2O_3$ 62. 92% 或 63. 1%<br>$SiO_2$ 37. 08% 或 36. 9% | $Al_2O_3 \cdot SiO_2$<br>$Al_2O_3$ 62. 92% 或 63. 1%<br>$SiO_2$ 37. 08% 或 36. 9% | $Al_2O_3 \cdot SiO_2$<br>$Al_2O_3$ 62. 92% 或 63. 1%<br>$SiO_2$ 37. 08% 或 36. 9% |

| 矿物性质 | 蓝晶石 | 红柱石 | 硅线石 |
|---|---|---|---|
| 晶系 | 三斜 | 斜方 | 斜方 |
| 晶格常数 | $a = 0.710nm$, $\alpha = 90°05'$ <br> $b = 0.774nm$, $\beta = 101°02'$ <br> $c = 0.557nm$, $\gamma = 105°44'$ | $a = 0.778nm$ <br> $b = 0.792nm$ <br> $c = 0.557nm$ | $a = 0.744nm$ <br> $b = 0.759nm$ <br> $c = 0.575nm$ |
| 结　构 | 岛　状 | 岛　状 | 链　状 |
| 晶　形 | 柱状、板状或长条状集合体 | 柱状或放射状集合体 | 长柱状、针状或纤维状集合体 |
| 颜　色 | 青色、蓝色 | 红、淡红 | 灰、白 |
| 密　度 /$g \cdot cm^{-3}$ | $3.53 \sim 3.69$ <br> $(3.56 \sim 3.68)$ | $3.13 \sim 3.29$ <br> $(3.1 \sim 3.2)$ | $3.10 \sim 3.24$ <br> $(3.23 \sim 3.25)$ |
| 硬度 | 异向性 $\begin{cases} //c\text{轴} 5.5 \\ \perp c\text{轴} 6.5 \sim 7 \end{cases}$ | 7.5 | $6 \sim 7.5$ |
| 解　理 | 沿 $\begin{cases} \{100\} \text{ 解理完全} \\ \{010\} \text{ 良好} \end{cases}$ | 沿 $\{110\}$ 解理完全 | 沿 $\{010\}$ 解理完全 |
| 折射率 | $n_g = 1.727 \sim 1.734$ <br> $n_m = 1.721 \sim 1.723$ <br> $n_p = 1.712 \sim 1.718$ | $n_g = 1.638 \sim 1.650$ <br> $n_m = 1.633 \sim 1.644$ <br> $n_p = 1.629 \sim 1.640$ | $n_g = 1.673 \sim 1.683$ <br> $n_m = 1.658 \sim 1.662$ <br> $n_p = 1.654 \sim 1.661$ |
| 光性 | 二轴〈－〉 | 二轴〈－〉 | 二轴〈＋〉 |
| 比磁化系数 $K$ | 1.13 | 0.23 | $0.29 \sim 0.03$ |
| 比导电度 | 3.28 | | |
| 电泳法零电点 （pH 值） | 7.9 | 7.2 | 6.8 |
| 加热性质 | 能转变为莫来石 （1100℃左右开始） | 能转变为莫来石 （1400℃左右开始） | 能转变为莫来石 （1500℃左右开始） |

# 第三节　"三石"矿物的工艺特性

## 一、化学成分中所含杂质少

"三石"矿物的矿石均需经选矿提纯，尽量除去引入的杂质，如由铁的氧化物赤铁矿、褐铁矿、磁铁矿引入的 $Fe_2O_3$；由金红石等含钛矿物引入的 $TiO_2$；由长石类、云母类矿物等引入的 RO、$R_2O$ 等。优质的"三石"精矿，杂质 $Fe_2O_3 \leqslant 1\%$，$TiO_2 \leqslant 0.5\%$，$R_2O \leqslant (0.5\% \sim 1\%)$，总的杂质，一般约 2.5%，比高铝矾土杂质总量低约 1/3（如特级矾土 $Fe_2O_3$ 1.5% ~ 2%，$TiO_2$ 约 4%，$R_2O <$ 1.5%，杂质总量为 7% ~7.5%）。

杂质含量低，材料中出现玻璃相含量必将减少，在铝硅质材料中玻璃相含量少，莫来石含量增加，获得良好的显微结构，从而有利于产品品质的改善与提高。

## 二、莫来石化

### （一）一次与二次莫来石

"三石"矿物在高温下，不可逆转化为莫来石（$3Al_2O_3 \cdot 2SiO_2$）和 $SiO_2$ 熔体，这一转化称为莫来石化。其表达式如下：

$$3(Al_2O_3 \cdot SiO_2) \xrightarrow{\triangle} 3Al_2O_3 \cdot 2SiO_2 + SiO_2$$
$$\text{"三石"} \qquad\qquad \text{莫来石}$$

假设被加热的"三石"矿物的纯度是理论值，即 $Al_2O_3$ 含量为 62.92%，$SiO_2$ 为 37.08%，则根据转化前后物质相对分子质量计算，莫来石的理论转化率可用下式计算求得：

$$3\ (Al_2O_3 \cdot SiO_2) \xrightarrow{\triangle} 3Al_2O_3 \cdot 2SiO_2 + SiO_2$$

相对分子质量　　486.14　　　　426.05　　60.09

转化率　　　　　100%　　　　　87.64%　　12.36%

$$\frac{3Al_2O_3 \cdot 2SiO_2}{3(Al_2O_3 \cdot SiO_2)} \times 100\% = \frac{426.05}{486.14} \times 100\% = 87.64\%$$

求得的 87.64% 为莫来石的理论转化值，是由理论纯度并在平衡状态下得到的。而实际上，"三石"精矿的 $Al_2O_3$ 含量一般比理论值偏低，自然莫来石的转化率也随之减少。各等级精矿与莫来石转化率对应关系见表 11 – 19。

表 11 –19　蓝晶石族精矿与莫来石转化率的关系

| "三石"精矿 $Al_2O_3$ 含量/% | 莫来石转化率 /% | "三石"精矿 $Al_2O_3$ 含量/% | 莫来石转化率 /% |
|---|---|---|---|
| 54 | 75.2 | 58 | 80.8 |
| 55 | 76.6 | 59 | 82.2 |
| 56 | 78.0 | 60 | 83.6 |
| 57 | 79.4 | | |

由"三石"矿物高温下反应直接生成的莫来石，称为一次莫来石。而由"三石"矿物高温下反应生成一次莫来石的同时，伴随产生的 $SiO_2$ 再与 $Al_2O_3$ 含量高的物料（如氧化铝粉等）反应生产的莫来石，称为二次莫来石，即：

$$3(Al_2O_3 \cdot SiO_2) \longrightarrow 3Al_2O_3 \cdot 2SiO_2 + SiO_2$$

"三石"矿物　　　　　　一次莫来石

$$2SiO_2 + 3Al_2O_3 \longrightarrow 3Al_2O_3 \cdot 2SiO_2$$

二次莫来石

### （二）影响莫来石化的因素

影响莫来石化主要有下列因素："三石"精矿的纯度、粒度与程度，即"三度"因素。

先以"三石"矿物中的蓝晶石为例，说明"三度"因素对莫来石化的影响，或者讲"三度"因素与莫来石化的关系。

### 1. 蓝晶石

编著者与王洪顺等人选用河南隐山、桐柏，江苏韩山三地的蓝晶石精矿做过专题研究。各试样化学组成见表 11 -20。

表 11 -20　蓝晶石精矿化学成分　　　　　　　（%）

| 编　号 | $Al_2O_3$ | $SiO_2$ | $TiO_2$ | $Fe_2O_3$ | CaO | MgO | $K_2O$ | $Na_2O$ | 灼减 |
|---|---|---|---|---|---|---|---|---|---|
| 马1号（桐柏） | 59.94 | 37.34 | 0.76 | 0.91 | 0.11 | 0.08 | 0.03 | 0.03 | 0.84 |
| 江2号（韩山） | 58.30 | 35.04 | 1.37 | 1.20 | 0.69 | 0.03 | 0.19 | 0.01 | 2.74 |
| 河3号（隐山） | 60.59 | 33.98 | 1.22 | 0.28 | 0.35 | 0.04 | 0.47 | 0.08 | 2.88 |

注：1. 马1号产地是河南桐柏，由马鞍山矿山设计院提供精矿，故称为马1号；

　　2. 江2号、河3号产地分别为江苏沭阳韩山、河南隐山，样品取自矿区选厂。

将上面三产地的蓝晶石精矿筛分出三种粒度：0.154～0.074mm，0.074～0.054mm，小于0.054mm。分别以水为结合剂，在 150MPa 压力下，压制成 $\phi25mm \times 25mm$ 试样块，干燥，然后在 1100℃，1200℃，1300℃，1350℃，1400℃，1450℃，1500℃，1600℃等 8 个温度下煅烧，并各保温 2h。缓冷后用 X 射线衍射分析试样，研究蓝晶石粒度、煅烧温度与莫来石转化的关系，见表 11 -21。

表 11 -21　蓝晶石粒度、煅烧温度与莫来石转化的关系

| 编号<br>（产地） | 粒度/mm | 物相含量/% | | | | | | | |
|---|---|---|---|---|---|---|---|---|---|
| | | 1100℃<br>(2h) | 1200℃<br>(2h) | 1300℃<br>(2h) | 1350℃<br>(2h) | 1400℃<br>(2h) | 1450℃<br>(2h) | 1500℃<br>(2h) | 1600℃<br>(2h) |
| 马1号<br>（河南<br>桐柏） | 0.154～0.074 | Ky<br>M -6 | Ky<br>M -9 | M -62 | M -63 | M -64 | M -65 | M -73 | — |
| | 0.074～0.054 | Ky<br>M -7 | Ky<br>M -13 | M -62 | M -63 | M -63 | M -64 | M -70 | — |
| | <0.054 | Ky<br>M -10 | Ky<br>M -14 | M -64 | M -64 | M -67 | M -67 | M -68 | — |

| 编号<br>（产地） | 粒度/mm | 物相含量/% | | | | | | | |
|---|---|---|---|---|---|---|---|---|---|
| | | 1100℃<br>(2h) | 1200℃<br>(2h) | 1300℃<br>(2h) | 1350℃<br>(2h) | 1400℃<br>(2h) | 1450℃<br>(2h) | 1500℃<br>(2h) | 1600℃<br>(2h) |
| 江2号<br>（江苏<br>沭阳） | 0.154 ~ 0.074 | — | Ky<br>M – 25<br>Cor | M – 30<br>Ky, Cor | M – 55<br>Cor | M – 62 | M – 70 | M – 70 | M – 75 |
| | 0.074 ~ 0.054 | — | Ky<br>M – 27 | M – 40<br>Ky, Cor | M – 60 | M – 73 | M – 77 | M – 78 | M – 77 |
| | <0.054 | — | Ky<br>M – 30 | M – 43<br>Ky, Cor | M – 62<br>Cor | M – 75 | M – 76 | M – 78 | M – 76 |
| 河3号<br>（河南<br>隐山） | 0.154 ~ 0.074 | — | Ky<br>M – 10<br>Cor | Ky<br>M – 19<br>Cor | M – 61<br>Cor | M – 65 | M – 68 | M – 70 | M – 73 |
| | 0.074 ~ 0.054 | — | Ky<br>M – 15<br>Cor | M – 26<br>Ky<br>Cor | M – 60<br>Cor | M – 66 | M – 67 | M – 68 | M – 77 |
| | <0.054 | — | Ky<br>M – 14<br>Cor | M – 34<br>Ky<br>Cor | M – 66<br>Cor | M – 68 | M – 68 | M – 74 | M – 72 |

注：1. Ky—蓝晶石，M—莫来石，Cor—刚玉；
　　2. 试样由原武汉钢铁学院微观测试中心分析。

综合表 11 – 20，不同产地、不同粒度的蓝晶石精矿，经不同温度煅烧，即莫来石化程度不同，有如下特点：

（1）莫来石开始分解温度，个别产地为 1100℃、1200℃；莫来石含量也因产地不同而异，如在 1200℃ 下煅烧并保温 2h，粒度为 0.074 ~ 0.054mm（或 200 ~ 300 目），在相同实验条件下，河南桐柏、江苏沭阳、河南隐山出产精矿分别为 13%、27%、15%。

（2）显著分解温度，个别产地为 1300℃，如河南桐柏蓝晶石精矿，此时莫来石生成量高达 62% ~ 64%；而河南隐山、江苏沭阳两地的蓝晶石，显著分解温度为 1350℃，莫来石生成量多在 60% 以上。粒度较大者生成量略为减少，随蓝晶石粒度递减，莫来石生成量增加，如河南隐山蓝晶石，粒度小于 0.054mm（–300 目），1350℃ 煅烧并保温 2h 时，莫来石生产量 66%。综合小于 0.054mm 蓝晶石矿烧结样品物相定性分析，显著分解温度范围在 1300 ~ 1450℃ 或 1350 ~ 1450℃，见表 11 – 22。

**表 11 - 22　小于 0.054mm（-300 目）蓝晶石精矿烧结样物相定性分析**

| 样号 | 物 相 | | | | | | | |
|---|---|---|---|---|---|---|---|---|
| | 1100℃ (2h) | 1200℃ (2h) | 1300℃ (2h) | 1350℃ (2h) | 1400℃ (2h) | 1450℃ (2h) | 1500℃ (2h) | 1600℃ (2h) |
| 河3号 | Ky, M Ru, Cor Q | Ky, M Ru, Cor Q | Ky, M Ru, Cor Q | Ky, M Ru, Cor Q | M, Q Cor, Cris | M, Ru Cor | M, Cor Ru | M, Cor Ru(微) |
| 江2号 | — | Ky, M Cor, Cris Ru | M, Ky Cris, Cor Ru | M, Cris Ru, Ky | M, Cris Ru（微） Ky（微） | M Ru（微） | M Ru（微） | M |

注：1. Ky—蓝晶石，M—莫来石，Cris—方石英，Cor—刚玉，Ru—金红石，Q—石英；

　　2. 矿物按照含量多少排列。

（3）完全分解温度。研究用的河南桐柏、江苏沭阳、河南隐山蓝晶石精矿 $Al_2O_3$ 含量分别为 59.94%、58.30%、60.59%，理论上莫来石转化率为 80% ~ 83%；考虑到在精矿中，$Al_2O_3$ 含量是所有含铝矿物（如黄玉、刚玉、云母类）的总和，生成的莫来石应小于理论值；其次，结合光学显微镜观察分析，蓝晶石在 1450℃ 时尚残留有蓝晶石的假象，1500℃ 时母盐假象消失，即蓝晶石转化殆尽，已完全莫来石化了。

蓝晶石完全分解温度小于 1500℃ 或处于 1450 ~ 1500℃ 之间。

对于蓝晶石的分解，煅烧温度与恒温时间两个因素比较而言，前者更为关键，如图 11 - 11 所示。

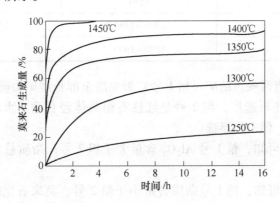

图 11 - 11　煅烧温度和保温时间与莫来石生成量的关系

由图 11 - 11 可见，例如在 1400℃ 时，蓝晶石分解的曲线斜率陡峭，之后趋于平缓，延长恒温时间也如此。由此可见，煅烧温度至关重要。试样粒度为 0.417 ~ 0.053mm。

## 2. 红柱石

编著者与录向阳等人的研究成果如下。

红柱石纯度对莫来石程度的影响见表 11-23~表 11-25。

**表 11-23　红柱石化学成分**

| 编　号 | 化学成分/% | | | | | | | | | |
|---|---|---|---|---|---|---|---|---|---|---|
| | $Al_2O_3$ | $SiO_2$ | $TiO_2$ | $Fe_2O_3$ | CaO | MgO | $K_2O$ | $Na_2O$ | 灼减 | Σ杂质 |
| 精 1 号 | 60.03 | 38.88 | 0.42 | 0.00 | 0.32 | 0.23 | 0.00 | 0.01 | 0.11 | <1% |
| 粗 2 号 | 54.86 | 40.78 | 1.47 | 0.14 | 0.23 | 0.92 | 0.50 | 0.12 | 0.92 | 约 3.5 |

**表 11-24　莫来石生成量**

| 温度 (2h)/℃ | 1300 | 1350 | 1400 | 1450 | 1500 | 1600 |
|---|---|---|---|---|---|---|
| 精 1 号/% | 3 | 14 | 33 | 51 | 82 | 84 |
| 粗 2 号/% | 13 | 52 | 67 | 75 | 64 | 69 |

注：1. 粒度小于 0.1mm（-150 目）；

　　2. 表中数字为莫来石含量；

　　3. X 射线衍射分析，由武汉冶金科技大学微观测试中心检测。

**表 11-25　红柱石分解温度**

| 项　目 | 红柱石分解温度/℃（莫来石化温度） | |
|---|---|---|
| | 精 1 号 | 粗 2 号 |
| 开始分解 | 1350 | 1300 |
| 快速分解 | 1400~1450 | 1350~1400 |
| 完全分解 | 1500~1600 | 1450 |

试样产自河南西峡。精矿（精 1 号）为原冶金部长沙矿山研究院提供；粗 2 号，取自西峡红柱石选厂，粗 2 号是红柱石粗晶体经自磨、水洗、去泥质、破碎、水洗、磁选，但未经浮选。

由表 11-23 可知，精 1 号 $Al_2O_3$ 含量大于粗 2 号；杂质总量精 1 号小于粗 2 号。

由表 11-24 可知，精 1 号杂质含量小于粗 2 号，莫来石化的温度，明显是精 1 号高于粗 2 号。

综上所述精 1 号红柱石 $Al_2O_3$ 含量高，杂质含量低（<1%），粗 2 号红柱石 $Al_2O_3$ 含量低，杂质含量高（约 3.5%），红柱石分解温度即莫来石化的温度，精 1 号明显高于粗 2 号，可见精矿的纯度对莫来石化程度的影响。

红柱石粒度对莫来石化程度的影响，见表 11-26。

**表 11 – 26　红柱石的粒度与莫来石化程度的关系**（$Al_2O_3$ 含量为 57%）

| 红柱石分解程度 | 莫来石化程度 | 粒度小于 0.074mm（-200 目） | 粒度小于 0.2mm（-75 目） |
|---|---|---|---|
| 开始 | 开始 | 1300℃ | 1300℃ |
| 明显 | 明显 | 1350℃ | 1350～1400℃ |
| 剧烈 | 剧烈 | 1400～1450℃ | 1450～1500℃ |
| 基本完全分解 | 基本莫来石，但残存有红柱石母盐假象 | ≥1450～1500℃ | ≥1500～1550℃ |
| 完全分解 | 完全莫来石，无母盐假象 | ≥1500℃ | ≥1550～1600℃ |

表 11 – 26 指出，-200 目与 -75 目的红柱石比较，其分解温度或莫来石化的温度提前 50℃ 以上。一般而言细粒红柱石易于分解，生成莫来石，或者说易于烧结。

煅烧温度与保温时间对红柱石莫来石化的影响如图 11 – 12 所示。

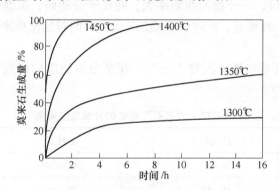

图 11 – 12　煅烧温度与保温时间对红柱石莫来石化的影响

从图 11 – 12 可见，温度在 1300℃ 及 1350℃，红柱石未分解或很少分解，延长恒温时间，也没有明显改变。但温度上升至 1400℃、1450℃，曲线斜率很陡，说明煅烧温度提高，加快了红柱石的分解速度，此时继续恒温对促进红柱石的分解也有影响。

3. 硅线石

编著者与团队王新全、吴畏虎、宋汝波、刘惠珍等人经过长期研究，指出硅线石与蓝晶石、红柱石相似，其莫来石化也受精矿的纯度、粒度、温度，即"三度"因素影响。

特别提出的是，硅线石精矿的分解温度明显高于蓝晶石、红柱石。另外，烧成制度（恒温烧成温度与恒温时间）对硅线石莫来石化有重要的影响，如图 11 – 13 所示。

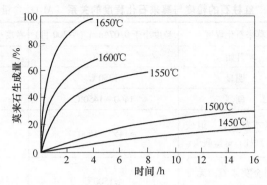

图 11 – 13  烧成制度对硅线石莫来化的影响

由图 11 – 13 可见，在 1550℃温度下（或在 1500℃、1450℃）曲线基本是平缓的，恒温时间延长，基本不改变曲线形态，表征莫来石生成量很少；温度为1550℃时，恒温开始过程时曲线斜率较大，但恒温 2 ~ 4h 之后再继续恒温，曲线趋于平缓，表征恒温时间对硅线石分解作用不明显，温度升至 1600 ~ 1650℃时（尤其在 1650℃时），一开始曲线斜率大，曲线十分陡峭，恒温时间促进硅线石的整体莫来石化。很明显，此时恒温或延长恒温时间对加速莫来石生长具有重要作用。

最后，将编著者与其团队对"三石"精矿分解温度的研究归纳小结，仅供参考，见表 11 – 27。

表 11 – 27  "三石"精矿的分解温度实例

| 项　目 | 硅线石 | | 红柱石 | | | 蓝晶石 |
|---|---|---|---|---|---|---|
| 产　地 | 黑龙江 | | 河南西峡 | | | 河南与江苏 |
| $Al_2O_3$/% | 56 ~ 58 | | 58 ~ 60 | | | 56 ~ 60 |
| 粒　度 | – 180 目 | + 180 目 | – 100 ~<br>+ 150 目 | – 150 ~<br>+ 200 目 | – 200 目 | – 100 ~<br>+ 200 目 |
| 开始莫来石化温度/℃ | 1400 | 1500 | 1350 | 1300 | 1300 | 1100 或 1200 |
| 快速分解温度/℃ | | | 1350 ~ 1400 | | | 1300 ~ 1450 |
| 完全莫来石化温度/℃ | 1650 ~ 1700 | > 1700 | 1600 | 1500 | 1450 | 1450 |

## 三、热膨胀性

### （一）热膨胀的必然性

"三石"矿物，在不同温度下不可逆转变为莫来石和 $SiO_2$ 熔体，并伴随产生体积变化，这是由反应前后，矿物密度的差异造成的，膨胀必然会产生。

$$3(Al_2O_3 \cdot SiO_2) \xrightarrow{\triangle} 3Al_2O_3 \cdot 2SiO_2 + SiO_2$$

蓝晶石密度 $3.53 \sim 3.65\text{g/cm}^3$　　　莫来石

红柱石密度 $3.23 \sim 3.10\text{g/cm}^3$　　　密度　$3.03\text{g/cm}^3$

硅线石密度 $3.23 \sim 3.27\text{g/cm}^3$　　　　　 $(3.155 \sim 3.158)$

体积变化为：

蓝晶石——→$\Delta V + 18\%$ （$16\% \sim 18\%$）最大

硅线石——→$\Delta V + 7.2\%$ （$7\% \sim 8\%$）居中

红柱石——→$\Delta V + 5.4\%$ （$3\% \sim 5\%$）最小

"三石"矿物的体积变化是实际应用中很重要的问题。譬如，以红柱石为主原料生产耐火砖时，砖的放尺率可以忽略，因为红柱石体积膨胀小。

（二）影响因素

"三石"热膨胀的影响因素是多方面的，与影响莫来石化"三度"因素即原料的纯度、粒度、煅烧温度密切相关。其膨胀性受莫来石程度制约，莫来石化程度高，膨胀大；莫来石化程度低，则膨胀小，当原料成分一定时，膨胀主要取决于粒度。以蓝晶石精矿为例说明，不同产地、不同粒度的蓝晶石精矿煅烧温度与体积膨胀的关系见表 11 – 28。

表 11 – 28　不同产地、不同粒度的蓝晶石精矿煅烧温度与体积膨胀的关系

| 编　号 | 粒度/mm | 体膨胀值/% | | | | | | | |
|---|---|---|---|---|---|---|---|---|---|
| | | 1100℃ (2h) | 1200℃ (2h) | 1300℃ (2h) | 1350℃ (2h) | 1400℃ (2h) | 1450℃ (2h) | 1500℃ (2h) | 1600℃ (2h) |
| 马1号 （河南桐柏） | 0.147 ~ 0.074 （ – 100 目 ~ +200 目） | 0.77 | 1.73 | 49.4 | 49.1 | 50.3 | 51.5 | 49.6 | |
| | 0.074 ~ 0.054 （ – 200 目 ~ +300 目） | – 0.54 | 5.9 | 39.3 | 42.9 | 42.3 | 42.4 | 42.1 | |
| | < 0.054 （ – 300 目） | – 0.69 | 2.72 | 39.2 | 33.6 | 39.0 | 35.9 | 34.3 | |
| 江2号 （江苏沭阳） | 0.147 ~ 0.074 | | 5.8 | 7.1 | 26.9 | 27.5 | 35.1 | 29.5 | 10.5 |
| | 0.074 ~ 0.054 | | 6.1 | 8.4 | 25.3 | 24.8 | 29.9 | 26.6 | 9.1 |
| | < 0.054 | | 7.9 | 9.7 | 24.3 | 24.7 | 25.2 | 24.9 | – 0.5 |
| 河3号 （河南隐山） | 0.147 ~ 0.074 | | 0.2 | 4.6 | 29.6 | 31.9 | 34.3 | 30.7 | 20.6 |
| | 0.074 ~ 0.054 | | – 2.7 | 2.2 | 18.2 | 21.6 | 22.0 | 20.8 | 10.7 |
| | < 0.054 | | – 2.5 | 4.7 | 14.3 | 18.1 | 18.0 | 16.5 | 7.4 |

注：化学成分见表 11 – 19，试样为 $\phi 10\text{mm} \times 25\text{mm}$ 柱体。

将表 11 – 28 中不同粒度蓝晶石精矿煅烧温度与体积膨胀的关系绘成图 11 – 14。

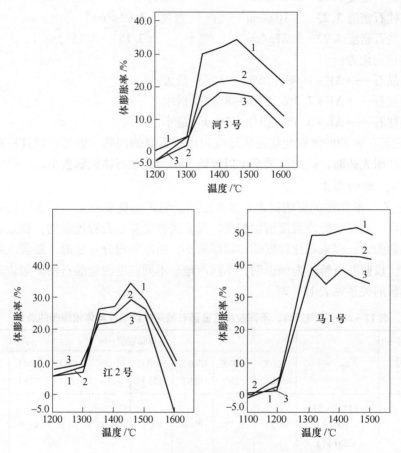

图 11 – 14　蓝晶石的体膨胀率与温度的关系

1—0.147 ~ 0.074mm；2—0.074 ~ 0.054mm；3—小于 0.054mm

从表 11 – 28 及图 11 – 14 看出，蓝晶石精矿在 1300 ~ 1450℃ 或 1350 ~ 1450℃ 骤然发生体积膨胀。温度再升高，体积变化转为收缩。

综合分析表 11 – 27 及图 11 – 13，可得出如下结论：

（1）蓝晶石精矿发生体积骤胀的温度范围，正是蓝晶石精矿莫来石化较为剧烈的温度范围，可见莫来石化制约着其体积膨胀。

（2）粒度也是制约蓝晶石精矿膨胀的因素。显然精矿在加热过程中随温度的升高，粒度大者膨胀大，而粒度小者膨胀小，二者正向相关。

红柱石、硅线石与蓝晶石矿物有相似的规律。同样，其膨胀性，均受莫来石化所制约。

### 四、抗热震性

"三石"矿物具有良好的抗热震性，主要原因为：

（1）"三石"矿物在高温环境下，都可以不可逆转变为莫来石和 $SiO_2$ 熔体，而莫来石膨胀率较小（$\alpha = 5.3 \times 10^{-6}/℃$），有利于抗热震。

（2）由"三石"反应生成的莫来石，在莫来石晶内或晶间，都可见到无数的微米（$\mu m$）级气孔，或细微裂缝，有利于缓解材料因热胀冷缩在材料内部产生的热应力，从而提高材料的抗热震性。图 11-15 为编著者研发的蠕变温度为 1450℃的红柱石质砖基质部分显微结构。该视域显微结构的特征是由红柱石反应生成莫来石，在莫来石晶内、晶间都可见到微米级的封闭气孔，晶内气孔小于 $1～2\mu m$，晶间气孔长 $3～9\mu m$，宽 $0.5～1\mu m$。

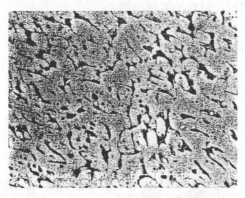

图 11-15 红柱石反应形成的无数细微空隙

### 五、其他

其他性质（如抗 CO、化学惰性、抗侵蚀、绝缘性等）略。

## 第四节 "三石"的价值与应用

### 一、"三石"的价值

长期以来，我国传统的黏土砖、高铝砖等铝硅质耐火材料产量高，质量低，带来资源浪费、能耗高、环境污染等问题。如果我们在铝硅质耐火材料中引入"三石"，将有如下效应：

（1）适量加入"三石"，铝硅质耐火材料品质得到改善与提高，性能有新的突破。

（2）随着"三石"加入量的增多，改善与提高铝硅耐火材料品质的效果十分明显，由量变到质变，开发出新的品种，例如，可以人为设计获得新品种：

1）高温力学性质方面，提高产品的荷重软化温度，提高抗蠕变性等；

2）高抗热震系列产品；

3）抗 CO、抗侵蚀产品；

4）低显气孔率、致密性耐火材料等。

以硅线石低蠕变砖为例。于 20 世纪 80 年代中期，由编著者及其团队研发，巩义第五耐火材料总厂生产的硅线石低蠕变砖，主体原料使用"三石"（以鸡西硅线石为主），批量生产约 4000t，供国产首座大型高炉（炉容 3200m³）热风炉使用（即武钢 5BF），炉衬寿命 16 年余，用后仍基本完好（见图 11－16），目前仍是国内外领先水平，由此终结了这类产品从国外进口的历史。现在我国热风炉用低蠕变砖，多数耐火材料企业都能生产，基料使用的是"三石"。"三石"的研发影响并推动我国耐火材料的发展与进步。

图 11－16 在武钢 5 号高炉热风炉中使用 16 年后的 H23 硅线石低蠕变砖

另外，由巩义五耐总厂开发的高炉热风炉用抗热震低蠕变砖，也是以"三石"为基料，成功应用在热风炉管道等部位。

要获得理想的优质耐火材料，选择"三石"的品种、粒度、含量是重要的课题。一般而言，提高荷重软化温度、抗蠕变性宜选硅线石；提高抗热震性宜选红柱石；浇注料等不定形耐火材料宜选蓝晶石，利用蓝晶石在高温下转变为莫来石有较大膨胀性的特点，抵消耐火材料在高温下的收缩。建议多用"三石"复合矿物，如电炉盖不定形耐火材料，可用硅线石红柱石＋蓝晶石复合。

铝硅质耐火材料中，引入"三石"，除获得以上效应之外，还可节省资源，具有增加资源利用率、节能降耗等重要意义，因为"三石"可不经煅烧，直接使用。

应用"三石"，可稳增长、调结构，促改革，利国利民，好处多多。"三石"具有重要的价值，释放出的是正能量，在发展铝硅系等新型优质耐火材料中具有重要意义，是耐火材料产业的重大变革。

## 二、"三石"的应用（部分）

"三石"应用广泛，涵盖工业各个领域：

（1）钢铁行业：

1）焦炉炉门。用"三石"改性黏土砖，提高抗热震性。

2）碳素焙烧炉。采用低蠕变系列黏土砖及耐火材料制品能抗 CO。

3）干熄焦装置。采用红柱石（莫来石）–SiC 系列。

4）高炉出铁口。采用炮泥用蓝晶石等"三石"原料。

5）热风炉（含内燃、外燃式、顶燃式热风炉）：采用含"三石"的低蠕变砖系列及高抗热震砖。

6）鱼雷式铁水（未"三脱"）罐（车）。采用红柱石–SiC–C 系列。

7）铁水包、钢包、连铸中间包。其所用的耐火材料用到"三石"。

8）电炉顶。用蓝晶石 + 硅线石/红柱石。

9）不定形耐火材料。用到蓝晶石或"三石"复合料。

（2）有色行业。炼铝炉采用"三石"改性高铝砖、铅锌密闭鼓风炉用红柱石质砖。

（3）陶瓷行业。窑具耐火材料用堇青石–莫来石–红柱石/硅线石质砖。

（4）建材行业。水泥回转窑（预热带、过渡带）引入红柱石质的抗剥落高铝砖。

（5）铸造行业。用红柱石作为型砂。

（6）其他行业。生产铝硅合金作为耐火纤维使用、合成莫来石等。

# 第十二章 高铝质耐火材料原料——莫来石

莫来石成分与固溶体
莫来石晶体结构、性质
莫来石的分解
莫来石的合成
电熔莫来石、烧结莫来石
应用

莫来石是在常压下 $Al_2O_3 - SiO_2$ 系统中唯一稳定的二元化合物,在自然界中很罕见。1922 年,H·Thomas 在苏格兰的 Mull(莫尔)岛发现,两年后由美国矿物学家 N·L. Bowen 等人证实。1981 年国内《硅酸盐》刊物曾报道在我国河北武安县、河南林县发现有莫来石,但至今未见有工业价值的矿床。

然而,在 $Al_2O_3 - SiO_2$ 系耐火材料领域,莫来石则是常见的矿物,如在黏土质、高铝质耐火制品及其腐蚀带中,莫来石是常见的矿物,它主要是由黏土矿物高岭石反应生成,还可利用高铝矾土(尤其二级、三级矾土)和蓝晶石、红柱石、硅线石等高铝矿物于高温煅烧下生成。工业用莫来石一般采用人工合成的方法获得。采用的工艺途径有两种,即烧结法合成和电熔法合成。地质部门将莫来石又称为富铝红柱石。

莫来石是耐火材料中十分重要的矿物原料。

## 第一节 莫来石化学成分与固溶体

### 一、化学成分

化学组成 $Al[Al_xSi_{2-x}O_{5.5-0.5x}]$,其中含 $Al_2O_3$ 71.8%,$SiO_2$ 28.2%,常含有 Fe、Ti 类质同象混入物,有时含有少量碱。天然莫来石化学成分见表 12 - 1。

**表 12 - 1 天然莫来石化学成分**

| 化学成分 | 苏格兰 Mull 岛产 | | 北爱尔兰产 | |
| --- | --- | --- | --- | --- |
| | 1 | 2 | 3 | 4 |
| $Al_2O_3$/% | 69.63 | 68.16 | 64.86 | 64.35 |
| $SiO_2$/% | 29.04 | 29.93 | 31.93 | 29.17 |

| 化学成分 | 苏格兰 Mull 岛产 | | 北爱尔兰产 | |
|---|---|---|---|---|
| | 1 | 2 | 3 | 4 |
| $Fe_2O_3$/% | 0.50 | 0.62 | 0.94 | 5.93 |
| $TiO_2$/% | 0.79 | 1.29 | 2.27 | 0.55 |
| CaO/% | | | | |
| MgO/% | | | | |
| $K_2O$/% | 0.18 | | | |
| $Na_2O$/% | 0.06 | | | |

用 X 射线衍射对天然和人造莫来石进行研究可得出三种晶胞轴比不同的莫来石：

（1）α-莫来石，相当于纯 $3Al_2O_3 \cdot 2SiO_2$，简称 3∶2 型，$Al_2O_3$ 71.8%，$SiO_2$ 28.2%；

（2）β-莫来石，相当于 $2Al_2O_3 \cdot SiO_2$，简称 2∶1 型，含有多余 $Al_2O_3$，$Al_2O_3$ 可达 77.3%，$SiO_2$ 22.7%；

（3）γ-莫来石，为含有少量 $TiO_2 + Fe_2O_3$ 的固溶体。当 α 型变到 β 型，其晶格常数有显著变化。晶格常数 $a$ 值有随 $Al_2O_3$ 含量升高而增大的趋势，即 $Al_2O_3$ 增多，晶格常数增大。γ 型因含有 $Fe_2O_3$ 和（或）$TiO_2$，晶格常数增大。

## 二、固溶体

关于莫来石的固溶体，可分两类：$Al_2O_3 - SiO_2$ 系固溶体；含其他氧化物的固溶体。

### （一）$Al_2O_3 - SiO_2$ 系固溶体

$Al_2O_3 - SiO_2$ 系中存在一系列固溶体，从 1∶1 的硅线石到 2∶1 的莫来石。在研究了硅线石和不同 $Al_2O_3$ 含量莫来石的结构后，发现有 1.71∶1 的莫来石，处于 3∶2 型和 2∶1 型莫来石之间，$Al_2O_3$ 含量介于 71.8% ~77.3% 之间。

高铝组成的固溶体，即在 3∶2 和 2∶1 间形成均匀的莫来石固溶体；从 $Al_2O_3$48% 和 60% 熔体中结晶出的莫来石，其组成也是 3∶2 或 2∶1 型。电熔莫来石通常都是 2∶1 型的。

在亚稳平衡（淬火）下结晶出的 2∶1 型莫来石，在热处理过程中将改变其组成，脱溶出 $Al_2O_3$ 后变成稳定的 3∶2 型，脱溶出的 $Al_2O_3$ 进入到玻璃相中。

### （二）含有其他氧化物的固溶体

1. 莫来石 - $TiO_2$ 固溶体

$TiO_2$ 与莫来石能形成固溶体，以 $Ti^{4+}$ 代替 $Si^{4+}$ 进入莫来石晶格中，但进入莫

来石的 $TiO_2$ 含量与温度有明显关系。

在 1000~1200℃ 温度下，$Ti^{4+}$ 没有进入莫来石晶格中。用显微镜观察，可看到试样含有游离的 $TiO_2$，1400℃ 约有 2% $TiO_2$ 进入莫来石晶格，1600~1700℃ 进入莫来石晶格的 $TiO_2$ 为 2%~4% 之间。

关于莫来石中 $TiO_2$ 的含量，有研究指出，在黏土砖中莫来石最大的 $TiO_2$ 含量只有 1.2%。有人研究 $Al_2O_3 - SiO_2 - TiO_2$ 三元系淬火试样在莫来石中 $TiO_2$ 的固溶量后认为：在低铝范畴（$Al_2O_3$ 含量 42%）在 1500~1600℃ 温度下，莫来石可溶解 2.4%~3.9% 的 $TiO_2$；而在高铝范畴（$Al_2O_3$ 62%~72%），在 1718~1745℃ 温度下，莫来石可溶 5.9%~6.0% 的 $TiO_2$。

根据以上讨论列出莫来石固溶 $TiO_2$ 的含量简表，见表 12-2。

表 12-2　莫来石固溶 $TiO_2$ 含量与温度的关系

| 条　件 | 温度/℃ | 莫来石固溶 $TiO_2$/% | 备　注 |
|---|---|---|---|
| 烧结纯莫来石 | 1000~1200 | 约 0 | |
| | 1400 | 2 | |
| | 1600，1700 | 2~4 | |
| $Al_2O_3$ 42% | 1500~1600 | 2.4~3.9 | $Al_2O_3 - SiO_2 - TiO_2$ |
| $Al_2O_3$ 62%~72% | 1600~1700 | 5.9~6.0 | 淬火样 |

随热处理时间的延长，$TiO_2$ 会从莫来石中析出而转移到液相中去。

$Ti^{4+}$ 进入莫来石晶格中，不仅发生晶格胀大，还会发生晶格扭曲，以晶格常数 $a/b$ 说明，见表 12-3。

表 12-3　$Ti^{4+}$ 在莫来石晶格中的影响

| 原料名称 | | $a$/nm | $b$/nm | $c$/nm | $a/b$ | 备　注 |
|---|---|---|---|---|---|---|
| 烧结纯莫来石 | | 0.75688 | 0.76970 | 0.28807 | 0.9833 | |
| 含 Ti 莫来石 | 1400℃ | 未变化 | 增大 | 增大 | 0.9821 | 纯莫来石 - $TiO_2$ 固溶体 |
| | 1600℃ | 增大 | 增大 | 增大 | 0.9827 | |
| | 1700℃ | 增大 | 增大 | 增大 | 0.9843 | |
| 高铝矾土中的含 Ti 莫来石 | | 0.75836 | 0.77095 | 0.28952 | 0.9836 | |

2. 莫来石 - $Fe_2O_3$ 固溶体

$Fe^{3+}$ 代替 $Al^{3+}$ 进入莫来石晶格中。莫来石 $Fe_2O_3$ 含量受温度与气氛的影响。

莫来石可能含有 8%~9% 的 $Fe_2O_3$，其含量随温度升高而降低。原因是在高温下氧化铁转移到液相中，另外莫来石中一部分三价铁还原成二价铁；而随着温度下降，$Fe_2O_3$ 又从液相中返回到莫来石中。

烧成气氛影响莫来石中的 $Fe_2O_3$ 含量。在还原气氛中烧成，$Fe_2O_3$ 含量比在氧化气氛中烧成时要低。

3. 莫来石 – $Cr_2O_3$ 固溶体

可以有 8% ~ 10% $Cr_2O_3$ 进入莫来石晶格，在 1400℃ 以上反应明显，到 1600℃ 晶格显著胀大；但温度增至 1700℃ 时却影响甚微，可以见到有些莫来石分解成刚玉。$Cr_2O_3$ 在所有氧化物中抗侵蚀能力最强，因此固溶体耐蚀性能较好。

4. 2:1 型莫来石 – $Fe_2O_3$、$TiO_2$ 固溶体

含有 2:1 型莫来石（$β$ – 莫来石，$2Al_2O_3 \cdot SiO_2$）的试样，同 8% $Fe_2O_3$ 和 2.5% $TiO_2$ 加热到 1450℃ 时，$Fe_2O_3$ 几乎全部进入莫来石晶格中，少量与游离刚玉形成固溶体。而 $TiO_2$ 有 0.5% 进入莫来石，剩余的 $TiO_2$ 同 $Al_2O_3$ 反应形成钛酸铝（$Al_2O_3 \cdot TiO_3$）。

$Fe_2O_3$ 和 $TiO_2$ 进入莫来石晶格，莫来石光学性质发生变化，见表 12 – 4。

表 12 – 4　含不同量 $Fe_2O_3$ 和 $TiO_2$ 时，莫来石光性的变化

| $Fe_2O_3$/% | $TiO_2$/% | $2V(+)$ | $N_g$ | $N_m$ | $N_p$ | $N_g - N_p$ |
|---|---|---|---|---|---|---|
| 0.0 | 0.0 | 45 ~ 50 | 1.654 | 1.644 | 1.642 | 0.012 |
| 0.5 | 0.79 | | 1.668 | | 1.651 | 0.017 |
| 0.86 | 1.12 | | 1.672 | | 1.653 | 0.019 |
| | 1.86 | | 1.679 | | 1.648 | 0.031 |
| 10 | | | 1.683 | | | |
| 13 | | | 1.690 | | | |

# 第二节　莫来石的晶体结构

莫来石晶体结构与硅线石密切相关，有很大相似性，因为莫来石晶体是由 4 个硅线石晶胞经过某些取代后构成的，详见第十一章"蓝晶石、红柱石与硅线石"硅线石部分。需要再指出的是，由于莫来石晶体结构中缺氧，即缺席结构，氧的电价不平衡（总的电价平衡），致使莫来石晶体在离子半径较大的碱或碱土族化合物作用下，易于分解。

# 第三节　莫来石的分解反应

## 一、碱质作用对莫来石分解的影响

研究指出，当离子半径小于 0.07nm 时，可以占据莫来石晶格中的空位，而半径大于 0.07nm 时则使晶格膨胀，促使莫来石分解。

周期表中 I A 族元素的离子，其离子半径大于 0.07nm。如 Li 0.078nm，Na 0.098nm，K 0.133nm，Rb 0.149nm，Cs 0.165nm。II A 族离子半径也有大于 0.07nm 的。所以在离子半径较大的碱或碱土族化合物作用下将促使莫来石分解。

莫来石在碱质（$Na_2O$、$K_2O$）作用下分解，反应如下：

$$3Al_2O_3 \cdot 2SiO_2 + R_2O\ (Na_2O、K_2O) \longrightarrow \begin{cases} K_2O \cdot Al_2O_3 \cdot 2SiO_2 \\ \text{钾霞石} \\ Na_2O \cdot Al_2O_3 \cdot 2SiO_2 \\ \text{钠霞石} \\ K_2O \cdot Al_2O_3 \cdot 4SiO_2 \\ \text{白榴石} \end{cases} + Al_2O_3$$

（莫来石）　　　　　　　　　　　　　　　　　　　　　　　　　　　（刚玉）

反应生成的 $Al_2O_3$ 可形成刚玉，也有进入玻璃相。上述反应在单一 $Na_2O$ 作用下，莫来石的分解温度为 1200 ~ 1300℃。

有试验指出：在 β – 莫来石（$2Al_2O_3 \cdot SiO_2$，即 2:1 型）中加入 4% $Na_2O$，在 1400℃ 时（不保温），刚玉生成量为 47%；保温 10h，刚玉生成量为 100%。α – 莫来石和 β – 莫来石，两者用 1% ~ 4% $Na_2O$ 在 1200 ~ 1500℃ 下热处理，莫来石分解为刚玉和玻璃相。以上试验均证实莫来石在碱质作用下是不稳定的晶相。

在第十章"高铝质耐火材料原料"中，表 10 – 18（引用自李广平教授）"$R_2O$ 对高铝砖相组成的影响"中看到，$Al_2O_3$ 含量大致相同的高铝砖，由于 $R_2O$ 含量不同，其物相含量相差很大，$R_2O$ 含量多者，以刚玉、玻璃相为主，莫来石含量很少，如含 $N_2O1.41\%$ 的高铝砖（$Al_2O_3$ 80.35%）中莫来石仅有 4.22%；$R_2O$ 含量少，则高铝砖中含有较多莫来石，而玻璃相含量少。

$Li_2O$ 同样能促使莫来石的分解，$Li^+$ 的半径大于 0.070nm（为 0.078nm），即使 $Li_2O$ 含量很少，也促使莫来石的分解，并随温度升高，分解作用加剧。例如 $Li_2O$ 含量 0.5% ~ 2.0%，在 1500℃ 时，可使莫来石完全分解。

$RO(MgO、CaO)$ 同样能促使莫来石分解，（$Mg^{2+}$ 0.078nm，$Ca^{2+}$ 0.106nm），见表 12 – 5。

表 12 – 5　RO 对莫来石分解的影响

| 含　量 | | 温度与条件 | 莫来石分解程度或分解形成物相 |
|---|---|---|---|
| MgO /% | 1.5 | 1500℃ ×（2 ~ 10）h | 很弱 |
| | 2.0 | 1500℃ ×6h | 中等。莫来石含量减 15% ~ 20%，刚玉增 10% ~ 15% |
| | 0.8 | | 形成 3.9% 假蓝宝石（$4MgO \cdot 5Al_2O_3 \cdot 2SiO_2$）和 0.4% 玻璃相 |
| | 18.6 | | 莫来石完全分解 |
| CaO /% | 1.12 | | 莫来石分解 10%，有 42% 刚玉，5.5% 钙长石 |
| | 11.5 | | 莫来石完全分解，形成 43.4% 刚玉和 56.5% 钙长石 |

由表 12-5 可见，由于莫来石的缺席结构，在合成莫来石时，应控制 RO、$R_2O$ 尤其是 $R_2O$ 的含量，在使用莫来石质耐火材料时，应尽力避免与碱尘、碱液接触。

RO 与 $R_2O$ 对莫来石合成的影响，前者不如后者。但即使是 $R_2O$ 也有差异，例如 $Na_2O$ 对莫来石的形成与分解的影响比 $K_2O$ 大。它抑制莫来石的形成，在高温下导致莫来石的分解，形成刚玉与玻璃相。图 12-1 为 $Na_2CO_3$ 对莫来石生成量的影响。

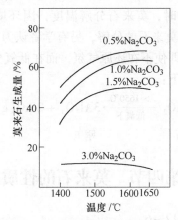

图 12-1  $Na_2CO_3$ 对莫来石生成的影响

图 12-1 中可见，随着 $Na_2CO_3$ 含量由 0.5% 、1.0% 、1.5% 增加至 3.0% ，莫来石不断被分解，含量不断减少。超过 3.0% 时，莫来石仅剩 10% 左右。这里还需指出：作为主要窑具材料的低铝莫来石（牌号 M45），要求具有高热震性能。而热震性能的好坏，除受莫来石晶相制约外，还取决于其中含有的方石英相。为消除或减少方石英相，提高热震性能，有时人为加入某种添加剂。

## 二、气氛对莫来石分解的影响

研究得出，还原气氛导致莫来石的分解。

将 $Al_2O_3:SiO_2$ 比分别为 3:2 和 2:1 的试样，在还原气氛下结晶，火焰的氧和氢体积比为 1:3 和 1:2.5，晶体生长速度同为 1mm/h，这两种试样得到的不是莫来石，而是刚玉单晶。刚玉单晶大小为 8mm×8mm×8mm 和 9mm×9mm×9mm，比重为 3.980 和 3.975，晶体中含 $Al_2O_3$ 99.69% 和 98.90%。没有得到莫来石，显然是由于还原气氛的影响致使 $SiO_2$ 大量挥发。当 $O_2:H_2=1:3$ 时，$SiO_2$ 挥发量为原量的 98.9% ，$O_2:H_2=1:2.5$ 时为 94.7% 。

CO 对莫来石（烧结或熔融）的还原反应是明显的。对各种莫来石进行 CO 的试验，指出莫来石由 1100℃ 开始按下式反应分解，反应速度与时间的平方根 $\sqrt{t}$

成正比：

$$3Al_2O_3 \cdot 2SiO_2 + 2CO(g) \longrightarrow 3Al_2O_3 + 2SiO(g) + 2CO_2(g)$$

还原产物是刚玉和气体 SiO。这里莫来石的分解机理是气体扩散控制，而不是莫来石本身的颗粒边界反应。

关于莫来石在还原气氛下的分解，有人认为温度从 1200℃ 开始，二氧化硅挥发，形成多孔刚玉结晶组织。二氧化硅在高于 1300℃ 时按下式分解：

$$SiO_2 + C \xrightarrow{1300℃} SiO(g) + CO(g)$$

莫来石与碳（石墨）共存时，莫来石分解温度，因环境条件不同而有差异。有学者在 1200℃ 下，发现了莫来石的分解，另有学者认为，是在 1700℃ 下。

有学者指出，莫来石即使不在还原气氛，而在低氧分压下，高于 1650℃ 温度也发生分解。分解反应如下：

$$3Al_2O_3 \cdot 2SiO_2 \xrightarrow[低氧下]{> 1650℃} 3Al_2O_3 + 2SiO(g) + O_2(g)$$

$$\text{莫来石} \qquad\qquad \text{刚玉}$$

## 第四节　莫来石的性质

莫来石主要性质见表 12 – 6。

**表 12 – 6　莫来石的主要性质**

| 成　分 | $3Al_2O_3 \cdot 2SiO_2$<br>$Al_2O_3$ 71.8%，$SiO_2$28.2% | 弹性模量 $E$/Pa | 1470997.5 |
|---|---|---|---|
| | | 膨胀系数 $\alpha(20 \sim 1000℃)$/℃$^{-1}$ | $5.3 \times 10^{-6}$ |
| 晶　系 | 斜方 | 介电常数 | 7 |
| 晶　形 | 针状、长柱状，相互<br>交错成网络状 | 熔点/℃ | 1870(或 1810℃ 分解) |
| 莫氏硬度 | 6 ~ 7 | 化学性质 | 化学性质稳定，抗化学<br>侵蚀性强，甚至不溶于 HF |
| 密度/g·cm$^{-3}$ | 3.03 | 弱　点 | 由于莫来石结构的缺席<br>结构，易被 $Na_2O$ 与 $K_2O$<br>等氧化物所分解 |
| 导热系数（1000℃）$\lambda$<br>/W·(m·K)$^{-1}$ | 3.83 | | |

莫来石的结晶形态为针状、长柱状体，是因其晶体结构所致。集合体为针状、柱状相互穿插的网络状。但是合成莫来石在某些条件变化时，影响或改变莫来石的结晶形态，这些条件如玻璃相量、烧成温度和保温时间、铝与硅比值等。

合成莫来石要形成针状体，需要液相。无液相时，则不形成针状（如形成片状、宽柱状），因此如在烧结过程中产生玻璃相多，合成莫来石形成针状，晶体易发育长大，否则莫来石结晶细小。

加热过程影响莫来石晶体大小，反复加热（或提高煅烧温度或延长保温时间）将使晶体变大。

电熔法合成的莫来石，柱状晶体发育。相对而言，烧结法合成的莫来石则为细柱状、针状。

在长时间使用的黏土砖变化带中的莫来石，可观察到一种粒状或短柱状均质莫来石。又如将烧成黏土砖在 1350℃ ×450h（长时间加热）得到小于 8μm 的均质莫来石，把这种砖在 1600℃ ×20min 再煅烧，得到针状莫来石。

莫来石结晶形态与材料的热震稳定性有关，针状、柱状体有利于热震稳定性，而隐晶、微晶对热震稳定性不利（或热震稳定性欠佳）。

综观莫来石的性质，除针、柱状体交错成特殊结构外，熔点高、硬度大、膨胀系数与弹性模量小，抗化学侵蚀性强等优点，相应的材料如莫来石砖、莫来石陶瓷、莫来石耐火浇注料等。具有优良的力学、抗热震、抗侵蚀等性能，因此莫来石是 $Al_2O_3 - SiO_2$ 系重要的矿物原料。

# 第五节　莫来石的合成

如第四节指出，莫来石具有优良的性能，如熔点高，膨胀率小，弹性模量小，化学性质稳定等，因而其材料力学性质（荷重、蠕变性等），抗热震性，抗侵蚀性等具有优良性能，是耐火材料（尤其 $Al_2O_3 - SiO_2$ 系耐火材料）重要的优质矿物原料，但因在自然界中莫来石产出极少，工业上主要靠人工合成获得。

## 一、合成莫来石用原料

国内合成莫来石，主体原料和其组合主要有如下类型，见表 12 –7。

**表 12 –7　合成莫来石用主要原料**

| 主体原料及其组合 | 国内主要生产地或企业 |
| --- | --- |
| 工业氧化铝 + 优质硅石 | 吉林、河南 |
| 工业氧化铝 + 优质耐火黏土（苏州土等） | 江都、山西、山东 |
| 三级矾土 | 湖南、贵州 |
| 高岭土、煤矸石 | 淮北、山西、河南 |
| 蓝晶石（或"三石"）+ { 工业氧化铝 / 生矾土；或蓝晶石煅烧 | 山西、河南、河北 |

我国用作合成莫来石的优质黏土主要有：广西白泥、苏州土、山东焦宝石、山西塑州土（含煤矸石）等。

优质三级矾土以湖南靖州、辰溪一带著名，该矾土经选矿除去黄铁矿、磨细、压块干燥烧成即可获得莫来石产品。此外还有山西煤矸石，巩义一带的三级矾土，因地质层位为 K6，俗称 K6 石。

优质铝矾土以山西阳泉、离石、孝义，河南渑池，四川南川为代表。

## 二、合成莫来石生产工艺原则流程

烧结法合成莫来石通常采用湿法生产，也有采用半干法生产的。各地生产基本工艺流程相似（见图 12 - 2），即：

按计量原料→湿法混磨达要求细度→沉淀→脱水→磁选→压滤→真空练泥（或成型坯体）→干燥→烧成。

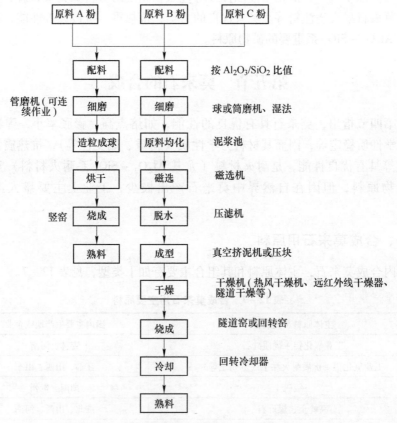

图 12 - 2 烧结合成莫来石生产工艺原则流程（湿法）

上述生产工艺，各地、各国也存在一些差异：

（1）设备上的差异，如磨细设备、烧成设备等。磨细设备影响到合成原料的细度和效率；烧成设备更是关键，关系到合成莫来石的质量，烧成设备有用回转窑、隧道窑、竖窑、梭式窑。我国目前还有用经过改造的倒焰窑。

（2）除铁。前苏联和我国早期还采用酸洗工艺，因酸洗工序既复杂又麻烦，环保要求也高，近来已逐渐淘汰。控制莫来石中的铁质，一是在源头，把住原料这一关；二是原料磨细后需经磁选，最后是破、粉碎系统的磁选。

## 三、合成莫来石的影响因素

（一）关于 $Al_2O_3$ 含量或 $Al_2O_3/SiO_2$ 比问题

按 $Al_2O_3 - SiO_2$ 系相图，合成莫来石的 $Al_2O_3$ 含量应该为 71.8% ~ 77.3%，$SiO_2$ 含量应为 28.2% ~ 22.7%，合成配料 $Al_2O_3/SiO_2$ 比值为 2.55 ~ 3.39。

可是国内外学者及编著者用工业氧化铝或高铝矾土等原料合成莫来石，研究不同 $Al_2O_3$ 含量与熟料莫来石含量的关系，得出 $Al_2O_3$ 含量在 68% 左右时，其熟料中莫来石含量最高。例如：上海玻搪所认为配料中 $Al_2O_3$ 含量为 66% ~ 68% 时，熟料的莫来石含量最高；李广平教授研究天然矾土的相变化，也认为 $Al_2O_3$ 含量为 65% ~ 68% 时，熟料的莫来石含量最高；国外有人研究得出：$Al_2O_3/$ $(Al_2O_3 + SiO_2) = 0.72$ 时，莫来石含量最高。

$Al_2O_3$ 含量与莫来石生成量的关系如图 12 - 3 所示。

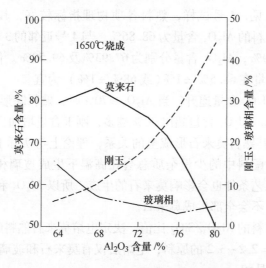

图 12 - 3　$Al_2O_3$ 含量与莫来石生成量的关系

编著者与其团队宋汝波、张忠玉用四川优质矾土和硅线石精矿，研究不同 $Al_2O_3$ 含量与其熟料莫来石含量之间的关系，可得出 $Al_2O_3$ 含量在 68.5% ±1% 时，熟料的莫来石含量有更高值。研究试验如下：在相同的工艺条件下，配料中 $Al_2O_3$ 含量的选择从 66% 起到 72% 共 9 组，每组之间 $Al_2O_3$ 含量相差约 1%（见表 12 - 8）。

表 12 – 8 合成莫来石配料的 $Al_2O_3$ 含量与其熟料莫来石含量之间的关系

| 编号 | $Al_2O_3$ /% | $SiO_2$ /% | A/S | 熟料体积密度/g·cm$^{-3}$ | 显气孔率/% | 吸水率/% | 耐火度/℃ | 莫来石/% | 刚玉/% |
|---|---|---|---|---|---|---|---|---|---|
| 1 | 66.05 | 30.79 | 2.15 | 2.82 | 0.65 | 0.19 | | 89 | |
| 2 | 66.98 | 29.81 | 2.25 | 2.82 | 0.60 | 0.17 | | 94 | |
| 3 | 67.93 | 28.83 | 2.36 | 2.81 | 0.50 | 0.14 | 1830 | 92 | |
| 4 | 68.86 | 27.83 | 2.47 | 2.85 | 0.46 | 0.13 | >1830 | 97 | 微 |
| 5 | 69.50 | 27.18 | 2.56 | 2.80 | 0.50 | 0.15 | ≥1830 | 94 | 微 |
| 6 | 70.14 | 26.50 | 2.65 | 2.80 | 0.36 | 0.10 | ≥1830 | 92 | 3 |
| 7 | 70.78 | 25.83 | 2.74 | 2.79 | 0.55 | 0.16 | | 86 | 3~5 |
| 8 | 71.11 | 25.49 | 2.79 | 2.82 | 0.60 | 0.17 | | 88 | 5 |
| 9 | 72.09 | 24.47 | 2.95 | 2.77 | 0.59 | 0.17 | | 89 | 5~7 |

注：1. 主体原料：鸡西酸洗硅线石、优质生矾土（特）；

2. 工艺条件：细度 – 500 目，100%；成型压力 2.0~2.2g/cm$^3$，煅烧温度 1700℃ ×4h；

3. 莫来石由 X 射线分析。

从表 12 – 8 可见，4 号试样，熟料各项物理指标较好，其中莫来石晶相在 95% 以上。此时配料的 $Al_2O_3$ 含量为 68.86%。与 4 号近邻的 3 号、5 号试样，莫来石含量都大于 90%，$Al_2O_3$ 含量分别为 67.93% 及 69.50%。作者认为合成莫来石配料中 $Al_2O_3$ 含量在 68.5% ±1%（或 68% ±1%）为宜。

如果配料中 $Al_2O_3$ 含量递升，当 $Al_2O_3$ ≥70% 时，熟料除形成莫来石晶相外，还有刚玉晶相出现。$Al_2O_3$ 含量超出 70% 越多，刚玉含量增加也越多。

$Al_2O_3$ 含量与其熟料莫来石形成量的关系，理论上与实际上有差异。因为后者是非平衡状态，配料中的少量杂质总会在高温下生成玻璃相或促使莫来石分解，其次原料及工艺条件也会影响莫来石的生成。所以 $Al_2O_3$ 和 $SiO_2$ 含量与理论组成相当的原料，不会全部生成莫来石。

电熔莫来石原料的 $Al_2O_3/SiO_2$ 比值，决定电熔莫来石熟料的矿物组成，研究得出：$Al_2O_3/SiO_2$ =2.2~3.2 的原料，电熔后仅有莫来石和玻璃相；$Al_2O_3/SiO_2$ > 3.2 时，还有刚玉晶相。

莫来石晶体形态、尺寸大小与 $Al_2O_3/SiO_2$ 有密切关系：$Al_2O_3/SiO_2$ = 2.2~2.5 时，莫来石为粗粒结构，晶体为粒状；当 $Al_2O_3/SiO_2$ = 2.7~3.2 时，电熔后的莫来石结晶较细。随着温度的升高或保温时间的延长，莫来石变为柱状。上述结论，因原料中其他组分（$R_2O$、$RO$、$TiO_2$、$Fe_2O_3$ 等）及电熔设备、电熔温度的差异而有误差，如无盖电炉温度较高，易使 $SiO_2$ 挥发，熔体冷却速度缓慢，为莫来石晶体发育长大提供良好的环境，晶体易发育长大。

（二）合成原料的选择

烧结合成莫来石主要是通过固相反应来完成，原料选择得当，有利于固相反应和烧结。

1. 选择具有相变化、晶格缺陷的原料

例如：高岭土随着烧成温度的提高，进行脱水反应和系列的连续相变化过程，形成具有较大比表面和晶格缺陷的初生态，引起很大的活性，从而有利于烧结。

高岭土的主要矿物是高岭石，它的加热变化过程，首先是失去吸附水，之后在 600℃ 左右失去结晶水（$OH^-$）而成为偏高岭土，至 980℃ 左右偏高岭石分解而转变为尖晶石相，而后（1200℃ 左右）转变为莫来石和无定形的物质（$SiO_2$）。显然，高岭石在脱水反应和热解反应过程中，旧相消失而新相出现，颗粒易产生缺陷，引起较大的活性，是合成莫来石的优选原料。

高铝矾土，如前章所述，我国铝土矿（高铝矾土）分为两大类，即一水型铝土矿和三水型铝土矿，后者更适用合成莫来石原料。三水型铝土矿主要矿物为三水铝石，它在 400℃ 左右脱水，变为一水软铝石，于 900～1200℃ 相变为 $\alpha$ – $Al_2O_3$，连续的相变化过程，使其具有较大的活性。

$Al_2O_3$ 的两个变体 $\gamma$ – $Al_2O_3$ 和 $\alpha$ – $Al_2O_3$，当位于 $\gamma$ – $Al_2O_3$ 转变为 $\alpha$ – $Al_2O_3$ 的温度区域，反应速度显著增加。$\gamma$ – $Al_2O_3$ 和 $\alpha$ – $Al_2O_3$ 是工业氧化铝的矿物组成，也就是说选择工业氧化铝作为合成莫来石的原料比用 $\alpha$ – $Al_2O_3$ 更具有活性，更有利于固相反应与烧结。

2. 选择有晶型转化的矿物原料

例如 $SiO_2$ 有多种晶型转化，故用石英、（含水晶）结晶硅石比用熔融石英更好，后者为已经过高温处理（＞1700℃）的原料，在合成莫来石的温度下（≥1700℃）已无晶型转化了，晶格中缺陷弱小。研究指出：采用熔融石英与工业氧化铝合成莫来石，煅烧温度高达 1750℃，熟料的吸水率仍高达 10.6%，表明物料并未烧结好。可见熔融石英用作合成莫来石的原料效果欠佳。

（三）组分对合成莫来石的影响

1. 杂质对合成莫来石的影响

原料的杂质是指 $R_2O(K_2O + Na_2O)$、$RO(CaO + MgO)$、$Fe_2O_3$、$TiO_2$ 等溶剂氧化物。这些杂质对于莫来石影响，在第十一章中已有论述，此处加以必要补充。

A　$K_2O + Na_2O$ 杂质的影响

由于莫来石结构中缺氧，形成缺氧结构，$K_2O + Na_2O$ 对莫来石分解作用，随其含量的增加，莫来石不断被分解，玻璃相量、刚玉相量增多。

例如，在以氢氧化铝和石英作为原料的试样里，添加不同数量的 $Na_2CO_3$，莫来石形成量有如下变化（$t > 1600\,℃$）：

| $Na_2CO_3/\%$ | 莫来石形成量的比例 |
|---|---|
| 0 | 90% 以上 |
| 0.5 ~ 0.7 | 70% 左右 |
| $\geqslant 3$ | 约 0 |

对高炉炉衬的变质及损坏机理的研究表明：黏土砖的损坏主要是碱的侵蚀。750 ~ 1000℃ 时碱与莫来石作用生成六方钾霞石（$K_2O \cdot Al_2O_3 \cdot 2SiO_2$）或（Na，K）$_2O \cdot Al_2O_3 \cdot 2SiO_2$，发生显著膨胀，呈现出粉化现象。即使在 1000℃ 的低温度下，在微量或少量的 $Na_2O$ 长期作用下，也会发生六方钠霞石化。

$R_2O$ 的存在，对莫来石起分解作用，此时烧成温度对莫来石合成的促进作用，被 $R_2O$ 负面效应所抵消或削弱。同时由于大量玻璃相的存在，也将恶化熟料本应具备的高温性能，因此，合成莫来石用原料，首先应严格控制 $R_2O$ 的含量。

$Na_2O$ 对莫来石生成量的影响见本章第三节图 12 – 1。

B Fe$_2$O$_3$ 杂质的影响

试验表明，$Fe_2O_3$ 从 1% 增加到 3% 时，没有发现它对莫来石的合成有明显的影响。它的破坏作用仅局限于延缓莫来石的生成和增加玻璃相量。当 $Fe_2O_3 > 3\%$ 时，特别是 $Fe_2O_3$ 变成 $FeO \cdot Fe_2O_3$（$Fe_3O_4$）时，莫来石将因二价铁离子（$Fe^{2+}$）半径增大而被破坏。

C TiO$_2$ 杂质的影响

$TiO_2$ 对莫来石合成量的影响取决于其含量。如 $TiO_2$ 的含量较低时，起到矿化剂的作用，降低烧成温度，只有 $TiO_2$ 含量较高时才起杂质的作用，增加熟料的玻璃相量。对 $Al_2O_3 – SiO_2 – TiO_2$ 三元系的研究得知，$TiO_2$ 的影响取决于 A/S 比。从组成为 65% $Al_2O$、30% $SiO_2$、5% $TiO_2$ 的试验中得知，莫来石化程度最高，同时具有良好的物理性质。因此认为 5% 的 $TiO_2$ 可能是有益的。

D MgO 杂质的影响

MgO 对莫来石合成量的影响，类似于 $TiO_2$，仍取决于其含量。

例如，添加 $MgCO_3$ 0.3% ~ 0.5%，莫来石含量增加；添加 0.8% 则形成有 3.9% 蓝宝石（$4MgO \cdot 5Al_2O_3 \cdot 2SiO_2$）和 0.4% 玻璃相；如果 MgO 增至 3%，生成的莫来石被破坏。所以 MgO 含量控制在 0.5% 左右为宜。

2. 加入物的影响

加入 Li、Ti、$B_2O_3$ 等可促进莫来石化，降低烧结温度。加入 MgO、MnO、$TiO_2$ 等影响不大，其影响的顺序为 $TiO_2 < MnO < MgO$；加入 $CrO_2$ 效果最好，它

能部分消除 $Na_2O$ 所造成的有害影响。

也有人认为添加 $AlF_3$ 和 Al 粉是合成高效致密莫来石的有效方法，$AlF_3$ 能促进莫来石的生成，而 Al 粉在加热熔融时，易和氧气起反应，可以减少气泡，防止毛裂，提高质量。但是，是否加入添加剂，视合成原料的特点和合成莫来石熟料的质量要求而定，当然也应考虑成本因素。

（四）原料细度对莫来石合成的影响

原料的细度是合成莫来石的必要条件。烧结法合成莫来石的原料，要求颗粒尺寸很细小，达到微米级，因为原料颗粒尺寸越小，比表面积越大，结构缺陷增多，促进晶格活化，有利于莫来石的反应和烧结，莫来石合成量和玻璃相量会相对增加，而刚玉相减少。

例如在 $Al_2O_3 - SiO_2$ 系烧结体矿物组成中，研究表明，石英粒度对莫来石合成量的影响是明显的。当石英的粒度为 0.06（250 目）~0.2mm 占 88% 时，莫来石合成量仅 61%，而当粒度更细小，即小于 0.06mm 占 87% 时，莫来石合成量可增至约 100%，即完全参与了反应。

国内外合成莫来石原料细度，见表 12-9。

**表 12-9　合成莫来石原料的粒度**

| 研究或生产单位 | 粒度与含量 |
| --- | --- |
| 中国某研究所 | ≤5μm 80%，最大 30μm |
| 中国某研究所 | <8μm 占多数 |
| 中国某耐火厂 | <6μm >80%，其中 <4μm 65%~80%，<8μm >95% |
| | <15μm >86%，或 30μm 100% |
| 编著者团队 | <15μm >70%，其中 <5μm 40% |
| 国外某项专利 | <5μm |
| 国外某耐火厂 | <15μm 90% 以上 |
| 国外某研究所 | <5μm >40% |

为使合成莫来石原料粒度微细、均匀，主要采用湿法磨细工艺而不用干法。湿法磨细工艺，易获得均匀的混合物料，加上坯料成型或采用真空挤出的办法，质量均匀，烧后体积密度及莫来石生成量比用干法工艺要高。

（五）烧成温度与保温时间

烧成温度是合成莫来石的重要条件。

电熔法的熔融温度高，为 2000~2200℃。如此高的温度合成莫来石，其晶体发育良好，晶体粗大，是毫米级，肉眼可见长柱状的莫来石晶体。

烧结法合成莫来石，考虑到莫来石晶体的发生、长大、发育过程，各阶段应有充裕的时间进行，为此，在相应的各阶段烧成温度降温速度应放慢或进行必要的保温，使莫来石结晶充分发育，减少晶格缺陷。

一般认为，莫来石在 1200℃ 开始生成，约 1650℃ 时终止。但此时莫来石晶体是微晶状，约 60μm，当温度达到或超过 1700℃ 时，莫来石晶体发育长大，结晶良好。所以合成莫来石烧成温度不低于 1700℃，并适当保温（3 ~ 6h）。

在不同烧成温度下，莫来石晶体尺寸和特性见表 12 – 10 及表 12 – 11。

**表 12 – 10　烧成温度与莫来石晶体大小关系**

| 烧成温度（保温 8h）/℃ | 1600 | 1730 | 1780 |
| --- | --- | --- | --- |
| 莫来石晶形 | 微晶或细晶，长条交错 | 针状、长柱状交错 | 柱状交错 |
| 莫来石大小 | | $(30 ~ 60)\mu m \times$ $(5 ~ 10)\mu m$ | $(50 ~ 120)\mu m \times$ $(10 ~ 20)\mu m$ |
| 莫来石折射率 | 1.66 ~ 1.68 | | |

注：主体原料为工业氧化铝 + 硬质黏土；熟料 $Al_2O_3$ 70% ~ 71%。

**表 12 – 11　不同烧成温度下合成莫来石的特性（$Al_2O_3$ 72%，$SiO_2$ 28%）**

| 烧成温度/℃ | 停留时间/min | 晶粒平均尺寸/μm | 真密度/g·cm$^{-3}$ | 显气孔率/% |
| --- | --- | --- | --- | --- |
| | 4 | 1 | 3.15 | 27.0 |
| 1700 | 40 | 2 | 3.15 | 10.9 |
| | 400 | 20 | 3.15 | 1.6 |
| 1750 | 4 | 2 | 3.15 | 18.8 |
| | 30 | 15 | 3.15 | 0.9 |

从以上可见，烧成温度越高，或同一烧成温度下保温时间越长，莫来石晶体发育越好。

如果用电炉做合成莫来石的研究试验，要注意终止温度的保温；在隧道窑中烧成则应注意烧成带停留的车位；在回转窑中烧成，因物料停留时间短，可适当提高烧成温度来弥补。

如果合成莫来石是以矾土为主体原料，采用电熔法生产时，事前要经过压坯，并需经过预烧以排除水分（附着水、结晶水）。

# 第六节　我国合成莫来石的行业标准与生产企业

## 一、我国合成莫来石的行业标准

我国合成莫来石的行业标准见表 12 – 12。

表 12 – 12　莫来石理化性能（YB/T 5267—2013）

| 牌号 | 化学成分（质量分数）/% | | | | 体积密度 /g·cm⁻³ | 显气孔率 /% | 耐火度 /CN | 莫来石相含量（质量分数）/% |
|---|---|---|---|---|---|---|---|---|
| | $Al_2O_3$ | $TiO_2$ | $Fe_2O_3$ | $Na_2O+K_2O$ | | | | |
| SM75 | 73~77 | ≤0.5 | ≤0.5 | ≤0.2 | ≥2.90 | ≤3 | 180 | ≥90 |
| SM70–1 | 69~73 | ≤0.5 | ≤0.5 | ≤0.2 | ≥2.85 | ≤3 | 180 | ≥90 |
| SM70–2 | 67~72 | ≤3.5 | ≤1.5 | ≤0.4 | ≥2.75 | ≤5 | 180 | ≥85 |
| SM60–1 | 57~62 | ≤0.5 | ≤0.5 | ≤0.5 | ≥2.65 | ≤5 | 180 | ≥80 |
| SM60–2 | 57~62 | ≤3.0 | ≤1.5 | ≤1.5 | ≥2.65 | ≤5 | 180 | ≥75 |
| FM75 | 73~77 | ≤0.1 | ≤0.2 | ≤0.2 | ≥2.90 | ≤5 | 180 | ≥90 |
| FM70 | 69~73 | ≤2.0 | ≤0.6 | ≤0.5 | ≥2.90 | ≤4 | 180 | ≥85 |

注：1. 产品不得检出石英相；

　　2. 莫来石相含量的检测由供需双方协商确定。

表 12 – 12 中，S 表示烧结，取自英文 sintered（烧结）；F 表示电熔，取自英文 fused（电熔）。示例：（1）SM60 – 1 表示烧结莫来石，氧化铝含量为 60% 的一级品；（2）FM70 表示电熔莫来石，氧化铝含量为 70%。

## 二、我国合成莫来石的生产企业（部分）

我国合成莫来石采用电熔工艺或烧结工艺，主体原料有氧化铝、铝矾土、"三石"、硬质黏土（如山西煤矸石），见表 12 – 13。

表 12 – 13　合成莫来石主要产地与品牌（部分）

| 分　类 | 主体原料 | 主要产地或企业 | 主要品牌 |
|---|---|---|---|
| 电熔莫来石 | 氧化铝 | 吉林梅河口、河南（登封、三门峡、开封、荥阳等地） | M75、M70 |
| | 铝矾土 | 湖南靖州 | M70 |
| 烧结莫来石 | 氧化铝 | 江苏江都、山西晋铝 | M75、M70、M60 |
| | 铝矾土 | 湖南靖州 | M70、M60 |
| | 硬质黏土 | 山西（阳泉、孝义、大同、塑州、右玉等地）、河南平顶山、安徽淮北 | M60、M45 |
| | 蓝晶石 | 河南南阳 | M60、M45 |

注：山西称煤矸石，位于煤层的底顶板和煤层夹矸，淮北称高岭土。

（一）电熔莫来石

1. 以氧化铝为基的电熔莫来石

郑州威尔特材有限公司创建于 1992 年，现辖 6 个分厂，拥有"三宝"、"威尔"牌系列产品：莫来石系列、刚玉系列（棕刚玉、亚白刚玉、高铝刚玉、锆刚玉等）、铝镁尖晶石及冶金辅料等产品，质量优良、信誉良好，远销海内外。电熔莫来石、锆莫来石理化指标见表 12 – 14 及图 12 – 4。

**表 12 – 14　郑州威尔电熔莫来石及锆莫来石理化指标**

| 成　分 | | $Al_2O_3$ /% | $SiO_2$ /% | $Fe_2O_3$ /% | $TiO_2$ /% | $K_2O +$ $Na_2O$/% | $ZrO_2$ /% | 体积密度 /g·cm$^{-3}$ | 显气孔率 /% | 耐火度 /℃ |
|---|---|---|---|---|---|---|---|---|---|---|
| 电熔 莫来石 | M75 | 70~77 | 22~29 | ≤0.2 | ≤0.1 | ≤0.4 | — | ≥2.90 | ≤5 | ≥1850 |
| | M70 | 60~70 | 25~35 | ≤0.8 | ≤2.0 | ≤0.5 | — | ≥3.00 | ≤4 | ≥1710 |
| 锆莫来石 | | ≥45 | ≤20 | ≤0.5 | | ≤0.4 | ≥33 | ≥3.5 | ≤3 | |

(a)　　　　　　　　　　　　　　　(b)

图 12 – 4　郑州威尔所产电熔莫来石及锆莫来石
(a) 电熔莫来石；(b) 锆莫来石

## 2. 以铝矾土为基的电熔莫来石

湖南靖州华鑫莫来石有限公司，有丰富的勃姆石–高岭石型（B–K型）铝矾土（见表 12 – 15），该矾土中 RO、$R_2O$ 及 $TiO_2$ 含量较低，是生产莫来石的优质原料。全天然料电熔莫来石，将该地 B – K 型矾土轻烧后人工精选，剔除杂质，再经电弧炉熔炼而成，年产 0.5 万吨，其理化指标见表 12 – 16。

**表 12 – 15　湖南靖州铝土矿化学成分**

| 指标 名称 | 化学成分/% | | | | | |
|---|---|---|---|---|---|---|
| | $Al_2O_3$ | $Fe_2O_3$ | $TiO_2$ | $CaO + MgO$ | $K_2O + Na_2O$ | 灼减 |
| 高铝 | 48~55 | <0.8 | <1.5 | <0.3 | <0.2 | 15.00 |
| 中铝 | 40~45 | <1.0 | <1.5 | <0.3 | <0.2 | 15.00 |

**表 12 – 16　靖州华鑫电熔与烧结莫来石理化指标**

| 品　牌 | | $Al_2O_3$ /% | $Fe_2O_3$ /% | $TiO_2$ /% | $CaO +$ $MgO$/% | $K_2O +$ $Na_2O$/% | 体积密度 /g·cm$^{-3}$ | 吸水率 /% | 莫来石 含量/% |
|---|---|---|---|---|---|---|---|---|---|
| 电熔莫来石 DM70 | | ≥70.0 | ≤0.5 | ≤2.50 | ≤0.25 | ≤0.25 | ≥3.0 | ≤0.5 | ≥93.0 |
| 烧结 莫来石 | M70 | ≥68.5 | ≤1.2 | ≤2.5 | ≤0.25 | ≤0.25 | ≥2.80 | ≤1.0 | ≥93.0 |
| | M60 | ≥60.0 | ≤1.2 | ≤2.3 | ≤0.25 | ≤0.25 | ≥2.65 | ≤1.0 | ≥86.0 |

　　另有全天然料烧结莫来石，两个品牌（M70、M60）均采用湿法均化，回转窑高温煅烧（M70、M60 分别为 1800 ~ 1830℃和 1780℃）的生产工艺，燃料为工业重油，减少杂质的引入，又确保煅烧温度，年产 3 万吨，其理化指标及显微结构见表 12 - 16 及图 12 - 5。

玻璃相：13.79%　莫来石相：86.21%　　　　　玻璃相：6.34%　莫来石相：93.66%

(a)　　　　　　　　　　　　　　　　　　　(b)

图 12 - 5　靖州华鑫烧结莫来石显微结构

(a) M60；(b) M70

　　华鑫电熔与烧结莫来石，编著者曾长期使用，效果很好，国内外市场都给予了好评。

（二）烧结莫来石

1. 以氧化铝为基的烧结莫来石

　　江苏晶鑫新材料股份有限公司（原江都晶辉）是国内高纯烧结耐火原料生产骨干企业，江苏省高新技术企业，企业总资产近 2 亿元，主要产品有：莫来石系列、烧结刚玉系列、尖晶石系列及煅烧氧化铝、低钠活性氧化铝等，编著者在巩义五耐任总工期间，首先选用晶鑫莫来石作为大型高炉热风炉用抗蠕变砖的主体原料，效果很好，质量一流。"晶辉"是其知名品牌，产品享誉海内外。晶鑫莫来石系列产品理化指标见表 12 - 17、图 12 - 6 和图 12 - 7。

表 12 - 17　江苏晶鑫烧结莫来石理化指标

| 理化指标 | JMS - 46 | JMS - 60 | JMS - 70 | JMS - 75 |
|---|---|---|---|---|
| $Al_2O_3$/% | 45 ~ 47 | 59 ~ 61 | 71 ~ 73 | ≥75 |
| $SiO_2$/% | 51 ~ 53 | ≤41 | 29 | ≤24.5 |
| $Fe_2O_3$/% | ≤0.8 | ≤0.5 | ≤0.35 | ≤0.3 |
| $TiO_2$/% | ≤0.8 | ≤0.1 | ≤0.1 | |
| CaO/% | 0.67 | 0.33 | 0.22 | |
| MgO/% | 0.21 | 0.26 | 0.10 | |

续表 12 - 17

| 理化指标 | JMS - 46 | JMS - 60 | JMS - 70 | JMS - 75 |
|---|---|---|---|---|
| $K_2O/\%$ | 0.17 | ≤0.8 | ≤0.6 | ≤0.5 |
| $Na_2O/\%$ | 0.06 | | | |
| 体积密度/g·cm$^{-3}$ | ≥2.6 | ≥2.70 | ≥2.80 | ≥2.85 |
| 显气孔率/% | ≤3 | ≤3 | ≤3 | ≤3 |
| 吸水率/% | ≤0.5 | ≤0.5 | ≤0.5 | ≤0.5 |
| 线膨胀系数（20~1000℃)/℃$^{-1}$ | $3.47 \times 10^{-6}$ | $4.35 \times 10^{-6}$ | $4.62 \times 10^{-6}$ | |
| 耐火度/℃ | 1770 | 1790 | 1825 | |
| 莫来石/% | 62 | 85 | ≥96 | ≥93 |
| 刚玉/% | — | — | 2 | |
| 玻璃相/% | 38 | 10~15 | 微 | |
| 方石英/% | — | 0 | — | |

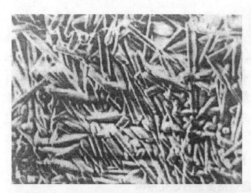 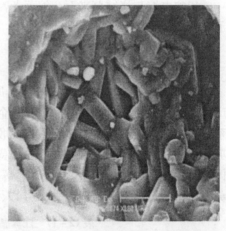

图 12 - 6　江苏晶鑫 M60 莫来石显微结构　　图 12 - 7　江苏晶鑫 M70 莫来石显微结构

2. 以铝矾土为基的烧结莫来石

湖南靖州华鑫莫来石有限公司以矾土（勃姆石 - 高岭石型，即 B - K 型矾土）为基烧结莫来石，有两个牌号 M70 与 M60，其理化指标见表 12 - 16。

3. 以高岭土为基的烧结莫来石

A　以煤矸石为基

山西右玉泉鑫高岭土有限责任公司以煤矸石为基，经特殊工艺处理，在可自动化控制的高温隧道窑煅烧，产品不含方石英相，可与英国 EEC 公司 Molochite（莫洛凯特）砂相媲美，见表 12 - 18 及图 12 - 8。

表 12 - 18 山西右玉 M45 莫来石理化指标及与国外产品比较

| 产地与品牌 | 化学成分/% | | | | | | | | 物相组成/% | | |
|---|---|---|---|---|---|---|---|---|---|---|---|
| | SiO₂ | Al₂O₃ | Fe₂O₃ | TiO₂ | CaO | MgO | K₂O | Na₂O | 烧失 | 莫来石 | 方石英 | 非晶相 |
| 山西右玉 M45 | 53~55 | 41~43 | ≤0.6 | ≤0.5 | ≤0.3 | ≤0.3 | ≤1.5 | ≤0.2 | 0.18 | 60 | 0 | 40 |
| 英国 Molochite | 54.5 | 42.0 | 1.1 | 0.07 | 0.06 | 0.31 | 2.0 | 0.1 | | 55 | 0 | 45 |

| 产地与品牌 | 线膨胀系数 /℃⁻¹ | 真密度 /g·cm⁻³ | 体积密度 /g·cm⁻³ | 显气孔率/% | 耐火度 /℃ | 常温耐压/MPa | 高温强度/MPa |
|---|---|---|---|---|---|---|---|
| 山西右玉 M45 | ≤4.4×10⁻⁶(100~1000℃) | 2.70 | >2.50 | <3.0 | >1770 | 4.79 | 10.69 |
| 英国 Molochite | ≤4.4×10⁻⁶(20~1000℃) | 2.70 | | | 1750~1770 | | |

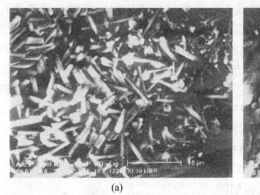
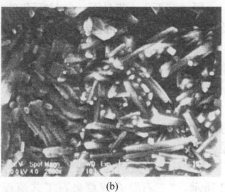

(a)　　　　　　　　　(b)

图 12 - 8 山西泉鑫 M45 莫来石 SEM 图像

(a) 2000×；(b) 2500×

**B 以高岭土为基**

安徽淮北金岩高岭土公司用高岭土煅烧得到莫来石型砂粉，如图 12 - 9 所示，其理化指标见表 12 - 19。

(a)　　　　　　　　　(b)

图 12 - 9 安徽淮北金岩高岭土公司精铸莫来石型砂粉

(a) 粗砂；(b) 全天然煅烧莫来石

表 12 –19　安徽淮北金岩高岭土公司莫来石型砂粉理化指标

| 项目 | 化学成分/% | | | | | | | | | | 物　性 | | | |
|------|-----------|------|------|------|----|------|------|------|------|------|------------|------|------|------|
| | $Al_2O_3$ | $SiO_2$ | $Fe_2O_3$ | $TiO_2$ | RO | $R_2O$ | 灼减 | 莫来石 | 方石英 | 玻璃相 | 体积密度/g·cm$^{-3}$ | 耐火度/℃ | 硬度 | pH 值 |
| 指标 | 46 ~ 48 | 50 ~ 52 | ≤1.0 | ≤0.6 | ≤0.5 | ≤0.4 | ≤0.25 | 55 ~ 65 | 10 ~ 20 | 10 ~ 20 | ≥2.48 | ≥1790 | 7 ~ 8 | 6 ~ 8 |

注：1. 粒度有 10 ~ 16 目、16 ~ 30 目、30 ~ 60 目、200 目、270 目、325 目，还可根据客户需求进行加工，砂中含粉量不大于 0.3% 。

　　2. 应用于精密铸件（碳钢、不锈钢、耐热钢等精铸），铝、钛等合金的熔模铸造。

**4. 用"三石"合成莫来石和锆莫来石**

用"三石"（蓝晶石、红柱石和硅线石）为基（或添加物）都能合成莫来石及锆莫来石。因蓝晶石转变为莫来石的温度较低、成本也较低廉，因此被广泛应用。编著者与其团队（原武汉钢铁学院材料系 218 室）在 20 世纪 80 年代、90 年代做过试验研究，某些成果已转给厂方投入生产。

用"三石"合成莫来石时，注意选择杂质低（尤其 $R_2O$ 杂质低）的原料（含"三石"），配料时（见表 12 –20 中序号 1、2、3）控制 $Al_2O_3$ 含量在 68% 左右，$Al_2O_3/SiO_2$ 比值为 2.36 ~ 2.56，选用湿法工艺混磨均化，控制原料细度、干燥、煅烧。煅烧窑炉及温度依据所用原料、产能而定。

"三石"显微结构如图 12 –10 ~ 图 12 – 12 所示。"三石"合成莫来石工艺流程如图 12 –13 所示，其产品理化指标见表 12 –20。"三石"合成莫来石的 X 射线衍射谱线如图 12 –14 所示，其显微结构如图 12 –15 所示。另外，郑州大学高温材料研究所叶方保教授、邢台兴国蓝晶石矿郑玲聪总工及其团队于 2013 年做了用蓝晶石精矿煅烧合成莫来石有效性的研究，预计莫来石将有新的品种投放市场。

图 12 –10　蓝晶石显微结构（1500℃）

图 12 –11　红柱石显微结构（1600℃）
（白星点为铁固溶在莫来石晶体中）

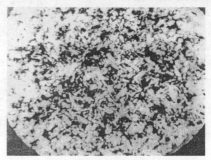

图 12 –12　硅线石显微结构（1700℃）

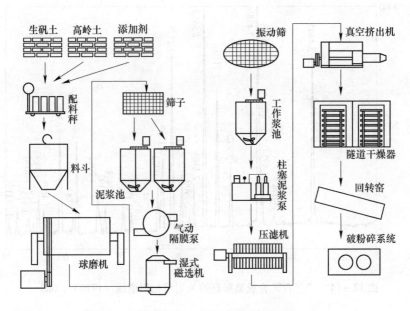

图 12-13  "三石"合成莫来石的湿法生产工艺

### 表 12-20  "三石"合成莫来石理化指标

| 序号 | 主要原料 | 煅烧制度 | 样品编号 | 化学成分 w/% | | | | | 体积密度 /g·cm⁻³ | 显气孔率 /% | 吸水率 /% | 莫来石 /% | 玻璃相 /% | 斜锆石 /% | 刚玉 /% | 备注 |
|---|---|---|---|---|---|---|---|---|---|---|---|---|---|---|---|---|
| | | | | Al₂O₃ | Fe₂O₃ | TiO₂ | R₂O | ZrO₂ | | | | | | | | |
| 1 | 硅线石 + 生矾土 | 1700℃ ×4h | 3 | 63.81 | 1.55 | 0.60 | 0.46 | — | 2.81 | 0.50 | 0.14 | 92 | | | | 宋汝波 等, 1985年 |
| | | | 4 | 65.47 | 1.56 | 1.06 | 0.44 | — | 2.85 | 0.46 | 0.13 | 97 | | | | |
| | | | 5 | 66.08 | 1.73 | 1.13 | 0.37 | — | 2.80 | 0.50 | 0.15 | 94 | | | | |
| 2 | 蓝晶石 + 工业氧化铝 | 1500℃ ×4h | 22 | 66.59 | 0.69 | 0.72 | 0.35 | | | | | 90 | 8 | | | 王洪顺、 贾志勇等, 1988年 |
| 3 | 蓝晶石 + 工业氧化铝 + 锆英石 | 1700℃ ×4h | 3 | 62.05 | 1.00 | 1.08 | 0.48 | 6.03 | 2.96 | 0.77 | | 93 | | 5 | | 潘峰, 1989年 |
| 4 (生产用) | 蓝晶石 + 生矾土 + 高岭土 | 1720℃ ×6h (隧道窑) | | 73.77 | 1.54 | 2.49 | 0.16 | | 2.85 | 0.9 | 0.3 | 85 ~ 90 | | 5 ~ 10 | | 郭海珠等 1998~1999年 |

注：生产用4号。

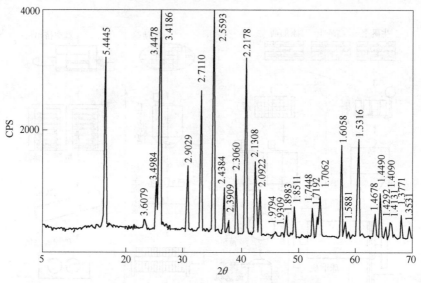

图 12 – 14　"三石"合成莫来石的 X 射线衍射谱线（1720℃，6h）

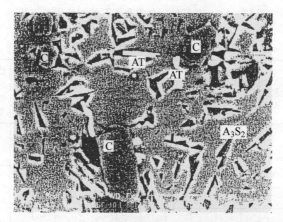

图 12 – 15　"三石"合成莫来石显微结构（1720℃，6h）

$A_3S_2$—莫来石；C—刚玉；AT—钛酸铝

# 第七节　国外莫来石与莫来石出口理化指标

## 一、国外莫来石理化指标

美国 CE 公司部分产品理化指标见表 12 – 21。

另外，用蓝晶石 + A 料合成 M45、M60 已在南阳市开元蓝晶石矿投产，其理化指标、莫来石显微结构详见附录中关于该矿的简介。

**表 12 -21 美国 CE 公司部分产品理化指标**

| 项 目 | | 莫来石 47 | 莫来石 60 | 莫来石 70 |
|---|---|---|---|---|
| 化学成分/% | Al₂O₃ | 47.8 | 60.5 | 70.5 |
| | SiO₂ | 49.3 | 35.8 | 25.3 |
| | TiO₂ | 1.78 | 2.25 | 3.68 |
| | Fe₂O₃ | 0.98 | 1.31 | 1.40 |
| | CaO | 0.03 | 0.04 | 0.02 |
| | MgO | 0.04 | 0.05 | 0.05 |
| | Na₂O | 0.04 | 0.02 | 0.02 |
| | K₂O | 0.03 | 0.03 | 0.03 |
| 比重 | | 2.64 | 2.80 | 2.85 |
| 耐火度 | | 35(1770℃) | 39(1880℃) | 40(1920℃) |
| 烧成温度/℃ | | 1620 | 1680 | 1735 |
| 原料及方法 | | 纯高岭土烧成熟料 | 用高岭土与铝矾土合成煅烧成熟料 | |

注：指标来源于 20 世纪 70 年代。

国外部分莫来石产品理化指标见表 12 -22。

**表 12 -22 国外部分莫来石产品理化指标**

| 项 目 | | 1 | 2 | 3 | 4 | 5 | 6 | 7 | 8 |
|---|---|---|---|---|---|---|---|---|---|
| 化学成分/% | Al₂O₃ | 71.76 | 73 | 73.44 | 72.18 | 70.96 | 72.30 | 72.30 | 42.0 |
| | SiO₂ | 26.35 | 25.10 | 24.80 | 25.78 | 24.24 | | 25.20 | 54.5 |
| | Fe₂O₃ | 0.81 | 0.80 | 0.59 | 1.02 | 1.5 | | 0.66 | 1.1 |
| | TiO₂ | 0.15 | 0.10 | 0.33 | 0.22 | 3.02 | | 0.12 | 0.07 |
| | MgO | | | 0.17 | 0.17 | | | 0.25 | 0.31 |
| | CaO | 0.24 | 0.40 | 0.13 | 0.18 | 0.08 | | 0.19 | 0.06 |
| | K₂O | 0.19 | 0.31 | | 0.04 | | | 0.42 | 2.0 |
| | Na₂O | 0.27 | 0.23 | | 0.21 | | | 0.42 | 0.1 |
| 体积密度/g·cm⁻³ | | 2.71 | 2.86 | 2.81 | 2.73 | 2.85 | | 2.69 | >2.5 |
| 显气孔率/% | | 2.8 | 0.5 | 3.0 | 5.8 | | | 10 | <3.0 |
| 吸水率/% | | 1.0 | 0.2 | | | | | | |
| 莫来石/% | | 97 | 88 | 87 | | | | 93 | 55 |
| 方石英/% | | | | | | | | | 0 |
| 非晶相/% | | | | | | | | | 54 |

注：1~4 代表日本；5,6 代表美国；7,8 代表英国。

## 二、我国莫来石出口理化指标

部分莫来石出口理化指标见表 12 – 23。

表 12 – 23 部分莫来石出口理化指标

| 牌 号 | | M60 | M70 | M75 |
|---|---|---|---|---|
| 灼减/% | | 0.02 | | 0.06 |
| 化学成分/% | $Al_2O_3$ | 63.73 | ≥70(70～71.72) | |
| | $SiO_2$ | 34.55 | 27 | 19.05 |
| | $Fe_2O_3$ | | 0.39 | |
| | $TiO_2$ | 0.59 | 0.33 | 0.35 |
| | CaO | 0.22 | 0.14 | 0.22 |
| | MgO | | 0.08 | 0.03 |
| | $K_2O$ | 0.07 | 0.05 | 0.06 |
| | $Na_2O$ | 0.06 | 0.28 | 0.2 |
| 显气孔率/% | | | 1.1 | |
| 体积密度/% | | | 2.86 | |
| 吸水率/% | | | 0.4 | |
| 真比重 | | | 2.88 | |

# 第八节 莫来石的应用

由于莫来石具有良好高温力学性能（高荷重、抗蠕变性）、抗热震性、抗侵蚀性等，用途广泛，见表 12 – 24。而从以上讨论来看，用煤矸石、高岭土、"三石"合成莫来石是可行的，具有现实的意义，编著者希望同行们能在莫来石生产已有的基础上，大力开发替代原料，如煅烧煤矸石以替代 M45 莫来石及"三石"合成莫来石。这样一方面提升原有资源的利用价值，另一方面解决品种短缺现状。

另外，引入"三石"、刚玉或氮化硅合成复相耐火材料，而在玻璃熔窑方面的应用更应引入锆英石，做成锆莫来石耐火材料制品。

表 12 – 24 莫来石的用途（部分）

| 部门 | 部 位 | 举 例 |
|---|---|---|
| 冶金 | 高炉 | 刚玉莫来石砖 |
| | 热风炉（中部、炉墙、蓄热室；陶瓷燃烧器；火井） | 莫来石质低蠕变砖；莫来石 - 红柱石砖，莫来石 - 堇青石陶瓷燃烧器用砖 |
| | 连铸（滑动水口，滑板，透气塞）；炉外精炼；电炉、火焰炉及间歇式窑炉 | 上、下滑板铸孔周围的莫来石复合材料；吹氩用莫来石 - 刚玉喷吹套管；刚玉 - 莫来石轻质砖 |

续表 12 - 24

| 部门 | 部位 | 举例 |
|------|------|------|
| 陶瓷 | 窑具、蜂窝陶瓷 | 莫来石-堇青石窑具材料，莫来石-刚玉质窑具材料 |
| 玻璃 | 池窑、料道、加料室端墙 | 锆莫来石熔铸大砖，电熔锆莫来石砖 |
| 建材等 | 水泥窑、磨具、精密铸造型砂、无芯工频熔炼铝合金坩埚 | 铸造及石化用莫来石轻质保温材料等 |

# 第十三章 高铝质耐火材料原料——刚玉

天然刚玉

$\alpha - Al_2O_3$ 变体

工业氧化铝

人造刚玉

　电熔刚玉

　烧结刚玉

应用

刚玉和莫来石,是高铝矾土煅烧后主要的矿物。在 $Al_2O_3 - SiO_2$ 系相图中,端元 $Al_2O_3$ 即为刚玉,它是铝硅系材料的重要物相组成。刚玉和莫来石的存在对制品的性能有重要的影响。

在地壳里 $Al_2O_3$ 是仅次于 $SiO_2$ 分布最广泛的氧化物,然而在自然界中结晶的 $Al_2O_3$(刚玉)却为数不多,这是因为 $Al_2O_3$ 对 $SiO_2$ 的化学亲和力很大,容易结合成铝硅酸盐和水化物。天然产的刚玉,形成于高温富 $Al_2O_3$ 贫硅的特殊条件下,与岩浆作用、接触变质作用及区域变质作用有关,如河北刚玉矿床产于刚玉黑云母片麻岩中。

近代应用最广、用量最大的是人造刚玉。人造刚玉生产方法有电熔法和烧熔法,主要采用电熔法生产,电熔法生产刚玉不仅产量大,而且化学成分矿物组成和晶体结构可由冶炼工艺过程控制。

刚玉除应用于耐火材料外。还用于研磨材料、精密仪器、手表及其他精密机械的轴承材料等方面。

## 第一节 刚玉的化学成分、结构和性质

### 一、刚玉的化学成分

刚玉($\alpha - Al_2O_3$)含 Al 53.3%,O 46.8%。天然刚玉一般都含有微量杂质,主要混入物有 $Cr^{3+}$、$Ti^{4+}$、$Fe^{3+}$、$Fe^{2+}$、$Mn^{2+}$、$V^{5+}$。这些混入物导致晶体的颜色、透明度等物理性质的变化,因而刚玉有多种变种。

其中含有微量 $Cr^{3+}$，呈各种红色的称红宝石，以血红色、火红色最为贵重；含有 $Ti^{4+}$，呈各种蓝色的称蓝宝石，以淡蓝色最为珍贵；含铁呈褐黑色等。

色素离子在刚玉中显示出的颜色见表 13-1，天然刚玉化学成分见表 13-2。

**表 13-1　色素离子在刚玉中显示的颜色**

| 着色剂 | 颜色 | 着色剂 | 颜色 |
|---|---|---|---|
| $Cr_2O_3$ 0.01~0.05 | 浅红 | $TiO_2$ 0.5 | 蓝 |
| $Cr_2O_3$ 0.1~0.2 | 桃红 | $Fe_2O_3$ 1.5 | |
| $Cr_2O_3$ 0.2~0.5 | 橙红 | $Cr_2O_3$ 0.01 | 金黄 |
| $Cr_2O_3$ 2~3 | 深红 | NiO 0.5 | |
| $TiO_2$ 0.5 | 紫 | $Co_3O_4$ 1.0 | 绿 |
| $Fe_2O_3$ 1.5 | | $V_2O_5$ 0.12 | |
| $Cr_2O_3$ 0.1 | | NiO 0.3 | |

**表 13-2　天然刚玉化学成分（部分）**

| 样品编号 | 1 | 2 | 3 | 4 | 5 | 6 |
|---|---|---|---|---|---|---|
| $Al_2O_3$/% | 95.35 | 98.57 | 97.96 | 97.72 | 98.84 | 96.37 |
| $SiO_2$/% | | | 0.32 | 0.16 | 0.20 | |
| FeO/% | | | 0.14 | 0.12 | 0.06 | |
| $Fe_2O_3$/% | 3.94 | 0.21 | 痕 | 痕 | 0.14 | 0.90 |
| $TiO_2$/% | | 0.56 | 0.23 | 0.17 | 0.32 | 0.21 |
| CaO/% | | | 0.73 | 0.84 | 0.34 | |
| MgO/% | | | 0.46 | 0.86 | 0.04 | |
| NiO/% | | | 0.03 | 0.06 | | |
| $Cr_2O_3$/% | | 0.66 | | 痕 | 痕 | |
| 总计/% | 99.44 | 100.00 | 99.87 | 99.93 | 99.94 | |

注：1. 样品 1 产于中国湖北；样品 2~5 产于前苏联乌拉尔；样品 6 产于土耳其。

　　2. 成因产状：样品 1 产于黑云母片麻岩；样品 2 为深红色刚玉；样品 3 为灰蓝色刚玉，产于正长伟晶岩；样品 4 为灰蓝色刚玉，产于斜长岩中；样品 5 为深蓝色刚玉，产于杂刚玉中；样品 6 为暗蓝色刚玉，产于杂刚玉砂。

　　3. 样品 1 中含烧失量 0.15%；样品 6 中含 $N_2O$ 0.10%、$Na_2O$ 0.47%。

## 二、刚玉的晶体结构与形态

刚玉 $\alpha-Al_2O_3$ 三方晶系，晶体结构的特点是：阴离子 $O^{2-}$ 按"ABAB…"的形式作六方最紧密堆积，其堆积层方向垂直三次轴，如果将连续堆积的氧离子划出，便得到六方底心格子，类似于石墨型晶体结构。阳离子 $Al^{3+}$ 处于 2 个 $O^{2-}$ 离子层之间，成空心六方型排列。$Al^{3+}$ 填充在 $O^{2-}$ 离子形成的八面体空隙之中，配位数为 6，但 $Al^{3+}$ 只填充八面体空隙的 2/3，尚有 1/3 空隙为空穴。沿 $L^3$ 方向可见两个充填有 $Al^{3+}$ 的八面体和一个未充填的八面体空隙相间，如图 13 – 1 所示。

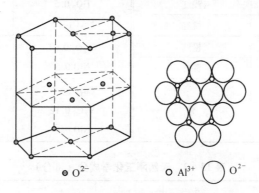

$\odot\ O^{2-}$      $\circ\ Al^{3+}$      $\bigcirc\ O^{2-}$

图 13 – 1　刚玉的晶体结构

在刚玉结构中，由于阴离子 $O^{2-}$ 作六方最紧密堆积，质点排列紧密，质点间的距离小，结构牢固，不易被破坏。另一方面，刚玉的阴、阳离子的键型是由离子键向共价键过渡，因此刚玉常呈完好的晶体产出，为三方晶系的桶状、短柱状，少数为板片状或双锥面上有较粗的条纹，集合体呈致密粒状块状，如图 13 – 2 所示。

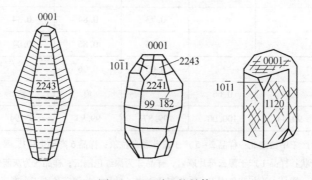

图 13 – 2　刚玉的晶体

常见单形有：平行双面 $\{0001\}$、六方柱 $\{11\bar{2}0\}$、菱面体 $\{10\bar{1}1\}$、六方双锥 $\{22\bar{4}1\}$ 及 $\{22\bar{4}3\}$。

由于刚玉具有共价键型的特性，故有较高的硬度（硬度为 9），仅次于金刚石，性脆，无解理，但有菱面体 $\{10\bar{1}0\}$ 及底面 $\{0001\}$ 的裂开。

### 三、刚玉的性质

刚玉的性质见表 13 – 3。

表 13 – 3　刚玉的性质

| 氧化铝变体 | α – Al₂O₃ | 熔化热 | 246.4kJ/kg |
|---|---|---|---|
| 化学分子式 | Al₂O₃ | 蒸发热 | 6160.7kJ/kg |
| 理论组成 | Al 53.2%，O 46.8% | 热膨胀率 | $\alpha = 8.0 \times 10^{-6}/℃$（20 ~ 1000℃） |
| 晶形 | 桶状、柱状、板片状 | 弹性模量 | $E = 36.3 \times 10^{10} Pa$（37MPa） |
| 解理 | 无 | 导热系数 | $\lambda = 21.1 W/(m \cdot K)$（1000℃） |
| 颜色[①] | 常为蓝灰色、黄灰色 | 电导率 | $2.7 \times 10^{-2}/\Omega \cdot cm$（565℃） |
| 莫氏硬度 | 9，仅次于金刚石 | | |
| 比重 | 3.99（4.2）或 3.95 ~ 4.40 | | $1.96 \times 10^{-2}/\Omega \cdot cm$（1230℃） |
| 熔点 | 2035℃（2050℃） | 化学性质 | 稳定，对酸、碱、盐都有很好抵抗性 |
| 沸点 | 3400 ~ 3700℃ | 其他 | 受热时膨胀均匀；是差热分析中性体 |

①刚玉颜色是多种多样的，是由成分中的杂质所造成。

由表 13 – 3 可见，刚玉具有硬度大、熔点高、化学稳定等特性，因而是刚玉制品的有益矿物。以它为主要物相组成的刚玉制品，高温强度大，具有突出的抗侵蚀和耐磨性能等。但它有明显的不足，即因膨胀系数较大，弹性模量也较大，对刚玉制品的热震稳定性不利。

为了弥补刚玉因膨胀系数及弹性模量大而抗热震性差的不足，适应高科技发展的需要，我国已研制、开发出含较多微小气孔的烧结板状刚玉。该刚玉是人工生产的，它弥补了刚玉抗震性差的不足，详见本章第三节叙述。

# 第二节　Al₂O₃ 的变体及其特性

天然产出、稳定存在的为 α – Al₂O₃ 变体，称为刚玉，其他为人工合成的 Al₂O₃ 变体，到目前已报道的氧化铝变体有：α、β、γ、η、ρ、χ、κ、δ、θ 等。其中常见的 Al₂O₃ 变体 α – Al₂O₃、β – Al₂O₃、γ – Al₂O₃ 三种，其特征分述如下。

### 一、α – Al₂O₃

天然产稳定的 α – Al₂O₃ 称刚玉，详见本章第一节。

### 二、β – Al₂O₃

（一）成分

β – Al₂O₃ 是一种含有单价阳离子的多铝酸盐，其通式为 Me₂O · 11Al₂O₃。

Me 可以是元素周期表中ⅠA族中的 Li、Na、K 和 Rb 等，或者可以是ⅠB族中的
Ag 等。属六方晶系，此外，还发现以 $Na_2O \cdot 5Al_2O_3$ 为代表的 β′ 变形。

β – $Al_2O_3$ 通常都是在含有 $Na_2O$、$K_2O$ 等碱类物质时形成。当氧化铝熔体中
$Na_2O$ 含量 5%，$K_2O$ 含量 7% 左右时，氧化铝可全部变为 β – $Al_2O_3$。碱类物质的
含量与 β – $Al_2O_3$ 生成量的相互关系如图 13 – 3 所示。

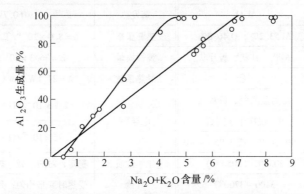

图 13 – 3　β – $Al_2O_3$ 生成量与 $R_2O(K_2O + Na_2O)$ 的关系

这类多铝酸盐中，目前最有实用价值的是含 $Na_2O$ 的 β – $Al_2O_3$。它的理想组
成的化学式是 $Na_2O \cdot 11Al_2O_3$，是一个非化学计量的化合物。它是包含了比理想
化学式多至 29% 的 $Na_2O$，具有组成为 $1.2Na_2O \cdot 11Al_2O_3$ 的化合物，或者化学式
近似于 $Na_2O \cdot 9Al_2O_3$，一般来说，$Na_2O$ 与 $Al_2O_3$ 之比可以在 (1∶9) ~ (1∶11)
之间变化。

（二）性质

β – $Al_2O_3$ 主要性质有：

（1）向 α – $Al_2O_3$ 转变。β – $Al_2O_3$，也可以看成是刚玉在析晶时，Na 或 K 以
固溶体形式进入到晶格内形成的晶胞膨大的氧化铝变体，所以如能将 β – $Al_2O_3$
中含有的碱类抽出，它仍能会变回为 α – $Al_2O_3$。β – $Al_2O_3$ 在不同气氛下加热，
转变为 α – $Al_2O_3$ 的转变温度如下：

在空气中　　　　　　　β – $Al_2O_3 \xrightarrow{1600℃} $ α – $Al_2O_3$

在水蒸气中　　　　　　β – $Al_2O_3 \xrightarrow[开始]{1300℃} $ α – $Al_2O_3$

（2）密度。β – $Al_2O_3$ 密度为 $3.31g/cm^3$，比 α – $Al_2O_3$ 小，但它随 $Na_2O$、
$K_2O$ 含量而有变化。当含 $Na_2O$ 4.76% 时为 $3.249g/cm^3$；当含 $K_2O$ 6.96% 时为
$3.370g/cm^3$。

（3）硬度。莫氏硬度为 5.5 ~ 6。

（4）离子交换性。β – $Al_2O_3$ 具有离子变换性，在一定条件下，它的 $Na^+$ 可

以被其他一价离子如 $Li^+$、$K^+$、$Rb^+$、$Ag^+$、$H_3O^+$ 等部分或全部置换。它是一种离子传导材料。

$\alpha - Al_2O_3$ 性质比较见表 13 −4。

**表 13 −4　$\beta - Al_2O_3$ 与 $\alpha - Al_2O_3$ 的性质比较（部分）**

| 变体名 | 化学成分/% | | | 熔点/℃ | 密度 /g·cm$^{-3}$ | 硬度 | 膨胀系数/℃$^{-1}$ | 稳定性 |
| --- | --- | --- | --- | --- | --- | --- | --- | --- |
| | $Al_2O_3$ | $Na_2O$ | $K_2O$ | | | | | |
| $\alpha - Al_2O_3$ | 100 | | | 2050 (2000 ~2030) | 4.2 (3.95 ~ 4.4［实测］) | 9 | $8 \times 10^{-6}$ (20 ~1000℃) | 稳定 |
| $\beta - Al_2O_3$ | 95.24 | 4.76 | — | | 3.25 (3.249) | 5.5 ~6 | $a$ 轴 $7.7 \times 10^{-6}$ (500 ~600℃) $b$ 轴 $5.7 \times 10^{-6}$ (500 ~600℃) | 空气中 1600℃下或水蒸气中 1300℃下开始向 $\alpha - Al_2O_3$ 转变 |
| | | 93.04 | — | 6.96 | | 3.370 | | |

（三）$\beta - Al_2O_3$ 的产出

$\beta - Al_2O_3$ 产出形式有：

（1）在铝铬渣中 $\beta - Al_2O_3$ 是主要物相组成。

（2）在熔炼白刚玉产品时，物相除刚玉之外，含有 $\beta - Al_2O_3$（$Na_2O - 11Al_2O_3$）称高铝酸钠，是有害影响，会降低白刚玉韧性。

（3）$\beta - Al_2O_3$ 在黏土质耐火砖受碱金属氧化物侵蚀后常能见到。

（4）$\beta - Al_2O_3$ 是 $\beta - Al_2O_3$ 陶瓷的主要组成；玻璃熔制窑的炉衬砖，能耐碱的侵蚀。

## 三、$\gamma - Al_2O_3$ 与工业氧化铝

$\gamma - Al_2O_3$ 是工业氧化铝主要组成矿物，与工业氧化铝密切相关。为此先讨论工业氧化铝。

（一）工业氧化铝

1. 氧化铝生产方法简介

氧化铝生产方法大致可分四类：碱法、酸法、酸碱联合和热法。目前，用于工业生产氧化铝的方法是碱法。碱法生产氧化铝工业又分为拜耳法、烧结法和拜耳－烧结组合等多种流程。全世界 90% 以上采用拜耳法生产流程。

碱法生产流程基本过程如图 13 −4 所示。

在图 13 −4 中，铝矾土矿石溶出过程是碱法生产氧化铝的关键环节即核心工序。不仅要把铝矾土矿石中氧化铝充分地溶解出来，而是要得到苛性比值尽可能低的溶出液和具有更好沉降性的残渣（赤泥），这样才能提高循环效率，为后续工序创造良好的作业条件。

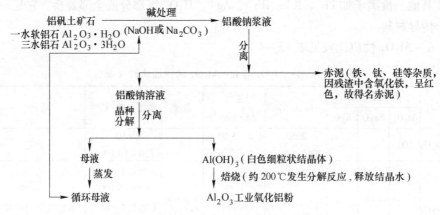

图 13 - 4　碱法生产工业氧化铝基本流程

拜耳发现 $Na_2O$ 与 $Al_2O_3$ 分子比为 1.8 的铝酸钠溶液，在常温下只要添加 $Al(OH)_3$ 作为晶种，不断搅拌，溶液中的 $Al_2O_3$ 便可以以 $Al(OH)_3$ 形式析出，直到其中 $Na_2O/Al_2O_3$ 的分子比提高到 6 为止。这也就是图 13 - 4 中的铝酸钠溶液的晶种分解过程。析出的 $Al(OH)_3$ 溶液，在加热时，可以溶出铝土矿中的氧化铝水合物，这也就是利用晶种母液，溶出铝土矿的过程。交替使用这两个过程，就能不断处理铝土矿，从中得到 $Al(OH)_3$ 产品，经焙烧（温度约200℃）释放结晶水，获得氧化铝粉。氢氧化铝主要成分 $Al_2O_3 \geq 63.5\%$，杂质含量为：$SiO_2 \leq 0.03\%$，$Fe_2O_3 \leq 0.05\%$，$Na_2O \leq 0.45\%$，灼减35%。对高白度型产品，白度大于92；对于中性型产品，pH 值为 6.5 ~ 7.5。

2. 工业氧化铝特性

A　化学成分

如上所述，工业氧化铝是将铝土矿石经过化学处理，除去 $SiO_2$、$Fe_2O_3$、$Na_2O$、$K_2O$ 等杂质，获得 $Al(OH)_3$，又经过焙烧获得氧化铝 $Al_2O_3$，据 $Al_2O_3$ 含量、杂质含量、灼烧量，将氧化铝划分为若干等级，见表 13 - 5。

表 13 - 5　我国氧化铝质量标准 （GB/T 24487—2009）

| 牌　号 | 化学成分（质量分数）/% | | | | |
| --- | --- | --- | --- | --- | --- |
| | $Al_2O_3$ | 杂　质　含　量 | | | |
| | | $SiO_2$ | $Fe_2O_3$ | $Na_2O$ | 灼减 |
| AO - 1 | ≥98.6 | ≤0.02 | ≤0.02 | ≤0.50 | ≤1.0 |
| AO - 2 | ≥98.5 | ≤0.04 | ≤0.02 | ≤0.60 | ≤1.0 |
| AO - 3 | ≥98.4 | ≤0.06 | ≤0.03 | ≤0.70 | ≤1.0 |

从表 13 - 5 可见，各等级氧化铝都含有 $Na_2O$，随着 $Al_2O_3$ 含量的降低，$Na_2O$ 相应增高。耐火材料利用氧化铝 $Na_2O$ 含量多在 0.5% 以下。

我国工业氧化铝的化学成分，见表 13 - 6。

**表 13 - 6　我国工业氧化铝化学成分**（部分）

| 产　地 | 化学成分/% | | | | | |
|---|---|---|---|---|---|---|
| | $Al_2O_3$ | $SiO_2$ | $Fe_2O_3$ | CaO | MgO | $Na_2O$ |
| 山东 | 99.10 | 0.15 | 0.04 | 0.02 | 0.04 | 0.38 |
| 河南 | 99.24 | 0.09 | 0.01 | 0.01 | 0.01 | 0.16 |
| 山西 | >97.5 | ≤0.07 | ≤0.07 | ≤0.11 | ≤0.01 | ≤1.06 |

工业氢氧化铝或工业氧化铝，经适当的温度下煅烧成晶型稳定的 α 型氧化铝产品，用于生产耐火材料和陶瓷等的原料，其理化指标见表 13 - 7。

**表 13 - 7　煅烧 α 型氧化铝各牌号产品理化指标**（YS/T 89—2005）

| 分　类 | 牌号 | 化学成分/% | | | | | 真密度 /g·cm$^{-3}$ | $\alpha - Al_2O_3$ /% |
|---|---|---|---|---|---|---|---|---|
| | | $Al_2O_3$ | $SiO_2$ | $Fe_2O_3$ | $Na_2O$ | 灼减 | | |
| 低钠型 | AN - 03 | ≥99.5 | ≤0.06 | ≤0.03 | ≤0.03 | 0.10 | ≤3.97 | ≥95 |
| | AN - 05 | ≥99.5 | ≤0.06 | ≤0.03 | ≤0.03 | 0.10 | ≤3.97 | ≥95 |
| | AN - 10 | ≥99.3 | ≤0.08 | ≤0.04 | ≤0.10 | 0.10 | ≤3.96 | ≥95 |
| | AN - 20 | ≥99.0 | ≤0.10 | ≤0.05 | ≤0.20 | 0.20 | ≤3.95 | ≥93 |
| 中钠型 | AN - 30 | ≥99.5 | ≤0.04 | ≤0.04 | ≤0.30 | 0.20 | ≤3.93 | ≥90 |
| | AN - 40 | ≥99.0 | ≤0.10 | ≤0.05 | ≤0.40 | 0.20 | ≤3.90 | ≥85 |
| | AN - 50 | ≥97.0 | ≤0.15 | ≤0.10 | ≤0.50 | 0.40 | ≤3.85 | ≥80 |

**B　矿物组成**

工业氧化铝的矿物组成由 $\gamma - Al_2O_3$（40% ～ 76%）和 $\alpha - Al_2O_3$（60% ～ 24%）组成。有时还含有由一水软铝石向 $\gamma - Al_2O_3$ 转化和由硬水铝矿向 $\alpha - Al_2O_3$ 转化的中间化合物。但由于采用不同加入剂（如 $AlF_3$ 或 $NH_4Cl$）使化合物脱水，可使某些氧化铝中 $\alpha - Al_2O_3$ 含量产生波动。有资料指出，加入 $AlF_3$ 后，矾土中矿物转化温度降低，如铝矾土中矿物一水软铝石、三水铝石转化温度分别为 1245 ～ 1310℃ 和 1270 ～ 1337℃，加入 $AlF_3$ 后，转化温度分别降为 1213 ～ 1285℃ 和 1015 ～ 1065℃。最终导致 $\alpha - Al_2O_3$ 含量波动。

**C　粒度波动大**

根据研究，拜耳法适合处理高品位铝土矿，铝硅比（A/S）一般在 9 以上；烧结法适合处理高硅铝土矿，A/S 比值可以达到 3 ～ 5；而拜耳 - 烧结联合法适合处理 A/S 为 6 ～ 8 的中等品位铝土矿。

我国铝土矿多属 - 水硬铝石 - 高岭石（D - K）型，其特点是高铝、高硅、低铝硅比，约有 60% 的铝土矿 A/S 为 4 ～ 6，处理流程具有我国特点。但尽管如此，国内外工业氧化铝的粒度组成波动范围大，分散性高是其共性，见表13 - 8。工业氧化铝粒度组成实例见表13 - 9。

表13 - 8　我国生产的氧化铝主要粒度组成

| ≤44mm 的粒级含量 | 10% ~20% | 国外为10% |
| --- | --- | --- |
| 平均直径/μm | 50 ~80 | 国外为80 ~100，作电解炼铝用 |

表13 - 9　工业氧化铝粒度组成一个实例

| 粒级/μm | >60 | 60 ~30 | 30 ~20 | 20 ~10 | 10 ~5 | <5 |
| --- | --- | --- | --- | --- | --- | --- |
| 含量/% | 7 ~43 | 3 ~18 | 12 ~43 | 19 ~46 | 7 ~22 | 3 ~8 |

D　工业氧化铝难于烧结

因为其结构是由 $\gamma - Al_2O_3$ 生成由单个微粒形成的多孔聚集体，这种结构使工业氧化铝难于再结晶烧结，并妨碍 $\alpha - Al_2O_3$（在高温时1000（或950）~ 1200℃ $\gamma - Al_2O_3$ 转变为 $\alpha - Al_2O_3$）与 $SiO_2$ 作用生成莫来石。因此用这种氧化铝很难制得致密的坯体，不宜直接使用。为了制得较致密的坯体，可将工业氧化铝细磨粉碎，破坏多孔聚集体结构；或者可以先预烧，使 $\gamma - Al_2O_3$ 转化为 $\alpha - Al_2O_3$ 后再使用，预烧温度1450℃左右，即：

$$\gamma - Al_2O_3 \xrightarrow[\text{完全（催化剂）}]{1450℃} \alpha - Al_2O_3 \quad \Delta V = -14\% ~18\%$$

可以看出 $\gamma - Al_2O_3$ 转化为 $\alpha - Al_2O_3$ 体积收缩明显。

（二）　$\gamma - Al_2O_3$

讨论工业氧化铝后，总结出 $\gamma - Al_2O_3$ 有如下几个明显特点。

（1）$\gamma - Al_2O_3$ 是工业氧化铝的主要组成矿物，如上所述，工业氧化铝原料中含 $\gamma - Al_2O_3$ 40% ~76%，$\alpha - Al_2O_3$ 60% ~24%，显然，$\gamma - Al_2O_3$ 的存在，对工业氧化铝的性能有重要影响：

1）使工业氧化铝难烧结，原因是 $\gamma - Al_2O_3$ 生成单个微粒的多孔聚集体。

2）影响材料的莫来石化，其原因仍是 $\gamma - Al_2O_3$ 的多孔聚集体，使 $\gamma - Al_2O_3$ 在高温（1000 ~1200℃）时转变为 $\alpha - Al_2O_3$，即：

$$3Al_2O_3 + 2SiO_2 \xrightarrow{\text{高温}} 3Al_2O_3 \cdot 2SiO_2$$
$$\text{莫来石}$$

因 $\gamma - Al_2O_3$ 的多孔聚集体难烧结、难转化，影响到材料的莫来石化。如上所述，用这种氧化铝很难制得较致密的坯体。

（2）$\gamma - Al_2O_3$ 为四方晶系，密度3.66g/cm³（或3.6g/cm³），硬度8。高温下转变为 $\alpha - Al_2O_3$，开始转变和完全转变温度分别为1000 ~1200℃和1450℃。

## 四、$\rho - Al_2O_3$

它能作为不定形耐火材料浇注料的结合剂，为水硬性活性氧化铝结合剂。在混合与施工中，通过与水作用而形成水化结合，不需要在较高温度养护就可以获得最佳强度，其理化指标见表 13 – 10。

表 13 – 10　$\rho$ – $Al_2O_3$ 理化指标

| 名　称 | 型号 | 化学成分/% | | | | | 比表面积 /$m^2 \cdot g^{-1}$ |
| --- | --- | --- | --- | --- | --- | --- | --- |
| | | $Al_2O_3$ | $SiO_2$ | $Fe_2O_3$ | $Na_2O$ | 灼减 | |
| $\rho$ – $Al_2O_3$ | ZF – 1 | ≥93.0 | ≤0.04 | ≤0.05 | ≤0.04 | 5±1 | ≥200 |
| $\rho$ – $Al_2O_3$ 微粉 | ZF – 1G | ≥93.0 | ≤0.05 | ≤0.05 | ≤0.04 | 5±1 | ≥200 |

注：引自郑州某企业，详见后第二十三章。

## 五、小结

$Al_2O_3$ 变体及其特性见表 13 – 11。

表 13 – 11　$Al_2O_3$ 变体及其特性[1]

| 变体名称 | $\alpha$ – $Al_2O_3$ | $\beta$ – $Al_2O_3$ | $\gamma$ – $Al_2O_3$ | $\rho$ – $Al_2O_3$[3] | x – $Al_2O_3$ | $\kappa$ – $Al_2O_3$ | $\delta$ – $Al_2O_3$ | $\theta$ – $Al_2O_3$ |
| --- | --- | --- | --- | --- | --- | --- | --- | --- |
| 晶系 | 三方 | 六方 | 四方（假等轴） | 不确定 | 六方 | 六方 | 四方 | 单斜 |
| 晶形 | 桶状短柱状 | 片状 | 八面体 | | | | | |
| 密度/$g \cdot cm^{-3}$ | 3.95~4.40 | 3.31 | 3.66 | 3.76 | 3.76 | 3.72 | 3.65 | 3.69 |
| 莫氏硬度 | 9 | 5.5~6 | 8 | | | | | |
| 熔点/℃ | 2050 (2000~2030) | | | | | | | |
| 线膨胀系数/℃$^{-1}$ | $8 \times 10^{-6}$ (20~1000℃) | $7.7 \times 10^{-6}$ (20~600℃ 或 20~1000℃) | | | | | | 7.9 |
| 弹性模量($E$)/Pa | $36.3 \times 10^{10}$ | | | | | | | |
| 熔化热/$kJ \cdot kg^{-1}$ | 246.4 | | | | | | | |
| 热导率 /$W \cdot (m \cdot K)^{-1}$ | 21.1 (1000℃) | | | | | | | |
| 转变关系 | 自熔体中析晶稳定[2] | $\beta \to \alpha$ 空气中，1600℃ 水蒸气，1300℃ | $\gamma \to \alpha$ 开始转变 约1000℃全部转变 约1450℃体积 收缩14.3% （或14%~18%） | | | | $\delta \to \alpha$ 约1200℃ | $\theta \to \alpha$ 约1200℃ |
| 转变为 $\alpha$ – $Al_2O_3$ 的转化热 /$kJ \cdot mol^{-1}$ | | | -21.3 | | -42.0 | -15.1 | -11.3 | — |

[1] 晶格参数、折射率、特征 X 谱线、体积、沸点等未列出；

[2] 当 $\alpha$ – $Al_2O_3$ 熔体极缓慢冷却，并常含有碱质时，$\alpha$ – $Al_2O_3 \xrightarrow{1500 \sim 1800℃} \beta$ – $Al_2O_3$；

[3] $\rho$ – $Al_2O_3$ 作为不定形耐火材料浇注料结合剂，详见后第二十三章。

# 第三节　人造刚玉的品种与理化指标

刚玉有天然刚玉和人造刚玉两大类。当今工业领域广泛使用的是人造刚玉。人造刚玉有多个品种，从熔炼上分有电熔和烧结两类，以电熔（电弧炉）法为主；从主体原料的应用上又分有铝矾土原料和工业氧化铝两大类。

## 一、电熔刚玉的品种与理化指标

电熔刚玉的品种如图 13 – 5 所示。

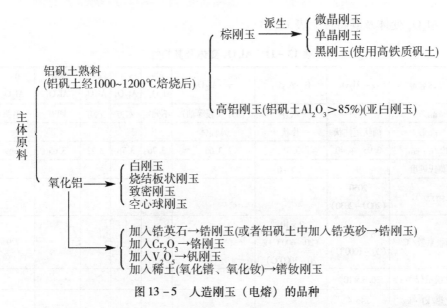

图 13 – 5　人造刚玉（电熔）的品种

从图 13 – 5 可见电熔刚玉品种繁多，以下重点介绍棕刚玉、高铝刚玉（亚白刚玉）、白刚玉、致密刚玉、锆刚玉、烧结板状刚玉及刚玉空心球的一般特性，供耐火材料选择刚玉参考。

（一）棕刚玉

棕刚玉（brown adamantine spar）是在耐火材料及磨料行业中应用广、用量大的一种人造原料。

1. 使用原料

棕刚玉冶炼用原料为铝矾土熟料、铁屑、炭素材料。

A　矾土熟料

矾土有生矾土与熟矾土。因为矾土是由一水硬铝石又称水铝石（$\alpha$ – $Al_2O_3$ · $H_2O$）、一水软铝石（又称勃姆石，$\gamma$ – $Al_2O_3$ · $H_2O$）和三水铝石（$Al_2O_3$ · $3H_2O$）

等三种铝的氢氧化物以各种比率构成的细分散胶体混合物，故生矾土都含有一定量的结晶水，附着水和挥发分。因此在棕刚玉冶炼前，首先将生矾土预焙烧处理，即棕刚玉生产使用矾土是焙烧后的熟矾土。矾土的焙烧温度在 $1000 \sim 1200 ℃$ 以上。

铝矾土是生产氧化铝最主要的原料，目前世界上 95% 的氧化铝都是用铝矾土为主原料生产的。衡量铝矾土的质量，一般考虑以下问题：

（1）$Al_2O_3$ 含量。$Al_2O_3$ 含量越高对生产氧化铝越有利。

（2）铝矾土的矿物类型。三水型铝矾土中的 $Al_2O_3$ 最容易被苛性碱溶液溶出，一水软铝石次之，而一水硬铝石的溶出则较难。很遗憾的是我国铝矾土以一水硬铝石 - 高岭石型（D - K 型）为主，增加了生产氧化铝的难度。

（3）铝矾土的铝硅比（A/S）。目前工业生产氧化铝用铝矾土的 A/S 不小于 $3.0 \sim 3.5$。显然，铝矾土中 $SiO_2$ 明显影响氧化铝生产的质量，是最有害杂质。此外，铝矾土中的其他杂质对刚玉的冶炼也有不同程度的影响。

铝矾土的杂质对刚玉冶炼的影响见表 13 - 12。

表 13 - 12　铝矾土中的杂质等对刚玉冶炼的影响

| 影响因素 | 对冶炼的影响 | 对产品质量的影响 | 一般要求 |
| --- | --- | --- | --- |
| $SiO_2$ | 熔液黏度大，粘在电极上造成炉料烧结、喷炉，硅铁量增加，生产效率低，能耗增加，$SiO_2$ 增加 2%，能耗增加 8% ~16% | 与 $Al_2O_3$ 结合生成 $3Al_2O_3 \cdot SiO_2$，$CaO \cdot Al_2O_3 \cdot 3SiO_2$ 等矿物，消耗 $Al_2O_3$ | 铝硅比不小于 9 |
| $Fe_2O_3$ | 铁含量增加，能耗增加，每增加 2% $Fe_2O_3$，能耗增加 4.8% | 与 $Al_2O_3$ 生成铁尖晶石 $Fe_2O_3 \cdot Al_2O_3$ | 含量不大于 5% |
| $TiO_2$ | 部分还原，生成铁合金 | 过多，使刚玉改性 | 含量不大于 5% |
| CaO | 难还原 | 和 $Al_2O_3$ 生成六铝酸钙，大大降低 $\alpha - Al_2O_3$ 含量 | 含量不大于 0.4% |
| MgO | 难还原 | 生成 $MgO \cdot Al_2O_3$ 尖晶石 | 含量不大于 0.5% |
| $R_2O$（$K_2O + Na_2O$） | 不能还原，高温可部分挥发 | 生成高铝酸钠 $R_2O \cdot 11Al_2O_3$、玻璃质等，降低产品磨削效果 | |
| 水分 | 增加电耗，易发生喷炉，降低生产效率 | | 含量不大于 1% |
| 粒度 | 过小会影响炉内透气性；过大会影响输料。下料时易发生喷炉，或与铁质、碳素材料产生偏析 | | $10 \sim 25mm$（$d_{矾} = 5d_{碳}$，$d$ 为直径） |

### B　铁屑

棕刚玉冶炼加入铁屑的目的有：降低生成物的浓度，使炉内化学反应加快，有利于 $SiO_2$ 和 $TiO_2$ 等杂质的还原；增加铁合金的密度，使其易沉于炉底与刚玉分离；降低铁合金中硅及其他杂质的浓度，增加铁合金的磁感应强度，利于加工磁选。对铁屑的质量要求如下。

（1）化学成分为 Fe≥88%，Si≤2.5%，Al≤0.4%；

（2）不吸物含量不大于1.8%；

（3）尺寸：长度＜60mm，直径＜10mm，1mm 以下≤0.3%。

C 碳素材料

刚玉冶炼常用的碳素材料有无烟煤、焦炭、石油焦等，起还原剂作用，用来还原铝矾土中的杂质，其化学成分见表13－13。

表 13－13 碳素材料的化学成分 （%）

| 种 类 | 固定碳 | 挥发分 | 灰 分 | 水 分 |
|---|---|---|---|---|
| 无烟煤 | ≥75 | ≤10 | ≤15 | ≤2 |
| 焦炭 | ≥85 | ≤2 | ≤10 | ≤2 |
| 石油焦 | ≥88 | ≤8 | ≤1.5 | ≤2 |

无烟煤及焦炭灰分的化学成分见表13－14。当选用无烟煤作为还原剂时，要求灰分中杂质含量较低，$Al_2O_3$ 含量较高，有足够高的反应能力。

表 13－14 无烟煤及焦炭灰分的化学成分 （%）

| 种 类 | $Fe_2O_3$ | FeO | $SiO_2$ | CaO | MgO | $Al_2O_3$ | S |
|---|---|---|---|---|---|---|---|
| 无烟煤 | 5～8 | 3～8 | 38～43 | 8～12 | 1～4 | 18～21 | 0～4 |
| 焦炭 | 10～13 | — | 35～50 | 11～15 | 0～1 | 25～35 | — |

无烟煤灰分中 $Fe_2O_3$、FeO、$SiO_2$ 等增加还原剂用量；CaO、MgO 及 $R_2O$（$K_2O + Na_2O$）不易除去，残留在棕刚玉中，且生成六铝酸钙（$CaO \cdot 6Al_2O_3$）及高铝酸钠（钾）$R_2O \cdot 11Al_2O_3$，降低棕刚玉的质量。硫（S）在冶炼中形成 $Al_2S_3$、CaS，对棕刚玉的质量也不利：

$$2Al + 2S \longrightarrow Al_2S_3$$
$$S + Ca \longrightarrow CaS$$

无烟煤中的碳将矾土中的 $SiO_2$、$Fe_2O_3$、$TiO_2$ 等还原成金属，其反应见下述。

2. 冶炼基本原理

利用 Al 对氧的亲和力比 Fe、Si、Ti 等（Ca、Mg 除外）对氧的亲和力大，因此可通过控制还原剂的量，用还原冶炼的方法使主要杂质被还原，从而得到 $Al_2O_3$ 含量在94.5%～97%之间的棕刚玉，其主要化学反应如下。

A 氧化铁的还原

$$3Fe_2O_3 + C \longrightarrow 2Fe_3O_4 + CO\uparrow$$
$$Fe_3O_4 + C \longrightarrow 3FeO + CO\uparrow$$
$$FeO + C \longrightarrow Fe + CO\uparrow$$

FeO 不能以自由状态存在，而是：

$$2FeO + SiO_2 \longrightarrow 2FeO \cdot SiO_2 （铁橄榄石）$$

$$FeO + Al_2O_3 \longrightarrow FeO \cdot Al_2O_3 （铁尖晶石）$$

因此，FeO 在熔融液中的还原过程是：

$$\frac{1}{2}(2Fe_2O_3 \cdot SiO_2) + C \longrightarrow Fe + \frac{1}{2}SiO_2 + CO$$

$Fe_2O_3$ 的还原综合表述为：

$$Fe_2O_3 + 3C \longrightarrow 2Fe + 3CO \uparrow$$

**B　氧化硅的还原**

主要化学反应为：

$$SiO_2 + 2C \longrightarrow Si + 2CO \uparrow$$

但当 FeO 达到一定低的浓度时，即 Fe 达到一定含量时，$SiO_2$ 的还原为：

$$SiO_2 + Fe + 2C \longrightarrow FeSi + 2CO \uparrow$$

**C　氧化钛的还原**

钛在矾土中的存在形式有：$TiO_3$、$TiO_2$、$Ti_2O_3$、$Ti_3O_4$ 等，其中以 $Ti_2O_3$、$TiO_3$ 最为稳定。

$$TiO_2 + 3C \longrightarrow TiC + 2CO \uparrow$$

$$Ti_2O_3 + 5C \longrightarrow 2TiC + 3CO \uparrow$$

在有 Fe 存在的情况下：

$$TiO_2 + 3Fe + 2C \longrightarrow Fe_3Ti + 2CO \uparrow$$

$$Ti_2O_3 + 6Fe + 3C \longrightarrow 2Fe_3Ti + 3CO \uparrow$$

**D　小结**

矾土中各氧化物的还原顺序如下：

$$FeO > Fe_2O_3 > SiO_2 > TiO_2 > Ti_2O_3 > Al_2O_3 > MgO > CaO$$

矾土等原料中，杂质铁、硅、钛、镁、钙的氧化物，在熔炼过程会消耗刚玉中氧化铝含量，对刚玉的生成造成影响，从而影响到刚玉的性能（如研磨能力），故在熔炼时要加以控制。

不同 CaO 含量对刚玉生成量的影响见表 13 - 15。

**表 13 - 15　CaO 含量对刚玉生成量的影响**

| CaO/% | 0.25 | 0.5 | 0.75 | 1.00 | 1.25 | 1.50 | 1.75 | 2.00 |
|---|---|---|---|---|---|---|---|---|
| $\alpha - Al_2O_3$/% | 96.8 | 95.0 | 93.2 | 91.9 | 90.9 | 89.9 | 87.9 | 86.5 |

表 13 - 14 指出，随 CaO 含量递增，$\alpha - Al_2O_3$ 递减。还原出来的金属杂质与炉料中的铁生成硅铁合金。此硅铁合金从熔化的棕刚玉中析出并沉积到炉子的底部，与刚玉熔融液分离。

**3. 冶炼方法与物相组成**

棕刚玉冶炼方法，一般有三种：

（1）熔块法，间断生产，机械程度相对低；

（2）倾倒法，连续生产，机械程度，生产效率较高；

（3）流放法，连续生产，自动化程度高，适用于大功率冶炼。

目前普遍使用倾倒熔炼法。

熔块法与倾倒法熔炼棕刚玉，其大致物相组成见表 13 – 16。

表 13 – 16　电熔棕刚玉物相组成

| 物　相 | 熔块法 /% | 倾倒法 /% | 物　理　性　能 | | | |
| --- | --- | --- | --- | --- | --- | --- |
| | | | 晶系 | 熔点/℃ | 密度/g·cm⁻³ | 显微硬度/kg·mm⁻² |
| 刚玉/% | 94.03 | 94.56 | 三方柱状 | 2050 | 3.99 | 2000 ~ 2200 |
| 玻璃体/% | 1.29 | 2.36 | | | | |
| 钛矿物/%① | 1.19 | 1.81 | | | | |
| 六铝酸钙 （CaO·6Al₂O₃） /% | 2.58 | 1.09 | CaO 多 SiO₂ 少时易生成 | | | |
| | | | 六方片状 | 1850 ± 10(无色) | 3.540（无色） | 1500 ~ 1800 |
| | | | | 熔化分解(有色) | 3.64（有色） | |
| 硅铁合金/% | 0.91 | 0.66 | 在炉底部残渣之上 | | | |

①钛矿物包括金红石（TiO₂）、三氧化二钛（Ti₂O₃）、黑钛石（TiO，Ti₂O₃·TiO₂，TiO₅），存在于刚玉内部或间隙之间。

熔炼棕刚玉，当 SiO₂/CaO 约为 2.14 时，易生成钙斜长石（CaO·Al₂O₃·2SiO₂），熔点 1550℃，密度 2.76g/cm³，显微硬度 800 ~ 810kg/mm²。

还有很少量的矿物成侵染状、细小粒状或夹杂物夹杂在刚玉晶体之中。

表 13 – 16 中，大多数物相（除玻璃体）的熔点、密度和硬度都较高，对棕刚玉利多而弊少。但对棕刚玉的弱磁性物要加以注意并尽量除去，因它对高档的 Al₂O₃ – SiO₂ 系耐火制品产生不利影响，如表面黑点、疤痕或熔洞等。

棕刚玉质量要求（YB/T 102—2007），见表 13 – 17 及表 13 – 18。

表 13 – 17　耐火材料用电熔刚玉的理化指标（YB/T 102—2007）

| 产品代号 | | WFA | | DFA | | SWA | | BFA | |
| --- | --- | --- | --- | --- | --- | --- | --- | --- | --- |
| | | >0.1mm | ≤0.1mm | >0.1mm | ≤0.1mm | >0.1mm | ≤0.1mm | >0.1mm | ≤0.1mm |
| 化学成分 /% | Al₂O₃ | ≥99.0 | ≥98.5 | ≥99.0 | ≥98.5 | ≥97.5 | ≥97.0 | ≥95.0 | ≥94.5 |
| | SiO₂ | — | — | ≤1.00 | ≤1.00 | ≤0.80 | ≤1.00 | ≤1.00 | ≤1.20 |
| | Fe₂O₃ | ≤0.15 | ≤0.30 | ≤0.15 | ≤0.30 | ≤0.20 | ≤0.50 | ≤0.20 | ≤0.50 |
| | TiO₂ | — | — | — | — | ≤1.20 | ≤1.50 | ≤3.20 | ≤3.50 |
| | R₂O | ≤0.45 | ≤0.50 | ≤0.10 | ≤0.10 | — | — | — | — |
| | T.C | — | — | <0.08 | <0.08 | <0.13 | <0.13 | <0.04 | <0.04 |

续表 13 – 17

| 产品代号 | WFA | | DFA | | SWA | | BFA | |
|---|---|---|---|---|---|---|---|---|
| | >0.1mm | ≤0.1mm | >0.1mm | ≤0.1mm | >0.1mm | ≤0.1mm | >0.1mm | ≤0.1mm |
| 体积密度/$g \cdot cm^{-3}$ | ≥3.50 | | ≥3.90 | | ≥3.80 | | ≥3.80 | |
| 真密度/$g \cdot cm^{-3}$ | ≥3.90 | | ≥3.95 | | ≥3.90 | | ≥3.90 | |

注：1. $R_2O$ 表示碱金属氧化物氧化钠和氧化钾合量，T.C 表示总碳量。

2. 耐火材料用电熔刚玉的代号，白刚玉为 WFA，致密电熔刚玉为 DFA，亚白刚玉为 SWA，棕刚玉为 BFA。

表 13 – 18　耐火材料用电熔刚玉中磁性物含量

| 粒度＼产品代号 | WFA/% | DFA/% | SWA/% | BFA/% |
|---|---|---|---|---|
| >1mm | ≤0.010 | ≤0.010 | ≤0.030 | ≤0.030 |
| ≤1mm | ≤0.050 | ≤0.050 | ≤0.050 | ≤0.050 |

注：粒度大于 0.5mm 的耐火材料用电熔刚玉中，不允许有铁合金粒。

### 4. 棕刚玉国内生产企业理化指标

在国内，棕刚玉生产企业有十余家，产地有河南（郑州、登封、巩义、三门峡、开封等）、重庆（博赛）、贵州（贵阳）、山西（太原、长治等）、山东（淄博等）等。

以河南郑州威尔特材有限公司为例，其棕刚玉、低碳棕刚玉的理化指标分别见表 13 – 19 和表 13 – 20。形貌分别如图 13 – 6 和图 13 – 7 所示。

表 13 – 19　郑州威尔棕刚玉理化指标

| 类　型 | 化学成分/% | | | | | | 体积密度/$g \cdot cm^{-3}$ | 磁性物/% |
|---|---|---|---|---|---|---|---|---|
| | $Al_2O_3$ | $SiO_2$ | $Fe_2O_3$ | $TiO_2$ | $R_2O$ | 残余 C | | |
| >0.1mm | ≥95 | ≤1.0 | ≤0.2 | ≤3.2 | | <0.04 | ≥3.8 | ≤0.03 |
| ≤0.1mm | ≥94.5 | ≤1.2 | ≤0.5 | ≤3.5 | | <0.04 | ≥3.8 | ≤0.05 |

表 13 – 20　郑州威尔低碳棕刚玉理化指标

| 类别及粒度 | 化学成分/% | | | | 体积密度/$g \cdot cm^{-3}$ |
|---|---|---|---|---|---|
| | $Al_2O_3$ | $Fe_2O_3$ | $TiO_2$ | 残余 C | |
| 磨料砂 24 号 ~ 240 号 | ≥（94.5~97） | <0.30 | <3.30 | 0.06~0.1 | ≥3.90 |
| 耐火砂 8~5，5~3，3~1，1~0 | | <0.25 | <1.00 | | |

上述郑州威尔特材公司有几个品种的棕刚玉，这是由于工艺的处理有区别，使得残余碳含量有所不同，见表 13 – 21。

图13-6　郑州威尔棕刚玉

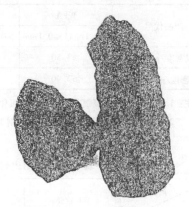
图13-7　郑州威尔低碳棕刚玉

**表13-21　根据残余碳含量不同划分的棕刚玉品种**

| 残余 C/% | 品　种 | 备　注 |
|---|---|---|
| ≤0.14 | 普通棕刚玉 | 简称棕刚玉 |
| 0.1~0.14 | 优质棕刚玉 | 又称低碳棕刚玉 |
| ≤0.1 | 煅烧棕刚玉 | |

（二）亚白刚玉

亚白刚玉又称高铝刚玉。亚白刚玉以我国丰富的铝矾土资源作为原料，通过电弧炉冶炼还原、提纯、除去矾土中 $Fe_2O_3$、$SiO_2$、$TiO_2$ 等杂质而制成。其中 $Al_2O_3 \geqslant 98.5\%$，密度不小于 $3.9g/cm^3$，亚白刚玉的生产工艺类似于棕刚玉，有熔融，也有冶炼还原提纯工艺。其冶炼有如下特点：

1. 冶炼特点

亚白刚玉冶炼特点为：

（1）原料精选。亚白刚玉冶炼用原料为矾土、还原剂和添加剂。矾土熟料要求 $Al_2O_3 \geqslant 85\%$，还原剂固定碳含量要求（>75%），几种原料合理配比。

（2）冶炼中采用低电压大电流，提高熔融液温度，使矾土原料中 $Fe_2O_3$、$SiO_2$、$TiO_2$ 等杂质充分被还原，从而提高刚玉的纯度。同时延长精炼时间，使杂质进一步下沉分离，刚玉晶体发育长大。

（3）采用高铝硅值，限制碳化物生成，并采用添加剂，高强磁选、酸处理等办法减少杂质含量。

碳化物 $Al_4C_3$、$Fe_3C$、$TiC-TiO_2$ 等是亚白刚玉产品有害杂质，一般要求残碳量小于 $0.14\% \sim 0.15\%$。如果超标，由于这些碳化物水化分解，能引起耐火材料制品开裂和异常膨胀，严重者导致材料的粉化。

铁磁性物也是有害杂质，量多时会使材料产生黑点、铁疤痕、熔洞等。

2. 亚白刚玉理化指标

行业标准（YB/T 102—2007）规定的理化指标及磁性物含量见表 13 – 16 和表 13 – 17。

国内亚白刚玉理化指标实例见表 13 – 22。

**表 13 – 22　郑州威尔亚白刚玉理化指标**

| 品名 | 粒度 | 化学成分/% | | | | | | 体积密度 /g·cm⁻³ | 磁性物 /% |
|---|---|---|---|---|---|---|---|---|---|
| | | $Al_2O_3$ | $SiO_2$ | $Fe_2O_3$ | $TiO_2$ | $R_2O$ | 残余 C | | |
| 亚白刚玉 （高铝刚玉） | >0.1mm | ≥97.5 | ≤0.8 | ≤0.2 | ≤1.0 | | <0.13 | ≥3.8 | ≤0.03 |
| | ≤0.1mm | ≥97 | ≤1.0 | ≤0.5 | ≤1.5 | | <0.11 | ≥3.8 | ≤0.05 |
| 优质亚 白刚玉 | | ≥98 | ≤0.7 | ≤0.2 | ≤1.0 | | <0.07 | ≥3.8 | ≤0.03 |

根据残余碳含量，划分为三个品种，见表 13 – 23。亚白刚玉生产实例见表 13 – 24，实物形貌如图 13 – 8 所示。

**表 13 – 23　根据残余碳含量不同划分的亚白刚玉品种**

| 残余 C/% | 品　种 | 备　注 |
|---|---|---|
| ≤0.14 | 普通亚白刚玉 | 简称高铝刚玉 |
| ≤0.11 | 优质亚白刚玉 | 又称低碳高铝刚玉 |
| ≤0.07 | 煅烧亚白刚玉 | |

**表 13 – 24　亚白刚玉生产实例**

| | 化学成分/% | | | | 固定碳 /% | 体积密度 /g·cm⁻³ | 显气孔率 /% | 粉化率 /% |
|---|---|---|---|---|---|---|---|---|
| | $Al_2O_3$ | $SiO_2$ | $TiO_2$ | $Fe_2O_3$ | | | | |
| A | ≥98 | ≤0.65 | ≤1.2 | ≤0.2 | ≤0.15 | >3.75 | ≤5 | ≤0.6 |
| B | >0.1 ≥97.5 | ≤1.0 | ≤1.3 | ≤0.5 | ≤0.10 | ≥3.85 | ≤2.5 | |
| | <0.1 ≥97.0 | ≤1.0 | ≤1.3 | ≤0.5 | ≤0.15 | ≥3.85 | ≤2.5 | |

注：A 表示河南渑池某厂，B 表示河南伊川某厂。

**（三）微晶刚玉**

微晶刚玉是棕刚玉派生的品种，冶炼原理，原料设备、工艺流程与棕刚玉基本相同，其特点是：

（1）熔融的刚玉熔液急速冷却而制成（棕刚玉是缓慢冷却），故结晶细小，晶体一般小于300μm，熔块厚度较小（100～200mm）。

（2）杂质呈胶体状态分离出来，分布在结晶块内，故杂质含量较高。但其强度大，韧性高。

图 13 – 8 郑州威尔亚白刚玉

（3）Al₂O₃ 含量 95% 左右，密度不小于 $3.9g/cm^3$。

微晶刚玉与棕刚玉理化指标比较见表 13 – 25。

表 13 – 25 微晶刚玉与棕刚玉理化性能比较

| 品　种 | 化学成分/% | | | | 物理性质 | | 研磨能力 80 号/% |
| --- | --- | --- | --- | --- | --- | --- | --- |
| | Al₂O₃ | SiO₂ | Fe₂O₃ | TiO₂ | 颗粒密度（46 号）/g·cm⁻³ | 韧性（46 号，模压法）/% | |
| 棕刚玉 | 96.58 | 0.80 | 0.07 | 2.00 | 3.96 | 56.9 | 100 |
| 微晶刚玉 | 95.51 | 0.30 | 0.18 | 2.73 | A、3.96 B、3.95 | A、64 B、63.8 | A、63.8 B、99.77 |

注：物理性质比较时，棕刚玉为自然冷却；微晶刚玉加 MgO，自冷 4h、12h 后浇水。

**（四）黑刚玉**

黑刚玉是棕刚玉派生的品种，一种制造方法是将熔炼棕刚玉后分选出来的已熔但未充分还原的棕刚玉块破碎筛分；另一种制造方法是将铁矾土用焦炭或煤作为燃料进行烧结。黑刚玉 Al₂O₃ 含量 70%～85%，低于棕刚玉，而 Fe₂O₃ 含量较高（约10%），密度 $3.65g/cm^3$。

**（五）单晶刚玉**

单晶刚玉是一种人造刚玉磨料，以矾土、硫化物（黄铁矿为主）为主要原料，加无烟煤、铁屑，经电弧炉冶炼；颗粒由水解制成。Al₂O₃ 含量不小于98%，密度不小于 $3.95g/cm^3$，多为等积状的浅灰色单晶体。

在冶炼过程中，除与棕刚玉的杂质还原、铁合金沉降相同外，主要特征是生成少量的 Al₂S₃。硫（S）是冶炼用原料黄铁矿（FeS）引入的。利用 Al₂S₃ 与 Al₂O₃ 在熔融时可按任意比例共熔，而在冷却后既不生成化合物又不形成其熔体特性。冷却后当熔块放入水中时，填充在刚玉晶体之间的 $Al_2S_3$ 即行溶解，即：

$$Al_2S_3 + 6H_2O \longrightarrow 2Al(OH)_3 + 3H_2S \uparrow$$

从而得到自然粒度的单晶刚玉。

单晶刚玉具有良好的多棱切削刃，较高的硬度和韧性，可用于磨削较硬且韧性好的难磨金属材料、耐热合金等。

熔液中 $Al_2S_3$ 的含量一般控制在 4% ~ 7%，这是因为它对单晶刚玉晶形、熔点等性质都产生不良影响。表 13 – 26 为不同 $Al_2S_3$ 含量对单晶刚玉熔点的影响。

**表 13 – 26　不同 $Al_2S_3$ 含量对单晶刚玉熔点的影响**

| 熔体中 $Al_2S_3$/% | 刚玉熔点/℃ |
|---|---|
| 4 | 1900 |
| 7 | 1750 ~ 1850 |
| 14 | 1650 ~ 1750 |

单晶刚玉化学成分见表 13 – 27。

**表 13 – 27　单晶刚玉化学成分举例**

| 粒度号 | 化学成分/% | | | | | |
|---|---|---|---|---|---|---|
| | $Al_2O_3$ | $SiO_2$ | $Fe_2O_3$ | $TiO_2$ | CaO | S |
| 24 号 | 98.6 | 0.17 | 0.14 | 0.6 | 0.19 | 0.13 |
| 46 号 | 99.11 | 0.02 | 0.06 | 0.46 | 0.14 | 0.13 |
| 80 号 | 99.05 | 0.03 | 0.05 | 0.46 | 0.15 | 0.11 |
| 180 号 | 98.2 | 0.06 | 0.13 | 1.3 | 0.17 | 0.1 |
| 240 号 | 95.1 | 0.68 | 1.04 | 2.75 | 0.19 | 0.2 |

**（六）白刚玉**

**1. 使用原料**

生产白刚玉所用的原料与棕刚玉不同，前者用工业氧化铝（也称铝氧粉），而后者则以铝矾土为主体原料。因此，白刚玉 $Al_2O_3$ 含量高于棕刚玉并且杂质 $TiO_2$ 含量极低，但含有一定量 $Na_2O$。

杂质 $Na_2O$ 来源于工业氧化铝。工业氧化铝等级不同，其中 $Na_2O$ 含量也不同（见本章第二节中表 13 – 5 的质量标准 GB/T 24487—2009 及行业标准 YS/T 89—2005）。

**2. 冶炼原理要点和杂质的有害影响**

白刚玉冶炼基本上是工业氧化铝熔化再结晶过程，没有棕刚玉冶炼的还原反应。氧化铝粉中的杂质基本上都留在产品内，其中主要有害杂质是 $Na_2O$ 与 $Al_2O_3$ 反应生成的高铝酸钠（$Na_2O \cdot 11Al_2O_3$），习惯上称 $\beta - Al_2O_3$。

$Na_2O$ 与 $Al_2O_3$ 的反应如下：

$$Na_2O + 11Al_2O_3 \xrightarrow{\text{高温}} Na_2O \cdot 11Al_2O_3 \quad (\beta - Al_2O_3 \text{ 或称高铝酸钠})$$

为了减少白刚玉的杂质含量，在 $Al_2O_3$ 熔液内加入 $SiO_2$ 与 $Na_2O$ 反应生成铝硅酸盐矿物霞石或三斜霞石，反应式如下：

$$Na_2O + Al_2O_3 + 2SiO_2 \longrightarrow Na_2O \cdot Al_2O_3 \cdot 2SiO_2$$

三斜霞石（或霞石）

高铝酸钠是白刚玉的有害杂质，它对耐火材料的不利影响主要有：

（1）影响材料的体积稳定性，因为在高温下当 $\beta - Al_2O_3$ 转变为 $\alpha - Al_2O_3$ 时，伴有体积收缩（详见本章第二节 $\beta - Al_2O_3$ 部分）。

（2）$Na_2O$ 的存在降低材料的荷重软化温度。

（3）减弱抗酸的侵蚀能力。

在磨料工业中，由于白刚玉产品存在 $\beta - Al_2O_3$ 杂质，将降低产品的研磨能力及相对韧性等机械性能。并且随着 $\beta - Al_2O_3$ 含量递增，白刚玉的性能递减，互呈反比关系。其中硬度差别大是造成机械性能变差的一个因素，刚玉硬度为9，$\beta - Al_2O_3$ 硬度为 5.5~6。

3. 物相组成

白刚玉冶炼方法有熔块法和倾倒法。两种方法生产的白刚玉产品，主要物相组成见表 13-28。

**表 13-28  熔块法及倾倒法生产的白刚玉产品的主要物相组成**

| 名　称 | | 熔点/℃ | 密度/g·cm⁻³ | 显微硬度 |
|---|---|---|---|---|
| 主要物相 | 刚玉 $\alpha - Al_2O_3$ | 2050 | 4.0 | 215.6~235.2 |
| | 高铝酸钠 $\beta - Al_2O_3$（$Na_2O \cdot 11Al_2O_3$） | 1900 | 3.24 | 127.4~156.8 |
| | 霞石（六方）$Na_2O \cdot Al_2O_3 \cdot 2SiO_2$ | | 2.61 | |
| | 三斜霞石 $Na_2O \cdot Al_2O_3 \cdot 2SiO_2$ | | 2.51 | |
| | 单铝酸钠 $Na_2O \cdot Al_2O_3$ | | | |
| | 玻璃 | | | |

需要指出的是，白刚玉中有很少量铁质，由于原料带入的铁质得不到还原，又高度分散在刚玉结晶间隙，加工过程难磁选，故残留下来，如 $\alpha - Fe$、$Fe_3O_4$ 和少量的 $Fe_2O_3$、$FeO$、$FeO \cdot Al_2O_3$ 及 $Al_4Si_2Fe$ 等，这些铁质多以弱磁性出现，在应用白刚玉作耐火材料制品时，可能产生黑点或斑痕。在白刚玉产品中磁性物允许含量见表 13-17。

另外，用倾倒法的白刚玉熔块，其中的黑色斑点，经研究分析含有白榴子石（$K_2O \cdot Al_2O_3 \cdot 4SiO_2$）、黑铝镁铁石（$Mg(Al, Fe, Ti)_4O_7$），这两种矿物都是低熔点物。白刚玉质量要求及磁性物含量，见表 13-16 及表 13-17。

### 4. 我国白刚玉生产企业理化指标（部分）

在白刚玉生产企业中，我国河南省的生产企业占有重要的地位。部分企业白刚玉理化指标见表 13 – 29 和表 13 – 30。

**表 13 – 29　开封白刚玉理化指标**

| 理化指标 | 低钠白刚玉 | | | | 中钠白刚玉 | | | | 备注 |
|---|---|---|---|---|---|---|---|---|---|
| | 煅 砂 | | 细 粉 | | 煅 砂 | | 细 粉 | | |
| | 保证值 | 典型值 | 保证值 | 典型值 | 保证值 | 典型值 | 保证值 | 典型值 | 煅砂粒度 |
| $Al_2O_3$/% | ≥99 | 99.38 | ≥99 | 99.23 | ≥99 | 99.24 | ≥99 | 99.12 | 为 0~50mm， |
| $SiO_2$/% | ≤0.2 | 0.15 | ≤0.3 | 0.22 | ≤0.2 | 0.12 | ≤0.3 | 0.19 | 细砂粒度为 |
| $Fe_2O_3$/% | ≤0.1 | 0.08 | ≤0.15 | 0.08 | ≤0.1 | 0.04 | ≤0.15 | 0.08 | – 180 目、 |
| $Na_2O$/% | ≤0.25 | 0.18 | ≤0.25 | 0.18 | ≤0.4 | 0.29 | ≤0.5 | 0.33 | – 200 目、 |
| 真密度/g·cm$^{-3}$ | ≥3.92 | | | | | | | | – 240 目、 |
| 体积密度/g·cm$^{-3}$ | ≥3.6 | | | | | | | | –325 目 |
| 显气孔率/% | ≤8 | | | | | | | | |

**表 13 – 30　河南白刚玉理化指标（除开封外）**

| 产地 | 三门峡 | 河南（渑池） | | 郑州某厂 | | | | 河南伊川 | |
|---|---|---|---|---|---|---|---|---|---|
| 理化指标 | | 普通白刚玉 | 低钠白刚玉 | 煅砂（>0.1mm） | 典型值 | 细粉（≤0.1mm） | 典型值 | 煅砂（>0.1mm） | 细粉（≤0.1mm） |
| $Al_2O_3$/% | ≥99 | ≥99 | ≥99.3 | ≥99 | 99.5 | ≥99 | 99 | ≥99 | ≥98.5 |
| $SiO_2$/% | ≤0.1 | ≤0.15 | ≤0.15 | ≤0.1 | 0.05 | ≤0.15 | 0.08 | | ≤0.3 |
| $Fe_2O_3$/% | ≤0.15 | ≤0.1 | ≤0.1 | ≤0.1 | 0.06 | ≤0.15 | 0.06 | CaO≤0.4 | CaO≤0.5 |
| $Na_2O$/% | $R_2O$≤0.45 | ≤0.3 | ≤0.2 | $R_2O$≤0.4 | 0.3 | ≤0.45 | 0.35 | ≤0.5 | ≤0.5 |
| 体积密度/g·cm$^{-3}$ | ≥3.6 | >3.55 | >3.60 | ≥3.6 | 3.62 | | | | |
| 显气孔率/% | | | | ≤8 | 6 | | | | |
| 真密度/g·cm$^{-3}$ | | | | ≥3.92 | 3.92 | ≥3.92 | 3.93 | | |
| 磁性物/% | | | | | | | | ≤0.003 | ≤0.003 |

### （七）致密电熔刚玉

致密电熔刚玉（简称致密刚玉）的主要原料为工业氧化铝，外加添加剂，在电弧炉中熔炼并经冷却结晶而成，外观呈灰色、灰白色。其理化指标及磁性物含量见表 13 – 16 及表 13 – 17。

致密电熔刚玉的化学成分为：当粒度大于 0.1mm 时，$Al_2O_3$≥99.0%；当粒度不大于 0.1mm 时，$Al_2O_3$≥98.5%。其体积密度均不小于 3.80g/cm³，气孔率低，高温下体积稳定，耐酸碱，是新型高级原料。

致密刚玉物相组成有：主晶相 $\alpha - Al_2O_3$；次晶相石英、含 Ti 矿物（$FeTiO_3$、$TiC$、$Ti_4O_7$ 等）、含 Ca 矿物（$CaAl_{12}O_{19}$、$Ca_3[Si_3O_9]$ 等）、玻璃相。

残碳是致密刚玉的有害杂质，要求 $C \leqslant 0.14\%$，残碳来自于 $Al_4C_3$、$Al_4O_4C$、$Al_2C$、$TiC$ 等，这些碳化物在常温下可与水反应使刚玉颗粒粉化。

我国生产致密刚玉的产地主要在河南（三门峡、登封、伊川）等地。下面以郑州威尔公司和河南三门峡所产致密刚玉为例。

郑州威尔特材有限公司所产致密刚玉的理化指标见表 13 – 31，其形貌如图 13 – 9 所示。

表 13 – 31　郑州威尔特材致密刚玉理化指标

| 粒　度 | | ≥0.1mm | ≤0.1mm | 体积密度/g·cm$^{-3}$ | 真密度/g·cm$^{-3}$ |
|---|---|---|---|---|---|
| 化学成分/% | $Al_2O_3$ | ≥99 | ≥98.5 | | |
| | $SiO_2$ | ≤1.0 | ≤1.0 | | |
| | $Fe_2O_3$ | ≤0.15 | ≤0.15 | ≥3.8 | ≥3.9 |
| | $R_2O$ | ≤0.1 | ≤0.1 | | |
| | C | 0.04 ~ 0.08 | | | |

注：粒度小于 0.044mm，$Al_2O_3 \geqslant 98.00\%$；有各种煅砂（8~5mm，5~3mm，3~1mm，1~0mm）及细粉（<0.074mm，<0.044mm）。

图 13 – 9　威尔致密刚玉

河南三门峡所产致密刚玉理化指标及物相组成见表 13 – 32 和表 13 – 33。

表 13 – 32　三门峡致密电熔刚玉理化指标

| 化学成分/% | | | | | 显气孔率/% | 体积密度/g·cm$^{-3}$ | 真密度/g·cm$^{-3}$ |
|---|---|---|---|---|---|---|---|
| $Al_2O_3$ | $SiO_2$ | $Fe_2O_3$ | $R_2O$ | $TiO_2$ | | | |
| ≥98.88 | 0.68 | 0.06 | 0.30 | 0.10 | 3.49 | 3.81 | 3.95 |

表 13 −33　三门峡致密刚玉物相组成（%）

| α – Al$_2$O$_3$ | 石英 | FeTiO$_3$ | CaAl$_{12}$O$_{19}$ | Ca$_3$[Si$_3$O$_9$] | 玻璃相 |
|---|---|---|---|---|---|
| 90.8 | 3.9 | 3.9 | 2.0 | 1.1 | 2.2 |

## （八）空心球刚玉

使用原料是工业氧化铝。将工业氧化铝用电弧炉熔融，熔液流出时采用 0.5 ~ 0.6GPa（5 ~ 6atm）高压空气喷吹而得，其性能见表 13 −34。

表 13 −34　空心球刚玉性能

| 化学成分/% | | | | 物理性能 | | |
|---|---|---|---|---|---|---|
| Al$_2$O$_3$ | SiO$_2$ | Fe$_2$O$_3$ | Na$_2$O | 颗粒尺寸/mm | 密度/g·cm$^{-3}$ | 熔点/℃ |
| 98.3 ~ 99.3 | <0.08 | <0.2 | 0.3 ~ 0.6 | 0.5 ~ 5.5 | 3.94 | ~2050 |

耐火材料采用空心球刚玉作高级隔热材料、高级绝缘材料等。

如果在熔液中加入 0.02% ~ 3% 的 ZrO$_2$ 制造的空心球，作为不锈钢退火炉内衬，效果更佳。

## （九）锆刚玉

### 1. 使用原料

锆刚玉使用主要原料为：煅烧氧化铝或铝矾土、锆英砂及添加物，在电弧炉中共同熔融而制成。

锆刚玉由于引入 ZrO$_2$，赋予材料新的特性，如耐侵蚀性、耐磨性、抗热震性等。

### 2. 生产基本原理

在锆刚玉中，主要物相是 α – Al$_2$O$_3$ 和 Al$_2$O$_3$ – ZrO$_2$ 形成的共晶体。α – Al$_2$O$_3$（刚玉）的熔点是 2050℃，ZrO$_2$ 的熔点是 2690℃（或 2715℃），ZrO$_2$ – Al$_2$O$_3$ 二元系最低共熔点温度为 1710℃，说明该二元混合物均可用作耐火材料。当熔融温度达到共熔点时，按共熔点组成中的比例（ZrO$_2$ 含量为 42.6%）同时析出 Al$_2$O$_3$ 和 ZrO$_2$ 的共熔相，即当锆刚玉熔体冷却时就开始产生晶体。

### 3. 生产中值得注意的几个问题

#### A　锆刚玉结晶

锆刚玉晶体尺寸、晶体的发育长大与熔融液的冷却方法和冷却速度有密切关系，其中冷却速度是关键。研究表明，冷却速度从 12 ~ 20℃/min 加快到 1000 ~ 2000℃/min，刚玉的初始尺寸从 300 ~ 400μm，减小到 30 ~ 10μm，同时其晶体数量增加。通俗来讲，熔体快速冷却，刚玉晶体细小，而慢速冷却，获得较大的锆刚玉晶体。研究还指出，熔体的快速冷却凝固，α – Al$_2$O$_3$ 晶体生长受到抑制，使 ZrO$_2$ – Al$_2$O$_3$ 共晶体均匀分布在微晶结构的 α – Al$_2$O$_3$ 晶界处，有利于熔体密度提高。

**B　脱硅**

锆刚玉中的锆是由锆英石（$ZrO_2 \cdot SiO_2$）引入，同时锆英石也引入 $SiO_2$。设法降低锆刚玉中 $SiO_2$ 含量，使 $Al_2O_2$ 和 $ZrO_2$ 共晶且结构均匀，也是锆刚玉生产的关键。因为锆刚玉中，如果 $SiO_2$ 的大量存在，将增加莫来石（$3Al_2O_3 \cdot 2SiO_2$）偏硅酸铝及玻璃质等脆性物质，影响锆刚玉的强度与物性。

电炉内，在温度为 2000℃ 左右的还原气氛条件下，脱硅的主要反应如下：

$$ZrO_2 \cdot SiO_2 \xrightarrow[\text{分解}]{\text{约1700℃}} ZrO_2 + SiO_2$$
$$\text{锆英石}$$

$$SiO_2 + C \xrightarrow{\text{高温}} Si\uparrow + CO\uparrow$$
$$\longrightarrow SiO + CO\uparrow$$

$$Si + O_2 \xrightarrow{\text{高温}} SiO_2$$
$$\longrightarrow SiO\uparrow$$

**C　$ZrO_2$ 相变控制**

$ZrO_2$ 有如下相变：

$$\text{单斜 } ZrO_2 \underset{\text{约950℃}}{\overset{\text{约1170℃}}{\rightleftharpoons}} \text{四方 } ZrO_2 \overset{\text{约2370℃}}{\rightleftharpoons} \text{等轴 } ZrO_2 \overset{\text{约2680℃}}{\rightleftharpoons} \text{液相}$$
$$\text{（立方）}$$

比重　　5.31　　　　　　　　5.70　　　　　　　　6.10

　　　　(5.68)　　　　　　　(6.10)　　　　　　　(6.27)

升温时，单斜转变为四方型，材料有明显收缩，反之呈明显膨胀，体积效应约 7%。因 $ZrO_2$ 相变伴随着较大体积效应，该体积效应对提高材料的机械性能不利，必须加以控制，尤其是四方 $ZrO_2$ 与单斜 $ZrO_2$ 之间的相变。

当用适量添加物和快速冷却条件下，可以使四方 $ZrO_2$ 在常温下稳定或部分稳定存在。

**D　物相组成及分类**

锆刚玉物相组成为：主晶相 $\alpha - Al_2O_3$；次晶相斜锆石和少量玻璃相。根据 $ZrO_2$ 的含量，分为低锆刚玉（$ZrO_2$ 10% ~ 15%），中锆刚玉（$ZrO_2$ 25%）和高锆刚玉（$ZrO_2$ 40%）。

国内生产锆刚玉企业及理化指标，以郑州威尔特耐少林刚玉有限公司为例。该公司冶炼锆刚玉，按照所用原料分为两种方法：

（1）铝矾土熟料 + 锆英砂 + 还原剂去掉杂质；

（2）工业氧化铝 + 锆英砂 + 添加剂。

其中第一种方法是与郑州大学高温材料研究所合作的研究成果，获国家专利。这两种方法均在电弧炉高温熔炼，急冷结晶而成，其理化指标见表 13 – 35。

表 13 – 35　郑州威尔特耐锆刚玉理化指标

| 型号 | 化学成分/% | | | | | | | 体积密度/g·cm$^{-3}$ | 磁性物/% | 耐火度/℃ |
|---|---|---|---|---|---|---|---|---|---|---|
| | $ZrO_2$ | $Al_2O_3$ | $Fe_2O_3$ | $TiO_2$ | CaO | MgO | $SiO_2$ | | | |
| ZA – 25 | ≥24 | ≥72 | ≤0.05 | ≤0.80 | ≤0.50 | ≤0.20 | ≤0.50 | ≥4.2 | ≤0.15 | ≥1850 |
| ZA – 40 | ≥40 | ≥57 | ≤0.05 | ≤0.50 | ≤0.50 | ≤0.20 | ≤0.5 | ≥4.3 | ≤0.10 | ≥1850 |

注：ZA – 25 为矾土基锆刚玉；ZA – 40 为氧化铝基锆刚玉。

矾土基和氧化铝基电熔锆刚玉的显微结构基本相同，都由颗粒状刚玉组成骨架结构，单斜氧化锆呈柱状穿插填充在刚玉骨架结构的空隙里，如图 13 – 10 所示。

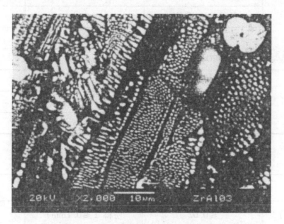

图 13 – 10　锆刚玉显微结构图

（十）铬刚玉

铬刚玉使用主体原料为工业氧化铝和氧化铬（$Cr_2O_3$），呈玫瑰色、粉红色，$Al_2O_3$ 含量不小于 98.5%，密度不小于 3.9g/cm$^3$，硬度与白刚玉相近但韧性略高于白刚玉，强度高，耐侵蚀。

（十一）钒刚玉

钒刚玉使用主体原料为工业氧化铝和五氧化二钒（$V_2O_5$），在电弧炉中熔融冷却结晶而制得，呈绿色，显微硬度 2356kg/mm$^2$，用于磨削难磨材料。

（十二）镨钕刚玉

镨钕刚玉使用原料是工业氧化铝、氧化镨和氧化钕的稀土氧化物混合物，经电弧炉熔融、冷却结晶而制得，呈白色带淡青色，密度约 3.9g/cm$^3$，硬度大，显微硬度（HV）2300～2450kg/mm$^2$，磨削能力强，作为特种磨料使用。

## 二、烧结刚玉的品种与理化指标

按行业标准 YB/T 4216—2010，烧结刚玉定义为：以工业氧化铝为原料，在无任何烧结助剂的情况下，经高温快速烧结而成。由发育良好的 $\alpha - Al_2O_3$ 晶体组成，晶体尺寸在 2～200μm 范围内，具体尺寸取决于烧结温度，个别异常长大的晶体可达 300～500μm。晶内含有微米级的封闭气孔，其数量和尺寸取决于烧结温度和升温速率。

烧结刚玉的理化指标见表 13 – 36，磁性物含量见表 13 – 37。

**表 13 – 36　烧结刚玉的理化指标**

| 项目名称及指标 | | 颗粒料（>0.1mm） | 粉料（≤0.1mm） |
|---|---|---|---|
| 化学成分 | $Al_2O_3$/% | ≥99.20 | ≥99.10 |
| | $K_2O + Na_2O$/% | <0.40 | <0.40 |
| | $Fe_2O_3$/% | ≤0.07 | ≤0.07 |
| | $SiO_2$/% | ≤0.16 | ≤0.18 |
| 物理指标 | 体积密度/g·cm$^{-3}$ | >3.50 | |
| | 显气孔率/% | ≤5 | |
| | 吸水率/% | ≤1.5 | |

**表 13 – 37　烧结刚玉中磁性物含量**

| 粒　度 | 磁性物含量/% | 粒　度 | 磁性物含量/% |
|---|---|---|---|
| 颗粒料（>0.1mm） | ≤0.02 | 粉料（≤0.1mm） | ≤0.03 |

我国烧结刚玉的产地有：江苏江都、陕西汉中、河南开封、郑州、山东（万帮）、浙江上虞等。以下以江苏晶鑫新材料股份有限公司为例。该公司刚玉系列有烧结刚玉、改性刚玉、微孔刚玉等：

（1）烧结刚玉（烧结板状刚玉）。原料为工业氧化铝，无添加剂，在超高温竖窑（大于1900℃）快速烧结而成。其晶体尺寸为 1～200μm 的粗大晶体，晶体台阶生长，板状形态明显，如图13 – 11 所示。

（2）改性刚玉。改性刚玉是在烧结刚玉的基础上加入适量尖晶石制成，它兼有刚玉和尖晶石的优异性能，具有强度高、抗热震性好、耐酸碱等特性。

（3）微孔刚玉。由工业氧化铝、氢氧化铝和 $\alpha - Al_2O_3$ 微粉经高温速烧而成，具有强度高、导热率低、抗热震好等特点，其平均孔径为 0.5μm，如图 13 – 12 所示。

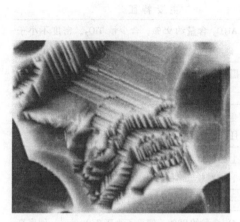

图 13 - 11 江苏晶鑫烧结刚玉板状晶体状态

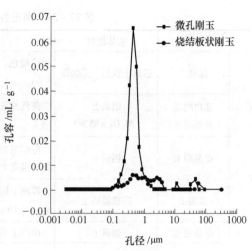

图 13 - 12 江苏晶鑫微孔刚玉孔径分布
（平均孔径 0.5μm）

上述三个品种的理化指标见表 13 - 38。

表 13 - 38 江苏晶鑫烧结刚玉系列理化指标

| 牌 号 | 名 称 | 数值类型 | 化学成分/% | | | | 体积密度/g·cm⁻³ | 显气孔率/% | 吸水率/% | 磁性物/% |
|---|---|---|---|---|---|---|---|---|---|---|
| | | | $Al_2O_3$ | $SiO_2$ | $Fe_2O_3$ | $Na_2O$ | | | | |
| JGS - 99 | 烧结板状刚玉 | 保证值 | ≥99.4 | ≤0.15 | ≤0.02 | ≤0.4 | ≥3.50 | ≤5 | ≤1.5 | ≤0.02 |
| | | 典型值 | 99.55 | 0.09 | 0.05 | 0.26 | 3.56 | 3.50 | 0.6 | 0.01 |
| JXG - 99 | 改性刚玉 | 保证值 | 96~99 | ≤0.16 | ≤0.1 | ≤0.4 | ≥3.4 | ≤5.0 | ≤1.5 | ≤0.02 |
| | | 典型值 | 96.52 | 0.12 | 0.06 | | 3.48 | 3.90 | 0.63 | 0.01 |
| JWG - 99 | 微孔刚玉 | 保证值 | ≥99.2 | ≤0.2 | ≤0.07 | ≤0.4 | ≤3.4 | ≤8 | | ≤0.02 |
| | | 典型值 | 99.36 | 0.16 | 0.07 | 0.28 | 3.3 | 6.8 | | 0.01 |

在国内一些资料中，板状氧化铝又称板状刚玉，在大于 1900℃ 温度下快速烧成，物相为发育良好的 $\alpha - Al_2O_3$。其晶体粗大，中位粒径多在 40~200μm，呈二维形貌，并且在 $\alpha - Al_2O_3$ 晶体内含有许多 5~15μm 的圆形封闭气孔，因而弥补了 $\alpha - Al_2O_3$ 抗热震性差的不足，是一大亮点，如图 13 - 13 所示。

## 三、小结

刚玉各品种一般特征见表 13 - 39。

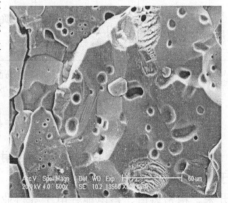

图 13 - 13 板状氧化铝的显微结构（SEM）

表 13 –39　刚玉各品种一般特征

| 名　称 | | 主体原料 | 主　要　特　征 |
|---|---|---|---|
| 电熔刚玉 | 棕刚玉 | 铝矾土铁屑、无烟煤 | 棕褐色，$Al_2O_3$ 含量约 95%，含少量 $TiO_2$，密度不小于 3.90g/cm³，硬度高，韧性大，颗粒锋锐 |
| | 亚白刚玉（高铝刚玉） | 铝矾土（$Al_2O_3 > 85\%$） | 灰色或灰黑色，$Al_2O_3$ 不小于 98%，硬度、韧性稍次于白刚玉 |
| | 微晶刚玉 | 铝矾土 | 棕刚玉衍生品种，晶体尺寸小（50~280μm），磨粒韧性好，强度大且自锐性好 |
| | 黑刚玉 | 高铁质矾土 | 棕刚玉衍生品种，黑色，$Al_2O_3$ 含量较低，$Fe_2O_3$ 含量较高，约 10%，硬度较低但韧性较好 |
| | 单晶刚玉 | 铝矾土 | 由刚玉单一晶体组成，有多棱切削刃，硬度与韧性均较高 |
| | 白刚玉 | 工业氧化铝 | 白色，$Al_2O_3$ 含量约 98%，密度不小于 3.9g/cm³，硬度高于棕刚玉，但韧性稍差（不如棕刚玉） |
| | 致密刚玉 | 工业氧化铝为主 | 灰白、灰或灰黑色，$Al_2O_3$ 不小于 98%，硬度、韧性近似于白刚玉 |
| | 空心球刚玉 | 工业氧化铝 | 熔融液流出后，用高压空气喷吹 |
| | 锆刚玉[①] | 工业氧化铝、锆英砂 | 是 $Al_2O_3$ 与 $ZrO_2$ 的共熔混合物，微晶结构，硬度略低，但韧性大，强度较高，耐侵蚀 |
| | 铬刚玉 | 工业氧化铝、氧化铬 | 白刚玉衍生品种，玫瑰色、粉红色，$Al_2O_3$ 含量不小于 98.5%，密度不小于 3.9g/cm³，硬度与白刚玉相近，韧性略高于白刚玉，且强度高，耐侵蚀 |
| | 钒刚玉 | 工业氧化铝，$V_2O_5$ | |
| | 镨钕刚玉 | 工业氧化铝、氧化镨及氧化钕等的稀土矿物 | |
| 烧结刚玉 | 烧结板状刚玉 | 工业氧化铝 | 性质与 $\alpha - Al_2O_3$ 刚玉相似，但晶体形态各异，它为二维的板状，与 $\alpha - Al_2O_3$（刚玉）晶体呈桶状、短柱状不同 |

①锆刚玉尚有用铝矾土与锆英砂为原料，经高温熔炼，急冷结晶而成。

# 第四节　刚玉的应用

由于刚玉具有硬度大、熔点高、耐侵蚀等特性，以复相材料的形式广泛应用于工业各个领域，如耐火材料、磨料、玻璃、陶瓷（含精密陶瓷）、石化、石油开采、精密铸造、蓄电池、电子等行业上。略述如下：

（1）耐火材料。刚玉在耐火材料中的应用见表 13 –40。

**表 13 - 40　刚玉在耐火材料中的应用（部分）**

| 工业窑炉或设备 | 含刚玉的耐火材料示例 |
| --- | --- |
| 高炉<br>陶瓷杯套<br>高炉炉底炉缸<br>高炉出铁沟<br>炮泥 | 刚玉莫来石质耐火砖<br>复合棕刚玉陶瓷杯<br>（棕）刚玉碳化硅砖、氢化硅 - 刚玉制品<br>刚玉 - SiC - C 浇注料<br>（棕）刚玉作主料 |
| 热风炉（内、外燃式）中部、上部、火井 | 低蠕变砖，低蠕变砖抗热震性用到板状刚玉等 |
| 鱼雷式铁水罐冲击区 | 刚玉 - SiC - C 砖 |
| 轧钢加热炉 | 刚玉 - SiC - C 滑轨砖 |
| 盛钢桶（钢包） | 刚玉 - 尖晶石浇注料 |
| 炉外精炼（VOD、VHD 包底供气） | 刚玉透气砖 |
| 滑动水口，连铸"三大件"（长水口、侵入式水口、整体塞棒） | 铬刚玉，含板状刚玉复合材料 |
| 电炉炉盖三角区 | 低水泥刚玉浇注料 |
| 感应炉内衬 | 锆刚玉砖 |
| 高温隧道窑烧成带内衬、梭式窑内衬 | 刚玉砖 |

（2）磨料行业。以刚玉的高硬度、韧性大等特性大量用于磨料行业。根据人造刚玉品种的特殊性，作为磨料用于研磨不同的钢种，如白刚玉适用于磨硬度较高的钢材如高速钢、高碳钢、淬火钢、合金钢等；棕钢玉广泛用于普通钢材的粗磨；锆刚玉主要用于重负荷磨削，适用于磨耐热合金钢、钛合金钢和奥氏体不锈钢等。

（3）玻璃熔窑。主要用到熔铸锆刚玉砖、熔铸 α - 刚玉砖、熔铸 β - 刚玉砖、熔铸 α - β 刚玉砖、铬刚玉耐火制品。

（4）陶瓷。氧化铝陶瓷用于高温器皿、炉套、热电偶保护管、冶炼坩埚、陶瓷机械部件（如密封环等）各种电路基底、无线电器件装置瓷、导体鼻锥体等。刚玉莫来石砖用于高温匣钵。

（5）固体电解质材料。主要用于钠硫电池、钠澳电池的隔膜材料，主要应用 β - $Al_2O_3$ 的钠离子导电性。

（6）石化等。低硅刚玉或致密刚玉砖用于石油化工合成氨转化炉炉衬；铬刚玉耐火浇注料用于石油、化工、建材、机械等窑炉和热工设备。

# 第十四章　锆质耐火材料原料

锆英石　$ZrO_2 \cdot SiO_2$

斜锆石　$ZrO_2$

$ZrO_2$ 特性、锆质原料应用

锆质原料供应地

含锆矿物有几十种，主要有锆英石（又名锆石）$ZrSiO_4$，含 $ZrO_2$ 67.1%；斜锆英石 $ZrO_2$，含 $ZrO_2$ 100%，一般为 95.5%～98.4%；异性石及负异性石等，$ZrO_2$ 含量一般为 11.84%～12.82%。工业上用来提取 $ZrO_2$ 的矿物主要是锆英石及斜锆石。

由于锆英石、斜锆石具有特殊性能，因而含锆耐火材料使用在冶金、玻璃、水泥、陶瓷等高温关键部位。今后随着对含锆耐火材料认识的提高，含锆耐火材料的应用必将有更大发展。

## 第一节　锆英石

### 一、我国锆英石资源概况

锆英石（又名锆石，zircon）资源誉为"战略金属"和电子技术最有前途的稀有金属，主要矿物是锆英石和斜锆英石。

（一）锆英石成因

锆英石主要有三种类型：

（1）岩浆型。锆英石在酸性和碱性岩浆中为分布广泛的副矿物；而在基性和中性岩中分布较少。

（2）伟晶型。常与稀有元素矿物和铌钽铁矿、褐钇铌矿、褐帘石、钍石、独居石等密切共生。

（3）机械沉积型。由于锆英石物理化学性质稳定，常富集成砂矿，有海滨砂矿、残积砂矿、冲积砂矿。

（二）锆英石资源分布

我国锆英石资源，成因以岩矿类型为主，其次为砂矿。截至 2007 年底有关资料统计，中国的锆钛储量，锆英石排世界第七位，依次排在澳大利亚、南非、乌克兰、美国、印度、巴西之后。

我国岩矿型锆英石资源储量，依次分布的地区为：内蒙古、江西、四川、广东；砂矿型锆英石资源储量分布在：海南、广东、山东、云南、广西、湖南、江西等地区及中国台湾地区。

## 二、锆英石化学组成

$Zr[SiO_4]$ 中含 $ZrO_2$ 67.1%，$SiO_2$ 32.9%，由于 Zr 与 Hf（铪）的化学性质相近，所以锆英石中常含有一定数量的 Hf。正常情况下，Hf/Zr 比值接近 0.007，但在个别情况下，可高达 0.6，此外，锆英石还常含有少量的 TR(Th、Y、Ce)、Nb、Ta、U 等稀有及放射性元素和 CaO、$Al_2O_3$、$Fe_2O_3$ 等混入物，一般混入 $Fe_2O_3 \geqslant 0.35\%$，CaO 0.05% ~ 0.4%。

市售的锆英石原料，常含有 $TR_2O_3$ 0 ~ 3%，$ThO_2$ 0 ~ 2%，$HfO_2$ 0.5% ~ 3.0%，$P_2O_5$ 微量（约 0.3%）。

### （一）我国岩矿型锆英石

我国岩矿型锆英石化学成分见表 14 – 1。在不同类型岩矿中，锆英石中的锆与铪（$ZrO_2/HfO_2$）比值不同。其中在碱性岩中比值最大，其次以基性岩、中性岩、酸性岩为序，锆英石的锆与铪比值依次相应降低，即基性岩中锆英石富含锆（$ZrO_2$）而酸性岩中锆英石富含铪（$HfO_2$）。

**表 14 –1　我国岩矿型锆英石化学成分（%）分析（部分）**

| 编号 | 1 | 2 | 3 | 4 | 5 | 6 | 7 | 8 | 9 |
|---|---|---|---|---|---|---|---|---|---|
| 产地 | 新疆 | 宁夏 | 湖南 | 内蒙古 | 内蒙古 | 四川 | 江西 | 河北 | 辽宁 |
| 岩性 | 花岗伟晶岩 | 伟晶岩 | 蚀变花岗岩云英带 | 花岗伟晶岩脉 | 云母型伟晶岩脉 | 碱性杂岩体中 | 花岗岩中 | 偏碱性花岗岩 | 正长岩钠长石化带 |
| 锆英石颜色 | 肉红色 | 黑褐至黑绿 | 黄褐色 | 红褐色 | 红褐色 | 黄色 | 淡黄褐 | 绿色 | 黑褐色 |
| $ZrO_2$ | 49.55 | 36.61 | 57.14 | 共 52.78 | 共 56.30 | 64.03 | 62.02 | 61.88 | 共 65.01 |
| $HfO_2$ | 14.88 | 3.89 | 9.34 |  |  | 1.18 | 1.65 | 1.66 |  |
| $SiO_2$ | 29.40 | 23.00 | 29.76 | 20.14 | 26.04 | 31.45 | 31.86 | 31.95 | 31.65 |
| $Fe_2O_3$ | 0.04 | 1.41 | — | 7.44 | 2.34 | 0.09 | 0.08 | 0.25 | 0.64 |
| $TiO_2$ | — | 0.12 | — | 痕 | 痕 | 0.04 | 0.03 | 痕 | 0.22 |
| $P_2O_5$ | — | 2.41 | — | 1.44 | 0.16 | — | 0.16 | 0.04 | — |
| CaO | 3.68 | 1.39 | — | 0.61 | 1.99 | 0.13 | 痕 | 0.73 | 0.08 |
| MgO | 痕 | 0.30 | — | 0.72 | 0.23 | 0.04 | — | 0.09 | 痕 |

| 编号 | 1 | 2 | 3 | 4 | 5 | 6 | 7 | 8 | 9 |
|---|---|---|---|---|---|---|---|---|---|
| 产地 | 新疆 | 宁夏 | 湖南 | 内蒙古 | 内蒙古 | 四川 | 江西 | 河北 | 辽宁 |
| $Na_2O$ | — | — | — | — | — | 0.13 | — | — | — |
| $K_2O$ | — | — | — | — | — | — | — | — | — |
| $ThO_2$ | 0.009 | 1.10 | 痕 | — | 1.18 | 0.01 | 0.005 | 痕 | — |
| $Na_2O_5$ | — | 0.08 | — | 共1.90 | — | — | — | — | — |
| $Ta_2O_5$ | — | 0.19 | — | | — | — | — | — | — |
| $U_3O_8$ | — | 4.72 | — | 2.33 | 0.83 | — | — | — | — |
| $UO_3$ | — | — | 1.34 | — | — | — | 0.05 | 0.42 | — |
| $H_2O^+$ | — | 8.58 | — | 9.36 | 共9.83 | — | 0.03 | 0.32 | — |
| $H_2O^-$ | — | 0.93 | — | 0.25 | | 0.17 | — | 0.04 | — |

注：据王濮等《系统矿物学》（中册）。

　　富含铪（$HfO_2$）的锆英石，含有较高含量的 $H_2O$、U、Th 等杂质，而 U、Th 是放射性元素，常发生非晶质化现象，对人体有伤害，要注意防护。

　　当锆英石成分有变化，而使 $ZrO_2$ 和 $SiO_2$ 含量相应降低，影响到锆英石的物性如硬度、比重降低或是非晶质状态，而形成锆英石多种变体见表 14 - 2。

**表 14 - 2　锆英石变体**

| 名　称 | 成　分　特　点 | | | | |
|---|---|---|---|---|---|
| | $TR_2O_3$ | $P_2O_5$ | $(Nb, Ta)_2O_5U_3O_8$ | $H_2O$ | 备注 |
| 山口石类（Yamaguchilite） | 10.93 | 5.30 | 7.69 | | |
| 大山石（Oyamalite） | 17.7 | 7.60 | | | |
| 苗木石（Naegite） | 9.12 | 不含 | 7.69 | | U、Th 高 |
| 曲晶石（Cyrtolite） | 高 | | 高 | | |
| 水锆英石（Malacon） | | | | 3~10 | |

### （二）砂矿型锆英石

　　如上所述，我国砂矿型锆英石主要分布在海南、广东、山东、云南、广西、湖南、江西等省（区）及中国台湾地区。

　　海南锆英石砂矿，以滨海沉积砂矿为主，其次为风化残坡积砂矿产出，主要分布在海南东部如万宁市、文昌市，琼海、陵水、三亚的锆英石砂矿也易采好选，常伴有钛铁矿、金红石等含钛矿物以及独居石等。

### 1. 砂矿型锆英石产品化学成分

　　砂矿型锆英石产品化学成分见表 14 - 3。

表 14 – 3　砂矿型锆英石产品化学成分（部分）　（%）

| 产地 | ZrO₂ | SiO₂ | TiO₂ | Fe₂O₃ | Al₂O₃ | CaO | MgO | Na₂O | K₂O | U | Th | Ra | 灼减 |
|---|---|---|---|---|---|---|---|---|---|---|---|---|---|
| 海南万宁 | 66.42 | 32.42 | 0.24 | 0.05 | 0.21 | 0.06 | 0.04 | 0.01 | 微 | 0.035 | 0.227 | $2.38 \times 10^{-8}$ | 0.23 |
| 海南文昌 | 66.16 | 32.89 | 0.27 | 0.05 | 0.25 | 0.05 | 0.03 | 0.01 | 0.01 | 0.026 | 0.076 | $2.06 \times 10^{-6}$ | 0.19 |
| 广东阳江 | 65.91 | 32.04 | 0.39 | 0.14 | 1.11 | 0.05 | 微 | — | — | — | — | — | 0.13 |
| 广东某地 | 66.85 | 32.35 | 0.18 | 0.47 | 0.78 | 0.14 | 0.04 | 痕 | 痕 | | | | 0.10 |
| 广东某地 | 65.75 | 32.10 | 0.71 | 0.15 | 0.27 | 0.24 | 0.11 | | | | | | |
| 广东某地 | 65.10 | 32.85 | 0.28 ~ 0.40 | 0.16 ~ 0.27 | 0.13 | 0.14 | 0.19 | P₂O₅ 0.29 | | | | | 0.08 ~ 0.20 |

近年来，我国尤其海南一些锆业企业，从澳大利亚、印度尼西亚等国家购进含锆砂矿，经选矿处理，获得锆英石精矿，其化学成分见表 14 – 4。

表 14 – 4　经过选矿处理后的国外锆英石化学成分　（%）

| 项 目 | ZrO₂ | SiO₂ | TiO₂ | Fe₂O₃ | Al₂O₃ | CaO | MgO | Na₂O | K₂O | U | Th | Ra | 灼减 |
|---|---|---|---|---|---|---|---|---|---|---|---|---|---|
| 澳大利亚粗砂 | 66.73 | 31.74 | 0.27 | 0.12 | 0.33 | 0.26 | 0.15 | 0.02 | 微 | — | — | — | 0.20 |
| 澳大利亚细砂 | 66.41 | 32.25 | 0.20 | 0.10 | 0.32 | 0.37 | 0.15 | 0.02 | 微 | — | — | — | 0.26 |

## 2. 锆英石砂矿伴生矿物

锆英石砂矿伴生矿物和国外锆钛砂矿矿物组成见表 14 – 5 及表 14 – 6。

表 14 – 5　锆英石砂矿伴生矿物　（%）

| 项 目 | 锆英石 | 钛铁矿 | 独居石 | 金红石 | 锐钛矿 | 石英 | 钍石 | 磷钇矿 | 电气石 | 绿帘石 |
|---|---|---|---|---|---|---|---|---|---|---|
| 商品矿（ZrO₂ 55%） | 83 | 10 | 5 | <1 | <1 | — | — | — | — | 微 |
| 非精选矿（ZrO₂ 60%） | 88.6 | 1.46 | 微 | 1.63 | 0.27 | 6.87 | 1.06 | 0.007 | 0.07 | — |
| 精选矿（ZrO₂ 65%） | 99 | 微 | 0.34 | 0.14 | <1 | 0.72 | 0.80 | 微 | 0.09 | — |

注：商品矿是直接从砂矿中取得的锆英石；精选矿是经过选矿提取过钛铁矿和金红石的尾矿。

表 14 – 6　澳大利亚和南非产锆英石砂矿矿物组成　（%）

| 项 目 | 澳大利亚东部 | | 澳大利亚西部 | | 南 非 |
|---|---|---|---|---|---|
| 钛铁矿 | 25 ~ 35 | 40 | 75 ~ 90 | 50 ~ 60 | 72 |
| 锆英石 | 30 ~ 45 | 30 | 5 ~ 10 | 17 ~ 22 | 18 |
| 金红石 | 30 ~ 40 | 30 | 1 ~ 3 | 7 ~ 12 | 6 |
| 重矿物 | 2 ~ 5 | 1 ~ 3 | 12 ~ 15 | 7 ~ 15 | 5 ~ 25 |
| 其他 | 痕 | 痕 | 5 ~ 10 | 5 ~ 10 | 1 ~ 5 |

## 3. 锆英石精矿技术要求

海滨砂矿经选矿获得的锆英石精矿，用于提取锆的化合物、锆铪分离、制造合金以及铸造、耐火材料、陶瓷、玻璃等。

锆英石精矿的技术要求见表 14 - 7 和表 14 - 8。

表 14 - 7 锆英石精矿技术要求（YB/T 834—1987）

| 品　级 | 二氧化（锆＋铪） | 化学成分/% | | | | |
|---|---|---|---|---|---|---|
| | | 杂　质 | | | | |
| | | $TiO_2$ | $Fe_2O_3$ | $P_2O_3$ | $Al_2O_3$ | $SiO_2$ |
| 特级品 | ≥65.50 | ≤0.30 | ≤0.10 | ≤0.20 | ≤0.80 | ≤34.00 |
| 一级品 | ≥65.00 | ≤0.50 | ≤0.25 | ≤0.25 | ≤0.80 | ≤34.00 |
| 二级品 | ≥65.00 | ≤1.00 | ≤0.30 | ≤0.35 | ≤0.80 | ≤34.00 |
| 三级品 | ≥63.00 | ≤2.50 | ≤0.50 | ≤0.50 | ≤1.00 | ≤33.00 |
| 四级品 | ≥60.00 | ≤3.50 | ≤0.80 | ≤0.80 | ≤1.20 | ≤32.00 |
| 五级品 | ≥55.00 | ≤8.00 | ≤1.50 | ≤1.50 | ≤1.50 | ≤31.00 |

注：1. 成分以干矿品位计算；

　　2. 锆英石中放射性物质按国家有关规定执行。

**4. 锆英石砂矿产品粒度组成**

锆英石晶体不大，在横断面上不超过 1cm，锆英石产品粒度组成见表 14 - 8，锆英石产品粒度要求和粒度组成见表 14 - 9。

表 14 - 8 锆英石产品粒度组成

| 项　目 | 粒级/mm | | | | | 真密度/g·cm$^{-3}$ |
|---|---|---|---|---|---|---|
| | 0.5~0.2 | 0.196~0.125 | 0.125~0.088 | 0.088~0.066 | <0.066 | |
| 商品矿 $ZrO_2$ 55% | | 0.8 | 38.2 | 20.5 | 40.5 | 4.56 |
| 非精选矿 $ZrO_2$ 60% | 5.2 | 83.6 | | | 11.2 | |
| 精选矿 $ZrO_2$ 65% | | 14.2 | | 24.6 | 61.2 | 4.65 |

表 14 - 9 锆英石产品粒度要求和粒度组成　　　　　　　（%）

| 项　目 | | 粒　级 | | | | |
|---|---|---|---|---|---|---|
| | | 0.5~0.21mm | 0.21~0.149mm | 0.149~0.074mm | 0.074~0.044mm | <0.044mm |
| 宝钢要求 | 锆英石砂 | ≥50 | | | | |
| | 锆英石粉 | | | | | ≥95 |
| 海南 | 万宁 | 0.1 | 1.2 | 90.0 | 8.7 | — |
| | 文昌 | 0.2 | 2.2 | 91.0 | 6.6 | — |
| 广东 | 阳江 | — | — | 58.0 | 42.0 | |
| 澳大利亚 | 锆英石粗砂 | 38.0 | 47.7 | 14.6(<0.149mm) | — | |
| | 锆英石细砂 | — | — | 0.5 | 4.5 | 95.0 |

从表 14 - 8 和表 14 - 9 可见，我国海南文昌及广东阳江的锆英石砂矿粗粒度 0.5mm 的少，或 0.2mm 以上颗粒少，不能满足工业要求，为此，需采取造粒处

理，即把天然锆英石砂矿，经工艺处理，烧成团块，然后破碎成要求的粒度后使用，或者从国外（如澳大利亚）进口。

## 三、锆英石的晶体结构与晶型

锆英石为岛状结构的硅酸盐，无水、无附加阴离子，结构式 $Zr[SiO_4]$，化学式 $ZrO_2 \cdot SiO_2$，属于四方晶系，$a_0 = 0.662nm$，$c_0 = 0.602nm$，$Z = 4$。

晶体结构是 $[SiO_4]$ 四面体顺沿四次对称轴 $(L^4)$ 与阳离子 $Zr^{4+}$ 相连接，$Zr^{4+}$ 的配位数是8，原子间距为：$Si—O(4) = 0.162nm$，$Zr—O(8) = 0.215nm$ 和 $0.229nm(4)$。

在结构中的 $[SiO_4]^{4-}$ 可以被少量的 $[PO_4]^{3-}$ 所取代，电荷的平衡则用 $TR^{3+}$ $(La-Lu)$ 取代 $Zr^{4+}$ 作为补偿。

锆英石的晶体结构及晶形如图 14-1 及图 14-2 所示。

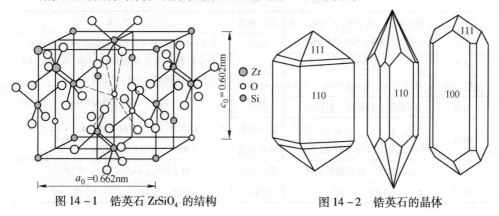

图 14-1　锆英石 $ZrSiO_4$ 的结构　　　　图 14-2　锆英石的晶体

锆英石的晶体形态与其结晶时的介质环境密切相关，与不同的介质环境如浓度、温度、压力，介质中的杂质及其含量，形成的地质年代都有一定关系，可以出现不同的单形组合：

（1）在富钾、钠而贫硅的碱性岩或偏碱性的花岗岩中，锆英石锥面 {111} 发育很好，而柱面 {110} 不发育。

（2）在硅和钾、钠含量均较高的酸性花岗岩中，锆英石柱面 {110}、{111} 及锥面 {111} 都较为发育，晶体呈柱状。

（3）在硅和钾、钠均较低的基性岩、中性岩或偏基性的花岗岩中，锆英石除见到 {110} 柱面外，往往出现复四方双锥，而锥面不发育。

## 四、锆英石基本性质

锆英石晶体无色，但常因铁的氧化程度和 U、Th 等含量的影响，有多种颜色，呈现黄、绿、褐、红、紫、灰色等，一般呈透明、半透明的红色、橙色；棕色锆英石是宝石级的锆英石；变种水锆英石为深褐色。锆英石硬度大，为 7~8，含非晶质异种水锆英石降到6，性脆（水锆石具韧性），比重大（4.68～4.7），曲晶石可降到3.8。锆英石熔点2550℃，加热至1750℃无收缩现象；不受熔化玻璃和炉渣的侵蚀影响；热膨胀系数小，20～1000℃时，$\alpha = 4.2 \times 10^{-6}/℃$。但锆英石单晶在垂直和平行主轴（$c$轴）的两个方向有较大的不同；垂直$c$轴为$3.66 \times 10^{-6}/℃$，平行$c$轴为$6.9 \times 10^{-6}/℃$。锆英石物性的差异，是由于放射性元素U、Th等影响；除HF外，酸和碱的溶液在加热时不与锆英石作用，因此不易为熔渣所润湿，所以锆英石制品的抗酸性渣性能较好。一些熔融金属也不与锆发生反应，而玻璃和炉渣在较小程度上与锆发生作用，而熔融的碱的氧化物，氢氧化物、碳酸盐和亚硫酸盐能将锆英石分解。

锆英石基本性质见表14－10。

**表14－10 锆英石基本性质**

| 化学组成 | $Zr[SiO_4]$ 或 $ZrO_2 \cdot SiO_2$，其中 $ZrO_2$ 67.1%，$SiO_2$ 32.9% | 莫氏硬度 | 7.5～8 |
|---|---|---|---|
| | | 比重 | 4.4～4.8(4.66～4.7) 均质体为3.6～4.0 |
| 晶系 | 四方晶系 | 放射性 | 有放射性，当含有较高含量的 Th、U、TR、Hf、Nb、Ta 等时，引起非晶质化 |
| 晶格常数 | $a_0 = 0.659nm$，$c_0 = 0.594nm$，$Z = 4$ | | |
| 晶形 | 双锥状、短柱状、板柱状 | 熔点 | 高，2430℃(2550℃) |
| 颜色 | 无色、淡黄色、黄褐色、紫红、淡红、蓝色、绿色、烟灰色等 | 膨胀系数 | 20～1000℃时，$4.2 \times 10^{-6}/℃(4.5 \times 10^{-6}/℃)$ |
| | | 导热系数 | 1000℃时，13.39kJ/(m·h·℃) |
| 光泽 | 玻璃光泽，断口油脂光泽 | 弹性模量 | $21 \times 10^5 kg/cm^2(2.06 \times 10^{11} Pa)$ |
| 解理 | {110} 不完全 | 化学性 | 稳定，除HF外，不溶于酸、碱 |

由于锆英石具有优良的性能，如锆的氧化物 $ZrO_2$ 用作制耐酸、耐火物品，难溶玻璃，陶瓷和瓷釉等。

在耐火材料中，有多品种含 $ZrO_2$ 的复合耐火材料（详见后面应用部分）。

## 五、锆英石的放射性

锆英石矿物本身不具有放射性，但在锆英石产品中含有放射性元素。表14－11为锆英石放射性强度测定值。

**表14－11 锆英石放射性强度测定**

| 产 地 | $ZrO_2$/% | 比放射性/Ci·kg$^{-1}$ | |
|---|---|---|---|
| | | α | β |
| 广东某地 | 65.91 | $5.18 \times 10^{-6}$ | $1.11 \times 10^{-6}$ |
| 海南1号 | 55 | $2.6 \times 10^{-6}$ | |
| 海南2号 | 60 | $6.8 \times 10^{-6}$ | |
| 海南6号 | 65 | $(0.7～1.1) \times 10^{-6}$ | |

我国对从事或接触放射性物质有规定，凡从事比放射性高于 $5 \times 10^{-7}$ Ci/kg，同时日操作量大于 30g 天然铀、钍的工作，按放射工作对待，需采取防护措施。

锆英石产品的放射性主要来源于以下伴生矿物：

（1）独居石，又名磷铈镧矿，化学组成 $Ce[PO_4]$，其中含 $Ce_2O_3$ 34.99%、$\Sigma La_2O_3$ 34.74%、$P_2O_5$ 30.27%，成分变化大，镧系元素（如 La、Nd、Sm、Gd 等）常发生类质同象现象，也经常有钍、钇、铀、钙、硅及硫发生类质同象现象。为此独居石化学组成表述为（Ce，La，Th，Nd）$[PO_4]$，其中含 $Ce_2O_3$ 20%～30%、$(La，Nd)_2O_3$ 30%～40%、$Y_2O_3$ 5%、$ThO_2$ 4%～12%。

我国及国外独居石化学成分，见表 14-12。

表 14-12　国内外独居石化学成分（部分）　（%）

| 产　地 | | $\Sigma Ce_2O_3$ | $\Sigma Y_2O_3$ | $P_2O_5$ | $ThO_2$ | $U_3O_8$ | $Na_2O_5$ | $Ta_2O_5$ | $ZrO_2$ |
|---|---|---|---|---|---|---|---|---|---|
| 中国广西 | 花岗岩 | 56.62 | 3.53 | 26.19 | 3.61 | | 0.90 | | 0.7 |
| | 花岗岩 | 63.04 | 2.07 | 26.09 | 3.52 | | 0.52 | | 0.7 |
| 中国内蒙古 | 伟晶岩 | 55.62 | 4.09 | 25.63 | 7.94 | | | | |
| | 伟晶岩 | 55.97 | 5.7 | 25.86 | 7.08 | | | | |
| | 高温热液矿床 | 67.53 | 0.23 | 28.00 | 0.34 | | 3.7（其他） | | |
| 前苏联 | 花岗岩 | 59.46 | 1.21 | 25.84 | 9.74 | | | | |
| 美国 | 热液矿床 | 67.83 | | 29.23 | 3.04 | 0.7 | | 0.12 | |
| 蒙古国 | 伟晶岩 | 48.05 | 1.70 | 25.64 | 18.10 | | | 0.20 | |

| 产　地 | | $SiO_2$ | $Fe_2O_3$ | $FeO$ | $TiO_2$ | $CaO$ | $MgO$ | $Al_2O_3$ | 灼减 |
|---|---|---|---|---|---|---|---|---|---|
| 中国广西 | 花岗岩 | 3.64 | | 1.36 | 3.14 | | 0.03 | | 0.05 |
| | 花岗岩 | 2.76 | 0.59 | 0.62 | 0.80 | | 0.03 | | 0.06 |
| 中国内蒙古 | 伟晶岩 | 0.40 | 1.63 | | | 1.24 | 0.20 | 1.45 | 0.99 |
| | 伟晶岩 | 0.50 | 1.39 | | | 0.24 | 0.48 | 1.63 | 1.29 |
| | 高温热液矿床 | | 0.16 | | | 0.65 | | | |
| 前苏联 | 花岗岩 | | 0.14 | | | | | 0.05 | |
| 美国 | 热液矿床 | | | | | | | | |
| 蒙古国 | 伟晶岩 | 2.67 | 0.73 | | | 2.00 | 0.28 | 0.42 | |

（2）磷钇矿和锆英石具有放射性，磷钇矿比放射性为 $(2.0～2.36) \times 10^{-5}$ Ci/kg。

（3）锆英石的变种也具有放射性。

### 六、锆英石的离解与再结合

锆英石在高温下发生离解，即：

$$ZrO_2 \cdot SiO_2 \xrightarrow{\triangle} ZrO_2 + SiO_2$$

但在适宜条件下，$ZrO_2$ 与 $SiO_2$ 能再结合为锆英石。

影响锆英石离解与再结合的因素有：温度、杂质、粒度。分述如下。

（一）温度

研究指出，锆英石自 1540℃ 开始缓慢离解；1650℃ 下保温 2h 有 10% 锆英石分解；高于 1700℃ 时快速分解；1870℃ 时有 95% 锆英石离解。锆英石离解产物有：单斜 $ZrO_2$ 和 $SiO_2$ 玻璃，有人认为，除单斜 $ZrO_2$ 外，还有一定数量的高温型四方 $ZrO_2$。

随着锆英石离解的进行。$ZrO_2$ 变体的鼓胀有明显变化，这主要是由 $ZrO_2$ 不同晶相（单斜 $ZrO_2$、四方 $ZrO_2$、立方 $ZrO_2$）密度的差异引起的（详见本章第二节）。当锆英石熔融完全离解后，$ZrO_2$ 与 $SiO_2$ 在 1450℃ ×3h 又能再结合，即：

$$ZrO_2 + SiO_2 \xrightarrow{1450℃ \times 3h} ZrO_2 \cdot SiO_2$$

随着温度的升高，合成速度增大，有研究指出在 1750℃ 时，约有 75% 锆英石离解，如将该锆英石在 1500℃ 保留一个星期，又实现了再结合。锆英石热离解与温度的关系如图 14－3 所示。

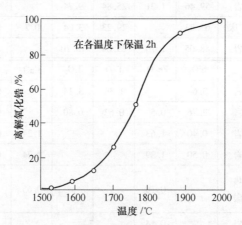

图 14－3 锆英石的热离解与温度的关系

（二）杂质

添加物对锆英石离解与再结合有重要的作用，研究指出，添加剂用 3% $BaF_2$ 或 1.9% $AlF_3$ 处理时，合成锆英石的温度可降低，在不高于 1050℃ 时也能合成锆英石，但是用上述添加剂处理的锆英石，用同样方法，未能发生再结合。各种氧化物对锆英石分解的影响见表 14－13。

表 14 – 13　各种氧化物对锆英石分解的影响

| 与锆英石接触的氧化物 | 温度/℃ | 分　解 | 备　注 |
|---|---|---|---|
| $Na_2O + K_2O$ | 900 | 有一些 | 如锆英石粒度为 250 ~ 270 目，于 1100℃ 保温 80 ~ 90min，完全分解；而已分解的锆英石在 1300 ~ 1500℃ 有再结合现象 |
| | 1100 | 较缓慢 | |
| | 1200 | 迅速分解 | |
| CaO | 1300 | 迅速分解 | |
| $Al_2O_3$ | 1400 | 开始分解，较为缓慢 | |
| $MgO + TiO_2$ | 1200 以上 | 促进分解，已分解的 $ZrO_2$ 在 1050 ~ 1400℃ 与 $TiO_2$ 固液形成固溶体 | |

（三）粒度

粗粒锆英石难分解，细颗粒锆英石分解较大。研究表明：30 ~ 100 目（0.14 ~ 0.59mm）的锆英石颗粒，在 1700℃ × 1h 几乎没有变化，而 325 目（0.044mm）的颗粒锆英石则分解较大。

## 七、杂质对锆英石烧结的影响

锆英石烧结较困难，因为高温下靠固相扩散的作用，速度非常慢，故难以烧结。但含有 $TiO_2$、$Fe_2O_3$、$Al_2O_3$ 等杂质的锆英石，则较易烧结，原因是有液相参加的烧结。

研究表明：含 $ZrO_2$ 65% 的锆英石，杂质总含量 1.58%，在 1750℃ 高温下才能烧结；而含 $ZrO_2$ 55% 的锆英石，在 1550℃ 便可烧结，因其杂质总量高达 12.1%，随杂质总量的提高，烧结温度降低。

对促进锆英石烧结有效的杂质，依次为：碱金属氧化物（$Na_2O$、$K_2O$）、碱土金属氧化物（$MgO$、$CaO$），再次为 $ZnO$、$Be_2O_3$、$MnO$、$Fe_2O_3$、$Co_2O_3$、$NiO$ 等，而 $TiO_2$、$P_2O_5$、$CeO_2$ 等对烧结影响不大。$Al_2O_3$、$Cr_2O_3$ 对烧结无影响。

锆英石组成中的 $SiO_2$ 有以下作用：

（1）含量过多，对锆英石抗侵蚀性不利。

（2）如引入 $Al_2O_3$，使 $Al_2O_3$ 与 $SiO_2$ 作用生成莫来石，即 $3Al_2O_3 + 2SiO_2 \rightarrow 3Al_2O_3 \cdot 2SiO_2$（莫来石），此时材料龟裂。

为避免或减弱龟裂，可向其中加入 $Na_2O$，则熔融后的 $SiO_2$ 变成玻璃相，与 $Al_2O_3$ 作用不生成莫来石，在氧化锆（$ZrO_2$）的晶型转化的温度范围内显软化状态，可缓解由于 $ZrO_2$ 的晶型转化体积膨胀所产生的应力，从而避免或减弱龟裂。但 $Na_2O$ 是耐火材料有害杂质，要谨慎使用。

# 第二节 斜锆石

斜锆石（baddeleyite）是重要的矿物原料之一。我国斜锆石蕴藏量很少，国外产地有巴西、斯里兰卡、南非等。

## 一、斜锆石的化学组成

斜锆石 $ZrO_2$ 中含 Zr 74.1%、O 25.9%，Zr 经常被 Hf 代替，除 $HfO_2$（达3%）、$Fe_2O_3$（达 2%）、$Sc_2O_3$（达 1%）外，还混有 $Na_2O$、$K_2O$、MgO、MnO、$Al_2O_3$、$SiO_2$、$TiO_2$ 等。斜锆石也可有 Nb、Ta、稀土代替 Zr（Hf），化学成分见表 14 -14。

表 14 -14　斜锆石的化学分析　　　　　（%）

| 化学成分＼样品编号 | 1 号 | 2 号 | 3 号 | 4 号 |
|---|---|---|---|---|
| $(Zr, Hf)O_2$ | 98.90 | 97.19 | 96.58 | 95.20 |
| $SiO_2$ | 0.19 | 0.48 | 0.70 | 0.06 |
| $TiO_2$ | — | 0.48 | — | 1.65 |
| $TR_2O_3$ | — | — | — | — |
| $Fe_2O_3$ | 0.82 | 0.92 | 0.41 | 2.10 |
| $Al_2O_3$ | — | 0.40 | 0.43 | — |
| CaO | 0.06 | — | 0.55 | 0.80 |
| 烧失量 | 0.28 | — | 0.39 | — |
| 总　　计 | 100.25 | 99.85 | 99.52 | 100.68 |

注：1 号样品产自斯里兰卡；2 号样品产自巴西，分析中包括 $H_2O$ 0.28%；3 号样品产自巴西，分析中包括（Na, K）$_2O$ 0.42%，MgO 0.10%；4 号样品产自南非，分析中包括 MgO 0.64%，MnO 0.23%。

## 二、斜锆石的晶体结构与形态

### （一）晶体结构

斜锆石为单斜晶系，晶胞轴长 $a_0 = 0.5169nm$，$b_0 = 0.5232nm$，$c_0 = 0.5341nm$；$\beta = 99°15'$，单位晶胞中分子数 $Z = 4$。

合成 $ZrO_2$ 加热到 1000℃ 为四方晶系；在 1900℃ 长时间加热则成为立方变体，但在常温下稳定的变体属单斜晶系。斜锆石的结构，可以看成是两种状态的氧和锆结合的原子层沿 {100} 交替排列而成，如图 14 -4 所示，斜锆石晶体如图 14 -5 所示。

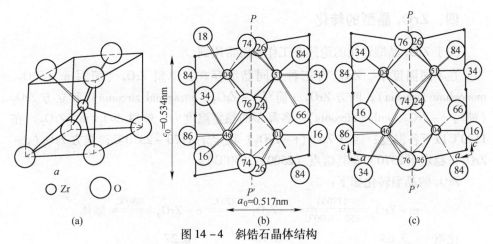

图 14 - 4　斜锆石晶体结构

（a）锆（Zr）的配位形式；（b）沿（010）的投影；（c）双晶在（010）的投影

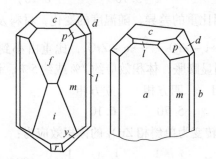

图 14 - 5　斜锆石晶体

注：主要单形有平行双面 $a\{100\}$、$c\{001\}$、$t\{102\}$、$f\{201\}$ 等；斜方柱 $m$ $\{110\}$、$l\{120\}$、$d\{011\}$、$p\{111\}$ 等。

（二）晶体形态

晶体通常沿 $c$ 轴延伸的短状或长柱状，有时沿 $b$ 轴延伸呈柱状，成 $\{100\}$、$\{010\}$ 发育的板状、方状晶体，聚片双晶，晶面花纹发育，集合体呈放射纤维状、块状等。

## 三、斜锆石的物理性质

斜锆石颜色为无色至黄、绿、暗绿、绿棕、红、褐，有白色或棕色条痕，具有油脂或玻璃光泽，黑色斜锆石呈半金属光泽，透明至半透明。其解理 $\{001\}$ 完全，$\{010\}$、$\{110\}$ 不完全，断口呈不平坦状或亚贝壳状，硬度为 6.5，比重为 5.4 ~ 6.02，土状斜锆石比重为 4.6 ~ 4.8，熔点 2950℃。

斜锆石有多晶变体，加热到约 1000℃ 转变为四方晶系。显微镜下特征为多色性明显，聚片双晶清楚，二轴晶（-）。

## 四、ZrO₂ 晶型的转化

关于 $ZrO_2$ 晶型转化的论述在工作中常常用到。

在不同温度下，$ZrO_2$ 有三种不同晶型存在：单斜 $ZrO_2$（简写 m – $ZrO_2$，monoclinic zirconia），四方 $ZrO_2$（简写 t – $ZrO_2$，tetragonal zirconia）和立方 $ZrO_2$（简写 c – $ZrO_2$，cubic zirconia）。各晶型的稳定温度为：单斜 $ZrO_2$（m – $ZrO_2$）在 1170℃ 以下各温度；四方 $ZrO_2$（t – $ZrO_2$）稳定于 1170 ~ 2370℃；立方 $ZrO_2$（c – $ZrO_2$）稳定于 2370℃ 至其熔点（2500 ~ 2950℃）。

$ZrO_2$ 的晶型转化如下：

$$m - ZrO_2 \xrightleftharpoons[850 \sim 1000℃]{1170℃} t - ZrO_2 \xrightleftharpoons{2370℃} c - ZrO_2 \xrightleftharpoons{2680℃} 熔体$$

比重　　5.68　　　　　　　6.10　　　　　　6.27

（或　　5.31　　　　　　　5.70　　　　　　6.10）

上述三个变体，因比重的差异，随温度的变化，材料发生体积效应，膨胀或收缩，由 $m - ZrO_2 \xrightarrow{\triangle} t - ZrO_2 \xrightarrow{\triangle} c - ZrO_2$，比重由小到大，材料有明显收缩（约3%）；反之则呈明显膨胀，体积效应约7%或约5%，说明如下：

（1）$ZrO_2$：单斜相　　四方相　　立方相

比重：5.31　　　5.70　　　6.10

（2）四方相 $ZrO_2$ 转变为单斜相 $ZrO_2$ 的体积效应为：

$$\frac{\Delta V}{V} \times 100\% = \left[ \left( \frac{1}{5.31} - \frac{1}{5.70} \right) \div \frac{1}{5.70} \right] \times 100\% = 7.4\%$$

（3）立方相 $ZrO_2$ 转变为四方相 $ZrO_2$ 的体积效应为：

$$\frac{\Delta V}{V} \times 100\% = \left[ \left( \frac{1}{5.70} - \frac{1}{6.10} \right) \div \frac{1}{6.10} \right] = 7.0\%$$

氧化锆变体转化，$ZrO_2$ 变体晶胞模型分别如图 14 –6 及图 14 –7 所示。

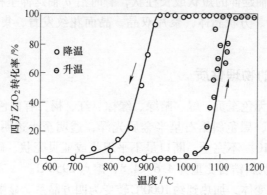

图 14 –6　氧化锆的单斜 – 四方转化

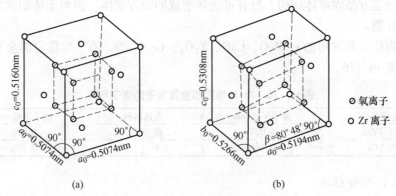

图 14-7  ZrO$_2$ 变体的晶胞模型

（a）四方型；（b）单斜型

综上所述，ZrO$_2$ 变体的性质见表 14-15。

表 14-15  ZrO$_2$ 变体的性质

| 晶　型 | 单斜型 | 四方型 | 等轴（立方）型 |
|---|---|---|---|
| 晶　系 | 单　斜 | 四　方 | 等　轴 |
| 转变温度 | 单斜 ZrO$_2$ $\xrightleftharpoons[850 \sim 1000℃]{1170℃}$ 四方 ZrO$_2$，四方 ZrO$_2$ $\xrightleftharpoons{2370℃}$ 等轴 ZrO$_2$ | | |
| 热膨胀系数 $\alpha/℃^{-1}$ | (20～1080℃时)$8.0 \times 10^{-6}$ | | |
| 比　重 | 5.68 | 6.10 | 6.27 |
| 光　性 | $N_g = 2.243$<br>$N_m = 2.236$<br>$N_p = 2.136$<br>$N_v(-) = 30.5°$ | 重折射弱 | |
| 晶格常数 | $a = 0.5194$nm<br>$b = 0.5266$nm<br>$c = 0.5308$nm<br>$\beta = 80°48'$ | $a = 0.5074$nm<br>$c = 0.5160$nm<br>$c/a = 1.017$ | |

## 五、ZrO$_2$ 晶型的稳定

为避免 ZrO$_2$ 各变体晶体转变产生裂纹，影响耐火材料的使用，需要稳定 ZrO$_2$。有两种处理办法，即完全稳定和部分稳定。

（一）完全稳定

稳定氧化锆（ZrO$_2$），即立方稳定氧化锆（c-ZrO$_2$），是将与 Zr$^{4+}$ 离子半径大小相近的金属离子，加入到 ZrO$_2$ 晶格中使其形成稳定的立方型固溶体，冷却后仍保持立方型固溶体结构，没有可逆转变成的四方变体，因而无体积效应以避免制品开裂。

作为稳定剂常用的有 MgO、CaO、$Y_2O_3$、$Ce_2O_3$ 等，$Zr^{4+}$ 与稳定剂金属离子半径见表 14 - 16。

表 14 - 16　Zr 与稳定剂金属离子的离子半径

| 金属名称 | 离子半径/nm | 金属名称 | 离子半径/nm |
|---|---|---|---|
| 锆（Zr） | 0.087 | 镁（Mg） | 0.078 |
| 钙（Ca） | 0.106 | 钇（Y） | 0.106 |

### （二）部分稳定

部分稳定 $ZrO_2$（简写 PSZ, partially stabilizeb zirconia）是指具有三相 $ZrO_2$，即立方 $c - ZrO_2$、四方 $t - ZrO_2$、单斜 $m - ZrO_2$，或其中两相的混合物。通常以 $c - ZrO_2$ 为连续相，$t - ZrO_2$ 或 $m - ZrO_2$ 分散在其中。

PSZ 的部分稳定主要是因为添加稳定剂的品种、含量不足。部分稳定 $ZrO_2$（PSZ）与完全稳定 $ZrO_2$（CSZ）相比，前者比后者要好，因为它的线膨胀系数小，另外提高了制品的断裂韧性和强度，抗热震性较好。

PSZ 抗热震性优于 CSZ，并随单斜 $m - ZrO_2$ 含量的提高而提高，这主要是由于单斜 $m - ZrO_2$ 与立方 $c - ZrO_2$ 两相热膨胀系数不同产生失配，从而在显微结构中形成微裂纹的结果。研究指出，含 $ZrO_2$ 材料中，当含有约 30% $m - ZrO_2$ 和约 70% $c - ZrO_2$ 时，抗热震性较好。

### （三）稳定剂用量

氧化锆稳定剂以 CaO 最有效，MgO 次之，有人推荐 CaO 加入量 5%；或用复合剂稳定，即 CaO、MgO 含量分别为 6.7% 和 3.7% 或 CaO、MgO 含量分别为 2.3% 和 6.4%；在 $ZrO_2 - CaO$ 或 $ZrO_2 - MgO$ 固溶体中加入 $Y_2O_3$ 1% ~2%，可显著提高抗热震性。各种 $ZrO_2$ 的热膨胀曲线如图 14 -8 所示。

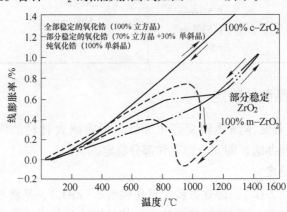

图 14 - 8　各种 $ZrO_2$ 的典型热膨胀曲线

### 六、$ZrO_2$ 的制备

目前，国内制备 $ZrO_2$，主要从锆英石（$ZrO_2 \cdot SiO_2$）中制取，其方法有：电熔法（又称还原熔融脱硅法）、等离子体法、化学法（碱金属法）等，简述如下。

#### （一）电熔法制备 $ZrO_2$

电熔法原料为锆英石、还原剂 C（鳞片石墨和热解石墨的混合物）、稳定剂 CaO 及 MgO 等；设备采用电弧炉，温度达到约 2700℃。

锆英石在电弧炉中分解：

$$ \underset{\text{锆英石}}{ZrO_2 \cdot SiO_2} \xrightarrow{\triangle} ZrO_2 + SiO_2 \text{（熔体）} $$

$SiO_2$ 分解为气态的 SiO 和 $O_2$：

$$ 2SiO_2 \longrightarrow 2SiO + O_2 \uparrow $$

加入还原剂 C，一般氧化物与 C 反应而被还原：

$$ 2SiO_2 + 3C \longrightarrow SiO + 3CO \uparrow + Si $$
$$ Fe_2O_3 + C \longrightarrow 2Fe + 3CO \uparrow $$
$$ TiO_2 + C \longrightarrow Ti + 2CO \uparrow $$

以上反应中 $Fe_2O_3$、$TiO_2$ 为锆英石中原有杂质。

反应产物 Fe、Ti 与 Si 形成硅铁合金下沉于炉底，与炉中的富锆熔体分离。

从锆英石中制取 $ZrO_2$ 有一次电熔法和二次电熔法两种方法，区别在于：一次电熔法是将锆英石与还原剂 C、稳定剂预先混合细磨，后加入电弧炉中熔融，又将电熔好的 $ZrO_2$ 急冷后再煅烧（约 1700℃），便得到稳定型氧化锆 $ZrO_2$；而二次电熔法是将锆英石与还原剂 C 先混合，后在电弧炉熔融，急冷再进行一次轻烧（约 1400℃），得到单斜 $ZrO_2(m-ZrO_2)$，然后又将 $m-ZrO_2$ 按比例配入稳定剂（CaO 或 MgO 等），共磨，又在电弧炉中进行第二次熔融，急冷得到稳定型氧化锆 $ZrO_2$。

两种电熔方法比较可知：二次电熔法 $ZrO_2$ 纯度较高，稳定性较好。两种方法都是使锆英石在电弧炉中还原熔融，都是一个脱硅富锆的过程。

表 14-17 为我国山东某厂用电熔法生产的 CaO 稳定氧化锆的性能。

表 14-17　山东某厂生产稳定氧化锆（用 CaO 稳定）性能

| 序　号 | 化学成分/% | | | | | | 耐火度/℃ |
|---|---|---|---|---|---|---|---|
| | $ZrO_2$ | CaO | $SiO_2$ | $Al_2O_3$ | $Fe_2O_3$ | 其他成分 | |
| 1 | 91.85 | 4.41 | 1.18 | 1.50 | 0.12 | 0.94 | >2000 |
| 2 | 93.05 | 4.47 | 0.65 | 1.40 | 0.13 | 0.30 | >2000 |
| 3 | 88.32 | 3.09 | 0.38 | 0.50 | 0.14 | 7.67 | >2000 |
| 4 | 88.01 | 2.39 | 0.38 | 1.50 | 0.19 | 8.53 | >2000 |

注：$Al_2O_3$ 含量偏高，受到炉衬材料影响。

## （二）等离子体法

利用等离子体电弧所产生的超高温从锆英石中提取和净化锆，从而制取高纯单斜 $ZrO_2$（$m-ZrO_2$）的方法。

该法制得的 $m-ZrO_2$，含 $ZrO_2$ 高达 99% 以上，结晶细小，粒径约 $1\mu m$，具有很高的活性，对制造高性能陶瓷材料十分重要。

## （三）化学法（碱金属法）

将锆英石粉加入到高热氢氧化钠中，反应生成锆酸钠，再用浓盐酸洗涤处理，制得氧氯化锆（$ZrOCl_2 \cdot 8H_2O$），加入氨水使之生成 $Zr(OH)_4$，沉淀，再加热处理，可得到氧化锆，化学反应式如下：

$$ZrO_2 \cdot SiO_2 + 4NaOH \longrightarrow Na_2SiO_3 + Na_2ZrO_2 + 2H_2O$$
$$\text{锆英石} \qquad \text{苛性钠} \qquad\qquad \text{锆酸钠}$$

$$Na_2ZrO_3 + 4HCl \longrightarrow ZrOCl_2 + 2NaCl + 2H_2O$$
$$\text{盐酸} \quad \text{氧氯化锆}$$

$$ZrOCl_2 + 2NH_3 \cdot H_2O + H_2O \longrightarrow Zr(OH)_4 + 2NH_4Cl$$
$$\text{氨水}$$

$$Zr(OH)_4 \xrightarrow{\triangle} ZrO_2 + 2H_2O\uparrow$$
$$\text{氧化锆}$$

20 世纪 80 年代，已研发出用 $Na_2CO_3$ 代替氢氧化钠制氧化锆的方法。

## （四）氧化锆粉末的制取 $ZrO_2$

微粉是技术陶瓷、耐火材料等领域中的一种重要的原料，制取方法有多种，在此不再详述。

洛耐院于 1989 年研发的氧化锆微粉（PSZ），纯度在 99.0% 以上，$SiO_2$ 含量不大于 0.1%，比表面积不小于 $25m^2/g$，晶粒 30nm，其中不大于 $1.0\mu m$ 的占 95% 以上，用于制作复合水口，在线材连铸机上使用。

# 第三节　$ZrO_2$ 的特性及锆质耐火材料矿物原料的应用

锆英石（$ZrO_2 \cdot SiO_2$）、斜锆石（$ZrO_2$），尤其是锆英石是制取 $ZrO_2$ 的主要矿石。

锆英石及从锆英石、斜锆石中人工制取的锆的化合物 $ZrO_2$，是耐火材料重要的原料。为了加深认识并有利于今后应用，将 $ZrO_2$ 的特性归纳如下。

## 一、$ZrO_2$ 的特性

$ZrO_2$ 的特性有：

（1）熔点高，耐高温。立方型 $ZrO_2$（$c-ZrO_2$）稳定于 2370℃ 至熔点

（2500～2950℃）。$ZrO_2$ 与一些氧化物所形成的锆酸盐，也有着较高的熔融温度，见表 14－18。

表 14－18　$ZrO_2$ 与一些氧化物的熔融温度

| 氧　化　物 | 实　验　式 | 熔融温度/℃ |
|---|---|---|
| BaO | $BaO \cdot ZrO_2$ | 2620 |
| CaO | $CaO \cdot ZrO_2$ | 2350 |
| MgO | $MgO \cdot ZrO_2$ | 2150 |
| $Al_2O_3$ | $Al_2O_3 \cdot ZrO_2$ | 1885 |

锆英石与其他氧化物，生成的低熔混合物，也有较高的熔融温度，见表 14－19。

表 14－19　锆英石（$ZrO_2 \cdot SiO_2$）与一些氧化物反应混合物的温度

| 氧　化　物 | 实　验　式 | 温度/℃ |
|---|---|---|
| MgO | $MgO \cdot ZrO_2 \cdot SiO_2$ | 约1793 |
| $Al_2O_3$ | $Al_2O_3 \cdot ZrO_2 \cdot SiO_2$ | 约1675 |
| CaO | $CaO \cdot ZrO_2 \cdot SiO_2$ | 约1582 |
| BaO | $BaO \cdot ZrO_2 \cdot SiO_2$ | 约1573 |
| $Na_2O$ | $Na_2O \cdot ZrO_2 \cdot SiO_2$ | 约1793 |

（2）抗热震性。利用 $ZrO_2$ 的晶变，通过 $ZrO_2$ 的微裂纹的增韧作用，有效提高抗热震性。研究指出，将 $ZrO_2$ 加入莫来石、$Si_3N_4$、SiC、$Al_2O_3$ 等材料中可起到增韧效果，以加入 $Al_2O_3$ 中增韧效果最佳。

（3）优良的化学稳定性、抗侵蚀性能。稳定 $ZrO_2$ 具有良好的抗化学侵蚀性，不易被熔融金属、玻璃液和钢水润湿，也不被钢水所溶解。

（4）热导率低，热损失少。

## 二、锆质耐火矿物原料的应用

金属锆及其化合物，在工业上应用很广泛，如钢铁工业、玻璃、水泥、陶瓷、有色、化工、电气工业、军工工业等领域。

在耐火材料方面：早在 20 世纪 80 年代，中科院钟香崇院士就大力强调使用锆质耐火材料的重要性，他领导的郑州大学高温材料研究所，系统研究了刚玉－莫来石－氧化锆材料高温力学性能和断裂行为，氧化锆－刚玉－莫来石/SiC 复合材料的研究，之后又开展了 O－Sialon（赛隆）－$ZrO_2$－SiC 复合材料的研究等。用锆莫来石或 $ZrO_2$ 改性或提升耐火材料的品质，促进我国耐火材料的发展。

编著者和其团队成员黄河也在 20 世纪 80 年代，以"三石"（蓝晶石、红柱石、硅线石）为基，加入锆英石，研究了莫来石－$ZrO_2$ 及莫来石－$ZrO_2$－刚玉系列，对提高材料的荷重软化温度、抗蠕变、抗热震、抗侵蚀性能很有成效。

刘孝定、郭海珠也在 20 世纪 80 年代将锆英石加入到高铝配料中，制成抗剥落高铝砖并成功应用在水泥工业上。

在玻璃行业，早已使用锆莫来石或锆刚玉砖。

锆质耐火原料的应用见表 14 - 20，仅供参考。

表 14 - 20　锆质耐火原料的应用（部分）

| 领　域 | 材　质 | 应　用 |
|---|---|---|
| 钢铁工业 | 锆英石砖（含特种锆英石砖，加入氧化铝、叶蜡石、石英、氧化铬等） | 钢包（渣线） |
| | 镁铝锆砖（$MgO - MgO \cdot Al_2O_3$（尖晶石）$- ZrO_2$ 系耐火材料） | 钢包内衬 |
| | 氧化锆石墨（$ZrO_2 - C$） | 浸入式水口、长水口（渣线） |
| | （sialon 赛隆）$- ZrO_2 - C$ 质耐火材料 | 连铸水口 |
| | $ZrO_2$ 复合碱性耐火材料 | 连铸"四大件"（如 $MgO - CaO - ZrO_2$ 质水口，$ZrO_2 - C$、氧化锆、铝锆碳滑板） |
| 玻璃工艺 | $MgO - ZrO_2$ 砖（镁锆砖） | 玻璃窑（顶部、格子砖上的蓄热墙和顶） |
| | 锆英石耐火材料 | 熔池底衬砖、上部结构的拱角砖、边角砖；钠钙玻璃窑的辅助铺石砖 |
| | 熔铸锆刚玉砖 | 玻璃窑 |
| | 熔铸锆莫来石耐火材料 | 玻璃熔窑壁 |
| | 熔铸氧化锆砖 | 玻璃池窑、特种玻璃（硼及铝硅酸盐玻璃） |
| 水泥工业 | $ZrO_2$ 复合高铝砖 | 水泥窑过渡带、分解带、箅式冷却机后墙 |
| | $MgO - MgO \cdot Al_2O_3$（尖晶石）$- ZrO_2$ 系耐火材料 | 回转窑冷却带、过渡带、烧成带 |
| | 无铬碱性砖（含 $ZrO_2$ 烧结白云石砖、含 $ZrO_2$ 镁白云石砖、含 $ZrO_2$ 烧结镁砖等） | 回转窑烧成带 |

注：其他行业的应用略。

从表 14 - 20 可见，$ZrO_2$ 复合耐火材料在近 30 年来，得到迅速发展，成为耐火材料领域的重要材料，未来一定会得到更大发展，有效提高钢铁、玻璃、水泥有色等行业工业窑炉的使用寿命。

# 第四节　我国锆英石砂供应地（部分）

我国锆英石砂（简称锆砂）供应地有不少，为发展 $ZrO_2$ 复合耐火材料提供了坚实的物质基础。产地有：辽宁（沈阳），山东（淄博辰源、坤义等，淄川万宁化工、兴隆等，东营，章丘，博兴等），天津，江苏（宜兴），广东（湛江），广西（钦州），海南（万宁、海口等）。

以下举两个实例。

（一）海南广海源矿业有限公司

锆英砂的来源除海南本地外，更多是从国外进口，先后从澳大利亚、非洲、印度尼西亚、越南、斯里兰卡等国家和地区进口，并在一些国家拥有矿产开采权，确保原料稳定供应，产品有锆英砂、钛铁矿、金红石、独居石、锡矿、蓝晶石等。产品理化指标见表14-21。

**表14-21 海南广海源矿业有限公司产品理化指标（部分）**

| 名 称 | 产 地 | 级别 | 产 品 规 格 |
|---|---|---|---|
| 锆英砂（zircon sand） | 澳大利亚、非洲、印度尼西亚等 | 66% | $(Zr, Hf)O_2 \geqslant 66\%$，$TiO_2 \leqslant 0.10\%$，$Fe_2O_3 \leqslant 0.08\%$ |
| | | 65% | $(Zr, Hf)O_2 \geqslant 65\%$，$TiO_2 \leqslant 0.15\%$，$Fe_2O_3 \leqslant 0.1\%$ |
| | | 63% | $(Zr, Hf)O_2 \geqslant 63\%$，$TiO_2 \leqslant 0.5\%$，$Fe_2O_3 \leqslant 0.3\%$ |
| | | 60% | $(Zr, Hf)O_2 \geqslant 60\%$，$TiO_2 \leqslant 0.5\%$，$Fe_2O_3 \leqslant 0.3\%$ |
| 蓝晶石（cyanite） | 澳大利亚 | | $40\% \leqslant Al_2O_3 \leqslant 55\%$ |

（二）海南文盛新材料科技有限公司

海南文盛新材料科技有限公司的产品化学成分见表14-22。

**表14-22 海南文盛新材料科技有限公司产品化学成分** （%）

| 类 别 | 级别 | $(Zr, Hf)O_2$ | $TiO_2$ | $Fe_2O_3$ | $Al_2O_3$ | U+Th | 粒度 |
|---|---|---|---|---|---|---|---|
| 锆英石砂（简称：锆英砂或锆石砂） | A-1 | $\geqslant 66.0$ | $\leqslant 0.12$ | $\leqslant 0.08$ | $\leqslant 0.3$ | $\leqslant 0.05$ | 80目全通过 |
| | A-2 | $\geqslant 66.0$ | $\leqslant 0.10$ | $\leqslant 0.08$ | | $\leqslant 0.05$ | 80目全通过 |
| | A-3 | $\geqslant 66.0$ | $\leqslant 0.12$ | $\leqslant 0.08$ | | $\leqslant 0.05$ | 80~140目 |
| | B | $\geqslant 65.5$ | $\leqslant 0.12$ | $\leqslant 0.10$ | | $\leqslant 0.05$ | 80目全通过 |
| | C-1 | $\geqslant 65.0$ | $\leqslant 0.15$ | $\leqslant 0.10$ | | $\leqslant 0.05$ | 80目全通过 |
| | C-2 | 65.0 | $\leqslant 0.15$ | $\leqslant 0.10$ | | | 80目全通过 |
| | C-3 | $\geqslant 65.0$ | $\leqslant 0.25$ | $\leqslant 0.15$ | | $\leqslant 0.05$ | 80目全通过 |
| | C-4 | $\geqslant 65.0$ | $\leqslant 0.25$ | $\leqslant 0.15$ | | | 80目全通过 |
| | C-5 | $\geqslant 65.0$ | $\leqslant 0.3$ | $\leqslant 0.2$ | | | 80目全通过 |
| 氧化锆（$ZrO_2$） | 级别 | $(Zr, Hf)O_2$ | $TiO_2$ | $Fe_2O_3$ | $Na_2O$ | $SiO_2$ | $Cl^-$ |
| | 工业 | 99.5 | $\leqslant 0.0020$ | $\leqslant 0.0020$ | $\leqslant 0.0050$ | $\leqslant 0.010$ | $\leqslant 0.040$ |
| | 电子 | 99.5 | $\leqslant 0.0015$ | $\leqslant 0.0015$ | $\leqslant 0.0020$ | $\leqslant 0.010$ | $\leqslant 0.020$ |
| | 精制 | 99.9 | $\leqslant 0.0010$ | $\leqslant 0.0010$ | $\leqslant 0.0010$ | $\leqslant 0.0050$ | $\leqslant 0.0150$ |
| | 彩锆 | 99.5 | $\leqslant 0.0015$ | $\leqslant 0.0015$ | $\leqslant 0.0020$ | $\leqslant 0.0040$ | $\leqslant 0.0150$ |

注：还有氧氯化锆（$ZrOCl_2 \cdot 8H_2O$）、碳酸锆（$ZrOCO_3$）、钛精矿、金红石、独居石、蓝晶石等。

另外，一些锆业公司也可以提供锆石砂，如郑州振中电熔新材料有限公司（原郑州振中电熔锆业有限公司）等。

# 第十五章 镁质耐火材料原料

## 第一节 菱 镁 矿

### 一、概述

　　菱镁矿是镁质耐火材料必不可少的重要原料。随着科学技术的发展，其用途不断拓展，需求量日益扩大，已成为国民经济不可缺少的原料。

　　就菱镁矿来说，我国既是资源大国，又是生产大国。截至 1996 年，我国菱镁矿的保有储量为 30.01 亿吨，占世界储量的 2/3，产量占世界产量的 1/2，在世界菱镁矿市场上，我国具有举足轻重的地位。

　　菱镁矿有晶质与非晶质两大类，晶质菱镁矿主要分布在辽宁营口大石桥至海城一带，山东莱州，河北邢台，四川甘洛、汉源，甘肃肃北等；非晶质菱镁矿产地有内蒙古索伦山、新疆、西藏等。

　　菱镁矿是一种镁的碳酸盐，其化学分子式为 $MgCO_3$，与方解石 $CaCO_3$、白云石 $CaMg(CO_3)_2$、菱铁矿 $FeCO_3$ 等无水碳酸盐一起，在矿物学上又统称为方解石族矿物（见表 15-1）。方解石族矿物结晶构造相似，阳离子半径相近，能形成广泛的类质同象，见表 15-2，在物理性质上又有相似性，常密切共生或混杂在一起。

表 15-1 方解石族矿物

| 名　称 | 分子式 | 名　称 | 分子式 |
|---|---|---|---|
| 方解石 | $CaCO_3$ | 菱钴矿 | $CoCO_3$ |
| 菱镁矿-菱铁矿-菱锰矿 | $(Mg, Fe, Mn)CO_3$ | 菱镍矿 | $Ni(CO_3)_2$ |
| 菱锌矿 | $ZnCO_3$ | 白云石 | $CaMg(CO_3)_2$ |
| 菱镉矿 | $CdCO_3$ | | |

表 15-2 方解石族矿物的类质同象系列

| 类质同象系列 | | 阳离子半径差/nm | 类质同象程度 |
|---|---|---|---|
| $FeCO_3$（菱铁矿）-$MgCO_3$（菱镁矿） | | 0.005 | 完全 |
| $FeCO_3$（菱铁矿）-$MnCO_3$（菱锰矿） | 阳离子半径/nm | 0.008 | 完全 |
| $ZnCO_3$（菱锌矿）-$MnCO_3$（菱锰矿） | $Fe^{2+}$ 0.083 | 0.008 | 完全 |
| $CaCO_3$（方解石）-$MnCO_3$（菱锰矿） | $Mg^{2+}$ 0.078 | 0.015 | 完全 |
| $CaCO_3$（方解石）-$ZnCO_3$（菱锌矿） | $Mn^{2+}$ 0.091 | 0.023 | 有限 |
| $FeCO_3$（菱铁矿）-$ZnCO_3$（菱锌矿） | $Zn^{2+}$ 0.083 | 0.000 | 有限 |
| $MgCO_3$（菱镁矿）-$ZnCO_3$（菱锌矿） | $Ca^{2+}$ 0.106 | 0.005 | 有限 |
| $CaCO_3$（方解石）-$FeCO_3$（菱铁矿） | | 0.023 | 有限 |
| $MnCO_3$（菱锰矿）-$MgCO_3$（菱镁矿） | | 0.013 | 有限 |

## 二、化学组成

菱镁矿 $MgCO_3$ 化学组成为 $MgO$ 47.81%、$CO_2$ 52.19%，由于类质同象的原因，纯的菱镁矿很少，或多或少有菱铁矿存在，见表 15-3，但含 Fe 量一般不高（<8%）。另外由于地质成因、矿床围岩不同等原因，致使菱镁矿石矿物组成不一，菱镁矿矿石化学成分有异。菱镁矿矿石化学成分见表 15-4 和表 15-5。

表 15-3 $FeCO_3$-$MgCO_3$ 类质同象系列

| 矿物名 | $FeCO_3$ 含量/% | $MgCO_3$ 含量/% |
|---|---|---|
| 菱铁矿 | 90~100 | 0~10 |
| 镁菱铁矿 | 70~90 | 10~30 |
| 菱镁铁矿 | 50~70 | 30~50 |
| 菱铁镁矿 | 30~50 | 50~70 |
| 铁菱镁矿 | 10~30 | 70~90 |
| 菱镁矿 | 0~10 | 90~100 |

表 15 - 4　晶质菱镁矿石化学成分

| 项　目 | | 灼减 I·L/% | SiO₂ /% | Al₂O₃ /% | Fe₂O₃ /% | CaO /% | MgO /% | 计算<sup>①</sup> MgO/% | 矿石特征 |
|---|---|---|---|---|---|---|---|---|---|
| 菱镁矿理论值 | | 52.18 | | | | | 47.82 | | |
| 辽宁省 | 海城特级 | 51.13 | 0.17 | 0.12 | 0.37 | 0.50 | 47.30 | 96.79 | 质量优良，铧子峪矿区含滑石的高硅菱镁矿石，含白云石的高钙菱镁矿石 |
| | 海城下房身矿区 | 50.99 | 0.26 | 0.06 | 0.27 | 0.45 | 47.30 | | |
| | 大石桥一级矿 | 49.87 | 1.90 | 0.47 | 0.50 | 1.14 | 45.80 | 91.36 | |
| | | 50.00 | 2.47 | 0.28 | 0.40 | 0.53 | 46.37 | 92.05 | |
| | 青山怀东段 | | 0.66 | | | 0.73 | 46.19 | | |
| | | | 0.85 | | | 2.84 | 44.27 | | |
| | | | 1.09 | | | 19.63 | 31.18 | | |
| | 营口一级原矿 | 50.97 | 1.13 | 0.21 | 0.33 | 0.33 | 47.14 | 96.15 | |
| 山东省 | 莱州西采一级 | 51.11 | 0.90 | 0.18 | 0.55 | 0.37 | 47.00 | 96.13 | 含滑石的高硅菱镁矿石，与海城镁石相比，多铁少钙 |
| | | 51.24 | 0.88 | 0.18 | 0.55 | 0.42 | 46.43 | 95.22 | |
| | 莱州西采混级 | 47.33 | 4.95 | 1.39 | 0.93 | 0.86 | 44.08 | 83.69 | |
| | 莱州东采混级 | 48.21 | 3.87 | 0.59 | 0.58 | 0.75 | 46.43 | 95.22 | |
| 河北 | 邢台大河 | | 0.30 | | | 3.94 | 42.53 | | 高钙镁石，钙集中、高钙、高硅 |
| | | | 10.72 | | | 12.60 | 31.50 | | |
| 四川 | 甘洛岩岱 | | 0.24 | | | 4.30 | 44.41 | | 高钙 |
| | 汉源桂贤 | | 0.10 | | | 0.80 | 46.91 | | 高钙 |
| 甘肃 | 肃北别盖 | | 0.28 | | | 4.58 | 43.81 | | 高钙、难烧结 |

①计算 MgO 的方法：$\dfrac{MgO}{1-灼减}\times100\%$。

表 15 - 5　国内外菱镁矿化学成分（部分）　　　　　（%）

| 编　号 | 1 | 2 | 3 | 4 | 5 | 6 | 7 | 8 |
|---|---|---|---|---|---|---|---|---|
| MgO | 47.02 | 47.22 | 46.20 | 42.50 | 45.43 | 44.11 | 41.62 | 35.23 |
| CO₂ | 50.79 | 51.36 | 51.26 | 48.79 | 51.35 | 51.15 | 50.68 | 38.88 |
| Al₂O₃ | | 0.11 | 0.10 | 1.90 | 0.30 | | | |
| SiO₂ | 0.70 | 0.52 | 0.04 | 2.57 | 0.22 | | | 24.01 |
| Fe₂O₃ | 1.19 | 0.93 | 1.90 | 1.10 | 0.43 | | | |
| FeO | | | | | 0.07 | 3.84 | 7.22 | 0.62 |
| CaO | 0.30 | 痕 | 0.46 | 3.14 | 1.66 | 0.43 | | |
| MnO | | | | | | 0.24 | 0.90 | 痕 |
| NiO | | | | | | | | 0.71 |
| H₂O | | | | | 0.59 | 0.05 | | |
| 总　计 | 100.00 | 100.14 | 99.96 | 100.00 | 100.05 | 99.82 | 100.42 | 100.07 |

注：1—中国辽宁牛心台，粒状；2—中国辽宁青山怀，粒状；3—捷克，粒状；4—南斯拉夫，致密块状；5—南斯拉夫；6—瑞典，铁菱镁矿；7—奥地利，铁菱镁矿；8—南斯拉夫，瓷状菱镁矿，高 SiO₂。

（一）晶质菱镁矿矿石

以我国辽宁营口大石桥及海城一带晶质菱镁矿为例，其化学成分见表15－4。我国晶质菱镁矿与国外菱镁矿化学成分对比见表15－5。

从表15－4和表15－5可见，菱镁矿石的化学成分主要为 $MgO$，次要成分为 $CaO$、$SiO_2$、$Fe_2O_3$、$Al_2O_3$。$MgO$ 含量一般为35%～47%，$CaO$ 为0.2%～4%，$SiO_2$ 为0.2%～8%，$Fe_2O_3$ 和 $Al_2O_3$ 的含量一般在1%以下。微量元素有 P、Mn、Zr、Ti、Cr、Ni 等20多种，种类虽多，但尚无经济价值。

（二）非晶质菱镁矿矿石

非晶质菱镁矿矿石化学成分由于地质成因的不同，含有较多 $SiO_2$、$CaO$ 等杂质，见表15－6。

**表15－6　非晶质菱镁矿矿石化学成分**　　　　　　　（%）

| 产地 | MgO | CaO | SiO₂ | Fe₂O₃ | Al₂O₃ | 灼减 | 矿石特征 |
|---|---|---|---|---|---|---|---|
| 内蒙古 | 42.00~47.15 | 1.37~4.38 | 0.76~2.92 | 痕迹 | 0.14~0.22 | 49.74~51.38 | 高钙、高硅、原矿难烧结，微晶 1~2μm |
| | 40.35 | 4.79 | 6.40 | | | | |
| | 44.52 | 2.32 | 3.42 | | | | |

非晶质菱镁矿石化学成分中 $CaO$、$Fe_2O_3$、$Al_2O_3$、$SiO_2$ 是有害的杂质。如用 $SiO_2$ 含量很高的菱镁矿石生产镁砂，因杂质分布不均匀，造成熟料烧结和矿物成分不均匀，其次 $CaO$、$Fe_2O_3$、$Al_2O_3$、$SiO_2$ 等组分在高温下相互作用生成低熔点的物相，如钙镁橄榄石（$CaO \cdot MgO \cdot SiO_2$，简写为 CMS，在1490℃分解），将影响材料的高温品质。

矿石中 $MgO$、$CaO$、$SiO_2$ 等化学成分的含量决定矿石中的矿物成分。菱镁矿矿物的多少决定了 $MgO$ 含量的高低，矿石中 $CaO$ 的含量取决于白云石，$SiO_2$ 的含量取决于滑石、绿泥石、石英等。矿石中白云石增加则 $CaO$ 增加，$MgO$ 相对减少，二者互为消长。

## 三、晶体结构与物理性质

（一）晶体结构

菱镁矿与方解石、白云石等无水碳酸盐矿物一起，称为方解石族矿物，该族矿物在结构上同属方解石型，为了解菱镁矿，我们首先讨论方解石结构。

方解石结构和 NaCl 的结构相近，可以看成是 NaCl 的衍生结构。如将 NaCl 的立方格架沿着三次对称轴 $L^3$ 方向压扁，使与 $L^3$ 相交的三条棱间的夹角（即面交角）变为 $101°55'$，则得方解石的菱形面心格架。但此时，$Ca^{2+}$ 代替了 NaCl 结构中 $Na^+$ 的位置，而 $[CO_3]^{2-}$ 内，C 与 O 之间主要是共价键，而 $[CO_3]^{2-}$ 代替了 $Cl^-$ 的位置，如图15－1所示。

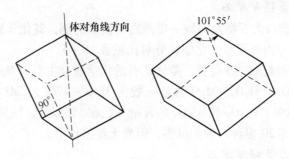

图 15 - 1 由 NaCl 晶格演变成方解石晶格的示意图

在方解石结构中（见图 15 - 2），阳离子 $Ca^{2+}$ 成立方紧密堆积，配位数为 6，处在 6 个阴离子 $O^{2-}$ 组成的八面体空隙之中。至于 $[CO_3]^{2-}$ 可以看成 C 位于 3 个 O 构成的三角形的中心，C 的配位数为 3，形成碳氧三角的结构单元。在配阴离子 $[CO_3]^{2-}$ 内，C 与 O 之间主要是共价键，而 $[CO_3]^{2-}$ 和 $Ca^{2+}$ 之间则为离子键结合。

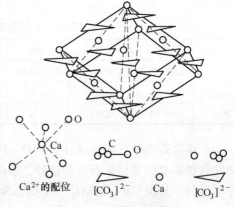

图 15 - 2 方解石的结构

以上为方解石的结构，菱镁矿的结构与方解石的结构是相似的，只是 $Mg^{2+}$ 代替了 $Ca^{2+}$ 的位置。如果方解石结构中只有一半的 $Ca^{2+}$ 被 $Mg^{2+}$ 取代，且 $Ca^{2+}$ 和 $Mg^{2+}$ 是沿着三次轴的方向交替排列，阴离子还是 $[CO_3]^{2-}$，这样的排列就得到白云石 $CaMg(CO_3)_2$ 的晶体结构。

菱镁矿、白云石、方解石矿物，结构同属方解石型，它们的菱面体晶胞大小极为近似，见表 15 - 7。

表 15 - 7　菱镁矿、白云石、方解石的菱面体晶胞数值

| 矿 物 名 称 | $a_0/nm$ | $\alpha$ |
| --- | --- | --- |
| 菱镁矿 | 0.608 | 102°58′ |
| 白云石 | 0.618 | 102°50′ |
| 方解石 | 0.641 | 101°55′ |

因为结构上相似，反映在物理化学性质上也是相似的（见表 15 - 8），有时肉眼难以鉴别，需要借助化学分析、热分解等方法加以鉴别。

表 15 - 8　晶质菱镁矿、白云石、方解石矿物性质比较

| 矿物名称 | | 菱镁矿 | 白云石 | 方解石 |
|---|---|---|---|---|
| 化学式 | | $MgCO_3$ | $CaMg[CO_3]_2$ | $CaCO_3$ |
| 理论成分 | | MgO 47.82%，$CO_2$ 52.18% | MgO 21.9%，CaO 30.4%，$CO_2$ 47.7% | CaO 56.0%，$CO_2$ 44.0% |
| 晶系 | | 三方 | 三方 | 三方 |
| 主要晶体形态 | | 菱面体 | 菱面体 | 菱面体 |
| 菱面体面角 | | 72°31′ | 74°45′ | 75°55′ |
| 颜色 | | 无色或白色，因含杂质不同有淡黄、棕黄或灰色等 | 无色或白色，因含杂质不同有淡黄、棕黄或灰色等 | 无色或白色，因含杂质不同有淡黄、棕黄或灰色等 |
| 解理 | | 菱面体解理完全 | 中等 | 完全 |
| 硬度 | | 3.5 ~ 4.5 | 3.5 ~ 4.0 | 3.0 |
| 比重 | | 2.96 ~ 3.12 | 2.87 | 2.6 ~ 2.8 |
| 与 HCl 反应 | 稀 HCl | 不溶解 | 缓慢起泡和溶解 | 起泡剧烈并溶解 |
| | 热浓 HCl | 一定程度地稍许腐蚀 | 强烈地腐蚀 | 剧烈地腐蚀 |
| 热分解 | | 一个吸热反应 $MgCO_3 \xrightarrow{660 \sim 690℃} MgO + CO_2$ | 两个吸热反应 $CaMg[CO_3]_2 \xrightarrow{790℃左右} MgO + CO_2 + CaCO_3$ $CaCO_3 \xrightarrow{940℃左右} CaO + CO_2$ | 一个吸热反应 $CaCO_3 \xrightarrow{860 \sim 1010℃} CaO + CO_2$ |
| 灼减/% | | 47.00 ~ 52.00 | 44.50 ~ 47.00 | 41.00 ~ 44.50 |
| 折射率 | $N_o$ | 1.717 | 1.682 | 1.658 |
| | $N_e$ | 1.515 | 1.506 | 1.486 |

晶质菱镁矿具有菱面体晶形，其晶体形态如图 15 - 3 所示，主要单形为菱面体、六方柱（$m$，$a$），平行双面（$c$），复三方偏三角面体（$v$）。常见粒状集合体或隐晶质的致密块体。

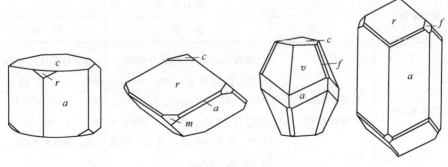

图 15 - 3　菱镁矿晶体

**（二）物理性质**

晶质菱镁矿，颜色为灰白色，有时为淡黄色、灰白色、肉红色，具有玻璃光泽，解理 $\{10\overline{1}1\}$ 完全，硬度为 4~4.5，性脆，比重 2.9~3.1，物性与方解石相似。

非晶质菱镁矿，外观与未上釉的瓷器相似。颜色为白色、黄色和褐色，不透明，一般呈致密坚硬的块状，硬度为 4~6，稍高于晶质菱镁矿，断口为明显的贝壳状。

### 四、成因类型与矿石中的矿物组成

**（一）成因类型**

《中国矿床》将中国菱镁矿矿床按产出地地质条件分为三大类：

（1）层控晶质菱镁矿矿床，如辽宁营口大石桥至海城一带，山东莱州粉子山一带的菱镁矿床。

（2）超基性岩中风化淋滤型隐晶质菱镁矿矿床，如内蒙古索伦山菱镁矿矿床。

（3）第四纪湖相水菱镁矿矿床，产于西藏班戈错等湖泊中。

**（二）矿石的矿物组成**

菱镁矿石矿物组成与其矿床成因密不可分。矿床成因不同，其成矿地质条件不一，矿体围岩不同，矿石矿物组成自然有差异。

（1）层控晶质菱镁矿矿床，矿体围岩大多数为白云石大理岩，少数为滑石绿泥片岩等。矿石主要矿物为菱镁矿，次要矿物有白云石、滑石、蛋白石、石英、斜绿泥石、透闪石和方柱石等。辽宁省大石桥至海城一带晶质菱镁矿石的矿物组成见表 15-9，晶质菱镁矿石的矿物组成见表 15-10。

表 15-9　大石桥至海城一带晶质菱镁矿石的矿物组成

| 矿石矿物 | 脉石矿物 | | |
| --- | --- | --- | --- |
| | 主　要 | 次　要 | 微　量 |
| 菱镁矿 $MgCO_3$ | 白云石 $CaMgCO_3$，滑石 $3MgO \cdot 4SiO_2 \cdot H_2O$ | 透闪石 $2CaO \cdot 5MgO \cdot 8SiO_2 \cdot H_2O$，斜绿泥石（Mg，Fe）$_{4.75}$ $Al_{1.25}[Al_{1.25}Si_{2.75}O_{10}][OH]_8$，直闪石 $7(Mg，Fe)O \cdot 8SiO_2 \cdot H_2O$，石英 $SiO_2$，方柱石，褐铁矿 $Fe_2O_3 \cdot nH_2O$ | 绢云母 $K_2O \cdot 3Al_2O_3 \cdot 6SiO_2 \cdot 2H_2O$，海泡石 $2MgO \cdot 3SiO_2 \cdot 2H_2O$，赤铁矿 $Fe_2O_3$，黄铁矿 $FeS_2$，菱铁矿 $FeCO_3$，碳质物 |

表 15 − 10　晶质菱镁矿石中组成矿物的含量　　　　（%）

| 产地、矿山、品级 | | 矿物含量 | | | | | | | | |
|---|---|---|---|---|---|---|---|---|---|---|
| | | 菱镁矿 | 白云石 | 滑石 | 绿泥石 | 石英 | 云母类 | 透闪石 | 方解石 | 其他 |
| 辽宁省（大石桥至海城一带） | 铧子峪 一级与三级 | 95.4 | | 1.12 | 0.48 | | | | | |
| | 金家堡子 上层 | 89.61 | 2.53 | 5.6 | | | | | | |
| | 下房山 一级品 | 97.9 | 1.51 | 0.59 | | | | | | |
| | 下房山 二级品 | 96.69 | 3.34 | 0.30 | | | | | | |
| | 下房山 三级品 | 88.0 | 8.51 | 3.34 | | | | | | |
| | 青山怀 一级品 | 91.73 | 6.73 | | | | | | 1.8 | |
| | 青山怀 二级品 | 73.0 | 24.8 | | 0.4 | | | | 1.2 | |
| | 青山怀 三级品 | 72.53 | 23.67 | | 2.0 | | | | 1.8 | |
| | 青山怀 四级品 | 73.07 | 22.53 | | 1.4 | | | | 3.0 | |
| 山东省莱州 | 粉子山 西段 | 87.8 | 2.5 | 2.0 | 2.6 | 1.2 | 3.7 | | | |
| | 粉子山 东段 | 88.1 | 3.0 | 4.2 | 2.5 | 0.8 | 1.2 | | | 0.2 |

从表 15 − 10 可见，山东省莱州粉子山的晶质菱镁矿石含有较多的滑石、绿泥石和石英矿物，属高硅菱镁矿，辽宁省金家堡子上层矿也属高硅菱镁矿。辽宁省青山怀矿含较多的白云石，为高钙菱镁矿。

四川省甘洛、汉源出产的菱镁矿含较多白云石，属高钙菱镁矿。

辽宁省大石桥至海城一带（含铧子峪等）晶质菱镁矿储量大，且品质优良，是我国也是世界著名的菱镁矿产地。

（2）隐晶质（非晶质）菱镁矿矿床，以内蒙古索伦山为例。

出露的超基性岩体，主要由含铬纯橄榄岩，辉石橄榄石岩和橄榄岩组成，在这种类型的菱镁矿石中，各种形态的 $SiO_2$ 是最常见的伴生杂质组成，例如玉髓、蛋白石。此外，菱镁矿还与蛇纹石、褐铁矿、绿高岭石伴生。矿石中杂质分布不均匀，原矿难烧结，需细磨后加添加剂（如铁鳞）煅烧。

## 五、菱镁矿石中钙、铁、硅的存在形式

矿石中某种组分达到一定含量后，能否分离加以利用，或作为有害杂质除去，起决定作用的是其存在形式，我们探讨菱镁矿石中钙、铁、硅（Ca、Fe、Si）的存在形式，实质上是对菱镁矿石的利用，有一个较为明确的认识。

（一）钙的存在形式

钙的存在形式有三种：作为白云石（$CaMg[CO_3]_2$ 或写成 $CaCO_3 \cdot MgCO_3$）的基本组分形式存在；以白云石的显微包体存在于菱镁矿晶体中，以钙离子 $[Ca^{2+}]$ 呈星点状分布于菱镁矿中，呈有限固溶形式。

以显微包体形式和有限固溶形式存在的钙，用机械方法不能除去。

关于钙以有限固溶形式分布于菱镁矿中的问题，一般而言，不能形成类质同象，这是因为钙与镁的离子半径相差较大，分别为 0.106nm（$Ca^{2+}$）和 0.078nm（$Mg^{2+}$），但在一定温度条件下，还是可能形成类质同象。有研究指出，在 MgO-CaO 系相平衡图中，MgO 和 CaO 之间能够互相溶解形成有限固溶体，在 237℃时，MgO 在 CaO 中的极限浓度是 17%，CaO 在 MgO 中的极限浓度是 7.8%，随着温度的降低，固溶体的溶解度急剧变小，到 1000℃以下溶解极小。

**（二）铁的存在形式**

在菱镁矿晶体中，$Fe^{2+}$ 以类质同象形式存在或以 $FeCO_3$ 显微包体形式存在。以类质同象混入物存于菱镁矿中的铁不能除去，而以微粒嵌布在菱镁矿中的磁铁矿（$Fe \cdot Fe_2O_3$）、褐铁矿（$Fe_2O_3 \cdot nH_2O$）及绿泥石中的 $FeCO_3$，通过磨矿才能基本分离，磨矿细度小于 0.088mm（-180 目）。

**（三）硅的存在形式**

硅主要以矿物的基本组成元素存在于石英（$SiO_2$）中，另外分散在滑石（$3MgO \cdot 4SiO_2 \cdot H_2O$）、透闪石、绿泥石、绢云母等脉石矿物中。矿物通过合适的破碎、解离及浮选后，绝大部分硅可以除去。

表 15-11 列出了菱镁矿有益有害元素的赋存形式。表 15-12 列出我国大石桥菱镁矿和山东莱州（旧称掖县）菱镁矿电子探针的半定量分析结果。

**表 15-11 菱镁矿中有益有害元素的存在形式**

| 存在形式 | 矿物的基本组成元素 | 类质同象混入物 | 细微机械包裹体 |
| --- | --- | --- | --- |
| Mg | 菱镁矿、白云石、滑石、透闪石 | 绿泥石 | |
| Ca | 白云石 | 菱镁矿、透闪石 | 菱镁矿晶体中含白云石包体 |
| Fe | 菱铁矿、褐铁矿 | 菱镁矿、绿泥石 | |
| Si | 滑石、石英、透闪石、绿泥石、云母 | | |
| Al | 绿泥石 | 绢云母、绿泥石、方柱石 | |

**表 15-12 大石桥等地菱镁矿电子探针半定量分析** （%）

| 产 地 | 样 品 号 | Mg | Ca | Fe | Si | Mn |
| --- | --- | --- | --- | --- | --- | --- |
| 大石桥 | 高纯菱镁矿 1 | 29.05 | 0.51 | 0.14 | 0.33 | |
| | 高纯菱镁矿 2 | 29.80 | 0.13 | 0.07 | | |
| | 菱镁矿（平均） | 29.20 | 0.15 | 0.20 | 0.345 | |
| | 镁质白云石 | 14.15 | 11.83 | 0.51 | 3.51 | |

| 产　地 | 样品号 | Mg | Ca | Fe | Si | Mn |
|---|---|---|---|---|---|---|
| 营口 | 高庄菱镁矿 15 | 27 | 0.078 | 0.13 | | |
| | 高庄菱镁矿 18 | 28.82 | 0.231 | 0.197 | 无 | 无 |
| | 平均 | | 0.155 | 0.164 | 0.742 | 无 |
| 莱州 | 粉子山 06 | 19.25 | 0.22 | 0.45 | | 无 |
| | 粉子山 09 | 24.5 | — | 0.53 | | |
| | 平均 | 21.875 | — | 0.49 | | 无 |

注：粉子山菱镁矿单矿物分析，各组分含量为 $SiO_2$ 0.22%，$Al_2O_3$ 0.02%，$Fe_2O_3$ 0.59%，CaO 0.46%，MgO 47.16%。

从钙、铁、硅在菱镁矿石中的赋存形式得知，除了少量的铁、钙以类质同象或是显微包体形式在菱镁矿中不能分选外，其余脉石矿物与菱镁矿为粗粒嵌布，总体有利于分选。如果是铁、钙含量合乎要求，而含硅略高的矿石，通过选矿也能得到较好的精矿。

## 六、菱镁矿煅烧的物理化学变化

### （一）菱镁矿在煅烧过程中形成的物相

菱镁矿石的化学成分，除 MgO 外，还含有 $Fe_2O_3$、$Al_2O_3$、$SiO_2$、CaO 等杂质，在煅烧过程中发生的基本物理化学变化为：菱镁矿的分解，方镁石晶体的结晶长大；在高温作用下，杂质氧化物之间或杂质氧化物与 MgO 相互作用形成新的矿物。

应该指出，在煅烧过程中，菱镁矿石各组成的具体比例会影响到矿物的形成。由于组分间的比例不同，个别化合物可能不会出现。菱镁矿石煅烧最终产物（烧结镁石），除方镁石外，可能含有下列矿物：

（1）含 $Fe_2O_3$ 与 FeO 的矿物，包括镁铁矿（MF）、铁酸二钙（$C_2F$）、磁铁矿（$Fe_3O_4$）、FeO 与 MgO 的固溶体。

（2）含 CaO 的矿物，包括游离氧化钙（fCaO）、硅酸二钙（$C_2S$）、钙镁橄榄石（CMS）、镁黄长石（$C_2MS_2$）、铝黄长石（$C_2AS$）、镁硅钙石（$C_2MS_2$）。

（3）含 MgO 的矿物，包括镁橄榄石（$M_2S$）、斜顽辉石（MS）、镁铝尖晶石（MA）、堇青石（$M_2A_2S_5$）。

用大石桥晶质菱镁矿烧结镁石的物相除方镁石（含量为 85% ~ 90%）外，还含有镁橄榄石（$M_2S$）、钙镁橄榄石（CMS）、镁铁矿（MF）、镁铝尖晶石（MA）等，总量小于 10%。山东莱州的晶质菱镁矿，$SiO_2$ 含量较高，烧结镁石的物相，除含有方镁石（占 90% 左右）外，在方镁石颗粒的晶隙之中，填充着以镁橄榄石为主的少量钙镁橄榄石以及堇青石等组成的胶结物。

菱镁矿在煅烧过程中各种物相及其变化见表 15 – 13。

表 15 – 13 菱镁矿在煅烧过程中各种物相及其变化

| 温度/℃ | 主要物相及变化 | 次要物相 |
|---|---|---|
| 500 ~ 600 | 菱镁矿晶粒裂纹，沿裂纹出现均质的氧化镁 | |
| 600 ~ 800 | 在 650 ~ 750℃时菱镁矿结构完全破坏，氧化镁局部呈现非均质性，CF 逐渐变成 $C_2F$，并转变成含 Ca 的硅酸盐 | |
| 800 ~ 1100 | $C_2S$ 和部分 CMS | 镁铁矿 MF |
| 1100 ~ 1200 | 方镁石小颗粒和方镁石形成微小的 MF | |
| >1200 | CMS 和 $M_2S$ | 固溶体 |
| 1400 ~ 1700 | 1350℃进入液相烧结阶段，由杂质 CaO、$Fe_2O_3$、$SiO_2$ 形成的物相已经完毕，1400 ~ 1700℃仅是结晶相的长大过程 | |

注：C 表示 CaO(氧化钙)；F 表示 $Fe_2O_3$(氧化铁)；S 表示 $SiO_2$(氧化硅)；M 表示 MgO(氧化镁)。

**(二) 菱镁矿煅烧的母盐假象问题**

母盐假象是菱镁矿热分解常见的一种现象。所谓母盐假象是矿物的外形与它的化学成分和晶体内部构造不一致的现象。或者说，一种矿物具有另一种矿物的外形时，这种外形即称为假象。例如，在矿物学中常见的褐铁矿具有黄铁矿的假象，这种褐铁矿外形上保持着黄铁矿的立方体或五角十二面体的形态，但内部构造和化学成分均发生变化。内部构造不是结晶质而呈胶状，化学成分由 FeS 变成了 $Fe_2O_3 \cdot nH_2O$。

采用光学显微镜、电子显微镜研究菱镁矿的热分解行为，可以见到菱镁矿煅烧后形成方镁石，其微晶集合体残留原母体菱镁矿的晶形，编著者称其为方镁石聚晶假象（见图 15 – 4）。假象方镁石微晶之间有无数的空隙，该空隙是由于热分解收缩造成的。

编著者在 20 世纪 80 年代前后，用偏光显微镜观察，研究山东掖县（现称莱州）及辽宁海城菱镁矿发现：

（1）在 1000℃时，假象颗粒内部方镁石晶粒的成长是主要的；

（2）1100℃时，方镁石晶粒尚未互相结合；

（3）1400℃时，假象颗粒才开始结合；

（4）1500℃时，仍保留原来的菱面体晶形。

图 15 – 4 方镁石聚晶假象

（温度 1030℃）

对比我国莱州与海城两地菱镁矿的假象，前者方镁石聚晶假象不大明显，含量较少，随温度升高，假象消失得较早；后者正好相反，在相同工艺条件与烧结温度下，方镁石聚晶假象较明显，含量较多，温度升高，假象消失得晚。

母盐假象的存在是影响物料烧结的一个重要因素。研究指出，氧化镁烧结性能之间的差异在很大程度上取决于具有母盐假象的结构和热稳定性。当使用残存假象的原料，成型时充填性能不好，不易压致密，煅烧后要获得致密烧结体也比较困难。这是因为进行烧结时，假象颗粒内部即方镁石微晶之间的空隙，随着方镁石晶粒长大，趋于减少，最后成为较为致密的整体。然而，假象颗粒之间残存的空隙却难以消除，致使进一步致密化有困难。母盐假象比较明显的物料，其体积密度明显减少。

烧成温度、物料的细度是破坏母盐假象的重要因素。此外，还可以加入微量添加剂，提高物料活性，有利于消除假象。

## 七、菱镁矿、白云石、方解石的鉴定方法

前文已指出，菱镁矿、白云石、方解石在晶体结构上同属方解石结构，因而在性质上有相似性，又鉴于本书以无机非金属材料读者为主，故鉴定方法仅作必要介绍。

（一）差热分析方法

图 15-5 为菱镁矿、白云石、方解石的差热分析曲线，可知：

（1）方解石在 970℃ 左右发生吸热反应。

（2）菱镁矿发生吸热反应的温度比方解石低，在 600℃ 开始，在 700±10℃ 较为剧烈。原因分析：镁与钙同为二价离子，而镁离子半径（0.078nm）小于钙离子（0.106nm）镁离子对氧离子作用力强于钙离子对氧离子的作用力，致使 $MgCO_3$ 中碳与氧之间的作用力减少，受热时易于分解，分解温度比方解石低。

（3）白云石有两个吸热反应出现，温度为 740℃ 和 940℃，前者相当于 $MgCO_3$ 分解，后者相当于 $CaCO_3$ 分解，反应如下：

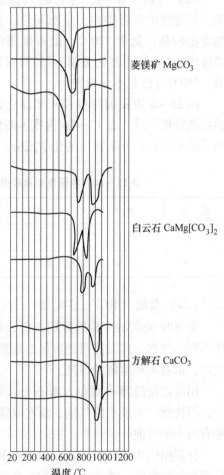

菱镁矿 $MgCO_3$

白云石 $CaMg[CO_3]_2$

方解石 $CaCO_3$

20 200 400 600 800 1000 1200
温度/℃

图 15-5　菱镁矿、白云石、方解石的差热分析曲线

$$nCaMg[CO_3]_2 \xrightarrow{740℃} (n-1)MgO + MgCO_3 \cdot nCaCO_3 + (n-1)CO_2\uparrow$$

$$MgO_3 \cdot nCaCO_3 \xrightarrow{940℃} MgO + nCaO + (n+1)CO_2\uparrow$$

有必要指出，菱镁矿的分解温度高低，与下面两个因素相关：

（1）与 MgO 含量有关，MgO 含量高，分解温度也较高，如 MgO 含量在 90% 以上，分解温度在 725℃ 以上，我国辽宁省大石桥一带晶质菱镁矿的分解温度为 710～740℃。

（2）与共生矿物、含有的其他成分有关，如菱镁矿含有碳质，呈深灰色，其分解温度都较低，低于 720℃，山东莱州的晶质菱镁矿在 640℃ 时开始分解，730℃ 时达最大值，750℃ 时已基本分解完。

图 15－6 为我国海城和莱州浮选镁精矿的差热分析曲线。表 15－14 为我国海城和莱州镁精矿作差热分析得出的化学成分。

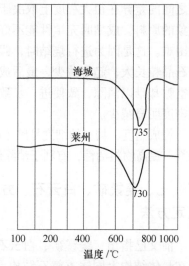

图 15－6　浮选镁精矿差热分析曲线

表 15－14　我国海城和莱州用作差热分析的镁精矿化学成分　　（%）

| 成　分 | MgO | CaO | Al₂O₃ | Fe₂O₃ | SiO₂ |
|---|---|---|---|---|---|
| 海　城 | 48.13 | 0.42 | 0.44 | 0.28 | 0.155 |
| 莱　州 | 47.54 | 0.77 | 0.29 | 0.68 | 0.20 |

**（二）盐酸（HCl）鉴定法**

将 30% 浓度的冷盐酸分别往白云石和方解石新鲜面上滴一滴，可以产生强弱不同的气泡，肉眼能看到溶解的现象；但往菱镁矿新鲜面上滴一滴，不起泡不发声，也看不到溶解的现象。

用冷浓盐酸滴一滴在方解石上，立即发生强烈反应；滴在白云石的新鲜面上，很快就产生极小的气泡；滴在菱镁矿新鲜面上，用放大镜观察，数分钟后才见有极小的气泡。

分别用热浓盐酸滴一滴在白云石和方解石新鲜面上，立刻剧烈起泡和发声，出现强烈的腐蚀；滴在菱镁矿的新鲜面上，微弱地起泡和发声，只有一定程度的稍许腐蚀。

菱镁矿、白云石、方解石盐酸鉴定法比较见表 15－15。

表 15 – 15　菱镁矿、白云石、方解石盐酸鉴定法比较

| 试　剂 | 菱镁矿 | 白云石 | 方解石 |
|---|---|---|---|
| 冷稀盐酸 | 不溶解 | 缓慢发泡和溶解 | 发泡并溶解 |
| 冷浓盐酸 | 数分钟后出现小气泡 | 很快出现小气泡 | 立即强烈起泡 |
| 热浓盐酸 | 微弱起泡和发声 | 强烈起泡和发声 | 剧烈起泡和发声 |

（三）光学方法的鉴定

用光学方法鉴定碳酸盐矿物是一种准确和有效的方法，常用的方法是薄片鉴定和油浸法鉴定。

在薄片鉴定中注意观察双晶。方解石常见到聚片双晶，双晶带多平行于菱面体或菱形解理的长对角线。白云石在薄片中多见有菱面体或等粒状，双晶少见，如有双晶，则其双晶带平行于菱形或菱形解理的短对角线，如图 15 – 7 所示。菱镁矿双晶罕见。

图 15 – 7　白云石的短对角线双晶

（四）应用 X 射线衍射法鉴定

菱镁矿与白云石等碳酸盐矿物的面网间距 $D$ 及相对强度 $I$ 各不同，见表 15 – 16，将测得的数值与 X 射线粉晶衍射的标准数据进行对比，从而得出鉴定结果。

表 15 – 16　菱镁矿、白云石、方解石的主要粉晶数据

| 矿物名称和化学式 | 折射率 $N_o$ | 主要粉晶数据 | | | | | | 卡片号 |
|---|---|---|---|---|---|---|---|---|
| | | 面网间隙 $D$ | | | 相对强度 $I$ | | | |
| 菱镁矿 $MgCO_3$ | 1.700 | 2.74 | 2.10 | 1.70 | 100 | 43 | 34 | 8 – 479 |
| 白云石 $CaMg[CO_3]_2$ | 1.681 | 2.89 | 2.19 | 1.79 | 100 | 30 | 30 | 11 – 78 |
| | | 2.90 | 2.20 | 1.81 | 100 | 6 | 6 | 12 – 88 |
| 铁白云石 $Ca(Fe, Mg)[CO_3]_2$ | 1.716 | 2.90 | 2.20 | 1.81 | 100 | 6 | 6 | 12 – 88 |
| 菱铁矿 $(Fe, Mg)CO_3$ | 1.830 | 2.79 | 1.73 | 3.59 | 100 | 80 | 60 | 8 – 133 |
| | | 2.73 | 1.73 | 1.96 | 100 | 45 | 30 | 12 – 531 |
| 方解石 $CaCO_3$ | 1.658 | 3.04 | 2.29 | 2.10 | 100 | 18 | 18 | 5 – 0586 |

（五）应用红外吸收光谱鉴定矿物

应用红外吸收光谱鉴定矿物，各成分吸收峰位置见表 15 – 17。

表 15 – 17　菱镁矿石红外吸收峰位置　　　　　（cm$^{-1}$）

| 菱镁矿 | 白云石 | 滑石 | 绿泥石 | 透闪石 | 石英 |
|---|---|---|---|---|---|
| 752 ~748 | 730 ~725 | 475 ~457 | 765 | 575 ~510 | 479 |
| 900 ~885 | 896 ~879 | 455 ~445 | 667 | 690 ~682 | 697 ~692 |
| 1478 ~1445 | 1450 ~1430 | 675 ~668 | 962 ~960 | 950 ~955 | 785 ~775 |
| 1823 ~1818 | 1818 ~1810 | 1020 ~1018 | 995 ~900 | 1020 ~1010 | 1090 ~1076 |
| | | 1640 ~2000 | 3450 ~3412 | 1000 ~995 | |

此外还有染色法鉴定、化学分析测定灼减量等方法，本书不再详细介绍。

## 八、菱镁矿提纯

减少杂质，提高镁砂纯度，特别是降低 $SiO_2$ 和 CaO 的含量，是改善镁质制品性能，进一步延长窑炉寿命的重要措施之一。因此，各国都致力于提高镁砂纯度。菱镁矿选矿提纯方法有多种，即热选、浮选光电选、磁选、重选、化学选矿等方法。我国现采用浮选提纯方法，曾用过热选等方法。

### （一）热选

菱镁矿的热选提纯机理主要利用菱镁矿石轻烧后主矿物与杂质矿物的强度差异，靠选择性细磨和按粒度分级而达到选矿目的。菱镁矿轻烧后强度降低，变成疏松状物料，而滑石等杂质矿物的强度反而增大，形成粗粒的物料。通过风选筛分可以把高硅质的粗粒料筛出。

菱镁矿、白云石、滑石受热后的强度变化见表 15 – 18 和图 15 – 8。

表 15 – 18　菱镁矿、白云石、滑石受热后的耐压强度

| 温度/℃ | 100 | 300 | 500 | 600 | 700 | 800 |
|---|---|---|---|---|---|---|
| 菱镁矿 /MPa(kg/cm$^2$) | 103.07 (1051) | 97.87 (998) | 85.31 (870) | 74.04 (755) | 30.79 (314) | 4.12 (42) |
| 白云石 /MPa(kg/cm$^2$) | 197.41 (2031) | 194.17 (1980) | 195.74 (1996) | 196.43 (2003) | 178.28 (1818) | 140.24 (1430) |
| 滑石 /MPa(kg/cm$^2$) | 9.81 ~24.52 (100 ~250) | | | | | |

| 温度/℃ | 900 | 1000 | 1100 | 1200 | 1300 | 1400 |
|---|---|---|---|---|---|---|
| 菱镁矿 /MPa(kg/cm$^2$) | 2.65 (27) | 1.47 (15) | 0.98 (10) | 1.67 (17) | 1.47 (15) | 1.47 (15) |
| 白云石 /MPa(kg/cm$^2$) | 97.38 (993) | 29.22 (298) | 19.02 (194) | 18.53 (189) | 20.30 (207) | 24.61 (261) |
| 滑石 /MPa(kg/cm$^2$) | | 49.03 (500) | | | | |

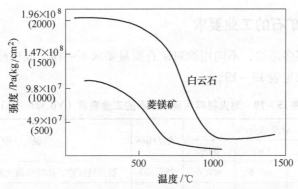

图 15 - 8　菱镁矿、白云石、滑石受热后的耐压强度曲线

从表 15 - 18 可以看出，菱镁矿在 800 ~ 900℃时，强度大幅度下降，而白云石的强度比菱镁矿高出 30 ~ 33 倍。此时，如采取必要的措施，将低强度的苛性氧化镁磨碎，而高钙物质将以较大颗粒存在，因此通过筛分便可将氧化镁富集于细颗粒之中。

从表 15 - 18 还可知，随煅烧温度的升高，菱镁矿的强度急剧下降，而滑石的强度则逐渐增加，其耐压强度由原来的 9.81 ~ 24.52MPa 增加到 1000℃时的 49.03MPa。因此，可以将滑石化的高硅菱镁矿预煅烧到 1000 ~ 1100℃，然后和处理高钙镁石一样进行处理，便可使 MgO 富集、$SiO_2$ 分离，从而达到选矿的目的。

（二）浮选

浮选的理论基础是矿物的润湿性。菱镁矿石中的滑石不易被水润湿，属疏水性矿物，其润湿角为 69°，表面润湿性小，极易浮，而菱镁矿、白云石表面离子键能强，则不易浮，利用这些性质便可进行分选。

菱镁矿石浮选提纯的一般原则流程如图 15 - 9 所示。

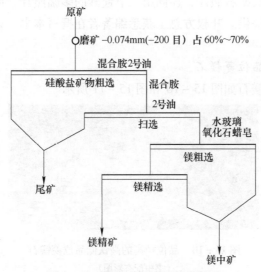

图 15 - 9　菱镁矿浮选原则流程图

### 九、菱镁矿石的工业要求

菱镁矿有很多用途，不同用途对矿石质量要求不一样，其中耐火材料用菱镁矿石的工业要求见表 15 – 19。

表 15 – 19 耐火材料用菱镁矿石的工业要求（YB 321—81）

| 矿石品级 | 化学成分/% | | | 块度/mm | 说 明 |
|---|---|---|---|---|---|
| | MgO | CaO | SiO₂ | | |
| 特级品 | ≥47 | ≤0.6 | ≤0.6 | 25 ~ 100 | 制高纯镁砂，作特殊耐火材料用 |
| 一级品 | ≥46 | ≤0.8 | ≤1.2 | 25 ~ 100 | 制各种镁砖 |
| 二级品 | ≥45 | ≤1.5 | ≤1.5 | 25 ~ 100 | 制各种镁砖 |
| 三级品 | ≥43 | ≤1.5 | ≤3.5 | 25 ~ 100 | 供制镁硅砂用时，$SiO_2$ 含量不能大于 4%；供热选生产用时，$SiO_2$ 含量不能大于 5% |
| 四级品 | ≥41 | ≤6 | ≤2 | 25 ~ 100 | 制冶金镁砂 |
| 菱镁石粉 | ≥33 | ≤6 | ≤4 | 0 ~ 40 | 供烧结用，块度大于 40mm 的不能超过 10%，最大的不能大于 60mm |

为科学、合理、经济地利用菱镁矿产资源，国家于 1993 年对 YB 321—81 进行了修订，增加了一个品级（LMTI – 47），具体要求为：MgO ≥47%，CaO ≤0.5%，$SiO_2$ ≤0.5%，（$Al_2O_3$ + $Fe_2O_3$）≤0.6%，其中 $Fe_2O_3$ ≤0.4%。

### 十、营口各品位菱镁矿石

营口各品位菱镁矿石照片，连同第二节镁砂的多幅照片，由营口博隆耐火材料公司总工叶叔方提供。叶叔方总工获悉编著者在撰写本书，鼎力相助，为本书增辉添彩。

#### （一）高铁低品位菱镁石

高铁低品位菱镁石如图 15 – 10 和图 15 – 11 所示。

图 15 – 10 品位稍高的高铁低品位菱镁石

（书中配有彩图）

图 15 – 11　品位稍低的高铁低品位菱镁石
（书中配有彩图）

由图 15 – 10 和图 15 – 11 可知，发褐红色的部分是 $Fe_2O_3$ 含量较高的部位，显羊脂色的部分是少量的方解石和菱镁石共生体。这种原矿烧结后的 MgO 含量在 80% 左右及以上、$Fe_2O_3$ 含量在 3% 左右及以上、CaO 含量在 2.5% 左右及以上、$SiO_2$ 含量在 8% 左右及以上，烧结后的颜色显很深的咖啡色，主要用于生产 80 烧结镁砂。

（二）中等品位菱镁石

中等品位菱镁石如图 15 – 12 所示。

图 15 – 12　中等品位菱镁石
（书中配有彩图）

由图 15 – 12 可知，发青色的部分是 CaO 含量较高的部位，为少量的石灰石和菱镁石共生体，发褐红色的部分是少量 $Fe_2O_3$ 含量较高的部位，$Fe_2O_3$、CaO 分布不均匀。这种原矿烧结后的 MgO 含量在 90% 左右及以上、$Fe_2O_3$ 含量在 2% 左右及以下、CaO 含量在 2.5% 左右及以下、$SiO_2$ 含量在 5% 左右及以下，烧结后的颜色显较嫩的褐黄色，主要用于生产 90 烧结镁砂。

### （三）中高品位菱镁石

中高品位菱镁石如图 15－13 所示。

图 15－13　中高品位菱镁石
（书中配有彩图）

由图 15－13 可知，发青色的部分是 CaO 含量较高的部位，主要为少量的石灰石和大量的菱镁石共生体，$Fe_2O_3$、CaO 分布较均匀且含量较低。这种原矿烧结后的 MgO 含量在 95% 左右及以上、$Fe_2O_3$ 含量在 1% 左右及以下、CaO 含量在 1.5% 左右及以下、$SiO_2$ 含量在 2% 左右及以下，烧结后的颜色显很嫩的褐黄色，$Fe_2O_3$ 含量略高时发较深的褐色，主要用于生产 95 中档压球镁砂，另外，补加适量的氧化铁粉、消石灰后，可用于生产电炉底捣打料用的高铁高钙镁砂。

# 第二节　镁　砂

菱镁矿在不同温度下煅烧，其产物有不同的称谓：

（1）煅烧温度至 1000℃ 左右，称为轻烧镁砂（也称苛性苦土、菱苦土），其化学活性很强，具有高度的胶结性，可与水作用生成氢氧化镁。

（2）煅烧温度 1400～1800℃ 或 1600℃ 以上时，二氧化碳完全逸出，氧化镁形成方镁石致密块体，称死烧镁或重烧镁，其化学活性大为降低，具有很高的耐火度。经破碎而成的镁砂，作为镁质耐火材料原料。

（3）在电弧炉中熔炼得到的镁砂称电熔镁砂。

## 一、轻烧镁砂

### （一）轻烧镁砂与烧结镁砂性能比较

轻烧镁砂与烧结镁砂性能比较见表 15－20。

**表 15 – 20  轻烧镁砂与烧结镁砂性能比较**

| 项 目 | 轻 烧 镁 砂 | 烧 结 镁 砂 |
|---|---|---|
| 温度/℃ | <1000（或低于1100） | >1600 |
| 颜色 | 淡黄色、淡褐 | 褐色 |
| 外形 | 方镁石不定形 | 立方体或八面体结晶 |
| 粒度 | 方镁石粒度很小（<3μm） | 方镁石晶体较大（>20μm） |
| 比重 | 3.07~3.22 | 3.5~3.65 |
| 体积收缩 | $\Delta V = -10\%$ | $\Delta V = -23\%$ |
| 坚硬程度 | 松脆 | 硬脆 |
| 化学活性 | 易与水作用 $MgO + H_2O \rightarrow Mg(OH)_2$ | |
| 加水反应 | 硬化 | 无反应或反应极弱 |
| $CO_2$ 含量 | 3%~5% | 0~1%（或0.5%以下） |
| 折射率 | 1.68~1.70 | 1.73~1.74 |
| 晶格常数 | 大，$a = 0.4212nm$，存在晶格缺陷，易进行固相反应与烧结 | 小，$a = 0.4201nm$，方镁石晶体稳定，难进行固相反应与烧结 |
| 用 途 | 制造胶凝材料（如含镁水泥）、绝热和隔音的建材、陶瓷等原料；化学处理后制成多种镁盐，用作人造纤维造纸等原料；还是合成尖晶石的原料 | 致密，作为镁质耐火材料原料 |

### （二）轻烧氧化镁的技术条件及分类

1993 年制定的轻烧氧化镁技术条件见表 15 – 21，对制造镁砂的轻烧镁粉及用于造纸、化工、建材、橡胶、陶瓷、畜牧等的工农业应用提供了依据，2004 年进行了修订，即 YB/T 5206—2004（见表 15 – 22）。

**表 15 – 21  轻烧氧化镁的技术条件及分类**（YB/T 5206—1993）

| 牌 号 | 等 级 | MgO/% | SiO₂/% | CaO/% | 灼减/% | 粒度要求 |
|---|---|---|---|---|---|---|
| QM – 96 | | ≥96 | ≤0.5 | ≥1.0 | ≤2.0 | |
| QM – 95 | | ≥95 | ≤1.0 | ≥1.5 | ≤3.0 | –120 目 |
| QM – 94 | | ≥94 | ≤2.0 | ≥2.0 | ≤4.0 | 不小于97% |
| QM – 92 | | ≥92 | ≤3.0 | ≥2.0 | ≤5.0 | |
| QM – 90 | a<br>b | ≥90 | ≤4.0 | ≥2.0<br>≥3.5 | ≤6.0 | |
| QM – 87 | a<br>b | ≥87 | ≤5.0 | ≥2.0<br>≥3.5 | ≤7.0 | |

续表 15 – 21

| 牌　号 | 等　级 | MgO/% | SiO₂/% | CaO/% | 灼减/% | 粒度要求 |
|--------|--------|-------|--------|-------|--------|----------|
| QM – 85 | a<br>b | ≥85 | ≤6.0 | ≥2.0<br>≥4.0 | ≤8.0 | |
| QM – 80 | a<br>b | ≥80 | ≤8.0 | ≥2.0<br>≥6.0 | ≤10.0 | – 100 目<br>不小于 97% |
| QM – 75 | a<br>b | ≥75 | ≤10.0 | ≥2.0<br>≥8.0 | ≤12.0 | |

**表 15 – 22　轻烧氧化镁的牌号及化学成分**（YB/T 5206—2004）

| 牌　号 | 化学成分（质量分数)/% | | | | |
|--------|------|------|------|------|------|
| | MgO | SiO₂ | CaO | Fe₂O₃ | 灼减 LOI |
| CBM96 | ≥96.0 | ≤0.5 | — | ≤0.6 | ≤2.0 |
| CBM95A | ≥95.0 | ≤0.8 | ≤1.0 | — | ≤3.0 |
| CBM95B | ≥95.0 | ≤1.0 | ≤1.5 | — | ≤3.0 |
| CBM94A | ≥94.0 | ≤1.5 | ≤1.5 | — | ≤4.0 |
| CBM94B | ≥94.0 | ≤2.0 | ≤2.0 | — | ≤4.0 |
| CBM92 | ≥92.0 | ≤3.0 | ≤2.0 | — | ≤5.0 |
| CBM90 | ≥90.0 | ≤4.0 | ≤2.5 | — | ≤6.0 |
| CBM85 | ≥85.0 | ≤6.0 | ≤4.0 | — | ≤8.0 |
| CBM80 | ≥80.0 | ≤8.0 | ≤6.0 | — | ≤10.0 |
| CBM75 | ≥75.0 | ≤10.0 | ≤8.0 | — | ≤12.0 |

## 二、烧结镁砂

前文曾指出，菱镁矿在 750～1100℃ 下煅烧得到轻烧镁砂，煅烧温度高于 1600℃ 的镁砂，称烧结镁砂，在电弧炉中熔炼得到的镁砂称电熔镁砂。此外，还有海水镁砂、卤水镁砂等。

各种镁砂主要矿物都是方镁石（MgO），次要矿物为胶结物，或称基质。

（一）方镁石

烧结镁砂是镁质耐火材料的主要原料，其主要矿物为方镁石。方镁石的化学成分为 MgO，此外还含有少量 Fe、Mn 和 Zn 杂质。富铁的方镁石变种称铁方镁石。

1. 晶体结构

A　晶体结构和性质

方镁石为等轴晶系，其结构属 NaCl 型。在方镁石结构中，负离子 $O^{2-}$ 作立方最紧密堆积，构成立方面心格子；正离子 $Mg^{2+}$ 填充在 $O^{2-}$ 最紧密堆积形成的八面体空隙之中，即 $Mg^{2+}$ 的周围有 6 个 $O^{2-}$，$Mg^{2+}$ 的配位数为 6。这样的结构与 NaCl 相似，但它们的结构晶胞大小不同。NaCl 晶体中 $a=0.5628nm$；MgO 晶体中 $a=0.4201nm$。

　　方镁石晶体中，$Mg^+$ 与 $O^{2-}$ 以离子键结合，其静电键强度相等，晶体结构稳定，如图 15-14 所示。

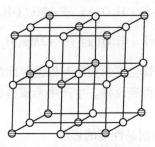

图 15-14　方镁石晶体结构

○—$Mg^{2+}$；◒—$O^{2-}$

**B　方镁石的性质**

　　纯方镁石无色，但因 MgO-FeO 形成连续固溶体，颜色发生变化，随着 FeO 固溶量的不同，颜色由无色逐渐向着黄色、褐色，甚至暗黑色转变，见表 15-23。

表 15-23　MgO-FeO 固溶体折射率与颜色

| MgO/% | FeO/% | 折射率 | 颜　色 |
|---|---|---|---|
| 100 | 9 | $1.736 \pm 0.002$ | 无色 |
| 90 | 10 | $1.738 \pm 0.002$ | 淡黄、浅黄 |
| 75 | 25 | $1.822 \pm 0.003$ | 黄色 |
| 50 | 50 | $1.948 \pm 0.005$ | 褐色 |
| 22 | 78 | $2.12 \pm 0.01$ | 褐色-黑色 |

　　方镁石常呈立方体、八面体或不规则粒状，立方体解理完全，比重为 3.56 ～ 3.65，硬度为 5.5，熔点为 2800℃，在 1800～2400℃ 显著挥发：

$$MgO(s) \Longrightarrow Mg(g) + \frac{1}{2}O_2(g)$$

$$MgO(s) \Longrightarrow MgO(g)$$

　　热膨胀系数大，$\alpha = (14 \sim 15) \times 10^{-6}/℃$（0～1500℃），并随温度升高而增大。导热系数在 100℃ 时为 $\lambda = 123.5kJ/(m \cdot h \cdot ℃)$（$29.52kcal/(m \cdot h \cdot ℃)$）；

在 1000℃ 时为 $\lambda = 24.1\text{kJ}/(\text{m}\cdot\text{h}\cdot\text{℃})$（$5.76\text{kcal}/(\text{m}\cdot\text{h}\cdot\text{℃})$），随温度的升高而下降。弹性模量较大，$E = 21\times10^5\text{kg}/\text{cm}^2$。晶格能大，为 $3933.0\text{kJ}/\text{mol}$（$940\text{kcal}/\text{mol}$）。化学性稳定，在高温时（1540℃）氧化镁和各种耐火材料之间（除硅砖）不起反应或反应很弱，对含有 CaO 和 FeO 的碱性渣有极好的抵抗性。轻烧镁石在常温下易与水反应，并产生体积膨胀（$\Delta V = 77.7\%$）。在高温下，方镁石（MgO）与水蒸气有如下反应：

$$MgO(s) + H_2O(g) \longrightarrow Mg(OH)_2(g)$$

$$2MgO(s) + H_2O(g) \longrightarrow 2Mg(H_2O) + \frac{1}{2}O_2(g)$$

方镁石的晶粒尺寸随煅烧温度的提高和保温时间的延长而增大，相应地其抗水化性、抗渣浸蚀性等性能得到改善。生产中希望得到晶粒较大、彼此间接触程度较高的方镁石。

2. 方镁石的性质对镁质制品性能的影响

镁质耐火材料的性能取决于制品的相组成和显微结构。下面举例说明作为主晶相的方镁石对镁砖性能的影响。

镁砖的耐火度很高，达到 2200℃ 或高于 2200℃，这与方镁石具有高熔点有关。耐火度是表征耐火制品的高温难熔性的指标，主要由高熔点矿物组成的制品，无疑应具有高的耐火度。

镁砖的热震稳定性很差，为 2~3 次。这与方镁石膨胀系数大、弹性模量高有关。我们知道，热膨胀性决定着制品急冷急热时内部所产生的应力的大小，热膨胀率大，应力也大，不利于热震稳定性，方镁石弹性模量大，则制品弹性差，因而缓冲热应力的能力也差，即热震稳定性差。除此之外，还有其他影响热稳定性的因素，此处不予讨论。

因方镁石与方铁矿（FeO）形成连续固溶体，所以镁砖对含有氧化铁和氧化钙的碱性渣有良好的抵抗性。但是，如果镁砖的基质含大量的钙镁橄榄石，则易为熔渣所浸蚀。

考虑到方镁石膨胀系数大的特点，在烧成时，镁砖不能过快冷却，否则易使制品产生冷裂，造成废品，同时在筑炉时注意预留较大的膨胀缝。镁砖避水保存也是考虑方镁石水化的因素。

（二）胶结物

1. 镁砂钙硅比值 $CaO/SiO_2$ 与胶结物组成的关系

菱镁矿大于 1600℃ 煅烧后，得到的烧结镁砂，主要矿物为方镁石（MgO），如图 15-15 所示，方镁石呈颗粒状，其间隙为胶结物（或称基质），基质的矿物组成取决于菱镁矿中的主要杂质 CaO、$Fe_2O_3$、$Al_2O_3$、$SiO_2$ 等。研究指出：镁砂中 CaO 与 $SiO_2$ 比值（简写为 C/S）与基质矿物的形成密切相关，见表 15-24。

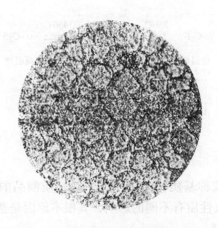

图 15 – 15　菱镁矿烧结后呈颗粒状的方镁石

（呈颗粒状，颗粒间为胶结物，或称基质）

表 15 – 24　MgO – CaO – SiO₂ 系统中与方镁石共存的矿物

| CaO/SiO₂ | | 存在的矿物 | 化学组成 | 简写 | 熔点或分解温度/℃ |
|---|---|---|---|---|---|
| 分子比 | 重量比 | | | | |
| <1.0 | <0.33 | 镁橄榄石<br>钙镁橄榄石 | 2MgO·SiO₂<br>CaO·MgO·SiO₂ | M₂S<br>CMS | 1890<br>1498（分解） |
| 1.0 | 0.93 | 钙镁橄榄石 | CaO·MgO·SiO₂ | CMS | |
| 1~1.5 | 0.93~1.40 | 钙镁橄榄石<br>镁硅钙石① | CaO·MgO·SiO₂<br>3CaO·MgO·2SiO₂ | CMS<br>C₃MS₂ | 1550（或1580） |
| 1.5 | 1.40 | 镁硅钙石 | 3CaO·MgO·2SiO₂ | C₃MS₂ | |
| 1.5~2.0 | 1.40~1.86 | 镁硅钙石<br>硅酸二钙 | 3CaO·MgO·2SiO₂<br>2CaO·SiO₂ | C₃MS₂<br>C₂S | 2130 |
| 2.0 | 1.86 | 硅酸二钙 | 2CaO·SiO₂ | C₂S | |
| 2.0~3.0 | 1.86~2.80 | 硅酸二钙<br>硅酸三钙 | 2CaO·SiO₂<br>3CaO·SiO₂ | C₂S<br>C₃S | 1900② |
| 3.0 | 2.80 | 硅酸三钙 | 3CaO·SiO₂ | C₃S | |
| >3.0 | >2.80 | 硅酸三钙<br>方钙石 | 3CaO·SiO₂<br>CaO | C₃S<br>C | |

①镁硅钙石工艺上习惯称为镁蔷薇辉石；

②硅酸三钙（C₃S）只在 1249~1900℃ 间是稳定的，低于或高于这些温度分解为 C₂S 和 CaO。

　　硅酸二钙（C₂S）有多晶转变，伴有体积膨胀，$\Delta V$ 约为 12%，如图 15 – 16 所示。

图 15-16 $C_2S$ 的多晶转变

镁砂中胶结物（或称基质）组成不同，对镁质制品的烧结性能、荷重软化温度、耐压强度等耐火性质有不同的影响，其根本原因是基质矿物的熔点或分解温度不同，见表 15-25。

表 15-25　镁砂中基质组成不同对制品性能的影响

| 矿物 | 熔点或分解温度/℃ | 硬度 | 对镁质制品性能影响 | | | |
|---|---|---|---|---|---|---|
| | | | 烧结 | 荷重软化温度 | 耐压强度 | 其他 |
| 镁橄榄石 | 1890 | 6.5~7 | 不利 | 提高 | 高 | |
| 钙镁橄榄石 | 1498（分解） | 5~5.5 | 促进 | 降低 | | |
| 镁硅钙石 | 1550 | 差 | | 降低 | 小 | |
| 硅酸二钙 | 2130 | | 很差 | 提高 | 小，尤其当晶型转变时 | 抗渣性好 |
| 硅酸三钙 | 1900（分解） | | 很差 | 提高 | | |

由表 15-24 和表 15-25 可以看到：

（1）钙硅比 C/S < 1.0 时（分子比），镁砂中胶结物（或称基质），主要形成镁橄榄石（$M_2S$），熔点较高（1890℃），对提高制品的荷重软化温度有利。

（2）钙硅比 C/S 为 1.0~1.8（分子比）时，镁砂中胶结物主要是钙镁橄榄石（CMS）、镁硅钙石（$C_3MS_2$），其分解温度及熔点均较低，分别为 1498℃ 和 1550℃，对制品高温性能不利。

（3）钙硅比 C/S > 1.8（分子比）时，胶结物形成硅酸二钙（$C_2S$），硅酸三钙（$C_3S$）矿物，其熔点及分解温度都较高，分别为 2130℃ 和 1990℃，对制品性能有利。

胶结物（或称基质）中以钙镁橄榄石（CMS）对制品性能影响最大，因为矿物在 1498℃ 就分解，大大降低制品的荷重软化温度。因为出现液相的温度约为 1400℃，并且液相黏度小，因此接近于 CMS 分解温度时制品的强度无疑也将有显著的降低。另外，CMS 矿物膨胀异向性将影响镁砖的热震稳定性，但事物都有两面性，CMS 矿物的存在可以促进烧结。

CMS 矿物的生成量与镁砂中 CaO 的含量密切相关，每增加 1% CaO 将多形成 2.8% 的 CMS 矿物。

## 2. 镁砂的技术条件

适用于制造镁质耐火材料的烧结镁砂，其技术条件见表 15 – 26（GB 2273—80）。

表 15 – 26　镁砂的技术条件（GB 2273—80）

| 指标 | | MgO /% | SiO$_2$ /% | Fe$_2$O$_3$ /% | CaO /% | 灼减 /% | 真比重 | 颗粒组成 | 用途 |
|---|---|---|---|---|---|---|---|---|---|
| 普通镁砂 | MS – 91 | 91 | 4.5 | — | 1.6 | 0.3 | 3.54 | 3～120mm，小于 3mm 者不大于 10%，大于 120mm 者不大于 10% | 制砖 |
| | MS – 89 | 89 | 5.0 | — | 2.5 | 0.5 | 3.53 | | |
| | MS – 87G | 87 | 7.0 | — | 2.5 | 0.5 | 3.51 | | |
| | MS – 84G | 84 | 9.0 | — | 2.5 | 0.5 | 3.51 | | |
| | MS – 88Ga | 88 | 4.0 | — | 5.0 | 0.5 | — | 0～5mm，大于 5mm 者不大于 5%；0～3mm，大于 3mm 者不大于 5%；3～8mm，小于 3mm 者不大于 10%，大于 8mm 者不大于 5%；0～120mm，小于 1mm 者不大于 15%，大于 120mm 者不大于 10% | 冶炼炉、补炉和捣打炉衬 |
| | MS – 83Ga | 83 | 5.0 | — | 8.0 | 0.8 | — | | |
| | MS – 78Ga | 78 | 6.0 | — | 12.0 | 0.8 | — | | |
| 合成镁砂 | MST | 不大于 80 | — | 9 | — | 0.5 | — | | |

注：1. MS – 84G 牌号的镁砂，当 SiO$_2$ 含量大于 8.0% 时，其真比重不得小于 3.49；

　　2. MST 牌号的镁砂只适用于回转窑生产的镁砂；

　　3. 各类牌号的镁砂，应做颗粒体积密度的测定；

　　4. 镁砂中混入欠烧品和杂质的含量，在 MS – 91、MS – 89、MS – 87G、MS – 84G 牌号中，不得超过 2%，其余牌号不得超过 3%，其中焦炭含量不大于 0.06%。

# 三、电熔镁砂

电熔镁砂是菱镁矿或烧结镁砂在电弧炉中熔炼而成的，其主要矿物为方镁石。因杂质成分少，硅酸盐矿物含量低，并且呈孤立状分布；方镁石从熔体中结晶出来，所以晶粒较大，其晶粒大于 80μm，晶体直接接触程度较高，如图 15 – 17 所示，方镁石的良好性能（如熔点高达 2800℃、抗水化）得以充分发挥。

电熔镁砂的化学成分和真比重，以我国辽宁营口电熔镁砂为例说明，见表 15 – 27。

表 15 – 27　我国营口县电熔镁砂的化学成分

| 料别＼指标 | I·L/% | SiO$_2$/% | Al$_2$O$_3$/% | Fe$_2$O$_3$/% | CaO/% | MgO/% | 真比重 |
|---|---|---|---|---|---|---|---|
| 电熔镁砂粉 | 0.13 | 0.98 | 0.19 | 0.46 | 0.95 | 97.29 | 3.57 |
| 电熔镁砂粒 1 | 0.20 | 1.07 | 0.36 | 0.44 | 1.03 | 96.34 | 3.57 |
| 电熔镁砂粒 2 | 0.20 | 0.98 | 0.26 | 0.48 | 1.08 | 96.60 | 3.56 |

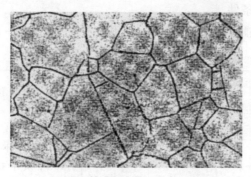

图 15 - 17 电熔镁砂显微结构

将表 15 - 27 与烧结镁砂技术条件对比（表 15 - 26），电熔镁砂中 MgO 含量较高，而杂质较低，真比重较高。

从镁砂显微结构分析，电熔镁砂中方镁石晶粒粗大，约 80μm，方镁石呈直接接触。

## 四、营口各品位镁砂资料

以下镁砂资料，除 98 电熔镁砂由太耐王新全提供之外，其余全由叶叔方提供。

（一）80 烧结镁砂

1. 较高品位 80 烧结镁砂

较高品位 80 烧结镁砂 MgO 含量在 83% ~ 85% 左右，如图 15 - 18 所示，其化学成分见表 15 - 28。

图 15 - 18 高品位 80 烧结镁砂

（书中配有彩图）

表 15 - 28 高品位 80 烧结镁砂化学分析结果

| MgO/% | CaO/% | SiO$_2$/% | Fe$_2$O$_3$/% | Al$_2$O$_3$/% | 灼减/% | 合计/% | 颗粒体积密度/g·cm$^{-3}$ |
|---|---|---|---|---|---|---|---|
| 83.35 | 2.66 | 8.75 | 3.15 | 1.96 | 0.13 | 100 | 3.20 |

图 15 - 18 中的样品为高、低品位的交接处，左下侧的品位较高，但在整个成品料中占的比例较少，大多数是右上侧的低品位成品料。该料的特点是铁含量高、钙含量高，$Fe_2O_3$ 含量能达到 3% 左右，CaO 含量能达到 2.5% 左右，甚至接近 3%，颜色多数为很深的咖啡色、褐黑色。

此料的 $Fe_2O_3$ 含量较高，因此容易烧结致密，颗粒体积密度较高，由于 $SiO_2$ 含量较高，用于与熔渣接触的部位时（如中间包渣线部位），抗化学反应侵蚀性能较差。总的来说，这种料耐高温性能没有问题，因其在高温下多数为耐高温矿相组成，属低熔物的杂质较少。

2. 较低品位 80 烧结镁砂

较低品位 80 烧结镁砂 MgO 含量在 80% 左右，如图 15 - 19 所示，其化学成分见表 15 - 29。

图 15 - 19　低品位 80 烧结镁砂

（书中配有彩图）

表 15 - 29　较低品位 80 烧结镁砂化学分析结果

| MgO/% | CaO/% | $SiO_2$/% | $Fe_2O_3$/% | $Al_2O_3$/% | 灼减/% | 合计/% | 颗粒体积密度/g·cm$^{-3}$ |
|---|---|---|---|---|---|---|---|
| 79.60 | 3.31 | 11.96 | 2.83 | 1.86 | 0.44 | 100 | 3.16 |

该 80 烧结镁砂的品位较低，MgO 含量在 80% 左右，因而 $SiO_2$ 含量较高，已超过 11%，其他成分与前面所述的高品位 80 烧结镁砂差不多。分析结果取样是加工好的粒度料，由于含有少量欠烧结料，因而体积密度偏低。

（二）90 烧结镁砂

1. 铁低、钙中等型

铁低、钙中等型 90 烧结镁砂如图 15 - 20 所示，其化学成分见表 15 - 30。

表 15 - 30　铁低、钙中等型 90 烧结镁砂化学分析结果

| MgO/% | CaO/% | $SiO_2$/% | $Fe_2O_3$/% | $Al_2O_3$/% | 灼减/% | 合计/% | 体积密度/g·cm$^{-3}$ |
|---|---|---|---|---|---|---|---|
| 91.68 | 2.05 | 4.69 | 0.72 | 0.71 | 0.15 | 100 | 3.20 |

图 15 – 20　90 烧结镁砂（铁低、钙中等型）

（书中配有彩图）

　　图 15 – 20 中的样品为正常的、烧结水平较好的镁砂，要注意的是：这种镁砂的 CaO 含量为中等水平，CaO 含量在 2.0% 左右，整体颜色为较鲜艳的褐黄色，颜色分布也较为均匀，即 $Fe_2O_3$、CaO 等次要成分的分布较为均匀。

　　2. 铁低、钙高型

　　铁低、钙高型 90 烧结镁砂如图 15 – 21 所示，其化学成分见表 15 – 31。

图 15 – 21　90 烧结镁砂（铁低、钙高型）

（书中配有彩图）

表 15 – 31　铁低、钙高型 90 烧结镁砂化学分析结果

| MgO/% | CaO/% | $SiO_2$/% | $Fe_2O_3$/% | $Al_2O_3$/% | 灼减/% | 合计/% | 体积密度/g·cm$^{-3}$ |
|---|---|---|---|---|---|---|---|
| 90.92 | 2.75 | 4.33 | 1.24 | 0.56 | 0.20 | 100 | 3.18 |

　　图 15 – 21 中的样品为正常的、烧结较好的水平，要注意的是：这种镁砂的 CaO 含量偏高，CaO 含量在 2.5% 左右，高时接近 3.0%，整体颜色为较深的褐色，局部发青黑色、白色，颜色分布不均匀、较杂乱，即 $Fe_2O_3$、CaO 等次要成分的分布不均匀。

### 3. 铁高、钙低型

铁高、钙低型 90 烧结镁砂如图 15 - 22 所示，其化学成分见表 15 - 32。

图 15 - 22 90 烧结镁砂（铁高、钙低型）

（书中配有彩图）

表 15 - 32 铁高、钙低型 90 烧结镁砂化学分析结果

| MgO/% | SiO₂/% | CaO/% | Fe₂O₃/% | Al₂O₃/% | 灼减/% | 合计/% | 体积密度/g·cm⁻³ |
|---|---|---|---|---|---|---|---|
| 91.47 | 4.95 | 1.18 | 1.92 | 0.41 | 0.07 | 100.00 | 3.23 |

该料的特点是 CaO 含量极低，通常不会超过 1.5%，Fe₂O₃ 含量较高，达近 2%，CaO、Fe₂O₃ 等次要成分的分布较为均匀，颜色多数为很深的咖啡色，且成色较为均匀一致。由于 Fe₂O₃ 含量较高，成品料的烧结程度相当好。

### 4. 铁低、钙低型

铁低、钙低型 90 烧结镁砂如图 15 - 23 所示，其化学成分见表 15 - 33。

图 15 - 23 90 烧结镁砂（铁低、钙低型）

（书中配有彩图）

表 15 - 33 铁低、钙低型 90 烧结镁砂化学分析结果

| MgO/% | SiO₂/% | CaO/% | Fe₂O₃/% | Al₂O₃/% | 灼减/% | 合计/% | 体积密度/g·cm⁻³ |
|---|---|---|---|---|---|---|---|
| 90.71 | 6.09 | 1.34 | 0.70 | 1.04 | 0.12 | 100 | 3.19 |

该料的特点是 CaO 含量极低，通常不会超过 1.5%，Fe₂O₃ 含量也较低，通常不会超过 1.0%，CaO、Fe₂O₃ 的分布较为均匀，颜色多数为较鲜艳的黄褐色，

且成色均匀一致。由于烧结温度较高，成品料的烧结程度相当好。

（三）95 中档压球烧结镁砂

95 中档压球烧结镁砂如图 15 - 24 所示，其化学成分见表 15 - 34。

图 15 - 24　95 中档压球烧结镁砂

（书中配有彩图）

表 15 - 34　95 中档压球烧结镁砂化学分析结果

| MgO/% | SiO$_2$/% | CaO/% | Fe$_2$O$_3$/% | Al$_2$O$_3$/% | 灼减/% | 合计/% | 体积密度/g·cm$^{-3}$ |
|---|---|---|---|---|---|---|---|
| 95.00 | 1.94 | 1.63 | 0.94 | 0.43 | 0.06 | 100 | 3.20 |

该料的特点是 CaO 含量较低，通常不会超过 1.8%；Fe$_2$O$_3$ 含量也较低，通常不会超过 1.0%；SiO$_2$ 含量较低，通常不会超过 2.2%。由于经过了一步轻烧、磨粉成分均化、压球、二步高温煅烧，各项化学成分的分布较为均匀，颜色多数为褐色，且成色均匀一致。由于烧结温度较高，成品料的烧结程度相当好。

（四）电熔镁砂

1. 93 电熔皮砂

93 电熔皮砂如图 15 - 25 所示，其化学成分见表 15 - 35。

图 15 - 25　93 电熔皮砂

（书中配有彩图）

表 15 -35　93 电熔皮砂化学分析结果

| MgO/% | CaO/% | SiO₂/% | Fe₂O₃/% | Al₂O₃/% | 灼减/% | 合计/% |
|---|---|---|---|---|---|---|
| 92.28 | 2.90 | 3.55 | 0.80 | 0.3 | 0.17 | 100 |

该料的特点是 CaO 含量较高，通常在 2% ~ 3% 之间，但 Fe₂O₃ 含量较低，通常在 1% 以下，成品料绝大多数为左侧的状态，即结晶不太充分、晶粒较为细小，右侧少量部分的品位能达到 96% ~ 97%，且结晶良好、粗大。

另外，从图中也可看出，该电熔镁砂是采用轻烧镁粉压球后电熔而成。

2. 98 电熔镁砂

98 电熔镁砂如图 15 - 26 所示。

图 15 - 26　98 电熔镁砂
（由太耐王新全提供）

## 五、海水镁砂

### （一）海水的化学成分

海水中金属元素除钠之外，镁是最丰富的，每吨海水中含有 2g 氧化镁。海水中元素含量及海水化学成分见表 15 - 36 和表 15 - 37。

表 15 - 36　海水中元素含量　　　　　　　　　　　　（%）

| 元素 | 含量 | 元素 | 含量 | 元素 | 含量 | 元素 | 含量 |
|---|---|---|---|---|---|---|---|
| Cl | 1.8980 | K | 0.0380 | Si | 0 ~ 0.0004 | N(有机) | 约 0.00002 |
| Na | 1.0561 | Br | 0.0065 | C(有机) | 0.00012 ~ 0.00030 | Rb | 0.00002 |
| Mg | 0.1272 | C(无机) | 0.0028 | Al | 0.000016 ~ 0.00019 | Li | 0.00001 |
| S | 0.0884 | Sr | 0.0013 | F | 0.00014 | I | 0.000005 |
| Ca | 0.0400 | B | 0.00046 | N(无机) | 约 0.00007 | Zn、Cu、Mn、Ag、Au、U、Ra 等 | 微量 |

**表 15 – 37 海水化学成分**

| 成　分 | 每升海水（比重为 1.024）所含元素质量/g | 备　注 |
|---|---|---|
| NaCl | 27.319 | |
| MgCl$_2$ | 4.176 | |
| MgSO$_4$ | 1.668 | |
| MgBr$_2$ | 0.076 | |
| CaSO$_4$ | 1.268 | |
| Ca(HCO$_3$)$_2$ | 0.178 | |
| K$_2$SO$_4$ | 0.869 | |
| B$_2$O$_3$ | 0.029 | 我国连云港近海海水的 B$_2$O$_3$ 含量为 0.012 ~ 0.02g/L |
| SiO$_2$ | 0.008 | |
| 铁及铝氧 R$_2$O$_3$ | 0.022 | |

**（二）从海水中提炼氧化镁的主要步骤**

从海水中提炼氧化镁，主要经过如下几个步骤。

（1）制取消石灰，即：

$$CaMg(CO_3)_2(白云石) \xrightarrow{\text{约 950℃}} MgO + CaO + CO_2$$

$$CaO + H_2O \longrightarrow Ca(OH)_2(消石灰)$$

（2）往海水中加入消石灰，与海水中的氯化镁和硫酸镁作用形成氢氧化镁，即：

$$MgCl_2 + Ca(OH)_2 \longrightarrow Mg(OH)_2 + CaCl_2$$

$$MgSO_4 + Ca(OH)_2 \longrightarrow Mg(OH)_2 + CaSO_4$$

（3）将提取的 Mg(OH)$_2$，在高温（高于 1600℃或 1600 ~ 1800℃）下煅烧得到烧结镁石，即：

$$Mg(OH)_2 \longrightarrow MgO + H_2O$$

**（三）海水镁砂中杂质**

海水镁砂中杂质有 Al$_2$O$_3$、SiO$_2$、Fe$_2$O$_3$、B$_2$O$_3$ 等，前三种杂质来源于沉淀剂白云石或石灰，如白云石中含有 0.1% 杂质，则进入烧结镁砂中约为 0.25%。其中 B$_2$O$_3$ 是很有害的杂质，因为它是强熔剂。据研究，无论是国内或国外的海水镁砂，硼的分布主要集中在方镁石晶粒周围的硅酸盐中，在方镁石晶粒中也有少量固溶硼。由于硼的存在提高了硅酸盐相对于方镁石的润湿程度，可降低方镁石晶体直接结合的程度，因而极大地降低各种品位烧结镁砂的高温抗折强度、高温蠕变等性能。例如，在海水镁砂中即使 B$_2$O$_3$ 的含量为千分之几也足以使它在

1200～1250℃的抗蠕变性能降低。$B_2O_3$ 与 $Al_2O_3$、$Cr_2O_3$、$Fe_2O_3$ 等氧化物相比，对镁砂高温强度的危害最大，其危害程度的比率依次为 70∶11∶3∶1。所以，为了提高镁砂的高温强度，要采取措施降低 $B_2O_3$ 的含量。

　　海水镁砂降低硼含量的方法较多，大体可分两类：一是减少氢氧化镁对硼的吸附量，二是高温煅烧脱硼。如果海水镁砂中不采取降硼措施，$B_2O_3$ 的含量为 0.5% 左右。研究指出，海水镁砂 $B_2O_3$ 的含量最好低于 $(CaO + SiO_2)^2/100$。目前高纯度的海水镁砂 $B_2O_3$ 含量小于 0.1%。

　　我国某单位在实验条件下，选用再水合法（低钙高温除硼法），试制出 MgO 含量大于 99%、CaO 含量小于 0.5%、$B_2O_3$ 含量小于 0.05%，体积密度大于 3.35g/$cm^3$ 的超高纯海水镁砂。

　　表 15-38 列出了我国和国外的海水镁砂的化学成分。

**表 15-38　海水镁砂成分**

| | 产品和规格 | MgO /% | $B_2O_3$ /% | CaO /% | $SiO_2$ /% | $Fe_2O_3$ /% | $Al_2O_3$ /% | C/S | 体积密度 /g·cm$^{-3}$ |
|---|---|---|---|---|---|---|---|---|---|
| 中国江苏 | 高纯海水镁砂1 | 98.23 | — | 1.20 | 0.31 | 0.11 | 0.15 | 4.1 | |
| | 高纯海水镁砂2 | 98.28 | — | 1.20 | 0.25 | 0.11 | 0.16 | 5.1 | |
| | 超高纯海水镁砂 | 99.30 | 0.05 | 0.30 | 0.13 | 0.11 | 0.16 | 2.5 | |
| | 海水镁砂 | 95.00 | 0.37 | 2.46 | 1.15 | 0.29 | 0.60 | 2.14 | 3.27 |
| 国外 | 1号 | 99.00～99.20 | 0.02～0.04 | 0.40～0.60 | 0.15～0.25 | 0.05～0.10 | 0.05～0.10 | 2.3 | 3.30～3.35 |
| | 2号 | 71.00～74.00 | 0.20～0.25 | 24.00～27.00 | 0.80～1.00 | 0.80～1.00 | 0.10～0.20 | 2.9 | 3.30～3.35 |
| | 3号 | 95.00～95.50 | 0.15～0.30 | 1.30～1.50 | 2.50～3.00 | 0.10～0.15 | 0.10～0.15 | 0.51 | 3.30～3.35 |
| | 4号 | 98.02 | 0.043 | 1.40 | 0.42 | 0.05 | 0.05 | 3.6 | |

## 六、卤水镁砂

　　我国内地盐湖产有浓卤，具有代表性的产地是青海省察尔汗盐湖的浓卤（$MgCl_2 \cdot 6H_2O$）储量约 16 亿吨。20 世纪 60 年代掀起浓卤制镁（MgO）的研发热潮，获得纯度高、性能优越的人工合成镁砂，其中 MgO≥98%，$CaO/SiO_2$≥2.0；但不足的是含有较高含量的强熔剂 $B_2O_3$（0.05%～0.37%）。

## 七、镁砂的选择

　　评估镁砂的质量，选择优质的镁砂，应注意如下四个问题：

（1）镁砂的纯度。要提高纯度、减少杂质，即镁砂中 MgO 含量要高，杂质组分 SiO$_2$、CaO、Al$_2$O$_3$、Fe$_2$O$_3$ 含量要低。这样镁石的主晶相以方镁石为主，胶结物少，形成较好的直接结合结构。各档镁砂的 MgO 含量和体积密度指标见表 15 – 39。

表 15 –39 各档镁砂的 MgO 含量和体积密度（B·D）

| 镁砂档 | MgO/% | B·D/g·cm$^{-3}$ |
| --- | --- | --- |
| 高档镁砂 | ≥98 | 3.35 ~ 3.45 |
| 中档镁砂 | 95 ~97 | 3.25 ~3.30 |
| 低档镁砂 | <95 | |

（2）C/S 比值。C/S 比值决定镁石中基质的相组成，希望其质量的比值小于 0.97 或大于 1.8，以便得到高熔点的矿物。此外，C/S 比对镁石中矿物的分布有着重要的影响。当 C/S 低时，硅酸盐成为包围氧化镁晶体的膜或外壳；当 C/S 高时，硅酸盐的成膜效应就不那么显著。硅酸盐成孤立状出现，而方镁石晶体则彼此直接结合，这对制品的高温性能有利。

（3）体积密度。它是表征原料烧结程度和致密性的一个重要指标。现在常用颗粒体积密度的数值。

（4）方镁石晶粒的大小。实验表明，原料的煅烧达到致密化还不够，还要具有合适的显微结构，这样才能有良好的高温与使用性能。镁砂的显微结构，主要取决于主晶相方镁石的粒度大小和结合程度。图 15 – 27 为我国大石桥菱镁矿烧结过程的平均晶粒尺寸变化。

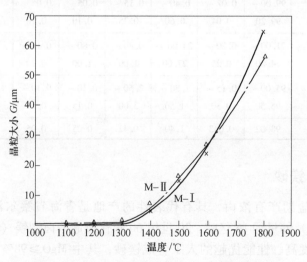

图 15 –27 菱镁矿烧结过程的平均晶粒尺寸变化

M – I 与 M – II 样说明：菱镁矿 $\xrightarrow[2h]{1000℃}$ MgO $\xrightarrow[1.5×10^5Pa,\ 3h]{高压釜}$ Mg(OH)$_2$ $\xrightarrow[2h]{800℃}$ MgO

（M – I）　　　　　　　　　　　　　　　　　　　　（M – II）

图 15-27 中 1200℃以下的数据是高温 X 射线宽化度测定的结果，1300℃是电子显微镜测定的结果，1400℃以上是反光显微镜测定的结果。

由图 15-27 可见，1000℃（或 1050℃）时发生晶粒长大，至 1350℃液相出现前，晶粒长大甚慢。液相出现后，长大速率加快，在 1350℃左右有一转折，之后晶粒长大速率几乎是直线上升，1800℃时，平均晶粒尺寸达到 56μm（M-Ⅱ样）和 65μm（M-Ⅰ样）。

方镁石晶粒尺寸增大，镁砂的抗水性能相应提高，这对镁质制品的使用性能有重要影响。表 15-40 为方镁石晶粒大小、水化性能与加热温度的关系。

表 15-40　方镁石晶粒大小、水化性能与加热温度的关系

| 试样加热温度/℃ | 加热时间/h | 方镁石晶粒尺寸/mm | 真比重 | 水蒸气煮 5h 后的灼减/% |
|---|---|---|---|---|
| 1300 | 1.0 | 0.002 | 3.494 | 8.91 |
| 1400 | 1.0 | 0.004 | 3.496 | 7.36 |
| 1400 | 3.0 | 0.004 | — | |
| 1500 | 0.5 | 0.010 | 3.539 | |
| 1500 | 1.0 | 0.020 | — | 1.92 |
| 1600 | 1.0 | 0.035 | 3.544 | 1.13 |
| 1650 | 0.5 | 0.04~0.05 | 3.565 | 1.04 |

由表 15-40 也可见到，在工艺条件恒定下，方镁石晶粒的大小主要取决于加热温度和加热时间。图 15-28 表示镁石煅烧温度与水化能。

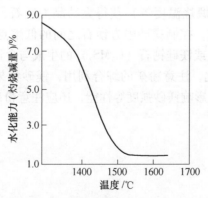

图 15-28　镁石煅烧温度与水化能力的关系

## 第三节　使用镁质原料需要注意的问题

耐火材料的质量，在很大程度上取决于原料的质量，为此要紧抓原料的质

量，从源头上把好关，希望注意以下几个问题：

（1）提高纯度、减少杂质。处理原料中的杂质，有两个途径，一是控制有害杂质，使其转变为无害或者为害甚小的杂质；二是设法除去杂质。除去菱镁矿中的杂质，国内外有过不少的研究，例如，浮选镁矿，用重介质精选高纯菱镁矿，用热破碎法选矿，用爆裂法使嵌在菱镁矿中的石英杂质爆裂粉化顺气流被带走，降低 $SiO_2$ 含量。对于海水镁砂中的杂质 $B_2O_3$ 采用高温煅烧蒸发掉。

此外，要提高纯度，原料需要分选、分级开采、分级管理。

（2）使用高密度的镁砂。饶东生教授和其团队，在 20 世纪 80 年代，对东北、山东莱州（旧称掖县）菱镁矿作过系列研究。实验指出，要制得高密度的镁砂，需要采用二步煅烧工艺。二步煅烧工艺是把原料先在 900~1000℃ 轻烧，使物料活化，然后成球或压坯，再在高温（高于 1600℃）下煅烧，制取致密熟料。二步煅烧轻烧温度或高温的选择视原料而异。

山东莱州的菱镁矿，由于易烧结，可以用一步煅烧方法制取高密度的镁砂（煅烧温度高于 1600℃），但原料必须超细磨处理。

有资料指出，如果原料不经超细磨（325 目占 90% 以上），而是直接使用块矿在高温下煅烧，也难得到致密的熟料。例如：用海城粗晶菱镁矿，在 1800℃ 条件下煅烧，体积密度只能达到 2.8g/cm³；用大石桥铧子峪粗晶一级块矿（25mm）煅烧到 2000℃，体积密度只能达到 3.2g/cm³，而与普通镁砂（GB 2273—80）相比，相差甚远（普通镁砂 MS-91、MS-89 真比重分别为不小于 3.54 和 3.53）。

（3）应重视控制显微结构。由于方镁石是镁砂的主晶相，应采取相应措施（如原料纯度、细度、煅烧温度等）获得大结晶方镁石，使方镁石之间直接结合。同时，改善相组成，控制镁砂中方镁石之间的低熔点胶结物（或称基质），如钙镁橄榄石（CMS）或镁硅钙石（$C_3MS_2$）的生成与含量。

（4）防止镁砂水化，注意粉矿的综合利用，镁砂如果是镁钙砂，则应注意防水，避免水化，以免影响镁砂强度等性能，还应注意粉矿的综合利用，提高经济效益。

# 第十六章　镁钙质耐火材料原料

*白云岩*

*白云石 CaMg( CO₃ )₂*

*石灰岩*

*方解石 CaCO₃*

*钙砂 CaO*

在第十五章讨论的菱镁矿与镁砂及本章讨论的白云石、方解石及石灰岩都是镁钙质耐火材料的重要原料。因镁钙质耐火材料具有高温、耐结构剥落、良好的抗渣性、净化钢液等特性。随着我国对洁净钢及不锈钢需求量的快速增长，镁钙质耐火材料原料将更加被重视，获得更大发展。

白云石耐火材料的主要原料是白云岩。白云岩是单矿物岩，主要由白云石组成。生产中习惯将白云石作为白云岩的同义语，在本章叙述中，有时会混用白云岩和白云石来表述。

## 第一节　白云岩的矿物组成和分类

### 一、白云岩的矿物组成

白云岩的性质取决于它的化学和矿物组成、结构和杂质的分布等。白云石的特征，在第十五章中已有叙述，这里再作一些补充。白云石属三方晶系，为 CaO、MgO 复合物，纯净的白云石可用 MgO – CaO 系相图描述，如图 16 – 1 所示。CaO 与 MgO 均为高熔氧化物，熔点分别为 2570℃、2800℃，其共熔温度也高，为 2370℃。白云石分子式为 CaMg [CO₃]₂，或表达为 CaCO₃ · MgCO₃，其中含 MgO 21.7%，CaO 30.4%。

常见的类质同象代替为：铁、锰、

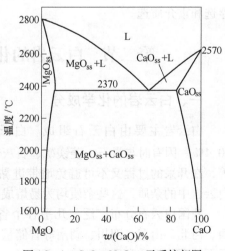

图 16 – 1　CaO – MgO 二元系统相图

钴、锌代替镁；铅代替钙，有时出现钠代替钙，钙代替镁的情况。变种有铅白云石、锌白云石、钴白云石等。

## 二、白云岩的分类

广义的白云岩是分布很广的岩石，但纯的白云岩含有少量的方解石（小于5%），CaO/MgO 比值在 1.39 左右；CaO 含量较多，CaO/MgO 比值大于 1.39 的称钙质白云岩；MgO 含量较多，CaO/MgO 比值小于 1.39 的称镁质白云岩；MgO 含量过高的，称为白云石质菱镁矿或称高镁白云岩；而 CaO 含量过高的，称为白云石质灰岩。

按 CaO/MgO 值，白云岩的分类见表 16 - 1。在地质学上，根据方解石、白云石矿物的含量，对白云岩进行的分类，见表 16 - 2。

表 16 - 1　白云岩按 CaO/MgO 值的分类

| CaO/MgO 值 | 名　称 | 燃烧后 MgO 含量/% | CaO/MgO 值 | 名　称 | 燃烧后 MgO 含量/% |
|---|---|---|---|---|---|
| 1.39 | 白云岩 | 35 ~ 45 | <1.39 | 镁质白云岩 | 50 ~ 65 |
| >1.39 | 钙质白云岩 | | ≤1.39 | 高镁白云岩 | 70 ~ 80 |
| ≥1.39 | 白云石质灰岩 | 8 ~ 30 | | | |

表 16 - 2　白云岩按矿物组成的分类

| 岩石名称 | 方解石/% | 白云石/% | 岩石名称 | 方解石/% | 白云石/% |
|---|---|---|---|---|---|
| 白云岩 | 0 ~ 5 | 100 ~ 95 | 白云石质灰岩 | 50 ~ 80 | 50 ~ 20 |
| 弱碳酸盐白云岩 | 5 ~ 20 | 95 ~ 80 | 弱白云石质灰岩 | 80 ~ 95 | 20 ~ 5 |
| 碳酸质白云岩 | 20 ~ 50 | 80 ~ 50 | 石灰岩 | 95 ~ 100 | 5 ~ 0 |

白云石除常与方解石共生外，菱镁矿也是常见的共生矿物，此外还有云母、石英、滑石、含铁矿物等杂质，必须进行分选。目前，国内外常用的选矿方法有浮选和重介质选。

# 第二节　白云岩的化学成分及其技术要求

## 一、白云岩的化学成分

白云岩主要由白云石组成。白云石 $CaMg(CO_3)_2$，含 MgO 21.9%，CaO 30.4%。因有时与滑石、菱镁矿、石灰岩、石棉等伴生并夹有石英碎屑、黄铁矿等，在开采的过程又不可避免地带进黏土等物质，所以 $SiO_2$、$Al_2O_3$ 和 $Fe_2O_3$ 是白云岩中的杂质，这些杂质均为易熔成分。

我国白云石分布广泛，几乎各个省（区）都有，储量大，质量优。其中山西、河北、山东、四川、湖南等省储量更大。表 16 - 3 及表 16 - 4 列出了我国白云石的理化性质和原料性能（部分）。

表 16-3 我国各地白云石原料的理化性质

| 产地 | 灼减/% | SiO₂/% | Al₂O₃/% | Fe₂O₃/% | CaO/% | MgO/% | CaO/MgO | 耐火度/℃ | 气孔率/% | 吸水率/% | 体积密度/g·cm⁻³ | 真比重 | 煅烧制度 |
|---|---|---|---|---|---|---|---|---|---|---|---|---|---|
| 辽宁大石桥 | 43.48 | 1.94 | 0.56 | 0.73 | 32.38/58.73 | 19.52/35.41 | 1.66/1.65 | | 2.43/3.01 | /0.89 | 2.78/3.24 | /3.30 | 1650℃×1h 倒焰窑 |
| 河北 | 46.88 | 0.50 | 0.12 | 0.06 | 30.51/57.43 | 21.84/41.11 | 1.40/1.40 | >1790 | 6.5/20.6 | /2.4 | 2.66/2.65 | 2.84/3.21 | 1800℃×1h 倒焰窑 |
| 内蒙古 | 46.13 | 1.53 | 0.14 | 0.75 | 30.10/55.87 | 19.48/36.16 | 1.54/1.54 | | 0.96/7.82 | /0.35 | 2.84/3.06 | 2.87 | 1680℃×1h 电炉 |
| 山西 | 47.03 | 0.17 | 0.38 | 0.44 | 31.32/59.13 | 21.03/39.70 | 1.48/1.48 | | 0.4/0.7 | /0.1 | 2.79/3.15 | 2.89/3.45 | 1450℃×3h 电阻炉 |
| 甘肃 | 46.37~46.92 | 0.18~0.30 | 0.02~0.41 | 0.16~0.36 | 31.11~31.47 | 21.05~21.45 | 1.47 | | 0.8~1.9 | 0.3~0.7 | 2.80~2.85 | | |
| 四川 | 47.14 | 0.38 | 0.24 | 0.25 | 30.83/58.32 | 21.40/40.48 | 1.44/1.44 | | 1.40/6.6 | /0.50 | 2.82/2.99 | 2.86/3.38 | 1750℃煤气窑 |
| 湖北乌龙泉 | 45.52 | 1.05 | 0.20 | 0.42 | 32.71/60.65 | 19.58/36.38 | 1.67/1.66 | | 3.93/50.40 | /1.43 | 3.81/1.72 | 2.85/3.15 | 1650℃×1h 电炉 |
| 湖南湘乡 I | 46.66~46.99 | 0.11~0.33 | 0.02~0.03 | 0.15~0.16 | 31.47~32.74 | 20.08~21.53 | 1.57~1.52 | | 2.9~9.4 | 0.8~2.9 | 2.6~2.8 | | |
| 湖南湘乡 II | | | | | 58.99~61.76（熟料） | 37.64~40.61（熟料） | 1.57~1.52 | | 10.5~17.5（熟料） | 2.7~2.9（熟料） | 2.94~3.27（熟料） | | 1800℃×8h 倒焰窑 |
| 湖北钟祥 | 45.94 | 0.45 | 0.32 | 0.32 | 31.52/54.93 | 20.76/34.15 | | | 6.13（熟料） | | 2.98（熟料） | | 竖窑 |

注：分子值表示生料指标，分母值表示熟料指标。

表 16-4 白云石原料性能

| 产 地 | 化 学 成 分 | | | | | | | | 特 征 |
|---|---|---|---|---|---|---|---|---|---|
| | CaO/% | MgO/% | SiO₂/% | Al₂O₃/% | Fe₂O₃/% | 灼减/% | 总量/% | CaO/MgO | |
| 大石桥 | 30.28 | 21.72 | 0.32 | 0.39 | 0.89 | 47.08 | 100.58 | 1.39 | 晶粒 0.1~0.5mm，烧结 (1650℃) 杂质 Fe、Mn 分布均匀 |
| 固阳拉草山 | 30.10 | 19.48 | 1.53 | 0.14 | 0.75 | 46.13 | 98.13 | 1.54 | 原生白云石 |
| 乌龙泉 | 31.75 | 20.02 | 0.08 | 0.05 | 0.34 | 47.10 | 99.34 | 1.58 | 高纯度、难烧结 (>1700℃)，矿石中有石英夹层，影响开采使用 |
| 玉田 | 30.52 | 21.91 | 0.27 | 0.10 | 0.03 | 46.80 | 99.63 | 1.39 | 晶粒 0.25~0.01mm，质纯、难烧结 |
| 周口店 | 29.05 | 21.93 | 0.55 | 0.08 | 0.16 | 46.24 | 98.02 | 1.38 | 质纯、难烧结，杂质少 (<2%)，但分布不均匀 |
| 宿县 | 31.40 | 19.10 | 1.50 | 1.95 | 0.45 | 44.63 | 99.08 | 1.60 | 进厂原料受杂质污染 |
| 镇江 | 30.80 | 21.16 | 1.17 | 0.37 | 0.18 | 47.07 | 100.75 | 1.46 | |
| 太原 | 31.32 | 21.03 | 0.17 | 0.38 | 0.44 | 47.03 | 100.37 | 1.48 | |
| 蒋府山 | 31.15 | 20.06 | 0.84 | 1.84 | 1.84 | 45.15 | 99.04 | 1.55 | 红色料 |
| 渡口大水井 | 30.83 | 21.40 | 0.38 | 0.24 | 0.25 | 47.14 | 100.24 | 1.44 | 粗晶，质较纯、杂质少、难烧结 (1750℃以上) |
| 邢台大河 | 30.17 | 20.65 | 0.16 | 0.88 | 1.27 | 46.59 | 100.72 | 1.54 | 较易烧结 (1650~1700℃)，Fe₂O₃ 含量高 |
| 水城渡塘 | 31.23 | 20.91 | 0.28 | 0.29 | 0.22 | 47.12 | 100.05 | 1.49 | 质纯杂质少、难烧结 (1700 尚未烧结)，结构疏松，粉矿多 |
| 河北遵化 | 32.70 | 23.36 | 1.04 | 0.24 | 0.24 | 42.67 | 100.01 | 1.39 | 质纯、灰白色、细晶质，一般为 0.01~0.08mm |
| 河北三河 | 31.00 | 22.72 | 0.20 | 0.018 | 0.018 | 45.99 | 100.09 | 1.37 | 质纯、灰黑色，并带有白色花纹，灰黑色为细晶 (0.04~0.18mm)，白色为粗晶 (0.4~0.65mm) |
| 福建武平 | 30.81 | 21.23 | 0.40 | 0.20 | 0.09 | — | — | 1.45 | |
| 陕西镇安 | 30.00 | 21.00 | 1.90 | — | 0.70 | — | — | 1.36 | |
| 甘肃安西 | 29.33 | 20.86 | 3.58 | 0.58 | 0.59 | — | — | 1.40 | 白色或灰色、细晶质 |

白云石中含 MgO 21.7%，CaO 30.4%，从表 16-3 及表 16-4 可见，我国各地大多数原料较纯，CaO 含量大多数大于 30%，MgO 含量大多数大于 19%，$CaO/SiO_2$ 比值波动在 1.40~1.68 之间，杂质含量较低。

白云石亚族，即白云石-铁白云石-锰白云石 $Ca(Mg, Fe, Mn)[CO_3]_2$，为三元完全类质同象矿物种，Mg-Fe 和 Fe-Mn 间呈完全类质同象代替，Mg-Mn 间的代替是有限的。白云石矿物的化学分析资料见表 16-5。

表 16-5　白云石族矿物的化学分析　　　　　　（%）

| 产地 | 1 | 2 | 3 | 4 | 5 | 6 | 7 |
|---|---|---|---|---|---|---|---|
| 名称 | 白云石 | 白云石 | 白云石 | 白云石 | 铁白云石 | 铅锌白云石 | 锰白云石 |
| CaO | 31.34 | 32.60 | 33.48 | 29.85 | 13.86 | 27.77 | 27.44 |
| MgO | 21.11 | 21.00 | 18.15 | 18.71 | 14.47 | 14.34 | 2.21 |
| $SiO_2$ | 1.07 | 0.70 | | $SiO_2 + Al_2O_3$ | | | |
| $Al_2O_3$ | 0.08 | 0.53 | | 0.63 | 0.31 | | |
| $Fe_2O_3$ | | 0.28 | | | | | |
| FeO | 0.49 | | 7.25 | 3.30 | 26.00 | 0.12 | 0.50 |
| MnO | | 0.30 | 0.23 | 1.18 | | 0.09 | 28.31 |
| $CO_2$ | 45.74 | 44.86 | 39.18 | 45.72 | 42.32 | 43.50 | 41.80 |
| $P_2O_5$ | | | 0.92 | 不溶残渣 0.25 | 不溶渣 3.53 | | |
| Cu | | | 0.10 | 比重 2.86 | | 比重 3.08 | 比重 3.12 |
| Co | | | 0.001 | | | | |
| CuO | | | 比重 2.97 | | | 0.15 | |
| PbO | | | | | | 4.96 | |
| ZnO | | | | | | 8.74 | |

注：1—辽宁大连；2—东北某海州式磷矿中；3—山西中条山，产于铜矿中；4—英格兰，产于重晶石矿床中；5—匈牙利；6—西南非洲；7—美国新泽西州。

在白云石制品中，CaO 与 MgO 相比较，对吸收金属液中非金属夹杂物及对 $SiO_2$ 的稳定性功能，CaO 优于 MgO；而对 $Fe_2O_3$（FeO）的稳定性，则是 MgO 优于 CaO。

白云石中，MgO 含量对提高白云石砂的抗水化性、抗渣性、耐火度和高温强度有重要影响。图 16-2 为提高 MgO 含量对 1600℃ 和 1800℃ 煅烧（1h）的白云石试样的高温（1200℃）抗折强度与变形的影响。从图中可见，在 1600℃ 烧成的砖，MgO 含量为 70% 时，强度达到最大值，但当 MgO 进一步增加时，由于烧结不良，强度反而下降；而在 1800℃ 下烧成的砖，MgO 含量越高，强度越大。

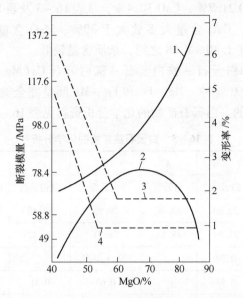

图 16-2 氧化镁含量与白云石砂高温强度的关系（试验温度 1260℃）

1—强度，1800℃煅烧；2—强度，1600℃煅烧；3—变形，1600℃煅烧；4—变形，1800℃煅烧

关于白云石原料中增加 MgO 含量的问题，苏良赫教授从 CaO - MgO - SiO$_2$ 三元相图（见图 16-3）的研究中得出，如果成分点落于阿基马德线之下（Alkemade），即连接 C$_2$S 及 MgO 成分点的线，不必追求过多的 MgO 含量，因为它们在耐火度上将无差别。如果成分点落于阿基马德线之上，则含 MgO 越高，越有利。

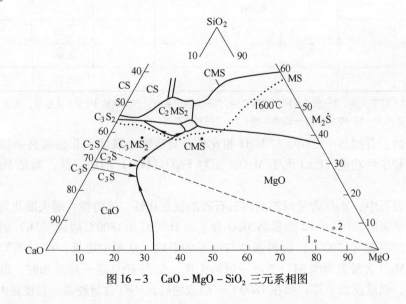

图 16-3 CaO - MgO - SiO$_2$ 三元系相图

由于白云石中 MgO、杂质（$SiO_2$、$Al_2O_3$、$Fe_2O_3$ 等）对制品的耐火性有重要影响，故在原料的分级上，MgO 含量与杂质含量均是重要的指标。

研究转炉用白云石耐火材料损耗速度与杂质的关系可知：炉衬的相对损耗速度随白云石中 MgO 含量的提高而减弱，随杂质含量的提高而增强（见图16－4）。白云石砖的高温强度，随砖中熔剂量的减少而提高（见图16－5）。

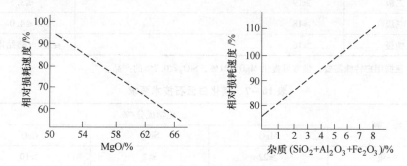

图 16－4　原料中杂质与炉衬相对损耗速度的关系

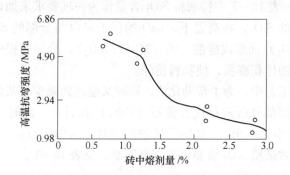

图 16－5　熔剂含量对白云石砖高温强度的影响

杂质的存在会降低烧结白云石的质量，尤其是对制品的高温性能影响更大，因而直接导致炉衬寿命的降低。试验指出，当原料中杂质总量达 1.5%，其高温抗折强度仅为杂质总量为 1% 时的一半。因此，必须对原料杂质含量严格控制，注意在运输、贮存过程中减少泥沙粉尘的污染，采取选矿、水洗等措施，提高原料的纯度。

## 二、白云石分级的技术要求

白云石分级适用于冶金及耐火材料的白云石原料，其技术要求见表 16－6。镁化白云石技术要求见表 16－7。

表 16-6 白云石分级技术要求 (ZB D52002—1990)

| 级　别 | | MgO/% | $(Al_2O_3 + Fe_2O_3 + SiO_2 + Mn_3O_4)$/% | $SiO_2$/% |
|---|---|---|---|---|
| 特级 | I | ≥20 | ≤2 | ≤1.0 |
| | II | ≥20 | ≤3 | ≤1.5 |
| 一级 | | ≥19 | | ≤2.0 |
| 二级 | | ≥19 | | ≤3.5 |
| 三级 | | ≥18 | | ≤4.0 |
| 四级 | | ≥16 | | ≤5.0 (烧结用6) |

注：根据用户特殊需要，供方可提供 MgO≥21%，$SiO_2$≤0.7% 的产品。

表 16-7 镁化白云石技术要求

| 级　别 | 化学成分/% | | |
|---|---|---|---|
| | MgO | $SiO_2$ | CaO |
| 一级 | ≥22 | ≤2 | ≥10 |
| 二级 | ≥22 | ≤2 | ≥6 |

在表 16-5 ~ 表 16-7 中特别将 $SiO_2$ 含量作为一项要求来加以限制，这是因为原料中含过量的 $SiO_2$，在高温下，CaO 的量不足以与全部的 $SiO_2$ 化合成硅酸三钙（$3CaO \cdot SiO_2$）而形成硅酸二钙（$2CaO \cdot SiO_2$），冷却过程中，硅酸二钙发生晶型转变，伴随体积膨胀，使物料粉碎。

在转炉炼钢工艺中，为了帮助化渣，同时又能达到减少石灰消耗量、提高炉衬寿命的目的，用部分白云石代替萤石（$CaF_2$）和石灰，此时，要求白云石更纯，其 $SiO_2$ 含量小于 1.5%。某钢厂转炉炼钢时，对白云石质量要求除 MgO 与 CaO 含量之外，对杂质 $SiO_2$ 含量也有严格限制，见表 16-8。

表 16-8 某钢厂转炉对白云石质量要求

| MgO/% | CaO/% | $SiO_2$/% |
|---|---|---|
| ≥20 | ≥30 | ≤1.5 |

白云石用作平板玻璃原料，要求 MgO 含量在 18% 以上，$Fe_2O_3$ 含量 0.5%，$Al_2O_3$ 含量在 0.2% 以下，$SiO_2$ 含量 0.2% ~ 2%；$Fe_2O_3$ 含量在 0.07% 以下的，可作为陶瓷原料。

# 第三节　白云石的煅烧及其物理化学变化

白云石在煅烧过程中主要变化：一是主体矿物白云石的热分解；二是新生矿物的形成，方钙石 CaO，方镁石 MgO 晶体长大，显微结构发生变化；三是杂质形成液相，促进白云石烧结。

## 一、白云石加热分解

在菱镁矿的热分解中曾提到过白云石的热分解，它约在 790℃ 和 940℃ 有吸热谷出现，其反应式为：

$$n\left[CaMg(CO_3)_2\right] \xrightarrow{790℃} (n-1)MgO + MgCO_3 \cdot nCaCO_3 + (n-1)CO_2 \uparrow$$

$$MgCO_3 \cdot nCaCO_3 \xrightarrow{940℃} MgO + nCaO + (n-1)CO_2 \uparrow$$

即在 940℃ 左右 $CO_2$ 全部被排出，白云石成为 MgO 和 CaO 的混合物。白云石原料在 1000℃ 以下反应得到的产物称为轻烧白云石或苛性白云石。

轻烧白云石产物晶格缺陷较多，发育不完全，结构松弛，密度较低，约 $1.45g/cm^3$，气孔率较大（大于 50%），化学活性较高，极易吸水，潮解生成 $Ca(OH)_2$ 和 $Mg(OH)_2$，使料块粉化，故不能直接用作制砖原料，在炼钢时，可部分取代石灰作为造渣剂。

## 二、白云石的烧结

轻烧白云石中的 MgO、CaO 随着煅烧温度的提高，与白云石原料中的杂质组成发生一系列反应。其中 CaO 化学活性较高，更易形成新的矿物。分述如下。

在 900~1000℃ 时，在白云岩中存在的杂质组分 $Al_2O_3$、$Fe_2O_3$ 开始发生固相反应。杂质中的 $Al_2O_3$ 与 CaO 开始反应生成铝酸钙 $CaO \cdot Al_2O_3$。杂质中的 $Fe_2O_3$ 与 CaO 开始反应生成铁酸二钙 $2CaO \cdot Fe_2O_3$，继续升高温度，则有如下反应：

$$CaO + Al_2O_3 \xrightarrow{900~1000℃} CaO \cdot Al_2O_3 \xrightarrow{1200℃} 12CaO \cdot 7Al_2O_3 \xrightarrow{1300℃} 3CaO \cdot Al_2O_3 (铝酸三钙)$$

$$CaO + Fe_2O_3 \xrightarrow{900~1000℃} 2CaO \cdot Fe_2O_3 \xrightarrow{1300℃} 4CaO \cdot Al_2O_3 \cdot Fe_2O_3 (液相)$$

温度升至 1200℃ 以上时，生成 $2CaO \cdot 7Al_2O_3$。

温度升至 1300℃ 时，生成铝酸三钙 $3CaO \cdot Al_2O_3$ 和铁铝酸四钙 $4CaO \cdot Al_2O_3 \cdot Fe_2O_3$，并且出现一定数量的液相。

在 1100~1200℃ 时，杂质中的 $SiO_2$ 与 CaO 发生固相反应，反应的初期产物是硅酸二钙 $2CaO \cdot SiO_2$，温度升至 1400℃ 以上生成硅酸三钙 $3CaO \cdot SiO_2$，即：

$$CaO + SiO_2 \xrightarrow{1100~1200℃} 2CaO \cdot SiO_2 \xrightarrow{1400℃} 3CaO \cdot SiO_2$$

温度继续升高时，升至 1400~1500℃ 或者更高，白云石原料进行重结晶，并趋向于烧结。

一定数量液相的存在，有助于物料中方钙石 CaO 与方镁石 MgO 晶粒的生长与长大，加速烧结作用的进行。

白云石在 1700~1800℃ 下煅烧后，最大限度增大方钙石、方镁石晶体尺寸，体积稳定，有抗水性，不含或少含游离 CaO，体积密度一般为 $3.0~3.4g/cm^3$，此时所得的产品称为死烧白云石，或烧结白云石，或白云石熟料。

白云石在煅烧过程中，随着温度的提高，发生物理性质变化。煅烧温度对白云石耐压强度、体积密度和水化能力的变化特征如图 16-6 所示。

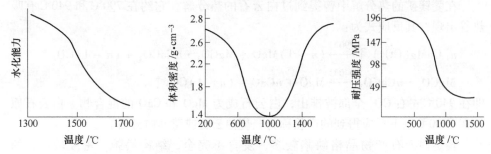

图 16-6 煅烧温度与烧结白云石物理性质的关系

烧结白云石最终所含的矿物及其熔点或分解温度见表 16-9。

表 16-9 烧结白云石所含矿物及其熔点或分解温度

| 矿物名称 | 化学式 | 化学成分/% | | | | | 熔点或分解温度/℃ | 备注 |
|---|---|---|---|---|---|---|---|---|
| | | CaO | MgO | SiO$_2$ | Al$_2$O$_3$ | Fe$_2$O$_3$ | | |
| 方钙石 | CaO | 100 | | | | | 2570 | CaO 与 MgO 共熔温度 2370℃ |
| 方镁石 | MgO | | 100 | | | | 2800 | |
| 硅酸三钙 | 3CaO·SiO$_2$ | 73.7 | | 26.3 | | | 在固态时，于 1900℃ 和 1100~1250℃ 分解成 CaO 和 2CaO·SiO$_2$ | |
| 硅酸二钙 | 2CaO·SiO$_2$ | 65.2 | | 34.8 | | | 2130 | |
| 铁铝酸四钙 | 4CaO·Al$_2$O$_3$·Fe$_2$O$_3$ | 46.0 | | | 21.0 | 23.0 | 1415 | |
| 铝酸三钙 | 3CaO·Al$_2$O$_3$ | 63.2 | | | 37.3 | | 1535℃分解出 CaO | |
| 铁酸二钙 | 2CaO·Fe$_2$O$_3$ | 41.3 | | | | | 1436℃分解出 CaO | |

烧结白云石的主晶相是方镁石 MgO（含量为 30%~65%），及方钙石 CaO（含量为 25%~60%），二者含量总和为 90%~97%，可贵的是这两种矿物都是高熔点矿物，其共熔温度也高（2370℃）。低熔点矿物是铁铝酸四钙 C$_4$AF、铝酸三钙 C$_3$A 及铁酸二钙 C$_2$F，总量为 5%~25%，优质白云石在 5% 以下。

烧结白云石的制取有两个途径：一是将天然矿石直接在高温中煅烧，即一步煅烧法；二是将轻烧白云石经粉碎和高压成球后再经高温煅烧制得，即二步煅烧法。二步煅烧法比一步煅烧法的烧结温度降低了 150~200℃。例如，为达到 6% 的气孔率，使用白云石压球料时，根据研磨细度，需用 1850~1920℃ 的烧结温度，如果使用由 800℃ 及 1200℃ 轻烧的原料制取白云石压球料时，用较低的温度，即 1600～1800℃就可达到同样的气孔率。

### 三、影响白云石烧结的一些因素

#### （一）化学组成

**1. 杂质的种类**

杂质中形成低熔点矿物相的组分和数量增多，其本身的自熔性增强，但抗侵蚀性变差。

白云石中，$Al_2O_3$、$Fe_2O_3$ 是最有害的杂质成分，如表 16－9 指出，它们基本都能形成低熔点矿物，尤其是 $Al_2O_3$，如 $C_4AF$（熔点 1415℃）、$C_3A$（1535℃分解）。当然，这些低熔点矿物在游离 $CaO$ 的表面形成保护膜可以提高烧结白云石的抗水化能力。

**2. 纯度**

白云石纯度高，意味着杂质含量低，低熔点矿物相组分少，有利于主晶相方钙石或方镁石之间或方钙石与方镁石之间的直接结合，提高制品的高温强度，抗炉渣侵蚀与抗渗透能力，但对白云石烧结不利。

有资料分析，白云石纯度对其液相量的影响见表 16－10。

表 16－10　白云石的化学纯度对其液相量的影响（计算值）

| 化学组成/% | | | 液相量（计量的）/% | | | |
|---|---|---|---|---|---|---|
| $SiO_2$ | $Al_2O_3$ | $Fe_2O_3$ | 1400℃ | 1500℃ | 1600℃ | 1700℃ |
| 1.0 | 0.3 | 1.5 | 4.3 | 4.7 | 5.8 | 7.0 |
| 1.0 | 0.3 | 2.0 | 5.4 | 5.9 | 7.3 | 7.8 |
| 1.0 | 0.6 | 2.0 | 6.2 | 6.8 | 8.4 | 8.5 |
| 1.5 | 0.3 | 1.5 | 4.3 | 4.7 | 5.8 | 8.9 |
| 1.5 | 0.3 | 2.0 | 5.4 | 5.9 | 7.3 | 9.7 |
| 1.5 | 0.6 | 2.0 | 6.2 | 6.8 | 8.4 | 10.4 |
| 2.0 | 0.3 | 1.0 | 4.3 | 4.7 | 5.8 | 10.8 |
| 2.0 | 0.3 | 2.0 | 5.4 | 5.9 | 7.3 | 11.6 |
| 2.0 | 0.6 | 2.0 | 6.2 | 6.8 | 8.4 | 12.3 |

由表 16－10 可见，白云石纯度降低，其杂质量增多，随煅烧温度提高，产生液相量增多，虽有利于烧结，但不利于产品品质的提升。

#### （二）煅烧温度与保温时间

白云石的煅烧与保温时间，与原料的主要组成、杂质组分含量及分布均匀程度相关。为使白云石充分烧结，体积密度达到最佳值，显然，提高煅烧温度与保温时间是可行的，但还需依据使用要求及性价比而定。

### （三）白云石的结晶状态

当原料的化学组成与矿物组成相近时，粗颗粒的白云石比细粒白云石更难于烧结。粗粒晶粒大于 0.25mm，中粒 0.25～0.1mm，细粒小于 0.1mm。

### （四）添加物

加入添加物可以降低白云石的烧结温度。例如加入 3% 的铁鳞，可使烧结温度降低 150～200℃。

# 第四节　白云石熟料的抗水化

由于 CaO 易水化，使 MgO－CaO 系耐火材料的生产使用受到了限制，为此研发抗水化及耐侵蚀的白云石熟料及镁白云石熟料仍是重要的课题。国内不少企业都有许多宝贵的经验，但又不宜披露，以下编著者仅提出一些要点，旨在引领读者再去探索前行。

## 一、添加剂

为确保白云石充分烧结，除设备、工艺、高温煅烧等因素，使物料获得高的体积密度（体积密度高者约 3.4g/cm$^3$，一般为 3.0～3.4g/cm$^3$）及良好的抗水化等性能之外，引入添加剂促进白云石的烧结也是一个途径。

### （一）铁鳞

前文曾指出，工业生产中常用到添加剂是铁鳞（$Fe_2O_3$），含量约 3%。$Fe_2O_3$ 与 CaO 形成的低熔物，覆盖于 CaO 晶粒表面，改善白云石的抗水化性。

### （二）$TiO_2$

$TiO_2$ 也具有较好的抗水化效果，添加 1% 的 $TiO_2$ 的 MgO－70 型镁白云石砂，再进行磷酸处理，水化增重率明显减小，见表 16－11。

表 16－11　MgO－70 型镁白云石砂添加 $TiO_2$ 后经磷酸处理的结果

| 化学成分 | MgO | CaO | $SiO_2$ | $Fe_2O_3$ | $Al_2O_3$ | $B_2O_3$ | $TiO_2$ |
|---|---|---|---|---|---|---|---|
| 含量/% | 70.20 | 28.00 | 0.16 | 0.39 | 0.11 | 0.03 | 1.09 |
| 显气孔率/% | 2.1 | | | | | | |
| 体积密度/g·cm$^{-3}$ | 3.42 | | | | | | |
| $TiO_2$ 添加剂/% | 1.0 | | | | | | |
| 是否经磷酸处理 | 是 | | | 否 | | | |
| 水化增重率/% | 0.03 | | | 0.4 | | | |
| 粉化率/% | 0.1 | | | | | | |

添加剂抗水化也有用铁与钛复合的。

（三）稀土氧化物或其混合物

用稀土氧化物（如氧化铈 $CeO_2$、氧化钕 $Nd_2O_3$ 等）或其混合物，用量约 0.25%，研究指出，经1600℃煅烧，熟料体积密度可达3.25g/cm³ 以上。但稀土氧化物来源稀缺且价格昂贵，这是一个难题。

（四）两种无机矿物复合

20 世纪70 年代初期，编著者曾参与由武钢耐火厂主持，原洛耐所、原一冶建研所、原武汉钢院等单位组成的稳定性白云石砖攻关组，当时白云石熟料抗水化添加剂使用两种矿物复合，效果颇佳。熟料在化学矿物组成上除方钙石 CaO，方镁石 MgO 之外，增加了 $C_2S$、$C_3S$ 高熔点矿物组成，减少铝酸盐低熔点矿物的含量（如 $C_4AF$、$C_3A$ 等），提高熟料高温耐压强度。

在化学组成上，增加 $ZrO_2$ 和 MgO 含量。$ZrO_2$ 的增加，改善了熟料抗水化和抗铁熔渣性能。$SiO_2$ 含量也增加，形成 $C_2S$、$C_3S$。

编著者曾将该熟料块在露天长期存放数十年没有粉化（1971 年一直到 2002 年丢失）。

## 二、复合表面处理剂

该复合表面处理剂，通过吸附和表面化学反应形成薄膜，牢固附着在合成镁白云石砂、白云石砂表面，到1000℃都不破坏，已由我国东北某企业成功研发。

## 三、防水防潮管理

对镁白云石熟料、白云石熟料及其制品，严格防水管理，尽可能缩短存放时间，存放地点应有防水、防潮措施，不在露天存放。

为了更好开发利用高钙菱镁矿、白云石、方解石、石灰石等含 CaO 资源，抗水性的问题，还需通过大力研发去解决。

# 第五节　合成镁质白云石砂

## 一、原料

生产镁白云石砂的原料主要有：镁质原料，即菱镁矿或浮选镁精矿；钙质原料，即消石灰 $Ca(OH)_2$；镁钙质原料，即白云石、镁白云石。

## 二、工艺过程要点

合成镁质白云石砂，其生产工艺过程有一步煅烧和二步煅烧工艺，根据原料烧结特性及产品使用要求而选定。目前多采用二步煅烧工艺。

合成镁质白云石砂二步煅烧步骤如下：

首先是将优质菱镁矿、石灰岩原料，在1000℃以下低温轻烧，经轻烧后得到活性 MgO、CaO，然后充分消化 CaO，再将石灰和轻烧镁石按 MgO/CaO 不同比例（一般按 MgO/CaO = (75 ± 2)/(20 ± 2)）进行配料，共同细磨、陈化、混合成型、干燥、再经高温煅烧即得合成镁质白云石熟料。

菱镁矿、石灰岩轻烧温度的选择，依据各地原料而异。但根据各地的实践，可以得出如下经验公式：

$$菱镁矿轻烧温度 = 原料分解温度 + 250 ± 20℃$$
$$石灰岩轻烧温度 = 原料分解温度 + 100 ± 20℃$$

例如，菱镁矿分解温度 700℃ 左右，轻烧温度在 950℃ 左右；石灰岩的分解温度 940℃ 左右，轻烧温度选择 1050℃ 左右为宜。原料经轻烧后得到的 MgO、CaO 晶格缺陷多，是反应活性大的微晶体，见表 16 – 12。

**表 16 – 12 某地浮选镁精矿不同轻烧料的比表面积和轻烧 MgO 的点阵参数**

| 温度/℃ | 比表面积/$m^2 \cdot g^{-1}$ | 轻烧 MgO 的点阵参数/nm |
|---|---|---|
| 800 | 20. 37 | 0. 42267 ± 0. 00002 |
| 900 | 37. 25 | 0. 42142 ± 0. 00002 |
| 1000 | 28. 16 | 0. 42112 ± 0. 00002 |
| 1100 | 4. 431 | 0. 42148 ± 0. 00002 |

注：方镁石（MgO）晶胞参数为 $a_0 = 0.420$nm。

由表 16 – 12 可见，浮选镁精矿在 900 ~ 1000℃ 轻烧的产物的比表面积最大，轻烧 MgO 晶格疏松，点阵参数较大，其中又以轻烧温度为 900℃ 时的最明显。

配料中加入的石灰应预先消化防止砖坯开裂，并获得高分散性的氢氧化钙粒子，即：

$$CaO + H_2O \longrightarrow Ca(OH)_2 + 857J/g(205cal/g)$$

反应产生体积膨胀近 3 倍。轻烧氧化物加水消化后，获得体积稳定的氢氧化物，经热分解后，所得的氧化物具有很高的活性。

原料轻烧与消化陈化，起到了热化学破碎作用。经过轻烧后的 MgO 及 CaO 晶体只有 1 ~ 3μm，这种微晶体 CaO 和 MgO 遇水后还要进一步细化。而物料粉碎的越细，晶体的晶格缺陷越多，比表面积越大，表面能也越高。因为任何系统都有向最低能量状态发展的趋势，所以有利于烧结。

物料的燃烧、陈化和以后的细磨工序可极大地提高其分散度，增加晶格缺陷，降低进行离子扩散过程的温度。这是活性烧结的关键之一，可大大促进烧结，提高密度和抗水性。

高温压球（坯）和高温煅烧也很关键，压球（坯）密度在 $1.85 \sim 2.10g/cm^3$ 之间，最高达 $2.35g/cm^3$。煅烧可以在回转窑、竖窑和隧道窑内进行，目前国内主要采用竖窑煅烧，煅烧温度在 $1650 \sim 1700℃$，合成白云石砂颗粒体积密度为 $3.28 \sim 3.35g/cm^3$。如提高煅烧温度至 $1800℃$ 以上，则镁白云石砂方镁石 $MgO$、方钙石 $CaO$ 结晶发育更良好，体积密度更高，抗水化性能更好。合成镁质白云石砂中方钙石、方镁石结晶发育程度及粒度随煅烧温度而增加，见表 16 – 13。

表 16 – 13　MgO、CaO 在不同的煅烧温度下的结晶粒度

| 煅烧温度/℃ | 1350 | 1650 | 1750 | 1800 |
|---|---|---|---|---|
| 方镁石/μm | 6 ~ 12 | 7 ~ 15 | 18 ~ 24 | 21 ~ 32 |
| 方钙石/μm | 3 ~ 7 | 6 ~ 10 | 7 ~ 13 | 8 ~ 14 |

合成镁质白云石砂也可以直接用生菱镁矿粉配料，不需事先经过轻烧处理。某单位用生菱镁矿粉与轻烧白云石的比例约为 130:35（质量百分比）经过充分拌匀呈泥饼，烘干后成型，生坯体积密度为 $1.85g/cm^3$，于 $1650℃ \times 6h$ 下烧成。获得 MgO 含量大于 70%，体积密度为 $3.29 \sim 3.33g/cm^3$ 的熟料。该合成工艺简便，能耗及成本均比较低。

此外，某些菱镁矿，根据其烧结特性，用一步煅烧法也可获得高纯、高密度的合成镁质白云石砂，其中关键的工艺在于超细粉碎。某单位根据山东莱州镁矿易烧性能，用高纯镁精矿和消化石灰为原料，细度 –350 目的含量大于 90%，成型压力达 137MPa（$1400kg/cm^2$）以上，煅烧温度为 $1650 \sim 1700℃$，得到大于 $3.3g/cm^3$ 的高纯合成白云石砂。

合成镁白云石砂工艺流程如图 16 –7 所示。

下面以辽宁营口某耐火材料公司为例进行说明。

该公司生产合成镁钙砂（即合成镁白云石砂）有两种烧结法：一是焦炭竖窑烧结法；二是重油竖窑烧结法。前者是二步煅烧，将轻烧烧白云石粉加水消化，再与轻烧镁粉按比例混配，共磨，混碾机中加水混炼；再经压坯，自然干燥，进入 $75m^3$ 焦炭竖窑死烧，为间断出窑。后者是轻烧白云石粉不经消化，直接与轻烧镁粉按比例配混共磨，进入后序工艺流程，为连续出窑，产量高。

## 三、合成镁质白云石砂的理化性质

国内外合成镁钙质白云石砂的理化指标见表 16 –14。

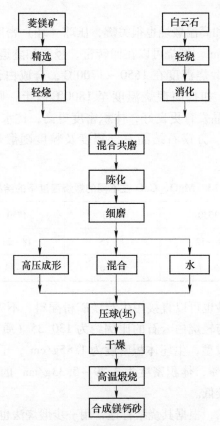

图 16-7 合成镁质白云石砂工艺流程

表 16-14 合成镁质白云砂理化指标

| 研制单位 | 灼减 /% | MgO /% | CaO /% | SiO_2 /% | Fe_2O_3 /% | Al_2O_3 /% | Σ (S+F+A) | 体积密度 /g·cm^{-3} | 气孔率 /% |
|---|---|---|---|---|---|---|---|---|---|
| 原山东披县镁矿 | 0.56 | 76.71 | 20.28 | 1.86 | 1.16 | 0.45 | 3.47 | 3.305 | 2.15 |
| | 0.55 | 76.42 | 20.16 | 1.50 | 1.11 | 0.40 | | 3.31 | |
| | 1.28 | 77.16 | 20.10 | 0.63 | 0.98 | 0.33 | 3.07 | 3.43 | |
| 原武汉钢铁学院 | 0.46 | 74.47 | 23.08 | 0.46 | 1.03 | 0.11 | 1.60 | 3.46 | 6.99 |
| | | 76.00 | 21.03 | 0.50 | 1.16 | 0.28 | 1.94 | 3.34 | |
| 原洛阳耐火材料研究所 | 0.73 | 71.45 | 25.16 | 0.97 | 1.40 | 1.40 | 2.37 | 3.14 | |
| 国外 | | 73.71 | 24.23 | 0.93 | 0.92 | 0.31 | 2.16 | 3.37 | 1.7 |
| | | 73.60 | 24.00 | 0.70 | 0.8 | 0.40 | 1.90 | 3.32 | |
| 国外 | | 76.29 | 21.17 | 0.82 | 1.21 | 0.31 | 2.34 | 3.34 | |

从表 16 – 12 可知，合成镁质白云石砂的化学成分，除个别 MgO 含量均在 75% 左右，CaO 含量为 20% ~25%，MgO + CaO 的含量在 95% 以上，杂质总量小于 3.5%，如果用浮选镁精矿为原料，则杂质总量更小，为 2% 左右。

由球体紧密堆积原理得知，在六方、立方最紧密堆积中，最紧密堆积的空间利用率达 74.05%，空隙占整个晶体空间体积的 25.95%，观察合成镁质白云石砂显微结构发现，石灰（CaO）呈细小的晶粒充填在方镁石晶体间隙之中，类似紧密堆积的情况。由此得出，镁质白云石配料中 MgO 含量在 75% 左右，CaO 的含量为 20% ~25%，将得到高体积密度，低气孔率的合成砂。

根据使用需要，调节 MgO/CaO 的比值，可以改变其化学成分，表 16 – 15 列出辽宁某公司在焦炭竖窑与重油烧结的镁钙砂理化性能。表 16 – 16 为郑州威尔特耐及河南某特耐企业生产的电熔镁钙材料（砂）。

**表 16 – 15  辽宁某公司生产的镁钙砂理化指标**

| 项　目 | 灼减 /% | MgO /% | CaO /% | SiO$_2$ /% | Fe$_2$O$_3$ /% | Al$_2$O$_3$ /% | 颗粒体积密度 /g·cm$^{-3}$ | 粉化率 /% |
|---|---|---|---|---|---|---|---|---|
| 焦炭竖窑烧结砂 20 | 0.21 | 75.72 | 21.81 | 1.11 | 0.61 | 0.55 | 3.21 | 52.09 |
| 焦炭竖窑烧结砂 50 | 0.23 | 41.18 | 56.95 | 0.61 | 0.48 | 0.52 | 3.17 | 82.48 |
| 重油竖窑烧结砂 20 | 0.22 | 76.56 | 21.63 | 0.66 | 0.61 | 0.32 | 3.28 | 55.60 |

注：焦炭竖窑烧结砂 50 CaO 含量较高，易水化。

**表 16 – 16  电熔镁钙材料（砂）**

| 单　位 | 化学成分/% | | | | 体积密度 /g·cm$^{-3}$ | 备　注 |
|---|---|---|---|---|---|---|
| | MgO | CaO | Fe$_2$O$_3$ | SiO$_2$ | | |
| 郑州威尔特耐 | 60 ~88 | 10 ~50 | ≤0.5 | ≤1.3 | ≥3.5 | 根据 MgO – CaO 耐火材料的需要，可适当调整 MgO 与 CaO 含量 |
| 河南某特耐企业 | 60 ~88 | 10 ~50 | ≤0.5 | ≤1.3 | ≥3.5 | |

## 四、合成镁质白云石砂的显微结构和材料性能的关系

### （一）矿物组成的计算

合成镁质白云石的化学成分主要是 MgO、CaO、Al$_2$O$_3$、Fe$_2$O$_3$、SiO$_2$ 五种组分，应用 MgO – CaO – Al$_2$O$_3$ – Fe$_2$O$_3$ – SiO$_2$ 系统中含有方镁石的平衡组及平衡组中平衡矿物组成的计算公式（见表 16 – 17），可以计算出其矿物组成。

表 16 – 17 $MgO - CaO - Al_2O_3 - Fe_2O_3 - SiO_2$ 系统中含有方镁石的
平衡组及平衡组中平衡矿物组成的计算公式

| 编号 | 条 件 | 与 MgO 平衡有矿物组成计算公式 | |
|---|---|---|---|
| 1 | $0 < C/S < 0.93$ | $[MF] = 1.25F$<br>$[MA] = 1.40A$ | $[CMS] = 2.81C$<br>$[M_2S] = 2.34(S - 1.07C)$ |
| 2 | $0.93 < C/S - 1.40$ | $[MF] = 1.25F$<br>$[MA] = 1.40A$ | $[C_3MS_2] = 2.73(2.14C - 2S)$<br>$[CMS] = 2.52(3S - 2.14S)$ |
| 3 | $1.40 < C/S < 1.87$ | $[MF] = 1.25F$<br>$[MA] = 1.40A$ | $[C_3MS_2] = 2.73(4S - 2.14C)$<br>$[C_2S] = 2.87(2.14C - 3S)$ |
| 4 | $0 < C - 1.87S < 1.40F$<br>及 $2.20A$ | $[C_2S] = 2.87S$<br>$[C_4AF] = 2.16(C - 1.87S)$ | $[MF] = 1.25(F - 0.33[C_4AF])$<br>$[MA] = 1.40(A - 0.21[C_4AF])$ |
| 5 | $A/F < 0.64,$<br>$0.67 < KH < 1$ | $[C_4AF] = 4.77A$<br>$[C_2F] = 1.70(F - 1.57A)$ | $[C_3S] = 3.80(3KH - 2)S$<br>$[C_2S] = 8.61(1 - KH)S$ |
| 6 | $A/F > 0.64,$<br>$0.67 < KH < 1$ | $[C_4AF] = 3.04F$<br>$[C_2A] = 2.65(A - 0.64F)$ | $[C_3S] = 3.80(3KH - 2)$<br>$[C_2S] = 8.61 - (1 - KH)S$ |
| 7 | $A/F < 0.64,$<br>$KH > 1$ | $[C_4AF] = 4.77A$<br>$[C_2F] = 1.70(F - 1.57A)$ | $[C_3S] = 3.80S$<br>$[CaO] = C - 2.20A - 2.8S - 0.41[C_2F]$ |
| 8 | $A/F > 0.64,$<br>$KH > 1$ | $[C_4AF] = 3.04F$<br>$[C_3A] = 2.65(A - 0.04F)$ | $[C_3S] = 3.80S$<br>$[CaO] = C - 1.40F - 2.8S - 0.42[C_3A]$ |

注：$M$ 表示 MgO 含量；$A$ 表示 $Al_2O_3$ 含量；$F$ 表示 $Fe_2O_3$ 含量；$C$ 表示 CaO 含量；$KH$ 表示石灰饱和系数，表示系统中全部 $Fe_2O_3$、$Al_2O_3$ 都结合生成 $C_4AF$、CaF，或 $C_3A$ 剩余 CaO 对 $SiO_2$ 的饱和情况。

$KH$ 计算方法为：

当 $A/F < 0.64$ 时，$KH = (C - 0.7F - 1.1A)/2.8S$

当 $A/F > 0.64$ 时，$KH = (C - 0.35F - 1.65A)/2.8S$

现举例说明对于表 16 – 17 的应用。

例如，某合成镁质白云石砂的化学成分为 MgO 72.4%，CaO 25.6%，$Al_2O_3$ 0.10%，$Fe_2O_3$ 1.05%，$SiO_2$ 0.43%，灼减 0.56%，可按如下步骤计算矿物含量。

首先求出铁率，即 $Al_2O_3/Fe_2O_3$ 比值，因为 $A/F < 0.64$，其次求出石灰饱和系数 $KH$，$KH = (C - 0.7F - 1.1A)/2.8S$。

若 $A/F > 0.64$，则 $KH = (C - 0.35F - 1.65A)/2.8S$。

现在 $A/F = 0.10/1.05 < 0.64$，则 $KH = (C - 0.7F - 1.1A)/2.8S = 24.83/1.2 > 1$。

根据 $KH > 1$，$A/F < 0.64$，属于表 16 – 17 中编号 7 的情况，代入公式得各矿物的组成及含量为：

$$[C_4AF] = 4.77A = 4.77 \times 0.1 = 0.477 = 0.48\%$$

$$[C_2F] = 1.70(F - 1.57A) = 1.70(1.05 - 1.57 \times 0.10) = 1.50\%$$

$$[C_3S] = 3.80S = 3.80 \times 0.43 = 1.63\%$$

$$[CaO] = C - 2.20A - 2.8S - 0.4/[CA_2F] = 23.67\%$$

上述计算是在平衡状态条件下，实际情况将有出入，但差别不会太大，可以作为实际观察分析的重要参考。

（二）合成镁质白云石砂的矿物组成及分布特点

合成镁质白云石砂的主晶相是方镁石（MgO），其次是方钙石（CaO），二者含量占90%以上；次要矿物是硅酸三钙及 $C_2F + C_4AF$ 等。

主晶相方镁石（MgO）随着煅烧的温度升高，晶体由粒状、圆粒状到多角形，晶粒也由小到大（见表16－13），方镁石晶体间直接结合的程度增高，在反光显微镜下，样品经浸蚀处理，可明显看到方镁石呈基底分布，连成网络，如图16－8所示，含量为70%～80%。

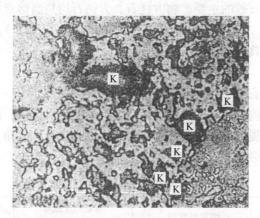

图16－8　合成镁质白云石砂显微结构（反光，340×）

（白色为方镁石，左上角为氧化钙大颗粒；右下角为较大的

硅酸三钙；上面有方镁石的包裹体，K为气孔）

方钙石（石灰，CaO）呈粒状、不规则状均匀分布在 MgO 基底之中，在透射光下观察，均匀填充在方镁石晶间空间内，或者说方钙石细晶为方镁石所包围。

硅酸三钙（$C_3S$）呈粒状或不规则状，多是集聚出现，其旁有较多的气孔，含量少。$C_2F + C_4AF$ 分布在于上述晶体之间，呈不规则状（在反光显微镜下借助其高的反射力，作为白色中间相识别），说明在烧成温度下，它为液相，分布较为均匀，孤立出现，未连成片，含量少。气孔呈孤立状分布于方镁石晶间。

合成镁质白云石砂中方镁石的晶粒随煅烧温度的提高而增大，方钙石在高温时生长发育的速率不如方镁石（见表16－18）。

**表 16 – 18　MgO、CaO 在不同温度下的结晶粒度变化实例**

| 烧结制度 | 1350℃×2h（电炉） | 1650℃（电炉） | 1750℃（电炉） | 1800℃（电炉） |
|---|---|---|---|---|
| 方镁石 MgO/μm | 6~12 | 7~15 | 18~24 | 21~32 |
| 方钙石 CaO/μm | 3~7 | 6~10 | 7~13 | 8~14 |

| 烧结制度 | 1350℃×12h（电炉） | 1450℃×6h（电炉） | 1500℃×6h（电炉） | 1570℃×6h（倒焰窑） | 1700℃×4h（隧道窑） |
|---|---|---|---|---|---|
| 方镁石/μm | 1~20 | 3~30 | 一般 3~30 | 一般 3~140 | 一般 5~60 |
| MgO/μm | 平均6 | 平均7 | 平均10 | 平均15 | 平均18 |
| 方钙石/μm | 一般 1~16 | 一般 1~20 | 一般 2~25 | 一般 20~30 | 一般 5~30 |
| CaO/μm | 平均4 | 平均6 | 平均8 | 平均10 | 平均15 |

## （三）合成镁质白云石砂的显微结构与材料性能的关系

显微结构是内因，影响和决定材料的性能，主要有以下几方面。

### 1. 耐火度高

合成镁质白云石砂的主要矿物方镁石、方钙石均是高熔点的晶相，熔点分别是 2800℃ 和 2570℃，还有 $C_3S$，也是高熔点的晶相（2070℃），由高熔点的晶相所组成的材质必然具有高的耐火度。

### 2. 高温强度好

合成镁质白云石砂中，高熔点的晶相 MgO 与 MgO，MgO – CaO – MgO 之间直接接触。这样的结构，使高熔点晶相的优良性能也得以发挥，因而具有良好的高温强度。随温度的提高，方镁石晶体发育加快，由粒状到多角形，直接结合程度增强，其高温抗折强度相应提高，见表 16 – 19。

**表 16 – 19　合成镁质白云石砂的高温抗折强度**

| 原　料 | 烧成温度/℃ | 常温耐压强度/MPa(kg/cm²) | 高温抗折强度（1400℃）/MPa(kg/cm²) |
|---|---|---|---|
| 合成镁质白云石砂 | 1650×6h | 46(470) | 31(32.6) |
| MgO 75.21%<br>CaO 22.95%<br>∑(S+A+F)=1.56% | 1750×6h | 52(532) | 42(43.6) |
| | 1800×6h | 74(753) | 77(78.2) |

为了对比，将不同结合形式的单一组织碱性砖高温抗折强度列于表 16 – 20。

**表 16 – 20　单一组织碱性砖的高温抗折强度**

| 结合方式 | 抗折强度/MPa(kg/cm²) | |
|---|---|---|
| | 1260℃ | >1400℃ |
| 硅酸盐结合 | 14~20(14.06~21.09) | 7~10(7.03~10.55)(1480℃) |
| 方镁石直接结合 | 97(98.43) | 76(77.34)(1400℃) |

### 3. 抗水化性能好

在结构中活度较大、易水化的方钙石（CaO）均匀充填在方镁石晶间的空隙内。这样封闭了 CaO 被水化的道路，提高了材质的抗水化性能。

### 4. 抗渣侵蚀性好

镁质白云石炭砖作为转炉炉衬的优质材料，其良好的抗渣侵蚀性是主要的特性之一。就合成镁质石砂的主晶相方镁石 MgO、方钙石 CaO 来分析。在转炉冶炼初期，主要是铁水中的硅迅速氧化形成的 $SiO_2$ 对炉衬的侵蚀，即酸性渣侵蚀。当炉渣与制品接触后，通过制品的表面和孔隙通道，CaO 首先和渣中 $SiO_2$ 进行反应（因 CaO 的活度比 MgO 大），生成高熔点的 $C_2S$ 和 $C_3S$，结果黏度上升，炉渣不易侵入到砖的深部，从而避免了结构剥落的可能性。也就是说，$C_2S$ 的生成，成为制品与炉渣接触的防御层，阻碍和减慢了炉渣与主晶相方镁石的反应。冶炼初期，渣对制品的溶解、侵蚀主要是砖中游离 CaO 的溶损。随着冶炼的进行，CaO 不断被溶解，炉渣由酸性变成碱性，此时 FeO 成为炉衬侵蚀的主因，但 MgO 与 FeO 能形成连续固溶体，MgO 与 $Fe_2O_3$ 可形成有限固溶体，也就是说，MgO 吸收少量铁氧化物，不会显著降低 MgO 的熔点。MgO 具有很高的抗氧化物侵蚀的能力。研究表明，镁质白云石炭砖对终渣低氧化铁含量（小于20%）有较好的抗侵蚀能力。

从上面的讨论得出，材料的显微结构对其技术性能和使用效果有着重要的影响，是分析材料性能的核心。

## 五、影响镁质白云石砂显微结构的因素

### （一）杂质与显微结构

原料中的杂质成分少、纯度高，无疑对形成 MgO – MgO 的直接结合有利，同时也可以减少材质本身的自溶，如果杂质含量多，则杂质被聚集在颗粒之间，形成一层液膜，包围主晶相，阻碍 MgO – MgO 的直接结合。但是 MgO – CaO 系物料中通常都含有少量杂质，各杂质在高温下的行为有所不同。

### 1. $Fe_2O_3$ 与 $Al_2O_3$

$Fe_2O_3$ 与 CaO 形成低熔点的 $CaO – Fe_2O_3$ 系化合物，在反光显微镜下观察，$C_2F$ 和 $C_4AF$ 呈星点状、多角形，充填在 MgO、CaO 晶体之间夹角处，在烧成温度下，它为液相。这种液相的黏度小（$C_2F$ 在 1450℃时为 0.05Pa·S），扩散速度快，容易转移到 MgO 颗粒中，成为有液相参加的固相反应与烧结，促进方镁石的再结晶长大。另外，还要注意到 $C_2F$、$C_4AF$ 能少量溶在方镁石之中成为有限固溶体，$Fe_2O_3$ 与 MgO 也能形成有限固溶体。从烧结理论得知，在烧结时能与主晶相方镁石形成固溶体（尤其是形成有限固溶体），则能起到活化晶格，增加晶格缺陷，促进方镁石的结晶长大和物料的烧结。所以少量 $Fe_2O_3$ 和 $Al_2O_3$ 的存

在是有益的。尤其是少量 $Fe_2O_3$ 存在应视为有益组分,这在试验中已得到证实,见表 16 - 21。

**表 16 - 21 杂质含量与烧结性能的关系**

| 编 号 | $SiO_2$/% | $Al_2O_3$/% | $Fe_2O_3$/% | CaO/% | MgO/% |
|---|---|---|---|---|---|
| C | 0.73 | 0.70 | 2.34 | 25.5 | 71.0 |
| D | 0.96 | 0.31 | 0.05 | 25.2 | 73.0 |

| 编 号 | 杂质/% | 气孔率/% | 体积密度/g·cm$^{-3}$ | 细度(小于 0.076mm 的含量)/% |
|---|---|---|---|---|
| C | 3.77 | 0.9 | 3.31 | 98.0 |
| D | 1.32 | 22.8 | 2.70 | 98.3 |

由表 16 - 21 可见,C 与 D 两个试样的 MgO 与 CaO 含量相近,细度相近,烧结温度相同,但杂质总量不同。其中 C 为 3.77%(其中 $Fe_2O_3$2.34%),D 为 1.32(其中 $Fe_2O_3$ 为 0.05%)。前者烧结质量较好,这与 $Fe_2O_3$ 在高温下的性状有关。

2. $SiO_2$

从 $MgO$ - $CaO$ - $SiO_2$ 三元系相图得知,在该系统中,除生成方镁石外,由于合成镁质白云砂中 CaO 含量很高(约25%左右),$CaO/SiO_2$ 比值必然很高,并且原料粒度细,均匀度好,反应产物主要是 $C_3S$,有少量的 $C_2S$。$C_3S$ 是高熔点的矿物(2070℃分解),当然对制品的高温性能有利。但是,$SiO_2$ 的存在使液相的黏度较高,这对获得较高的直接结合率、较高的高温强度没有好处,所以需要控制 $SiO_2$ 的含量。

普通镁质白云石砂杂质的总含量小于 3.5%,而高纯镁质白云石砂总含量小于 2.5%。

**(二)温度与显微结构**

温度是影响物料烧结的主导因素。所以,高温烧成对形成方镁石直接结合无疑是有利的。但是,为使质点运动和质点的反应完全提供必要的时间,还需在高温阶段保温一定的时间,以使物料达到平衡。

上面已指出,合成镁质白云石砂的矿物组成除 MgO、CaO、$C_3S$ 外,就是低熔点的物相 $C_2F$ + $C_4AF$。这些矿物的熔融温度都在 1450℃以下($C_4AF$ 熔点是 1415℃,$C_2F$ 在 1436℃分解),在接近其熔融温度时保温,将使这些低熔点矿物完全溶解成液相。而液相的产生和存在,对于固体颗粒有润湿和表面张力的作用,其结果是使物料颗粒彼此接近,拉紧,并起到充填孔隙的作用,因此液相的存在对方镁石主晶相的生长发育,对重结晶作用的进行无疑是有益的。

为了证实在 $C_2F$ + $C_4AF$ 矿物熔融温度(1500℃左右)时保温的重要性,某单位曾将同一配方的多份物料,在相同煅烧温度下,于1500℃分别进行不同时长的保温处理,结果物料烧结质量有差异,在 1500℃保温的试样,烧结质量较好,见表 16 - 22。

**表 16 - 22 不同保温时长对合成镁质白云石砂致密度的影响**

| 试块尺寸/mm | 煅烧温度/℃ | 1500℃保温时间/h | 气孔率/% | 体积密度/g·cm⁻³ |
|---|---|---|---|---|
| φ50×30 | 1750×5 | 1 | 4.91 | 3.26 |
| φ50×30 | 1750×6 | 2 | 1.12 | 3.44 |
| φ50×30 | 1750×6 | 3 | 0.99 | 3.46 |

# 第六节 国内镁钙砖生产企业与技术标准

## 一、镁钙砖技术要求

镁钙砖技术要求（YB/T 4116—2003），见表 16 - 23。

**表 16 - 23 镁钙砖的技术要求（YB/T 4116—2003）**

| 项 目 | 指 标 | | | | |
|---|---|---|---|---|---|
| | Mg-10 | Mg-15 | Mg-20 | Mg-25 | Mg-30 |
| MgO/% | ≥80 | ≥75 | ≥70 | ≥65 | ≥60 |
| 最小值/% | 79 | 74 | 69 | 64 | 59 |
| CaO/% | ≥10 | ≥15 | ≥20 | ≥25 | ≥30 |
| 最小值/% | 9 | 14 | 19 | 24 | 29 |
| ∑SAF/% | ≤3.0 | | | | |
| 最大值/% | 3.3 | | | | |
| 显气孔率/% | ≤8 | | | | |
| 最大值/% | 9 | | | | |
| 体积密度/g·cm⁻³ | ≥3.00 | | | ≥2.95 | |
| 最小值/g·cm⁻³ | 2.96 | | | 2.91 | |
| 常温耐压强度/MPa | ≥50 | | | | |
| 最小值/MPa | 40 | | | | |
| 荷重软化开始温度(0.2MPa)/℃ | ≥1700 | | | | |
| 最小值/℃ | 1680 | | | | |

注：∑SAF 是 $SiO_2$、$Al_2O_3$、$Fe_2O_3$ 的总含量。

## 二、镁钙砖生产企业与产品理化指标

### （一）原料

随着洁净钢和不锈钢品种需求量不断增长，镁钙质耐火材料企业或者一些耐火材料企业也开始加大力度研制镁钙质耐火原料及制品，预示着未来的美好发展前景。其中辽宁营口青花耐火材料股份有限公司、山西太钢耐火材料公司领先一步，走在了前头。山西太钢耐火材料公司生产的镁钙砖原料及产品指标见表16－24。

表16－24　太钢耐火材料公司生产镁钙砖曾用原料及产品指标（一）

| 原　料 | MgO/% | CaO/% | SiO₂/% | Al₂O₃/% | Fe₂O₃/% | I·L/% | 体积密度/g·cm⁻³ |
|---|---|---|---|---|---|---|---|
| 98 电熔镁砂 | 97.67 | 0.76 | 0.66 | 0.13 | 0.6 | 0.16 | 3.42 |
| 30 镁钙砂（竖窑） | 65.01 | 32.22 | 0.91 | 0.38 | 0.92 | 0.56 | 3.21 |
| 55 镁钙砂（回转窑） | 41.61 | 56.79 | 0.58 | 0.31 | 0.28 | 0.43 | 3.23 |

（二）镁钙砖

山西太钢耐火材料公司生产的镁钙砖用原料及产品理化指标见表16－25。

表16－25　太钢耐火材料公司生产镁钙砖曾用原料及产品指标（二）

| 使用原料 | MgO /% | CaO /% | SiO₂ /% | Al₂O₃ /% | Fe₂O₃ /% | I·L /% | 体积密度 /g·cm⁻³ | 显气孔率 /% | 耐压强度 /MPa | 抗折强度 /MPa |
|---|---|---|---|---|---|---|---|---|---|---|
| 98 电熔镁砂 + A 镁钙砂 | 67.80 | 29.86 | 0.85 | 0.37 | 1.00 |  | 3.12 | 12 | 80 |  |
| 98 电熔镁砂 + B 镁钙砂 | 69.78 | 28.19 | 0.67 | 0.35 | 0.50 | 0.53 | 3.15 | 12.16 | 91.60 | 14.43 |

# 第七节　镁钙砖特性与应用

镁钙砖（或称镁白云砖）特性与应用如下：

（1）镁质白云石砂（或称镁钙砂），主晶相方镁石（MgO）、方钙石（CaO）都是高熔点矿物，熔点分别为2800℃、2570℃，两矿物的共熔温度2370℃，用它与优质镁砂混配制作的镁钙砖具有良好的品质，如荷重软化温度高、耐压强度高、抗碱侵蚀等。

从镁钙砂显微结构分析。方镁石包围方钙石，制品抗水化性能好，尤其是其化学成分为 MgO 70%～80%、CaO 20%～30%，使其抗水化性更好。

镁钙砖不污染钢水，容易去除钢液中的硫（S）、磷（P）等杂质，有利于提高钢的纯度，并减少连铸水口结瘤。

（2）用镁质白云石砂为原料制造 MgO－CaO－C 砖，具有良好的抗渣性能，是转炉炉衬优质耐火材料。

（3）用镁质耐火材料（镁白云石砖）具有优良的抗碱渣性能，抗热震性好，不被 AOD 使用的还原剂（硅铁、锰铁）还原，原料来源广，价格便宜，故应用较广。已普遍使用于连铸中间包内衬、炉外精炼中用于冶炼不锈钢的 AOD 炉（氩氧脱碳炉）和 VOD（真空吹氧脱碳炉）中，提高炉衬寿命。其中 VOD 用镁白云砖，由于其高温抗蠕变性好，能缓冲热应力而造成的剥落。

镁钙砖中 CaO 能抑制方镁石结晶的生长，使之形成细小而完整的晶体，晶体界面多，并被 CaO 所包裹，故能阻止熔渣的侵入，延长使用寿命。

（4）在水泥窑的烧成带用镁钙砖逐步取代镁铬砖，减少铬的污染。我国有丰富的菱镁砂、白云石等资源，为发展 MgO – CaO 系耐火材料，提供坚实的物质基础。

# 第八节　方解石与石灰岩

## 一、方解石

将石灰岩（俗称石灰石）在高温下煅烧或熔融，制成烧结石灰，也称烧结钙砂，统称石灰质耐火材料原料。

石灰岩主要造岩矿物是方解石 $CaCO_3$，其中 CaO 56.3%、$CO_2$ 43.7%。变质同象混入物常有 Mg（达 7.3%）、Fe（达 13.1%）、Mn（达 16%）；有时有 Zn（达 4%）、Pb（达 6%）、Sr、Ba（达 3% ~ 4%）等。变种有镁方解石、锰方解石、铁方解石等。其中无色透明的方解石称冰洲石。方解石化学成分见表 16 – 26。

表 16 – 26　方解石的化学成分分析

| 项目 | CaO/% | MgO/% | FeO/% | MnO/% | $TR_2O_3$/% | $P_2O_5$/% | $CO_2$/% | 总计/% |
|---|---|---|---|---|---|---|---|---|
| 理论 | 56.3 | | | | | | 43.7 | 100.00 |
| 1 号 | 52.71 | 3.52 | 0.8 | 0.54 | | | 42.39 | 100.00 |
| 2 号 | 54.87 | | | | 0.138 | 0.460 | 42.50 | 97.968 |
| 3 号 | 55.76 | 1.87 | | | 0.223 | 0.206 | 41.10 | 99.159 |
| 4 号 | 52.91 | 2.13 | | 0.26 | | 0.196 | 41.25 | 100.63 |

注：1 号产于内蒙古透辉石夕卡岩矿脉中；2 号产于青海透辉石岩体中的方解石脉；3 号产于青海透辉石岩体中的磁铁矿方解石脉；4 号产于江苏海州含磷变质岩中。

方解石是分布最广的矿物之一。它不仅在海相沉积作用过程中能形成大量的 $CaCO_3$ 沉积，在变质岩、岩浆岩、热液作用及风化作用的过程中，方解石也是相当常见的矿物。沉积形成的石灰岩经变质作用后形成粗粒方解石组成大理岩。方解石在地表风化过程中易被溶解形成碳酸氢钙 Ca(HCO₃)₂ 进入溶液，随着 CO₂ 的逸出，在适宜环境中产生 CaCO₃ 再沉积，形成石钟乳、石笋、石柱等。

　　方解石的诸多性质，如晶体结构、形态、物理性质，鉴定特征等，见前面第十五、十六章菱镁矿、白云石相关部分。因菱镁矿、白云石、方解石在晶体结构上同属方解石型，性质相近，前文已作了对比分析，这里不多讨论。

　　但对方解石族矿物的热分析作一些补充，如图 16−9 所示。

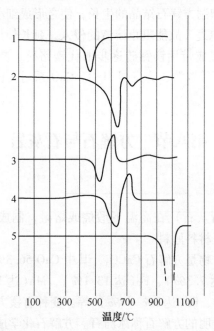

图 16−9　方解石族矿物的差热分析曲线

1—菱锌矿；2—菱镁矿；3—菱铁矿；4—菱锰矿；5—方解石

　　在图 16−9 中可见，方解石在 940℃ 左右有明显的吸热谷，系 CaCO₃ 分解的效应。

　　下面我们顺便介绍文石，因为其化学成分与方解石相同，即 CaCO₃，含 CaO 56.03%，CO₂ 43.97%，但晶体结构不同，方解石为三方晶系而文石为斜方晶系。

　　文石（CaCO₃）理化性质如下：

　　(1) 形态为斜方晶系，呈针状、束草状，沿 {110} 有双晶，沿 {110} 和 {010} 有解理。

　　(2) 物性。其硬度 3.5~4，比重 2.94，$N_g = 1.685$，$N_p = 1.530$，$N_g − N_p = 0.155$，在荧光下能发光。在冷的稀盐酸中溶解并放出 CO₂ 气泡。加热时在 390~420℃ 有一个微弱的吸热效应，使文石转变为稳定的方解石。900℃ 以上吸热效应强烈，相当于方解石分解。文石的加热分析曲线如图 16−10 所示。

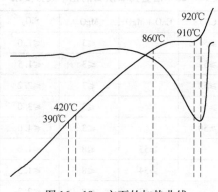

图 16 – 10　文石的加热曲线

（3）成因和产状。文石产于碳酸盐沉积岩中，是一种过渡型的矿物，很容易转变为方解石。

## 二、石灰岩

### （一）我国石灰岩化学成分

我国有丰富的石灰岩，物美价廉。表 16 – 27 列出了我国部分地区石灰岩的化学成分。

表 16 – 27　石灰岩的化学成分

| 产　地 | 主要化学成分/% | | | | | |
|---|---|---|---|---|---|---|
| | CaO | MgO | SiO$_2$ | Al$_2$O$_3$ | Fe$_2$O$_3$ | 灼减 |
| 浙江杭州 | 55.08 | 0.07 | 0.29 | 0.76 | 0.03 | 43.65 |
| 黑龙江阿城 | 54.65 | 0.48 | 1.17 | 0.30 | 0.16 | — |
| 云南建水 | 54.50 | 0.49 | 1.32 | 0.40 | 0.32 | — |
| 广西柳江 | 54.82 | 0.72 | 0.20 | 0.22 | 0.06 | — |
| 湖北黄石 | 52.38 | 1.08 | 2.42 | 0.79 | 0.40 | — |
| 甘肃永登 | 52.80 | 1.02 | 2.25 | 0.59 | 0.30 | — |

注：石灰岩也俗称石灰石。

方解石中 CaO 含量为 56.3%，从表 16 – 27 可见，我国有一些地区，石灰岩 CaO 含量较高，个别地区达到 55% 以上，质量上乘。表中 SiO$_2$、Al$_2$O$_3$、Fe$_2$O$_3$ 是杂质。

表 16 – 28 为冶金用石灰石的化学成分要求（ZB D60 001—85），供选择时参考。

表16-28 冶金用石灰石的化学成分要求 （%）

| 类别 | 品级 | CaO | CaO + MgO | MgO | SiO$_2$ | P | S |
|---|---|---|---|---|---|---|---|
| 普通石灰石 | 特级品 | ≥54 | | ≤3 | ≤1.0 | ≤0.005 | ≤0.02 |
| | 一级品 | ≥53 | | ≤3 | ≤1.5 | ≤0.01 | ≤0.08 |
| | 二级品 | ≥52 | | ≤3 | ≤2.2 | ≤0.02 | ≤0.10 |
| | 三级品 | ≥51 | | ≤3 | ≤3.0 | ≤0.03 | ≤0.12 |
| | 四级品 | ≥50 | | ≤3 | ≤4.0 | ≤0.04 | ≤0.15 |
| 高镁石灰石 | 特级品 | | ≥55 | ≤8 | ≤1.0 | ≤0.005 | ≤0.02 |
| | 一级品 | | ≥54 | ≤8 | ≤1.5 | ≤0.01 | ≤0.08 |
| | 二级品 | | ≥53 | ≤8 | ≤2.2 | ≤0.02 | ≤0.10 |
| | 三级品 | | ≥52 | ≤8 | ≤3.0 | ≤0.03 | ≤0.12 |
| | 四级品 | | ≥51 | ≤8 | ≤4.0 | ≤0.04 | ≤0.15 |

（二）石灰岩的煅烧

因为方解石是石灰岩的主要造岩矿物，所以石灰岩的煅烧与方解石密切关联，可以看成是方解石的分解反应。自700℃开始，至940~950℃分解完毕，反应式为：

$$CaCO_3（方解石）\xrightarrow{700~950℃} CaO + CO_2 \uparrow$$

温度升高至1200℃，石灰石即生成生石灰。生石灰加水消化，成为消石灰或称熟石灰或石灰乳，反应式为：

$$CaO + H_2O \longrightarrow Ca(OH)_2（消石灰）$$

方解石分解为CaO，随温度的升高，CaO晶体长大，见表16-29。

表16-29 CaO晶粒随温度升高长大

| 温度/℃ | CaO晶粒尺寸/μm | 备 注 |
|---|---|---|
| 900 | 0.5~0.6 | |
| 1000 | 1~2 | |
| 1100 | 2.5 | |
| 1200 | 6~13 | 开始烧结 |

消石灰再经压坯、煅烧，多次工艺处理，完全烧结后称钙砂。

# 三、钙砂

（一）钙砂的制取

将石灰岩煅烧获得的消石灰泥浆，经压滤脱水，制成泥饼；再轻烧（约900℃），制得轻烧氧化钙CaO；又经粉碎成型，经高温（约1700℃）煅烧（或高于1400℃长时间恒温煅烧）至完全烧结，产品真密度约3.34g/cm³，即为烧结钙砂（与前几章所述烧结镁砂、镁钙砂相似）。烧结钙砂中的 CaO 晶体称方钙石。

钙砂（氧化钙）用电熔方法制取时，其纯度更高，主晶相方钙石（CaO）晶体更发育，钙砂更致密。主要用于冶炼高温合金，供军工使用，作为浇注料，不易水化且不污染钢水。

郑州威尔电熔氧化钙（钙砂）化学成分及实物展示见表 16-30 和图 16-11。

表 16-30　郑州威尔电熔氧化钙（钙砂）化学成分

| 化学成分 | CaO | MgO | $SiO_2$ | $Al_2O_3$ | $Fe_2O_3$ | 灼减 |
|---|---|---|---|---|---|---|
| 指标/% | ≥98.00 | ≤0.40 | ≤0.30 | ≤0.50 | ≤0.06 | ≤1.00 |

图 16-11　郑州威尔电熔氧化钙

（二）钙砂的抗水化添加剂

由石灰岩加热分解→加水消化→再成型、煅烧→工艺处理后再煅烧，获得可贵的烧结钙砂。尽管如此，钙砂仍存在水化的问题，影响使用。

有资料指出，引入 $TiO_2$ 煅烧钙砂，可以提高钙砂的抗水化性：

（1）当引入约 3% $TiO_2$，在 1650℃×2h 下煅烧可得致密的抗水化性钙砂，其性能见表 16-31。

表 16-31　钙砂性能

| 样品 | 化学成分/% | | | | | | | 体积密度/g·cm$^{-3}$ | 显气孔率/% | CaO 结晶尺寸/μm |
|---|---|---|---|---|---|---|---|---|---|---|
| | CaO | MgO | $SiO_2$ | $Fe_2O_3$ | $Al_2O_3$ | $TiO_2$ | 灼减 | | | |
| A | 98.59 | 1.19 | 0.10 | 痕量 | 痕量 | 痕量 | 0.12 | 3.26 | 1.2 | 50 |
| B | 96.06 | 3.16 | 0.10 | 0.14 | 0.10 | 0.41 | 0.03 | 3.16 | 2.1 | 100 |
| C | 94.94 | 0.57 | 1.67 | 0.19 | 0.45 | 2.11 | | 3.08 | | |

注：A 样品为经碳酸化处理的高纯砂；B 样品为添加 $TiO_2$ 的普通钙砂；C 样品为添加约 3% $TiO_2$，在 1650℃×2h 下煅烧的钙砂，C 中尚含 MnO 0.10%，线膨胀率（1000℃）为 1.2%~1.4%，气孔率 7.2%，吸水率 2.1%。

（2）当引入约 10% $TiO_2$，在 1650℃ 温度下烧成，钙砂具有较强的抗水化性。原因一是促进 CaO 结晶长大；二是在 CaO 颗粒表面有一层 CaO 与 $TiO_2$ 反应生成的薄膜，屏蔽 CaO 水化通道。CaO 与 $TiO_2$ 反应生成 $3CaO \cdot 2TiO_2$（1725℃ 分解熔融）。

### 四、石灰及钙砂的应用

石灰及钙砂的应用有：

（1）石灰岩用于烧石灰，冶金工业作为熔剂，还可用作炼钢脱硫（S）、脱磷（P）剂，用以制成脱硫、脱磷的包衬，洁净钢水。石灰岩、大理岩应用于建筑、化工等部门，用来烧制石灰、制水泥、制造碳酸等。

（2）钙砂中主要矿物方钙石 CaO，熔点高（2570℃ 或 2600℃），在高温下极为稳定，主要用作洁净钢的耐火材料。将钙砂添加到镁白云砖中，制造冶炼不锈钢 VOD（真空吹氧脱碳炉）炉衬，提高耐火材料抗侵蚀耐剥落性能及抗折强度。

（3）CaO 由于有吸收金属液中 P、S 和 $Al_2O_3$、$SiO_2$ 等夹杂物的作用，含游离 CaO 的镁钙耐火材料，对净化钢液有重要作用。

（4）冶炼硅钢。低硫（S）活性石灰是冶炼硅钢必用的造渣剂。

# 第十七章　镁铝质及镁铬质耐火材料原料

尖晶石　$MgAl_2O_4$ 或 $MgO \cdot Al_2O_3$（简写 MA）

　　*尖晶石族矿物*

　　*尖晶石组成、结构、性质*

　　*尖晶石合成：烧结法、电熔法*

　　*技术要求；举例*

铬铁矿　$(Mg, Fe)Cr_2O_4$ 或 $(Mg, Fe)O \cdot Cr_2O_3$

　　*应用*

　　镁铝质耐火材料，包括尖晶石砖、镁铝砖等；镁铬质耐火材料主要是指镁铬砖，这类耐火材料除含有一定量的方镁石外，还含有尖晶石型结构的矿物。尖晶石型矿物，尤其是尖晶石，铬铁矿对制品的耐火性能有重要的影响。

　　近几年来，上述耐火材料，应用在电炉、有色冶金炉、水泥回转窑、玻璃熔窑蓄热室等。预计今后在钢铁行业，特别是钢包内衬用不定形耐火材料和预制件方面，将会有更多的应用。

## 第一节　尖晶石族矿物

　　通常所说的尖晶石是指所有属于尖晶石族的矿物，而狭义的尖晶石仅指镁铝尖晶石。尖晶石族矿物的化学通式为 $AB_2O_4$ 或 $RO \cdot R_2O_3$，其中 A 为 $Mg^{2+}$、$Fe^{2+}$、$Zn^{2+}$、$Mn^{2+}$、$Co^{2+}$、$Ni^{2+}$ 等二价阳离子，B 为 $Al^{3+}$、$Fe^{3+}$、$Cr^{3+}$ 等三价阳离子。

　　该族矿物根据其成分中三价离子的不同，分为以下三个系列：

　　（1）尖晶石系列（铝尖晶石），见表 17-1。

表 17-1　尖晶石系列

| 矿物名称 | 成　分 | $a_0$/nm | 颜色 | 比重 | 硬度 | 熔点/℃ | 折射率 | 线膨胀系数/℃$^{-1}$ |
|---|---|---|---|---|---|---|---|---|
| 尖晶石（镁铝尖晶石） | $MgAl_2O_4$ 或 $MgO \cdot Al_2O_3$，$MgO$ 28.2%，$Al_2O_3$ 71.8% | 0.800 | 无色，浅红浅绿，天蓝 | 3.58 (3.60) | 7.5～8 | 2135 | 1.715 | (100～900℃) $8.9 \times 10^{-6}$ |
| 镁铁尖晶石 | $(Mg \cdot Fe)Al_2O_4$ 或 $(Mg \cdot Fe) \cdot O \cdot Al_2O_3$ | | 绿褐 | 4.0～4.3 | 7.5～8 | 1750 | 1.77～1.79 | |

| 矿物名称 | 成 分 | $a_0$/nm | 颜色 | 比重 | 硬度 | 熔点/℃ | 折射率 | 线膨胀系数/℃$^{-1}$ |
|---|---|---|---|---|---|---|---|---|
| 铁尖晶石<br>(铁铝尖晶石) | $FeAl_2O_4$<br>或 $FeO \cdot Al_2O_3$ | 0.814 | 黑 | 4.39<br>(4.40) | 7.5 | 1780 | 1.83 | $(25 \sim 900℃)$<br>$8.2 \times 10^{-6} \sim$<br>$9.0 \times 10^{-6}$ |

（2）磁铁矿系列（铁尖晶石），见表 17 - 2。

**表 17 - 2 磁铁矿系列**

| 矿物名称 | 成 分 | $a_0$/nm | 颜色 | 比重 | 硬度 | 熔点/℃ | 折射率 | 线膨胀系数/℃$^{-1}$ |
|---|---|---|---|---|---|---|---|---|
| 镁铁矿 | $MgFe_2O_4$ 或<br>$MgO \cdot Fe_2O_3$ | 0.837 | | 4.51 | 5.5～6.5 | 1770 | | |
| 磁铁矿 | $Fe\ Fe_2O_4$ 或<br>$FeO \cdot Fe_2O_3$ | 0.8397 | 铁黑 | 5.20 | 5.5～6.5 | | | |
| 锰磁铁矿 | $MnFe_2O_4$ 或<br>$MnO \cdot Fe_2O_3$ | 0.850 | | 5.03 | 5.5～6.5 | | | |
| 镍磁铁矿 | $NiFe_2O_4$ 或<br>$NiO \cdot Fe_2O_3$ | 0.841 | | 5.20 | 5.5～6.5 | | | |

（3）铬铁矿系列（铬尖晶石），见表 17 - 3。

**表 17 - 3 铬铁矿系列（铬尖晶石）**

| 矿物名称 | 分子式 | $a_0$/nm | 颜 色 |
|---|---|---|---|
| 镁铬铁矿<br>(镁铬尖晶石) | $MgCr_2O_4$ 或<br>$MgO \cdot Cr_2O_3$ | 0.832 | 黑 |
| 铬铁矿 | $(Mg, Fe)\ Cr_2O_4$ 或<br>$(Mg, Fe)\ O \cdot Cr_2O_3$ | 0.8305～0.8344 | 铁黑褐黑 |
| 亚铁铬铁矿<br>(铁铬尖晶石) | $FeCr_2O_4$ 或<br>$FeO \cdot Cr_2O_3$ | 0.837 | |

| 矿物名称 | 比重 | 硬度 | 熔点/℃ | 折射率 | 线膨胀系数/℃$^{-1}$ |
|---|---|---|---|---|---|
| 镁铬铁矿<br>(镁铬尖晶石) | 4.40～4.43 | 5.5 | 2350 | 2.00 | $(25 \sim 900℃)$<br>$5.7 \times 10^{-6} \sim 8.55 \times 10^{-6}$ |
| 铬铁矿 | 4.2～4.8 | 5.5～6.5 | 2180 | 2.05～2.16 | $(100 \sim 900℃) 8.2 \times 10^{-6}$ |
| 亚铁铬铁矿<br>(铁铬尖晶石) | 5.09 | 5.5～6 | 2160 | | |

上述三个系列之间，存在着不同的类质同象关系。尖晶石系列与磁铁矿系列之间为连续类质同象，尖晶石系列与铬铁矿系列为不连续的类质同象；磁铁矿系列与铬铁矿系列之间为连续的类质同象。

图 17 - 1 表示尖晶石 - 磁铁矿 - 铬铁矿系列之间的类质同象关系。

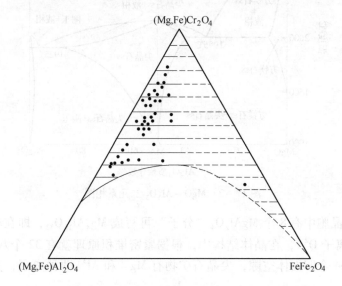

图 17 - 1　尖晶石 - 磁铁矿 - 铬铁矿系列之间的类质同象关系

# 第二节　镁铝尖晶石

## 一、镁铝尖晶石的组成、结构和性质

（一）$MgO - Al_2O_3$ 二元系相图

镁铝尖晶石，简称尖晶石（$MgAl_2O_4$ 或 $MgO \cdot Al_2O_3$ 简写为 MA），它是 $MgO - Al_2O_3$ 二元系中唯一的二元化合物，如图 17 - 2 所示。

MA 与 MgO、$Al_2O_3$ 之间彼此都能部分固溶，形成有限固溶体。在 $Al_2O_3$ 富余的组成中形成刚玉（$\alpha - Al_2O_3$）固溶尖晶石；在 MgO 富余的组成中则形成方镁石固溶尖晶石。最大固溶度发生在 $MA - Al_2O_3$ 和 $MgO - MA$ 两个分系的低共熔温度，分别为 1925℃ 和 1995℃。

（二）镁铝尖晶石的结构和性质

尖晶石（$MgAl_2O_4$）的结构是阴离子 $O^{2-}$ 作立方最紧密堆积构成立方面心格子排列，$Mg^{2+}$ 在单位晶胞中位于角顶和各个面的中心，构成立方面心格子，中间还有 4 个 $Mg^{2+}$。

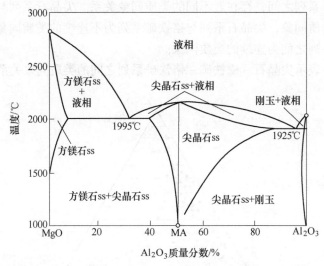

图 17 – 2　MgO – Al₂O₃ 二元系相图

　　在单位晶胞中有 8 个 $MgAl_2O_4$ "分子" 可写成 $Mg_8Al_{16}O_{32}$，即在单位晶胞中有 32 个阴离子 $O^{2-}$，在晶体结构中，根据紧密堆积原理就有 32 个八面体空隙，有 $32 \times 2 = 64$ 个四面体空隙，尖晶石矿物有 $Mg^{2+}$ 和 $Al^{3+}$ 两种离子，其中阳离子 $Mg^{2+}$ 填充在四面体空隙之中，但只有 $\frac{1}{8}$ 的空隙数目被填充（即填充 $64 \times \frac{1}{8} = 8$ 个四面体空隙）；阳离子 $Al^{3+}$ 填充在八面体空隙之中，但只填充 $\frac{1}{2}$ 数目的八面体空隙（即填充 $32 \times \frac{1}{2} = 16$ 个八面空隙）。

　　如果在尖晶石 $AB_2O_4$ 型结构中，二价阳离子（即 A 离子）占有的 8 个四面体空隙，由二价阳离子（即 B 离子）的半数取代，三价阳离子占有的 16 个八面空隙由 A 离子和余下半数的 B 离子取代，形成 B（AB）$O_4$ 型尖晶石，则这种结构称为反尖晶石型结构。上述列出的磁铁矿系列的矿物均属反尖晶石型结构。反尖晶石型结构是构成氧化物磁性材料的重要结构。

　　尖晶石矿物阳离子 $Al^{3+}$ 的配位数为 6，填充在 6 个阴离子 $O^{2-}$ 形成的八面体空隙中心，构成［$AlO_6$］八面体。阳离子 $Mg^{2+}$ 的配位数为 4，位于 4 个阴离子 $O^{2-}$ 形成的四面体空隙中心，构成［$MgO_4$］四面体。

　　每个阴离子 $O^{2-}$ 与一个二价阳离子 $Mg^{2+}$ 和三个三价阳离子 $Al^{3+}$ 相连接，即每一个角顶（氧离子）为一个四面体和三个八面体所共有，或者说，每个［$MgO_4$］四面体与三个［$AlO_6$］八面体共顶点。每两个［$AlO_6$］八面体之间是共用两个顶点，即共棱联结。

　　由上可知，尖晶石结构是等轴单位（四面体、八面体）所连成的格架，如

图 17 – 3 所示。氧离子位于所有四面体的角顶；铝离子位于两个立方体的公共角顶；镁离子位于四面体的中心（在图中没有表示出来）。

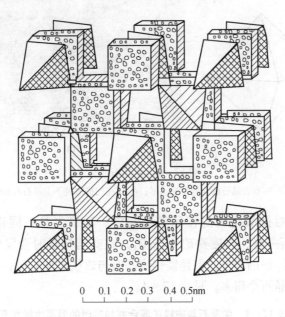

0　0.1　0.2　0.3　0.4　0.5nm

图 17 – 3　尖晶石的结晶格架

在尖晶石结构中，Al—O，Mg—O 之间都是离子键，键能很大，其静电键强度相等，各向受力均匀。静电键强度表示如下：

$$[MgO_4]　静电键\ s = \frac{2}{4} = \frac{1}{2}$$

$$[AlO_6]　静电键\ s = \frac{3}{6} = \frac{1}{2}$$

故尖晶石结构牢固，不易被破坏。

尖晶石结构系由等轴单位四面体、八面体所构成的格架，这种结构的特点反映在形态上通常呈完好的八面体，且无解理，如图 17 – 4 所示。

由于尖晶石的结构中，Al – O，Mg – O 之间都是离子键，且静电键强度相等，结构牢固，所以尖晶石矿物硬度大（8），熔点高（2135℃），与方镁石形成的低共熔点也高达 2035℃。尖晶石矿物的化学性质较稳定，抵抗碱性熔渣侵蚀的能力强，而耐酸性熔渣的侵蚀能力则差，熔化的金属对其不能侵蚀，比重大（3.5～3.7），但与尖晶石族矿物相比，其比重最小。

由于尖晶石矿物属等轴晶系，是光性均质体，因此在热学性质上是各向同性，如热膨胀性各向同性。其膨胀系数较小，在 100～900℃时，$\alpha = 8.9 \times 10^{-6}/℃$，比热为 0.194。

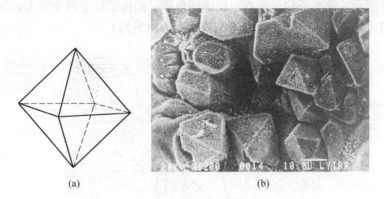

(a)　　　　　　　　(b)

图 17 – 4　尖晶石晶体

(a) 所有尖晶石的共同常见晶形；(b) 在扫描电镜下尖晶石八面体

镁铝尖晶石对铁氧化物的作用较为稳定。镁铬尖晶石同铬尖晶石（铬铁矿）、镁铬尖晶石一样，与磁铁矿（$Fe_3O_4$）在高温接触时会发生作用而形成固溶体，同时呈现体积的增大，但是镁铝尖晶石与磁铁矿反应时，所产生的线膨胀率要比含铬的尖晶石小得多，见表 17 – 4。

表 17 – 4　尖晶石与磁铁矿混合并加热时的最高线膨胀率

| 尖晶石类矿物 | 最高线膨胀率/% |
| --- | --- |
| 亚铁铬铁矿 $FeO \cdot Cr_2O_3$ | 6.7 |
| 镁铬尖晶石 $MgO \cdot Cr_2O_3$ | 7.0 |
| 铁尖晶石 $FeO \cdot Al_2O_3$ | 2.4 |
| 镁铝尖晶石 $MgO \cdot Al_2O_3$ | 1.2 |
| 镁铁矿（或称铁酸镁）$MgO \cdot Fe_2O_3$ | 0.5 |

尖晶石矿物对耐火材料的高温性质有重要的影响，例如，由于尖晶石的热膨胀系数小（100 ~ 900℃ 时，$\alpha = 8.9 \times 10^{-6}/℃$），以尖晶石为结合剂（或称胶结相、基质），以方镁石为主晶相的镁铝砖，当温度急剧变化时，产生的内应力较小，砖不易破裂，因而可以提高砖的热稳定性（镁铝砖的热稳定性为 50 ~ 150 次）。另外，由于尖晶石具有硬度大、化学性能稳定、熔点高等良好的性质，且在高温下对各种熔体侵蚀作用的抵抗性非常强，所以在制品中尖晶石矿物的存在，改善了制品的高温性能。镁铝砖高温荷重软化温度（开始点不小于 1550 ~ 1580℃）高于镁砖（开始点 1550℃ 以下）的主要原因就在于基质组成的不同。

综上所述，尖晶在熔点、热膨胀、硬度等方面，都是较优良的材质，化学性质比较稳定，抵抗碱性熔渣侵蚀能力强，也能抵抗熔融金属的侵蚀。尖晶石和其他氧化物特性比较见表 17 – 5。

表 17 - 5　尖晶石的性质和其他氧化物特性比较

| 性　能 | $MgAl_2O_4$ 尖晶石 | $FeCr_2O_4$ 铁铬铁矿 | $MgCr_2O_4$ 镁铬矿 | $MgO$ 方镁石 | $Al_2O_3$ 刚玉 | $3Al_2O_3 \cdot 2SiO_2$ 莫来石 |
|---|---|---|---|---|---|---|
| 成分/% | MgO 28.3, $Al_2O_3$ 71.7 | FeO 32.1, $Cr_2O_3$ 67.9 | MgO 21.0, $Cr_2O_3$ 79.0 | MgO 100 | $Al_2O_3$ 100 | $Al_2O_3$ 71.8, $SiO_2$ 28.2 |
| 密度/$g \cdot cm^{-3}$ | 3.58 (3.5~3.7) | 5.09 | 4.43 | 3.58 | 3.99(4.2) | 3.03 |
| 晶格常数/nm | 0.8066 | 0.8358 | 0.8316 | 0.420 | $a=0.475$ $c=0.649$ | $a=0.758$ $b=0.769$ $c=0.289$ |
| 莫氏硬度 | 7.5~8 | 5.5~6 | 5.5 | 6(5.5) | 9 | 6~7 |
| 熔点或分解温度/℃ | 2135 | 2160 | 2180 | 2850(2800) | 2050 | 1870 (或1810℃分解) |
| 热膨胀系数/℃$^{-1}$ | $8.9 \times 10^{-6}$ (100~900℃) | $8.2 \times 10^{-6}$ (100~1000℃) | $9.0 \times 10^{-6}$ | $13.5 \times 10^{-6}$ | $8.0 \times 10^{-6}$ (20~1000℃) | $5.3 \times 10^{-6}$ (20~1000℃) |
| 热导率(800℃)/$W \cdot (m \cdot K)^{-1}$ | 6.6 | | | 8.7 | 9.9 | |

## 二、尖晶石合成方法简述

尖晶石具有良好的性能，如抗渣侵蚀性、抗热震性好、高温强度高等，但天然产的极少，不能满足需要，一般用人工合成制取。合成方法有烧结法和电熔法。主要原料中 MgO 用镁精矿、轻烧镁砂粉，$Al_2O_3$ 用特级矾土生料、工业氧化铝，外加特种添加剂。

（一）烧结法合成尖晶石

1. 原料

$Al_2O_3$ 用特级矾土生料，MgO 用镁精矿，外加添加剂。我国矾土与菱镁砂资源丰富，储量大，应用这两种原料开发尖晶石新品种，扩大资源的应用领域。

2. 生产工艺与技术要求

烧结法合成尖晶石工艺流程如图 17 - 5 所示。

有几个问题需要说明：

（1）$MgO/Al_2O_3$ 与尖晶石熟料体积密度的关系 $MgO/Al_2O_3 > 1$（摩尔比），熟料体积密度随 MgO 含量增加而少量递增，或基本保持不变；当 $MgO/Al_2O_3 < 1$（mol）时，随 $Al_2O_3$ 含量的增加尖晶石体积密度逐渐降低。前者可称镁铝尖晶石，后者称铝镁尖晶石，根据尖晶石应用情况有不同选择。尖晶石 $MgO \cdot Al_2O_3$，其中 MgO 含量为 28.2% 或 28.3%，$Al_2O_3$ 含量为 71.8% 或 71.7%，如 $MgO/Al_2O_3 = 28\%/72\%$（质量分数比），其摩尔比约为 1。国内外制造镁铝砖所用尖晶石成分多为 $MgO/Al_2O_3$ 约为 1（摩尔比）。

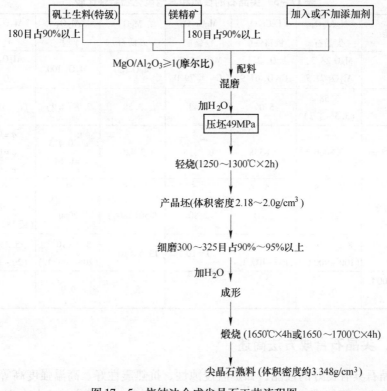

图 17-5 烧结法合成尖晶石工艺流程图

（2）粒度对尖晶石体积密度的影响，原料粒度越细，越有利于烧结，当坯料轻烧后，研制过程我们控制不小于 180 目的约占 10%；不大于 280 目（0.055mm）的大于 80% ~90%，合成尖晶石熟料密度约为 3.34g/cm³。

3. 添加剂

添加剂有多种，如 $B_2O_3$、$Fe_2O_3 + B_2O_3$ 复合等，其作用有：

（1）起矿化剂的作用，促进反应和烧结，对提高合成尖晶石熟料体积密度有帮助。

（2）对去除所用的矾土生料（特级）某些杂质有一定功效，从而提高合成尖晶石熟料中 MgO 与 $Al_2O_3$ 的总含量。

（3）加快合成速度，降低煅烧温度。

4. 煅烧温度

影响煅烧温度的因素有：混磨细度、均化程度、是否加入添加剂、添加剂的品种与含量。

用矾土生料（特级）+轻烧镁精矿粉+特种添加剂合成尖晶石熟料，煅烧温度（1650 ~1700℃）×4h（或约 1650℃×4h）。

## （二）电熔法合成尖晶石

与烧结法合成尖晶石相比较，电熔法煅烧温度较高，约2000℃，因而使尖晶石更致密，体积密度更高，更能抗水化。其工艺过程类似烧结法合成尖晶石。

原料主要使用工业氧化铝和优质轻烧氧化镁粉。

## 三、尖晶石的化学成分与性能

### （一）我国天然尖晶石矿物化学分析

我国天然尖晶石矿物化学分析，见表17-6。

**表17-6　我国天然尖晶石矿物化学分析**

| 产地 | 名　称 | MgO /% | $Al_2O_3$ /% | $SiO_2$ /% | $TiO_2$ /% | $Fe_2O_3$ /% | FeO /% | MnO /% | $Cr_2O_3$ /% | CaO /% | $K_2O$ /% | $P_2O_5$ /% | 灼减 /% |
|---|---|---|---|---|---|---|---|---|---|---|---|---|---|
| 1 | 镁铝尖晶石 | 17.36 | 51.94 | 0.75 | 3.60 | 9.60 | 6.18 | | 10.75 | | | | |
| 2 | 铬镁尖晶石 | 19.11 | 38.78 | 1.74 | 0.72 | 6.45 | 7.85 | 0.17 | 22.08 | 0.71 | 0.01 | 0.03 | 0.47 |

| 产地 | 折射率 | 比重 | 晶胞轴长/nm |
|---|---|---|---|
| 1 | 1.793 | 3.85~4.00 | 0.8143 |
| 2 | | 4.104 | 0.8165 |

注：1—我国福建三明、盖泽、雪峰一带重砂样；2—产于我国云南含镁铝榴石煌斑岩中。

### （二）我国烧结镁铝尖晶石产品理化指标要求（GB/T 26564—2011）

我国烧结镁铝尖晶石产品理化指标要求见表17-7，电熔镁铝尖晶石产品理化指标见表17-8。

**表17-7　烧结镁铝尖晶石产品理化指标（GB/T 26564—2011）**

| 产品牌号 | | $Al_2O_3$ /% | MgO /% | CaO /% | $SiO_2$ /% | $Na_2O$ /% | $Fe_2O_3$ /% | 体积密度 /g·cm$^{-3}$ | 吸水率 /% |
|---|---|---|---|---|---|---|---|---|---|
| 氧化铝级 | SMA50 | ≥48 | 46~50 | ≤0.65 | ≤0.35 | ≤0.15 | ≤0.36 | ≥3.20 | ≤0.8 |
| | SMA66 | ≥64 | 30~34 | ≤0.50 | ≤0.25 | ≤0.20 | ≤0.28 | ≥3.20 | ≤0.8 |
| | SMA76 | ≥74 | 21~24 | ≤0.45 | ≤0.20 | ≤0.30 | ≤0.20 | ≥3.25 | ≤1.0 |
| | SMA90 | ≥89 | 7~10 | ≤0.40 | ≤0.15 | ≤0.35 | ≤0.17 | ≥3.30 | ≤1.0 |
| | SMA50-P | ≥48 | 48~51 | ≤0.50 | ≤0.15 | ≤0.10 | ≤0.05 | ≥3.23 | ≤0.8 |
| | SMA66-P | ≥64 | 32~35 | ≤0.50 | ≤0.15 | ≤0.15 | ≤0.05 | ≥3.23 | ≤0.8 |
| | SMA76-P | ≥74 | 23~25 | ≤0.30 | ≤0.12 | ≤0.20 | ≤0.05 | ≥3.30 | ≤0.8 |
| 铝矾土级 | SMB56 | ≥54 | 31~36 | ≤1.50 | ≤3.50 | — | ≤2.00 | ≥3.15 | — |
| | SMB60 | ≥58 | 28~32 | ≤1.50 | ≤3.50 | — | ≤1.80 | ≥3.15 | — |

注：S—烧结；M—氧化镁；A—氧化铝；B—铝矾土。

表17-8　电熔镁铝尖晶石产品理化指标（GB/T 26564—2011）

| 产品牌号 | | Al₂O₃ /% | MgO /% | CaO /% | SiO₂ /% | Fe₂O₃ /% | 体积密度 /g·cm⁻³ |
|---|---|---|---|---|---|---|---|
| 氧化铝级 | FMA50 | ≥48 | 46~50 | ≤0.70 | ≤0.55 | ≤0.50 | ≥3.30 |
| | FMA66 | ≥64 | 30~34 | ≤0.65 | ≤0.50 | ≤0.35 | ≥3.30 |
| | FMA70 | ≥70 | 24~27 | ≤0.55 | ≤0.35 | ≤0.30 | ≥3.30 |
| | FMA90 | ≥89 | 7~10 | ≤0.30 | ≤0.23 | ≤0.25 | ≥3.30 |
| 铝矾土级 | FMB66 | ≥64 | 30~34 | ≤0.8 | ≤1.0 | ≤0.2 | ≥3.40 |
| | FMB70 | ≥70 | 23~27 | ≤0.8 | ≤1.0 | ≤0.2 | ≥3.40 |

注：F—电熔；M—氧化镁；A—氧化铝；B—铝矾土。

（三）我国合成尖晶石的企业与产品理化指标

1. 产地或生产企业（部分）

尖晶石主要产地或生产企业有：江苏（江都晶辉耐火材料、晶鑫新材料股份公司）、辽宁（海城、大石桥、营口等）、吉林（梅河口）、河南（三门峡、开封、郑州、威尔、登封少林、郑州玉发、河南锐石（伊川）、河南长城、渑池、偃师等）、山东、湖南等。生产企业已有约20家，为发展我国镁铝耐火材料进一步夯实了基础。

2. 尖晶石理化指标（部分）

A　以氧化铝＋轻烧镁为原料

a　江苏江都晶辉耐火材料、晶鑫新材料股份公司

该公司是国内生产高档合成原料的联合企业，有氧化铝基的莫来石系列、刚玉系列、尖晶石系列等。尖晶石系列产品理化指标见表17-9。

表17-9　江苏晶鑫新材料股份公司尖晶石系列理化指标

| 名　称 | | 烧结镁铝尖晶石JMA-66 | | 锆尖晶石ZMA | | 活性镁铝尖晶石粉 | | |
|---|---|---|---|---|---|---|---|---|
| 原料 | | 工业氧化铝（进口）＋ 活性氧化镁 | | 工业氧化铝（进口）＋ 活性氧化镁＋高纯氧化锆 | | | | |
| 项目 | | 指标 | 典型值 | 指标 | 典型值 | MR66 | MR78 | MR90 |
| 化学成分 /% | Al₂O₃ | 64~66 | | 63~65 | 64.8 | 64~66 | 76~78 | 89~91 |
| | MgO | 32~34 | | 28~30 | 28.9 | 30~34 | 20~23 | 8~10 |
| | CaO | ≤0.5 | 0.25 | ≤0.5 | 0.00 | | | |
| | SiO₂ | ≤0.3 | 0.15 | ≤0.25 | 0.13 | <0.25 | <0.20 | <0.15 |
| | Na₂O | ≤0.02 | 0.007 | 5~6 | 5.71 | | | |
| | Fe₂O₃ | ≤0.25 | 0.12 | ≤0.2 | 0.12 | <0.25 | <0.20 | <0.15 |
| | Fe(磁铁) | ≤0.02 | 0.01 | ≤0.02 | 0.01 | | | |

续表17－9

| 名　称 | 烧结镁铝尖晶石 JMA－66 | | 锆尖晶石 ZMA | | 活性镁铝尖晶石粉 | | |
|---|---|---|---|---|---|---|---|
| 原料 | 工业氧化铝（进口）+ 活性氧化镁 | | 工业氧化铝（进口）+ 活性氧化镁 + 高纯氧化锆 | | | | |
| 项目 | 指标 | 典型值 | 指标 | 典型值 | MR66 | MR78 | MR90 |
| 物性 体积密度 /g·cm$^{-3}$ | ≥3.25 | 3.35 | ≥3.3 | 3.36 | | | |
| 物性 显气孔率/% | ≤3 | 1.2 | ≤3.0 | 1.5 | | | |
| 物性 吸水率/% | ≤1.0 | 0.5 | ≤1.0 | 0.5 | | | |
| 物相 MA/% | | 95 | | 90~95 | | | |
| 物相 MgO/% | | 3~5 | | | | | |
| 物相 ZrO$_2$/% | | | | 5(C－ZrO$_2$)；1(M－ZrO$_2$) | | | |
| $D_{50}$/μm | | | | | <2.0 | <2.0 | <2.0 |
| $D_{90}$/μm | | | | | <4.0 | <4.0 | <4.2 |
| 比表面积/m$^2$·mL$^{-1}$ | | | | | 3.3~3.8 | 3.3~3.8 | 3.3~3.8 |

注：MA 表示镁铝尖晶石，MgO 表示方镁石，C－ZrO$_2$ 表示立方氧化锆，M－ZrO$_2$ 表示单斜氧化锆。
活性镁铝尖晶石微粉，$D_{50}$ 均小于 2μm，主要用作耐火制品的基质。

图 17－6 为晶鑫 MA 的 X 衍射分析。图 17－7 为晶鑫 ZMA 的 X 衍射分析。
图 17－8 为晶鑫活性 MA 粉的显微结构。

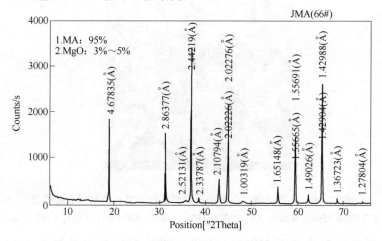

图 17－6　江苏晶鑫 JMA－66 的 X 射线衍射分析

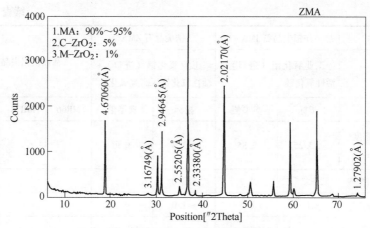

图17-7 江苏晶鑫ZMA的X射线衍射分析

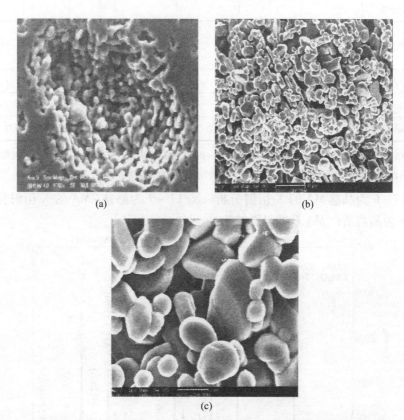

图17-8 江苏晶鑫、晶辉耐火材料活性尖晶石粉系列显微结构

（a）尖晶石MR66（Spinel MR66）；（b）尖晶石AR78（Spinel AR78）；（c）尖晶石AR90（Spinel AR90）

注：活性镁铝尖晶石MR66、AR78、AR90微粉是经低温烧结制备而成，$D_{50} < 2\mu m$，具有极好的热活性和烧结性，主要用作尖晶石耐火材料的基质。

b　郑州威尔特耐、登封少林刚玉公司及开封等

郑州威尔特耐、登封少林刚玉公司及开封生产的电熔镁铝或铁镁尖晶石理化指标（部分）见表 17 – 10。

表 17 – 10　电熔镁铝或铁镁尖晶石理化指标（部分）

| 产地或公司名称 | 郑州威尔特耐登封少林刚玉公司 | | | 开　　封 | | | | 氧化铝 + 氧化铁化合物 |
|---|---|---|---|---|---|---|---|---|
| 原料 | 氧化铝 + 轻烧镁粉 | | | 氧化铝 + 高纯轻烧氧化镁粉 | | | | 氧化铝 + 氧化铁化合物 |
| 品牌 | AM – 70 | AM – 90 | | AM – 67 | AM – 70 | AM – 85 | AM – 90 | 电熔铁铝尖晶石 |
| 品牌 | 氧化铝级 | | 矾土级 | 保证值 | 保证值 | 保证值 | 保证值 | 保证值 |
| 化学成分/% Al$_2$O$_3$ | 69 ~ 76 | 88 ~ 91 | 57.36 | 63 ~ 68 | 71 ~ 76 | 82 ~ 87 | 88 ~ 92 | 48 ~ 55.5 |
| MgO | 22 ~ 27 | 8 ~ 9 | 34.68 | 30 ~ 35 | 22 ~ 27 | 12 ~ 17 | 8 ~ 12 | 1.8 ~ 3.0 |
| CaO | ≤0.65 | ≤0.40 | 0.55 | ≤0.8 | ≤0.65 | ≤0.5 | ≤0.4 | ≤0.55 |
| SiO$_2$ | ≤0.4 | ≤0.25 | 4.38 | ≤0.6 | ≤0.35 | ≤0.35 | ≤0.25 | ≤1 |
| Fe$_2$O$_3$ | ≤0.5 | ≤0.50 | 1.04 | ≤0.5 | ≤0.4 | ≤0.3 | ≤0.3 | 44 ~ 51 |
| 体积密度/g·cm$^{-3}$ | | | | ≥3.3 | ≥3.20 | ≥3.20 | ≥3.30 | |

c　三门峡

三门峡所产镁铝尖晶石理化指标见表 17 – 11。

表 17 – 11　三门峡所产镁铝尖晶石理化指标

| 产　地 | 三门峡 | | | |
|---|---|---|---|---|
| 原料 | 氧化铝 + 高纯轻烧氧化镁粉 | | | |
| 品　牌 | MA – 70 | | MA – 65 | |
| 粒级 | 砂 | 粉 | 砂 | 粉 |
| 粒级 | >0.1mm | <0.1mm | >0.1mm | <0.1mm |
| 化学成分/% Al$_2$O$_3$ | 68 ~ 77 | 68 ~ 77 | 63 ~ 68 | 63 ~ 68 |
| MgO | 21 ~ 30 | 21 ~ 30 | 30 ~ 35 | 30 ~ 35 |
| CaO | | | | |
| SiO$_2$ | 0.4 | 0.4 | 0.6 | 0.6 |
| Fe$_2$O$_3$ | 0.4 | 0.5 | 0.4 | 0.5 |
| 体积密度/g·cm$^{-3}$ | ≥3.30 | ≥3.30 | ≥3.5 | ≥3.5 |
| 显气孔率/% | ≤5.0 | ≤5.0 | ≤4.0 | ≤4.0 |

**B 以铝矾土 + 轻烧镁石粉为原料**

烧结镁铝尖晶石理化指标见表 17 – 12。

**表 17 – 12　烧结镁铝尖晶石理化指标**

| 产　　地 | 河南 A 地 | 河南 B 地 | | 河南 C 地 | 辽宁 A 地 | 辽宁 B 地 | |
|---|---|---|---|---|---|---|---|
| 原　　料 | 高铝矾土生料 + 轻烧镁石粉 | | | | | | |
| 品　　牌 | | MAS – 58 | | MA | MAS – 1 | MAS – 2 | |
| | | 1 | 2 | | | | |
| 化学成分/% $Al_2O_3$ | 60.50 | 58~63 | 58~63 | 60~62 | 52.92 | 45.92 | 56.40 | 49.00 |
| 化学成分/% $MgO$ | 29.78 | 28~32 | 28~32 | 28~30 | 36.58 | 45.54 | 34.20 | 44.06 |
| 化学成分/% $CaO$ | 1.00 | | | | 0.98 | 1.10 | 1.57 | 1.46 |
| 化学成分/% $SiO_2$ | 3.69 | ≤3.0 | ≤4.0 | ≤4.5 | 3.33 | 2.48 | 3.11 | 1.75 |
| 化学成分/% $Fe_2O_3$ | 1.10 | ≤1.5 | ≤1.8 | ≤2.0 | 1.89 | 1.83 | 1.68 | 1.40 |
| 化学成分/% $TiO_2$ | 3.08 | | | | 2.53 | 2.10 | 3.14 | 2.28 |
| 化学成分/% 灼减 | | | | | 0.26 | 0.24 | 0.07 | 0.12 |
| 显气孔率/% | | ≤1.5 | ≤1.5 | | | | | |
| 体积密度/g·cm⁻³ | 3.00 | ≥3.2 | ≥3.15 | 3.0 | 3.20 | 3.22 | 3.16~3.18 | |
| 粒度/mm | 20~0 | | | | | | 20~0 | |
| 物相/% MA | | | | >90 | | | | |
| 物相/% $M_2S$ | | | | 少量 | | | | |
| 物相/% MgO | | | | 少量 | | | | |

注：MA 表示镁铝尖晶石；$M_2S$ 表示镁橄榄石；MgO 表示方镁石。

# 第三节　铬　铁　矿

## 一、化学组成

### （一）铬铁矿化学通式

铬铁矿（chromite）是一类矿物的统称，其成分较复杂，广泛存在着铝（$Al^{3+}$）代替铬（$Cr^{3+}$）和五种组分 $Cr^{3+}$、$Al^{3+}$、$Fe^{3+}$ 和 $Mg^{2+}$、$Fe^{2+}$ 的类质同象代替，因而名称很不统一，本书所用名称及化学通式如下：

（1）镁铬铁矿（镁铬矿）为 $MgCr_2O_4$ 或 $MgO·Cr_2O_3$，含 $Cr_2O_3$ 79.04%、MgO 0.96%。

（2）亚铁铬铁矿（铁铬铁矿）为 $FeCr_2O_4$ 或 $FeO·Cr_2O_3$，含 $Cr_2O_3$ 67.91%、FeO 32.09%。

（3）铁镁铬铁矿为（Mg, Fe）$Cr_2O_4$ 或（Mg, Fe）$O·Cr_2O_3$，含 $Cr_2O_3$ 50%~65%。

（4）镁铁铬铁矿为（Fe，Mg）$Cr_2O_4$ 或（Mg，Fe）$O \cdot Cr_2O_3$。

（5）铝-镁铁铬铁矿（Fe，Mg）(Cr，Al)$_2O_4$，含 $Cr_2O_3$ 32% ~38%。

（6）铝-铁镁铬铁矿（Mg，Fe）(Cr，Al)$_2O_4$，含 $Cr_2O_3$ 32% ~50%。

以上各种铬铁矿中或多或少存在有镁，而 $Mg^{2+}$ 与 $Fe^{2+}$ 间又为完全类质同象代替，其化学通式用（Mg，Fe）(Cr，Al，Fe)$_2O_4$ 表示。其化学组成或用（Mg，Fe）$Cr_2O_4$ 表示。需要说明的是铬铁矿中广泛存在着类质同象置换，$Cr^{3+}$ 常被 $Fe^{3+}$、$Al^{3+}$ 代替，$Fe^{2+}$ 常被 $Mg^{2+}$ 代替，成分介于亚铁铬铁矿 $FeCr_2O_4$（$Cr_2O_3$ 67.91%，FeO 32.09%）和镁铬铁矿 $MgCr_2O_4$（$Cr_2O_3$ 79.04%，MgO 20.96%）之间。

（二）我国铬铁矿产地与成分分析

铬铁矿主要产于基性岩中，常与橄榄石、辉石等共生，也常与蛇纹石伴生。世界著名产地有：南非、哈萨克斯坦、印度、伊朗、俄罗斯等，我国主要产地在西藏、新疆、吉林、宁夏、内蒙古等地，但资源尚欠缺。表 17-13 为我国铬铁矿化学分析。

**表 17-13　我国铬铁矿化学分析**

| 编号 矿物 | | 1 陕西铁镁铬铁矿 | 2 陕西铝-镁铬铁矿 | 3 山东铁镁铬铁矿 | 4 西北铝-镁铬铁矿 | 5 某地镁铬铁矿 | 6 江苏铁铬铁矿 | 7 江苏镁铬铁矿 | 8 某地铁-铬铁矿 | 9 江苏铁-铁铬铁矿 |
|---|---|---|---|---|---|---|---|---|---|---|
| 化学成分/% | $SiO_2$ | 0.08 | 0.15 | 0.83 | 0.18 | 0.66 | | | 0.32 | |
| | $TiO_2$ | 0.06 | 0.05 | 2.65 | 0.16 | 0.19 | 1.15 | 1.79 | 0.27 | 1.80 |
| | $Al_2O_3$ | 8.42 | 13.92 | 3.99 | 14.32 | 2.34 | 8.49 | 7.21 | 4.34 | 6.06 |
| | $Cr_2O_3$ | 61.28 | 57.39 | 57.06 | 56.04 | 55.27 | 48.26 | 47.27 | 43.76 | 39.23 |
| | $Fe_2O_3$ | 2.61 | 2.40 | 10.57 | 1.82 | 12.70 | 17.31 | 17.16 | 28.51 | 37.98 |
| | FeO | 15.18 | 11.66 | 14.59 | 14.52 | 18.11 | 20.14 | 20.58 | 16.24 | 13.87 |
| | MnO | 0.41 | 0.64 | 0.20 | | 0.20 | 0.55 | 0.48 | 0.16 | 0.47 |
| | NiO | 0.05 | 0.13 | 0.18 | | | | | | |
| | CoO | 0.06 | 0.04 | | | | | | | |
| | MgO | 11.55 | 14.09 | 9.81 | 13.15 | 7.65 | 4.15 | 4.88 | 4.14 | 0.32 |
| | CaO | 0.13 | 0.11 | 0.50 | 0.32 | | 0.01 | 0.63 | | 0.25 |
| | $Na_2O$ | | | | | | | | | |
| | $K_2O$ | | | | | | | | | |
| | $H_2O^-$ | | | | | 0.14 | | | 0.52 | |
| | $H_2O^+$ | 0.04 | 0.04 | | | 0.13 | | | 0.32 | |
| | $V_2O_5$ | | | | | | | | | |
| | $P_2O_5$ | | | | | | | | | |
| | 烧失量 | | | | | | | | | |
| | 总计 | 99.83 | 100.62 | 100.38 | 100.51 | 97.39 | 100.00 | 100.00 | 98.58 | 99.98 |
| 折射率 | | | | 2.166 | | | | | | |

续表 17 - 13

| 编号 | 1 | 2 | 3 | 4 | 5 | 6 | 7 | 8 | 9 |
|---|---|---|---|---|---|---|---|---|---|
| 矿物 | 陕西铁镁铬铁矿 | 陕西铝-铁镁铬铁矿 | 山东铁镁铬铁矿 | 西北铝-铁镁铬铁矿 | 某地镁铁铬铁矿 | 江苏铁铬铁矿 | 江苏镁铁铬铁矿 | 某地铁-铁铬铁矿 | 江苏铁-铁铬铁矿 |
| 比重 | | | 4.69 | | 4.81 | | 4.685 | | 4.730 |
| $a_0$/nm | 0.8316 | 0.8290 | | 0.8342 | | | 0.8311 | 0.8345 | 0.8335 |

注：1 号产于陕西基性岩体西部矿带，在细粒条带浸染状矿石中产出；2 号产于陕西基性岩体东部矿带块状岩性中；3 号产于山东铬矿金伯利岩脉中；4 号产于西北铬矿某矿带块状蛇纹岩中；5 号产于某地，在纯橄榄岩及斜方辉橄榄岩及斜方辉橄榄岩中产出；6 号产于江苏超基性岩体；7 号产于江苏超基性岩体；8 号产于某地超基性岩及斜方辉橄榄岩中；9 号产于江苏超基性岩体。该表引自王璞等编著的《系统矿物学》（上册）。

## （三）耐火材料用铬矿石技术要求

耐火材料用铬矿石技术要求（ZB D33 001—90），见表 17 - 14。

**表 17 - 14　铬矿石技术要求**

| 等级 | 化学成分/% | | | | |
|---|---|---|---|---|---|
| | $Cr_2O_3$ | MgO | $SiO_2$ | CaO | FeO 换算 $Fe_2O_3$ |
| 一级 | ≥40.0 | ≥17 | <5.5 | <1.0 | <14 |
| 二级 | ≥36.0 | ≥17 | <6.0 | <1.3 | <14 |
| 三级 | ≥33.0 | ≥17 | <6.5 | <1.5 | <14 |
| 四级 | ≥30.0 | ≥17 | <7.0 | <2.0 | <14 |

注：1. 表中 MgO、$Fe_2O_3$ 为参考指标。

2. 粒度要求为块矿 20～300mm，粒矿 5～20mm，粉矿 0～5mm；允许波动范围为块矿上、下限均为 10%，粒矿下限为 15%。

## 二、铬铁矿的性质与铬精矿技术要求

### （一）铬铁矿性质

铬铁矿晶体为等轴晶系，晶胞轴长 $a_0 = 0.8305～0.8344$nm，晶体结构为正常尖晶石型。

晶体呈细小八面体，但极少见，通常成粒状和块状集合体，呈黑色、条痕褐色。其硬度 5.5～5.6，无解理，性脆，比重 4.2～4.8，熔点高（2180℃），膨胀系数（100～1100℃）为 $8.2×10^{-6}$/℃，具有弱磁性，含铁量高者磁性较强。铬铁矿抗渣性强，与任何炉渣不起反应。

铬铁矿的热膨胀，在约 850℃ 以上显著增加，到高温反而又发生收缩，在约 1200℃ 后发生收缩，在约 1500℃ 后呈现急剧收缩。但由于铬铁矿可以固溶吸收镁（$Mg^{2+}$），结果会引起晶格膨胀，也就是说，在铬铁矿中添加 MgO 加热时，可以消除它的烧成收缩。另有研究指出，当铬铁矿在加热到高于1000℃时，发现FeO与MgO进行平行置换反应，置换出来的FeO在氧化作用下，转变成$Fe_2O_3$，即$4FeO + O_2 \rightarrow 2Fe_2O_3$，并伴有体积效应。因此在制砖时，要加入一定量的MgO，使其与$Fe_2O_3$结合成镁铁矿（铁酸镁）$MgO \cdot Fe_2O_3$（熔点1770℃）。另外，因铬铁矿$FeO \cdot Cr_2O_3$抗胀裂性差，通常不使用$FeO \cdot Cr_2O_3$含量多的铬铁矿。再者，二氧化硅的含量也是以低者为好。二氧化硅来自铬铁矿围岩，即蛇纹岩、橄榄岩、绿泥石、滑石、石棉、蛭石等，在高温下二氧化硅能与铁的氧化物生成低熔点的铁橄榄石（$2FeO \cdot SiO_2$，熔点1100℃），影响到镁铬产品主晶相的直接结合程度，从而影响到镁铬质耐火材料的高温性能。

（二）铬精矿技术要求

铬铁矿经选矿获得的铬精矿，其技术要求（YB 4066—91）见表17-15。

**表17-15 铬精矿技术要求**

| 产品牌号 | $Cr_2O_3$/% | $SiO_2$/% | 产品牌号 | $Cr_2O_3$/% | $SiO_2$/% |
|---|---|---|---|---|---|
| G-50A | ≥50 | ≤1.0 | G-45C | ≥45 | ≤2.0 |
| G-50B | ≥50 | ≤1.5 | G-40A | ≥40 | ≤2.0 |
| G-50C | ≥50 | ≤2.0 | G-40B | ≥40 | ≤2.5 |
| G-45A | ≥45 | ≤1.0 | G-35 | ≥35 | ≤3.0 |
| G-45B | ≥45 | ≤1.5 | G-30 | ≥30 | ≤4.0 |

注：1. G表示铬精矿，以汉字铬拼音第一个大写字母为代号。

  2. 供方应报出精矿中$Al_2O_3$、$Fe_2O_3$、MgO、CaO分析数据。

  3. 需方对$Al_2O_3$的含量有特殊要求时，可由双方协议。

  4. 精矿中水分不得大于10%，也不得混入外来杂物。

## 三、镁铬砂的合成

（一）合成镁铬砂的主要原料

合成镁铬砂的主要原料包括：

（1）MgO原料，含轻烧镁粉等。选择镁质材料，要求MgO含量较高，而$Al_2O_3$、$SiO_2$、$Fe_2O_3$含量要低。

（2）$Cr_2O_3$。用铬精矿，如铬精矿G-50A、G-50B、G-50C，$Cr_2O_3$含量不小于50%，$SiO_2$含量分别不大于1.0%、1.5%、2.0%。

（二）合成镁铬砂煅烧方法

合成镁铬砂也有两种煅烧方法：

（1）烧结法。煅烧温度高于1700℃（1700~1900℃）。

（2）电熔法。在电弧炉内熔炼而成，煅烧温度比烧结法高，成本较高，质量更优。

上述两种方法，按设计要求配比均化、细磨、压制成球（坯）、干燥、入窑煅烧。

镁铬砂的质量，根据选择初始原料品质和用途等因素的不同而有所不同。

（三）镁铬砂技术要求

我国对电熔镁铬砂的技术要求见表 17 – 16。

表 17 – 16　我国对电熔镁铬砂的技术要求（YB/T 132—1997）

| 指标牌号 | 化学成分/% | | | | | 颗粒体积密度 /g·cm⁻³ |
|---|---|---|---|---|---|---|
| | MgO | SiO$_2$ | CaO | Fe$_2$O$_3$ | Cr$_2$O$_3$ | |
| FMCS – 15 | ≥68 | ≤1.0 | ≤1.0 | a≤7，b≤9 | ≥15 | ≥3.60 |
| FMCS – 18 | ≥65 | ≤1.1 | ≤1.1 | a≤8，b≤10 | ≥18 | ≥3.70 |
| FMCS – 20 | ≥60 | ≤1.2 | ≤1.2 | a≤8，b≤11 | ≥20 | ≥3.70 |
| FMCS – 25 | ≥50 | ≤1.3 | ≤1.3 | a≤10，b≤13 | ≥25 | ≥3.75 |
| FMCS – 30 | ≥42 | ≤1.4 | ≤1.4 | a≤11，b≤14 | ≥30 | ≥3.75 |

注：1. 牌号含义为 F（熔）、M（镁）、C（铬）、S（砂）。

2. 符号 a、b 表示按 Fe$_2$O$_3$ 含量分 a、b 两级，产品指标有 5 个牌号，共 10 个等级。

# 第四节　磁铁矿

磁铁矿（FeFe$_2$O$_4$ 或 FeO·Fe$_2$O$_3$）化学成分为 FeO 31.03%、Fe$_2$O$_3$ 68.97%，常含 Ti、V、Cr 等元素。亚种钛磁铁矿 Fe$_{(1+x)}^{2+}$Fe$_{(2-2x)}^{3+}$Ti$_x$O$_4$（0 < x < 1）含 TiO$_2$ 可达 12% ~ 16%。在常温情况下，钛在其中分离成板状和柱状的钛铁矿及布纹状的钛铁晶石。亚种钡磁铁矿 Fe$^{2+}$（Fe$^{3+}$，V）$_2$O$_4$ 含 V$_2$O$_5$ 在 5% 以下。亚种钒钛磁铁矿是上述两种矿物的混合物。亚种铬磁铁矿含 Cr$_2$O$_3$ 可达百分之几。

磁铁矿晶体为等轴晶系，结晶构造属反尖晶石型。单晶体呈八面体，较少呈菱形十二面体，集合体常呈致密块状和粒状。其颜色呈铁黑色，条痕黑色，硬度 5.5 ~ 6.5，无解理，性脆，比重 5.175，具有强磁性，但加热至 580℃ 磁性消失，冷却后磁性复显，熔点 1590℃。

磁铁矿是主要的铁矿石之一，用来炼铁的矿物主要有：磁铁矿（Fe$_3$O$_4$），含 Fe 72.4%；赤铁矿（Fe$_2$O$_3$），含 Fe 70.0%；镜铁矿（Fe$_2$O$_3$），含 Fe 70.0%；菱铁矿（FeCO$_3$），含 Fe 48.2%；褐铁矿（Fe$_2$O$_3$·nH$_2$O），含 Fe 48% ~ 62.9%；针铁矿（Fe$_2$O$_3$·H$_2$O），含 Fe 62.9%。

磁铁矿是烧结矿和球团矿的主要原料之一。在耐火材料的原料中，磁铁矿以杂质出现，多呈不规则的细分散粒状。在耐火制品中，磁铁矿广泛存在于使用后的耐火制品中。例如，高铝砖、镁砖、铬镁砖等使用后的工作带，都有磁铁矿呈不规则粒状或他形晶充填于主晶颗粒的晶隙中，在使用后的硅砖工作带也有大量的磁铁矿出现，并充填在方石英颗粒的空隙之中。磁铁矿是在耐火制品使用过程中从熔融物中渗入的铁质而形成的，它的生成使砖的熔化温度降低，并结成熔瘤使砖逐渐软化而损毁。

## 第五节　镁铝质及镁铬质耐火材料原料的应用

早在 1955 年，大石桥镁矿等单位开始分别试制镁铝砖，替代炼钢平炉顶使用硅砖和需要进口的铬铁矿的铬镁砖。"七五"期间（1986.1～1990.10）国家加强耐火原料基地建设工作，发展矾土基镁铝尖晶石。1990 年，辽镁公司规划建设年产 0.5 万～0.7 万吨镁铝尖晶石、镁铬尖晶石、镁白云石、中档镁砂等的生产线；原河南渑池铝矾土煅烧厂规划建设年产 5.0 万吨特级铝矾土熟料和镁铝尖晶石砂的生产线；原洛阳耐火材料厂规划建设全合成镁铬制品、电熔再结合镁铬制品各 0.5 万吨的生产线。时至今日，镁铝质、镁铬质、镁钙质等碱性耐火材料原料生产线，已在多个地方建成投产，并逐步完善快速发展，广泛应用在钢铁、水泥、陶瓷、有色等领域。

编著者与团队成员刘培杰，于 1991 年 1 月，曾围绕大冶反射炉炼铜用耐火材料：镁铬砖、镁铝砖做过专题研究，探索这两种碱性耐火材料在有色领域的应用。这两种材质都是可取的。但从国情出发，应充分利用菱镁矿，发挥矾土资源丰富的优势，发展矾土基镁铝尖晶石－方镁石，并引入 $ZrO_2$ 和稀土氧化物的复合型耐火材料。镁铝质、镁铬质耐火材料原料应用情况见表 17－17。

**表 17－17　镁铝质、镁铬质耐火材料原料的应用（部分）**

| 行业 | 使用部位 | 含镁铝等原料的耐火材料 | 备 注 |
|---|---|---|---|
| 钢铁 | 大型精炼钢包（包壁、包底） | 镁铝碳砖（$MgO-Al_2O_3-C$ 砖） | $MgO$ 50%～60%<br>$Al_2O_3$ 30%～10% |
| | | 铝镁碳砖（$Al_2O_3-MgO-C$ 砖） | $Al_2O_3$ 60%～70%<br>$MgO$ 20%～10% |
| | 炉外精炼炉：氩氧脱碳炉（AOD）、真空氧气脱碳（VOD） | $MgO-Cr_2O_3$ | 因 $Cr^{6+}$ 对环境对人都有公害，正逐步减少使用量 |
| 有色 | 炼铜转炉及钢包 | 镁铬砖、镁铝砖 | 方镁石－尖晶石复合耐火材料（引入 $ZrO_2$ 等） |
| | | 铝镁碳砖 $Al_2O_3-MgO-C$ | |
| 水泥 | 新型干法水泥窑 | $MgO-Al_2O_3$ 尖晶石砖<br>$MgO-Fe_2O_3$ 尖晶石砖 | 取代 $MgO-Cr_2O_3$ |
| 玻璃 | 玻璃窑 | $MgO-Cr_2O_3$ | $Al_2O_3-ZrO_2-SiO_2$ 复合耐火材料 |

# 第十八章 镁硅质耐火材料原料

橄榄石族矿物

　　化学组成、形态与性质、成因与变化

镁橄榄石成分、结构、性质

纯橄榄岩与橄榄岩

　　橄榄岩蛇纹石化、加热变化、应用

蛇纹石；滑石

　　镁硅质制品主要包括：

　　(1) 镁硅砖。主晶相为方镁石，结合相为镁橄榄石；

　　(2) 镁橄榄石砖。主晶相为镁橄榄石，结合相为镁铁矿等。

　　近来，又把方镁石镁橄榄石锆砖（简称：镁橄榄石锆砖）归并在一起，本章侧重讨论镁橄榄石砖相关原料。

　　图 18 - 1 为 $MgO - SiO_2$ 系二元相图，相图中出现两种化合物：

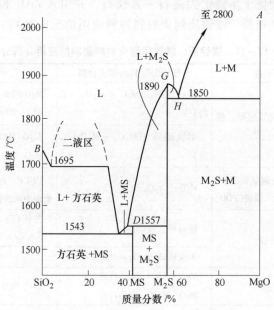

图 18 - 1　$MgO - SiO_2$ 二元系相图

（1）镁橄榄石 $2MgO \cdot SiO_2$（简写 $M_2S$）。它是一致熔化合物，高熔点（1890℃）。

（2）斜顽辉石 $MgO \cdot SiO_2$（简写 MS）。它是不一致熔化合物，于1557℃发生熔解分解，在耐火材料中是有害组分，应尽量避免，可在生产中加入 $MgO$（镁砂或镁砂粉）与 $SiO_2$ 反应生成 $M_2S$。

显然镁橄榄石砖，具有荷重软化温度较高（开始点 1580～1650℃），耐火度高的优良性能，对碱性渣和熔融的铁氧化物有较强的抵抗作用，可用于玻璃窑蓄热室、钢包等。

# 第一节　橄榄石族矿物

## 一、化学组成

橄榄石族矿物包括一组成分类似，同属斜方晶系的矿物，一般化学式用 $R_2[SiO_4]$ 表示。$R^{2+}$ 主要为二价的 $Mg^{2+}$、$Fe^{2+}$、$Mn^{2+}$。但当有 $Ca^{2+}$ 作为其组成时，则形成复盐。

由于二价的正离子半径近似（ $Mg^{2+}$ 为 0.080nm，$Fe^{2+}$ 为 0.086nm，$Mn^{2+}$ 为 0.091nm），故它们可以广泛形成类质同象系列，即 $Mg_2SiO_4 - Fe_2SiO_4 - Mn_2SiO_4$，如图 18-2 所示。

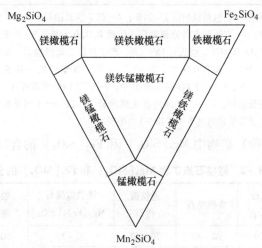

图 18-2　橄榄石族最主要矿物的化学组成及命名

在上述类质同象系列中，在自然界中最常见的为镁橄榄石与铁橄榄石系列，即 $Mg_2[SiO_4] - Fe_2[SiO_4]$。该系列的端元矿物为镁橄榄石和铁橄榄石，其中间产物镁铁橄榄石 $(Mg, Fe)_2[SiO_4]$ 又称橄榄石，它在自然界中分布较广。我国及国外橄榄石化学分析见表 18-1。

表 18 −1　中国及国外橄榄石的化学分析（部分）

| 试样编号 | 1 | 2 | 3 | 4 | 5 | 6 | 7 | 8 | 9 | 10 | 11 | 12 | 13 |
|---|---|---|---|---|---|---|---|---|---|---|---|---|---|
| $SiO_2$/% | 30.63 | 40.73 | 41.28 | 39.51 | 36.21 | 39.2 | 40.27 | 38.68 | 38.11 | 34.04 | 30.42 | 30.15 | 29.75 |
| $TiO_2$/% | 0.01 | 0.44 | — | 0.05 | 0.04 | 0.08 | — | 0.04 | 痕量 | 0.43 | 1.2 | 0.20 | — |
| $Al_2O_3$/% | — | 痕迹 | 0.51 | 0.98 | 0.18 | 0.46 | 2.79 | 0.10 | — | 0.91 | 0.5 | 0.07 | — |
| $Fe_2O_3$/% | 1.17 | 1.17 | 0.40 | 0.46 | 3.20 | 2.53 | 0.98 | 2.06 | 0.15 | 1.46 | — | 0.43 | 0.83 |
| FeO/% | 1.15 | 6.43 | 6.99 | 8.30 | 12.12 | 14.65 | 11.65 | 21.58 | 31.48 | 40.37 | 57.62 | 65.02 | 66.11 |
| MnO/% | — | 0.15 | 0.05 | 0.13 | 0.05 | 0.23 | 0.17 | 0.42 | 0.22 | 0.68 | — | 1.01 | 3.20 |
| MgO/% | 51.31 | 50.24 | 50.53 | 49.1 | 46.02 | 41.66 | 43.60 | 36.02 | 30.50 | 20.32 | 8.17 | 1.05 | — |
| CaO/% | 0.15 | 0.85 | 0.15 | 0.38 | 1.04 | 0.28 | — | 0.28 | 0.02 | 0.81 | 1.32 | 2.18 | — |
| $Cr_2O_3$/% | 0.0023 | | 未测 | 0.004 | | 0.16 | 0.08 | 痕迹 | | | | | |
| NiO/% | | | | 0.34 | | 0.22 | 0.15 | 痕迹 | | | | | |
| $H_2O^+$/% | | 0.46 | | | 0.41 | 0.27 | 0.09 | 0.31 | | 0.09 | 0.18 | | 0.19 |
| $H_2O^-$/% | | 0.06 | | 0.61 | 0.20 | | — | 0.07 | | | 0.21 | | |
| 总计/% | 97.62 | 100.48 | 99.91 | 100.00 | 100.01 | 100.10 | 100.08 | 99.56 | 100.48 | 99.11 | 99.52 | 100.11 | 100.07 |
| 原子比 Mg/ | 98.9/ | 93.3/ | 92.8/ | 91.3/ | 87.2/ | 86.7/ | 78.9/ | 73.3/ | 63.3/ | 47.3/ | 20.2/ | 2.8/ | 0.0/ |
| $Fe^{2+}$ | 1.1 | 6.7 | 7.2 | 8.7 | 12.8 | 13.3 | 21.1 | 26.7 | 36.7 | 52.7 | 79.8 | 97.2 | 100.0 |

注：1—产于东北大理岩中，包括烧灼量 13.20%；2—产于东北镁矽卡岩中，包括 F0.35%；3—产于江苏超基性岩中；4—产于云南苦橄榄岩中，包括 $P_2O_5$ 0.14%；5—产于东北镁矽卡岩中，包括 $Na_2O$ 0.04%、$P_2O_5$ 0.04%、烧失 0.46%；6—产于甘肃二辉橄榄岩 – 纯橄榄岩体中，包括 CaO 0.02%、$Na_2O$ 0.30%、$K_2O$ 0.04%；7—产于甘肃二辉橄榄岩 – 纯橄榄岩体中，包括 $Na_2O$ 0.15%、$K_2O$ 0.15%；8—产于四川某基性岩中；9—产于国外紫苏辉石 – 橄榄石辉长岩中；10—产于国外橄榄辉长岩中；11—产于国外富铁辉绿岩中；12—产于国外铁辉长岩中；13—产于国外。该表引自王璞等编著的《系统矿物学》（中册）。

橄榄石族（亚种）矿物中 $Mg_2[SiO_4]$ 和 $Fe_2[SiO_4]$ 的含量见表 18 −2。

表 18 −2　橄榄石族矿物 $Mg_2[SiO_4]$ 和 $Fe_2[SiO_4]$ 的含量　　　（%）

| 橄榄石族矿物 | 镁橄榄石 $Mg_2[SiO_4]$ | 贵橄榄石 | 透铁橄榄石 | 镁铁橄榄石 $(Mg, Fe)_2[SiO_4]$ | 铁镁铁橄榄石 | 铁橄榄石 $Fe_2[SiO_4]$ |
|---|---|---|---|---|---|---|
| $Mg_2[SiO_4]$ | 100 ~ 90 | 90 ~ 70 | 70 ~ 50 | 50 ~ 30 | 30 ~ 10 | 10 ~ 0 |
| $Fe_2[SiO_4]$ | 0 ~ 10 | 10 ~ 30 | 30 ~ 50 | 50 ~ 70 | 70 ~ 90 | 90 ~ 100 |

注：镁铁橄榄石 $(Mg, Fe)_2[SiO_4]$ 又称橄榄石。

Ca²⁺ 也能在本族矿物中出现，但因离子半径较大（$Ca^{2+}$ 为 0.108nm），与 $Mg^{2+}$、$Fe^{2+}$、$Mn^{2+}$ 等离子在结构中的位置不能任意被取代。本族中含 $Ca^{2+}$ 的矿物有钙铁橄榄石 $CaFe_2[SiO_4]$、钙镁橄榄石 $CaMg[SiO_4]$、绿粒橄榄石 $CaMn[SiO_4]$。

本族矿物在工业产品中常见的有：镁橄榄石、铁橄榄石、钙镁橄榄石，其产出情况见表18－3。

表18－3　橄榄石族矿物在工业产品中的情况

| 矿物名称 | 分子式 | 在工业产品中的情况 |
|---|---|---|
| 镁橄榄石 | $2MgO \cdot SiO_2$ | 镁橄榄石砖的主要成分，在镁砖、镁铝砖中出现，也在碱度高的高镁炉渣及烧结矿中出现 |
| 橄榄石 | $2(Mg, Fe)O \cdot SiO_2$ | 碱性耐火材料、炉渣、烧结矿的组成矿物 |
| 铁橄榄石 | $2FeO \cdot SiO_2$ | 含铁高的炉渣中，烧结矿和球团矿的胶结相，硅砖使用后的鳞石英带中 |
| 钙镁橄榄石 | $CaO \cdot MgO \cdot SiO_2$ | 在镁质、铬镁质耐火制品中常见，在硅砖及高铝砖的腐蚀带中也有存在 |
| 锰橄榄石 | $2MnO \cdot SiO_2$ | 含锰高与低氧化硅的炉渣中 |
| 钙铁橄榄石 | $CaO \cdot FeO \cdot SiO_2$ | 存在于镁砖、白云石砖、铬镁砖的工作带中，烧结矿、球团矿的胶结相，硅砖及高铝砖的腐蚀带中也有出现 |

## 二、形态与性质

斜方晶系，晶体沿 $c$ 轴呈厚板状、柱状或短柱状（见图18－3），常见单形为平行双面 $a$、$b$、$c$，斜方柱 $m$、$l$、$n$、$p$、$s$ 及斜方双锥。但完好晶体少见，一般呈粒状集合体。

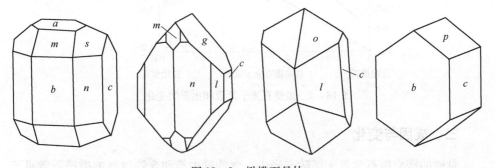

图18－3　橄榄石晶体

橄榄石晶体呈绿色、黄绿色，随含铁量的增高而加深，硬度6～7，比重3.2～4.4，随含铁量增加而增加，见表18－4，其折射率也增高。晶体为二轴晶，$Fe_2SiO_4$ 含量小于12%时为正光性，大于12%为负光性。折射率：$N_g = 1.669 \sim 1.879$，$N_m = 1.651 \sim 1.869$，$N_p = 1.636 \sim 1.827$，$N_g - N_p = 0.033 - 0.052$。其光学常数随 Mg－Fe 含量变化而变化（见图18－4）。

表 18 - 4　$Mg_2[SiO_4] - Fe_2[SiO_4]$ 系矿物的比重变化

| 镁橄榄石/% | 铁橄榄石/% | 比重 | 镁橄榄石/% | 铁橄榄石/% | 比重 |
|---|---|---|---|---|---|
| 100 | 0 | 3.22 | 40 | 60 | 3.80 |
| 80 | 20 | 3.41 | 20 | 80 | 4.06 |
| 60 | 40 | 2.60 | 0 | 100 | 4.32 |

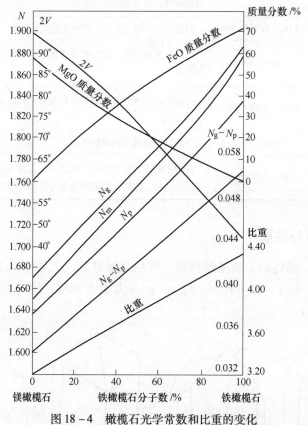

图 18 - 4　橄榄石光学常数和比重的变化

## 三、成因与变化

　　贫铁的镁橄榄石常见于镁矽卡岩中；含铁量中等和含铁量高的橄榄石常见于各种基性和超基性岩浆岩和变质岩中；富铁的铁橄榄石见于酸性和碱性火山岩中。

　　橄榄石在自然条件下，受热液作用、风化作用或区域变质作用而发生变化。受热液作用经常变成蛇纹石、滑石等。用下列反应式表示：

$$2(Mg,Fe)O \cdot SiO_2 + 2H_2O + CO_2 \longrightarrow 3MgO \cdot 2SiO_2 \cdot 2H_2O + (Mg,Fe)CO_3$$

　　　　橄榄石　　　　　　　　　　　　　　　蛇纹石　　　　　　　铁菱镁矿

$$4(Mg,Fe)O \cdot SiO_2 + H_2O + 3CO_2 + \frac{1}{2}O_2 \longrightarrow 3MgO \cdot 4SiO_2 \cdot H_2O + 3MgCO_3 + Fe_2O_3$$

  橄榄石                                              滑石                    菱镁矿  赤铁矿

## 第二节  镁橄榄石

镁橄榄石是镁橄榄石与铁橄榄石连续固溶体的端元矿物（$Mg_2[SiO_4]$ - $Fe_2[SiO_4]$），如图 18-5 所示。$M_2S$ 是镁橄榄石砖的主要组成矿物。

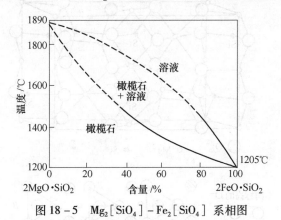

图 18-5  $Mg_2[SiO_4]$ - $Fe_2[SiO_4]$ 系相图

### 一、化学组成

镁橄榄石化学式为 $Mg_2[SiO_4]$ 或 $2MgO \cdot SiO_2$（简写 $M_2S$）。其中含 MgO 57.2%，$SiO_2$ 42.8%。在成分中，可含铁橄榄石 $2FeO \cdot SiO_2$（简写 $F_2S$）0~10%，此外还含有少量的 $K_2O$、$Na_2O$ 和 $Al_2O_3$ 的混合物。

### 二、晶体结构

在镁橄榄石的晶体结构中（见图 18-6），阴离子 $O^{2-}$ 作接近六方最紧密堆积，结构中阳离子有两种 $Mg^{2+}$ 和 $Si^{4+}$。阳离子 $Si^{4+}$ 充填在阴离子 $O^{2-}$ 堆积形成的四面体空隙之中，但只有 1/8 四面体空隙被充填，因单位晶胞中有 4 个“分子” $Mg_2[SiO_4]$，故可写成 $Mg_8[Si_4O_{16}]$，四面体空隙共有 32 个，$Si^{4+}$ 充填 1/8 个四面体，即充填四个四面体空隙。阳离子 $Mg^{2+}$ 充填在八四面体空隙之中，但只充填空隙数目的 1/2，即有 8 个八四面体空隙被 $Mg^{2+}$ 所填充。在 $Mg_2[SiO_4]$ 的结构中，存在有两种多面体，即 $[SiO_4]$ 四面体和 $[MgO_6]$ 八面体，很明显，阳离子 $Si^{4+}$ 的配位数为 4，$Mg^{2+}$ 的配位数为 6。$[SiO_4]$ 四面体是孤立存在的，相互之间不是通过公用氧来连结，而是通过阳离子 $Mg^{2+}$ 相连，即每个 $[SiO_4]$ 四面体与三个［$MgO_6$］八面体共用一个角顶。此时，结构中离子的电价是平衡的，计算如下：

$$2 = \frac{4}{4} + 3 \times \frac{2}{6} = 2$$

$O^{2-}$ 的电价　　$O^{2-}$ 从 $Si^{4+}$　　$O^{2-}$ 从 $Mg^{2+}$

得到的电价　　得到的电价

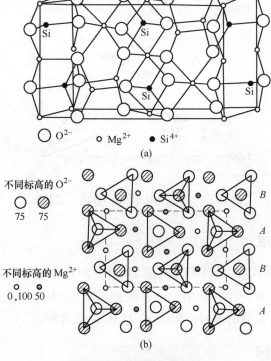

○ $O^{2-}$　　○ $Mg^{2+}$　　● $Si^{4+}$

(a)

不同标高的 $O^{2-}$

○ ◐
75　75

不同标高的 $Mg^{2+}$

○ ◦ ◉
0,100 50

(b)

图 18 - 6　镁橄榄石结构

(a) 立体图；(b) 平面投影

镁橄榄石结构结合力强，结构是牢固的。

表 18 - 5 列出了镁橄榄石、铁橄榄石及锰橄榄石的晶胞参数。

表 18 - 5　镁橄榄石、铁橄榄石及锰橄榄石的晶胞参数

| 晶胞参数 | 镁橄榄石 | 铁橄榄石 | 锰橄榄石 |
|---|---|---|---|
| $a_0$/nm | 0.4756 | 0.4817 | 0.486 ~ 0.490 |
| $b_0$/nm | 1.0195 | 1.0477 | 1.060 ~ 1.062 |
| $c_0$/nm | 0.5981 | 0.6105 | 0.622 ~ 0.625 |

### 三、物理性质

镁橄榄石结构中，各向键能相差不大，在形态上大致呈三向等长状，解理差，常见的形态为粒状集合体或块状体。颜色为白、淡黄、淡绿，硬度大（6.5 ~ 7），比重 3.22 ~ 3.33，晶格能高达 17572.84kJ/mol（4200kcal/mol），熔点高（1890℃），并且从常温至熔点间无晶型转变，晶型稳定，是耐火材料良好的组成矿物。其膨胀系数较大，100 ~ 1000℃时 $\alpha = 12.0 \times 10^{-6}/℃$，对制品的热震稳定性不利。另外，其膨胀具有异向性，20 ~ 600℃内 $x$ 轴膨胀系数为 $13.6 \times 10^{-6}/℃$；$y$ 轴膨胀系数为 $12.0 \times 10^{-6}/℃$；$z$ 轴膨胀系数为 $7.6 \times 10^{-6}/℃$。镁橄榄石体积膨胀为 $33.8 \times 10^{-6}/℃$，热导率低，是 MgO 的 1/4 ~ 1/3；不发生水化，耐高熔点熔体及渣的侵蚀，对 $Fe_2O_3$ 的侵蚀有较强的抵抗性；与所有耐火材料具有良好的相容性。

镁橄榄石中含有 0 ~ 10% 的铁橄榄石 $Fe_2[SiO_4]$（$F_2S$），而 $F_2S$ 是低熔点矿物（1205℃），由于它的存在，影响 $M_2S$ 的高温性质，使用时应注意。

## 第三节　纯橄榄岩和橄榄岩

### 一、概述

纯橄榄岩与橄榄岩均属超基性侵入岩，主要由橄榄石和辉石组成。橄榄岩含橄榄石一般为 40% ~ 50% 以上，当橄榄石含量超过 90% 时，称为纯橄榄岩，两种岩石一般对比见表 18 - 6。

表 18 - 6　纯橄榄岩与橄榄岩的对比

| 项目 | 颜色 | 矿物组成 | | | 蚀变 |
|---|---|---|---|---|---|
| | | 主要 | 次要 | 少量 | |
| 纯橄榄岩 | 橄榄绿、深绿或暗灰 | 橄榄石 90% ~ 100% 2(Mg, Fe)O·SiO₂ | 辉石小于 10% | 铬铁矿、钛铁矿、自然铂等 | 弱蛇纹石化 |
| 橄榄岩 | 绿色也呈褐色或黑色 | 橄榄石 25% ~ 75%，一般在 40% ~ 50% 以上 | 辉石 | 角闪石、黑云母、铬铁矿等 | 不同程度的蛇纹石化 |

表 18 - 7 为一些橄榄岩岩体的化学成分。

表 18 - 7　一些橄榄岩岩体的化学成分

| 产地 | 岩性 | 化学成分/% | | | | | | | | | | | | | |
|---|---|---|---|---|---|---|---|---|---|---|---|---|---|---|---|
| | | MgO | SiO₂ | Fe₂O₃ | FeO | Al₂O₃ | CaO | TiO₂ | MnO | Na₂O | K₂O | P₂O₅ | H₂O | CO₂ | 烧失量 |
| 陕西商南 | 镁橄榄岩 | 44.28 | 39.57 | 8.97 | 8.97 | 1.58 | 0.49 | | | 0.89 | 0.05 | | | | 3.61 |
| 甘肃大道尔吉 | 蛇纹石化纯橄榄岩 | 38.84 | 34.29 | 6.09 | 2.95 | 1.02 | 0.35 | 0.06 | 0.11 | 0.09 | 0.04 | 0.06 | 14.17 | 0.74 | |

| 产 地 | 岩 性 | 化学成分/% | | | | | | | | | | | | | |
|---|---|---|---|---|---|---|---|---|---|---|---|---|---|---|---|
| | | MgO | SiO$_2$ | Fe$_2$O$_3$ | FeO | Al$_2$O$_3$ | CaO | TiO$_2$ | MnO | Na$_2$O | K$_2$O | P$_2$O$_5$ | H$_2$O | CO$_2$ | 烧失量 |
| 河北高寺台 | 纯橄榄岩 | 42.65 | 33.10 | 5.28 | 2.10 | 0.80 | 0.60 | 0.07 | 0.11 | 0.02 | 0.02 | | 15.09 | | |
| 四川 | 橄榄岩 | 29.45 | 39.88 | 14.73 | 4.73 | 4.97 | 4.20 | 0.22 | | 0.20 | 0.05 | | | | |
| 宁夏小松山 | 蛇纹石化单辉橄榄岩 | 26.41 | 40.32 | 8.01 | 4.47 | 3.65 | 7.01 | 0.88 | 0.03 | 0.50 | 0.03 | | 8.13 | | |
| 陕西宁强县大安镇黑木林 | 蛇纹石化辉石橄榄岩 | 39.53 | 40.11 | 4.86 | 0.86 | 0.66 | 0.30 | 0.01 | 0.10 | 0.03 | 0.01 | | 12.98 | 0.15 | |
| 中国角闪橄榄岩的一般成分 | | 25.53 | 40.38 | 5.76 | 8.64 | 6.21 | 6.06 | 1.15 | 0.20 | 0.69 | 0.34 | 0.07 | 4.97 | | |
| 国外橄榄岩的一般成分 | | 31.24 | 42.26 | 3.61 | 6.58 | 4.23 | 5.05 | 0.63 | 0.41 | 0.49 | 0.34 | 0.10 | 4.22 | 0.30 | |

## 二、橄榄岩

武汉科技大学（原武汉钢铁学院耐火材料专业）曾对湖北某地的橄榄岩进行系统的研究和制砖试验。原料各项性能概述如下。

### （一）关于蛇纹石化

富镁橄榄石组成的橄榄岩可用来制砖。当选择橄榄岩作为原料制 M$_2$S 砖时，首先应注意橄榄岩的蛇纹石化程度。前文曾指出，橄榄岩有不同程度的蛇纹石化，编著者在工作中归纳有三个方面来识别，见表 18 – 8、表 18 – 9 及图 18 – 7，即：

（1）化学分析灼减量大；

（2）矿物组成中有较多的蛇纹石（叶状蛇纹石、纤维状蛇纹石）；

（3）差热分析可见到蛇纹石的吸热谷。

**表 18 – 8 湖北某地橄榄岩化学成分及物理性质**

| 矿样 | 编号 | 外观特征 | 灼减/% | 化学成分/% | | | | | 物理指标 | | | | |
|---|---|---|---|---|---|---|---|---|---|---|---|---|---|
| | | | | SiO$_2$ | Al$_2$O$_3$ | FeO + Fe$_2$O$_3$ | CaO | MgO | 显气孔率/% | 吸水率/% | 体积密度/g·cm$^{-3}$ | 真比重/g·cm$^{-3}$ | 耐火度/℃ |
| 岩心样 | G1 | 灰白、巨晶 | 0.83~1.58 | 41.02 | 0.76 | 8.74 | 1.51 | 46.98 | 0.93 | 0.29 | 3.24 | 3.234 | >1770 |
| | G2 | 灰色、中粗粒 | 2.71 | 42.66 | 0.92 | 7.97 | 1.65 | 44.20 | 0.77 | 0.25 | 3.13 | 3.114 | >1770 |
| | G3 | 黑色、巨晶 | 12.78 | 37.78 | 0.84 | 6.59 | 2.99 | 40.77 | 1.12 | 0.42 | 2.63 | 2.680 | 1610~1650 |
| | G4 | 黑色、中粗粒 | 10.84 | 38.78 | 1.22 | 6.77 | 2.99 | 39.49 | 0.61 | 0.36 | 2.65 | 2.753 | 1610~1650 |
| 地表 | G5 | 灰白 | 9.20 | 37.22 | 0.92 | 9.55 | 0.36 | 44.59 | 0.84 | 0.29 | 2.86 | 2.924 | |
| 镁橄榄石理论值 | | | | 42.8 | | | | 57.2 | | | | | |

**表 18 – 9　湖北某地橄榄岩矿物组成**　　　　　　　　　　　（％）

| 矿样 | 编号 | 橄榄石 | 蛇纹石 | 斜绿泥石 | 滑石 | 磁铁矿 | 铬铁矿 | 菱镁矿 | 透闪石 |
|------|------|--------|--------|----------|------|--------|--------|--------|--------|
| 岩心 | G1 | 90 | 0.5 | 1 | 3 | 2 ~ 3 | 0.5 | | |
| | G2 | 80 | 10 ~ 15 | | 1 | 1 ~ 2 | | | 3 |
| | G3 | 10 ~ 15 | 75 | 0.2 | | 3 ~ 5 | | 5 | 0.5 ~ 1 |
| | G4 | | 90 ~ 75 | | | 3 ~ 5 | | 2 | |
| 地表 | G5 | 25 ~ 30 | 50 | | | 3 | | 5 ~ 8 | 8 ~ 10 |

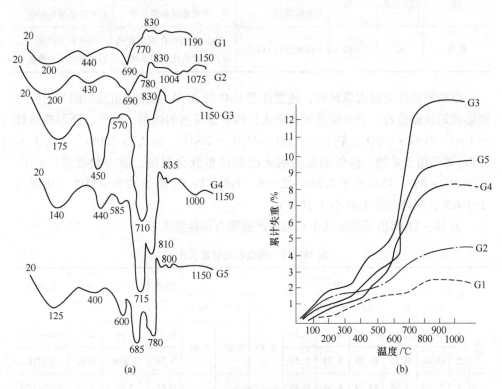

图 18 – 7　橄榄岩差热失重曲线

（a）差热曲线；（b）失重曲线

　　从表 18 – 8 可见，岩心样 G1、G2 灼减量小于 3%，而 G3、G4 及地表样 G5 都在 10% 左右，在矿物组成中，相对应的 G3、G4 蛇纹石含量大于 75%，G5 含 50% 蛇纹石，在差热失重曲线上，G3、G4、G5 都见到蛇纹石明显的吸热谷。

　　灼减量小的 G1、G2 样，相应的体积密度、真比重高，而显气孔率、吸水率较低。

　　研究指出，灼减量大于 5% 的橄榄岩，不能直接用来制砖，原料需经过预先煅烧；灼减量小于 5% 的橄榄岩，可以直接用来制砖，原料不需要经过煅烧处理。后者实际上就是弱蛇纹石化的橄榄岩。编著者将以上关系列于表 18 - 10 中。

表 18 - 10  橄榄岩的灼减、蛇纹石化、矿物组成与热分析关系

| 蛇纹石化程度 | 颜色 | 灼减/% | 矿物组成 | 热分析 | 使用情况 |
| --- | --- | --- | --- | --- | --- |
| 极弱 | 浅灰白 | <3 | 以橄榄石为主 | | 可直接用来制砖 |
| 弱 | 浅灰 | <5 | 以橄榄石为主,并有适量的蛇纹石 | 700 ~ 800℃吸热谷不明显,失重曲线斜率较缓 | 可直接用来制砖 |
| 强 | 深灰至黑 | <10 | 以蛇纹石为主,并有橄榄石 | 700 ~ 800℃有明显吸热谷,失重曲线斜率急增 | 用来制 $M_2S$ 砖时,原料需经预先煅烧 |
| 极强 | 黑 | >10 | 以蛇纹石为主 | 700 ~ 800℃有明显吸热谷,失重曲线斜率急增 | 用来制 $M_2S$ 砖时,原料需经预先煅烧 |

以橄榄岩作为耐火原料时,还要注意 $CaO$ 与 $Al_2O_3$ 的杂质组成,因为它们可能形成钙镁橄榄石,它在镁橄榄石耐火材料中是最强的熔剂。此外,还形成透辉石 $CaO \cdot MgO \cdot 2SiO_2$、钙长石 $CaO \cdot Al_2O_3 \cdot 2SiO_2$、堇青石 $2MgO \cdot 2Al_2O_3 \cdot 5SiO_2$ 等低熔点矿物,降低制品的耐火度和荷重软化温度,故一般要求:$Al_2O_3$ 小于2% ~ 3%,$CaO$ 小于1.5% ~ 2.0%,$FeO + Fe_2O_3$ 小于12% ~ 15%(优质的小于6%,国外要求 $FeO$ 小于10%)。

表 18 - 11 列出了我国几个产地所产橄榄石的性能实例。

表 18 - 11  橄榄岩的性能实例

| 产地 | | 化学成分/% | | | | | | | | 灼减/% | 真比重/g·cm⁻³ | 吸水率/% | 耐火度/℃ |
| --- | --- | --- | --- | --- | --- | --- | --- | --- | --- | --- | --- | --- | --- |
| | | $SiO_2$ | $Al_2O_3$ | $MgO$ | $Fe_2O_3$ | $CaO$ | $Cr_2O_3$ | $K_2O$ | $Na_2O$ | | | | |
| 湖北 | I | 38.56 | 0.40 | 45.90 | 8.47 | 0.35 | 0.33 | 0.01 | 0.88 | 6.07 | 3.09 | 2.0 | 1690 ~ 1710 |
| | II | 41.02 | 0.76 | 46.98 | 8.74 | 1.51 | | | | 1.58 | 3.234 | 0.29 | >1770 |
| 陕西 | I | 39.57 | 1.58 | 44.28 | 8.97 | 0.49 | 0.65 | 0.05 | 0.89 | 3.61 | 3.17 | 2.6 | 1690 ~ 1710 |
| | II | 37.88 ~ 39.14 | 0.74 ~ 1.81 | 41.87 ~ 44.39 | 8.66 ~ 9.80 | 1.18 ~ 1.69 | | | | 4.50 ~ 6.54 | 2.98 ~ 3.10 | 1.90 ~ 2.90 | 1770 ~ 1790 |
| 内蒙古 | I | 32.40 | 3.52 | 41.68 | 5.33 | 0.63 | 0.63 ~ 0.76 | | | 15.61 | 2.58 | — | 1710 |
| | II | 35.55 | 4.72 | 39.26 | 4.93 | 0.66 | | | | 14.77 | 2.53 | — | 1540 |
| | III | 33.92 | 3.53 | 41.48 | 5.21 | 0.63 | | | | 14.89 | — | | 1670 |

(二)橄榄岩的加热变化

如上所述,橄榄岩均不同程度地蛇纹石化,再者,使用橄榄岩制镁橄榄石砖

时，原料中铁橄榄石含量小于10%，以FeO计算，其含量不得超过10%。我们研究橄榄岩的加热性质，主要是研究蛇纹石化橄榄岩的加热性质，并研究铁橄榄石和镁橄榄球石的混晶性质。

（1）在氧化气氛煅烧橄榄岩时，铁橄榄石于800℃很快分解，除形成镁橄榄石外，形成$Fe_2O_3$和X射线测得为非晶质的$SiO_2$；1080℃时，$SiO_2$部分与镁橄榄石反应生成顽火辉石（或称初顽辉石、顽辉石，斜方晶系），同时伴随体积变化。其反应式如下：

$$2(Mg,Fe)O \cdot SiO_2 \xrightarrow{800℃} 2MgO \cdot SiO_2 + SiO_2（非晶质）+$$
　　　　橄榄石　　　　　　　　　镁橄榄石

$$Fe_2O_3 \xrightarrow{1100℃} 2MgO \cdot SiO_2 + MgO \cdot SiO_2 + Fe_2O_3 + Fe_3O_4 + SiO_2$$
　　　　　　　　　　　　　　　顽火辉石　　　　　　　　　　方石英

（2）在700℃左右，橄榄岩中的蛇纹石脱水分解；温度升高到800℃左右，蛇纹石脱水产物转变成镁橄榄石和顽火辉石。其反应式如下：

$$3MgO \cdot 2SiO_2 \cdot 2H_2O \xrightarrow[吸热反应]{700℃左右} 3MgO \cdot 2SiO_2 + 2H_2O$$
　　蛇纹石

$$3MgO \cdot 2SiO_2 \xrightarrow[放热反应]{800℃左右} 2MgO \cdot SiO_2 + MgO \cdot SiO_2$$
　　　　　　　　　　　　　　　　　镁橄榄石　　顽火辉石(斜方)

在高温下（1150~1480℃），镁橄榄石周围形成高铁玻璃，并且镁橄榄石开始强烈重结晶和再结晶。原武汉钢院对湖北某地橄榄岩进行烧结试验后指出，橄榄岩熟料烧成温度可控制在1380~1400℃范围内。

上述讨论指出，蛇纹石的加热产物和镁橄榄石与铁橄榄石混晶的加热反应物以及镁橄榄石与铁橄榄石混晶的加热反应产物均有顽火辉石（斜方晶系）。顽火辉石在低温时稳定，随温度升高有晶型转变，用高温X射线分光光谱仪研究表明，偏硅酸镁的晶型转变如下：

$$顽火辉石（MgO \cdot SiO_2）\underset{NaF}{\overset{1260℃}{\rightleftharpoons}} 原顽辉石 \underset{1100℃}{\overset{700℃}{\rightleftharpoons}} 斜顽辉石$$
　　（斜方晶系）　　　　　　　　（斜方晶系）　　（单斜晶系）

顽火辉石在1260℃转变为原顽辉石，原顽辉石冷却到700℃转变为斜顽辉石。另有资料认为原顽辉石冷却到1042~865℃之间转变为顽火辉石，在865℃以下有进一步转化为斜顽辉石的可能。而这种介稳的斜顽辉石可以长期保存下来，不致转变为热力学稳定的顽火辉石。这些研究表明，原顽辉石是高温稳定形态，而顽火辉石及斜顽辉石却在低温下稳定。在晶型转变过程中伴随有体积变化。偏硅酸镁三种晶型的某些参数见表18-12。

**表 18 – 12　MgSiO₃ 三种晶型的某些参数**

| 矿物名称 | 晶系 | 晶格常数 | | | | 理论密度 /g·cm⁻³ | 线膨胀系数（300～700℃）/℃⁻¹ |
|---|---|---|---|---|---|---|---|
| | | a/nm | b/nm | c/nm | β | | |
| 原顽辉石 | 斜方 | 0.925 | 0.874 | 0.532 | | 3.10 | $9.8 \times 10^{-6}$ |
| 顽火辉石 | 斜方 | 1.8230 | 0.8814 | 0.5178 | 108°30′ | 3.21 | $12.0 \times 10^{-6}$ |
| 斜顽辉石 | 单斜 | 0.9618 | 0.8828 | 0.5186 | | 3.19 | $13.5 \times 10^{-6}$ |

随温度升高，偏硅酸镁 $MgSiO_3$（$MgO \cdot SiO_2$）与 $MgO$ 反应，生成正硅酸镁，即镁橄榄石：

$$MgSiO_3 + MgO \xrightarrow{1450℃} Mg_2[SiO_4]$$
$$\text{镁橄榄石}$$

（3）橄榄岩在800℃左右加热时，铁橄榄石 $2FeO \cdot SiO_2$ 中的 $FeO$ 沿颗粒晶界和解理裂纹处析出，氧化为 $Fe_2O_3$。随温度升高，在 1100～1300℃ 时，部分 $Fe_2O_3$ 转变成 $Fe_3O_4$（磁铁矿），呈细小粒状结晶分布于橄榄石颗粒间或其表面上；另有部分 $Fe_2O_3$ 与正硅酸镁 $Mg_2[SiO_4]$ 作用生成偏硅酸镁 $MgSiO_3$ 和铁酸镁 $MgO \cdot Fe_2O_3$ 固溶体。

由于氧化铁和磁铁矿比重不一（$FeO$ 为 5.6，$Fe_2O_3$ 为 5.26，$Fe_3O_4$ 为 4.96～5.20），上述反应伴随有较大的体积膨胀。研究指出，在用全生料制橄榄石砖时或煅烧熟料时，在 850℃ 前就缓慢升温，以适应 $FeO$ 晶型转变和蛇纹石脱水分解产生的体积效应。

（4）存在于橄榄岩中的其他矿物，如菱镁矿、水镁石、菱铁镁矿等，在加热过程中也相应发生变化，并有新相出现：

$$MgCO_3 \xrightarrow{\triangle} MgO + CO_2$$

$$Mg(OH)_2 \xrightarrow{\triangle} MgO + H_2O$$

$$(Mg, Fe)CO_3 \xrightarrow{\triangle} MgO \cdot Fe_2O_3 + CO_2$$

所产生新的晶相，在高温下将进一步变化，例如，$MgO$ 在高温下与偏硅酸镁 $MgSiO_3$ 作用生成 $Mg_2[SiO_4]$，即镁橄榄石。

**（三）镁橄榄石（M₂S）砖生产要点**

**1. 加入镁砂**

从以上橄榄岩的加热变化看到，反应产物除生成镁橄榄石 $Mg_2[SiO_4]$、镁铁矿（铁酸镁）$Mg \cdot Fe_2O_3$、磁铁矿 $Fe_3O_4$ 等外，还有偏硅酸镁 $MgSiO_3$ 的各变体，即顽火辉石、斜顽辉石、原顽辉石。这些变体性能不佳，加之还有游离的 $SiO_2$ 存在，所以在应用橄榄岩来制镁橄榄石质耐火材料时，必须向原料加入镁砂，以获得良好的矿物组成——镁橄榄石（见图 18 - 8）。此外，MgO 与 $Al_2O_3$ 作用形成尖晶石（MA）物相。MgO 以烧结镁砂或轻烧镁粉的形式加入，一般加入量 15% ~ 20%。加入量除使辉石 $MgSiO_3$ 或 $MgO \cdot SiO_2$ 转化成 $M_2S$、MF、MA 及 CMS 等之外，应有少许 MgO 余量，以改善制品的性质。

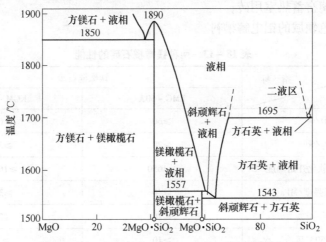

图 18 - 8　MgO 加入到 $MgO - SiO_2$ 系中的作用

### 2. 烧成气氛与温度

镁橄榄石质制品的烧成应在氧化气氛中进行。在氧化气氛下，有利于 $Fe^{2+}$ 转化为 $Fe^{3+}$；而在还原气氛下，易生成熔点低的 FeO。

烧成温度依镁砂加入量不同和是否有加入物而定。不加镁砂的橄榄石制品的烧成温度较低，烧成范围较窄，约在 1450℃ 左右。湖北某地橄榄岩熟料烧成温度在 1380 ~ 1400℃。随着镁砂加入量的增加，烧成温度应该相应提高，如加入镁砂 20% 的制品，烧成温度在 1550℃ 左右。

另外，在镁橄榄石质耐火材料中，镁铁矿（MF）的数量对制品的荷重变形开始温度有重要的影响，其影响可近似地用下面的经验公式表示：

$$T_{H \cdot g} \approx 1720 - 4.5M$$

式中　$T_{H \cdot g}$——荷重软化开始温度，℃；

　　　$M$——制品中镁铁矿的含量，%。

### （四）橄榄岩的应用

### 1. 作耐火制品

含镁（MgO）高的橄榄石组成的橄榄岩，加入或不加入镁砂制作的镁橄石制品（碱性耐火材料），见表 18 - 13。制品主晶相以镁橄榄石（$M_2S$）为主，由于（$M_2S$）具有优良性能，如熔点高（1890℃）、对 $Fe_2O_3$ 侵蚀有较强的抵抗性、耐高温熔体及渣的侵蚀、导热率低、不水化等，赋予了相应耐火制品良好的特性，见表 18 - 14，因而在多个领域得到应用。举例如下：

（1）加热炉炉底，钢包衬；

（2）电炉及混铁车衬；

（3）石灰窑衬；

（4）玻璃窑蓄热室用砖；

（5）有色领域的铝电解槽衬。

表 18 - 13　两种镁橄榄石砖的性能

| 性　能　　指　标 | 镁橄榄石砖 | |
| --- | --- | --- |
| | LMG - 60A | KGM - 60B |
| MgO/% | ≥60 | ≥60 |
| SiO$_2$/% | ≥20 | ≥20 |
| 0.2MPa 荷重下软化开始温度/℃ | ≥1650 | ≥1600 |
| 常温耐压强度/MPa | ≥40 | ≥35 |
| 显气孔率/% | ≤20 | ≤21 |
| 抗热震性（950℃风冷）/次 | ≥10 | ≥7 |
| 体积密度/g·cm$^{-3}$ | ≥2.70 | ≥2.65 |

表 18 - 14　镁橄榄石质制品的主要性质

| 制品种类 | 挤压强度/MPa | 体积密度/g·cm$^{-3}$ | 气孔率/% | 0.2MPa 荷重下的变形温度/℃ | | 热稳定性耐(空气冷却)/次 | 化学组成（主要氧化物）/% | | | |
| --- | --- | --- | --- | --- | --- | --- | --- | --- | --- | --- |
| | | | | 开始 | 破坏 | | SiO$_3$ | MgO | Al$_2$O$_3$ + Cr$_2$O$_3$ | Fe$_2$O$_3$ |
| 85% 橄榄石和 15% 轻烧镁石 | 24 | 2.6 | 22.5 | 1630 | 1630 | 36 | 33.2 | 50.2 | 1.4 | 13.6 |
| 85% 煅烧过的和 15% 天然的纯橄榄石 | 22.6 | 2.4 | 26.6 | 1610 | 1610 | 8 | 39.3 | 50.6 | 2.4 | 7.8 |
| 87% 煅烧过的纯橄榄石、11% 轻烧镁石和 2% 石英岩 | 27 | 2.4 ~ 2.5 | 24 ~ 28 | 1610 ~ 1620 | 1650 ~ 1720 | 7 | 37.2 | 52.6 | 1.6 | 7.8 |
| 88% 煅烧过的纯橄榄石和 12% 轻烧镁石 | 36 ~ 45 | 2.5 | 19.2 | 1570 ~ 1620 | 1630 ~ 1700 | — | 31.3 | 52.0 | 1.9 | 7.5 |

注：表中数据来源于曲木兰等人的研究。

2. 含镁量较高的橄榄岩的应用

含镁较高的橄榄岩（纯橄榄岩中 MgO 含量达 49%），应用举例如下：

（1）冶金熔剂，炼钢时用橄榄岩作为炉渣调节剂，可以降低炉料熔点和炉渣黏度；

(2) 引流砂，出钢口填充料；

(3) 连铸中间包绝热板原料和填充砂；

(4) 轻质涂料和投射料；

(5) 可用于冶炼金属镁；

(6) 铸造行业中作优质铸砂原料；

(7) 农业中与磷块岩或磷灰石一起熔烧作为钙镁磷肥。

从表 18-14 可以看出，镁橄榄石质制品有几点不足：一是抗热震性弱；二是气孔率高；另外，气氛变化的条件下易松散，有结瘤现象。这些问题有待研究解决，如通过引入外加剂 $ZrO_2$、$Cr_2O_3$ 等解决。

# 第四节　蛇纹岩

蛇纹岩是由超基性岩的橄榄岩、纯橄榄岩及一部分辉岩经过自变质或区域变质作用而形成的变质岩，主要矿物组成为蛇纹石，次要矿物有磁铁矿、钛铁矿、铬铁矿、水镁石及残余的橄榄石、辉石等。蛇纹岩呈绿色、暗绿色及黑中带绿色等似蛇皮状颜色，致密块状，油脂光泽，略具滑感，硬度为 3 左右，耐火度 1550℃左右。蛇纹岩可用作镁橄榄石质耐火材料的原料，还可用作制磷肥的氧化镁原料，提炼金属镁等。

## 一、蛇纹石

蛇纹石是蛇纹岩的主要矿物组成。蛇纹石是蛇纹石族矿物的总称，属于单斜晶系，化学组成 $Mg_6[Si_4O_{10}][OH]_8$ 或 $Mg_3[Si_2O_5][OH]_4$ 也可以表示为 $3MgO \cdot 2SiO_2 \cdot 2H_2O$，其中 MgO 43.0%、$SiO_2$ 44.1%、$H_2O$ 12.9%，常含 Fe、Ni、Mn、Co、Cr。按其内部结构层形状分为：结构层平坦为板状者为利蛇纹石；结构层呈波状起伏如叶片者称叶蛇纹石；结构层卷曲成管状者称纤维蛇纹石；呈隐晶质致密块状，由利蛇纹石、纤维蛇纹石或二者混合物统称为胶蛇纹石，它含有多量的水（13% ~19%）。

电子衍射图像表明，我国的蛇纹石矿物分属丁纤维蛇纹石、利蛇纹石和叶蛇纹石，见表 18-15。

表 18-15　我国蛇纹石化学、矿物组成

| 产地 | 化 学 成 分/% | | | | | | | | | | | | | | | | 矿物种类 |
| | $SiO_2$ | $Al_2O_3$ | $Fe_2O_3$ | FeO | CaO | MgO | $K_2O$ | $Na_2O$ | $TiO_2$ | $SO_3$ | $V_2O_5$ | $Cr_2O_3$ | MnO | $H_2O$ | $CO_2$ | $Cl^-$ | $F^-$ | |
| 吉林集安 | 44.06 | 0.130 | 1.624 | 0.142 | 0.10 | 41.49 | 0.03 | 0 | 0 | 0.06 | 0 | 0 | 0.055 | 12.20 | 0.02 | 0.005 | 0.365 | 纤维蛇纹石(以正纤维蛇纹石为主) |

| 产地 | 化学成分/% | | | | | | | | | | | | | | | | | 矿物种类 |
|---|---|---|---|---|---|---|---|---|---|---|---|---|---|---|---|---|---|---|
| | $SiO_2$ | $Al_2O_3$ | $Fe_2O_3$ | FeO | CaO | MgO | $K_2O$ | $Na_2O$ | $TiO_2$ | $SO_3$ | $V_2O_5$ | $Cr_2O_3$ | MnO | $H_2O$ | $CO_2$ | $Cl^-$ | $F^-$ | |
| 四川石棉矿 | 43.83 | 0.42 | 1.49 | 3.34 | 0.11 | 38.84 | 0.02 | 0.03 | 0.04 | 0.01 | 0.03 | 0.0002 | 0.117 | 11.33 | | 0.051 | 0.007 | 以叶蛇纹石为主,含极少量斜纤蛇纹石 |
| 北京延庆 | 39.96 | 0.48 | 2.59 | 0.43 | 4.10 | 38.95 | 0 | 0.04 | 0.08 | 0.1 | | 0.001 | 0.24 | 12.83 | | | | 利蛇纹石 |

蛇纹石中杂质主要是 $Al_2O_3$、$Fe_2O_3$ 和 FeO。纤维蛇纹石含 $Al_2O_3$ + $Fe_2O_3$ 约 3%,叶片蛇纹石约含 6.5%。其中 $Al_2O_3$ 来源于绿泥石。$Al_2O_3$ 的多元混合物中共熔温度仅 1301℃,含 1% $Al_2O_3$ 将组成约 4% 以上的低熔物,所以原料中的 $Al_2O_3$ 将显著降低耐火性能。

蛇纹石中含有结构水,煅烧时产生 12% 左右或更大的体积收缩。例如,我国四川彭县蛇纹岩煅烧至 1350℃ 时,体积收缩达最大值 20.3% ~ 25.2%;河北承德的蛇纹岩于 1310℃ ×8h 煅烧,有 10% ~ 12% 的体积收缩。蛇纹岩产生体积收缩与蛇纹岩的主矿物蛇纹石有关。在用蛇纹岩作原料时,要经预先煅烧成熟料才能制砖。

## 二、蛇纹岩煅烧过程的变化

蛇纹岩在煅烧过程中,要经过如下几种变化:

(1) 400 ~ 650℃,蛇纹石脱水,至 700℃ 完毕,此时物相是镁橄榄石和 X 射线测得为非晶质的 $MgSiO_3$:

$$2Mg_3[Si_2O_5][OH_4] \xrightarrow{600 ~ 700℃} 2Mg_2[SiO_4] + 2MgSiO_3$$

蛇纹石 　　　　　　　　　　镁橄榄石　　非晶质

(2) 1000℃ 左右,非晶质的 $MgSiO_3$ 变成顽火辉石,随着温度的升高,变为斜顽辉石:

$$2Mg_2[SiO_4] + 2MgSiO_3 \xrightarrow{1050℃} 2Mg_2[SiO_4] + 2MgSiO_3$$

非晶质 　　　　　　　　　　　　　　顽火辉石

(3) 1300 ~ 1400℃ 时,物料发生剧烈收缩,收缩程度根据蛇纹石化程度而异。如前文指出,我国彭县、承德的蛇纹岩分别有 20% ~ 25% 和 10% ~ 12% 的体积收缩。蛇纹岩中的含铁矿物和杂质 $Al_2O_3$,生成镁橄榄石等物相。

(4) 1400 ~ 1500℃ 时,物料完全烧结。熟料中主要有镁橄榄石、斜顽辉石。此外还有磁铁矿和尖晶石包裹体。

表 18 – 16 和表 18 – 17 列出了蛇纹岩在不同煅烧温度下的理化性能。表 18 – 18 为我国各地蛇纹岩的原料性能。

表 18－16 内蒙古某地蛇纹岩性能

| 样号 | 煅烧温度 | 化学成分/% | | | | | | 灼减/% | MgO/SiO₂ | 耐火度/℃ | 气孔率/% | 真比重 | 体积密度/g·cm⁻³ |
|---|---|---|---|---|---|---|---|---|---|---|---|---|---|
| | | SiO₂ | MgO | CaO | Al₂O₃ | Cr₂O₃ | Fe₂O₃ | | | | | | |
| 1 | 未煅烧 | 32.40 | 41.66 | 0.63 | 3.52 | 0.63 | 5.33 | 15.61 | 1.28 | 1710 | 0.41 | 2.58 | 2.55 |
| | 1400℃×2h | 37.71 | 50.46 | 0.62 | 4.96 | 0.38 | 6.66 | 0.28 | | 1730 | 12.86 | 2.82 | |
| | 1450℃×2h | 35.70 | 50.09 | 0.49 | 6.08 | 0.38 | 6.64 | 0.54 | | 1730 | 13.78 | 2.78 | |
| 2 | 未煅烧 | 35.55 | 39.26 | 0.66 | 4.72 | 0.69 | 4.93 | 14.77 | 1.1 | 1540 | 0.61 | 2.60 | 2.53 |
| | 1400℃×2h | 38.18 | 49.61 | 0.55 | 5.01 | 0.63 | 5.98 | 0.47 | | 1750 | 13.33 | 2.82 | |
| | 1450℃×2h | 37.56 | 49.85 | 0.53 | 4.96 | 0.38 | 5.33 | 0.33 | | 1750 | 11.85 | 2.86 | |
| 3 | 未煅烧 | 33.92 | 41.48 | 0.63 | 3.53 | 0.76 | 5.21 | 14.89 | 1.22 | 1670 | 1 | 2.56 | 1 |
| | 1400℃×2h | 42.16 | 45.18 | 0.53 | 7.07 | 0.51 | 4.76 | 0.53 | | 1610 | 22.53 | 1.96 | |
| | 1450℃×2h | 41.32 | 41.48 | 0.56 | 7.16 | 0.44 | 4.84 | 0.41 | | 1690 | 18.24 | 2.40 | |

表 18－17 我国某地蛇纹岩在不同煅烧温度下的理化性质

| 编号 | 蛇纹石化程度 | 灼减/% | 化学成分/% | | | | | | | |
|---|---|---|---|---|---|---|---|---|---|---|
| | | | SiO₂ | MgO | Al₂O₃+TiO₂ | FeO | Fe₂O₃ | CaO | Cr₂O₃ | K₂O |
| 1 | 弱(稍强) | 7.7 | 36.54 | 47.36 | 0.85 | 3.21 | 4.29 | 0.10 | 0.52 | |
| 2 | 强 | 10.20 | 35.78 | 45.39 | 2.53 | 1.62 | 4.12 | 0.10 | | |
| 3 | 极强 | 15.44 | 33.52 | 42.61 | 2.86 | 2.28 | 3.86 | 0.13 | 0.15 | 0.12 |

| 温度/℃ | 显气孔率/% | | | 密度/g·cm⁻³ | | |
|---|---|---|---|---|---|---|
| | 1 | 2 | 3 | 1 | 2 | 3 |
| 800 | 15.5 | 19.7 | 25.9 | 3.230 | 3.125 | 3.105 |
| 1000 | 15.1 | 19.6 | 24.2 | 3.235 | 3.180 | 3.190 |
| 1200 | 14.9 | 21.0 | 16.7 | 3.263 | 3.280 | 3.231 |
| 1350 | 20.7 | 16.3 | 14.6 | 3.266 | 3.260 | 3.266 |
| 1450 | 12.9 | 15.6 | 11.6 | 3.300 | 3.315 | 3.270 |
| 1500 | | | 12.3 | | | |

表 18－18 蛇纹岩原料性能

| 产地 | | 化学成分/% | | | | | | | 灼减/% | MgO/SiO₂ | 耐火度/℃ | 真比重 | 气孔率/% | 外观 |
|---|---|---|---|---|---|---|---|---|---|---|---|---|---|---|
| | | SiO₂ | TiO₂ | Fe₂O₃ | Al₂O₃ | CaO | MgO | Cr₂O₃ | | | | | | |
| 四川彭县 | 象鼻子 | 39.2 | 微 | 6.44 | 1.39 | 0.52 | 40.09 | 微 | 13.19 | 1.02 | 1520 | | 2.57 | 黑绿色，非晶质 |
| | | 32.02 | — | 3.96 | 1.95 | 7.48 | 36.02 | 0.35 | 19.51 | 1.12 | 1620 | 2.61 | 2.63 | 灰黑色，硬块 |
| | 长坪1号洞 | 38.44 | 微 | 8.29 | 1.15 | 0.16 | 40.19 | 微 | 13.10 | 1.04 | 1440 | 2.51 | 2.64 | 黑绿色，致密 |
| | 长坪2号洞 | 38.80 | 微 | 6.63 | 1.95 | 0.12 | 40.71 | 0.23 | 13.09 | 1.05 | 1480 | 2.61 | 2.60 | 黑绿色，致密 |
| | 水晶坡 | 37.77 | 微 | 7.79 | 1.24 | 1.84 | 38.75 | 0.21 | 13.07 | 1.02 | 1550 | 2.69 | 2.63 | 黑绿色，致密 |

| 产地 | 化学成分/% | | | | | | | 灼减/% | MgO/SiO₂ | 耐火度/℃ | 真比重 | 气孔率/% | 外观 |
|---|---|---|---|---|---|---|---|---|---|---|---|---|---|
| | SiO₂ | TiO₂ | Fe₂O₃ | Al₂O₃ | CaO | MgO | Cr₂O₃ | | | | | | |
| 辽宁岫岩 | 44.55 | | 1.00 | 0.03 | 微 | 42.76 | | 12.77 | 0.96 | 1500 | | | 白中带绿,半透明 |
| 河北承德 | 34.44 | | 9.6 | 0.55 | 0.60 | 41.6 | | 14.31 | 1.21 | | | | |
| 陕西大安 | 36.12 | | 4.25 | 1.90 (Al₂O₃+TiO₂) | 0.39 | 39.18 | 3.25 (K₂O+Na₂O) | 14.48 | 1.08 | 1410 | 2.69 | 1.50 | |
| | 37.04 | | 4.96 | 1.56 (Al₂O₃+TiO₂) | 1.46 | 37.83 | 4.71 (K₂O+Na₂O) | 13.48 | 1.02 | 1410 | 2.65 | 5.40 | |
| | 37.16 | | 4.59 | 2.61 (Al₂O₃+TiO₂) | 1.74 | 38.18 | 2.98 (K₂O+Na₂O) | 13.74 | 1.03 | 1410 | 2.67 | 4.60 | |
| 黑龙江依兰县马鞍山 | 42.56 | | 2.40 | 0.99 | 0.63 | 40.85 | | 12.70 | 0.96 | 1490 | | | |
| 北京密云 | 35.87 | | 14.50 | 0.98 | | 35.91 | 1.13 | 11.96 | 1.00 | 1470 | 2.77 | | 灰绿色,硬块 |
| | 36.15 | | 13.72 | 1.60 | | 35.93 | 0.79 | 12.21 | 0.99 | 1490 | 2.79 | | 浅灰色,致密 |
| 江西弋阳县港板 | 38.08 | | 7.48 | 1.11 | 1.12 | 36.65 | | 13.30 | 0.96 | | | | |
| 江西德兴县西湾 | 38.43 | | 7.98 | 1.69 | 1.24 | 36.73 | | | 0.95 | | | | 纤维状 |
| 福建顺昌县建西黄源 | 40~43 | 0.05 | 6~10 | 1~3 | 0.3~0.85 | 30~39 | 0.1~0.3 (Ni) | | | | | | 致密,块状 |
| 福建莆田县长基 | 36.95 | | 7.27 | 0.67 | 0.68 | 37.31 | | | 1.01 | | | | 叶片状 |
| | 39.79 | | 9.64 | 1.17 | 0.17 | 36.64 | | | 0.92 | | | | 叶片状 |

由表 18 – 16 ~ 表 18 – 18 可见,蛇纹岩的耐火度均较低,但是加入一定量的烧结镁砂后,因生成镁橄榄石,可以提高其耐火性能。其反应式如下:

$$3MgO \cdot 2SiO_2 \cdot 2H_2O + MgO \longrightarrow 2(2MgO \cdot SiO_2) + H_2O$$

蛇纹石                    镁橄榄石
(1557℃分解)              (熔点1897℃)

# 第五节 滑 石

## 一、滑石的化学矿物组成

滑石(talc)属层状构造硅酸盐,是一种含水硅酸盐矿物,化学式为

$Mg_3[Si_4O_{10}][OH]_2$，或者为 $3MgO \cdot 4Si_2O \cdot H_2O$，其中 MgO 31.7%（31.9%）、$SiO_2$ 65.3%、$H_2O$ 4.8%。

天然质纯的滑石矿很少，大多数伴生有其他矿物杂质，常见的伴生矿物有：绿泥石、蛇纹石、菱镁矿、透闪石、白云石等，故在化学成分中常含铁、铝等杂质。

## 二、物理性质与应用

滑石常呈白色微带浅绿、浅红、浅褐等色，属单斜晶系，晶体常呈粗鳞片状，致密块状，解理平行于 {001} 完全，薄片有挠性或稍能弯曲。其硬度为1，具有滑感，比重 2.6~2.8 或 2.7 左右，熔点 1550℃，受热时有明显的热效应，在 120~200℃失去吸附水，600~870℃逐步失去结构水，950℃或1050℃时全部脱水。

滑石具有良好的耐热性、润滑性、抗酸碱性、绝缘性以及对油类有强烈吸附等优良性能。其作为工业原料用途广泛，如用作陶瓷工业及高频绝缘材料，这时主要应用滑石在高温下电阻较高、介电损失小、功率因数低等性能。滑石也可以用作耐火原料、造纸、化工、油漆、橡胶等工业部门。滑石可作为堇青石合成的含 MgO 原料。

## 三、产地

滑石是由富镁岩石或矿物（如橄榄岩、辉石岩、蛇纹岩、菱镁矿、白云石等）经热液变质而成，我国滑石大多集中于辽宁、山东、广西及西北地区，西部地区较少。产地有：辽宁海城、本溪、营口、恒仁，山东莱州、平度、海阳，广西桂林（龙胜县），四川冕宁，福建政和滑石矿等。其中辽宁海城、广西龙胜滑石矿规模较大，开采历史较长，质量较优。

辽宁海城滑石矿床，主要是由菱镁矿变质而成。按颜色可分为白色、粉红色、紫色、烟灰色、绿色、墨色。由一般菱镁矿变成的滑石以白色为主，而含碳质的菱镁矿变成滑石则以黑色为主，烟灰色、绿色滑石是由白云质千枚岩、板岩等岩石变化而成。滑石的颜色虽然有多种，但化学成分却近似，见表 18-19。

表 18-19　我国某地滑石化学成分　（%）

| 滑石按颜色分类 | $SiO_2$ | MgO | $Fe_2O_3$ | $Al_2O_3$ | $P_2O_5$ | CaO | 灼减 | 总计 |
|---|---|---|---|---|---|---|---|---|
| 白色滑石 | 62.34 | 32.46 | 0.102 | 0.042 | 0.022 | 0.07 | 4.90 | 100.026 |
| 深粉红色滑石 | 62.74 | 31.19 | | 0.019 | 0.053 | 0.09 | 4.85 | 99.987 |
| 肉红色滑石 | 61.13 | 32.47 | 0.086 | 0.023 | 0.478 | 0.14 | 5.23 | 99.012 |
| 棕色滑石 | 62.56 | 32.52 | 0.050 | 0.021 | | 0.003 | 4.95 | 100.007 |

| 滑石按颜色分类 | SiO$_2$ | MgO | Fe$_2$O$_3$ | Al$_2$O$_3$ | P$_2$O$_5$ | CaO | 灼减 | 总计 |
| --- | --- | --- | --- | --- | --- | --- | --- | --- |
| 青褐色滑石 | 62.32 | 32.36 | 0.096 | 0.024 | 0.060 | 0.11 | 4.95 | 99.39 |
| 浅青褐色滑石 | 62.26 | 32.46 | 0.016 | 0.007 | 0.062 | 0.13 | 4.96 | 99.015 |
| 棕黄色滑石 | 62.64 | 32.40 | 0.034 | | 0.019 | 0.05 | 4.77 | 99.961 |

广西龙胜滑石矿床产于元古代白云质大理岩内，矿床顶板是白云质大理岩，底板是细碧角斑岩，矿带长 20km 以上，其中最大矿体长 1000m，宽 280m，厚 140m，呈巨大的似层状、透镜状分布，小矿体呈大小不等透镜体。矿石矿物成分简单，以滑石为主，含量达 99%，少量为金红石、绿泥石。

# 第十九章　低膨胀矿物原料

钛酸铝 $Al_2O_3 \cdot TiO_2$（简写 AT）

　　化学组成、结构与性质

　　抑制 AT 分解与提高其强度

　　AT 合成与指标

董青石 $2MgO \cdot 2Al_2O_3 \cdot 5SiO_2$（简写 $M_2A_2S_5$）

　　化学组成、结构与性质

　　董青石合成与指标

　　董青石—莫来石复合低膨胀耐火原料

应用

## 第一节　概　述

　　抗热震性（或称热震稳定性），是耐火材料重要的一个性质。各个领域的工业窑炉用耐火材料，尤其是温度波动频繁、温差较大的区段，对耐火材料都有抗热震的要求。随着科技的发展，此要求将会更高更严。

　　材料的抗热震性，与材料的强度、热传导率、弹性模量、热膨胀系数、比热容、密度等因素密切相关，可用下式简要表述：

$$R \propto \frac{\sigma}{\alpha E} \sqrt{\frac{\lambda}{c_p \rho}}$$

式中　$R$——材料热震稳定系数；

　　　$\sigma$——材料的抗张强度；

　　　$\alpha$——材料的线膨胀系数；

　　　$\lambda$——材料的热导率；

　　　$E$——材料的弹性模量；

　　　$c_p$——材料的等压热容；

　　　$\rho$——材料的密度。

　　抗热震性还与材料的形状尺寸、加热（冷却）条件、温度急变时所产生的局部应力等有关。

上述因素中，材料的热膨胀系数 $\alpha$ 是更为重要的因素。如果材料的热膨胀系数大，由温度变化而产生的热应力，会在材料的内部引起龟裂，在大多数场合下制品呈现破坏现象。因此，要提高材料的抗热震性，选择低膨胀矿物原料是很有效的办法。

陶瓷材料（含耐火材料）按热膨胀系数 $\alpha$ 分为：

低膨胀矿物 $\alpha < 2 \times 10^{-6}/℃$ （也有人认为 $\alpha < 2.5 \times 10^{-6}/℃$）

中膨胀矿物 $\alpha = (2 \sim 8) \times 10^{-6}/℃$

高膨胀矿物 $\alpha > (8 \sim 10) \times 10^{-6}/℃$

耐火材料常用的矿物，如硅线石、红柱石、莫来石（$20 \sim 1000℃$，$\alpha = 5.3 \times 10^{-6}/℃$），刚玉（$\alpha = 8 \times 10^{-6}/℃$），锆英石（锆石）（$\alpha \approx 4.2 \times 10^{-6}/℃$），碳化硅（$\alpha < 4.7$（或 5）$\times 10^{-6}/℃$）等，这些矿物的膨胀系数一般为 $(4 \sim 8) \times 10^{-6}/℃$，不属于低膨胀矿物。碳化硅靠其高导热性而具有很高的抗热震性，但存在难以克服的氧化问题。

热膨胀系数 $\alpha < 2 \times 10^{-6}/℃$（常温 $\sim 1000℃$）的矿物包括：石英玻璃、锂辉石、$\beta$-锂霞石（熔点约 $1000℃$）、堇青石（$1460℃$ 熔融分解）、磷酸锆、钛酸铝（$1860 \pm 10℃$）等。在上述矿物中，石英玻璃在 $1200℃$ 长期使用或反复使用会出现失透现象（析出方石英），出现异常膨胀，所以使用温度会低。锂辉石、$\beta$-锂霞石、堇青石的熔点或分解温度在 $1500℃$ 以下，故在 $1200 \sim 1250℃$ 以上温度长期使用会有问题。磷酸锆的热学性质至今未弄清楚，也未达到应用水平。据目前所知，只有钛酸铝矿物是热膨胀系数小又耐高温的矿物，是很有前景的矿物。堇青石矿物具有热膨胀系数小、热震稳定性好的特点，是陶瓷工业用窑具材料重要的矿物原料。然而其熔融分解温度低（$1460℃$），理应不归在耐火原料范畴，但综合考虑，仍放在本章低膨胀原料讨论。钛酸铝等矿物原料的热膨胀系数和熔点或分解温度，见表 19-1。

**表 19-1　钛酸铝等矿物的热膨胀系数和熔点或分解温度**

| 矿物名 | 化学式 | 简写 | 热膨胀系数/℃$^{-1}$ | | 熔点或分解温度/℃ |
| --- | --- | --- | --- | --- | --- |
| | | | 常温 ~1000℃ | 常温 ~1200℃ | |
| 钛酸铝 | $Al_2O_3 \cdot TiO_2$ | AT | $0.8 \times 10^{-6}$ | $1.0 \times 10^{-6}$ | $1860 \pm 10$ |
| 堇青石 | $2MgO \cdot 2Al_2O_3 \cdot 5SiO_2$ | $M_2A_2S_5$ | $1.1 \times 10^{-6}$ | $1.5 \times 10^{-6}$ | $1460℃$ 分解 |
| 锂辉石 | $Li_2O \cdot Al_2O_3 \cdot 4SiO_2$ | $LAS_4$ | $0.6 \times 10^{-6}$ | | $1430$ |
| 莫来石 | $3Al_2O_3 \cdot 2SiO_2$ | $A_3S_2$ | $5.3 \times 10^{-6}$ | | $1870℃$ 或 $1810℃$ 分解 |
| 刚玉 | $Al_2O_3$ | A | $8.0 \times 10^{-6}$ | | $2050$ |
| 锆英石 | $ZrO_2 \cdot SiO_2$ | | $4.2 \times 10^{-6}$ | | $2550$ |
| 尖晶石 | $MgO \cdot Al_2O_3$ | MA | （$100 \sim 900℃$）$8.9 \times 10^{-6}$ | | $2135$ |

| 矿物名 | 化 学 式 | 简写 | 热膨胀系数/℃$^{-1}$ | | 熔点或分解温度/℃ |
|--------|---------|------|----------------|----------------|------------------|
| | | | 常温 ~ 1000℃ | 常温 ~ 1200℃ | |
| SiC | SiC | | $(4.7 \sim 5) \times 10^{-6}$ | | 3400℃分解 |
| 氮化硅 | $\alpha - Si_3N_4$ | | (0 ~ 1400℃)<br>$2.7 \times 10^{-6}$ | | 1400 ~ 1600 |
| | $\beta - Si_3N_4$ | | (常温 ~ 1000℃)<br>$3.0 \times 10^{-6}$ | | 1900 |

原冶金部、建材部、轻工部在"八五"期间（1990 ~ 1995 年）曾联合组织攻关，开展钛酸铝、堇青石合成技术的研究，考核技术指标主要为：

钛酸铝　吸水率 <3%，热膨胀系数（200 ~ 1000℃） $<2.0 \times 10^{-6}$/℃

堇青石　吸水率 <6%，堇青石含量 >90%

# 第二节　钛　酸　铝

武汉科技大学（原武汉钢铁学院）耐火材料专业史道明、熊有文二人，在张少伟老师指导下，于 1991 ~ 1992 年进一步开展对钛酸铝的研究，题目为"复合添加剂对钛酸铝性能的影响"。之后，编著者在生产厂结合生产进行钛酸铝合成与钛酸铝基耐火材料的研究。研究表明：钛酸铝对耐火材料的抗热震性等实用方面，确有重要的价值。工业上使用以人工合成为主。

## 一、化学组成

钛酸铝：$Al_2TiO_5$ 或写成 $Al_2O_3 \cdot TiO_2$，简写 AT。理论化学组成：$Al_2O_3$ 56%，$TiO_2$ 44%，它是 $Al_2O_3 - TiO_2$ 二元系稳定的化合物。$Al_2O_3 - TiO_2$ 系状态图见图 19 - 1。

## 二、结构与性质

钛酸铝属斜方晶系，其晶胞参数：$a_0 = 0.9429$nm、$b_0 = 0.9636$nm、$c_0 = 0.3591$nm；密度 3.702g/cm$^3$；熔点 1860 ± 10℃。

热膨胀系数各向异性，在各晶轴方向上相差很大：$a$ 轴 = $-2.6 \times 10^{-6}$/℃，$b$ 轴 = $+11.8 \times 10^{-6}$/℃，$c$ 轴 = $+19.4 \times 10^{-6}$/℃。在烧结过程中，由于各晶轴的热膨胀系数的差异，$b$ 与 $c$ 方向上总是出现较大的热应力；导致出现较多的微裂纹。这样一来，AT 烧结体的热膨胀系数主要由 $a$ 轴方向的热膨胀系数所决定，或者讲 $a$、$b$、$c$ 三个晶轴方向热膨胀的综合结果，热膨胀系数非常低，近于零。材料具有优良的抗热震性。

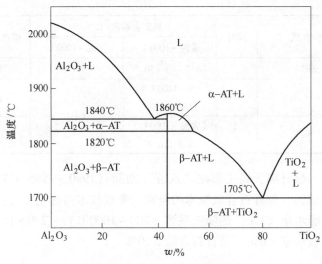

图 19 - 1 Al$_2$O$_3$ - TiO$_2$ 系状态图

钛酸铝（AT）对熔融铝液、钢液以及熔融铜渣、钢渣具有不浸润性，而且耐碱腐蚀。

钛酸铝致命的弱点：

（1）高温分解。在钛酸铝（AT）结构中，铝（Al$^{3+}$）离子所占空间的尺寸，远大于 Al$^{3+}$ 的离子半径，因而当温度较高时，由于晶格振动加剧，Al$^{3+}$ 就有可能逸出晶格而使 AT 分解。

研究指出，在 800 ~ 1300℃ 温度范围（或 850 ~ 1250℃）内使用，AT 分解为刚玉（Al$_2$O$_3$）和金红石（TiO$_2$），不稳定，失去低膨胀特性。AT 于 1100℃ 时的分解最为剧烈。

（2）难以致密烧结，因而强度低。其原因 AT 热膨胀各向异性较大，如上指出，钛酸铝（AT）$a$ 轴方向收缩，而 $b$、$c$ 轴方向为膨胀，相差较大，当冷却时导致材料内部易形成大量的微裂纹，致使机械强度较低。

### 三、抑制钛酸铝分解与提高其强度

如上指出，钛酸铝（AT）是高熔点低膨胀的矿物，广泛应用于抗热震的场合。然而，AT 性质中有严重不足，在高温（1100℃）下易分解，如何抑制 AT 高温下的分解和提高其强度是使用中的关键所在。众多的研究，除了 AT 合成工艺有关参数外（后述），加入少量的添加剂是延缓 AT 分解、增加其稳定性的常用方法。

添加剂有各种氧化物（SnO$_2$、ZrO$_2$、Cr$_2$O$_3$、SiO$_2$、Fe$_2$O$_3$、MgO 等）、稀土氧化物（CeO、La$_2$O$_3$、Y$_2$O$_3$ 等）以及 Si$_3$N$_4$、SiC 等。在多数情况下，用 2 ~ 3

种添加剂复合。

加入添加剂的机理，简述如下：

（1）加入的添加物，某些金属离子半径比 $Al^{3+}$（0.057nm）$Ti^{4+}$（0.064nm）大时（见表 19-2），取代 $Al^{3+}$、$Ti^{4+}$ 而进入 AT 结构中，这样 AT 会发生一定变形，大大增加晶体内部对 $Al^{3+}$ 的约束力，令 $Al^{3+}$ 不易从晶格中逸出，对 AT 晶格起到稳定的作用。

（2）添加物 $ZrO_2$，此时 $Zr^{4+}$ 取代的是 $Ti^{4+}$ 而非 $Al^{3+}$，对 AT 的热膨胀系数起稳定的作用，对 AT 的分解起到抑制的作用。$ZrO_2$ 与 AT 生成 $ZrO_2 \cdot TiO_2$，剩余的 $ZrO_2$ 仍以 $ZrO_2$ 存在，弥散于坯体中起到增强作用。

（3）与 AT 形成固溶体。添加剂的阳离子半径与 $Al^{3+}$ 的离子半径相近，易形成固溶体。起到稳定晶相晶格、抑制其分解、稳定或降低线膨胀率、提高 AT 抗热震的作用。这类添加剂如 MgO、$La_2O_3$、$Fe_2O_3$、$CaCO_3$ 等。

（4）形成新相，新相在 AT 晶界处生成，促进 AT 烧结体致密化，提高强度。如 MgO 与 AT 形成固溶体，过剩的 MgO 与 $Al_2O_3$ 形成尖晶石（$MgO \cdot Al_2O_3$），抑制主晶相 AT 晶粒长大，提高其强度。又如 $SiO_2$ 在高温下形成液相，促使 AT 致密化。$SiO_2$ 尚可与 $Al_2O_3$ 作用形成新相（莫来石），同样抑制 AT 长大，AT 更为致密，提高其强度。

表 19-2 添加剂阳离子半径（部分）

| 名 称 | 阳离子半径/nm | 名 称 | 阳离子半径/nm | 名 称 | 阳离子半径/nm |
|---|---|---|---|---|---|
| MgO | $Mg^{2+}$ 0.078 | $Al_2O_3$ | $Al^{2+}$ 0.057 | $TiO_2$ | $Ti^{4+}$ 0.064 |
| $Fe_2O_3$ | $Fe^{3+}$ 0.083 | $Cr_2O_3$ | $Cr^{3+}$ 0.064 | $SnO_2$ | $Sn^{4+}$ 0.074 |
| FeO | $Fe^{2+}$ 0.067 | $La_2O_3$ | $La^{3+}$ 0.1061 | $ZrO_2$ | $Zr^{4+}$ 0.087 |

## 四、钛酸铝的合成

工业上应用的是人工合成钛酸铝（AT），合成的方法有多种：

（1）电熔法。目前在河南三门峡、山东淄博等有产品供应。

（2）烧结法。

原料：工业氧化铝（含 $Al_2O_3 \geqslant 99\%$），粒度 -325 目（或小于 300 目）；

钛白粉，含 $TiO_2 > 98.5\%$，粒度 -325 目（或小于 300 目）。

工艺：按比例称重（工业氧化铝 56%，钛白粉 44% + 复合添加剂）$\xrightarrow[\text{以上湿法为好}]{\text{混磨 1~3h}}$ 半干法高压压坯（如试样 30mm × 10mm，压力不小于 $200kg/cm^2$（19.61MPa））$\xrightarrow{1000 \sim 1550℃,\ 1 \sim 3h}$ 煅烧 $\longrightarrow$ 熟料。

也可用二步煅烧工艺合成 AT 熟料，目的是减少或消除 AT 的开裂，提高强度。

第一步：将按比例配制好原料，加复合添加剂混磨、压坯在约 1150℃ 预合成。（因在 1100℃ AT 剧烈分解，故预合成温度选在约 1150℃）后将预合成料，破碎、细磨后按一定比例加入到配合料中压坯成型。

第二步：第二次煅烧约 1450℃（比一步煅烧温度降 50~100℃）。

### 五、钛酸铝熟料性能（见表 19-3）

表 19-3　钛酸铝（AT）熟料性能实例（部分）

| 单位或产地 | | "八五"攻关要求<br>（1990~1995 年） | 咸阳陶瓷研究所，<br>AT-10 | 原武汉钢铁学院 218<br>室，1991~1992 年 | 电　熔 | |
| --- | --- | --- | --- | --- | --- | --- |
| | | | | | 三门峡 | 山东淄博 |
| 化学<br>成分/% | $Al_2O_3$ | 56 | | | | 55 |
| | $TiO_2$ | | | | | 38 |
| | $Fe_2O_3$ | | | | | <0.3 |
| 吸水率% | | <3 | 2.68 | 2.22~2.40 | | <3 |
| 热膨胀系数/℃$^{-1}$ | | 20~1000℃<br><2.0×10$^{-6}$ | 20~800℃<br>(0.67~1.35)×10$^{-6}$ | 20~1000℃<br><3×10$^{-6}$ | | |
| 荷重软化温度/℃ | | | 1600~1650 | | | |
| 稳定性 | | | | 1100℃，20h 无分解 | | |
| 体积密度/g·cm$^{-3}$ | | | | | | >3.1 |
| AT/% | | | | >90 | | >95 |

# 第三节　董青石

在第一节概论中曾叙述，我国在"八五"期间，组织过对钛酸铝及董青石的技术攻关，原北京建材研究院郭海珠等承担了对董青石的技术攻关，出色完成了任务，研究成果已在其编著的《实用耐火原料手册》一书中有所反映。编著者与其团队成员戴元清等于 1987 年前后，做过董青石—硅线石匣钵的研制课题，并到景德镇等地考察。

## 一、董青石化学组成

董青石化学式：$2MgO \cdot 2Al_2O_3 \cdot 5SiO_2$（简写为 $M_2A_2S_5$）。其中，MgO 13.8%，$Al_2O_3$ 34.9%，$SiO_2$ 51.3%。成分中 Mg 和 Fe 常作类质同象代替。如 Mg>Fe 为董青石。Mg<Fe 为铁董青石。自然界中，大多数董青石是富镁的，而富铁的较为少见，这是由于 Mg 能优先进入董青石的晶体结构中。

董青石中常含有相当数量的水，一般认为与蚀变程度有关；也常含钠（Na）

和钾（K），这些 Na、K 和水分子都存在于平行 $c$ 轴的结构孔道之中；还含有 CaO、$H_2O$ 等混入物。

董青石是一典型变质矿物，常产于片麻岩、结晶片岩及蚀变的火成岩中，铁董青石产于花岗伟晶岩中。天然产董青石的化学成分见表 19-4。

表 19-4　天然产董青石的化学成分（部分）　　　　　　（%）

| 产状 | 黑云母-片麻岩 | 董青石-直闪石片麻岩 | 董青石-石英脉 | 石英脉 | 榴云岩中 |
|---|---|---|---|---|---|
| 产地 | 美国 | 芬兰 | 日本 | 马达加斯加 | 芬兰 |
| $Al_2O_3$ | 32.72 | 33.07 | 33.64 | 33.41 | 32.40 |
| $SiO_2$ | 46.99 | 50.15 | 46.75 | 48.04 | 47.88 |
| FeO | 7.12 | 2.22 | 4.89 | 5.04 | 9.65 |
| $Fe_2O_3$ | 0.64 | 1.52 | 0.72 | 0.01 | 2.72 |
| $TiO_2$ | 0.10 | 0.38 | — | 0.06 | — |
| CaO | 0.06 | 0.29 | 0.04 | 0.04 | 0.08 |
| MgO | 8.38 | 11.01 | 10.43 | 10.32 | 6.94 |
| $K_2O$ | 0.30 | 0.08 | 0.56 | 0.30 | 0.07 |
| $Na_2O$ | 0.85 | 0.14 | 0.24 | 1.12 | 0.23 |
| $H_2O^+$ | 3.07 | 1.37 | 2.63 | 1.81 | 1.92 |
| $H_2O^-$ | 0.05 | 0.09 | 0.10 | 0.23 | 0.24 |
| MnO | 0.42 | 0.12 | 0.31 | | 1.86 |

## 二、晶体结构与性质

（一）结构

董青石的晶体结构为斜方晶系，与绿柱石相似，以硅氧四面体组成的六方环为基本构造单位，环间以 Al、Mg 连接，在六方环中存在 Al 代替 Si 现象。

晶胞轴长 $a_0 = 1.713 \sim 1.707nm$，$b_0 = 0.980 \sim 0.973nm$，$c_0 = 0.935 \sim 0.929nm$，单位晶胞中式分子数 $Z = 4$。

（二）形态与性质

董青石的晶体形态属斜方双锥晶类，见图 19-2。完好晶体很少见，常呈致密块状或不规则分散粒状。

出现的单形有斜方柱 $m$ {110}，斜方双锥 $s$、$n$ 平行双面 $c$、$b$。无色，常呈不同色调的浅蓝或浅紫，并带有浅黄，浅褐色，透明至半透明，玻璃光泽，断口油脂光泽，条痕无色。解理 {010} 中等，{100}、{001} 不完全。硬度为 7 ~ 7.5，性脆，比重为 2.53~2.78（或 2.57~2.66）。

董青石有高温与低温两个变体。膨胀系数很小，20~900℃ 时，$\alpha = (1.25 \sim$

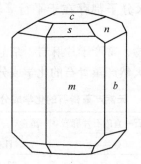

图 19 - 2　堇青石晶体形态

1. 92) $\times 10^{-6}/℃$，100 ~ 1000℃时，$\alpha = 2.6 \times 10^{-6}/℃$。

　　堇青石熔融分解温度为 1460℃。在 $MgO - Al_2O_3 - SiO_2$ 系相图中（图 19 - 3），堇青石初晶区处于五个低共熔体之间（1345 ~ 1460℃），高于 1460℃被分解为莫来石和玻璃相。当合成堇青石或使用堇青石时，注意堇青石的分解温度。

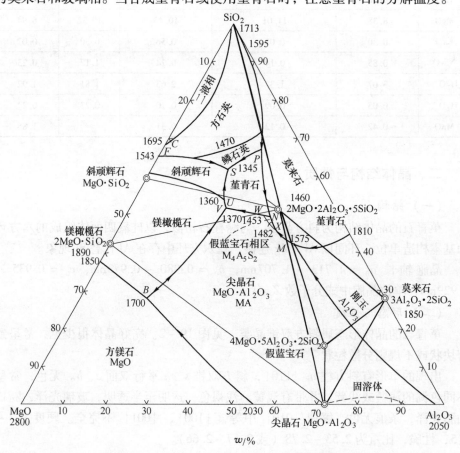

图 19 - 3　$MgO - Al_2O_3 - SiO_2$ 系平衡状态图

### 三、堇青石的合成

工业上应用的堇青石，以人工合成为主。

#### （一）合成原料的选择

含 MgO 原料为滑石、蛇纹石、绿泥石、轻烧镁等；其他原料为氧化铝、矾土、高岭土镁质黏土等。含 MgO 原料的化学成分见表 19 – 5。

表 19 – 5　含 MgO 原料化学成分

| 名　称 | | 化　学　式 | 含量/% | | | | 熔点或分解温度/℃ |
|---|---|---|---|---|---|---|---|
| | | | MgO | $Al_2O_3$ | $SiO_2$ | $H_2O$ | |
| 堇青石 | | $2MgO \cdot 2Al_2O_3 \cdot 5SiO_2$ | 13.8 | 34.9 | 51.3 | | 1460（或1450分解） |
| 滑石 | | $3MgO \cdot 4SiO_2 \cdot H_2O$ | 31.9（31.7） | | 63.4 | 4.7 | 1543 |
| 蛇纹石 | | $3MgO \cdot 2SiO_2 \cdot 2H_2O$ | 43.6 | | 43.4 | 13.0 | 1557 |
| 菱镁矿 | | $MgCO_3$ | 47.8 | | | $CO_2$ 52.2 | |
| 轻烧氧化镁 | | MgO | | | | | |
| 绿泥石 | 淡斜绿泥石 | $10MgO \cdot 2Al_2O_3 \cdot 6SiO_2 \cdot 8H_2O$ | 36.26 | 18.34 | 32.45 | 12.96 | |
| | 叶绿泥石 | $11MgO \cdot Al_2O_3 \cdot 7SiO_2 \cdot 8H_2O$ | 39.94 | 9.18 | 37.90 | 12.97 | |
| | 蠕绿泥石 | $9MgO \cdot 3Al_2O_3 \cdot 5SiO_2 \cdot 8H_2O$ | 32.43 | 27.47 | 27.00 | 12.94 | |
| | 镁绿泥石 | $8MgO \cdot 4Al_2O_3 \cdot 4SiO_2 \cdot 8H_2O$ | 28.83 | 36.63 | 21.60 | 12.94 | |

堇青石在 $MgO – Al_2O_3 – SiO_2$ 系平衡相图中，其组成点成分为 MgO 13.8%，$Al_2O_3$ 34.9%，$SiO_2$ 51.3%。实践表明，只要组成点在其附近，都可合成得到堇青石。

合成堇青石原料组合，见表 19 – 6。

表 19 – 6　合成堇青石原料组合

| 含镁原料 | 其他原料 | 烧成温度/℃ | 特　点 |
|---|---|---|---|
| 滑石 | 高岭土、氧化铝 | 1390 | 熟料呈淡黄色 |
| 滑石 | 矾土、黏土 | 1380 | |
| 绿泥石 – 滑石 | 高岭土或黏土 | 1350 | |
| 绿泥石 | 高岭土或黏土 | 1330 | |
| 蛇纹石 | 高岭土或黏土 | 1350 | |
| 菱镁矿 | 高岭土、石英砂 | 1400 | |
| 镁质黏土 | 高岭土、矾土 | 1390 | 熟料呈淡黄色 |

示例：

（1）我国著名的江苏江都晶辉耐火材料公司，生产的堇青石，其合成原料是优质高岭土、活性氧化镁。其合成堇青石指标见后。

（2）资料报道：用滑石43%，黏土35%，$Al_2O_3$（刚玉等）22%，1400℃煅烧得到堇青石坯体（0～1000℃，$\alpha = (1.2～1.6) \times 10^{-6}/℃$）。

（二）合成工艺

选择好原料，计算各合成料的比值，称重，混合细磨。

细磨方法有两种：（1）干法混磨，半干法压坯。（2）湿法工艺，加水湿磨，之后泥浆压滤脱水成泥饼，真空挤出制成泥坯，泥坯在约1000℃轻烧，再干法细磨，后再压坯，干燥，入窑煅烧。

原料制备方法不同，对熟料热膨胀有影响。湿法工艺制得的熟料线膨胀率较低，见图19-4。

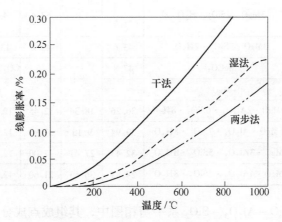

图19-4　原料制备方法与熟料膨胀性

（三）煅烧温度

堇青石的生成温度在1050～1350℃，烧结温度较窄，仅有30℃左右。扩大堇青石的烧成温度范围，据研究有下列几种办法：

（1）引入添加剂，如锆英石砂（$ZrO_2 \cdot SiO_2$）。引入锆英石砂，除扩大烧成温度（约50～60℃）外，因$ZrO_2$的增韧特性，对堇青石熟料抗热震性及抗侵蚀性也有利。

（2）添加已合成的优质堇青石细粉，作为晶种，促进堇青石的生长、发育，还可降低烧结温度。

（3）用二步煅烧工艺。

（4）低温烧成，适当延长保温时间。实验指出，在最佳煅烧温度下，延长保温时间，有利于堇青石的生长及晶体发育完善，见表19-7。

表 19 – 7 在 1390℃保温时间对董青石性能的影响

| 保温时间/h | 2 | 4 | 6 | 10 |
|---|---|---|---|---|
| 体积密度/g·cm$^{-3}$ | 1.59 | 1.86 | 2.04 | 20.8 |
| 显气孔率/% | 22.2 | 14.3 | 7.8 | 6.5 |
| 董青石含量/% | 88 | 91 | 93 | 94 |
| 线膨胀系数（20~1000℃）/℃$^{-1}$ | 2.61×10$^{-6}$ | 1.87×10$^{-6}$ | 1.58×10$^{-6}$ | |

注：试样为二步煅烧法制得。

## 四、董青石的理化指标（部分）

董青石的理化指标见表 19 – 8。

表 19 – 8 董青石熟料的理化指标

| 产地 | 化学成分/% | | | | | | 董青石含量/% | 体积密度/g·cm$^{-3}$ | 膨胀系数/℃$^{-1}$ |
|---|---|---|---|---|---|---|---|---|---|
| | MgO | Al$_2$O$_3$ | SiO$_2$ | Fe$_2$O$_3$ | TiO$_2$/CaO | K$_2$O/Na$_2$O | | | |
| 江苏江都（JCS） | 13~15 | 13~35 | 45~51 | 0.5 | /0.3 | Σ0.5 | >95 | >1.7/ | 10~1000℃<br>1.8×10$^{-6}$ |
| 河南登封 | 13.01 | 29.88 | 51.54 | 0.76 | 0.45/3.02 | 0.25/0.196 | | | |
| 河南偃师 | 13~15 | 34~37 | 49~51 | ≤0.3 | | | | 1.55 | |

福建漳州市红兴新型材料有限公司是佛山市三水山摩无机材料有限公司的子公司，目前是国内最大的董青石合成专业生产（线）厂，年合成董青石产量15000t，合成原料质量稳定，产品销往包括台湾地区在内的我国各地及韩国等国家，深受用户好评。理化指标见表 19 – 9。董青石实物如图 19 – 5 ~ 图 19 – 7所示。

表 19 – 9 漳州红兴公司合成董青石性能技术指标

| 性能项目 | | FHJQS – 1 | FHJQS – 2 | FHJQS – 3 |
|---|---|---|---|---|
| 化学组成/% | Al$_2$O$_3$ | 32~34 | 32~34 | 33~35 |
| | SiO$_2$ | 48~50 | 48~50 | 48~50 |
| | MgO | 12.6~13.5 | 12.6~13.6 | 13.0~13.6 |
| | Fe$_2$O$_3$ | 0.8 | 0.8 | 0.6 |
| 体积密度/g·cm$^{-3}$ | | 1.80 | 1.85 | 1.90 |
| 显气孔率/% | | 15 | 12 | 7 |
| 线膨胀系数/℃$^{-1}$（20~1000℃） | | 2.5×10$^{-6}$ | 2.3×10$^{-6}$ | 2.0×10$^{-6}$ |
| 董青石含量/% | | 92 | 95 | 97 |
| 特点 | | 白黄色 | 较致密 | 高纯，低膨胀 |
| 用途 | | 低膨胀陶瓷 | 窑具 | 电子陶瓷 |

注：可按用户要求加工粒度及粉末；可按用户要求进行包装标示。

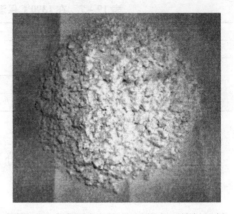

图 19 – 5　漳州市红兴公司董青石熟料砂　　　图 19 – 6　漳州市红兴公司董青石熟料细粉

图 19 – 7　漳州市红兴公司合成董青石熟料块

# 第四节　董青石 – 莫来石复合原料

董青石 – 莫来石质耐火材料是陶瓷工业用耐火材料的主要品种。它使用的原料董青石、莫来石，膨胀系数很小或偏小（莫来石 20 ~ 1000℃，$\alpha = 5.3 \times 10^{-6}/℃$）对热震稳定性有益，国内已在大力发展之中。

如董青石在江苏、河南（登封等）已有产品，为适应南方陶瓷市场尤以佛山地区陶瓷的需求，已在福建投资建成合成董青石原料专业厂，年产 15000 吨。至于莫来石，国内已有低、中、高品种。低品位（$Al_2O_3$ 含量45% ~ 60%）在山西（朔州等）、内蒙古、安徽（淮北）、山东、江苏、广东、河南等地都有生产。

山西朔州等地煅烧煤矸石得到的 M45 牌号，质量上乘，可与国外同类型产品相比。另外，用南阳蓝晶石精矿合成 M45、M60 莫来石也已投产，邢台蓝晶石合成莫来石也在筹划之中。

　　编著者与其团队使用堇青石－莫来石复合料为基与"三石"等搭配，成功研发高抗热震耐火砖（热震 30～100 次以上）。该复合料是陶瓷公司（北京创导陶瓷公司）窑具制造中产生的残次品，经分级拣选加工而成，仍保留堇青石、莫来石原有的优良特性。使用该料也是原料的再生利用，一举多得。其理化指标见表 19－10，柱状堇青石结晶见图 19－8。

表 19－10　北京创导陶瓷公司堇青石－莫来石原料理化指标

| 主要物质组成 | | 典型物理性能 | |
| --- | --- | --- | --- |
| $Al_2O_3$ | 38%～42% | 体积密度 | 1.8～2.0g/cm³ |
| $SiO_2$ | 46%～50% | 显气孔率 | 25%～30% |
| MgO | 6.5%～8.0% | 吸水率 | 15%～20% |
| $Fe_2O_3$ | 0.7%～1.1% | 莫氏硬度 | 6.0～7.0 |
| 堇青石 | 40%～55% | 耐火度 | 1410～1430℃ |
| 莫来石 | 30%～45% | 20℃时的比热容 | 0.9～1.1kJ/(kg·℃) |
| 玻璃相 | 10%～15% | 20～1000℃膨胀系数 | (2.3～2.9)×10⁻⁶℃⁻¹ |

注：粒度规格有多种，可商议。

图 19－8　北京创导陶瓷公司低膨胀复合原料中的柱状堇青石结晶

## 第五节　钛酸铝和堇青石的应用

　　如前所述，钛酸铝（AT）是低膨胀（线膨胀率近于零）、高熔点（1860±10℃）罕见的矿物；堇青石在 1460℃ 分解，但线膨胀系数很小，$\alpha \leqslant 2 \times 10^{-6}/℃$，属于低膨胀矿物之列。这两种矿物，适于作为工业窑炉温度频繁变化的环境下抗热震炉衬材料使用，已广泛应用于工业各个领域，如钢铁工业（热风炉管道炉衬、陶瓷燃烧器、铸模内衬、熔融金属过滤器），陶瓷工业（快烧匣钵、汽车净化用蜂窝载体陶瓷），有色工业（炼铝工业的熔融铝液用坩埚、测温保护管），汽车工业用热交换器，军工业（如飞行器的高温喷嘴）等。具体在耐火材料方面，多数与莫来石制成复合材料使用。

编著者及其团队研究试验得出，低膨胀矿物原料与莫来石复合，在合适配方与工艺参数下，可制得热震稳定性大于 $30 \sim 100$ 次的产品，应用在钢铁、陶瓷、水泥、垃圾焚烧炉等领域。

另外，非氧化物如氮化硅（$Si_3N_4$），其线膨胀系数很小，分别为：$\alpha - Si_3N_4$ 在 $0 \sim 1400℃$ 时 $\alpha = 2.7 \times 10^{-6}/℃$；$\beta - Si_3N_4$ 在常温至 $1000℃$ 时 $\alpha = 3.0 \times 10^{-6}/℃$。这一性能值得关注，详见第二十一章非氧化物原料。

# 第二十章　碳质耐火材料原料

碳的种类

石墨矿床与矿石类型

石墨化学成分与晶体结构

石墨形态与性质

我国鳞片状石墨

防止石墨氧化的措施

石墨的应用

人造石墨

石墨技术指标

　　石墨矿产有晶质石墨矿和隐晶质石墨矿。晶质石墨矿主要蕴藏在中国、乌克兰、斯里兰卡、马达加斯加、巴西等国；隐晶质石墨矿主要分布于印度、韩国、中国、墨西哥和奥地利等国。多数国家只产一种石墨；而我国矿石品种齐全，以晶质石墨为主，又有隐晶质石墨。很多资料都表明，我国石墨储量居世界第一位，也是生产量大国之一。

　　石墨具有优良的特性，如抗熔体侵蚀能力强、导热性好、抗热震性优良，具有润滑性、耐高温、导电和涂敷性等优良性能，其应用领域十分广泛。在耐火材料方面，于20世纪70年代末，我国成功研制镁碳砖（MgO – C砖），之后在国内掀起含碳耐火材料"黑旋风"热潮，80年代成为发展最快的一类耐火材料。时至今日，由于洁净钢品质提升的需要，尽管逐步减少的石墨（C）的用量，但在某些工业窑炉耐侵蚀的关键部位，还需要使用石墨。

　　石墨有天然石墨和人造石墨两大类。耐火材料大量使用的是天然石墨。本章侧重讨论天然石墨。

## 第一节　碳的种类

　　碳的原子序数为6，原子量为12.011。它由98.9%的$C_{12}$和1.1%的$C_{11}$组成。

　　碳的化合物数目达300多万种，但元素碳（单质碳）的种类并不多，只有四种同素异形体：三种晶形碳（金刚石、石墨、咔嗪）和一种无定形碳。而绝大多数碳属于晶形和无定形碳的过渡态碳。

碳的同素异形体见表20-1。

表20-1 碳的种类

| 种类 | | 键型 | 晶系 | 比重 | 晶格常数/nm |
|---|---|---|---|---|---|
| 晶形碳 | 金刚石 | sp³杂化轨道四个共价键 | 立方 | 3.51 | $a_0 = 0.35667$ |
| | 石墨 | sp²杂化轨道三个共价键 | 六方 | 2.265 | $a_0 = 0.24612$ $c_0 = 0.6708$ |
| | | 一个金属键 | 三方 | 2.29 | $a_0 = 0.24612$ $c_0 = 1.0062$ |
| | 咔嗪 | sp杂化轨道两个共价键 | 六方（α） | 2.68 | $a_0 = 0.872$ $c_0 = 1.536$ |
| | | 两个金属键 | 六方（β） | 3.13 | $a_0 = 0.827$ $c_0 = 0.768$ |
| 过渡态碳 | 易石墨化碳 | 煤和沥青、聚氯乙烯、蒽等 | | | |
| | 难石墨化碳 | 酚醛和呋喃树脂、玻璃碳等 | | | |
| 无定形碳 | | 微晶，无取向，各向同性，如炭黑、木炭、活性炭等 | | | |

无定形碳一般多指炭黑、木炭和活性炭等，实际上所指的无定形碳，而是属于微晶碳，碳的微晶非常小，排列杂乱，无取向，呈现各向同性。

在无定形碳和晶形碳之间存在大量的过渡态碳。它是由无定形碳向晶形碳过渡的中间产物，其结构属于乱层石墨结构，其微晶尺寸不超过600nm，随着炭化和石墨化温度逐步升高，乱层结构逐步向石墨结构转化。转化程度取决于原材料的性质和热处理的工艺参数。由无定形碳转变成石墨，这个使原子排列有序化的过程，叫石墨化。

晶形碳中的咔嗪，为白色或银灰色的针状晶体，属六方晶系。

石墨是三种晶形碳的一种，它是含碳耐火材料的主要原料。作为 MgO - C 系、MgO - CaO - C 系、$Al_2O_3$ - SiC - C 系等制品的炭素材料。

# 第二节 我国石墨矿床与矿石类型

## 一、我国石墨矿床

我国晶质石墨矿，集中在黑龙江、四川、山东、河南、内蒙古等省（区）。其中，黑龙江省的储量为全国之冠。隐晶质石墨主要分布于湖南、吉林、广东、陕西等省。据研究，我国具有工业价值的石墨矿床，按成因可分为：区域变质型石墨矿床、接触变质型石墨矿床及岩浆热液型石墨矿床。其中，以区域变质型石墨矿床最多，其次为接触变质型，较少者为岩浆热液型石墨矿床。上述各类石墨矿床，其特征简述如下。

（一）区域变质型石墨矿床

区域变质型石墨矿床是我国石墨矿床中主要的工业类型。矿床赋存于前寒武纪的中、深变质岩系中。

（1）主要岩性：片麻岩、片岩、透辉（透闪）岩、大理岩、石英岩、斜长角闪岩等。

（2）与石墨共生矿物约30余种：主要有长石、石英、云母、方解石、白云石；多种变质矿物；透辉石、透闪石、红柱石、硅线石、石榴子石、蛇纹石、金云母等；伴生矿物：黄铁矿、金红石等。

（3）矿石品位：石墨呈鳞片状结晶，石墨鳞片片径为0.1mm至数毫米；固定碳含量低的3%~10%，较高的10%~16%，有的可达30%以上。矿石可选性好。

（4）矿体特征：矿体多呈层状、似层状或透镜状，长几百米或达千米，厚几米至几十米，倾角陡至中等。

（5）典型矿床产地：黑龙江柳毛、鸡西，山东北墅、南墅，内蒙古兴和，湖北宜昌三岔垭等。

（二）接触变质型石墨矿床

接触变质型石墨矿床是我国石墨矿床较主要的工业类型。此类矿床是由于岩体侵入煤系地层引起煤层接触变质而成。岩体一般为酸性或中、酸性花岗岩、闪长岩，变质的煤层一般为优质无烟煤。此矿床类型又称为变质煤系地层中的隐晶质石墨矿床。

（1）矿体特征：矿体呈层状、似层状、带状及透镜状分布，长度几百米至数千米，常见多层矿体，单层厚度几十厘米至数米，有的可达十余米，一般为1~3m，倾角有的陡或呈缓倾斜。

（2）矿石特征：矿石外观呈土状、致密块状，以隐晶石墨为主构成集合体。共生矿物有石英、黏土矿物、黄铁矿及红柱石、硅线石、堇青石、黑云母等。

（3）矿石品位较高，固定碳含量60%~80%，高者达90%以上。个别小于60%，但矿石精选困难。

（4）矿床规模以中小型为主，多为中型（隐晶质或称土状石墨矿床、矿床石墨矿石量：大型为1000万吨以上，中型为100~1000万吨，小型为100万吨以下）。

（5）产地：湖南郴州鲁塘、吉林磐石烟筒山等。

（三）岩浆热液型石墨矿床

目前岩浆热液型石墨矿床只在新疆、西藏等地有发现。与岩浆有关的石墨矿床，如新疆奇台等地，产于花岗岩的接触带，矿石品位（固定碳含量）3% ~ 6%，矿床规模为中小型。

与热液有关的石墨矿床，如新疆托克布拉克等地，矿床规模小，品位低，有待进一步探明。

## 二、石墨矿石类型

石墨按其结晶形态，分为晶质（或鳞片）石墨和隐晶质（或无定形、土状）石墨。

晶质（或鳞片）石墨，其晶体直径大于 $1.0\mu m$ 的鳞片状和块状（或称致密结晶状）石墨，矿石品位一般较贫，工业上经选矿才能使用。但它的质量好，用途广。

隐晶质石墨，其晶体直径小于 $1.0\mu m$，在显微镜下也难看到其晶形的致密石墨集合体。矿石可选性差，但矿石品位较高，工业上直接磨成粉使用。

上述两类矿石的主要特点，见表 20 - 2。

表 20 - 2　石墨矿石工业类型

| 矿石工业类型 | 石墨晶体直径/$\mu m$ | 矿石特点 |
|---|---|---|
| 显晶质石墨矿石（含块状与鳞片状） | >1.0 | 鳞片状石墨矿石结晶较好，呈薄片状或叶片状，晶体粒径一般 0.05 ~ 1.5mm，大者 5 ~ 10mm，多呈集合体；矿石品位低，固定碳一般 3% ~ 5%，富者 10% ~25%可选性好，矿石量多。<br>块状晶质石墨，结晶明显，肉眼可见，矿石品位高，含碳量60% ~ 65%，高达 80% ~ 90%，但矿石量少。 |
| 隐晶质石墨矿石（或称土状石墨） | <1 | 微晶集合体，在电子显微镜下才能观察其晶形，致密块状、土状或层状；矿石品位较高，固定碳60% ~80%，少数90%，可选性差。 |
| 半石墨 | | 是向煤过渡的一种石墨，质量差。 |

# 第三节　石墨化学成分与晶体结构

## 一、石墨的化学成分

石墨化学成分为碳（C），天然产出的石墨很少是纯净的，常含有 10% ~ 20% 的杂质，包括 $SiO_2$、$Al_2O_3$、$MgO$、$CaO$、$P_2O_5$、$CuO$、$V_2O_5$、$H_2O$ 以及 H、N、$CO_2$、$CH_4$、$NH_3$ 等。

有学者根据部分矿床，对我国石墨矿石化学成分含量作了统计，见表 20 – 3。

**表 20 – 3　中国石墨矿石化学成分含量**　　　　　　　　　　　　（%）

| 成分 | 晶质（鳞片状）石墨矿石 | | | | | | 隐晶质（土状）石墨矿石 |
| --- | --- | --- | --- | --- | --- | --- | --- |
| | 石墨片麻岩 | 石墨片岩 | 石墨大理岩 | 石墨透辉岩 | 石墨变粒岩 | 石墨花岗岩 | |
| 固定碳 | 2 ~ 12 一般 3 ~ 5 | 一般 6 ~ 10 高的达 20 ~ 30 | 一般 2.5 ~ 4.5 | 一般 3 ~ 5 | 一般 3 ~ 5 | 2.5 ~ 10 一般 3.5 ~ 4.5 | 固定碳，一般为 60 ~ 80，高的达 95 |
| $SiO_2$ | 43.46 ~ 66.83 | 48.00 ~ 87.67 | 37.31 | 39.15 | 63.40 | 47.56 ~ 69.66 | 灰分：15 ~ 22， |
| $Al_2O_3$ | 8.09 ~ 17.39 | 3.44 ~ 10.54 | 9.33 | 10.68 | 13.98 | 10.36 ~ 15.67 | 挥发分 1 ~ 2 |
| $Fe_2O_3$ | 2.30 ~ 12.32 | 1.49 ~ 6.06 | 8.79 | 10.90 | 3.58 | 1.75 ~ 5.90 | 水分：2 ~ 7 |
| CaO | 0.78 ~ 24.40 | 0.07 ~ 14.32 | 13.36 | 13.62 | 12.96 | 0.93 ~ 1.39 | 灰分成分： $SiO_2$ 45 ~ 50 |
| MgO | 1.24 ~ 9.26 | 0.17 ~ 2.77 | 12.35 | 12.01 | 7.39 | 0.66 ~ 2.24 | $Al_2O_3$ 28 ~ 29 |
| $K_2O$ | 2.35 ~ 4.20 | 0.57 ~ 2.79 | 2.02 | 1.36 | 3.68 | 3.48 ~ 4.28 | $Fe_2O_3$ FeO $\}$ 8 ~ 10 |
| $Na_2O$ | 0.46 ~ 4.35 | 0.03 ~ 1.14 | 0.60 | 0.51 | 0.58 | 0.77 ~ 2.24 | CaO 0.8 ~ 1.1 |
| S | 1.01 ~ 3.61 | 0.01 ~ 2.11 | 4.30 | 3.44 | | 0.11 ~ 0.94 ($SO_2$) | MgO 1 ~ 2 $K_2O$ 4 ~ 5 |
| $TiO_2$ | 0.32 ~ 0.65 | 0.06 ~ 0.68 | 0.35 | 0.35 | 0.65 | 0.33 ~ 0.61 | $Na_2O$ 0.8 ~ 1 S 0.2 ~ 1.2 |
| $P_2O_5$ | 0.66 ~ 0.55 | | 0.27 | 0.34 | 0.15 | 0.02 ~ 0.07 | $TiO_2$ 1.5 ~ 2 |

从表 20 – 3 可见，晶质石墨矿石固定碳的含量，除石墨片岩之外，一般小于 10%，高的达 20% ~ 30%。远小于隐晶质（土状）石墨矿石。隐晶质（土状）石墨矿石固定碳一般为 60% ~ 80%，高的达 95%。

晶质石墨矿石可选性好，精矿质量也好。隐晶质石墨矿石精选困难，一般手选加工后提供工业利用。

## 二、石墨的晶体结构

石墨（C），它在自然界有两种不同晶型：六方晶系的 2H 型和三方晶系的 3R 型。在天然和人造石墨中，前者约占 80% 以上，后者占 10% 以上，当加热到 2000 ~ 3000℃时，后者向前转化，使体系处于更稳定状态。

石墨为六方晶系，晶胞轴长 $a_0 = 0.2462nm$，$c_0 = 0.670nm$，单位晶胞中式分子数 $Z = 4$。石墨具有典型的层状结构，碳原子排列成六方网状层，面网结点上的碳原子相对于上下邻层网格的中心，如图 20 - 1 所示，重复层数为 2，按 AB-AB······重复排列，为通常的 2H 型，如图 20 - 2 所示。若重复层数为 3，属 3R 多型，$a_0 = 0.246nm$，$c_0 = 1.006nm$，$Z = 6$，在石墨的结构中层内碳原子的配位数为 3，具共价金属键，间距为 0.142nm。层与层间以分子键相连，间距为 0.340nm。碳的此种层状结构和化学键性就决定了它物理性质上的特殊性，如具有一组完全的底面解理、电的良导体等。

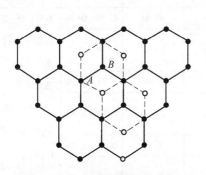

图 20 - 1 石墨层状晶体结构中
原子的中心位置

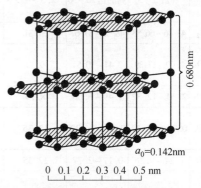

图 20 - 2 石墨晶体结构

# 第四节 石墨的形态与性质

## 一、石墨的形态

石墨为六方板状晶形，常见单形有平行双面等。但完好晶形少见，一般为鳞片状或致密块状，土状集合体。有平行底面的极完全解理（平行 {0001}）。

## 二、石墨的性质

物理性质：颜色为铁灰至钢灰色，条痕光亮黑色。有金属光泽。隐晶体集合体呈土状的光泽暗淡，不透明。平行 {0001} 解理极完全，莫氏硬度为 1 ~ 2，比重小（为 2.09 ~ 2.23），有滑腻感，具有良好的导电性。

石墨熔点极高，在真空中为 3850℃，是目前已知的最耐高温的耐火材料原料之一。在 7000℃ 高温电弧炉下加热 40s，石墨的重量损失只有 0.8%。在一般耐高温材料中，石墨的损失是最小的。石墨具有可塑性，在 2100℃ 以下温度不产生塑性流动，但在低压下升华，升华温度 2200℃。导热和导电性能良好，导热系数随温度的升高而降低，在 1000℃ 为 230kJ/(m·h·℃)（55kcal/(m·h·℃)）。热膨胀系数小，0 ~ 400℃ 为 $(1 ~ 1.5) \times 10^{-6}/℃$；20 ~ 1000℃ 为 $1.4 \times 10^{-6}/℃$；

$25 \sim 1600$℃为 $3.34 \times 10^{-6}$/℃。弹性模量小，为 8825.985MPa（$0.9 \times 10^5$kgf/cm$^2$）。表面张力小，在 1450℃小于 93mN/m。水在石墨的表面所形成的接触角为 60°，润湿性小，具有天然疏水性。有高度润滑性，摩擦系数在润滑介质中小于 0.1，石墨的润滑性随鳞片的大小而改变，鳞片越大，摩擦系数越小，润湿性越好。

常温下化学性质稳定，不为强酸、强碱及有机溶剂侵蚀。与耐火氧化物（如 MgO、CaO）无共熔关系，在高耐火性方面是很好的成分系统。石墨能溶解于金属而形成碳化物，因此它在钢内根据碳的含量不同，可以提高钢的许多机械性质。

石墨结构的各向异性，导致其许多性质也具有各向异性，见表 20-4。

表 20-4　石墨的各向异性

| 项　目 | $a$ 方向 | $c$ 方向 |
|---|---|---|
| 弹性模量/MPa（kg/cm$^2$） | 1014988.275（$10.35 \times 10^6$） | 35303.94（$0.36 \times 10^6$） |
| 导热系数/kJ·（m·h·℃）$^{-1}$（kcal·（m·h·℃）$^{-1}$） | 582.7 ~ 1464.4（140 ~ 350） | 3.3 ~ 251（0.8 ~ 60） |
| 热膨胀系数/℃$^{-1}$ | $-1.5 \times 10^{-6}$ | $+28.6 \times 10^{-6}$ |
| 电阻率/$\Omega^{-1} \cdot$ cm$^{-1}$ | （4 ~ 5）× 10$^{-5}$ | 500 × 10$^{-5}$ |

石墨的各向异性的性质会使含碳制品受压面和非受压面性质有差异。

综上所述，石墨具有一系列的特殊性质，是含碳（C）耐火材料的主要原料，这些特殊性质再复述强调一下：

（1）耐高温。石墨熔点极高，真空中为 3850 ± 50℃，升华温度 2200℃。温度升高时，石墨的强度增高，在 2500℃时石墨的抗拉强度是室温的两倍。

（2）抗侵蚀性。石墨在常温下具有很好的化学稳定性，不受任何强酸、强碱及有机溶剂的侵蚀；在石墨结构中碳原子间共价键结合十分牢固，使石墨的表面能很低，不为熔融炉渣所浸润，具有良好的抗侵蚀能力。表 20-5 为熔体对石墨等材料的润湿角。

表 20-5　熔体对石墨等材料的润湿角

| 熔体 | 润湿角 $\theta$/（°） | | | | | | |
|---|---|---|---|---|---|---|---|
| | 刚玉 | 电熔 MgO | 石墨 | 锆石 | 稳定 ZrO$_2$ | 黏土质 | 高铝质 |
| 铁水 | 119 | | 160 | | | | |
| 钢水 1500℃ | 115 | 92.0 | 126 | 106 ~ 127 | 120 | 48 | 114 |
| 炉渣 | 60 | | 106 | | | | 30 |

从表 20-5 可见，石墨与熔体的润湿角大，而材料与熔体的润湿角大，表示

难被熔体润湿，受侵蚀程度小，耐熔渣侵蚀性能优良。

（3）抗热震性能好。石墨热膨胀系数小（20~1000℃，$1.4 \times 10^{-6}/℃$），又由于各向异性，在温度急剧变化的状况下，石墨的体积变化不大。再加上良好的导热性，使石墨具有优良的抗热震性。

（4）导电导热性良好。石墨在室温下有很高的热导率，但随着温度的升高，热导率不断下降，直至达到一定温度时成为热的绝缘体。

（5）润滑性良好。

## 第五节　我国鳞片状石墨的研究

20世纪80年代中期，编著者与郭海珠曾专题研究过我国鳞片状石墨。石墨以区域变质型几个典型石墨矿为代表：（1）山东莱西南墅北墅石墨矿；（2）内蒙古兴和石墨矿；（3）黑龙江鸡西市柳毛石墨矿。之后到国内一些矿区考察，研究成果得到国内同行认可，曾获中国金属学会优秀论文奖（1978年8月）。

### 一、鳞片石墨工业分析及灰分状况

石墨的工业分析有四项主要内容：固定碳含量 $C_{GD}^f$、灰分 $A^f$、挥发分 $V^f$、水分 $W^f$。石墨的纯度主要用碳含量表示，按碳的工业分析，则以固定碳含量 $C_{GD}^f$ 来衡量。固定碳 $C_{GD}^f = 100 -$ 灰分 $A^f -$ 挥发分 $V^f -$ 水分 $W^f$。

我国主要鳞片状石墨工业分析及灰分成分、耐火度见表20-6。

表20-6　中国鳞片石墨的工业分析及灰分状况

| 指　标 | | 编　号 | | | | | | | | | | | | |
| --- | --- | --- | --- | --- | --- | --- | --- | --- | --- | --- | --- | --- | --- | --- |
| | | 1 | | 2 | | | 3 | | | | | | | |
| | | 矿区牌号 | | | | | | | | | | | | |
| | | -190 | -194 | -188 | -190 | -192 | -189 | -190 | -191 | -192 | -193 | -194 | -195 | -196 |
| 工业分析/% | $W^f$ | 0.40 | 0.23 | 0.24 | 0.23 | 0.10 | 0.31 | 0.27 | 0.25 | 0.23 | 0.18 | 0.26 | 0.16 | 0.17 |
| | $V^f$ | 2.20 | 1.71 | 2.31 | 2.29 | 2.20 | 1.74 | 1.75 | 1.59 | 1.89 | 1.72 | 1.90 | 1.69 | 1.2 |
| | $A^f$ | 7.78 | 4.96 | 7.24 | 7.00 | 4.04 | 9.90 | 8.30 | 7.39 | 6.34 | 5.73 | 4.71 | 3.66 | 2.88 |
| | $C_{GD}^f$ | 89.02 | 93.10 | 90.21 | 90.48 | 92.66 | 88.68 | 89.68 | 90.77 | 91.54 | 92.37 | 93.13 | 94.49 | 95.67 |
| 灰分化学组成/% | $Al_2O_3$ | 17.19 | 17.21 | 20.02 | 19.33 | 19.15 | 11.06 | 12.62 | 14.15 | 12.69 | 11.63 | 15.68 | 13.79 | 13.86 |
| | $SiO_2$ | 40.62 | 40.18 | 40.28 | 41.02 | 39.53 | 62.24 | 61.30 | 59.54 | 57.90 | 58.60 | 55.20 | 55.65 | 51.87 |
| | $Fe_2O_3$ | 23.53 | 24.16 | 29.75 | 27.31 | 33.61 | 10.00 | 11.42 | 11.85 | 14.54 | 16.64 | 16.39 | 18.38 | 32.17 |
| | $CaO$ | 6.19 | 5.73 | 3.15 | 3.04 | 2.25 | 10.12 | 8.55 | 8.10 | 8.32 | 7.65 | 6.52 | 5.62 | 7.12 |
| | $MgO$ | 6.62 | 8.29 | 4.04 | 3.55 | 2.62 | 1.13 | 1.05 | 0.81 | 1.29 | 1.21 | 1.21 | 0.50 | 0.81 |

续表 20 - 6

| 指标 | | 编号 | | | | | | | | | | | |
|---|---|---|---|---|---|---|---|---|---|---|---|---|---|
| | | 1 | 2 | | | 3 | | | | | | | |
| | | 矿区牌号 | | | | | | | | | | | |
| | | -190 | -194 | -188 | -190 | -192 | -189 | -190 | -191 | -192 | -193 | -194 | -195 | -196 |
| 灰分化学组成/% | TiO$_2$ | 1.65 | 1.33 | 0.64 | 0.69 | 0.93 | 1.06 | 0.91 | 0.91 | 0.80 | 0.91 | 1.01 | 0.87 | 1.33 |
| | K$_2$O | 1.40 | 1.05 | 1.55 | 1.65 | 1.20 | 1.80 | 1.80 | 2.20 | 1.40 | 1.50 | 1.80 | 1.90 | 2.10 |
| | Na$_2$O | 0.65 | 0.95 | 0.21 | 0.40 | 0.35 | 0.14 | 0.25 | 0.29 | 0.22 | 0.18 | 0.44 | 0.16 | 0.24 |
| | MnO | 0.361 | 0.249 | 0.104 | 0.103 | 0.074 | 0.132 | 0.124 | 0.142 | 0.152 | 0.127 | 0.100 | 0.100 | 0.07 |
| | Σ | 93.21 | 99.17 | 99.74 | 97.09 | 99.71 | 97.68 | 98.02 | 97.99 | 97.31 | 98.45 | 97.85 | 96.97 | 99.52 |
| 耐火度/℃ | | 1240 | 1230 | 1240 | 1250 | 1260 | 1250 | 1270 | 1270 | 1240 | 1250 | 1250 | 1270 | 1260 |

从表 20 - 6 可见，石墨灰分的化学成分以 Al$_2$O$_3$ - SiO$_2$ - Fe$_2$O$_3$ 为主，CaO、MgO 次之。Al$_2$O$_3$ 含量 11% ~ 20%，SiO$_2$40% ~ 62%，Fe$_2$O$_3$10% ~ 30%，MgO 1% ~8%，产地不同，杂质的化学组成又各有差异，Al$_2$O$_3$ 含量和 Fe$_2$O$_3$ 含量以 2 号产地较高，1 号产地次之；SiO$_2$ 含量以 3 号产地较高，1 号、2 号产地较低。我国主要产地鳞片状石墨灰分的耐火度，在 1230 ~ 1270℃之间。

## 二、鳞片石墨灰分的矿物组成

用 X 射线分析测定了我国主要石墨产地的鳞片状石墨，得到其灰分的矿物组成如表 20 -7 所示。

表 20 -7　石墨灰分的矿物组成

| 矿　物 | 产　地 | | |
|---|---|---|---|
| | 中国 1 号 | 中国 2 号 | 中国 3 号 |
| 石　英 | + | + | + |
| 赤铁矿 | + | + | + |
| 钾长石 | + | | |
| 斜长石（其中钠长石） | ( + ) | + | + |
| 钙铝榴石 | + | | |
| 金云母 | - | + | |

注：灰分是将试样于氧化气氛下，815℃长时间加热至恒重的残量。

由表 20 -7 可见，中国主要产地的鳞片石墨，其灰分都含有石英、赤铁矿、斜长石，个别产地还有钾长石、钙铝榴石和金云母。总之，灰分的组成有差异，但不明显。

### 三、石墨及其杂质对镁碳制品性能的影响

石墨中固定碳与杂质含量相互消长，固定碳低则杂质含量高。杂质主要是灰分。杂质含量高，实际就是石墨中 $SiO_2$ 与 $Al_2O_3$、$Fe_2O_3$ 成分多。石墨的纯度系数指固定碳的含量。随着石墨纯度提高，镁碳砖的侵蚀指数急剧下降，高温抗折强度明显提高。特别是当石墨纯度大于95%时曲线斜率更大，如图20-3所示。

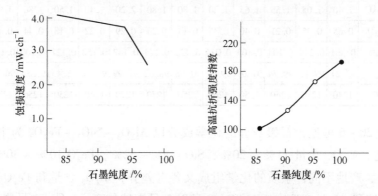

图20-3　石墨纯度与镁碳砖性能关系

研究指出，在1300℃以上的温度时，镁碳砖中石墨和镁砂的杂质（$Al_2O_3$、$SiO_2$、$CaO$）都向两者交界处聚集，生成低熔物从而降低砖的高温强度，如图20-4所示。在小于1500℃的温度范围内，交界处的低熔物随着温度的升高而增大；温度大于1600℃时，低熔物的厚度减薄。无疑，欲减少低温时生成低熔物液相量的影响，选用石墨时，力求固定碳含量高，杂质含量低。

对于含碳碱性耐火材料来说，在灰分成分中还应严格限制 $SiO_2$ 的含量，因为大量 $SiO_2$ 的带入会影响镁砂中既定的 $CaO/SiO_2$ 比值，从而改变镁砂基质组成。

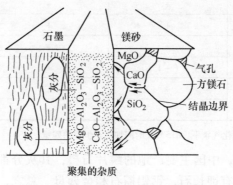

图20-4　镁砂和石墨交界处的反应

## 四、石墨的氧化

石墨易氧化，这是石墨的弱点，也是含碳耐火制品易损坏的原因之一，应引起我们注意。

（一）在空气中的氧化

在空气中加热石墨，碳（C）被氧化为 CO 和 $CO_2$，其反应式为：

$$C(s) + O_2(g) \longrightarrow CO_2(g)$$
$$C(s) + 1/2O_2(g) \longrightarrow CO(g)$$
$$2CO(s) \longrightarrow C + CO_2(g)$$

（二）含碳制品在使用过程中的氧化

在使用中，当砖与熔渣接触时，部分熔渣侵入砖内，碳被渣中氧化铁氧化，其反应如下：

$$Fe_2O_3 + C \longrightarrow 2FeO + CO \uparrow$$
$$2FeO + C \longrightarrow Fe + CO \uparrow$$

在高温时含碳制品（如镁碳砖）有氧化作用，如高温下碳与 MgO 的反应为：

$$MgO(s) + C(s) \overset{高温}{\longrightarrow} Mg(s) + CO(g) \uparrow$$

## 五、影响石墨氧化的因素

影响石墨氧化的因素主要有：石墨的矿石类型、纯度、粒度等。

（1）石墨的矿石类型。不同类型的石墨出现氧化反应的温度不一，对粒度为 20～40 目的天然鳞片状石墨，经差热—热重分析表明，出现氧化反应峰温为 850℃，而隐晶（土状）石墨为 650℃，显然，鳞片状石墨显示出良好的抗氧化能力。

（2）石墨的纯度。同是鳞片石墨，灰分的含量与氧化有密切关系，灰分含量少的较含量多的鳞片石墨易氧化，这是由于石墨燃烧时灰分在其颗粒表面形成保护膜之故。

（3）石墨的粒度。石墨的粒度与其氧化明显相关。石墨粒度越细，越易氧化，显著氧化开始温度与氧化峰值温度均较低。

对同一石墨矿（代号 3 号），不同粒度的石墨做差热分析（DTA 曲线）。研究用的 3 号样，工业分析，固定碳 $C_{GD}^f 93.19\%$，灰分 $A^f 4.71\%$ 挥发分 $V^f 1.90\%$，水分 $W^f 0.26\%$，选取五种不同粒度，作差热分析 DTA 曲线如图 20 - 5 所示。

从图 20 - 5 可见，3 号石墨试样，其粒度由小于 0.038mm（-400 目）逐渐增至 0.048～0.054mm（320～300 目）、0.065～0.076mm（220～200 目），0.125～0.150mm（120～100 目）、0.2～0.3mm（75～50 目），其显著氧化温度，氧化峰值温度随之增加，具体数值见图 20 - 5 中标示。

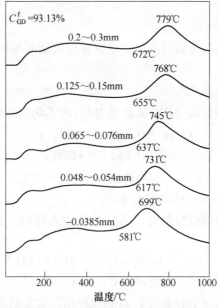

图 20 - 5　不同粒度鳞片石墨的 DTA 曲线

（中国 3 号样）

　　不同石墨产地，不同固定碳，不同粒度的鳞片状石墨，粒度与氧化的关系见表 20 - 8。

表 20 - 8　我国主要产地鳞片石墨粒度与氧化的关系

| 产地 | 固定碳含量/% | | 粒　度 | | 氧化温度/℃ | | 分析仪器型号 |
|------|------|------|------|------|------|------|------|
| | 矿区牌号 | 工业分析 | 矿区/目 | 筛分/mm | 显著氧化开始温度 | 氧化峰值温度 | |
| 1 号 | 90 | 89.0 | −100 | — | 590 | 760 | 匈牙利 MOMT 3427 型 |
| | 94 | 93.10 | −100 | — | 580 | 770 | |
| | 94 | 93.10 | — | 0.097 ~ 0.105 | 600 | 792 | |
| | 94 | 93.10 | — | 0.28 ~ 0.2 | 604 | 784 | 国产 LCP - 1 型 |
| | | | | 0.125 ~ 0.154 | 578 | 747 | |
| | | | | 0.065 ~ 0.076 | 592 | 707 | |
| | | | | 0.048 ~ 0.054 | 588 | 687 | |
| | | | | < 0.054 | 580 | 656 | |
| 2 号 | 88 | 90.21 | −100 | — | 640 | 800 | 国产 LCP - 1 型 |
| | 92 | 92.66 | −100 | — | 630 | 800 | |
| | 92 | 92.66 | — | 0.097 ~ 0.105 | 635 | 815 | |

续表 20-8

| 产地 | 固定碳含量/% | | 粒度 | | 氧化温度/℃ | | 分析仪器型号 |
|---|---|---|---|---|---|---|---|
| | 矿区牌号 | 工业分析 | 矿区/目 | 筛分/mm | 显著氧化开始温度 | 氧化峰值温度 | |
| 2号 | 94 | 92.77 | — | 0.28~0.2 | 665 | 810 | 国产 LCP-1型 |
| | | | | 0.125~0.154 | 677 | 807 | |
| | | | | 0.065~0.076 | 608 | 781 | |
| | | | | 0.048~0.054 | 622 | 761 | |
| | | | | <0.054 | 566 | 719 | |
| 3号 | 90 | 89.68 | -100 | — | 620 | 790 | 国产 LCP-1型 |
| | 94 | 93.13 | -100 | — | 640 | 780 | |
| | 94 | 93.13 | | 0.097~0.105 | 658 | 800 | |
| | 90 | 89.68 | — | 0.28~0.2 | 603 | 784 | |
| | | | | 0.125~0.154 | 581 | 781 | |
| | | | | 0.065~0.076 | 569 | 761 | |
| | | | | 0.048~0.054 | 578 | 745 | |
| | | | | <0.054 | 578 | 719 | |
| | 92 | 91.54 | 0.065 | 0.28~0.2 | 627 | 797 | |
| | | | | 0.125~0.154 | 646 | 780 | |
| | | | | 0.035~0.076 | 622 | 751 | |
| | | | | 0.048~0.054 | 590 | 740 | |
| | | | | <0.054 | 588 | 733 | |
| | 94 | 93.13 | | 0.2~0.3 | 672 | 779 | |
| | | | | 0.125~0.154 | 658 | 768 | |
| | | | | 0.065~0.076 | 637 | 745 | |
| | | | | 0.048~0.054 | 617 | 731 | |
| | | | | <0.0385 | 581 | 699 | |
| | 89 | 88.05 | | | 633 | 765 | |
| | 93 | 92.37 | | 0.097~0.105 | 617 | 770 | |
| | 96 | 95.67 | | | 632 | 766 | |

从表 20-8 看到，我国主要产地 1 号、2 号、3 号的鳞片石墨，固定碳 88.05% ~95.67%，都有一个共同特点，粒度从小于 0.038mm（-400 目）增至 0.048 ~0.054mm（320 ~300 目）、0.065 ~0.076mm（220 ~200 目）、0.125 ~

0.154mm（120～100 目）、0.28～0.2mm（60～75 目）时，显著氧化开始温度、氧化峰值温度随之增加。这与前述，同一产地鳞片石墨（3 号）不同粒度的差热分析结果相一致。

将表 20 – 8 石墨的粒度与氧化温度的关系作图 20 – 6。从图中可见，随粒度增加，石墨的显著氧化温度和氧化峰值温度也随之增加，粒度约在 0.125mm 时（120 目），氧化温度有一转折；小于 0.125mm 时（120 目）显著氧化开始温度和氧化峰值温度斜率陡峭，而大于 0.125mm 时（120 目）则趋于平缓。故把 0.125mm（120 目）的粒度作为判定石墨氧化难易的分界值。小于此分界值，石墨粒度对氧化温度有显著的影响；大于此分界值，石墨粒度尽管再增大，氧化温度变化不大。

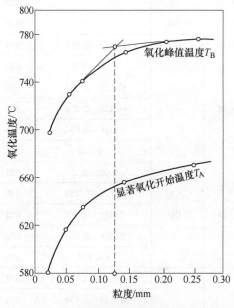

图 20 – 6　粒度对石墨氧化温度的影响

石墨氧化分界值对镁碳砖等含碳耐火材料中石墨粒度的选择具有指导意义。大鳞片石墨价格较高，而小鳞片石墨抗氧化能力又较差，因此单从价格和抗氧化性考虑，选择 0.12mm（120 目）左右的鳞片石墨是合适的。

## 第六节　防止石墨氧化的措施

石墨易氧化的性质是其固有性质。要使含碳耐火材料进一步发展，研究如何防止石墨氧化仍是重要的课题。防止石墨氧化的关键，是控制砖的脱碳速度。其措施如下所述。

## 一、合理选择石墨的粒度、纯度和加入量

为此，石墨的尺寸宜选粗粒为好。镁碳砖内石墨的尺寸 35 目（大于 0.5mm）以上时，砖的耐高温剥落性好，抗氧化性加强，耐侵蚀性也有提高。

另有研究指出，镁碳砖要求石墨鳞片大小 $D \geqslant 0.105mm$，鳞片厚度 $H \leqslant 0.02mm$，符合的组分要占石墨总量30%，占耐火骨料绝对量3%以上。鳞片石墨直径用粒度表示。表20-9列出我国主要产地鳞片状石墨产品的粒度组成和鳞片厚度。

表 20-9　鳞片石墨粒度分析（%）和鳞片厚度

| 产　地 | | 1 | | 2 | | | 3 | | | | |
|---|---|---|---|---|---|---|---|---|---|---|---|
| 产品规格 | | -189 | -194 | -190 | -192 | -194 | -189 | -190 | -192 | -194 | -196 |
| 粒度/mm | >0.154 | 0.4 | 7.0 | 2.6 | 3.2 | 1.6 | 1.5 | 3.1 | 1.6 | 2.4 | 3.2 |
| | 0.154~0.125 | 1.4 | 46.1 | 12.1 | 11.4 | 9.6 | 9.2 | 8.4 | 8.7 | 8.0 | 9.7 |
| | 0.125~0.098 | 7.9 | 3.0 | 25.2 | 20.0 | 22.3 | 20.5 | 14.3 | 15.8 | 19.4 | 18.4 |
| | 0.098~0.076 | 21.6 | 2.0 | 28.4 | 22.6 | 25.3 | 17.0 | 15.8 | 22.5 | 21.8 | 19.8 |
| | <0.076 | 68.8 | 41.9 | 31.7 | 43.4 | 41.2 | 51.9 | 58.4 | 50.0 | 48.3 | 48.9 |

| 鳞片厚度测量试样 | 碳含量/% | 粒度/mm | 鳞片厚度测量结果/μm | | | |
|---|---|---|---|---|---|---|
| | | | 最大值 | 最小值 | 平均值 | 分布集中范围 |
| 1 | 99.9 | 0.56~0.5 | 76.5 | 13.5 | 31.4 | 15~40(占80%) |
| 2 | 95 | 0.56~0.5 | 61.8 | 7.5 | 24.8 | 10~35(占80%) |
| 3 | 94 | 0.56~0.5 | 63.3 | 9 | 23.7 | 10~32(占80%) |

石墨纯度的提高（即含固定碳量高）和镁碳砖中电熔镁砂加入量的增加，可使砖溶蚀指数降低，高温抗折强度提高。

石墨的加入量对含碳制品影响很大，由于石墨与熔融液的接触角大，有不浸润的特性，增加碳含量可进一步阻止炉渣的渗透，提高砖的抗蚀性。研究指出，碳含量大于3%（重量）时，炉渣的渗透很弱，碳含量小于3%（重量）时，炉渣渗透明显，加剧形成变质层，热震稳定性差。

镁碳砖的石墨含量以20%为最好，此时该砖在炉渣中的侵蚀率最小，如图20-7所示。

含碳制品的密度随着碳含量的提高而降低，原因是石墨的比重小（2.09~2.23），所以石墨的含碳量宜综合考虑。

## 二、加入抗氧化添加物

含碳耐火材料中加入抗氧化添加物，其作用是在高温下形成新矿物，产生体

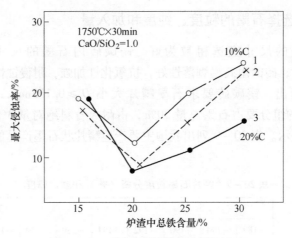

图 20 - 7 不同碳含量镁碳砖侵蚀试验

积膨胀，封闭气孔，防止碳的氧化。

加入的抗氧化添加物，目前大多是选择比碳更易氧化的金属，如 Ca（硅钙）、Al 粉、Si（氧化硅、硅、一氧化硅、氮化硅）、Fe（硅铁）。这些金属与氧反应的标准生成自由能明显比碳与氧反应的标准生成自由能低。标准生成自由能低，该金属同氧的亲和力大，也就是说，这些金属将先于 C 同 $O_2$ 反应生成金属氧化物。表 20 - 10 为一些氧化物的标准生成自由能。

表 20 - 10　某些氧化物的标准生成自由能

| 反　　应 | $\Delta G^{\ominus} = A + BT$ | | 适用温度范围/K |
| :---: | :---: | :---: | :---: |
| | $A$/cal | $B$/cal·K$^{-1}$ | |
| $2C_{石墨} + O_2 = 2CO(g)$ | - 55600 | - 40.1 | 298 ~ 3400 |
| $C_{石墨} + O_2 = CO_2(g)$ | - 94500 | 0 | 298 ~ 3400 |
| $4/3Al(s) + O_2 = 2/3Al_2O_3(s)$ | - 266600 | + 50.0 | 298 ~ 932 |
| $2Ca(s) + O_2 = 2CaO(s)$ | - 303000 | + 48.1 | 298 ~ 1123 |
| $2Fe(s) + O_2 = 2FeO(s)$ | - 124100 | + 29.9 | 298 ~ 1642 |
| $4/3Fe(s) + O_2 = 2/3Fe_2O_3(s)$ | - 129200 | + 40.7 | 298 ~ 1809 |
| $3/2Fe(s) + O_2 = 1/2Fe_2O_3(s)$ | - 130400 | + 37.4 | 298 ~ 1809 |
| $Si(s) + O_2 = SiO_2(s)$ | - 216500 | + 42.0 | 298 ~ 1686 |

例如往镁碳砖中加入金属 Al 粉，它被氧化成 $Al_2O_3$，之后在高温下与 MgO 反应形成镁铝尖晶石矿物（$MgO \cdot Al_2O_3$）。形成的镁铝尖晶石新矿物熔点高（2135℃），与方镁石的共熔温度也高（2030℃），对制品使用性能有利。此外，加入的 Al 粉与 C 反应：$4Al + 3C \rightarrow Al_4C_3$。生成的 $Al_4C_3$ 能提高砖的强度（$Al_4C_3$ 熔点2800℃，比重2.99，菱形晶）。镁碳砖加入 Al 粉生成 $Al_4C_3$ 的 X 射线衍射

图如图 20 – 8 所示。

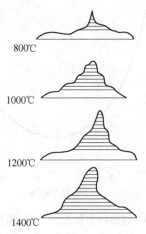

$$\theta = 23.6° \qquad d = 0.223nm$$

800℃

1000℃

1200℃

1400℃

图 20 – 8　镁碳砖加入 Al 粉生成 Al$_4$C$_3$ 的 X 射线衍射图

在含碳耐火材料中添加 SiC 作为防氧化剂，在实用中已见到效果，其反应为：

（1）在砖体内的 CO 在 SiC 颗粒表面发生反应：

$$SiC(s) + CO(g) \Longrightarrow SiO(g) + 2C(s)$$

（2）SiO(g) 在原 SiC 颗粒周围按下式反应：

$$SiO(g) + CO(g) \Longrightarrow SiO_2(s) + C(s)$$

生成 SiO$_2$(s) 而凝聚。

列出上两式的综合反应式如下：

$$SiC(s) + 2CO(g) \Longrightarrow SiO_2(s) + 3C(s)$$

从式中可见，1mol SiC（常温下密度为 3.21g/cm$^3$）生成 1mol 的 SiO$_2$（按方石英考虑，密度为 2.37g/cm$^3$）和 3mol 的 C（密度为 1.67g/cm$^3$），所以对 1 个体积的 SiC 来说，反应将导致产生 3.76 倍的体积膨胀，使砖体致密化，从而减少了外界的氧化性气氛进入砖体而产生氧化。

在镁碳砖中添加 SiC 可产生如下反应：

$$SiC + O_2 \longrightarrow SiO_2 + C$$

$$SiC + 2FeO \longrightarrow SiO_2 + C + 2Fe$$

以上两种反应均能减少脱碳，在砖表面生成强度高、牢固性好的抗渣层，保护炉衬砖不受侵蚀。

抗氧化添加物的数量一般在 5% 以内，如 SiC 加入量以 4% ~ 6% 为宜，如图

20-9 所示。试验指出，在转炉耳轴部位使用的镁碳砖，加入 5% SiC 比未加入 SiC 的镁碳砖蚀损量减少 20%。

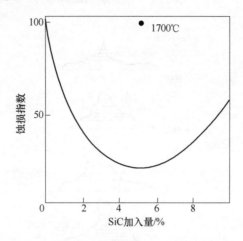

图 20-9 镁碳砖中加入 SiC 与蚀损指数关系

## 三、提高砖的致密度，降低气孔率

很明显，含碳制品的组织越致密、气孔率越小，炉气和炉渣越不容易侵入。由表 20-11 可以看出随着镁碳砖体积密度的提高，侵蚀速度下降。

表 20-11 镁碳砖侵蚀速度与体积密度的关系

| 体积密度/g·cm⁻³ | 侵 蚀 速 度 | |
| --- | --- | --- |
| | 1730~1700℃ | 1670~1650℃ |
| 2.56 | 35.00 | 25.00 |
| 2.70 | 30.00 | 23.00 |
| 2.75 | 25.30 | 20.10 |
| 2.78 | 16.90 | 15.10 |
| 2.82 | 17.95 | 15.00 |
| 2.84 | 15.00 | 10.00 |

需要指出的是，石墨的片状晶体会使含碳制品成型困难，表现出弹性后效大，容易层裂。同时，由于石墨的不润湿性，结晶状态完整，与耐火氧化物之间难以形成牢固的连接。这些需要借助改善结合剂、成型工艺等措施解决。颗粒级配对降低制品气孔率、提高体积密度是十分重要的。此外，提高成型压力、改善成型方法，对制品进行炭化、油浸处理也是重要的措施。

## 四、添加金属 Mg 抑制 C 的氧化

碳和 MgO 在高温下要起反应，其反应的最低温度见表 20 – 12。

表 20 – 12　$MgO(s) + C(s) = Mg(g) + CO(g)$　反应最低温度

| $P_{Mg}(g)$ | 1 atm | $10^{-1}$ atm | $10^{-2}$ atm | $10^{-3}$ atm |
|---|---|---|---|---|
| $P_{CO} = 1$ atm | 1860℃ | 1720℃ | 1610℃ | 1510℃ |
| $P_{CO} = P_{Mg}(g)$ | 1860℃ | 1610℃ | 1420℃ | 1270℃ |

注：开始反应的最低温度，在这个温度以上 $\Delta G < 0$，反应产生 Mg(g)。

炼钢温度在 1600℃ 以上，CO 的压力大约为 1 atm，金属镁蒸气压为 $10^{-2}$ atm，在此温度、压力条件下，必然发生 MgO 与 C 的氧化还原反应。实验指出，把经 1000℃ 热处理的镁碳砖试样，放在匣钵，埋在碳粉里，加热到 1600℃、1650℃、1700℃、1750℃、1800℃ 各保温 2h，并测出加热后重量损失，其结果是：1650℃ 重量损失在 1% 以下，1700℃ 为 4% ~ 8%，高于 1700℃ 时重量损失急剧增加，伴随砖的组织多孔化。

C 与 MgO 反应生成 Mg 和 CO，可以认为这是 Mg 蒸气氧化和 MgO 沉积的结果。很多人已注意到，含碳镁砖形成一层致密的 MgO 层。在观察转炉用 MgO – C 砖使用后及炉渣侵蚀试验后的情况时，发现在侵蚀的炉渣层与原砖层界面上，有致密连续的方镁石层存在，如图 20 – 10 所示。此层可以认为是二次供给 MgO 时开始形成的，故称此层为次生方镁石层。

次生方镁石层的存在，抑制了 MgO 的还原，加之由于渣中存在铁氧化物等，可以抑制碳的氧化。也就是说，这种"保护层"能增强制品抗渣侵蚀能力。

图 20 – 10　MgO – C 砖中的次生方镁石（6000 ×）

次生方镁石层的形成原因与 Mg 的存在有关，为此可以通过添加 Mg 使次生方镁石良好形成。

### 五、含碳制品抗氧化表面涂层

含碳耐火材料表面涂层，在高温下抗氧化、防脱碳，有效地保护材料的基底，可延长材料的使用寿命。

# 第七节　石墨的应用

如前所述，石墨有优良的性能，因而应用领域十分广泛。在冶金工业中主要用作耐火材料，更确切讲，作为含碳耐火材料的重要原料。其作用主要有：

（1）提高耐火制品的抗热震性。过去曾讨论过影响耐火制品热震稳定性的因素，指出热震稳定性 $R$ 与膨胀系数 $\alpha$、弹性模量 $E$ 成反比，而与导热系数 $\lambda$ 成正比。而石墨的 $\alpha$、$E$ 值均较小，$\lambda$ 值大，所以 $R$ 值大。表 20-13 列出石墨、方镁石、刚玉等矿物的膨胀系数、弹性模量和导热系数数值。

表 20-13　石墨、方镁石、刚玉矿物的 $\alpha$、$E$、$\lambda$ 数值

| 矿物名称 | $\alpha/℃^{-1}(20\sim1000℃)$ | $E/Pa(kg/cm^2)$ | $\lambda/kJ\cdot(m\cdot h\cdot ℃)^{-1}$ $(kcal\cdot(m\cdot h\cdot ℃)^{-1})$ $(1000℃)$ |
|---|---|---|---|
| 石　墨 | $1.4\times10^{-6}$ | 88259.85(0.9) | 230.12(55) |
| 方镁石 | $13.5\times10^{-6}$ | 2059396.5(21) | 24.1(5.76) |
| 刚　玉 | $8.0\times10^{-6}$ | 3628460.5(37) | 20.92(5.0) |

从表 20-13 可明显看出，$MgO-C$、$Al_2O_3-C$ 系等含碳耐火材料，由于石墨的存在而弥补了方镁石、刚玉热稳定性方面的缺陷。此外，在高温下，石墨形成连续的网状结构，对材料的性能有利。

（2）防止炉渣侵入，提高制品的抗侵蚀性。炉渣的渗透是导致耐火材料损毁的重要原因之一。而含碳耐火材料，其中碳（主要指石墨）的有利作用之一是能有效地阻止炉渣的侵蚀。

炉渣渗透炉衬的途径之一是通过毛细管。在含碳材料中，熔渣之所以不能进入毛细管，在于熔渣不能润湿这些毛细管壁，能否润湿主要决定于毛细管壁对熔渣的界面张力及熔渣对管壁的润湿角，$MgO$、$CaO$ 于 1600℃ 的表面张力分别为 1701mN/m 及 1489mN/m，而石墨则小于 93mN/m。熔渣与 $MgO$、$CaO$ 的接触角很小，而与石墨的接触角则在 90° 以上，亦即 $\cos\theta$ 小于零。因此，熔渣不能润湿石墨，即熔渣不能进入内壁涂有石墨的毛细管。但含 $V_2O_5$ 的熔渣例外。

此外，在炼钢工业中，石墨还作保护渣及增 C 剂。

石墨在其他工业的应用，略述如下：

（1）铸造业中用作铸模和防锈涂料；

（2）电气工业中用于生产碳素电极、电极碳棒、电刷、电池、石墨垫圈等；

（3）机械工业中用作高速运转机械的润滑剂；

（4）化学工业中用于制造各种抗腐蚀器皿和设备；

（5）军事工业中用作防护材料、隔热、耐热材料等；

（6）轻工业中用作铅笔、油墨、墨汁和人造金刚石的原料等。

总之，石墨应用领域在不断拓宽，发展前景广阔。

# 第八节　人造石墨

含碳耐火材料中使用的碳质原材料除天然产的石墨外，还有使用焦炭和无烟煤，如碳质制品即以焦炭或经热处理的无烟煤为主要原料。实质上，在使用中向石墨化发展或石墨化了。

人造石墨是以固态或液态的可石墨化的富碳材料（如石油焦、沥青焦、冶金焦炭、无烟煤、炭黑等）为主要原料，在惰性气氛和催化剂存在的条件下，经过 2000℃ 以上的高温热处理，使无定形碳转化为石墨。具体内容不再讨论了。

应用举例：武汉威林科技公司利用人造电极为主要原料生产炭素捣打料，成功应用在宝钢湛江工程 $5053m^3$ 大型高炉及马钢新区 $4080m^3$ 等大型高炉上。该捣打料具有优良的导热性能是一大亮点，其理化指标见表 20 – 14。

表 20 – 14　武汉威林科技公司炭素捣打料理化指标

| 项目 | 固定碳/% | 体积密度/g·cm$^{-3}$ | 耐压强度/MPa | 导热系数（100℃）/W·(m·K)$^{-1}$ |
|------|---------|------------------|-------------|------------------------------|
| 指标 | 92.1 | 1.67 | 13 | 20 |

# 第九节　石墨的技术指标

## 一、鳞片石墨的技术指标

鳞片石墨的分类及牌号意义。在中国国家标准（GB/T 3518—2008）中，根据固定碳的含量将鳞片石墨（精矿）分为四类：高纯石墨、高碳石墨、中碳石墨和低碳石墨。

鳞片石墨的分类及牌号意义，见表 20 – 15。

表20-15 鳞片石墨的分类及牌号意义

| 名　称 | | 高纯石墨 | 高碳石墨 | 中碳石墨 | 低碳石墨 |
|---|---|---|---|---|---|
| 固定碳 C/% | | C≥99.9 | 94.0≤C<99.9 | 80.0≤C<94.0 | 50.0≤C<80.0 |
| 分类代号 | | LC | LG | LZ | LD |
| 牌号意义 | 牌号举例 | LC300-99.9 | LG180-95 | LZ(-)150-90 | LD(-)75-70 |
| | 意　义 | 高纯石墨<br>粒径300μm<br>固定碳99.9% | 高碳石墨<br>粒径180μm<br>固定碳99.9% | 中碳石墨<br>粒径150μm<br>固定碳90% | 低碳石墨<br>粒径75μm<br>固定碳70% |

## 二、高碳石墨与中碳石墨的技术指标

高碳与中碳石墨的技术指标见表20-16及表20-17。高纯与低碳鳞片石墨技术指标略述。

表20-16 高碳石墨的技术指标

| 牌号 \ 指标 | 固定碳/% | 挥发分/% | 水分/% | 筛余量/% | 主要用途 |
|---|---|---|---|---|---|
| LG500-99 | ≥99.00 | ≤1.00 | ≤0.50 | ≥75.0 | 填充料 |
| LG300-99 | | | | | |
| LG180-99 | | | | | |
| LG150-99 | | | | | |
| LG125-99 | | | | | |
| LG100-99 | | | | | |
| LG(-)150-99 | | | | ≤20.0 | |
| LG(-)125-99 | | | | | |
| LG(-)100-99 | | | | | |
| LG(-)75-99 | | | | | |
| LG(-)45-99 | | | | | |
| LG500-98 | ≥98.00 | | | ≥75.0 | 润滑剂基料、涂料 |
| LG300-98 | | | | | |
| LG180-98 | | | | | |
| LG150-98 | | | | | |
| LG125-98 | | | | | |
| LG100-98 | | | | | |
| LG(-)150-98 | | | | ≤20.0 | |
| LG(-)125-98 | | | | | |
| LG(-)100-98 | | | | | |
| LG(-)75-98 | | | | | |
| LG(-)45-98 | | | | | |

续表 20 – 16

| 指标<br>牌号 | 固定碳/% | 挥发分/% | 水分/% | 筛余量/% | 主要用途 |
|---|---|---|---|---|---|
| LG500 – 97 | | | | | |
| LG300 – 97 | | | | | |
| LG180 – 97 | | | | ≥75.0 | |
| LG150 – 97 | | | | | |
| LG125 – 97 | | | | | |
| LG100 – 97 | ≥97.00 | | | | 润滑剂基料、<br>电刷原料 |
| LG( – )150 – 97 | | | | | |
| LG( – )125 – 97 | | | | | |
| LG( – )100 – 97 | | | | ≤20.0 | |
| LG( – )75 – 97 | | | | | |
| LG( – )45 – 97 | | | | | |
| LG500 – 96 | | | | | |
| LG300 – 96 | | | | | |
| LG180 – 96 | | | | ≥75.0 | |
| LG150 – 96 | | | | | |
| LG125 – 96 | | | | | 耐火材料、 |
| LG100 – 96 | ≥96.00 | ≤1.20 | ≤0.50 | | 电碳制品、<br>电池原料、 |
| LG( – )150 – 96 | | | | | 铅笔原料 |
| LG( – )125 – 96 | | | | | |
| LG( – )100 – 96 | | | | ≤20.0 | |
| LG( – )75 – 96 | | | | | |
| LG( – )45 – 96 | | | | | |
| LG500 – 95 | | | | | |
| LG300 – 95 | | | | | |
| LG180 – 95 | | | | ≥75.0 | 电碳制品 |
| LG150 – 95 | | | | | |
| LG125 – 95 | | | | | |
| LG100 – 95 | ≥95.00 | | | | |
| LG( – )150 – 95 | | | | | 耐火材料、 |
| LG( – )125 – 95 | | | | | 电碳制品、 |
| LG( – )100 – 95 | | | | ≤20.0 | 电池原料、 |
| LG( – )75 – 95 | | | | | 铅笔原料 |
| LG( – )45 – 95 | | | | | |

| 指标<br>牌号 | 固定碳/% | 挥发分/% | 水分/% | 筛余量/% | 主要用途 |
|---|---|---|---|---|---|
| LG500 - 94 | | | | | |
| LG300 - 94 | | | | | |
| LG180 - 94 | | | | | |
| LG150 - 94 | | | | ≥75.0 | |
| LG125 - 94 | | | | | |
| LG100 - 94 | ≥94.00 | ≤1.20 | ≤0.50 | | 电碳制品 |
| LG( - )150 - 94 | | | | | |
| LG( - )125 - 94 | | | | | |
| LG( - )100 - 94 | | | | ≤20.0 | |
| LG( - )75 - 94 | | | | | |
| LG( - )45 - 94 | | | | | |

表 20 - 17 中碳石墨的技术指标

| 指标<br>牌号 | 固定碳/% | 挥发分/% | 水分/% | 筛余量/% | 主要用途 |
|---|---|---|---|---|---|
| LZ500 - 93 | | | | | |
| LZ300 - 93 | | | | | |
| LZ180 - 93 | | | | | |
| LZ150 - 93 | | | | ≥75.0 | |
| LZ125 - 93 | | | | | |
| LZ100 - 93 | ≥93.00 | | | | |
| LZ( - )150 - 93 | | | | | |
| LZ( - )125 - 93 | | | | | |
| LZ( - )100 - 93 | | | | ≤20.0 | |
| LZ( - )75 - 93 | | | | | |
| LZ( - )45 - 93 | | ≤1.50 | ≤1.00 | | 坩埚、耐火<br>材料、染料 |
| LZ500 - 92 | | | | | |
| LZ300 - 92 | | | | | |
| LZ180 - 92 | | | | ≥75.0 | |
| LZ150 - 92 | | | | | |
| LZ125 - 92 | | | | | |
| LZ100 - 92 | ≥92.00 | | | | |
| LZ( - )150 - 92 | | | | | |
| LZ( - )125 - 92 | | | | | |
| LZ( - )100 - 92 | | | | ≤20.0 | |
| LZ( - )75 - 92 | | | | | |
| LZ( - )45 - 92 | | | | | |

续表 20 - 17

| 牌号 ＼ 指标 | 固定碳/% | 挥发分/% | 水分/% | 筛余量/% | 主要用途 |
|---|---|---|---|---|---|
| LZ500 - 91 | | | | | |
| LZ300 - 91 | | | | | |
| LZ180 - 91 | | | | ≥75.0 | |
| LZ150 - 91 | | | | | |
| LZ125 - 91 | | | | | |
| LZ100 - 91 | ≥91.00 | ≤1.50 | | | 坩埚、耐火材料、染料 |
| LZ( - )150 - 91 | | | | | |
| LZ( - )125 - 91 | | | | | |
| LZ( - )100 - 91 | | | | ≤20.0 | |
| LZ( - )75 - 91 | | | | | |
| LZ( - )45 - 91 | | | | | |
| LZ500 - 90 | | | | | |
| LZ300 - 90 | | | | | |
| LZ180 - 90 | | | | ≥75.0 | 坩埚、耐火材料 |
| LZ150 - 90 | | | | | |
| LZ125 - 90 | | | | | |
| LZ100 - 90 | ≥90.00 | | ≤1.00 | | |
| LZ( - )150 - 90 | | | | | |
| LZ( - )125 - 90 | | | | | |
| LZ( - )100 - 90 | | | | ≤20.0 | 铅笔原料电池原料 |
| LZ( - )75 - 90 | | | | | |
| LZ( - )45 - 90 | | | | | |
| LZ500 - 89 | | ≤2.00 | | | |
| LZ300 - 89 | | | | | |
| LZ180 - 89 | | | | ≥75.0 | 坩埚、耐火材料 |
| LZ150 - 89 | | | | | |
| LZ125 - 89 | | | | | |
| LZ100 - 89 | ≥89.00 | | | | |
| LZ( - )150 - 89 | | | | | |
| LZ( - )125 - 89 | | | | | |
| LZ( - )100 - 89 | | | | ≤20.0 | 铅笔原料电池原料 |
| LZ( - )75 - 89 | | | | | |
| LZ( - )45 - 89 | | | | | |
| LZ( - )38 - 89 | | | | | |

| 指标<br>牌号 | 固定碳/% | 挥发分/% | 水分/% | 筛余量/% | 主要用途 |
|---|---|---|---|---|---|
| LZ500 – 88 | ≥88.00 | ≤2.00 | ≤1.00 | ≥75.0 | 坩埚、<br>耐火材料 |
| LZ300 – 88 | | | | | |
| LZ180 – 88 | | | | | |
| LZ150 – 88 | | | | | |
| LZ125 – 88 | | | | | |
| LZ100 – 88 | | | | | |
| LZ( – )150 – 88 | | | | ≤20.0 | 铅笔原料<br>电池原料 |
| LZ( – )125 – 88 | | | | | |
| LZ( – )100 – 88 | | | | | |
| LZ( – )75 – 88 | | | | | |
| LZ( – )45 – 88 | | | | | |
| LZ( – )38 – 88 | | | | | |
| LZ500 – 87 | ≥87.00 | | | ≥75.0 | 坩埚、<br>耐火材料 |
| LZ300 – 87 | | | | | |
| LZ180 – 87 | | | | | |
| LZ150 – 87 | | | | | |
| LZ125 – 87 | | | | | |
| LZ100 – 87 | | | | | |
| LZ( – )150 – 87 | | | | ≤20.0 | 铸造涂料 |
| LZ( – )125 – 87 | | | | | |
| LZ( – )100 – 87 | | | | | |
| LZ( – )75 – 87 | | | | | |
| LZ( – )45 – 87 | | | | | |
| LZ( – )38 – 87 | | ≤2.50 | | | |
| LZ500 – 86 | ≥86.00 | | | ≥75.0 | 耐火材料 |
| LZ300 – 86 | | | | | |
| LZ180 – 86 | | | | | |
| LZ150 – 86 | | | | | |
| LZ125 – 86 | | | | | |
| LZ100 – 86 | | | | | |
| LZ( – )150 – 86 | | | | ≤20.0 | 铸造涂料 |
| LZ( – )125 – 86 | | | | | |
| LZ( – )100 – 86 | | | | | |
| LZ( – )75 – 86 | | | | | |
| LZ( – )45 – 86 | | | | | |

| 指标<br>牌号 | 固定碳/% | 挥发分/% | 水分/% | 筛余量/% | 主要用途 |
|---|---|---|---|---|---|
| LZ500 – 85 | | | | | |
| LZ300 – 85 | | | | | |
| LZ180 – 85 | | | | | 坩埚、<br>耐火材料 |
| LZ150 – 85 | | | | ≥75.0 | |
| LZ125 – 85 | | | | | |
| LZ100 – 85 | ≥85.00 | ≤2.50 | | | |
| LZ( – )150 – 85 | | | | | |
| LZ( – )125 – 85 | | | | | |
| LZ( – )100 – 85 | | | | ≤20.0 | 铸造材料 |
| LZ( – )75 – 85 | | | | | |
| LZ( – )45 – 85 | | | | | |
| LZ500 – 83 | | | | | |
| LZ300 – 83 | | | | | |
| LZ180 – 83 | | | | | 耐火材料 |
| LZ150 – 83 | | | | ≥75.0 | |
| LZ125 – 83 | | | | | |
| LZ100 – 83 | ≥83.00 | | ≤1.00 | | |
| LZ( – )150 – 83 | | | | | |
| LZ( – )125 – 83 | | | | | |
| LZ( – )100 – 83 | | | | ≤20.0 | 铸造材料 |
| LZ( – )75 – 83 | | | | | |
| LZ( – )45 – 83 | | ≤3.00 | | | |
| LZ500 – 80 | | | | | |
| LZ300 – 80 | | | | | |
| LZ180 – 80 | | | | | 耐火材料 |
| LZ150 – 80 | | | | ≥75.0 | |
| LZ125 – 80 | | | | | |
| LZ100 – 80 | ≥80.00 | | | | |
| LZ( – )150 – 80 | | | | | |
| LZ( – )125 – 80 | | | | | |
| LZ( – )100 – 80 | | | | ≤20.0 | 铸造材料 |
| LZ( – )75 – 80 | | | | | |
| LZ( – )45 – 80 | | | | | |

### 三、无定形石墨的技术指标

隐晶质石墨又称土状石墨或无定形石墨。根据其粒度分为无定形石墨粉和无定形石墨粒。无定形石墨粉有三个粒级：0.149mm、0.174mm 及 0.044mm；无定形石墨粒分粗、中、细三种粒度，均有上下限要求。无定形石墨粒的技术指标（GB/T 3519—2008）见表 20-18 和表 20-19。

**表 20-18　有铁要求的微晶石墨理化指标及性能**（GB/T 3519—2008）

| 产品牌号 | 固定碳 /%，≥ | 挥发分 /%，≤ | 水分 /%，≤ | 酸溶铁 /%，≤ | 筛余量 /%，≤ | 主要用途 |
|---|---|---|---|---|---|---|
| WT99.99-45<br>WT99.99-75 | 99.99 | — | 0.2 | 0.005 | 15 | 电池、特种碳材料的原料 |
| WT99.9-45<br>WT99.9-75 | 99.9 | | | | | |
| WT99-45<br>WT99-75 | 99 | 0.8 | 1.0 | 0.15 | | |
| WT98-45<br>WT98-75 | 98 | 1.0 | | | | |
| WT97-45<br>WT97-75 | 97 | 1.5 | 1.5 | 0.4 | 15 | |
| WT96-45<br>WT96-75 | 96 | | | | | |
| WT95-45<br>WT95-75 | 95 | | | | | |
| WT94-45<br>WT94-75 | 94 | 2.0 | 2.0 | | | 铅笔、电池、焊条、石墨乳剂、石墨轴承的配料、电池炭棒的原料 |
| WT92-45<br>WT92-75 | 92 | | | 0.7 | | |
| WT90-45<br>WT90-75 | 90 | | | | | |
| WT88-45<br>WT88-75 | 88 | 3.3 | | 0.8 | 10 | |
| WT85-45<br>WT85-75 | 85 | | | | | |
| WT83-45<br>WT83-75 | 83 | 3.6 | | | | |
| WT80-45<br>WT80-75 | 80 | | | | | |
| WT78-45<br>WT78-75 | 78 | 3.8 | | 1.0 | | |
| GB75-45<br>WT75-75 | 75 | | | | | |

**表 20 – 19　无铁要求的微晶石墨理化指标及性能（GB/T 3519—2008）**

| 产品牌号 | 固定碳 /%，≥ | 挥发分 /%，≤ | 水分 /%，≤ | 筛余量 /%，≤ | 主要用途 |
|---|---|---|---|---|---|
| W90 – 45<br>W90 – 75 | 90 | 3.0 | | | |
| W88 – 45<br>W88 – 75 | 88 | 3.2 | | | |
| W85 – 45<br>W85 – 75 | 85 | 3.4 | | | |
| W83 – 45<br>W83 – 75 | 83 | | | | |
| W80 – 45<br>W80 – 75<br>W80 – 150 | 80 | 3.6 | | | |
| W78 – 45<br>W78 – 75<br>W78 – 150 | 78 | | | | |
| W75 – 45<br>W75 – 75<br>W75 – 150 | 75 | 4.0 | 3.0 | 10 | 铸造材料、耐火材料、染料、电极糊等原料 |
| W70 – 45<br>W70 – 75<br>W70 – 150 | 70 | | | | |
| W65 – 45<br>W65 – 75<br>W65 – 150 | 65 | 4.2 | | | |
| W60 – 45<br>W60 – 75<br>W60 – 150 | 60 | | | | |
| W55 – 45<br>W55 – 75<br>W55 – 150 | 55 | 4.5 | | | |
| W50 – 45<br>W50 – 75<br>W50 – 150 | 50 | | | | |

# 第二十一章 碳化硅等非氧化物原料

碳化硅　SiC
氮化硅　$Si_3N_4$
赛隆　　$\beta$ – Sialon
碳化硼　$B_4C$

碳化硅、氮化硅、赛隆等非氧化物原料，是耐火材料重要的原料。尽管这几种耐火材料原料我国已在开发利用，编著者认为利用的力度尚欠不足，尤其是氮化硅、赛隆等非氧化物。鉴于这些非氧化物有优异的性能，急需进一步发展，添加到原有耐火材料中，多开发新型优质耐火材料。

## 第一节　碳 化 硅

碳化硅（SiC），又称碳硅石，它在自然界产出极少，工业中应用靠人工制取。为方便起见，本书统一称碳化硅。

碳化硅主要为共价键的化合物，原子间结合的键力很强，具有难熔、耐蚀、超硬、抗热震等特点。自从 1891 年发明了碳化硅工业制法以来，在工业上获得了广泛的应用，如作为耐磨材料、耐火材料、核反应堆材料、军工工业（火箭喷管）、电阻发热体硅碳棒（管）、电气元件（变阻器等）、涂层材料等。

### 一、碳化硅的成分和同质多象

（一）化学组成

碳化硅 SiC 中，Si 70.03%，C 29.97%，尚含有微量的 Al、Fe、CaO、Mg 等元素。市场销售的碳化硅一般混入少量的游离碳、二氧化硅、硅等杂质。

（二）晶体结构

碳化硅有两种主要形态：$\alpha$ – 碳化硅（$\alpha$ – SiC），三方晶系或六方晶系；$\beta$ – 碳化硅（$\beta$ – SiC），等轴晶系。

工业生产的 SiC 为 $\alpha$ – SiC 和 $\beta$ – SiC 的混合物。

1. $\alpha$ – SiC

目前发现 SiC 有六种多型。其晶系、晶胞参数和 $Z$（单位晶胞中分子数），见

表 21 -1。主要粉晶谱线见表 21 -2，属纤锌矿型结构。

**表 21 -1　α - SiC 各种多型的晶系、晶胞参数和 Z 值**

| 多　型 | 合成 SiC 类型 | 晶系 | $a_0$/nm | $c_0$/nm | Z |
|---|---|---|---|---|---|
| SiC - 15R | α - SiC I | 三方 | 0.3073 | 3.770 | 15 |
| SiC - 6H | α - SiC II | 六方 | 0.3073 | 1.507 | 6 |
| SiC - 4H | α - SiC III | 六方 | 0.3073 | 1.0053 | 4 |
| SiC - 21R | α - SiC IV | 三方 | 0.0073 | 5.278 | 21 |
| SiC - 33R | α - SiC VI | 三方 | 0.3073 | 8.296 | 33 |
| SiC - 5R | | 三方 | 0.3073 | 1.237 | 5 |

**表 21 -2　SiC 各种多型的主要粉晶数据**

| SiC - 15R | | SiC - 6H | | SiC - 4H | | SiC - 21R | | SiC - 33R | |
|---|---|---|---|---|---|---|---|---|---|
| $d$/% | $I$/% | $d$/% | $I$/% | $d$/% | $I$/% | $d$/% | $I$/% | $d$/% | $I$/% |
| 2.58 | 70 | 2.61 | 60 | 1.54 | 90 | 2.63 | 70 | 2.53 | 100 |
| 2.51 | 70 | 2.51 | 70 | 1.311 | 70 | 2.53 | 100 | 2.38 | 60 |
| 1.54 | 90 | 1.54 | 80 | 0.887 | 60 | 1.54 | 80 | 1.54 | 80 |
| 1.311 | 80 | 1.309 | 80 | 0.863 | 100 | 1.311 | 70 | 1.313 | 70 |
| 0.888 | 70 | 0.888 | 90 | 0.837 | 80 | 0.888 | 70 | 0.838 | 70 |
| 0.838 | 100 | 0.862 | 60 | 0.803 | 90 | 0.837 | 90 | | |
| | | 0.837 | 100 | | | | | | |

α - SiC 产于金伯利岩中，我国华东地区有产出。在我国已发现有 SiC - 15R，SiC - 6H 和 SiC - 33R 三种多型。市场销售的有 SiC - 6H，SiC - 4H 和 SiC - 15，三种多型。

SiC 晶型多样性是由于 Si 和 C 原子的共价键形成的层重叠方式不同引起的，表 21 -2 中的 H、R 表示晶格类型。例如 $n$H(6H、4H) 表示沿 c 轴带有 $n$ 层重复周期的六方晶系结构，而 $m$R(如 SiC - 15R、SiC - 21R、SiC - 33R) 则表示沿 c 轴带有 $m$ 层重复周期的三方晶系菱面体。

2. β - SiC

等轴晶系，具闪锌矿型结构，$a_0 = 0.4349$nm，$Z = 4$，主要粉晶谱线如下：

| $d$ | $I$ |
|---|---|
| 2.51 | 100 |
| 1.54 | 60 |
| 1.310 | 60 |
| 0.888 | 80 |
| 0.837 | 100 |

β - SiC 存在于 1450 ~ 1800℃ 区域，属于低温类型。高于 1800℃（或 1900 ~

2000℃）时，细小的 β-SiC 转化成 α-SiC，温度越高，转化速度越快。β-SiC → α-SiC 的转化动力学见表 21-3。

表 21-3 β-SiC → α-SiC 的转化动力学

| 温度/℃ | 加热时间/s | 相组成/% | | 温度/℃ | 加热时间/s | 相组成/% | |
|---|---|---|---|---|---|---|---|
| | | β-SiC | α-SiC | | | β-SiC | α-SiC |
| | 0 | 100 | 0 | | 0 | 100 | 0 |
| | 300 | 86 | 14 | | 300 | 16 | 84 |
| 2100 | 600 | 81 | 19 | 2300 | 600 | 5 | 95 |
| | 900 | 63 | 37 | | 900 | 1 | 99 |
| | 1200 | 67 | 33 | | 1200 | 0 | 100 |

温度再上升至 2500℃ 左右，SiC 开始分解，变成硅蒸气和石墨：SiC → Si↑ +C，硅蒸气与合适温度区间的碳反应再生成新的 SiC。

## 二、碳化硅的合成

（一）合成方法

碳化硅在自然界产出极少，工业中应用主要靠人工制取。人工制造方法有多种：

（1）用碳来还原二氧化硅的方法；

（2）直接由元素合成碳化硅；

（3）使溶体—熔融物结晶制取碳化硅；

（4）由气体化合物制取碳化硅；

（5）用蒸汽—液体—固相法制取等。

常用的或主要的方法是在电阻炉中用碳来还原二氧化硅的方法。

（二）用碳来还原二氧化硅制取碳化硅

1. 基本反应原理

在电阻炉用碳来还原，$SiO_2$ 所发生的反应如下：

$$SiO_2 + 3C \longrightarrow SiC + 2CO$$

在 1250℃ 以下，CO 不能使 SiC 氧化。在更高的温度，CO 与 $SiO_2$ 起反应，在晶体表面析出游离碳，此点在 SiC 耐火材料烧成时有重要意义。

2. 原料

原料包括硅质原料、碳质原料和加入剂（锯木屑、食盐）。

对原料的要求：

（1）硅质原料（如石英砂、硅石、破碎的石英等）。

要求：$SiO_2$ 含量尽量高（≥98.5%）。

粒度：为保证配料具有透气性，提高其产率，应采用连续级配，粒度粗细搭配，不必强调均匀度。粒度上限 5~3mm。如下粒度可供参考：

| | |
|---|---|
| 5~3mm | 5%~13% |
| 3~2mm | 8%~9% |
| 2~1mm | 23%~30% |
| 1~0.5mm | 30%~35% |
| <0.5mm | 16%~30% |

（2）碳质原料（无烟煤、石油焦等）。

要求：低灰分。对 $Al_2O_3$、$Fe_2O_3$、$CaO$ 的含量要加以控制，因为灰分会促使碳化硅分解，另外，硫（S）的含量也需限制，避免在生产中产生硫化氢有害气体。

有研究指出，生产碳化硅用无烟煤，有如下指标要求：

| 水分 | 灰分 | S | 挥发分 |
|---|---|---|---|
| <4% | <3.5% | <1.5% | <3.5% |

粒度：粒度对碳化硅的生成有一定影响，要求最大粒度约为 3mm，<1mm 的比例不小于 60%。

（3）加入剂（以使配料增加透气性，以便排出气体）。

加入木屑，少量，大小约 4~5mm。

加入食盐。生产绿色 SiC 时加入少量食盐，因食盐熔融后将石英的颗粒包覆起来，可降低 $SiO_2$ 蒸发速度，并阻止配料内碳的富集，并防止 SiC 染成黑色。生产黑色 SiC 不必加入食盐。

3. 配料

SiC 的生成过程在于在高温下，二氧化硅（$SiO_2$）与碳（C）的相互作用。为此，注意控制 $SiO_2$：C 的比值，此比值按配料的模数来决定。模数 M 的计算公式如下：

$$M = \frac{C}{C + SiO_2} \times 100$$

式中　C——碳含量，%；

$SiO_2$——二氧化硅含量，%。

化学计量比相当于 M=37.5。

配料中 C 的加入量达 5% 时，可增加碳化硅的产率；如超过 5%，会降低碳化硅的产率及使碳化硅呈黑色。配料中 $SiO_2$ 过量，会使配料中透气性降低，使之烧结，降低碳化硅的产率。

有资料指出，如下的配料，模数 M 介于 38~45 之间。

| 硅质原料 | 碳质原料 | 锯木屑 | 盐 |
|---|---|---|---|
| 44.5%~59% | 34%~44% | 3%~11% | 0%~8% |

配料的体积密度,会影响到 SiC 制造过程的效果。配料的体积密度 1.4~1.6g/cm³ 是适宜的。

4. 配料中的主要杂质

配料中的主要杂质如 $Al_2O_3$、$Fe_2O_3$、CaO。这些杂质对 SiC 生成的质量、数量及结晶程度有显著的影响。杂质主要来自碳质材料灰分部分。

$Al_2O_3$:在制造碳化硅的过程中,$Al_2O_3$ 溶解于 $SiO_2$ 熔融物中,包覆在配料颗粒表面,阻碍碳化硅的生成。当 $Al_2O_3$ 含量超过 3% 时,会导致生成大量熔融物。

CaO:对制造碳化硅的影响与 $Al_2O_3$ 相似,当 $Al_2O_3$ 与 CaO 同时存在于低温下,它与 $SiO_2$ 生成低温易熔共熔物,其有害作用更大。

$Fe_2O_3$:因与硅不生成化合物并无大害,可以起到矿化剂的作用。

**(三) 直接由元素合成碳化硅**

硅与碳的反应可生成碳化硅,此碳化硅是 β – SiC(等轴晶系 SiC)

$$Si + C \xrightarrow{1150~1800℃} SiC(β – SiC)$$

温度达到 2000℃ 时,生成的 SiC 仍是 β – SiC,但当温度超过 2000℃,除生成 β – SiC 外,还可生成 α – SiC(6H 变体)。

上述由硅与碳直接合成碳化硅方法,目前主要用于石墨的硅化处理,碳化硅材料的反应烧结,有时也用于制取 β – SiC。

其他碳化硅合成方法 (略)。

## 三、碳化硅的化学成分与理化性质

**(一) 碳化硅化学成分与物相组成**

碳化硅含杂质 0.1%~5%,由上节用碳来还原二氧化硅制取碳化硅的方法,生产黑色与绿色两种碳化硅,前者杂质较多,后者较少。黑色碳化硅系由于碳(C)被包含在碳化硅结晶内的缘故。两种碳化硅化学成分对比见表 21 – 4。

表 21 – 4　黑色与绿色碳化硅化学成分　　　　　　(%)

| 碳化硅 | SiC | $Si_{游}$ | $C_{游}$ | Fe | Al | CaO | $SiO_2$ |
|---|---|---|---|---|---|---|---|
| 黑色 | 96.21 | — | 0.13 | | 1.05 | — | 0.94 |
| 绿色 | 98.80 | 0.59 | 0.03 | 0.11 | 0.06 | 0.01 | — |

工业碳化硅的相组成见表 21 – 5。

表 21 - 5  工业碳化硅的相组成  （％）

| | | |
|---|---|---|
| SiC | 97.3 ~ 99.9 | 碳化硅还含有游离碳 |
| Si | 0.1 ~ 2.5 | 更多在碳化硅结晶内发现，有时在其晶体表面也有硅 |
| 硅酸盐 | 痕迹 ~ 1.0 | |
| 碳化铁 | 痕迹 ~ 0.5 | |

碳化硅颗粒的特点是多孔性，50％以上的晶体含有气孔，其形状多样。气孔的表面大部分被石墨薄层所覆盖，气孔率介于 0.5％ ~ 5.3％。

（二）碳化硅物理性质

1. 一般性质

α - SiC 与 β - SiC 一般性质比较见表 21 - 6。

表 21 - 6  SiC 一般性质

| 碳化硅 | α - SiC | β - SiC | 备 注 |
|---|---|---|---|
| 颜 色 | 蓝绿色为主，个别浅黄色 | 黄色至橄榄绿色，带蓝的黑色 | |
| 形 态 | 不规则粒状，颗粒细小，一般 0.05 ~ 0.2mm，个别达 0.5 ~ 1mm | 不规则粒状，颗粒细小，大者可达 1mm | |
| 硬 度 | 9.5 | 9.5 | |
| 比 重 | 3.1 ~ 3.26 | 3.216 | 工业碳化硅比重 3.12 ~ 3.22 |
| 折射率 | $N_e = 2.689 ~ 2.835$ | | 在金伯利岩中 α - SiC |
| 成因产状 | 产于金伯利岩中，也见于金刚石砂矿或冲积层中 | 火山活动热液上升时形成 | |

注：SiC 分解温度为 2760 ± 20℃，纯 SiC 线膨胀系数为 $(5.12 ~ 5.8) \times 10^{-6}$/℃。

2. 工艺特性

因碳化硅（SiC）是一种共价键化合物，原子间结合的键很强，它具有以下一些特性：

（1）高熔点。碳化硅的熔点有不同资料数据，如 3400℃分解、2700℃、2830 ± 40℃。

（2）高硬度。碳化硅是超硬度的材料之一。超硬度材料包括金刚石、立方氮化硼（CBN）、碳化硼、碳化硅、氮化硅及碳化钛等。几种材料硬度值比较见表 21 - 7。

表 21 –7　几种材料硬度值比较

| 材　料 | 石英 | WC | $Al_2O_3$ | TiC | SiC | $B_4C$ | 金刚石 |
|---|---|---|---|---|---|---|---|
| 硬度值/kg·$mm^{-2}$ | 820 | 1800 | 2000 | 2470 | 2473~2778 | 2800 | 6500 |

（3）高强度。在常温和高温下，碳化硅的机械强度都很高。25℃下，SiC 的弹性模量为 $4.76 \times 10^5$ MPa，拉伸强度为 175MPa，抗压强度为 1050MPa，SiC 的高温强度很好。抗弯强度直至 1400℃ 仍不受温度的影响。1500℃时，弹性模量仍有 $2.8 \times 10^5$ MPa。上述数据均测自大块材料。

（4）热膨胀系数较低，导热系数较高，材料的热震稳定性好（见表 21 – 8 和表 21 – 9）。

表 21 –8　几种材料的线膨胀系数（25~1000℃）

| 材　料 | 石墨 | 六方晶系 SiC($\alpha$) | WC | ZrC | TiC | BeO | $Al_2O_3$ | CaO | MgO |
|---|---|---|---|---|---|---|---|---|---|
| 线膨胀系数 /℃$^{-1}$ | (1~5) $\times 10^{-6}$ | 5.0 $\times 10^{-6}$ | 5.2 $\times 10^{-6}$ | 6.7 $\times 10^{-6}$ | 7.4 $\times 10^{-6}$ | 9.8 $\times 10^{-6}$ | 13.3 $\times 10^{-6}$ | 13.8 $\times 10^{-6}$ | 15.0 $\times 10^{-6}$ |

表 21 –9　20℃下几种材料的导热系数

| 材　料 | 石墨 | $B_4C$ 菱形 | TaC | ZrC | TiC | SiC[①] | WC |
|---|---|---|---|---|---|---|---|
| 导热系数 /J·(s·cm·℃)$^{-1}$ (cal·(s·cm·℃)$^{-1}$) | 0.033~ 0.23 (0.008~ 0.055) | 0.29 (0.07) | 0.21 (0.05) | 0.29 (0.07) | 0.29 (0.07) | 0.59 (0.14) | 1.17 (0.28) |

①1000℃时 SiC 的导热系数为 38.5kJ/(m·h·℃)（9.2kcal/(m·h·℃)）。

（5）碳化硅导电性较强，属于半导体，随电压、温度的升高，比电阻减小。

（三）SiC 化学性质

1. 在各种气氛中

水蒸气能促使碳化硅氧化。在有 50% 水蒸气的气氛中，能促进绿色碳化硅氧化。从 1000℃ 开始，随着温度的提高，氧化程度愈为明显，到 1400℃ 时为最大。

碳化硅在空气中加热时，发生下列反应：

$$SiC + 3/2O_2 \longrightarrow SiO_2 + CO$$

从 800℃ 开始生成 $SiO_2$，1000℃时生成量最多，这是造成耐火材料损毁的主要原因，因为 $SiO_2$ 大部分为易膨胀的方石英。然而表面生成的 $SiO_2$ 薄膜，则可以防止氧化。在氧化性介质中碳化硅被氧化，这是用它作耐火材料的主要缺陷。

在还原性和中性介质中，直至约 2200℃（有资料认为 2600℃）碳化硅还很稳定；温度进一步升高时，碳化硅开始分解。（有资料认为，碳化硅于 2050℃ 开始分解。编著者认为，碳化硅分解温度不一，与检测试样有关。）在一氧化碳（CO）气氛下，于1250℃以下，不能使碳化硅氧化，在更高的温度下，则起反应，在晶体表面析出游离碳。

碳化硅在各种气氛中的反应见表21–10。

**表21–10　碳化硅在各种气氛中的反应**

| 气氛名称 | 与碳化硅之反应 | 备　注 |
|---|---|---|
| 氢 | 碳化硅稳定，不易起反应 | |
| 氟 | 容易起反应 | |
| 氮 | 易于起反应 | 1400℃反应生成氮化硅和氮化碳 |
| 氯 | 易于起反应 | 高于600℃，碳化硅被氯分解为四氯化硅（$SiCl_4$）和四氯化碳（$CCl_4$） |
| 硫 | 对碳化硅有影响，与硫化氢起反应 | |

**2. 碳化硅与诸多物质的反应**

碳化硅与 CaO、MgO、CuO、FeO、NiO、MnO、$Cr_2O_3$、PbO、AgO、$Na_2O_2$ 等起反应，与某些金属如铁、锰、铬、铝、铋起反应，与铬的反应，温度在1700℃以上；与铝的反应：$4Al + 3SiC = Al_4C_3 + 3Si$。与某些化合物之间的反应温度见表21–11。

**表21–11　碳化硅和某些化合物间的相互反应**

| 化合物 | 化合物熔点/℃ | 化合物与碳化硅的反应温度/℃ | 备　注 |
|---|---|---|---|
| $K_2OH$ | 318 | 900 | 于500℃不起反应 |
| $N_2Cl$ | 800 | — | 于900℃不起反应 |
| $Na_2CO_3$ | 851 | 900 | |
| $Na_2CO_3 : K_2CO_3 = 1:3$ | — | 约1000 | |
| $NaCO_3$ | 891 | 约1000 | |
| $K_2CO_3 : KNO_3 = 2:1$ | — | 约900 | |
| $Na_2O_2$ | | 500 | |
| $Na_2B_4O_7$ | 741 | >1000 | |
| $Na_2AlF_6$ | 1000 | | 可能在很高的温度下起反应 |
| $MgCl_2$ | 718 | — | 于900℃时不起反应 |
| KCl | 790 | — | 于900℃时不起反应 |
| LiCl | 614 | — | 于900℃时不起反应 |
| LiF | 842 | — | 于900℃时不起反应 |
| $CaCl_2$ | 772 | — | 于900℃时不起反应 |

注：据梁训裕等。

### 3. 碳化硅与酸的反应

大多数无机酸（含硫酸 $H_2SO_4$、盐酸 HCl、氢氟酸 HF）不能将碳化硅分解。但硝酸和氢氟酸的混合物、磷酸则能分解碳化硅。

## 四、碳化硅质耐火材料

用不同结合剂与碳化硅结合，可制成多种不同类型的碳化硅质耐火材料，其性质主要取决于结合剂。例如，氧化硅为结合剂；硅酸铝为结合剂（含黏土、高铝、"三石"、莫来石、刚玉（$\alpha - Al_2O_3$）），非氧化物（如氮化硅（$Si_3N_4$））为结合剂等。

### （一）碳化硅质耐火材料品种及使用（见表21－12）

**表 21－12 碳化硅质耐火材料品种、主体原料及应用（部分）**

| 品 种 | 主体原料 | 应用举例 |
|---|---|---|
| 以氧化硅为结合剂碳化硅耐火材料 | $SiO_2 5\% \sim 10\%$，SiC | 制瓷器（>1300℃）窑炉棚板 |
| 以黏土为结合剂碳化硅耐火材料 | 黏土10%，SiC | 锌冶炼、陶瓷窑炉 |
| 以莫来石为结合剂碳化硅耐火材料 | 莫来石（$Al_2O_3 + SiO_2$ 微粉）、SiC | 制瓷用匣钵、棚板；水泥窑等 |
| 红柱石－碳化硅－石墨制品 | "三石"、碳化硅、石墨 | 鱼雷铁水罐车内衬（未脱S、P、Si） |
| $Al_2O_3 - SiC - C$ 烧成或不烧制品 | 刚玉、碳化硅、石墨 | 鱼雷铁水罐车内衬（脱S、P、Si），铁水包 |
| 氮化硅结合碳化硅制品 | 工业硅粉、SiC（在氮气保护下烧成） | 高炉用碳化硅砖，$Si_3N_4 - SiC$ 砖，赛隆（Sialon）－SiC 陶瓷窑具 |

注：1. 氧化硅组分是：硅石、石英、石英砂、石英砂岩及其他石英矿物等；

2. "三石"是蓝晶石、红柱石、硅线石的简称。

### （二）碳化硅质耐火材料行业标准

### 1. 烧成铝碳化硅砖的行业标准（YB/T 4167—2007）（见表21－13）

**表 21－13 烧成铝碳化硅砖的理化指标**

| 项 目 | 指 标 | | | | |
|---|---|---|---|---|---|
| | GLT－8 | GLT－10 | GLT－13 | GLT－16A | GLT－16B |
| $Al_2O_3/\%$，$\geqslant$ | 65 | 62 | 60 | 65 | 55 |

续表 21 - 13

| 项 目 | 指　标 | | | | |
|---|---|---|---|---|---|
| | GLT - 8 | GLT - 10 | GLT - 13 | GLT - 16A | GLT - 16B |
| SiC/%，≥ | 8 | 10 | 13 | 16 | 16 |
| 显气孔率/%，≤ | 18 | 18 | 18 | 17 | 17 |
| 体积密度/g·cm⁻³，≥ | 2.8 | 2.85 | 2.85 | 2.85 | 2.85 |
| 常温耐压强度/MPa，≥ | 90 | 90 | 100 | 100 | 100 |
| 0.2MPa 荷重软化温度/℃，≥ | 1530 | 1550 | 1580 | 1600 | 1580 |

注：适用于高炉本体、混铁炉、混铁车、铁水罐（包）高炉出铁沟及建材窑炉。

2. 铁水预处理用 $Al_2O_3$ – SiC – C 砖行业标准（YB/T 164—2009）（见表 21 – 14）

表 21 – 14　$Al_2O_3$ – SiC – C 砖的理化指标

| 项 目 | 规 定 值 | | |
|---|---|---|---|
| | ASC - Z | ASC - T | ASC - D |
| $Al_2O_3$/%，≥ | 55 | 57 | 62 |
| SiC + F·C/%，≥ | 17 | 14 | 10 |
| F·C/%，≥ | 8 | 6 | 4 |
| 显气孔率/%，≤ | 8 | 10 | 10 |
| 体积密度/g·cm⁻³，≥ | 2.75 | 2.75 | 2.75 |
| 耐压强度/MPa，≥ | 35 | 40 | 45 |
| 高温抗折强度/MPa，≥（1400℃×0.5h） | 5 | 5.5 | 6 |

注：1. 高温抗折强度数值，仅作为参考，不作为考核指标；
　　2. 指标中 ASC - Z、T、D 分别表示：渣线部位、铁水区和顶部。

# 第二节　氮　化　硅

氮化硅（$Si_3N_4$）无天然产，均为人工合成。

## 一、化学成分与物理性质

### （一）化学成分

氮化硅（silicon nitride）的分子式为 $Si_3N_4$，其中 Si 60.06%，N 39.04%。

### （二）物理性质

氮化硅结晶有两个晶型：$\alpha$ – $Si_3N_4$ 和 $\beta$ – $Si_3N_4$，都为六方晶系。$\alpha$ – $Si_3N_4$

易生成。通常情况下，Si 粉在 1200 ~ 1300℃ 氮化得到 $\alpha - Si_3N_4$，温度升高到 1445℃ 左右得到 $\beta - Si_3N_4$。

高温下（1400 ~ 1800℃），$\alpha - Si_3N_4$ 不可逆相变为 $\beta - Si_3N_4$。

氮化硅（$Si_3N_4$）的 Si 与 N 之间，主要以共价键相结合，故 $Si_3N_4$ 硬度大（黄氏硬度9），熔点高，结构稳定。

氮化硅膨胀系数小，在 20 ~ 1000℃ 范围，$\alpha - Si_3N_4$ 的膨胀系数为 $2.8 \times 10^{-6}$/℃，$\beta - Si_3N_4$ 为 $3.0 \times 10^{-6}$/℃，导热性好，故抗热震，高温强度及耐磨性好。$\alpha$ 型与 $\beta$ 型 $Si_3N_4$ 物理性质见表 21 – 15。

表 21 – 15　氮化硅不同晶型物理性质

| 项　目 | | $\alpha$ 型 | $\beta$ 型 |
| --- | --- | --- | --- |
| 晶格常数/nm | $a_0$ | 0.7752（0.7748） | 0.7604（0.7608） |
| | $c_0$ | 0.5619（0.5617） | 0.2907（0.2910） |
| 单位晶胞分子数 $Z$ | | 4 | 2 |
| 比重 | | 3.184（3.167） | 3.187（3.192） |
| 硬度（莫氏硬度） | | 9 | 9 |
| 显微硬度/GPa | | 10 ~ 16 | 29.5 ~ 32.7 |
| 分解温度/℃ | | 1400 ~ 1600 | 1900（1839 ~ 1886） |
| 线膨胀系数/℃$^{-1}$ | | $2.8 \times 10^{-6}$ | $3.0 \times 10^{-6}[（3.3 ~ 3.6）\times 10^{-6}]$ |
| 比热容/J·(kg·K)$^{-1}$ | | 0.28（1.17） | |
| 导热性/W·(m·K)$^{-1}$ | | （20 ~ 250℃）1.59 ~ 18.42 | |

## 二、氮化硅的特性

### （一）氧化

800℃ 以上，氮化硅与氧气起反应：$Si_3N_4 + 3O_2 \rightarrow 3SiO_2 + 2N_2$。在表面生成二氧化硅致密保护层，阻止了 $Si_3N_4$ 的连续氧化，直至 1600℃ 以上。

但在潮湿的气氛中，$Si_3N_4$ 容易氧化，在 200℃ 即开始氧化。其原因是水汽可以透过无定形 $SiO_2$ 薄膜与 $Si_3N_4$ 反应。

$$Si_3N_4 + 6H_2O \longrightarrow 3SiO_2 + 4NH_3$$

氮化硅陶瓷在氧化气氛中可使用到 1400℃，而在中性或还原气氛中可使用到 1850℃。

### （二）与某些金属熔液、合金熔液、酸的反应

$Si_3N_4$ 在金属 Al、Sn、Pb、Bi、Ga、Zn、Cd、Au、Ag 等熔液中，不被腐蚀，不被浸润。

$Si_3N_4$ 在 Cu 熔液中，仅在真空或惰性气氛中，不受侵蚀。

Mg 能与 $Si_3N_4$ 微弱反应；Si 熔液能把 $Si_3N_4$ 润湿并微量侵蚀。

过渡元素熔液能强烈润湿 $Si_3N_4$，并与 Si 生成硅化物而渗透分解 $Si_3N_4$，同时逸出 $N_2$。

$Si_3N_4$ 对合金熔液如黄铜、硬铝、镍银等很稳定；能抗铸铁、中碳钢等侵蚀，但不耐镍铬合金、不锈钢的侵蚀。

氢氟酸（HF）对 $Si_3N_4$ 有明显的腐蚀，其他酸及碱溶液对 $Si_3N_4$ 有轻微腐蚀，大多数熔融碱、盐能与 $Si_3N_4$ 相互作用并使之分解。

将上述与 $Si_3N_4$ 反应的某些金属元素等级列出表 21 – 16。

**表 21 – 16　与 $Si_3N_4$ 反应的金属元素**

| 项　目 | 与 $Si_3N_4$ 的反应 | | | 条件 |
|---|---|---|---|---|
| | 不腐蚀，不浸润 | 微润湿，微侵蚀 | 强烈明显润湿侵蚀、分解 | |
| 金属 Al、Sn、Pb、Bi、Ga、Zn、Cd、Au、Ag 等熔液 | √ | | | |
| Cu 熔液 | √ | | | 在真空或惰性气体 |
| Mg 熔液 | | √ | | |
| 过渡元素熔液 | | × | √ | |
| 合金熔液（黄铜、硬铝镍银） | √ | | | |
| 铸铁、中碳钢 | √ | | | |
| 镍铬合金、不锈钢 | | | √ | |
| 氢氟酸 | | | √ | |
| 除 HF 酸外的其他酸、碱溶液 | | √ | | |
| 多数熔融碱、盐 | | | √ | |

注：过渡元素指周期表中，四、五、六周期，第五族 A 族至第二族 A 族之间的元素。

## 三、氮化硅的合成

### （一）氮化硅合成方法

氮化硅合成方法有很多种：

（1）工业硅粉直接氮化：

$$3Si + 2N_2 \longrightarrow Si_3N_4$$

（2）二氧化硅还原和氮化：

$$3SiO_2 + 6C + 2N_2 \longrightarrow Si_3N_4 + 8NH_3$$

（3）亚胺硅或氨基硅的热分解：

$$3Si(NH)_2 \longrightarrow Si_3N_4 + 2NH_3 ; \quad 3Si(NH_2)_4 \longrightarrow Si_3N_4 + 8NH_3$$

（4）卤化硅或硅烷与氨的气相反应：

$$3SiCl_4 + 16NH_3 \longrightarrow Si_3N_4 + 12NH_4Cl$$

$$3SiH_4 + 4NH_3 \longrightarrow Si_3N_4 + 12H_2$$

上述工业硅直接氮化法是普遍应用的合成氮化硅 $Si_3N_4$ 的方法。

（二）工业硅粉直接氮化合成 $Si_3N_4$

将纯净的硅粉在氮（$N_2$）气中加热，通过 $N_2$ 向硅粉粒子内部扩散，反应合成 $Si_3N_4$，反应式：

$$3Si + 2N_2 \xrightarrow{\triangle} Si_3N_4$$

（1）Si 的纯度在 95% 以上，硅粉中杂质（Fe、Al、Ca 等）含量小于 2%，粒度最大。不超过 40μm，$N_2$ 气纯度尽量高。

（2）合成在电炉内（间歇式封闭）或连续式隧道窑进行。

（3）Si 与 $N_2$ 随温度变化的反应进程：低温下反应进行很缓慢；600～900℃反应明显；1100～1320℃反应剧烈；至 1400℃结束。

Si 的熔点为 1420℃，若氮化温度超过 1400℃，硅粉熔融结团，会妨碍继续氮化。

氮化初期生成 $\alpha - Si_3N_4$，1200～1300℃时，$\alpha - Si_3N_4$ 含量较高。随温度升高，氮化时间延长，$\alpha$ 型与 $\beta$ 型 $Si_3N_4$ 的生成有一定比例，即 $\alpha - Si_3N_4$ 减少，$\beta - Si_3N_4$ 增多，如在 1350℃时，$\alpha - Si_3N_4$ 与 $\beta - Si_3N_4$ 生成比例为 1:1.5～1:9.0 之间。

氮化硅合成其他方法略。

## 四、氮化硅的应用（部分）

（一）应用

氮化硅（$Si_3N_4$）有良好性能，归纳以上讨论，有如下几个方面：熔点高，耐高温；膨胀系数小，导热性好，抗热震；耐腐蚀，高温强度高，耐磨性好。现在已应用在钢铁工业中，在陶瓷行业应用较为广泛。

$Si_3N_4$ 在耐火材料中的使用，一种是用做 SiC 耐火材料的结合相，如 20 世纪 70 年代 $Si_3N_4 - SiC$ 砖开始用于高炉风口部位，现在应用在水平连铸分离环、炮泥和出铁沟浇注料中。

根据 YB/T 4035—2007 行业标准，氮化硅结合碳化硅砖（$Si_3N_4 - SiC$ 砖）的定义表达如下：以碳化硅为骨料加工业硅粉，经混炼成型，通过氮化烧结，形成氮化硅为主要结合相，且氮化硅和碳化硅含量之和不小于 90% 的定形制品。

氮化硅结合碳化硅砖的理化指标见表 21 - 17。

表 21 – 17　氮化硅结合碳化硅砖的理化指标（YB/T 4035—2007）

| 项　　目 | 指　　标 | | | | |
| --- | --- | --- | --- | --- | --- |
| | TDG – 1 | TDG – 2 | LDG | YDG | 复验允许偏差 |
| 显气孔率/%，≤ | 16 | 18 | 16 | 18 | +2 |
| 体积密度/g·cm⁻³，≥ | 2.65 | 2.60 | 2.65 | 2.60 | -0.05 |
| 常温耐压强度/MPa，≥ | 160 | 150 | 150 | 140 | -20 |
| 常温抗折强度/MPa，≥ | 45 | 40 | 40 | 40 | -5 |
| 高温抗折强度（1400℃×0.5h)/MPa，≥ | 45 | 40 | 45 | 40 | -5 |
| 导热系数（1000℃）（参考指标)/W·(m·K)⁻¹，≥ | 16.0 | 15.5 | 16.0 | | — |
| SiC/%，≥ | 72 | 70 | 72 | 70 | |
| $Si_3N_4$/%，≥ | 20 | 20 | 20 | 20 | |
| $Fe_2O_3$/%，≤ | 0.7 | 1.0 | 0.7 | 0.7 | |

注：1. 表中 DG 为氮和硅的汉语拼音的首字母；

　　2. 按用途不同，分有三个类别：TDG、LDG、YDG，分别代表炼铁、电解铝及窑具。

**（二）实例**

中钢集团耐火材料有限公司（简称中钢耐火）已在钢铁行业（干熄焦、高炉）和有色行业等成功使用氮化硅结合碳化硅砖，如图 21 – 1 所示。

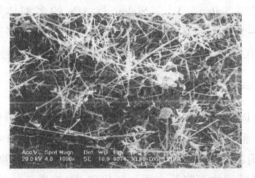

图 21 – 1　$Si_3N_4$ 结合 SiC 材料中，孔洞内的纤维状 $Si_3N_4$ 晶体
（引自李红霞主编的《耐火材料手册》）

# 第三节　赛　隆

## 一、化学组成

有研究人员在 20 世纪 70 年代初，发现 $Al_2O_3$ 加入到 $Si_3N_4$ 中进行热压烧结，$Al_2O_3$ 可固溶到 $Si_3N_4$，固溶量可达 60%～70%，还发现，这种固溶体 $Si_3N_4$ 的 Si

原子和 N 原子同时分别被 Al 原子和 Si 原子置换，并保持电中性，形成了一个 Si—Al—O—N 固溶体，其缩写为 Sialon。

将固溶在 $\beta$-$Si_3N_4$ 的固溶体，称为 $\beta$-Sialon。化学通式为 $Si_{6-z}Al_zO_zN_{8-z}$。这里的 $Z$ 表示氮化硅中 $Si_3N_4$ 被取代的硅原子 Si 和氮原子 N 数目，大多数情况下，$Z$ 在 3 之下。

$Z$ 值不同，对 $\beta$-Sialon 相材料的性能产生不同影响。研究指出，$Z$ 值在 1.5~2.5 之间的 $\beta$-Sialon 相材料有较好的抗碱和抗高炉渣侵蚀能力，表 21-18 给出 1500℃合成的不同配方 $Z$ 值 $\beta$-Sialon 时材料试验结果。

表 21-18  $\beta$-Sialon 相试样抗碱和高炉渣侵蚀能力

| $Z$ 值 | 0 | 0.5 | 1.0 | 1.5 | 2.0 | 2.5 | 3.0 | 3.5 | 4.0 |
|---|---|---|---|---|---|---|---|---|---|
| 抗熔碱 | × | √ | √ | √√ | √√ | √√ | √ | √ | √ |
| 抗碱蒸气 | × | √ | √ | √√ | √√ | √√ | √ | √ | √ |
| 抗高炉渣 | √ | √ | √ | √ | √ | √ | √ | √ | × |

注：1. ×差，√一般，√好，√√优；

　　2. 高炉渣为宝钢样；

　　3. 据洪彦若等，2004(8)。

赛隆（Sialon）是由 $Si_3N_4$ - AlN - $Al_2O_3$ - $SiO_2$ 化合物组成，除了上述 $\beta$-Sialon 外，还有 O'-Sialon，X'-Sialon 及 AlN 的多型体等。O'-Sialon 是 $Si_2N_2O$ 固溶体；X-Sialon 为富含 $SiO_2$ 的固溶体。赛隆的多型体，以 $\beta$-Sialon 最稳定、更重要，在抗氧化性、耐高温性、抗热震性方面最佳的一种固溶体。

## 二、$\beta$-Sialon 材料的性能

（1）抗热震性优良，与 $\beta$-$Si_3N_4$ 比较，线膨胀系数稍低于 $\beta$-$Si_3N_4$，为 $(2\sim3)\times10^{-6}$/℃；而导热系数 $\beta$-$Si_3N_4$（20~250℃）为 1.59~18.42W/(m·K)，$\beta$-Sialon（20℃）为 22W/(m·K)，后者较高，显示具有优良抗热震性。但随组分中 AlN、$Al_2O_3$ 量的增加而降低，添加氮化硼 BN 有助于抗热震。

（2）优良的抗熔铁、抗熔渣侵蚀性；同时不易产生明显的氧化，抗氧化性优于 $Si_3N_4$。

（3）具有良好的机械强度、硬度高等物理特性。

## 三、$\beta$-Sialon 的合成

$\beta$-Sialon 的合成方法有多种：

（1）由氮化物、氧化物如 $Si_3N_4$、$Al_2O_3$ 和 AlN 合成；

（2）用金属 Si、Al 和 $Al_2O_3$ 合成；

（3）由天然原料制成。

以下介绍三种 $\beta - SiO_2$ 的合成方法：

（1）用煤矸石、高岭石，主要矿物高岭石 $Al_2O_3 \cdot 2SiO_2 \cdot 2H_2O$，利用还原氮化法制备 $\beta - Sialon$，其合成过程，据研究由以下步骤组成：

1）高岭石脱水形成莫来石：

$$3(Al_2O_3 \cdot 2SiO_2 \cdot 2H_2O) \longrightarrow 3Al_2O_3 \cdot 2SiO_2 + 4SiO_2 + 6H_2O$$

高岭石        莫来石

2）形成中间产物。首先形成气相中间产物，以便形成气相传质规程：

$$SiO_2 + C = SiO(g) + CO(g)$$

$$3Al_2O_3 \cdot 2SiO_2 + 2C = 3Al_2O_3 + 2SiO(g) + 2CO(g)$$

$$Al_2O_3 + 2C = Al_2O(g) + 2CO(g)$$

进一步形成 SiC 及 33R：

$$SiO(g) + 2C = \beta - SiC + CO(g)$$

$$5Al_2O_3 + SiO(g) + 5N_2 + 14C = SiAl_{10}O_2N_{10}(33R) + 14CO(g)$$

$$5Al_2O_3 + SiO_2 + 5N_2 + 5C = SiAl_{10}O_2N_{10}(33R) + 5CO(g)$$

3）最后形成 $\beta - Sialon$：

$$3SiC + 3Al_2O(g) + 3SiO_2 + 5N_2 = 2Si_3Al_3O_3N_5 + 3CO(g)$$

$$3SiAl_{10}O_2N_{10} + 27SiO(g) + 10N_2 + 3C = 10Si_3Al_3O_3N_5(\beta - Sialon) + 3CO(g)$$

（2）用三石（蓝晶石等）合成 $\beta - Sialon$：

$$2(Al_2O_3 \cdot SiO_2) + 6C + 2N_2 = Si_2Al_4O_4N_6 + 6CO$$

（3）用叶蜡石（$Al_2O_3 \cdot 4SiO_2 \cdot H_2O$）合成 $\beta - Sialon$：

$$Al_2O_3 \cdot 4SiO_2 \cdot H_2O \xrightarrow{\triangle} Al_2O_3 \cdot 4SiO_2 \text{（加热失水）}$$

$$Al_2O_3 \cdot 4SiO_2 + 9C + 3N_2 \longrightarrow Si_4Al_2O_2N_6$$

## 四、赛隆的应用

### （一）应用

Sialon 的应用是多方面的，在耐火材料方面，主要用做结合相。

关于赛隆结合耐火制品的定义，行业标准 YB/T 4127—2005 有如下阐述：在耐火骨料中加入一定量工业硅粉和氧化铝粉等原料，经混炼成型，通过氮化固溶反应烧结形成 $\beta - Sialon$ 作为结合相的定形耐火制品。

赛隆结合耐火制品的理化指标见表 21－19。

表 21－19　赛隆结合耐火制品的理化指标（YB/T 4127—2005）

| 项 目 | SL－T（赛隆结合碳化硅制品） | | SL－G（赛隆结合刚玉制品） | |
|---|---|---|---|---|
| | 指标 | 复检允许偏差 | 指标 | 复检允许偏差 |
| 显气孔率/%，≤ | 16 | +1 | 15 | +1 |

| 项　目 | SL – T(赛隆结合碳化硅制品) | | SL – G(赛隆结合刚玉制品) | |
|---|---|---|---|---|
| | 指标 | 复检允许偏差 | 指标 | 复检允许偏差 |
| 体积密度/g·cm⁻³，≥ | 2.65 | −0.03 | 3.15 | −0.03 |
| 常温耐压强度/MPa，≥ | 150 | −15 | 135 | −14 |
| 高温抗折强度（1400℃）/MPa，≥ | 45 | −5 | 22 | −2 |
| 抗熔碱性（纯 $K_2CO_3$，930℃ ×3h ×2 次）/% | ±5.0 | — | 0 ~ +5.0 | — |
| SiC/%，≥ | 71.0 | — | — | — |
| $Al_2O_3$/%，≥ | 5.0 | — | 80.0 | — |
| N/%，≥ | 5.5 | — | 5.0 | — |
| $Fe_2O_3$/%，≥ | 0.7 | — | 0.7 | — |

赛隆结合碳化硅制品（Sialon – SiC 制品，见图 21 – 2）综合 Sialon 和 SiC 的优点，高温强度高，抗氧化性好，热稳定性优良，应用在高炉炉腹和炉身下部之间的内衬，陶瓷工业窑炉的窑具。

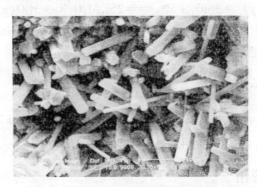

图 21 – 2　Sialon 结合 SiC 材料中，自形发育的六方柱状 Sialon
（引自李红霞主编《耐火材料手册》）

刚玉材料的熔点高、强度大，但热震稳定性差，抗金属熔渣侵蚀性能不够理想，以 Sialon 做结合相的刚玉制品（Sialon – 刚玉制品），能弥补其不足，如提高抗热震性等。

（二）实例

我国中钢集团耐火材料有限公司（中钢耐火）已成功使用赛隆结合的定形产品：

（1）高炉，如赛隆结合碳化硅砖（Sialon – SiC 砖）、赛隆结合刚玉砖（Sialon – $Al_2O_3$ 砖）。

（2）鱼雷罐，如矾土基赛隆结合碳化硅砖、赛隆结合刚玉碳化硅砖。

# 第四节　碳　化　物

碳化物是指碳与金属或非金属的化合物。金属碳化物如碳化钛、碳化铬、碳化铌、碳化锆、碳化钼、碳化铪、碳化钽、碳化钨、碳化铌等难熔化合物；非金属碳化物如碳化硅、碳化硼等。非金属碳化物通常具有共价键的特征。

几种碳化物的性能见表21-20。

**表21-20　几种碳化物材料的性能**

| 名　称 | 密度/g·cm$^{-3}$ | 熔点/℃ | 莫氏硬度 | 显微硬度/MPa | 线膨胀系数(20~1000℃)/℃$^{-1}$ | 热导率/W·(m·K)$^{-1}$ |
|---|---|---|---|---|---|---|
| SiC | 3.21 | 2600 分解 | 9.2 | 33400 | 5~7 | 8.37 |
| B$_4$C | 2.52 | 2450 分解 | >9~10 (9.36) | 33400 | 4.5 | (100℃) 121.4 (700℃) 62.8 |
| TaC | 14.3 | 3880 | | 16000 | 8.3 | 22.19 |
| HfC | 12.2 | 3890 | | 29600 | 5.6 | 6.28 |
| WC | 15.7 | 2700 | | 24000 | 5.2 | — |
| TiC | 4.93 | 3107 | | 30000 | 7.74 | 24.28 |

从表21-20可见，碳化物材料硬度大，耐磨损；热震稳定性好；是难熔化合物。这些优良性能，对提高耐火材料性能很有益处。

目前，耐火材料较多选用B$_4$C作添加剂。研究指出，在鱼雷铁水罐底部冲击部位，添加适量B$_4$C对提高材质的强度和耐侵蚀性，效果颇佳。添加到碳结合耐火材料中能起到抗氧化剂的作用。

数十年以来，编著者也使用B$_4$C，产地为黑龙江省牡丹江市。

# 第二十二章　轻质（隔热）耐火原料

硅藻土

珍珠岩

蛭石

石棉与耐火纤维

空心球保温材料

各类轻质砖

## 第一节　概　论

轻质（隔热）耐火材料是指气孔率高、体积密度小、导热性也差的耐火材料。此材料的特点是多孔结构和高的隔热性，又称为隔热耐火材料。

热工窑炉使用隔热耐火制品，可以减少热量损失，加快升温或降温速度，从而降低能耗和成本，并且可以使炉体重量减轻，窑墙减薄，降低施工费用。诸多优点，促使隔热耐火材料迅速发展。

隔热耐火材料的分类有多种：

（1）按使用温度分类，可分为：

低温（<900℃或600~900℃）隔热耐火材料，相应的隔热耐火原料如硅藻土、蛭石、珍珠岩等。

中温（900~1200℃）隔热耐火材料，相应的隔热耐火原料如漂珠、石英纤维等。

高温（>1200℃）隔热耐火材料，相应的隔热耐火原料如含锆硅酸铝纤维、多晶 $Al_2O_3$ 纤维、莫来石纤维、氧化铝或氧化锆空心球等。

隔热耐火原料的高温性能决定了隔热耐火制品的最高使用温度，其相互关系见表 22-1。

表 22-1　隔热耐火制品所用隔热耐火原料与使用温度

| 隔热制品 | 所用隔热耐火材料 | 制品使用温度/℃ |
| --- | --- | --- |
| 硅藻土砖 | 硅藻土 | 900~1000 以下 |
| 膨胀珍珠岩砖 | 珍珠岩 | 900~1100 以下 |
| 蛭石砖 | 蛭石 | 1100~1150 以下 |

续表 22 – 1

| 隔 热 制 品 | 所用隔热耐火材料 | 制品使用温度/℃ |
|---|---|---|
| 漂珠砖 | 漂珠 | 1200 ~ 1250℃ |
| 轻质隔热砖 | 耐火黏土 | 1200 ~ 1550 |
| 轻质高铝砖 | 高铝矾土、黏土 | 1350 ~ 1650 |
| 轻质硅砖 | 硅石、废硅砖 | 1200 ~ 1550 |
| 轻质刚玉砖 | 刚玉 | 1650 以上 |
| 耐火空心球制品 | 氧化铝空心球 | 1800 以下 |
| | 氧化锆空心球 | 2200 |
| 耐火纤维及制品 | 多种原料（硅氧纤维） | 1000 ~ 1300 长期使用 |
| | 硅酸铝纤维、氧化锆纤维 | 1500 ~ 1600 短期使用 |
| | 掺铬硅酸铝纤维 | 氧化锆纤维 1700 使用 |

（2）按形态分类，见表 22 – 2。

表 22 – 2　隔热耐火材料按形态分类

| 类 别 | 特 征 | 举 例 |
|---|---|---|
| 粉粒状隔热材料 | 多孔颗粒隔热填料 | 膨胀珍珠岩，膨胀蛭石，硅藻土等 |
| | 空心球隔热填料 | 各种氧化物空心球等 |
| | 粉末隔热填料 | 氧化铝粉，碳酸镁粉，碳素粉等 |
| 定形隔热材料 | 多孔、泡沫隔热制品 | 轻质耐火砖、泡沫玻璃等 |
| 不定形隔热材料 | 多孔、泡沫不定形隔热材料 | 各种轻质耐火混凝土，轻质浇注料 |
| 纤维状隔热材料 | 棉状和纤维制品隔热材料 | 石棉、玻璃纤维、岩棉、陶瓷纤维、氧化物纤维及制品 |
| 复合隔热材料 | 纤维复合隔热材料 | 绝热板、绝热涂料、硅钙板 |

从以上隔热材料两种分类，相应的隔热材料原料，一些原料曾有过讨论，如黏土、矾土、刚玉等；另有一些原料则未讨论或很少讨论，如硅藻土、珍珠岩、蛭石、耐火纤维等，本章着重讨论。至于纳米孔隔热材料，留待日后再讨论。

# 第二节　硅 藻 土

硅藻土是一种生物成因的硅质沉积岩，主要由古代硅藻遗体组成。化学成分以 $SiO_2$ 为主，矿物成分主要是蛋白石（$SiO_2 \cdot H_2O$）及其变种。由于它有质轻、多孔、很好的绝热性能，耐火材料中用作保温材料，其他领域也有多种用途。产地主要在云南、山东、吉林、四川、浙江等。

## 一、化学成分

硅藻土化学成分主要是 $SiO_2$ 通常占 80% 以上，还有少量的 $Al_2O_3$、$Fe_2O_3$、$CaO$、$MgO$、$K_2O$、$Na_2O$、$P_2O_5$ 和有机质。优质硅藻土，$Fe_2O_3$ 含量 1% ~ 1.5%，$Al_2O_3$ 含量 3% ~6%，我国部分地区硅藻土化学成分详见表 22 −3。

表 22 −3 我国部分地区硅藻土化学成分及孔结构

| 产 地 | 化学成分/% | | | | | | | | | 松散密度 /g·m⁻³ | 孔体积 /cm³·g⁻¹ | 比表面积 /m²·g⁻¹ | 主要孔 半径/nm |
| | $SiO_2$ | $Al_2O_3$ | $Fe_2O_3$ | $CaO$ | $MgO$ | $TiO_2$ | $K_2O$ | $Na_2O$ | 灼减 | | | | |
|---|---|---|---|---|---|---|---|---|---|---|---|---|---|
| 吉林长白 | 89.21 | 3.98 | 1.06 | 0.33 | 0.36 | 0.32 | 0.69 | 0.41 | 5.92 | 0.33 | 0.46 | 19.7 | 100 ~800 |
| 吉林临江 | 86.43 | 4.57 | 1.17 | 0.30 | 0.40 | 0.31 | 0.54 | 0.57 | 5.83 | 0.34 | 0.45 | 20.3 | 100 ~800 |
| 吉林敦化 | 73.36 | 11.76 | 3.87 | 1.17 | 1.28 | 0.51 | 0.67 | 0.73 | 7.97 | 0.58 | 1.21 | 47.7 | 50 ~100 |
| 云南寻甸 | 70.28 | 13.41 | 4.96 | 1.31 | 1.17 | 0.41 | 0.72 | 0.63 | 7.03 | 0.60 | 1.26 | 50.7 | 50 ~500 |
| 云南腾冲 | 86.71 | 4.32 | 1.32 | 0.40 | 0.36 | 0.21 | 0.62 | 0.54 | 5.86 | 0.33 | 0.46 | 32.5 | 100 ~800 |
| 浙江嵊县 | 71.46 | 12.81 | 4.31 | 1.27 | 1.07 | 0.43 | 0.78 | 0.65 | 6.32 | 0.58 | 6.40 | 45.8 | 50 ~800 |
| 山东临朐 | 75.89 | 9.87 | 4.01 | 1.21 | 0.94 | 0.25 | 0.36 | 0.47 | 6.71 | 0.41 | 0.91 | 63.8 | 50 ~500 |
| 四川米易 | 71.82 | 13.24 | 3.71 | 19.1 | 0.87 | 0.41 | 0.50 | 0.62 | 6.21 | 0.62 | 0.63 | 37.6 | 50 ~400 |

## 二、物理性质

颜色：白色、灰白色、灰色、灰褐色。含 $Fe_2O_3$ 质较多，色暗，多呈黄色，有时呈红色。

密度：视黏土等杂质含量而变化，一般 0.4 ~ 0.9g/cm³，如经处理密度在 0.16 ~0.72g/cm³ 可浮于水面。容重在 0.16 ~0.72g/cm³ 之间。

熔点：1400 ~1650℃。化学性质：耐酸（除氢氟酸 HF 之外），但易溶于碱。

特殊的性能：质轻、多孔、有大的孔隙度达 90% ~92%，呈疏松土状，对液体的吸附能力很强，一般能吸收等于其本身重量 1.5 ~4.0 倍的水。导热率很低：密度为 0.53g/cm³ 干块导热率在 200℃ 时为 0.0158W/(m·K)，800℃ 时为 0.0088W/(m·K)；密度为 0.12g/m³ 的松散粉状土，其热导率 200℃、800℃ 分别为 0.0088W/(m·K) 与 0.0277W/(m·K)。

松散填充的硅藻土导热系数 $\lambda$ 值，见表 22 −4。随温度升高，$\lambda$ 值增大。

表 22 −4 松散填充的硅藻土导热系数

| 温度/℃ | | 0 | 50 | 100 | 200 | 300 |
|---|---|---|---|---|---|---|
| 导热系数 $\lambda$ | kJ/(m·h·℃) | 0.218 | 0.251 | 0.276 | 0.310 | 0.326 |
| | kcal/(m·h·℃) | 0.052 | 0.000 | 0.066 | 0.074 | 0.078 |

### 三、主要用途

硅藻土主要用作隔热和隔音材料，常用来制硅藻土砖和其他制品，用于陶瓷窑、玻璃窑、水泥窑等，在制糖、酿酒、炼油部门用作过滤漂白材料，在造纸、橡胶、油漆、杀虫剂中用作填充料。

有资料指出，我国硅藻土有60%以上用于生产保温材料，约10%用于生产各种填料，如颜料、纸张、塑料、橡胶、油漆等，加入硅藻土可提高产品性能；用于助滤剂只占百分之几，如用于酒类、炼油、油脂、涂料等工业的过滤，其他工业用途如陶瓷原料坯体和釉面砖等。

# 第三节 珍 珠 岩

珍珠岩是一种火山喷发的酸性熔岩，经急剧冷却而成的玻璃质岩石。将珍珠岩等原料破碎、预热（脱水）、焙烧（高温瞬间作用），使体积急剧膨胀所制得的一种颗粒状轻质多功能的材料，称为膨胀珍珠岩。

膨胀珍珠岩以及用水玻璃、磷酸铝、水泥磷酸镁等作胶结剂制成的珍珠岩制品，是一种轻质隔热的重要工业材料。

珍珠岩矿包括珍珠岩、松脂岩、黑曜岩。三者的区别在于其含水量及光泽、断口等方面。含水量：珍珠岩2%～6%、松脂岩6%～10%、黑曜岩＜2%。

我国珍珠岩储量丰富，分布在辽宁、吉林、黑龙江、河北、河南、山西、内蒙古、浙江、广西、新疆等地。

### 一、珍珠岩的化学矿物组成

我国各地珍珠岩的化学矿物组成基本相同，珍珠岩的基质是由酸性火山玻璃质组成，含有不等的透长石、石英斑晶、微晶和各种形态的雏晶以及隐晶质矿物、星点状磁铁矿等。其化学成分的变化范围见表22-5。

表22-5 珍珠岩化学成分的变化范围

| 成 分 | 成分范围/% | 成 分 | 成分范围/% |
|---|---|---|---|
| $SiO_2$ | 68～75 | $K_2O$ | 1.5～4.5 |
| $Al_2O_3$ | 9～14 | $Na_2O$ | 2.5～5.0 |
| $Fe_2O_3$ | 0.9～4 | $H_2O$ | 3.0～6.0 |
| $FeO$ | 0.5～0.7 | $P_2O_5$ | 0.01～0.04 |
| $MgO$ | 0.4～1.0 | $ZrO_2$ | 0.02～0.08 |
| $TiO_2$ | 0.13～0.2 | $MnO_2$ | 0.03～0.05 |

以上化学成分中，$SiO_2$ 作为玻璃质组成，是引起原料膨胀的基础条件；玻璃质中的结晶水是引起原料膨胀的内在原因；铁质是引起原料膨胀的不利因素之一。因此，一般工业要求：$SiO_2$70%，$H_2O$1% ~6%，$Fe_2O_3$ <1%。如果 $Fe_2O_3$ > 1%，为中等或劣质原料。

我国部分地区珍珠岩化学成分见表 22 - 6。

表 22 - 6 我国部分地区珍珠岩化学成分 （%）

| 产地 | | $SiO_2$ | $Al_2O_3$ | $Fe_2O_3$ | FeO | $TiO_2$ | CaO | MgO | $P_2O_5$ | $MnO_2$ | $K_2O$ | $Na_2O$ | 灼减 |
|---|---|---|---|---|---|---|---|---|---|---|---|---|---|
| 辽宁 | 穆棱 | 70.72 | 12.82 | 2.17 | 0.44 | 0.20 | 0.90 | 0.56 | 0.03 | 0.10 | 3.54 | 3.58 | 5.58 |
| | 平泉 | 71.28 | 11.90 | 0.49 | 0.33 | 0.05 | 0.75 | 0.07 | — | — | 4.75 | 2.75 | 7.51 |
| | 多伦 | 72.58 | 12.45 | 0.94 | — | 0.3 | 0.57 | 痕 | — | — | 4.85 | 2.97 | 4.56 |
| | 彰武 | 69.26 | 12.95 | — | — | — | 0.74 | 0.49 | — | — | 4.75 | 3.06 | 6.16 |
| | 洁库 | 73.73 | 12.06 | 1.17 | — | — | 0.84 | 0.29 | — | — | 4.12 | 2.81 | 4.52 |
| | 黑山 | 69.90 | 14.90 | 1.20 | — | — | 0.90 | 0.80 | — | — | 2.90 | 4.72 | 5.60 |
| | 建平 | 69.15 | 13.54 | 1.01 | — | — | 0.87 | 0.31 | — | — | | | 5.58 |
| 河北张家口 | | 72.79 | 12.40 | 2.04 | 0.24 | 0.13 | 0.77 | 0.36 | 0.04 | 0.03 | 3.12 | 3.90 | 4.18 |
| 河南信阳 | | 72.93 | 12.90 | 0.53 | — | 0.05 | 0.76 | 0.16 | | 0.06 | 5.30 | 2.57 | 4.97 |

## 二、珍珠岩和膨胀珍珠岩的物理性质

珍珠岩的主要物理性质，见表 22 - 7。

表 22 - 7 珍珠岩的主要物理性质

| | |
|---|---|
| 颜色 | 黄白、肉红、暗绿、褐棕、黑灰等色，以灰色—浅灰色为主 |
| 外观 | 断口参差状、贝壳状、裂片状、条痕白色 |
| 莫氏硬度 | 5.5 ~7 |
| 密度 | 2.2 ~2.4g/$cm^3$ |
| 耐火度 | 1300 ~1380℃ |
| 膨胀倍数 | 1300℃左右，7 ~30 倍 |

膨胀珍珠岩主要物理性质：

（1）体积密度小，在 40 ~200kg/$m^3$。

（2）导热系数低，在 200 ~500℃时，$\lambda$ =0.100(0.067) ~0.172kJ/（m · h · ℃）或 0.024(0.016) ~0.041kcal/（m · h · ℃）。在 50℃时膨胀珍珠岩与其他隔热的导热性能比较见表 22 - 8。

（3）吸湿性小，在 95% ~ 100% 相对湿度下，24 小时的吸湿率一般在 0.06% ~0.08%。

（4）耐火度1280～1360℃，但安全使用温度一般为800℃。

（5）抗冻性好，当膨胀珍珠岩处于干燥时，在－20℃时，经过15次冻融，粒度组成不变。

（6）吸音性能好，化学稳定性强。

**表22－8 50℃时各种隔热材料的导热性能**

| 名 称 | | 膨胀珍珠岩 | 蛭石 | 硅藻土 | 石棉 | 矿渣棉 |
|---|---|---|---|---|---|---|
| 导热系数 | kJ/(m·h·℃) | 0.067～0.163 | 0.167 | 0.25 | 0.197 | 0.201 |
| | kcal/(m·h·℃) | 0.016～0.039 | 0.047 | 0.06 | 0.047 | 0.048 |

膨胀珍珠岩常温下各种性能列于表22－9中。

**表22－9 常温下（25～50℃）膨胀珍珠岩性能**

| 容重 /kg·m$^{-3}$ | 比热容/kJ·(kg·℃)$^{-1}$ (kcal·(kg·℃)$^{-1}$) | 冷却率/℃·h$^{-1}$ | 导温系数 /m$^2$·h$^{-1}$ | 导热系数/kJ·(kg·℃)$^{-1}$ (kcal·(kg·℃)$^{-1}$) |
|---|---|---|---|---|
| 43.2 | 0.67(0.16) | 5.46 | 0.00243 | 0.0703(0.0168) |
| 49.6 | 0.67(0.16) | 4.87 | 0.00217 | 0.0724(0.0173) |
| 51.0 | 0.67(0.16) | 4.38 | 0.00194 | 0.0665(0.0159) |
| 53.4 | 0.67(0.16) | 6.39 | 0.00285 | 0.1029(0.0244) |
| 56.4 | 0.67(0.16) | 4.56 | 0.00204 | 0.077(0.0184) |
| 58.4 | 0.67(0.16) | 4.93 | 0.00218 | 0.0858(0.0205) |
| 140 | 0.67(0.16) | 3.14 | 0.00139 | 0.131(0.0313) |
| 161 | 0.67(0.16) | 3.49 | 0.00155 | 0.1682(0.0402) |
| 171 | 0.67(0.16) | 3.56 | 0.00158 | 0.1816(0.0434) |
| 184.5 | 0.67(0.16) | 3.19 | 0.00140 | 0.1736(0.0415) |
| 224 | 0.67(0.16) | 3.32 | 0.00148 | 0.2218(0.0530) |

我国某地与国外某国膨胀珍珠岩性能比较见表22－10。

**表22－10 我国某地与国外某国膨胀珍珠岩性能比较**

| 产 地 | 温度/℃ | 体积密度/kg·m$^{-3}$ | 导热系数/kJ·(kg·℃)$^{-1}$ (kcal·(kg·℃)$^{-1}$) |
|---|---|---|---|
| 辽宁某地 | 50 | 40～200 | 0.067～0.172 (0.016～0.041) |
| 某 国 | 50 | 40～300 | 0.146～0.209 (0.035～0.05) |

以上几个表比较可见，膨胀珍珠岩导热系数低是一亮点。

### 三、珍珠岩的膨胀性及其影响因素

#### （一）等级划分

工业上对珍珠岩质量评价标准，最主要的是它的膨胀性能。目前，根据矿石焙烧后膨胀的倍数，地质上将珍珠岩划分为三个等级，见表 22－11。

表 22－11　珍珠岩等级的划分

| 珍珠岩等级 | 膨胀倍数 $K_0$ | $Fe_2O_3$ 含量/% |
| --- | --- | --- |
| I 优质矿石 | >20（或 >15） | 一般 <1.0 |
| II 中等矿石 | 10～20（或 10～15） | 一般 >1.0 |
| III 劣级矿石 | <10（或 7～10） | |

#### （二）影响膨胀珍珠岩性能的因素

（1）玻璃质透明度和结构发育程度。玻璃质由透明、半透明至不透明，珍珠岩其结构由极发育、较发育至不发育，膨胀倍数相应的也由大变小。

（2）透长石及石英斑晶含量。玻璃质中透长石及石英斑晶的存在，不利于原料的膨胀。有斑晶的原料膨胀后，其气孔互相连通，造成空隙过大，其气孔之间的壁也较无斑晶的原料孔隙壁厚，因而其绝热性能降低。

（3）含铁量。矿石含铁量过高，有降低膨胀效果的趋势，并影响产品的颜色。珍珠岩一级品全铁（$FeO + Fe_2O_3$）一般小于 1.0%。

（4）含水量。控制珍珠岩膨胀最充分的含水量，此含水量主要是通过预热温度来确定。含水量一般为 2%，对应的预热温度，研究认为 400～500℃。水分含量大，高温焙烧水分汽化，产生压力过大，将产生很多负面影响。

（5）珍珠岩粒度。在生产轻质、耐热的膨胀珍珠岩时，粒度在 0.15～0.5mm 为宜，过大或过小将会影响焙烧效果。珍珠岩的粒度与膨胀倍数的关系见表 22－12。

表 22－12　珍珠岩粒度与膨胀倍数的关系

| 颗粒范围/mm | <0.15 | 0.15～0.5 | 0.5～1.5 |
| --- | --- | --- | --- |
| 原料的膨胀倍数 | 5.8 | 16～25 | 5.0 |
| 产品重量/kg·m$^{-3}$ | 220 | 50～80 | 256 |

### 四、主要用途

珍珠岩具有体积密度小，绝热性好，适应温度广泛（ -253～1000℃），化学性能稳定，吸湿能力小及防火、无毒、无味、呈中性、吸音等性能，因而可以广泛地应用于建筑、化工、石油、电力、国防、运输和农业部门，是一种很有发展前途的高效多功能材料。

在耐火材料方面，珍珠岩主要用作轻质隔热材料。

# 第四节 蛭 石

蛭石是由黑云母、金云母等层状硅酸盐矿物经热液蚀变作用或风化而成。所以通常依这两种矿物成假象，外形呈片状或鳞片状。因其受热失水膨胀时呈挠状，形态酷似水蛭，故称蛭石。

## 一、化学成分

蛭石属化学成分复杂的含水铝硅酸盐矿物，其成分变化不定，取决于原来云母（黑云母、金云母）的成分和变化程度，其结构形式为：$(Mg，Fe^{2+}、Fe^{3+})_2$$[(Si、Al)_4O_{10}](OH)_2 \cdot 4H_2O$，其成分波动范围：$MgO$ 11% ~ 23%、$Al_2O_3$ 9% ~ 17%、$Fe_2O_3$ 5% ~18%、$SiO_2$ 37% ~42%、$H_2O$ 5% ~11%，Ca、Na、K 含量不定。表 22 – 13 为我国部分蛭石矿化学成分。

表 22 –13 我国部分蛭石矿化学成分 （%）

| 产 地 | $SiO_2$ | $Al_2O_3$ | $Fe_2O_3$ | $MgO$ | $CaO$ | $H_2O$ | 灼减 |
|---|---|---|---|---|---|---|---|
| 河南灵宝 | 38.76 | 15.24 | 13.73 | 20.26 | 3.44 | 6.83 | |
| 山东莱阳 | 43.27 | 18.31 | 6.49 | 18.78 | 2.55 | | 5.67 |
| 湖北枣阳 | 38.41 | 14.51 | 23.42 | 11.15 | 0.89 | | |
| 辽宁清源 | 49.10 | 6.37 | 18.03 | 16.8 | 2.36 | | 5.67 |
| 陕西潼关 | 37.68 – 39.14 | 10.91 – 12.23 | 10.44 – 12.95 | 19.87 – 22.68 | 2.51 – 2.64 | | 3.32 – 4.15 |
| 内蒙古包头 | 42.23 | 17.59 | 3.47 | 21.61 | 2.78 | | 12.15 |
| 新疆尉犁县 | 41.20 | 12.68 | 4.06 | 24.22 | 0.96 | 3.00 | |

蛭石原矿通常夹有大量脉石矿物如变体云母、金云母、黑云母、辉石、角闪石、长石、石英等，脉石含量一般在 50% 以上，矿石品位仅 30% 左右。因此，必须进行选矿，从矿石分离出脉石及杂质。蛭石选矿方法分为干法和湿法两种。（略）

## 二、物理性质

蛭石的主要物理性质见表 22 – 14。

表 22 – 14　蛭石主要物理性质

| 外观 | 光泽 | 颜色 | 密度/g·cm⁻³ | 莫氏硬度 | 熔点/℃ | 抗压强度/MPa | 加热性质 | 耐腐蚀性 |
|---|---|---|---|---|---|---|---|---|
| 片状、鳞片状、鳞片无弹性 | 珍珠、油脂光泽或无光泽，表面暗淡 | 有多种：金黄、褐色、暗绿、黑色、杂色；条痕白色 | 2.2~2.8 | 1~1.5 | 1320~1350 | 100~150 | 加热时体积膨胀 | 耐碱不耐酸 |

在工业上使用的是膨胀后的蛭石。膨胀蛭石是一种以蛭石为原料，经烘干、破碎、焙烧（880~1000℃），体积膨胀约 20 倍，由许多薄片组成层状的松散颗粒。膨胀蛭石主要性能见表 22 – 15。

表 22 – 15　膨胀蛭石的主要性能

| 密度/g·cm⁻³ | 导热系数/W·(m·K)⁻¹ | 耐火度/℃ | 使用温度/℃ | 吸水率/% | 抗冻性 | 耐腐蚀性 |
|---|---|---|---|---|---|---|
| 0.6~0.9 | 很小 0.045~0.05 或 0.047~0.081 | 1300~1350 | 900~1000 | 重量吸收率26.5% 体积吸水率40.6 | –20℃ 时 15 次冻融，粒度不变 | 耐碱不耐酸 |

注：1. 使用温度：安全温度900℃，最高温度1000℃；

　　2. 容量80~300kg/m³；

　　3. 电绝缘性。

## 三、应用

（1）耐火材料。耐火材料青睐膨胀蛭石导热系数很小，又很轻，使用温度900~1000℃，常用作中温隔热耐火材料，作高层建筑钢架的包覆材料、铸造除渣等。尚需注意膨胀蛭石导热系数与体积密度、粒度的关系，见表 22 – 16。

表 22 – 16　膨胀蛭石导热系数与体积密度、粒度的关系

| 体积密度/kg·m⁻³ | 粒度/mm | 常温导热系数/W·(m·K)⁻¹ |
|---|---|---|
| 113 | 5 | 0.053 |
| 120 | 3 | 0.052 |
| 150 | 2 | 0.048 |

（2）蛭石在建材领域用途很广泛，如轻质墙粉料、防火板、温度管道保温材料。

（3）其他领域，如环保作污水处理、海水油污吸附等。

举例：河北沃美克蛭石耐火板，该板是由膨胀蛭石＋特殊的黏结剂压制而成。性能见表22－17。

**表22－17 典型蛭石耐火板的性能**

| 体积密度/kg·m$^{-3}$ | 耐压强度/MPa | | 热导率/W·(m·K)$^{-1}$ | | | 加热永久线变化/% |
|---|---|---|---|---|---|---|
| | 常温 | 高温500℃，0.5h | 300℃ | 600℃ | 1000℃ | 900℃，8h |
| 450 | 0.8 | 0.6 | 0.147 | 0.153 | 0.192 | -0.4 |

# 第五节 石棉与耐火纤维

## 一、石棉

### （一）概述

凡具有纤维结构，可剥分成微细而柔韧的纤维的矿物，统称石棉。简单讲，石棉是一种矿物纤维材料。它具有隔热、保温、耐酸、耐碱、绝缘、防腐等特性。有些石棉如蓝石棉，还具有防化学毒物和净化原子污染等重要特性。石棉可以单独或与其他材料配合制成制品，用作耐火、耐热、耐酸、耐碱、保温、绝热、隔音、绝缘及防腐蚀材料。

按石棉成分和结构可分为：

（1）蛇纹石石棉。它包括纤维蛇纹石石棉（温石棉）和硬蛇纹石石棉。

（2）角闪石石棉。它又可分为如下两种：1）单斜角闪石石棉，分为青石棉（又称蓝石棉）、铁石棉、透闪石石棉、阳起石石棉。2）斜方角闪石石棉，包括直闪石石棉。

（3）水镁石石棉。

（4）叶蜡石石棉。

以上几种石棉，在自然界分布较广、产量最大的是蛇纹石石棉，即温石棉。各种石棉的化学成分列于表22－18中。

由表22－18可见，蛇纹石石棉富镁低铁，水较多。角闪石石棉富铁低镁，含水较少。

表 22 – 18   石棉的种类和化学成分　　　　　　（%）

| 种　类 | | $SiO_2$ | $Fe_2O_3 + FeO$ | $MgO$ | $CaO$ | $H_2O$ | 备　注 |
|---|---|---|---|---|---|---|---|
| 蛇纹石类 | 温石棉 | 41.5 | 2.0 | 40.0 | — | 12.5 | 分布广，产量大 |
| 角闪石类 | 青石棉 | 51.0 | 38.0 | 2.0 | 0.15 | 2.5 | |
| | 铁石棉 | 47.0 | 40.0 | 6.0 | 1.0 | 1.0 | |
| | 透闪石石棉 | 56.0 | <3.0 | 23.0 | 13.0 | — | |
| | 阳起石石棉 | 54.0 | <13.0 | 17.0 | 12.0 | — | |
| | 直闪石石棉 | 58.0 | 10.0 | 29.0 | 0.2 | 1.67 | |

## （二）蛇纹石石棉

蛇纹石石棉性能见表 22 – 19。

表 22 – 19   蛇纹石石棉性能

| 产　地 | 晶系 | 分子式 | 颜色 | 硬度 | 比重 | 导热系数 | 熔点 | 化学性 | 纤维长度、分裂性等 |
|---|---|---|---|---|---|---|---|---|---|
| 蛇纹石石棉产地：四川石棉县、青海茫崖、辽宁金县、河北涞源等 | 单斜 | $Mg_6[Si_4O_{10}][OH]_8$ 或 $3MgO \cdot 2SiO_2 \cdot 2H_2O$ | 纤维呈白灰白或浅绿 | 2.5 ~ 4.0 | 2.49 ~ 2.53 | 0.435 ~ 1.088kJ/$(m \cdot h \cdot ℃)$ (0.104 ~ 0.260kcal/$(m \cdot h \cdot ℃)$) | 约 700℃排出结构水，1500 ~ 1550℃纤维熔融 | 抗碱能力强，但抗酸能力较差 | 纤维不长，几毫米；分裂性能好，可分裂成直径小于 1μm 细纤维；机械强度高，其抗张强度超过 300kg/mm$^2$ |

## （三）角闪石石棉

角闪石石棉性能见表 22 – 20。

## 二、耐火纤维

纤维状隔热耐火材料又称耐火纤维。通常耐火纤维是指使用温度在 1000 ~ 1100℃的纤维材料，而早已在建筑材料使用的石棉等，广义上讲也应视为耐火纤维，只不过使用温度较低，多用在 600℃以下。

耐火纤维的品种与 $Al_2O_3$ 含量密切相关。随 $Al_2O_3$ 含量提高，耐火性能提高。

耐火纤维 $Al_2O_3$ 含量、名称与相应使用原料见表 22 – 21。

表 22 – 20　角闪石石棉性能对比

| 名称与产地 | 晶系 | 分子式 | 颜色 | 硬度 | 比重 | 比热 | 熔点 | 纤维长度、分裂性等 |
|---|---|---|---|---|---|---|---|---|
| 青石棉（蓝石棉）产地：河南、湖北、陕西、云南等 | 单斜 | $Na_2Fe_3Fe_2[Si_4O_{11}]_2(OH)_2$ | 蓝、淡紫、蓝、深蓝 | 4 | 3.12 ~ 3.29 | 0.841kJ/(kg·℃) 或 0.201kcal/(kg·℃) | 1150℃ | 纤维可长达15 ~ 20mm，纤维裂性良好 |
| 铁石棉 | 单斜 | $(Mg, Fe)_7[Si_4O_{11}]_2(OH)_2$ | 灰、灰白褐色 | 5.5 ~ 6.0 | 3.10 ~ 3.25 | 0.808kJ/(kg·℃) 或 0.193kcal/(kg·℃) | 1380℃ | 纤维长，但分裂性差，易折断 |
| 透闪石石棉 | 单斜 | $Ca_2(Mg, Fe)_5[Si_4O_{11}]_2(OH)_2$ | 灰白、绿或黄 | 5.5 | 2.9 ~ 3.2 | 0.887kJ/(kg·℃) 或 0.212kcal/(kg·℃) | 1315℃ | 纤维短而脆 |
| 阳起石石棉 | 单斜 | $Ca_2(Mg, Fe)_5[Si_4O_{11}]_2(OH)_2$ $\dfrac{Fe}{Fe+Mg} > 10\%$ | 浅绿色 | 6 | 3.0 ~ 3.2 | 0.908kJ/(kg·℃) 或 0.217kcal/(kg·℃) | 1380℃ | 纤维硬脆而无弹性 |
| 直闪石石棉 湖北折春等地 | 斜方 | $(Mg, Fe)_7[Si_4O_{11}]_2(OH)_2$ | 灰白、褐绿色 | 5.5 ~ 6 | 2.85 ~ 3.10 | 0.879kJ/(kg·℃) 或 0.210kcal/(kg·℃) | 1150 ~ 1340℃ | 纤维长、脆，强度低 |

表22－21 耐火纤维 Al₂O₃ 含量、名称与使用原料

| Al₂O₃ 含量 | 耐火纤维称谓 | 主体原料 |
|---|---|---|
| 45%～60%或45%～65% | 普通硅酸铝纤维 | 高岭土、焦宝石 |
| 60% | 高铝纤维 | 铝矾土 |
| 70% | 莫来石纤维 | 莫来石、红柱石等三石 |
| 95% | 氧化铝纤维 | 氧化铝 |
| | 氧化锆纤维 | 氧化锆 |

  耐火纤维所用主体原料是铝硅质原料，这些原料在以上章节做过讨论，不再重述。值得注意的是：（1）随着技术进步，应用红柱石等三石为原料作耐火纤维，其品质更优。理由是产品莫来石晶相增多；（2）添加物以提高耐火纤维使用温度如 $Al_2O_3$、$Cr_2O_3$、$ZrO_2$ 等；（3）降低熔融物黏度，以减小渣球，获得较长的、强度较高的纤维。加入外加剂，如配料中加 $B_2O_5$。

  表22－22 列出一些耐火纤维的使用温度，供参考。

表22－22 一些耐火纤维使用温度

| 商品名称 | 使用温度/℃ | 备 注 |
|---|---|---|
| 石英纤维 | 1000 | |
| 硅酸铝纤维（英） | 1260 | $Al_2O_3$ 43%～47%    $SiO_2$ 50%～54% |
| 高铝纤维（英） | 1430 | $Al_2O_3$62%，$SiO_2$37.2% |
| 掺铬硅酸铝纤维 | 1500 | |
| 氧化铝纤维 | 1600 | |
| 纯氧化锆纤维 | 1800 | |
| 稳定化纯氧化锆纤维 | 2500 | |
| 硅酸铝纤维 | 1000 | 国内原某研究所产品 |
| 高铝纤维 | 1200 | |

  耐火纤维的生产方法、工艺特性略。

  产地：山东鲁阳；河北邯郸、河南三门峡等。

# 第六节 空心球保温材料

  除以天然原料生产的轻质隔热材料外，以人造原料制造的颗粒保温材料也有了很大的发展；将隔热性优越的纳米复合材料与耐高温的保温材料复合，形成耐高温超低导热复合材料也在开发之中。

### 一、纯氧化物空心球

空心球及其制品的品种较多，有铝质、莫来石质、铝镁质、镁铬质和铬质、锆质等。

空心球的理化性能见表 22 – 23。纯氧化物空心球轻质耐火材料与同类致密耐火材料相比，体积密度低 50% ~ 60%，导热系数和蓄热量低一半以上，在1800℃可直接承受火焰的冲击，节能 20% 以上，而且改进了窑炉结构，降低了耐火材料的消耗。

空心球的形成过程如下：将原料（工业氧化铝料或 4% 氧化钙 96% 氧化锆混合料）于电弧炉中电熔，熔化后控制流速，用压缩空气将高温熔融液吹成小液滴，在表面张力和离心力的作用下形成一个小圆球，即为空心球。从熔融液喷吹到空心球形成只有很短时间（10 ~ 20 秒），这种成球过程实际上也是一个快速冷却收缩过程。物料加热温度要高于熔点 200 ~ 300℃才适于吹球操作（氧化铝加热到 2200 ~ 2300℃，氧化锆加热到 2800 ~ 2900℃）。

表 22 – 23　空心球的理化性能

| 项　目 | | A | | | B | |
|---|---|---|---|---|---|---|
| | | 铝质 | 锆质 | 铝镁质 | 铝质 | 锆质 |
| 物理性能 | 晶型 | $\alpha – Al_2O_3$ | 立方 $ZrO_2$ 为主 | — | $\alpha – Al_2O_3$ | 立方 $ZrO_2$ 70% ~ 80% |
| | 体积密度/$g \cdot cm^{-3}$ | 0.5 ~ 0.8 | 1.6 ~ 3.0 | — | 0.5 ~ 0.9 | 1.2 ~ 2.5 |
| | 真比重 | 3.94 | 5.6 ~ 5.7 | 3.55 ~ 3.60 | — | — |
| | 熔点/℃ | 2040 | 2550 | — | — | — |
| | 导热系数（1000℃）/$kJ \cdot (m \cdot h \cdot ℃)^{-1}$（$kcal \cdot (m \cdot h \cdot ℃)^{-1}$） | 1.67(0.4) | 1.09(0.26) | — | — | — |
| 化学成分/% | $Al_2O_3$ | 99.2 | 0.4 ~ 0.7 | 60 ~ 80 | 99.76 | 0.17 |
| | $SiO_2$ | 0.7 | 0.5 ~ 0.8 | <0.1 | 0.22 | 1 |
| | $Fe_2O_3$ | 0.03 | 0.2 ~ 0.4 | <0.2 | 0.05 | 0.04 |
| | $CaO$ | — | 3 ~ 6 | <0.5 | | 3.78 |
| | $ZrO_2$ | | 92 ~ 97 | | | 96.1 |
| | $MgO$ | | | 20 ~ 40 | | |
| | $Na_2O$ | 0.14 | | 0.2 | | |
| | $TiO_2$ | | 0.2 ~ 0.4 | | | |
| 最高使用温度/℃ | | 2000 | 2430 | 1900 | 1800 | 2300 |

## 二、国内空心球生产企业举例

### (一) 郑州威尔特材有限公司

该公司目前空心球产品有：棕刚玉空心球、氧化锆空心球、氧化铝空心球。其理化指标见表22-24。

表22-24 郑州威尔特材空心球产品理化指标

| 项 目 | | 棕刚玉空心球 | 氧化锆空心球 | 氧化铝空心球 | |
|---|---|---|---|---|---|
| | | | | A 级 | B 级 |
| 化学成分/% | $Al_2O_3$ | ≥95.0 | ≤0.7 | ≥99.0 | ≥98.0 |
| | ZrO | | ≥98.0 | | |
| | $SiO_2$ | ≤1.0 | ≤0.2 | ≤0.2 | ≤0.2 |
| | $Fe_2O_3$ | ≤1.5 | ≤0.2 | ≤0.15 | ≤0.15 |
| 体积密度/g·cm⁻³ | | 0.5~1.0 | 1.5~2.5 | 0.5~1.0 | 0.5~1.0 |
| 耐火度/℃ | | | >2000 | | |
| 最高使用温度/℃ | | 1650 | 2200 | 1800 | 1700 |

### (二) 郑州创新耐火材料有限公司

该公司是一家高科技耐火材料专业公司，专业生产各种系列莫来石聚轻砖、氧化铝空心球、莫来石刚玉、氧化锆空心球等系列隔热耐火砖，以及高炉（容积 >4000m³）所用的系列隔热砖、热风炉 H23 系列管道砖等。两种轻质隔热耐火砖理化指标见表22-25~表22-27。

表22-25 氧化铝空心球隔热耐火砖

| 指 标 | 莫来石结合氧化铝空心球砖 | | | 高纯氧化铝空心球砖 | | |
|---|---|---|---|---|---|---|
| | CMQ-1.1 | CMQ-1.3 | CMQ-1.5 | CLQ-1.3 | CLQ-1.5 | CLQ-1.7 |
| $Al_2O_3$/%，≥ | 75 | 85 | 85 | 98 | 98 | 98 |
| $Fe_2O_3$/%，≤ | 0.8 | 0.5 | 0.5 | 0.3 | 0.3 | 0.3 |
| 体积密度/g·cm⁻³，≤ | 1.1 | 1.3 | 1.5 | 1.3 | 1.5 | 1.7 |
| 耐压强度/MPa，≥ | 4.8 | 6.0 | 8.0 | 6.0 | 8.0 | 10.0 |
| 重烧线变化（≤0.5%）/℃×h | 1550×8 | 1600×8 | 1650×8 | 1700×8 | 1700×8 | 1750×8 |
| 导热系数/W·(m·K)⁻¹ ≤350±25℃ | 0.45 | 0.55 | 0.65 | 0.55 | 0.65 | 0.75 |
| 热震稳定性（1100℃空冷）/次 | 20 | 20 | 20 | | | |

表 22 - 26 氧化锆轻质砖理化指标

| 项 目 | 指 标 |
|---|---|
| ZrO$_2$/% | 94.0 |
| CaO/% | 4.6 |
| 耐压强度/MPa | 10 ~ 30 |
| 显气孔率/% | 50 ~ 60 |
| 体积密度/g·cm$^{-3}$ | 1.8 ~ 2.0 |
| 热膨胀率 (1000℃)/% | 0.85 |

表 22 - 27 氧化铝聚轻砖理化指标

| 项 目 | 牌 号 | | |
|---|---|---|---|
| | CY - 94 | CY - 99A | CY - 99B |
| Al$_2$O$_3$/% | 94.00 | 99.2 | 99.2 |
| SiO$_2$/% | 0.29 | 0.2 | 0.2 |
| Fe$_2$O$_3$/% | 0.02 | 0.1 | 0.1 |
| CaO/% | 5.51 | | |
| 体积密度/g·cm$^{-3}$ | 0.78 | 0.48 | 0.90 |
| 显气孔率/% | 79 | 82 | 72 |
| 耐压强度/MPa | 1.2 | 0.9 | 2.9 |
| 抗折强度/MPa | 1.3 | 0.7 | 1.2 |
| 耐火度/℃ | 1820 | 2000 | 2000 |
| 荷重软化温度/℃ | 1145 0.05MPa | | |
| 热膨胀率 (1000℃)/% | 0.76 | 0.75 | 0.75 |
| 热导率 (350℃)/W·(m·K)$^{-1}$ | 0.33 | 0.19 | 0.34 |
| 重烧线变化率/% | 0.3 1500℃ ×8h | 0 1700℃ ×8h | 0 1700℃ ×8h |

# 第七节　各类轻质砖

　　轻质砖尚有多种品种，如铝硅质耐火材料中，有轻质硅砖、轻质黏土砖、轻质高铝砖和氧化铝聚轻砖等。这些轻质隔热砖的相应原料曾做过讨论，不再多叙述。编著者向读者推荐用"三石"（蓝晶石、红柱石、硅线石）为主原料制作轻质砖。用新常态的思维，进一步提升"三石"的价值，扩大资源。推荐用"三石"的理由是，"三石"在高温下不可逆转变为莫来石，而莫来石具有良好性能，这是"三石"的特殊优点。

20 世纪 80 年代末，编著者研发团队苏伯平做了硅线石 – 蓝晶石轻质砖研制，研制过程和结果如下。

主原料：硅线石精矿 + 蓝晶石 + A 料；蓝晶石用量 10% ~ 20%。以软质黏土为结合剂。

工艺：用泡沫法；烧成温度 1500 ~ 1550℃，（电炉）保温 4h。

注意点：泡沫的稳定是试验成功的关键，在制作时适量加入表面活性剂。

试验结果：体积密度 0.64g/cm³，耐压强度 26.93kg/cm²（2.64MPa），荷重软化温度（0.5kg 荷重下，0.6% 变形）1430℃，最高使用温度约 1450℃。

# 第二十三章　不定形耐火材料结合剂

铝酸钙水泥

水玻璃

磷酸盐

硫酸铝、软质黏土结合剂

酚醛树脂

$\rho - Al_2O_3$

不定形耐火材料的组成是由：耐火骨料＋耐火粉料＋结合剂＋外加剂组成。其中，耐火骨料、耐火粉料是采用不同性质的各种原料，已在以上耐火材料原料各章节中进行讨论；添加剂品种、含量各生产公司各有亮点，不便多公开，也因为使用的工作环境、条件不同，很难统一，故本章仅讨论不定形耐火材料的主要结合剂，阐述其性能和技术要求。

结合剂是不定型耐火材料重要的组成部分，其品种繁多，性能各异。按结合剂的化学性质分为两类：无机结合剂和有机结合剂，最常用的是无机结合剂，如水泥、水玻璃、磷酸等。

## 第一节　铝酸钙水泥

### 一、铝酸钙水泥化学矿物组成及特性

不定形耐火材料中应用的铝酸盐水泥，包括铝酸钙水泥（也称为矾土水泥或高铝水泥）、铝酸钡水泥、铝酸钡钙水泥等，主要是铝酸钙水泥。

铝酸钙水泥主要化学成分是 $Al_2O_3$ 和 $CaO$，有的还含有 $SiO_2$ 和 $Fe_2O_3$，依其所用原料的化学组成不同，其水泥的矿物组成不同。在烧制水泥熟料过程中，$Al_2O_3$ 与 $CaO$ 相互作用可生成如下主要矿物：

CA——铝酸一钙（C 表示 $CaO$，A 表示 $Al_2O_3$，熔点 $1600℃$）；

$C_2A$——铝酸二钙；

$C_{12}A_7$——七铝酸十二钙；

$CA_6$——六铝酸一钙（少量）；

$C_4AF$——铁铝酸四钙（F 表示 $Fe_2O_3$）。

上述各矿物，各有不同特性，如 CA 具有快硬早强的特性；$CA_2$ 水化硬化比较慢，而后期强度较高；$C_{12}A_7$ 水化速度很快，具有速凝特性，在水泥中含量较少，用来调节水泥凝结时间或配制早强快硬型水泥。

铝酸钙水泥品种主要有：CA–50 水泥、CA–60 水泥、CA–70 水泥和 CA–80 水泥。各种水泥品种含有不同的矿物，因而各水泥品种特性不一，见表 23–1。

表 23–1 铝酸盐水泥化学矿物组成及特性

| 水泥品种 | 化学成分/% | | | | | 耐火度/℃ | 主要矿物组成 | 特 性 |
|---|---|---|---|---|---|---|---|---|
| | $Al_2O_3$ | $SiO_2$ | $Fe_2O_3$ | CaO | $R_2O$ | | | |
| CA–50 | 50~60 | ≤8 | ≤2.5 | 30~39 | ≤0.4 | ≥1460 | CA | 快硬早强型，初凝≥30min，终凝≤6h |
| CA–60 | 60~68 | ≤5 | ≤2.0 | 27~32 | ≤0.4 | ≥1500 | $CA_2$ 和 CA | 快硬型，初凝时间≥60min，终凝≤18h |
| CA–70 | 68~77 | ≤1 | ≤0.7 | 21~28 | ≤0.4 | ≥1660 | $CA_2$ | 后期强度较好，初凝≥30min，终凝≤6h |
| CA–80 | ≥77 | ≤0.5 | ≤0.5 | 18~22 | ≤0.4 | ≥1750 | $CA_2$ | 后期强度较好，初凝≥30min，终凝≤6h |

使用水泥时，常常看到很多不同标号的铝酸钙水泥。标号是水泥养护一定时间所达到的强度。以 CA 为主的铝酸钙水泥，是以其养护 3 天后所达到的强度为标号；以 $CA_2$ 为主要矿物的铝酸钙水泥，是以其养护 7 天后所达到的强度为标号。

铝酸钙水泥（矾土水泥或称高铝水泥）的标号与其对应的物理性能见表 23–2。

表 23–2 铝酸钙水泥的标号与物理性能

| 标号 | 比表面积/$m^2 \cdot g^{-1}$ | 耐压强度/MPa | | 抗折强度/MPa | | 凝结时间/h | |
|---|---|---|---|---|---|---|---|
| | | 1 天 | 3 天 | 1 天 | 3 天 | 初凝 | 终凝 |
| 425 | >4500 | 26.0 | 42.5 | 4.0 | 4.5 | 约1 | ≤8 |
| 525 | >5500 | 46.0 | 52.5 | 5.0 | 5.5 | 约1 | ≤8 |
| 625 | >6500 | 56.0 | 62.5 | 6.0 | 6.5 | 0.5~1 | ≤6 |
| 725 | >7000 | 66.0 | 72.5 | 7.0 | 7.5 | 0.5~1 | ≤6 |

## 二、应用

铝酸钙水泥主要作耐火浇注料和喷射料的结合剂，又分有三个档次：普通耐火浇注料、低水泥浇注料与超低水泥浇注料；加入铝酸钙水泥的用量分别为 10%～20%、5%～10% 与 <5%。

本书编著者之一胡龙所在的北京昌平昌河耐火材料公司，成功将耐火喷涂料应用到首钢京唐钢铁联合有限公司 1 号高炉（容积 5500m³）热风炉上，至今已连续使用近 8 年（2007～2015 年）。所用结合剂是铝酸钙水泥加上广西球黏土（即广西维罗牌黏土）及部分硅微粉（$SiO_2$ 含量 ≥92%），减水剂为磷酸聚合物及部分有机添加剂。

在此之前，在湖北某钢厂电炉炉顶也用铝酸钙水泥结合剂，作浇注料或预制件均取得成功。在河北、山东某些钢厂，开发的新一代高炉出铁沟浇注料、捣打料，其结合剂也选用铝酸钙水泥。

使用中注意：

（1）浇注成型后的浇注料，要防止表面水分蒸发，需用水养护；

（2）为改善施工性能，可加入某些添加剂。铝酸钙水泥常用的添加剂见表 23-3。

**表 23-3　铝酸钙水泥常用的添加剂**

| 效果 | 添加剂名称 |
|------|------------|
| 促凝剂 | NaOH、KOH·Ca(OH)₂、三乙醇胺、$H_2SO_4$ 的稀释剂、$Na_2CO_3$、$K_2CO_3$、$Na_2SiO_3$、$K_2SiO_3$、锂盐、锂盐+预水合水泥、预水合高铝水泥（2%）、波特兰水泥 |
| 缓凝剂 | NaCl、KCl、$BaCl_2$、$MgCl_2$、$CaC_2$（少量）、羧酸盐（葡萄糖酸、草酸等）、丙三醇、砂糖、酪朊纤维素制品、硼砂、磷酸盐、木质磺酸盐、盐酸、草酸 |
| 增塑剂 | 少量界面活性剂（烷基烯丙磺酸盐）、木质磺酸钙、大豆粉、甲基纤维素、膨润土（2%～4%）、生黏土（10%～15%）、微细白垩粉 |

# 第二节　水玻璃

## 一、水玻璃性能

水玻璃是由碱金属硅酸盐组成的，其化学式为 $R_2O·nSiO_2$。根据碱金属种类分为钠水玻璃（$Na_2O·nSiO_2$）、钾水玻璃（$K_2O·nSiO_2$）和碱钠水玻璃。常用的是液体钠水玻璃，简称水玻璃。

水玻璃是一种矿物质，具有良好的胶结能力。在空气中 $CO_2$ 的作用下，由于干燥和析出无定形氧化硅而硬化。水玻璃能抵抗大多数无机酸和有机酸，但不能抵抗氢氟酸，也不能经受水的长期作用。在不定形耐火材料中作可塑料和复合耐火泥等的结合剂，在喷补料和浇注料中也可以使用，也可以用来调制泥浆、涂料。

水玻璃的性能用模数（$M$）、密度（$\rho$）和黏度（$\eta$）表示。

模数：模数（$M$）是指 $SiO_2$ 与 $Na_2O$ 的摩尔比值。商品的水玻璃是按模数来分类：

$M \geq 3$ 时为中性水玻璃，$M < 3$ 时为碱性水玻璃。使用时一般选用 2.4 ~ 3.0。

密度（$\rho$）：密度取决于溶液中溶解固体水玻璃的总量及其成分。使用时密度选用 1.26 ~ 1.40g/$cm^3$。如果水玻璃溶液密度较大时，需加水稀释，方可使用。其加水量按下式计算：

$$V = \frac{\rho_0 - \rho}{\rho - 1} \cdot V_0$$

式中　$V$——稀释水玻璃加水量，L；

　　　$\rho_0$——稀释前水玻璃的密度；

　　　$\rho$——稀释后水玻璃的密度；

　　　$V_0$——需稀释的水玻璃溶液量，L。

黏度（$\eta$）：黏度随水玻璃的密度与模数而变化，见图 23 - 1。从图中可见，在密度相同时，模数越高黏度越大。模数大的水玻璃溶液，随着密度增大，黏度急剧增大；反之，模数小时，黏度随密度变化较缓慢。

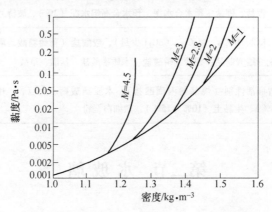

图 23 - 1　黏度随水玻璃的密度与模数而变化

## 二、水玻璃黏度与温度的关系

值得注意的是，水玻璃的黏度与温度有关，其黏度随着温度的升高而降低，在使用时应多注意。水玻璃溶液的黏度与温度的关系见表 23 - 4。

表 23 - 4　水玻璃溶液的黏度与温度的关系

| 模数 M | 密度 /g·cm⁻³ | 黏度/Pa·s | | | | | | |
| --- | --- | --- | --- | --- | --- | --- | --- | --- |
| | | 18℃ | 30℃ | 40℃ | 50℃ | 60℃ | 70℃ | 80℃ |
| 2. 74 | 1. 502 | 0. 828 | 0. 495 | 0. 244 | 0. 159 | 0. 097 | 0. 070 | 0. 053 |
| 2. 64 | 1. 458 | 0. 183 | 0. 099 | 0. 061 | 0. 042 | 0. 028 | 0. 021 | 0. 016 |

### 三、添加剂

此外，用水玻璃作耐火浇注料的结合剂，可加入促硬剂，常用的是氟硅酸钠（$Na_2SiF_6$）。

# 第三节　磷酸盐结合剂

磷酸盐结合剂是由磷酸（$H_3PO_4$）与氧化物或氢氧化物或碱反应制成的不定形耐火材料结合剂，多数为气硬性结合剂，即不用加热，在常温下即可发生凝结与硬化作用。

磷酸盐结合剂的品种有：磷酸铝、磷酸锆、磷酸镁、磷酸铬结合剂；复合磷酸盐结合剂（含有铝铬磷酸盐、镁铬磷酸盐、钠铬磷酸盐结合剂）；聚合磷酸盐结合剂（最常用的是三聚磷酸钠和六偏磷酸钠）等。聚合磷酸盐常用作碱性耐火材料的结合剂。

### 一、磷酸的配制

工业磷酸的浓度为 85%，密度为 $1.689g/cm^3$，不定形耐火材料使用的磷酸浓度一般为 20% ~ 60%，因此需要重新配制。配好后磷酸溶液，测定其比重。

配制公式：

$$W = \frac{A_0 - A_1}{A_1}$$

式中　$W$——每千克浓磷酸的用水量，kg；

　　　$A_0$——浓磷酸的浓度，%；

　　　$A_1$——需用稀磷酸的浓度，%。

按表 23 - 5 的要求加水稀释。

**表 23 – 5　工业磷酸的稀释加水量**

| 拟配制的磷酸溶液 | | 加水量[①]/kg | 拟配制的磷酸溶液 | | 加水量[①]/kg |
| --- | --- | --- | --- | --- | --- |
| 浓度/% | 密度/g·cm⁻³ | | 浓度/% | 密度/g·cm⁻³ | |
| 85.0 | 1.689 | 0 | 50.0 | 1.335 | 0.700 |
| 80.0 | 1.633 | 0.063 | 45.0 | 1.293 | 0.889 |
| 75.0 | 1.579 | 0.133 | 42.5 | 1.274 | 1.000 |
| 70.0 | 1.526 | 0.214 | 40.0 | 1.254 | 1.125 |
| 65.0 | 1.475 | 0.308 | 35.0 | 1.214 | 1.429 |
| 60.0 | 1.426 | 0.417 | 30.0 | 1.181 | 1.833 |
| 55.0 | 1.379 | 0.546 | 20.0 | 1.113 | 3.250 |

①指每 1kg 工业磷酸（浓磷酸）的加水量。

## 二、磷酸铝结合剂

磷酸铝是由磷酸（$H_3PO_4$）与氢氧化铝（$Al(OH)_3$）反应而制成。根据酸中的氢取代程度不同其产物也不同，可分为：

磷酸二氢铝：又称为双氢磷酸铝，化学式为 $Al(H_2PO_4)_3$，化学组成 $Al_2O_3$ 16.0%、$P_2O_5$ 67.0%、$H_2O$ 17.0%。

磷酸一氢铝：化学式为 $Al_2(HPO_4)_3$，化学组成 $Al_2O_3$ 29.8%、$P_2O_5$ 62.3%、$H_2O$ 7.9%。

磷酸铝：化学式为 $AlPO_4$，化学组成 $Al_2O_3$ 41.8%、$P_2O_5$ 58.2%。

以上三种磷酸铝的化学组成中，双氢磷酸铝的 $Al_2O_3$ 含量低，有资料指出，其溶解度较高（见图 23 – 2），可作为结合剂使用。

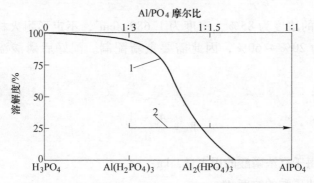

图 23 – 2　磷酸铝在水中的溶解度随其铝含量的变化
1—溶解度；2—铝含量（向箭头方向递增）

双氢磷酸铝有固体和液体两种。市售液体双氢磷酸铝为无色透明的黏稠状水溶液，摩尔比约为3，密度 $1.47 \sim 1.48 \mathrm{g/cm^3}$，$\mathrm{pH} = 1 \sim 2$。在不定形耐火材料中应用的 PA – 80 胶，其主要成分为双氢磷酸铝。

生产中如自己配制双氢磷酸铝，可查表 23 – 6，找出浓磷酸与氢氧化铝反应需要量。

表 23 – 6　浓磷酸与氢氧化铝反应需用量

| $Al_2O_3 : P_2O_5$ | | $Al(OH)_3 : H_3PO_4$ | 反应需要量/g | | 理论含水量/g |
|---|---|---|---|---|---|
| 摩尔比 | 质量比 | 质量比 | $Al(OH)_3$ | $H_3PO_4$ | |
| 1:1 | 1:1.392 | 1:1.256 | 156 | 196 | 108 |
| 1:2 | 1:2.784 | 1:2.512 | 156 | 392 | 216 |
| 1:3 | 1:4.176 | 1:3.768 | 156 | 588 | 324 |
| 1:3.2 | 1:4.454 | 1:4.019 | 156 | 627 | 346 |
| 1:4 | 1:5.568 | 1:5.024 | 156 | 784 | 432 |
| 1:5 | 1:6.960 | 1:6.280 | 156 | 980 | 540 |
| 1:6 | 1:8.352 | 1:7.536 | 156 | 1176 | 648 |

注：浓磷酸的浓度已换算成100%；据韩行禄，不定形耐火材料。

举例：用60%浓磷酸配制双氢磷酸铝，要求摩尔比为3.2，计算磷酸的用量。

在表 23 – 6 中，$Al_2O_3$ 的摩尔比为 1:3.2 时，反应需要 $H_3PO_4$ 627g。

$$627 \div 60\% = 1045g$$

浓度60%的磷酸与 $Al(OH)_3$ 之比：$1045 \div 156 = 6.7(\approx 7)$。

即 1kg $Al(OH)_3$ 与 6.7kg（约 7kg）的浓度为 60% 的磷酸反应，可以制得摩尔比为 3.2 的双氢磷酸铝结合剂。

自配的磷酸铝先掺加草酸等抑制剂，当使用时可不用困料。

另外，镁质耐火材料用的磷酸二氢镁结合剂，其配制方法与双氢磷酸铝基本相同。此时是用磷酸与 $Mg(OH)_2$ 反应制成。

# 第四节　硫酸铝

硫酸铝的分子式为 $Al_2(SO_4)_3 \cdot 18H_2O$，$Al_2O_3$ 含量15.3%，密度 $1.62 \mathrm{g/cm^3}$。作结合剂的硫酸铝溶液，其密度为 $1.2 \sim 1.3 \mathrm{g/cm^3}$，相应浓度，33.1% ~ 44.4%。

硫酸铝为白色、颗粒状或白色粉末，能溶于水、酸和碱中。自配制硫酸铝液可参考表 23 – 7。

表 23 – 7　硫酸铝溶液浓度与密度的关系

| 浓度/% | 18.4 | 23.1 | 33.1 | 42.9 | 44.4 | 47.3 | 50 |
|---|---|---|---|---|---|---|---|
| 密度/g·cm$^{-3}$ | 1.12 | 1.14 | 1.2 | 1.27 | 1.30 | 1.34 | 1.38 |

# 第五节　软质黏土结合剂

适合作黏土结合剂的软质黏土的技术要求为：

化学成分：$Al_2O_3$ 28% ~ 38%、$Fe_2O_3$ < 2%、RO < 1%、$R_2O$ < 1.5%；

矿物组成：以高岭石为主，并含有蒙脱石、伊利石或云母等。

性能：可塑性好，可塑性指数应大于 20%；黏性适中，分散性好，黏土颗粒小于 5μm 的应大于 50%；耐火度较高（≥1690℃）；烧结温度较低在 1400℃左右已经烧结，即烧结温度范围较宽，一般为 300 ~ 400℃。

产地：我国有大量的软质黏土资源，表 23 – 8 列出某些产地的理化指标与烧结性能。

表 23 – 8　软质黏土的理化指标与烧结性能

| 产地 | 化学成分/% | | | | 真密度 /g·cm$^{-3}$ | 耐火度/℃ | 可塑性 | | |
|---|---|---|---|---|---|---|---|---|---|
| | $Al_2O_3$ | $Fe_2O_3$ | RO | $R_2O$ | | | 液限/% | 塑限/% | 可塑性指数 |
| 广西 | 33.3 | 1.10 | 0.43 | 0.50 | 2.59 | >1730 | 75.7 | 28.9 | 46.8 |
| 江西 | 30.2 | 1.96 | 0.85 | 1.43 | 2.68 | >1690 | 47.1 | 25.5 | 21.6 |
| 江苏 | 35.0 | 1.20 | 0.50 | 0.49 | 2.65 | 1770 | 63.5 | 36.6 | 26.9 |
| 吉林 | 28.1 | 1.93 | 0.48 | 0.16 | 2.63 | 1710 | | | |
| 河南 | 32.0 | 1.19 | 0.73 | 1.43 | 2.63 | 1730 | | | |

| 产地 | 体积密度/g·cm$^{-3}$ | | | | | 显气孔率/% | | | | | 烧后线收缩率/% | | | | |
|---|---|---|---|---|---|---|---|---|---|---|---|---|---|---|---|
| | 110℃ | 1000℃ | 1300℃ | 1400℃ | 1500℃ | 110℃ | 1000℃ | 1300℃ | 1400℃ | 1500℃ | 110℃ | 1000℃ | 1300℃ | 1400℃ | 1500℃ |
| 广西 | 1.76 | 2.01 | 2.77 | 2.73 | 2.21 | 38.3 | 11.7 | 11.1 | 10.0 | | | 4.79 | 14.0 | 13.48 | 10.57 |
| 江西 | 2.09 | 1.93 | 2.38 | 2.35 | 1.86 | 28.2 | 4.5 | 5.0 | 19.3 | | | 5.2 | 12.23 | 11.57 | 2.53 |
| 江苏 | 1.52 | 1.45 | 2.35 | 2.38 | 2.35 | 46.2 | 11.9 | 9.8 | 7.4 | | | 18.5 | 18.7 | 19.1 | |
| 河南 | 1.70 | | 2.45 | 2.31 | 2.11 | | 3.5 | 1.7 | 6.1 | | | 16.0 | 13.9 | 11.1 | |

从表 23 – 8 综合分析：可塑性指数，广西产黏土比较高。烧结性能，广西与江西某地产黏土的烧结温度较低，1400℃左右已经烧结，从开始烧结到终结烧结，即烧结温度范围较宽，在 300 ~ 400℃；而江苏某地产黏土，1300℃左右才开始烧结，到 1500℃仍未完全烧结。

结论：广西产黏土更符合黏土结合剂的要求。韩行禄专家长期实践认为：广西泥是黏土结合耐火浇注料良好的结合剂。

关于黏土（含广西泥）的特性，详见本书第九章。

# 第六节　酚醛树脂

酚醛树脂是用苯酚与甲醛混合物在催化剂（碱性或酸性）作用下缩聚而制成。由于它具有优异性能，如炭化率高（52%）、黏结性好，成型的胚体强度高、烧后的结合强度高，常温下炭化速度可以控制、杂质含量少等，酚醛树脂部分取代沥青作结合剂得到广泛采用。

## 一、酚醛树脂性能对比

按加热性状或结构形态分类，酚醛树脂有：热固型酚醛树脂结合剂（或甲基酚醛树脂结合剂）和热塑型酚醛树脂结合剂（线型酚醛树脂结合剂），两种树脂性能对比见表 23 – 9 与表 23 – 10。

表 23 – 9　酚醛树脂特性对比

| 项　目 | 热固型 | 热塑型 |
|---|---|---|
| 甲酚/酚醛摩尔比 | 1 ~ 3 | 0.5 ~ 1(或 0.6 ~ 0.9) |
| 催化剂 | 碱 | 酸 |
| 相对分子质量 | 150 ~ 500 | 400 ~ 1000(或 400 ~ 800) |
| 形　态 | 液态，能溶于甲醇、乙醇和丙酮中 | 固态，能溶于甲醇、乙醇和丙酮溶液中 |
| 硬化性 | 高温硬化性 | 直接加热不能硬化，需加硬化剂（六次甲基四胺 $C_6H_{12}N_4$，简称六胺，商品名乌洛托品）加热硬化 |
| 保存稳定性 | 室温下保存 | 粉状时吸湿 |
| 游离甲醛 | 约 1% | 微量 |

表 23 – 10　酚醛树脂性能对比

| 项　目 | 热固型 | | | 热塑型 | | |
|---|---|---|---|---|---|---|
| 外观颜色 | 棕褐色 | 棕褐色 | 棕红色 | 棕黑色 | 淡黄色 | 棕红色 |
| 密度/g·cm$^{-3}$ | 1.20 ~ 1.24 | 1.22 ~ 1.24 | 1.23 ~ 1.242 | 1.10 ~ 1.12 | 1.10 ~ 1.18 | |
| 黏度（25℃）/Pa·s | 45 ~ 90 | 40 ~ 80 | 30 ~ 90 | 18 ~ 24 | 15 ~ 35 | 40 ~ 80 |
| 固含量/% | ≥75 | ≥75 | ≥78(205℃) | 78 ~ 82 | ≥70 | >80(135℃) |
| 残碳率/% | ≥45 | ≥43 | ≥48 | ≥35 | >50(加六胺) | >30(800℃) |
| 游离酚/% | ≤7 | ≤10 | ≤10 | <4 | <5 | ≤3 |

续表 23 - 10

| 项　目 | 热 固 型 | | | 热 塑 型 | | |
|---|---|---|---|---|---|---|
| 外观颜色 | 棕褐色 | 棕褐色 | 棕红色 | 棕黑色 | 淡黄色 | 棕红色 |
| 水分/% | ≤5 | ≤6 | ≤4 | ≤3 | <4 | ≤0.3 |
| pH 值 | | 6.5~7.5 | 6.5~7.5 | 1.8~2.4 | | 8.9~9.1 |
| 保存期/月 | >4 | | | | 12 | 12 |

注：酚醛树脂使用时，如较黏稠，加乙醛来调节。

## 二、应用与产品举例

### (一) 应用 (部分)

酚醛树脂在耐火材料的应用 (含定形与不定形) 见表 23 - 11。

表 23 - 11　酚醛树脂在耐火材料 (定形与不定形) 中的应用

| 窑炉名称与部位 | | 耐火材料名称 | 状　态 | 材　料 | 树脂的利用特性 |
|---|---|---|---|---|---|
| 高炉 | 出铁口 | 炮泥 | 泥料状 | $Al_2O_3$、MgO、$ZrO_2$ | 快硬性，热态强度 |
| | 出铁沟 | 出铁沟耐火泥 | 泥料状 | $Al_2O_3$、SiC | 快硬性，振动成型 |
| | 炉内侧壁 | 浇注料、捣打料 | 粉末、泥料 | C、SiC | 热态强度，耐碱性 |
| | 炉内侧壁 | 砖 | 砖 | C、SiC | 热态强度，耐碱性 |
| | 炉底 | 捣打料 | 泥料 | C、SiC | 热态强度，耐碱性 |
| | 侧壁 | 压入补炉料 | 粉末、泥料 | C、SiC | 耐碱性 |
| 转炉 | 炉内 | MgO - C 砖 | 不烧砖 | MgO、C | 耐蚀性，不润湿性 |
| | | 喷补料 | 粉末 | MgO、C | 耐蚀性 |
| 连铸 | 中间包 | 水口 | 水口砖 | $Al_2O_3$、C | 耐蚀性，抗热震性 |

### (二) 产地与产品举例

在国内较早开发酚醛树脂的，要算武汉科技大学 (原武汉钢铁学院焦化专业)。之后在河南 (如巩义市)、江苏、湖北等地相继建有酚醛树脂结合剂厂，满足市场需求。

国产酚醛树脂的质量指标见表 23 - 12。

表 23 - 12　国产酚醛树脂的质量指标

| 产地牌号 | 武汉某厂 | | 河南某厂 | | | 江苏某厂 | | | 江苏某厂 |
|---|---|---|---|---|---|---|---|---|---|
| | SL919 | PL9110 | L872 - A | L872 - B | L881 | WM90 - 1 | WM90 - 2 | WM90 - 3 | MC - 4 号 |
| 类型 | 热固型 | 热塑型 | 热固型 | 热固型 | 热塑型 | 热固型 | 热固型 | 热固型 | 热固型 |
| 外观 | 棕褐色 | 淡黄色 | 棕红色 | 棕红色 | 棕黑色 | 棕红色 | 棕红色 | 棕褐色 | 棕色 |

续表 23 - 12

| 产地牌号 | 武汉某厂 | | 河南某厂 | | | 江苏某厂 | | | 江苏某厂 |
|---|---|---|---|---|---|---|---|---|---|
| | SL919 | PL9110 | L872 - A | L872 - B | L881 | WM90 - 1 | WM90 - 2 | WM90 - 3 | MC - 4 号 |
| 密度（25℃）/g·cm⁻³ | 1.20 ~ 1.24 | 1.10 ~ 1.18 | 1.222 ~ 1.242 | 1.155 ~ 1.175 | 1.102 | 1.23 ~ 1.242 | 1.220 ~ 1.240 | 1.220 ~ 1.240 | |
| 黏度/Pa·s | 45 ~ 90 | 15 ~ 35 | 40 ~ 80 | 28 ~ 50 | 20 ~ 25 | 30 ~ 90 | 20 ~ 60 | 40 ~ 80 | 30 ~ 80 |
| 固含量/% | ≥75 | ≥70 | 75 ~ 84 (205℃) | ≥75 (135℃) | 79 ~ 82 | ≥78 (205℃) | ≥78 | ≥75 | >45 |
| 残碳率/% | >45 | >50 (加六胺) | 40 ~ 45 | 40 ~ 43 | 35 ~ 38 | ≥48 | ≥46 | ≥43 | |
| 水分/% | ≤5 | <4 | ≤5 | ≤5.5 | 3 ~ 4 | ≤4 | ≤5 | ≤6 | |
| 游离酚/% | <7 | <5 | <10 | <11 | 3.9 | ≤10 | ≤10 | ≤10 | <10 |
| pH 值 | | | 6.8 ~ 7.2 | 6.6 ~ 7.1 | 1.7 ~ 2.5 | 6.5 ~ 7.5 | 6.5 ~ 7.5 | 6.5 ~ 7.5 | |
| 浓度/% | | | 90 | 85 | — | | | | |
| 不挥发物/% | | | | | | | | | ≥75 |
| 黏结强度/MPa | | | | | | | | | ≥35 |
| 相对分子质量 | | | | | | | | | 150 ~ 300 |
| 保存期/月 | >4 | ≥12 | | | | | | | |

注：引自许晓海等，《耐火材料技术手册》。

# 第七节 ρ-Al₂O₃ 结合剂

$\rho - Al_2O_3$ 是用三水铝石 $Al(OH)_3$ 或一水铝石，在高分散的情况下，通过短暂加热并急冷，而得到高活性 $\rho - Al_2O_3$。它是作不定形耐火材料良好的结合剂。

## 一、ρ-Al₂O₃ 结合剂特点

$\rho - Al_2O_3$ 是 $Al_2O_3$ 所有形态中唯一在高温下具有自发水化能力的形态，水化反应为：

$$\rho - Al_2O_3 + 2H_2O \longrightarrow Al(OH)_3 + AlOOH$$
$$\text{（三水铝石）（勃姆石凝胶）}$$

水化后形成的 $Al(OH)_3$ 和 $AlOOH$ 可以起到胶结和硬化作用，显然 $\rho - Al_2O_3$ 是属于水化结合的胶结剂，其活性好。

$\rho - Al_2O_3$ 在高温时（1300 ± 50℃）转变为 $\alpha - Al_2O_3$，故在不定形耐火材料中以 $\rho - Al_2O_3$ 作结合剂既起到结合剂作用，其本身又是高性能的氧化物；再者与助结合剂 $SiO_2$ 微粉高温时反应生成莫来石，提高耐火材料的性能，一举两得。

工业上制得的 $\rho - Al_2O_3$ 粉料中，一般 $\rho - Al_2O_3$ 的含量 60% 左右高达 80%。实际上 $\rho - Al_2O_3$ 是一种活性的 $Al_2O_3$ 物质，比表面积大，（$200 \sim 250$ 或 $\geq 200m^2/g$）表面能高。因此，$\rho - Al_2O_3$ 加一定量的水混合后，经过养护后会发生反应生成三水铝石 $Al(OH)_3$ 和勃姆石凝胶物，从而产生结合作用。

当用 $\rho - Al_2O_3$ 作为浇注料结合剂时注意：

（1）注意防潮、密封保存。

（2）常温下 $18 \sim 35℃$ 养护；不需要较高温度养护。因为 $\rho - Al_2O_3$ 是通过与水作用而形成水化结合，低温下养护可获得必要强度。

（3）为了加快水化反应和提高中温强度，尚需加分散剂和助结合剂。分散剂如木质磺酸盐类（纸浆）、聚磷酸钠、硅酸钠等，用量 $0.03\% \sim 0.38\%$（$<0.4\%$）；助结合剂如硅灰（活性 $SiO_2$ 超微粉），用量 $2\% \sim 8\%$。

## 二、$\rho - Al_2O_3$ 结合浇注料的性能

$\rho - Al_2O_3$ 结合剂的应用范围很广泛，除含 $CaO$ 类易水化原料之外，酸性、中性、碱性原料作耐火骨料都可以使用 $\rho - Al_2O_3$ 作结合剂。

表 23-13 为 $\rho - Al_2O_3$ 结合硅酸铝—刚玉耐火浇注料的典型性能。

**表 23-13  $\rho - Al_2O_3$ 结合浇注料的典型性能**

| 成 样 | | A | B | C | D |
|---|---|---|---|---|---|
| 化学成分/% | $Al_2O_3$ | 64 | 84 | 94 | >99 |
| | $SiO_2$ | 32 | 12 | 5 | |
| 总加水量/% | | 6.6 | | | |
| 结合剂组合物 | $\rho - Al_2O_3$ | √ | √ | √ | √ |
| | $SiO_2$ 超细粉 | √ | √ | √ | |
| | $Al_2O_3$ 微粉 | | | | √ |
| | 分散剂 | √ | √ | √ | √ |
| 抗折强度 /MPa | $105℃ \times 2h$ | 9.6 | 12.1 | 10.7 | 10.4 |
| | $1000℃ \times 3h$ | 16.8 | 11.4 | 21.6 | 3.5 |
| | $1500℃ \times 3h$ | 23.3 | 10.7 | 25.4 | 22.0 |
| 高温抗折强度 /MPa | $1000℃$ | 15.9 | 12.1 | 13.8 | 5.5 |
| | $1400℃$ | 5.2 | 5.1 | 1.9 | 6.4 |
| 荷重软化温度（开始，0.2MPa）/℃ | | >1550 | >1520 | >1600 | |

注：引自郭海珠等，《实用耐火原料手册》。

李跃普等人长期专注于不定形耐火材料的开发，在用 $\rho - Al_2O_3$ 代替铝酸钙水泥作为 $Al_2O_3 - SiC - C$ 耐火浇注料的结合剂试验研究中，明确指出：$\rho - Al_2O_3$

结合 $Al_2O_3$ - SiC - C 浇注料性能更优。其成果见表 23 - 14。

表 23 - 14　$Al_2O_3$ - SiC - C 浇注料用不同结合剂性能对比

| 项　　目 | | | A(铝酸钙水泥) | | C($\rho$ - $Al_2O_3$) | | 备　注 |
|---|---|---|---|---|---|---|---|
| | | | 用量 | 粒度 | 用量 | 粒度 | |
| 原料 | 刚玉 | 1 | 用量、粒度 | √ | √ | √ | √ | 水泥与 $\rho$ - $Al_2O_3$ 用量相近；水用量相同；外加剂相同 |
| | | 2 | 用量、粒度 | 微差 | √ | 微差 | √ | |
| | SiC | | 用量、粒度 | √ | √ | √ | √ | |
| | 硅微粉 | | 用量、粒度 | √ | √ | √ | √ | |
| | 金属硅粉 | | 用量、粒度 | √ | √ | √ | √ | |
| | 球状沥青 | | 用量、粒度 | √ | √ | √ | √ | |
| 指标 | 体积密度 /$g \cdot cm^{-3}$ | | 1000℃×3h(埋碳) | 2.93 | | 2.93 | | |
| | | | 1500℃×3h(埋碳) | 2.92 | | 2.92 | | |
| | 耐压强度 /MPa | | 1000℃×3h(埋碳) | 40.2 | | 50.5 | | |
| | | | 1500℃×3h(埋碳) | 65.5 | | 74.3 | | |
| | 抗折强度 /MPa | | 1000℃×3h(埋碳) | 8.5 | | 10.1 | | |
| | | | 1500℃×3h(埋碳) | 10.8 | | 16.3 | | |
| | 荷重软化温度(4%)/℃ | | | 1580 | | 1650 | | |

从表 23 - 14 可见，$Al_2O_3$ - SiC - C 浇注料，当所用原料品种、用量、粒度、工艺相同或基本相同条件下，用 $\rho$ - $Al_2O_3$ 作结合剂，其强度、荷重软化温度等指标均优于用铝酸钙水泥作结合剂。

### 三、$\rho$ - $Al_2O_3$ 供应地

$\rho$ - $Al_2O_3$ 在国内的供应地，目前有山东（淄博、聊城）河南郑州、三门峡等。

# 第二十四章　使用后耐火材料的再生利用

资源对所有的国家都非常重要，甚至为争夺资源（如石油资源）而发生战事。资源不可再生，除了珍惜资源，还要合理利用资源。就耐火材料而言，如何将用后的耐火材料充分回收，合理利用，是摆在我们面前重要的课题。

本章内容不多，旨在表示与同行、读者一道，今后更重视对用后耐火材料的回收与利用。

2013 年，据统计，全国耐火材料产量 2928.25 万吨（约 3000 万吨）。欧洲 2000 年耐火材料消耗有如下统计：

53% 的耐火材料被消耗掉（其中 35% 被侵蚀，18% 当作垃圾被处理掉）。

47% 的耐火材料可作为原料重新使用（其中，20% 可作为耐火材料原料，27% 可作为水泥等工业原料使用）。

如果参考欧洲 2000 年消耗耐火材料资料；2013 年，我国耐火材料消耗约 3000 万吨，尚可回收作耐火材料及其他工业原料有 3000 万吨 × 47% = 1410 万吨，其中可回收作耐火材料原料的有 3000（万吨）× 20% = 600 万吨。这 600 万吨数字十分可喜又十分惊人，如果我们在再生资源上立规，加强法治，必将节省大量资源，创造巨大财富；反之，浪费资源，污染环境就十分严重。

早在 20 世纪 60 年代，编著者林彬荫曾带学生到武钢实习，注意到武钢耐火厂设有专门班子负责用后耐火材料的回收，拣选除杂质，分类再利用直至今天。

宝钢钢研所的田守信对用后耐火材料的再利用，十分敏感、重视，例如首先提出用后镁碳砖的再利用问题，促进我国对用后耐火材料再利用工作的开展；编著者曾有学生以回收利用宝钢用后耐火材料作为商机，并用作该公司不定形耐火材料的原料。

攀钢生产钒铁的副产品钒铁渣，随着钒铁产量逐年增加，钒铁渣的产量也相应增加，据述每年生产的钒铁渣量在 1.5 万吨以上。有研究者以钒铁渣、菱镁矿为主要原料，人工合成的原料，可替代高铝矾土、烧成尖晶石等耐火原料，用于不烧砖、浇注料等产品中。在西南某地，也有学生长期从事用后耐火材料的再利用开发与研究；在某厂回收含约 30% 红柱石的 KR 搅拌器用后浇注料，加工处理后，用作铁水罐喷涂料以及 KR 搅拌器浇注料等。

编著者在河南巩义市服务期间，考察过该市回收耐火材料的公司，这些公司将用后耐火材料拣选、除杂质，或据用户要求破碎出售；编著者在服务的耐火材料公司，也曾将热风炉用后的低蠕变砖，回收处理再用；应用北京创导工业陶瓷公司，窑具制造过程中产生的残次品经分级拣选加工而成的堇青石－莫来石复合原料，成功开发了抗热震耐火砖。

编著者之一胡龙所在的北京市昌河耐火材料公司，将焦炉用后的硅砖，回收后分类，经拣选、除杂质、破碎等工艺处理，部分作硅质浇注料原料使用，效果颇佳。

以上数例可以看到，对用后耐火材料的再生利用，企业受益，在保证产品质量前提下，成本降低有利于市场竞争；就国家层面而言，减少了原料消耗。国内对用后耐火材料的再生利用情况，详见表24－1。此表引自辽宁大学陈树江等人在耐火原料发展战略研讨会上论文（2014年8月）。

**表24－1　耐火材料再生利用情况**

| 序号 | 用后耐火材料名称 | 能再生的产品 | 再生产品用途 |
|---|---|---|---|
| 1 | 高炉主沟浇注料和挡渣板 | 浇注料、捣打料 ASC 砖和 AS 砖 | 大高炉渣沟、铁沟浇注料或捣打料和沟盖；鱼雷车用 ASC 砖；高炉和陶瓷窑用刚玉－碳化硅砖等 |
| 2 | 高炉渣沟浇注料和捣打料 | 浇注料、捣打料 ASC 砖 | 高炉渣沟、铁沟浇注料或捣打料；鱼雷车非关键部位用 ASC 砖；高炉用刚玉－碳化硅砖等 |
| 3 | 铁沟捣打料或浇注料 | 浇注料、捣打料 ASC 砖 | 高炉渣沟、铁沟浇注料或捣打料；鱼雷车非关键部位用 ASC 砖；高炉用刚玉－碳化硅砖等 |
| 4 | 热风炉用耐火材料 | 轻质莫来石砖、浇注料和喷射料 | 轻质砖用于钢包等炉衬保温和钢包永久层浇注料和喷射料 |
| 5 | 高炉炉身 | 再生轻质浇注料、轻质砖；炮泥、出铁场捣打料、浇注料和修补料、ASC 砖和 SiC 陶瓷棚板 | 再生轻质浇注料、轻质砖等保温材料；碳砖可回复使用及炼钢增碳剂；碳化硅砖可作炮泥、出铁场捣打料、浇注料和修补料的原料，同时也可作为 ASC 砖和 SiC 陶瓷棚板的原料 |
| 6 | 焦炉硅砖 | 再生硅砖和各种散装料 | 用作架子砖、焦炉喷补料、修补料、钢包引流砂、电路 EBT 填料和型砂 |
| 7 | 干熄焦炉莫来石砖 | 再生轻质浇注料和轻质砖 | 用于热工窑炉保温和钢包永久层材料 |

| 序号 | 用后耐火材料名称 | 能再生的产品 | 再生产品用途 |
|---|---|---|---|
| 8 | 鱼雷车渣线和冲击区 ASC 砖 | 再生 ASC 砖和各种散装料 | 用于鱼雷车衬、车扣、出铁场的铁沟，渣沟和铁水包 |
| 9 | 喷枪 | 再生浇注料 | 用于钢包用九层等热工设备保温 |
| 10 | 黏土砖 | 再生轻质砖和轻质浇注料 | 用于热工窑炉保温层 |
| 11 | 混铁车包口浇注料 | 再生浇注料或捣打料和火泥 | 用于热工窑炉保温和接缝料 |
| 12 | 电炉、钢包和转炉镁碳砖 | 再生镁碳砖和铝镁碳砖、捣打料、修补料和溅渣料等冶金辅料 | 用于转炉、电炉、精炼炉和钢包以及冶金辅料等 |
| 13 | 镁砖 | 再生中间包涂料，镁质捣打料 | 回复使用：中间包涂料；镁质接缝料和捣打料用于钢包口；电炉、转炉和钢包喷补料的原料 |
| 14 | 电炉炉底捣打料 | 再生冶金辅料和散装耐火材料 | 作为炼钢造渣剂；炉底捣打料；喷补料和贴补料 |
| 15 | 电炉顶和精炼炉盖 | 再生铝镁（碳）砖、浇注料和捣打料 | 用于钢包衬、包口和接缝料 |
| 16 | 铝镁碳砖 | 再生铝镁碳砖、浇注料和捣打料 | 用手钢包衬和接缝料 |
| 17 | 镁铬砖 | 再生各种散装料、镁铬砖、捣打料和炼钢造渣剂 | 作为 EBT 填料、钢包引流砂和接缝料；再生镁铬砖用于钢包和水泥窑；炼钢造渣剂 |
| 18 | 钢包浇注料和透气砖等高纯 AM 材料 | 再生浇注料、捣打料、AM 砖和铝镁碳砖、喷补料和湿式浇注料 | 浇注料和捣打料用于电炉盖、钢包衬、包口和接缝料：喷补料、湿式浇注料、AM 砖和铝镁碳砖用于钢包 |
| 19 | AOD 和 YOD 用镁白云石砖 | 再生冶金辅料、喷补料和改质剂 | 溅渣剂和造渣剂：转炉和电炉等炼钢炉用喷补料；土壤改质剂 |
| 20 | 高铝砖 | 轻质砖和各种散装料 | 用于热工窑炉保温：冶金炉永久衬材料以及水泥和接缝料 |
| 21 | 普通铝镁砖 | 各种散装料和铝镁碳砖 | 小钢包用浇注料、铝镁碳砖、喷补料、可塑料、水泥和接缝料 |

| 序号 | 用后耐火材料名称 | 能再生的产品 | 再生产品用途 |
|---|---|---|---|
| 22 | 蜡石碳化硅砖 | | 使用温度在 1200℃ 以下的浇注料和砖，小高炉出铁沟捣打料和修补料 |
| 23 | 中间包永久层和盖浇注料 | 轻质浇注料和轻质砖 | 热工窑炉保温和钢包及中间包永久层 |
| 24 | 中间包涂料 | 冶金辅料和喷补料 | 溅渣护炉料、造渣剂、中间包覆盖剂、中间包工作层 |
| 25 | 碱性挡渣堰 | 再生溅渣料、挡渣堰和冶金辅料 | 挡渣堰；溅渣护炉料；造渣剂；中间包覆盖剂 |
| 26 | 锆质定径水口 | 再生定径水口和滑板等产品添加剂 | 定径水口、滑板等 |
| 27 | 刚玉质上水口和座砖 | 浇注料、捣打料、喷补料、湿式浇注料、铝镁（碳）砖 | 用于电炉盖、钢包衬、包口和接缝料；钢包的各种修补料，也可作为水泥原料和磨料 |
| 28 | 铝碳质上水口和下水口 | 再生浸入式水口、长水口、上水口和下水口、滑板和各种含碳散装料 | 用于连铸的控流系统和各种补炉料 |
| 29 | 滑板 | 再生滑板、长水口、高铝铝碳砖、AMC 砖和各种散装料 | 用作连铸控流的耐火材料和鱼雷车等盛铁水设备的炉衬和相应的修补料 |
| 30 | 整体塞棒、长水口和浸入水口 | 再生塞棒、长水口、浸入式水口和 AMC 砖 | 再生塞棒、长水口、浸入式水口用于连铸控流；AMC 砖用于钢包 |

对使用后耐火材料再利用的建议：

（1）立规章，加强法治。用后耐火材料是重要的二次资源，其潜能大，对节省资源、扩大资源、减少环境污染都有重要意义。为此，希望有关部门制定相关政策，积极给予鼓励，如拆除、运输、存放及清理、拣选、使用一条龙，钢铁厂与耐火厂配合、分工、安排等，又如拆除技术、改善劳动条件等，都需要立规，加强法治，做到有章可循，常态化。

（2）耐火材料公司建立专职队伍，加强学习、研究，落实相应措施。如：

1）如何按耐火材料品种分类拆除、分类堆放？

2）如何拣选、除杂质（如清除表面钢渣或铁渣）？

3）如何提高用后耐火材料的利用率？

## 参 考 文 献

[1] 林彬荫，吴清顺．耐火矿物原料［M］．北京：冶金工业出版社，1989.

[2] 钱之荣，范广举主编．耐火材料实用手册［M］．北京：冶金工业出版社，1992.

[3] 林彬荫，等．蓝晶石 红柱石 硅线石［M］．北京：冶金工业出版社，1998.

[4] 刘麟瑞，林彬荫主编．工业窑炉用耐火材料手册［M］．北京：冶金工业出版社，2001.

[5] 林彬荫，等．蓝晶石 红柱石 硅线石［M］．2 版，北京：冶金工业出版社，2003.

[6] 林彬荫，等．蓝晶石 红柱石 硅线石［M］．3 版，北京：冶金工业出版社，2011.

[7] 郭海珠，余森．实用耐火原料手册［M］．北京：中国建材工业出版社，2000.

[8] 许晓海，冯改山．耐火材料技术手册［M］．北京：冶金工业出版社，2000.

[9] 王濮，潘兆橹，翁玲宝，等．系统矿物学（上、中、下册）［M］．北京：地质出版社，1982.

[10] 王濮，潘兆橹，翁玲宝，等．系统矿物学（中册）［M］．北京：地质出版社，1984.

[11] 王濮，潘兆橹，翁玲宝，等．系统矿物学（下册）［M］．北京：地质出版社，1987.

[12] 朱训主编．中国矿情（第三卷非金属矿产）［M］．北京：科学出版社，1999.

[13] 非金属矿工业手册编辑委员会．非金属矿工业手册（上、下册）［M］．北京：冶金工业出版社，1992.

[14] 王泽田，严行健，钟香崇．耐火材料论文选［M］．北京：冶金工业出版社，1991.

[15] 钟香崇，钟焰，叶方保，刘新江．新型高效耐火材料研究［M］．郑州：河南科学技术出版社，2007.

[16] 李红霞主编．耐火材料手册［M］．北京：冶金工业出版社，2007.

[17] 高振昕，刘百宽．中国铝土矿显微结构研究［M］．北京：冶金工业出版社，2014.

[18] 王诚训，张义先．于青．$ZrO_2$ 复合耐火材料［M］．2 版，北京：冶金工业出版社，2003.

[19] 洪彦若，孙加林，等．非氧化物复合耐火材料［M］．北京：冶金工业出版社，2003.

[20] 梁训裕，刘景林编译．SiC 耐火材料［M］．北京：冶金工业出版社，1981.

[21] 韩行禄．不定形耐火材料［M］．2 版．北京：冶金工业出版社，2003.

附　录

# 附录1 编著者部分论文

附录1.1

# 中国鳞片石墨的研究[❶]

## 林彬荫[1] 郭海珠[2]

（1. 武汉钢铁学院材料系；2. 北京建材研究院水泥所）

**摘 要**：本文是中国石墨系列研究之一。试验用原料为我国三大鳞片石墨产地——柳毛、南墅、兴和的石墨。用多种研究手段（诸如 X 射线衍射分析、热分析、化学分析、电子探针、扫描电镜和耐火度的测定等）研究了中国鳞片石墨的晶体结构、氧化温度及其灰分组成。X 射线衍射定性分析（见图1）指出：中国主要产地的鳞片石墨属六方晶系，未见菱面体晶系，晶体结构完整。提出 0.125mm（120 目）为石墨氧化分界值，小于该值，石墨氧化温度斜率陡峭；大于该值氧化温度趋于平缓。各地石墨灰分组成不一，故选用鳞片石墨作为镁碳砖的碳素材料时，要因地而异。

## 一、引言

自 20 世纪 80 年代初，镁碳砖等含碳耐火材料已成为我国转炉的主要材质。近几年来，围绕提高产品的质量，对镁砂原料，结合剂和工艺条件作了大量的研究，取得了可喜的成果。但是，起着重要作用的碳素材料——鳞片石墨相对研究较少，为了进一步提高含碳耐火材料的质量，系统地深入研究石墨是十分必要的。再者，中国石墨资源十分丰富，系统地研究其性能，对开发新产品，扩大应用范围，也是十分必要的。鉴于此，笔者开展对中国石墨的研究，本文是系列研究成果之一[1]。

试验用的鳞片石墨，是作者取自中国主要石墨矿区：黑龙江柳毛、山东南

❶ 原载于《硅酸盐通报》，1987，6（4）：16。获中国金属学会 1985～1987 年优秀论文。

致谢：古冶耐火材料厂宋汝波、武汉钢铁学院罗明、邹礼英、周菊武、尚野茫、彭科等同志协助做了大量工作，在此致谢。

墅、内蒙古兴和。石墨原料有不同粒度、不同碳含量的系列产品。

## 二、鳞片石墨的晶体结构

取中国高纯鳞片石墨：1 号地为 50 目、99.9％ C；2 号地为 32 目、99.5％ C；3 号地为 −325 目、99.99％ C，进行 X 射线衍射分析，定性分析结果为：三地鳞片石墨均为具有 4 个原子的密排六方石墨，如图 1 所示。

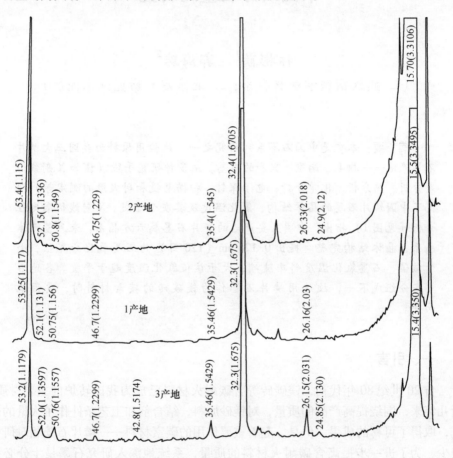

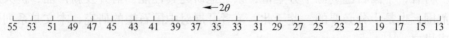

图 1 不同产地石墨试样 X 射线衍射

（实验条件：仪器 TuR – M62 衍射仪，CoKα，Fe 滤波片，30kV，10mA 增益 52db，下限 0.2V，道宽 1.0V，入射狭缝 1.0mm，接收狭缝 0.4mm，时间常数 2s，几率波动 1％，满量程 $6 \times 10^4$）

测定上述三地试样的晶格参数，其数值也表明是属于六方晶系。这与前苏联 М·И·罗盖林、Е·Ф·查雷赫指出的在天然石墨中，菱面体占 30％[2]有不同之处。

各试样晶格参数列于表 1 中。

### 表 1 石墨点阵参数、密度和石墨化度

| 产　地 | | 点阵参数 | | | 密度 $D$ | 石墨化度 $g$ |
|---|---|---|---|---|---|---|
| | | $a_0$/nm | $c_0$/nm | $d_{002}$/nm | /g·cm⁻³ | /% |
| 理论值 | 菱面晶系 | 0.24612 | 1.0062 | | 2.29 | |
| | 六方晶系 | 0.24612 | 0.67079 | 0.3354 | 2.266 | |
| 中国 | 1 号 | 0.24621 | 0.67091 | 0.33546 | 2.264 | 99.3 |
| | 2 号 | 0.24619 | 0.67079 | 0.3354 | 2.265 | 100 |
| | 3 号 | 0.24627 | 0.67097 | 0.33549 | 2.263 | 98.95 |
| 斯里兰卡 | | 0.246 | 0.672 | 0.336 | 2.26 | 93.02 |
| 英　国 | | — | 0.6719 | 0.336 | | 93 |
| 原联邦德国 | 1 号 | — | 0.6719 | 0.336 | — | 93 |
| | 2 号 | — | 0.6719 | 0.336 | | 93 |
| | 3 号 | — | 0.6764 | 0.3382 | | 67 |

注：点阵参数测定条件：仪器 TuR – M62 型衍射仪；CoKα，30kV，30mA；步进扫描：0.02°/步，
1′~2′/步；25℃；硅内标。测定单位武钢钢研所金物室。

由下式计算石墨的晶体密度：

$$D = \frac{Z \cdot M}{N_0 \cdot V}$$

式中　$D$——X 射线法密度；

　　　$Z$——单位晶胞内所含的原子数目；

　　　$M$——原子量；

　　　$N_0$——阿伏伽德罗常数，取 $N_0 = 6.02252 \times 10^{-23}$；

　　　$V$——单位晶胞的体积，六方晶系 $V = a_0^2 \cdot \sin 60° \cdot c_0$。

计算出的石墨晶体密度列于表 1 中。

应用石墨化度的计算公式：

$$g = \frac{0.3440 - d_{002}}{0.3440 - 0.3354}$$

式中　0.3440——可石墨化碳完全无序的层间距；

　　　0.3354——理想石墨单晶的层间距；

　　　$d_{002}$——研究物质实测的层间距。

计算中国 1 号、2 号、3 号地石墨的石墨化度，其结果一并列于表 1 中。

对天然石墨，一般 $a_0$ 变化不大，$c_0$（或 $d_{002}$）则随结晶程度的不同而变化。
六方晶系完善石墨的层间距 $d_{002} = 0.3354$nm，从表 1 可见，中国 1 号、2 号、3
号地石墨的层间距分别为 0.33546nm、0.33540nm、0.33549nm，等于或接近于完

·······

善石墨的层间距。X 射线法密度可作为天然石墨晶体结构完善程度的标志，又从表 1 可见，中国 1 号、2 号、3 号地石墨的密度分别为 2.264g/cm³、2.265g/cm³、2.263g/cm³ 均接近于理论值。石墨化度也用以表征石墨晶体结构的完善程度，表 1 说明，中国 1 号、2 号、3 号地石墨，石墨化度极高（≥99%）。以上说明中国主要产地的鳞片石墨，质地优良，非常接近于理想石墨的晶体结构。无菱面体石墨的存在，也说明我国主要产地的鳞片石墨是极少带有缺陷的石墨。因为菱面体石墨，实质上是一种带有缺陷的石墨。

## 三、石墨的热分析

### （一）粒度对氧化温度的影响

实验 1：取中国 3 号石墨、同一含碳量（94% C），粒度分别为 + 80 目、+ 100 目、− 100 目、− 325 目、− 400 目的不同试样，代号相应为 A，B、C、D、E，作差热分析，其 DTA 曲线见图 2。

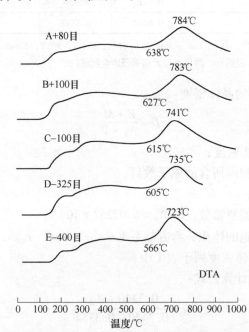

图 2　某地同一含碳量不同粒度 DTA 曲线
（实验条件：仪器 LCP − 1 型差热膨胀仪，参比物 α − Al₂O₃，
灵敏度 ±100μV，升温速度 10℃/min，纸速 2mm/min）

同产地同一碳含量，但粒度不同的石墨，显著氧化开始温度、氧化峰值温度，均随粒度的增大而提高，随粒度的减小而降低。

考虑到矿区各牌号鳞片石墨的粒度，其筛上、筛下物在一定范围内波动，为固定粒度起见，作实验 1。

实验 2：取中国 3 号石墨，工业分析：固定碳 $C_{GD}^f = 93.13\%$，灰分 $A^f =$ 4.71%、挥发分 $V^f = 1.90\%$、水分 $W^f = 0.26\%$ 进行筛分，分别取 0.2～0.3mm、0.125～0.15mm、0.065～0.076mm、0.048～0.054mm、<0.0385mm 粒度试样，做差热分析（DTA 曲线见图 3），相应显著氧化开始温度为 672℃、658℃、637℃、617℃、581℃；相应氧化峰值温度为 779℃、768℃、745℃、731℃、699℃。石墨的氧化与粒度明显相关，石墨粒度越细，越易氧化，显著氧化开始温度与氧化峰值温度均较低。

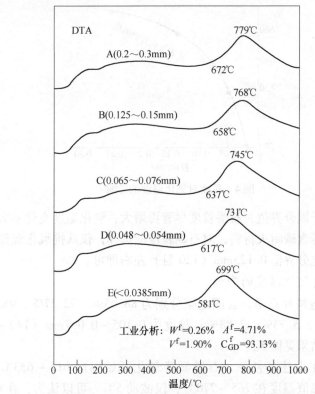

图 3　某地不同粒度石墨试样的 DTA 曲线

（实验条件：仪器 LCP－1 型差热膨胀仪，参比物 $\alpha-Al_2O_3$，

灵敏度 ±100μV，升温速度 10℃/min，纸速 2mm/min）

实验 3：取图 3 中石墨的平均粒度与氧化温度的关系作出图 4。

从图 4 可见，随粒度的增加，石墨显著氧化开始温度、氧化峰值温度随之增加。石墨粒度约在 0.125mm 处，氧化温度有一转折。小于 0.125mm 时，显著氧化开始温度和氧化峰值温度斜率陡峭，而大于 0.125mm 时则趋于平缓。作者特将粒度 0.125mm 称为石墨氧化分界值。小于该分界值，石墨粒度对氧化温度有

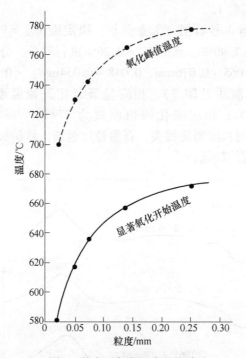

图 4　粒度对氧化温度的影响

显著的影响；大于该分界值，石墨粒度尽管再增大，氧化温度变化不大。由此引申出来，镁碳砖等含碳耐火材料，对石墨粒度的选择，仅从抗氧化和经济效益考虑，选在石墨氧化分界值 0.125mm（120 目）左右即可。

（二）纯度对氧化温度的影响

取中国 3 号地鳞片石墨，含固定碳分别为 88.05%、92.37%、95.67%、相应的灰分为 9.9%、5.73%、2.88%；粒度为 0.105～0.097mm（140～160 目），作差热分析，其结果见图 5。

图 5 表明：在上述条件下，石墨显著氧化开始温度 617～633℃，波动在 15℃左右；氧化峰值温度在 765～770℃，仅波动 5℃。可以认为：在本试验内，石墨中灰分含量小于 10% 时，对氧化温度无明显的影响。

（三）不同产地鳞片石墨的热分析

取中国 1 号、2 号、3 号地、同一粒度（−100 目），同一碳量的鳞片石墨，作差热分析，其结果见表 2。氧化峰值温度不低于 760℃，以 2 号最高达 800℃。

以上 1 号、2 号、3 号三地石墨的粒度尽管都是 −100 目，但因各地工艺过程的差异，石墨的粒度不尽一致（见表 3）。为了排除石墨粒度组成不同对氧化的影响，取含碳 93% 左右的石墨筛分，粒度选为 0.105～0.097mm，作差热分析，其结果见表 4 及图 6。

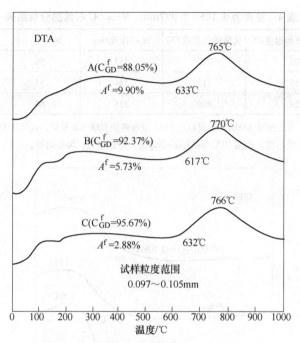

图 5　某地不同碳含量石墨试样 DTA 曲线

（实验条件同图 3）

表 2　不同产地石墨的热分析结果

| 产地 | 粒度<br>/目 | 碳含量<br>/% | 显著氧化<br>开始温度/℃ | 氧化峰值温度<br>/℃ | 试验称重<br>/mg | 热失重<br>/mg | 失重率/% |
|---|---|---|---|---|---|---|---|
| 1 号 |  | 89.02 | 590 | 760 | 306 | 86 | 28.10 |
| 2 号 | -100 | 90.21 | 640 | 800 | 320 | 73 | 22.81 |
| 3 号 |  | 89.68 | 620 | 790 | 326 | 74 | 22.69 |
| 1 号 |  | 93.10 | 580 | 770 | 358 | 84 | 23.46 |
| 2 号 | -100 | 92.66 | 630 | 800 | 348 | 69 | 19.83 |
| 3 号 |  | 93.13 | 640 | 780 | 321 | 80 | 24.94 |

表 3　中国鳞片石墨粒度分析　　　　　　　　　（%）

| 产　地 | | 1 号 | | 2 号 | | | 3 号 | | | | |
|---|---|---|---|---|---|---|---|---|---|---|---|
| 矿区粒度 | | -100 目 | | -100 目 | | | -100 目 | | | | |
| 碳含量 | | 89 | 94 | 90 | 92 | 94 | 89 | 90 | 92 | 94 | 96 |
| 粒度 | >0.154mm | 0.4 | 7.0 | 2.6 | 3.2 | 1.6 | 1.5 | 3.1 | 1.6 | 2.4 | 3.2 |
| | 0.154~0.125mm | 1.4 | 46.1 | 12.1 | 11.4 | 9.6 | 9.2 | 8.4 | 8.7 | 8.0 | 9.7 |
| | 0.125~0.098mm | 7.9 | 3.0 | 25.2 | 20.0 | 22.3 | 20.5 | 14.3 | 15.8 | 19.4 | 18.4 |
| | 0.098~0.076mm | 21.6 | 2.0 | 28.4 | 22.0 | 25.3 | 17.0 | 15.8 | 22.5 | 21.8 | 19.8 |
| | <0.076mm | 68.8 | 41.9 | 31.7 | 43.4 | 41.2 | 51.9 | 58.4 | 50.0 | 48.3 | 48.9 |

表4 粒度为0.105~0.097mm、93%±C石墨热分析结果

| 产地 | 显著氧化开始温度/℃ | 氧化峰值温度/℃ | 试样称重/mg | 热失重/mg | 失重率/% |
|---|---|---|---|---|---|
| 1号 | 600 | 792 | 352 | 56 | 15.91 |
| 2号 | 635 | 815 | 344 | 51 | 15.12 |
| 3号 | 658 | 800 | 358 | 66 | 18.44 |

注：实验条件：布达佩斯 MOM 光学仪器厂 3427 型加热炉 1000℃2 号炉，灵敏度 DTA1/10；DTG1/15；TG，200mg满刻度，升温10℃/min；α – Al₂O₃；静态空气；陶瓷坩埚。

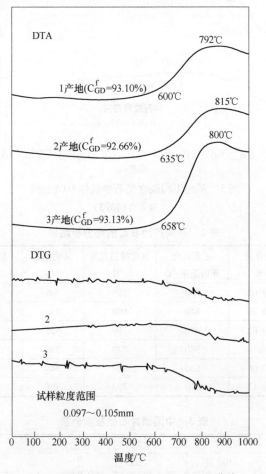

图6 不同产地石墨试样 DTA、DTG 曲线

由图6可见，石墨显著氧化开始温度大于600℃，氧化峰值温度在800℃左右，仍以中国2号较高，达815℃。

中国2号显著氧化开始温度、氧化峰值温度均比1号、3号高，与2号石墨晶体结构较完善、更接近理想石墨有关。

（四）中国鳞片石墨的氧化温度

列表说明中国鳞片石墨的氧化温度（表5）。

表5　中国鳞片石墨差热分析

| 产地 | 固定碳含量/% | | 粒　度 | | 氧化温度/℃ | | 分析仪器 |
|---|---|---|---|---|---|---|---|
| | 矿区牌号 | 工业分析 | 矿区/目 | 筛分/mm | 显著氧化开始温度/℃ | 氧化峰值温度/℃ | |
| 1号 | 90 | 89.02 | −100 | — | 590 | 760 | 匈牙利MOM厂3427型 |
| | 94 | 93.10 | −100 | — | 580 | 770 | |
| | 94 | 93.10 | — | 0.097~0.105 | 600 | 792 | |
| 2号 | 90 | 90.21 | −100 | — | 640 | 800 | 匈牙利MOM厂3427型 |
| | 94 | 92.66 | −100 | — | 630 | 800 | |
| | 94 | 92.66 | — | 0.097~0.105 | 635 | 815 | |
| 3号 | 90 | 89.68 | −100 | — | 620 | 790 | 匈牙利MOM厂3427型 |
| | 94 | 93.13 | −100 | — | 640 | 780 | |
| | 94 | 93.13 | — | 0.097~0.105 | 658 | 800 | |
| | 89 | 88.05 | | 0.097~0.105 | 633 | 765 | LCP−1型 |
| | 93 | 92.37 | | 0.097~0.105 | 617 | 770 | |
| | 96 | 95.67 | | 0.097~0.105 | 632 | 766 | |
| | 94 | 93.13 | | 0.2~0.3 | 672 | 779 | LCP−1型 |
| | | | | 0.125~0.15 | 658 | 768 | |
| | | | | 0.065~0.076 | 637 | 745 | |
| | | | | 0.048~0.054 | 617 | 731 | |
| | | | | <0.0385 | 581 | 699 | |
| | 94 | 93.13 | 80 | — | 638 | 784 | LCP−1型 |
| | | | 100 | — | 627 | 783 | |
| | | | −100 | — | 615 | 741 | |
| | | | −325 | — | 605 | 735 | |
| | | | −400 | — | 566 | 723 | |

由表5可见，中国主要产地的鳞片石墨，当含碳为88%～96%，粒度在−400目以上时，氧化温度560～815℃。其中，当石墨粒度140～160目（0.105～0.097mm），碳含量大于90%时，氧化温度600～815℃；碳含量小于90%时，氧化温度为620～790℃。

## 四、石墨的灰分组成

（一）试验及其试验内容

按碳的工业分析标准，将中国1号、2号、3号地石墨试样于氧化气氛下，

815±10℃加热至恒重。残量用 X 射线衍射分析作物相组成、化学分析，耐火度的测定。为查明灰分中主体元素的分布，在扫描电镜和电子探针显微分析仪上测定。

（二）测试结果

1. 石墨的工业分析、灰分的化学成分及耐火度的测定结果（见表 6）

**表 6　中国主要产地石墨的灰分组成及耐火度**

| 产地<br>矿区<br>牌号<br>分析指标 | | 1 号 | | 2 号 | | | 3 号 | | | | | | |
|---|---|---|---|---|---|---|---|---|---|---|---|---|---|
| | | −190 | −194 | −188 | −190 | −192 | −189 | −190 | −191 | −192 | −193 | −194 | −195 | −196 |
| 工业<br>分析<br>/% | $C_{GD}^f$ | 89.02 | 93.10 | 90.21 | 90.48 | 92.66 | 88.05 | 89.68 | 90.77 | 91.54 | 92.37 | 93.13 | 94.49 | 95.67 |
| | $A^f$ | 7.78 | 4.96 | 7.24 | 7.00 | 4.04 | 9.90 | 8.30 | 7.39 | 6.34 | 5.73 | 4.71 | 3.66 | 2.88 |
| | $V^f$ | 2.20 | 1.71 | 2.31 | 2.29 | 2.20 | 1.74 | 1.75 | 1.59 | 1.89 | 1.72 | 1.90 | 1.69 | 1.62 |
| | $W^f$ | 0.40 | 0.23 | 0.24 | 0.23 | 0.10 | 0.31 | 0.27 | 0.25 | 0.23 | 0.18 | 0.26 | 0.16 | 0.17 |
| 灰分<br>化学<br>组成<br>/% | $Al_2O_3$ | 17.19 | 17.21 | 20.02 | 19.33 | 19.15 | 11.06 | 12.62 | 14.54 | 12.69 | 11.63 | 15.68 | 13.79 | 13.86 |
| | $SiO_2$ | 40.62 | 40.13 | 40.28 | 41.02 | 39.53 | 62.24 | 61.30 | 59.54 | 57.90 | 58.60 | 55.20 | 55.65 | 51.87 |
| | $Fe_2O_3$ | 23.53 | 24.16 | 29.75 | 27.31 | 33.61 | 10.00 | 11.42 | 11.85 | 14.54 | 16.64 | 16.39 | 18.38 | 22.17 |
| | $CaO$ | 6.19 | 5.73 | 3.15 | 3.04 | 2.25 | 10.12 | 8.55 | 8.10 | 8.32 | 7.65 | 6.52 | 5.62 | 7.12 |
| | $MgO$ | 6.62 | 8.29 | 4.04 | 3.55 | 2.62 | 1.13 | 1.05 | 0.81 | 1.29 | 1.21 | 1.21 | 0.50 | 0.81 |
| | $TiO_2$ | 1.65 | 1.33 | 0.64 | 0.69 | 0.93 | 1.06 | 0.91 | 0.91 | 0.80 | 0.91 | 1.10 | 0.87 | 1.33 |
| | $K_2O$ | 1.40 | 1.05 | 1.55 | 1.65 | 1.20 | 1.80 | 2.20 | 1.40 | 1.50 | 1.30 | 1.90 | 2.10 |
| | $Na_2O$ | 0.65 | 0.95 | 0.21 | 0.40 | 0.35 | 0.14 | 0.25 | 0.29 | 0.22 | 0.18 | 0.44 | 0.16 | 0.24 |
| | $MnO$ | 0.361 | 0.249 | 0.104 | 0.103 | 0.074 | 0.132 | 0.124 | 0.142 | 0.152 | 0.127 | 0.100 | 0.100 | 0.07 |
| | $\Sigma$ | 98.21 | 99.17 | 99.74 | 97.09 | 99.71 | 97.68 | 98.02 | 97.99 | 97.31 | 98.45 | 97.85 | 96.97 | 99.52 |
| 耐火度<br>/℃ | 1 | — | — | — | — | — | (1220) | — | (1240) | — | (1240) | — | (1250) |
| | 2 | 1240 | 1230 | 1240 | 1250 | 1260 | 1250 | 1270 | 1270 | 1240 | 1250 | 1250 | 1270 | 1260 |

注：1. 工业分析：灰分化学组成、耐火度分别由武汉钢铁学院碳素实验室、分析中心、耐火实验室分析或测定；

　　2. 耐火度有小括号者为作者测定结果。

从表 6 可见，石墨试样灰分的化学成分以 $Al_2O_3$ – $SiO_2$ – $Fe_2O_3$ 为主，$CaO$、$MgO$ 次之。其中 $Al_2O_3$ 11% ~20%，$SiO_2$ 40% ~62%，$Fe_2O_3$ 10% ~30%，$CaO$ 2% ~10%，$MgO$ 1% ~8%。产地不同，杂质的化学组成又各有差异。$Al_2O_3$ 含量 2 号地最高，1 号次之；$SiO_2$ 含量 3 号地较高，1 号、2 号地较低；$Fe_2O_3$ 含量 2 号最高，1 号次之。

系统测定各产地灰分的耐火度，结果表明，耐火度数值均较低，在 1230 ~

1270℃之间。并且各地灰分的耐火度数值没有明显的差异。

2. 石墨试样灰分的矿物组成

石墨灰分经 X 射线衍射分析测量，其矿物组成见表7。

表7　石墨灰分的矿物组成

| 矿物＼产地 | 1号 | 2号 | 3号 |
|---|---|---|---|
| 石英 | √ | √ | √ |
| 赤铁矿 | √ | √ | √ |
| 钾长石 | √ |  |  |
| 斜长石（钠长石） | √ | √ | √ |
| 钙铝榴石 | √ |  |  |
| 金云母 |  | √ |  |

由表7可见，中国1号、2号、3号产地的鳞片石墨，其灰分都含有石英、赤铁矿、斜长石，个别产地还含有钾长石、钙铝榴石和金云母。各地矿物组成有差异，但不明显。反映出中国1号，2号、3号地石墨原料内矿物杂质性质的相似性。因为灰分的组成除取决于石墨材料的热处理温度外，还取决于原料内矿物杂质的性质。

3. 灰分中 Al、Si、Fe 元素的分布

用电子探针微区 X 射线分析并与扫描电子显微镜配合，研究中国1号、2号、3号产地石墨 Al、Fe、Si 的元素分布如图7所示。

研究表明：Al、Fe、Si 元素在石墨内的分布比较均匀，局部有富集现象，沿着石墨的解理面存在。很明显，通过选矿方法难以除去，获得高纯石墨需要通过化学处理等方法。

## 五、结语

1. 中国主要产地的鳞片石墨，均属六方晶系。晶体点阵参数、密度和石墨化度非常接近石墨的理论值。

2. 中国鳞片石墨，当碳含量在88%～96%、粒度大于 −400 目时，显著氧化开始温度大于560℃，氧化峰值温度720℃以上，高达815℃。

3. 在本实验中，石墨的纯度对石墨的氧化无明显的影响，而石墨的粒度对石墨的氧化则有重要的影响。当石墨粒度约在 0.125mm（120 目）时，石墨氧化有一转折，特称该值为石墨氧化分界值。小于该值石墨氧化温度斜率陡峭，大于该值则趋于平缓。

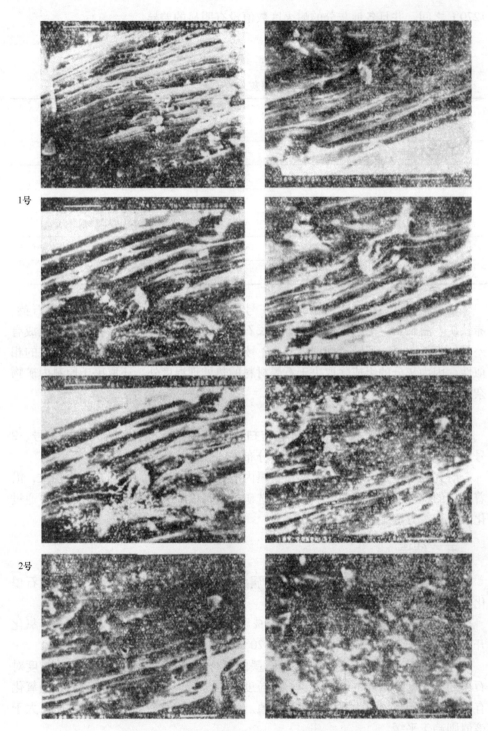

1号

2号

图7 ⊥（001）石墨形貌及 Al、Si、Fe元素分布

4. 石墨灰分化学成分以 $Al_2O_3 - SiO_2 - Fe_2O_3$ 为主，次为 $CaO$、$MgO$。灰分的矿物组成石英、赤铁矿及云母、长石、石榴子石等低熔点矿物。各地石墨灰分矿物组成无明显差异。石墨灰分的耐火度在 $1230 \sim 1270℃$ 之间，也无明显差异。

$Al$、$Si$、$Fe$ 元素沿石墨解理面分布，难以用选矿方法剔除，需用化学处理等方法进行处理。

## 参 考 资 料

[1] 林彬荫. 耐火材料，1985，(4)：14～17.

[2] М·И·罗盖林，Е·Ф·查雷赫. 碳和石墨材料手册. 兰州碳素厂研究所技术情报组译，1975：42.

## 附录1.2　蓝晶石、红柱石、硅线石的开发应用[1]

林彬荫[1]　赵永安[2]　李明欢[2]　王新峰[2]

(1. 武汉科技大学；2. 巩义五耐总厂)

**摘　要**：蓝晶石、红柱石和硅线石简称"三石"。"三石"对改善、提高铝硅质传统耐火材料的品质，开发多系列新产品有重要意义。"三石"的开发应用是节约、扩大资源、节能降耗的一条重要途径。

**关键词**：蓝晶石、红柱石、硅线石；应用；效益；价值

### 一、改善铝硅质耐火材料的品质，提高档次

普通黏土砖、普通高铝砖是常见砖种，理化指标一般，无特色。如果在这些砖中，适当加入"三石"矿物原料，耐火材料的品质将得到改善，发生质的变化。当加入适量硅线石，耐火材料的荷重软化温度、耐压强度明显获得提高；加入红柱石时，热震稳定性获得提高；加入适量蓝晶石减少了产品的重烧线收缩等。

"三石"在不定型耐火材料亦有如上功能。现今，在不定型耐火材料中（如浇注料）加入蓝晶石抵消材料在高温下的收缩，已是共识，加入硅线石、红柱石用以提高材料的荷重软化温度、热震稳定性等也在普及之中。

研究人员曾在传统的黏土砖（42%~48%）生产中添加"三石"，改善了该砖的品质，产品上了一个新台阶，见表1。

**表1　低气孔高荷软特种黏土砖**

| 牌　号 | 1号 | 2号 | 典型值 |
|---|---|---|---|
| $Al_2O_3$/% | ≥45 | ≥42 | 46.08, 46.71, 47.40, 48.58 |
| $Fe_2O_3$/% | ≤1.2 | ≤1.5 | 1.16, 1.35, 1.19, 0.96 |
| 显气孔率/% | ≤12 | ≤15 | 12.4, 9.4, 12.1, 11.9 |
| 体积密度/$g \cdot cm^{-3}$ | ≥2.35 | ≥2.30 | 2.37, 2.47, 2.44, 2.40 |

❶　原载于《首届中国耐火材料生产与应用国际大会论文集》，2011年；荣获"辉煌中国·时代精英"优秀论文奖（2015年）。

续表 1

| 牌 号 | 1 号 | 2 号 | 典型值 |
|---|---|---|---|
| 常温耐压强度/MPa | ≥80 | ≥60 | 62, 72, 97, 80 |
| 荷重软化温度/℃ (0.2MPa, 0.6%) | 1500 | 1450 | 1486, 1501, 1473, 1518 |
| 重烧线变化/% (1450℃×3h) | ±0.2 | ±0.2 | (1500℃, 2h) -0.2 |

上述特种黏土砖的荷重软化温度、耐压强度明显高于传统黏土砖、高炉用黏土砖的指标。显气孔率约 12%，远小于传统黏土砖 23%～24%。该砖具有普遍性，适应性广，一砖多用等特点。如果要求高的抗热震性，高的显气孔率，也用"三石"来调整。

在高铝砖的生产中，适当加入硅线石、红柱石、蓝晶石或它们的复合料，其品质也将得到改善，发生质的变化。例如，炼钢电炉顶用高铝砖，其高温性能之一的荷重软化温度要求较高，其要求见表 2。

表 2 炼钢电炉顶高铝砖主要理化指标

| 牌 号 | Al$_2$O$_3$/% | 荷重软化温度/℃ (0.2MPa, 0.6%) | 重烧线变化/% (1500℃, 3h) |
|---|---|---|---|
| DL - 80 | ≥80 | ≥1550 | 0～-0.3 |
| DL - 75 | ≥75 | ≥1530 | 0～-0.4 |
| DL - 65 | ≥65 | ≥1520 | 0～-0.4 |

用高铝矾土为主原料生产时，很难达到荷重软化温度的要求。而今，在生产中添加硅线石精矿，不再是难事。又如矾土均化料，若适量添加"三石"，品质得以提高，就不是一般意义的均化料。因为添加"三石"，增加了莫来石矿物相，减少了玻璃相。我们通过添加"三石"，调控 Al$_2$O$_3$ 含量及铝硅比等措施，研发了莫来石质均化料并投入生产。

铝硅质耐火材料，其产品品种多，使用范围广，在耐火材料中占很大比重，据统计，2010 年黏土砖产量为 401.91 万吨，高铝砖为 281.81 万吨（二者共683.72 万吨），不定形耐火材料产量 573.35 万吨，总计 1257.07 万吨。整体而言，耐火产品质量低，资源浪费严重、能耗高、环境污染。如果在铝硅质耐火材料中，适量加入"三石"，提高产品质量，将有如下效果：

（1）逐步减少铝硅质耐火材料的使用量，从而减少年产量；

（2）更合理有效利用资源，减少资源浪费、能源消耗和环境污染；

（3）产品质量的提高意味着延长了工业炉窑的寿命。中国有大量的工业炉窑，其寿命的提高，将创造出巨大的财富。

## 二、开发多系列优质耐火材料新产品

应用"三石"，开发了以高炉热风炉用耐火材料为主的多系列优质新型耐火材料。

## （一）大型高炉热风炉用低蠕变砖

20 世纪 80 年代，我国首座自行设计的武钢 5 号容积 3200m³ 大型高炉，热风炉内衬砖的技术指标按上海宝钢高炉热风炉从国外引进的技术指标，见表 3。

**表 3 上海宝钢 4063m³ 高炉热风炉用低蠕变砖系列技术指标**

| 项 目 | H21 | H22 | H23 | H24 | H25 | H26 | H27 | H41 |
|---|---|---|---|---|---|---|---|---|
| 耐火度/℃ | ≥1850 | ≥1850 | ≥1850 | ≥1825 | ≥1790 | ≥1790 | ≥1770 | ≥1750 |
| 体积密度/g·cm⁻³ | ≥2.60 (≥2.55) | ≥2.70 (≥2.65) | ≥2.45 (≥2.40) | ≥2.40 (≥2.35) | ≥2.35 (≥2.30) | ≥2.30 (≥2.25) | ≥2.20 (≥2.15) | ≥2.15 (≥2.10) |
| 显气孔率/% | ≤21.0 (≤24.0) | ≤22.0 (≤24.0) | ≤19.0 (≤22.0) | ≤23.0 (≤24.0) | ≤24.0 (≤25.0) | ≤24.0 (≤25.0) | ≤24.0 (≤25.0) | ≤24.0 (≤25.0) |
| 耐压强度/MPa | ≥49 (≥39.2) | ≥49 (≥39.2) | ≥49 (≥39.2) | ≥45 (≥39.2) | ≥29.4 (≥24.5) | ≥29.4 (≥24.5) | ≥29.4 (≥24.5) | ≥29.4 (≥24.5) |
| 蠕变率/% (0.2MPa, 50h) | 1550℃ ≤1.0 | 1500℃ ≤1.0 | 1450℃ ≤1.0 | 1400℃ ≤1.0 | 1350℃ ≤1.0 | 1300℃ ≤1.0 | 1270℃ ≤1.0 | 1250℃ ≤1.0 |
| 重烧线变化/% (1400℃) | | | | | | | | ±0.5 |
| 化学成分 Al₂O₃/% | ≥75 | ≥80 | ≥65 | ≥65 | ≥65 | ≥60 | ≥50 | |
| 使用部位 | 燃烧室 | 蓄热室上部，蓄热室中部 | 混合室壁，蓄热室中部 | 环状管热风本管 | 蓄热室中部，环状管，热风本管 | 燃烧室下部 | 蓄热室中部 | 蓄热室中部，冷风进入管 |

注：括号内为手工制品指标要求。

从表 3 可见，热风炉用耐火砖（除拱顶），核心指标是蠕变率。在此之前，我国高炉热风炉用砖，无蠕变率指标要求，即生产抗蠕变性耐火产品尚属空白。

供武钢 5 号高炉的耐火砖全称为莫来石 - 硅线石砖，简称硅线石低蠕变砖或称硅线石砖，牌号 H23。生产产品蠕变率指标（0.2MPa，1450℃，50h）0.5% ~ 0.6%，远远小于额定指标 1% 的要求，连续使用 16 年。对使用后硅线石砖考察检测，砖的外形尺寸基本完好，少有变化，格子砖孔径仍是 ϕ43mm，厚度是 100mm ±2mm。

硅线石低蠕变砖，其物相组成主要是莫来石，约占 95%，从显微结构上分类，称为莫来石型低蠕变砖（M 型，mullite 莫来石）。在此基础上，又陆续开发了莫来石 - 刚玉型（M - C 型，mullite - corundum）、刚玉 - 莫来石型（C - M 型）低蠕变砖新品种。这两种新品种主要区别在于物相组成，前者莫来石居多，后者刚玉居多。两种类型物相含量之比，均受球体紧密堆积原理制约，即 75:25，玻璃相含量较少，显微结构中以结晶相为主。

根据使用条件、要求和价格等因素选择低蠕变砖的类型，以便更充分利用资源，发挥各矿物资源的优势。应用"三石"开发的低蠕变砖系列，除供武钢内燃式热风炉外，大量供上海宝钢外燃式热风炉使用。可喜的是，低蠕变砖，现在国内钢厂内、外燃式热风炉都普遍使用了。该系列获国家教委科技进步三等奖、国家专利一项。

### （二）高炉热风炉用抗热震低蠕变砖系列

20世纪80~90年代，进入中国钢铁市场的国外公司，对高炉热风炉用砖技术指标，十分强调抗蠕变性，这是正确的，但没有抗热震指标要求，明显存在不足。长期的实践考察发现，在热风炉的管道部位、混风区、冷热风进出口等部位，温度波动较大。特定的工作环境要求耐火砖具有抗蠕变的同时，应有良好的抗热震性。为此，应用"三石"开发了高炉热风炉用抗热震低蠕变砖系列产品，见表4。该系列砖的研制与应用对高炉热风炉的长寿提供了保障。该系列获冶金科技进步奖三等奖。

表4　高炉热风炉用抗热震低蠕变砖系列理化指标

| 项　目 | WHB | WHL | WHS | WHD |
|---|---|---|---|---|
| $Al_2O_3$/% | ≥65 | ≥60 | ≥57 | ≥53 |
| $Fe_2O_3$/% | ≤1.0 | ≤1.2 | ≤1.5 | ≤1.7 |
| $TiO_2$/% | ≤0.5 | ≤0.5 | ≤0.6 | ≤0.6 |
| $K_2O + Na_2O$/% | ≤0.6 | ≤0.6 | ≤0.6 | ≤0.6 |
| 显气孔率/% | ≤20/22 | ≤20/22 | ≤20/22 | ≤20/22 |
| 体积密度 /g·cm$^{-3}$ | ≥2.50 | ≥2.45 | ≥2.40 | ≥2.35 |
| 常温耐压强度/MPa | ≥60/55 | ≥50/50 | ≥50/45 | ≥50/45 |
| 0.2MPa荷重开始软化温度/℃ | ≥1680 | ≥1650 | ≥1600 | ≥1550 |
| 重烧线变化/% | 1500℃×4h ±0.2 | 1500℃×4h ±0.2 | 1400℃×4h ±0.2 | 1400℃×4h ±0.2 |
| 蠕变率/% (0.2MPa) | 1500℃×20~50h ≤0.2 | 1450℃×20~50h ≤0.2 | 1400℃×20~50h ≤0.2 | 1350℃×20~50h ≤0.2 |
| 热震稳定性/次 (1100℃，水冷) | ≥20, 25, 30 | ≥20, 25, 30 | ≥20, 25, 30 | ≥20, 25, 30 |

### （三）工业窑炉用抗热震砖系列

耐火材料的工作环境与温度有关。为适应温度变动热应力对各工业炉窑耐火材料的损毁，近几年来，应用"三石"开发并完善了抗热震砖系列，该系列是高炉热风炉用抗热震低蠕变砖系列的延伸与发展，适应性更广。除冶金外，水泥、陶瓷、玻璃、石化、垃圾焚烧炉等领域都可用，是经济增长新亮点。今后尚需加深系统研究。

顶燃式热风炉由于其结构与内燃式、外燃式热风炉有异，某些部位要求更高热震稳定性，如热震稳定性不小于 100 次（1300℃，水冷）。2009 年成功开发了高抗热震砖，供国外某钢厂 5500m³ 大型高炉顶燃式热风炉使用。

此外，在鱼雷铁水罐上开发了红柱石 – SiC – C 不烧砖，该砖在原首钢公司使用，当铁水未进行"三脱"（脱 S、P、Si）时效果十分明显，在容积 150t 的铁水罐，平均往返近 1000 次，345mm 大砖仍残留 2/3，期间未经停炉修补。该砖垄断十余年。

用"三石"合成莫来石（牌号 M45、M60）及莫来石质均化料。

### 三、经济效益十分可观

（1）应用"三石"，自主创新，开发了多系列的优质新产品。调整了产品结构，实现了产品转型升级。

（2）带动我国"三石"选厂的发展。我国"三石"选厂从无到有，从有到优发展。自 1985 年黑龙江鸡西建成我国第一条硅线石选厂至今，"三石"选厂发展到 16 个，总产精矿近 20 万吨（硅线石约 3 万吨，红柱石约 10 万吨，蓝晶石约 6 万吨）。不但满足国内需求，而且还可以出口。

（3）开发了多种系列优质新产品，尤以高炉热风炉更多，替代了进口产品。影响并推动我国耐火材料的发展与进步。

（4）提高了工业炉窑的寿命。由于开发了莫来石 – 硅线石低蠕变砖，大型高炉（如武钢容积为 3200m³ 的 5 号高炉）寿命已达 8 年，其热风炉寿命已超过 16 年。现在高炉热风炉寿命分别要求提升到 15～20 年或 30 年，就耐火材料而言，已有新型优质莫来石 – 硅线石/红柱石 – 低蠕变砖作支撑。

（5）节约、扩大资源（尤其是黏土、矾土），节能降耗。

### 四、机理浅析

在黏土砖、高铝砖生产中添加"三石"，其性能获得改善及提高的本质原因如下。

（一）增加了有益的莫来石矿物相

"三石"矿物是 $Al_2O_3 – SiO_2$ 系不稳定的物相，随着温度的升高，各自转变为莫来石和熔融 $SiO_2$，表达式为：

$$3(Al_2O_3 \cdot SiO_2) \longrightarrow 3Al_2O_3 \cdot 2SiO_2 + SiO_2 \tag{1}$$

"三石"矿物　　　　　　一次莫来石

"三石"莫来石化程度受各自纯度、粒度、温度等因素的影响。反应式（1）生成的 $SiO_2$，又可以与高铝物料反应生成二次莫来石，增加莫来石矿物相含量，其表达式为：

$$2SiO_2 + 3Al_2O_3 \longrightarrow 3Al_2O_3 \cdot 2SiO_2$$
二次莫来石

（二）玻璃相含量减少

"三石"矿物均经选矿提纯，尽量除去杂质（$Fe_2O_3$、$TiO_2$、$R_2O$（$K_2O$ + $Na_2O$）等）。优质的"三石"精矿，$Fe_2O_3 \leqslant 1\%$，$TiO_2 \leqslant 0.5\%$，$R_2O \leqslant 1\%$，总的杂质含量一般约为 2.5%，比高铝矾土杂质总量低（如特级矾土 $TiO_2$ 约 4%，$Fe_2O_3 < 2\%$，$R_2O < 1.5\%$，杂质总量为 7% ~7.5%）。

杂质含量低，材料中出现玻璃相含量必将少。在材料中玻璃相含量少，莫来石矿物相含量增多，将获得良好的显微结构。

（三）体积膨胀性

由"三石"转变为莫来石的同时，由于密度差异，伴随有体积膨胀。膨胀程度相应为蓝晶石（大）、硅线石（中）、红柱石（小）。"三石"各品种的膨胀性，受各自的纯度、粒度、温度所制约。可以通过人为控制来提高耐火材料（定形与不定形）的品质，或开发新产品。

## 五、结语

作者林彬荫，从 1985 年至今（2011 年）的 26 年，专注于"三石"的开发应用。在实践中感悟到，"三石"对我国耐火材料的发展（尤其铝硅系耐火材料）乃至工业的变革有着重要价值。随着对"三石"的加深理解，可以人为设计、调控产品性能，获得新产品，如高荷重软化、抗热震、抗侵蚀、致密化等。"三石"释放的是正能量，我国"三石"资源储量大、品种全、市场广阔，我们要从战略、长远角度，更珍惜、很好利用"三石"，开发出更多新产品，拓宽新的市场，多作贡献。

## 参 考 资 料

[1] 林彬荫，等. 蓝晶石、红柱石、硅线石 [M]. 3 版. 北京：冶金工业出版社，2011.

## 附录2 耐火材料原料基本性质（部分）

| 序号 | 矿物名称 | 化学式 | 成分 | 相对分子质量 | 质量分数/% | 成分比率 | | 晶系 | 形态 | 密度/g·cm⁻³ | 硬度 | 熔点/℃ | 线膨胀系数/℃⁻¹ | 热导率/W·(m·K)⁻¹ | 弹性模量/MPa | 其他性质 | 主要用途 |
|---|---|---|---|---|---|---|---|---|---|---|---|---|---|---|---|---|---|
| 1 | 蓝晶石 | $Al_2O_3 \cdot SiO_2$ | $Al_2O_3$<br>$SiO_2$ | 101.9<br>60.1<br>162.0 | 62.9<br>37.1<br>100.0 | $\dfrac{1.000}{0.590}$ 1.590 | $\dfrac{1.690}{1.000}$ 2.690 | 三斜 | 扁平柱状 | 3.56~3.68 | 异向性，//c 4.5 ⊥c 6~7 | 1000~1250 分解 | | | | 1300~1350℃转变为莫来石，膨胀率16%~18% | 陶瓷和高铝耐火原料，不定形耐火材料膨胀剂 |
| 2 | 红柱石 | $Al_2O_3 \cdot SiO_2$ | $Al_2O_3$<br>$SiO_2$ | | 62.9<br>37.1<br>100.0 | $\dfrac{1.000}{0.590}$ 1.590 | $\dfrac{1.690}{1.000}$ 2.690 | 斜方 | 柱状 | 3.1~3.2 | 6~7.5 | 1325~1410 分解 | | | | 1350~1400℃转变为莫来石，膨胀率~5% | 陶瓷和高铝耐火原料 |
| 3 | 硅线石 | $Al_2O_3 \cdot SiO_2$ | $Al_2O_3$<br>$SiO_2$ | | 62.9<br>37.1<br>100.0 | $\dfrac{1.000}{0.590}$ 1.590 | $\dfrac{1.690}{1.000}$ 2.690 | 斜方 | 纤维状柱状针状 | 3.23~3.25 | 6~7 | 1816 (1850) | | | | 1500~1550℃转变为莫来石，膨胀率7%~8% | 陶瓷和高铝耐火原料 |
| 4 | 刚玉 | $\alpha - Al_2O_3$ | | | | | | 三方 | 短柱状 | 4.2 | 9 | 2050 | 20~1000℃时 $8 \times 10^{-6}$ | 1000℃时 5.8 | 3.7 | 化学性质稳定，对酸和碱具有良好抵抗性 | 刚玉制品，刚玉陶瓷 |

| 序号 | 矿物名称 | 化学式 | 成分 | 相对分子质量 | 质量分数/% | 成分比率 | 晶系 | 形态 | 密度/g·cm⁻³ | 硬度 | 熔点/℃ | 线膨胀系数/℃⁻¹ | 热导率/W·(m·K)⁻¹ | 弹性模量/MPa | 其他性质 | 主要用途 |
|---|---|---|---|---|---|---|---|---|---|---|---|---|---|---|---|---|
| 5 | γ-氧化铝 | $\gamma-Al_2O_3$ | | | | | 等轴 | 粒状 | 3.47 | | | | | | 1000℃转化为α-$Al_2O_3$ | 高铝陶瓷原料 |
| 6 | 莫来石 | $3Al_2O_3 \cdot 2SiO_2$ | $Al_2O_3$<br>$SiO_2$ | 305.7<br>120.2<br>425.9 | 71.8<br>28.2<br>100.0 | 1.000 2.55<br>0.393 1.00<br>1.393 3.55 | 斜方 | 针状或长柱状 | 3.03 | 6~7 | 1870或1810分解 | 20~1000℃时5.3×10⁻⁶ | 1000℃时3.8 | 1.5 | 化学性质稳定甚至不溶于HF | 莫来石制品，莫来石陶瓷 |
| 7 | 堇青石 | $2MgO \cdot 2Al_2O_3 \cdot 5SiO_2$ | $MgO$<br>$Al_2O_3$<br>$SiO_2$ | 80.6<br>203.8<br>300.5<br>584.9 | 13.8<br>34.9<br>51.3<br>100.0 | 1.000 0.39 0.269<br>2.529 1.00 0.680<br>3.716 1.47 1.000<br>7.245 2.86 1.949 | 斜方 | 短柱状 | 2.57~2.66 | 7~7.5 | 1450分解 | 0~1000℃时2.0×10⁻⁶（或2.48×10⁻⁶） | | | | 高级陶瓷，耐火材料低膨胀原料 |
| 8 | β-石英（低温） | $SiO_2$ | | | | | 三方 | | 2.651 | 7 | 1713 | | | | 573℃转变为α-石英（高温型） | 硅质耐火材料 |
| 9 | 鳞石英 | $SiO_2$ | | | | | 斜方 | 矛头状 | 2.27 | 6.5 | 1670 | | | | 1470℃转变为方石英，低温鳞石英具矛头状双晶 | 硅质制品，硅质矿物 |

续附录 2

| 序号 | 矿物名称 | 化学式 | 相对分子质量 | 成分 | 质量分数/% | 成分比率 | | 晶系 | 形态 | 密度/g·cm⁻³ | 硬度 | 熔点/℃ | 线膨胀系数/℃⁻¹ | 热导率/W·(m·K)⁻¹ | 弹性模量/MPa | 其他性质 | 主要用途 |
|---|---|---|---|---|---|---|---|---|---|---|---|---|---|---|---|---|---|
| 10 | 方石英（高温） | $SiO_2$ | | | | | | 等轴 | | 2.27~2.35 | 6~7 | 1713 | | | | | |
| 11 | 锆英石（锆石） | $Zr[SiO_4]$ 或 $ZrO_2 \cdot SiO_2$ | 123.0 60.1 183.1 | $ZrO_2$ $SiO_2$ | 67.2 32.8 100.0 | 1.000 0.488 1.488 | 2.05 1.00 3.05 | 四方 | 短柱状 | 4.66~4.70 | 7~8 | 2550 | 20~1000℃时 $4.2 \times 10^{-6}$ | 1000℃时 3.7 | 2.1 | | 锆质耐火材料 |
| 12 | 正长石（钾长石） | $K[AlSi_3O_8]$ 或 $K_2O \cdot Al_2O_3 \cdot 6SiO_2$ | 94.2 101.9 360.6 556.7 | $K_2O$ $Al_2O_3$ $SiO_2$ | 16.9 18.3 64.8 100.0 | 1.00 1.08 3.83 5.91 | 0.923 1.000 3.540 5.463 / 0.261 0.283 1.000 1.544 | 单斜 | | 2.56~2.58 | 6~6.5 | 1200~1280 | | | | | 陶瓷和玻璃工业原料，黏土中杂质 |
| 13 | 钙长石 | $Ca[Al_2Si_2O_6]$ 或 $CaO \cdot Al_2O_3 \cdot 2SiO_2$ | 56.1 101.9 120.2 278.2 | $CaO$ $Al_2O_3$ $SiO_2$ | 20.2 36.6 43.2 100.0 | | | 三斜 | | 2.736~2.758 | 6~6.5 | 1550 | | | | | |
| 14 | 蛭石 | $(Mg,Fe,Fe)_3[(Si,Al)_4O_{10}] \cdot (OH)_2 \cdot 4H_2O$ | | | | | | 单斜 | | 2.4~2.7 | 2.2~2.8 | 1300~1370 | | | | 加热到800℃时膨胀达最大值，体积增大15~25倍，密度减小0.6~0.9g/cm³ | 隔热材料 |

| 序号 | 矿物名称 | 化学式 | 成分 | 相对分子质量 | 质量分数/% | 成分比率 | | | 晶系 | 形态 | 密度/g·cm⁻³ | 硬度 | 熔点/℃ | 线膨胀系数/℃⁻¹ | 热导率/W·(m·K)⁻¹ | 弹性模量/MPa | 其他性质 | 主要用途 |
|---|---|---|---|---|---|---|---|---|---|---|---|---|---|---|---|---|---|---|
| 15 | 石墨 | C | | | | | | | 六方 | 鳞片、块状、土状集合体 | 2.09~2.23 | 1~2 | ±100℃ 3700 | 20~1000℃时 1.4×10⁻⁶ | 1000℃时 64 | 0.09 | 易氧化，一般在700℃被空气中的氧氧化 | 含碳耐火材料 |
| 16 | 白榴石 | $K_2O \cdot Al_2O_3 \cdot 4SiO_2$ | $K_2O$<br>$Al_2O_3$<br>$SiO_2$ | 94.2<br>101.9<br>240.4<br>426.5 | 21.6<br>23.3<br>55.1<br>100.0 | 1.00<br>1.08<br>2.55<br>4.63 | 0.924<br>1.000<br>2.360<br>4.284 | 0.392<br>0.422<br>1.000<br>1.814 | 假等轴 605℃上为等轴，以下为四方 | 粒状 | 2.45~2.5 | 5~6 | 1680 (1686) | | | | 高炉炉衬、冶金炉渣和玻璃陶瓷和烧结石中常见的矿物 | |
| 17 | 钾霞石 | $K_2O \cdot Al_2O_3 \cdot 2SiO_2$ | $K_2O$<br>$Al_2O_3$<br>$SiO_2$ | 94.2<br>101.9<br>120.2<br>316.3 | 29.8<br>32.2<br>38.0<br>100.0 | 1.000<br>1.080<br>1.275<br>3.355 | 0.925<br>1.000<br>1.180<br>3.105 | 0.784<br>0.848<br>1.000<br>2.632 | 六方 | 柱状针状 | 2.61 | 6 | | | | | | 900℃以上转为高温霞石，1248℃转变为三斜霞石 |
| 18 | 钠霞石 | $Na_2O \cdot Al_2O_3 \cdot 2SiO_2$ | $Na_2O$<br>$Al_2O_3$<br>$SiO_2$ | 62.0<br>101.9<br>120.2<br>284.1 | 21.8<br>35.9<br>42.3<br>100.0 | | | | 六方 | 短柱状和厚板状 | 2.61 | 5~6 | 1526 | | | | | |
| 19 | 碳硅石（碳化硅） | SiC | | | | | | | 六方 | 板状 | 3.2 | 9.5 | 3400 分解 | 25~1000℃时 (4.7~5.0)×10⁻⁶ | 1000℃时 10.7 | | 完全不溶于HF | 耐火材料、研磨材料和电阻发热体等原料 |

续附录2

| 序号 | 矿物名称 | 化学式 | 成分 | 相对分子质量 | 质量分数/% | 成分比率 | | | 晶系 | 形态 | 密度/g·cm⁻³ | 硬度 | 熔点/℃ | 线膨胀系数/℃⁻¹ | 热导率/W·(m·K)⁻¹ | 弹性模量/MPa | 其他性质 | 主要用途 |
|---|---|---|---|---|---|---|---|---|---|---|---|---|---|---|---|---|---|---|
| 20 | 高岭石 | $Al_4[SiO_4O_{10}][OH]_3$ 或 $Al_2O_3 \cdot 2SiO_2 \cdot 2H_2O$ | $Al_2O_3$<br>$SiO_2$<br>$H_2O$ | 101.9<br>120.2<br>36.0<br>258.1 | 39.5<br>46.5<br>14.0<br>100.0 | 1.000<br>1.180<br>0.355<br>2.535 | 0.850<br>1.000<br>0.301<br>2.151 | 2.830<br>3.340<br>1.000<br>7.170 | 单斜 | | 2.58~2.60 | 2.5 | 1750~1787 | | | | 脱水温度560℃，干度1150~1250℃转变为莫来石 $\Delta V = -20.0\%$ | 黏土主要矿物，耐黏土质耐火材料 |
| 21 | 水铝石（一水硬铝石） | $\alpha - Al_2O_3 \cdot H_2O$ | $\alpha - Al_2O_3$<br>$H_2O$ | 101.9<br>18.0<br>119.9 | 85.0<br>15.0<br>100.0 | 1.000<br>0.176<br>1.176 | 5.67<br>1.00<br>6.67 | | 斜方 | 长板状 柱状 针状 | 3.3~3.5 | 6~7 | | | | | 450~550℃失水转变为 $\alpha - Al_2O_3$ | 铝土矿的主要组成，高铝耐火材料 |
| 22 | 波镁石（一水软铝石，水铝矿） | $\gamma - Al_2O_3 \cdot H_2O$ | $\gamma - Al_2O_3$<br>$H_2O$ | 101.9<br>18.0<br>119.9 | 85.0<br>15.0<br>100.0 | 1.000<br>0.176<br>1.176 | 5.67<br>1.00<br>6.67 | | 斜方 | 细小 菱形 片状 | 3.01~3.06 | 3.5~4 | | | | | 约在300℃变为 $\gamma - Al_2O_3$ | 铝土矿的主要组成，高铝耐火材料 |
| 23 | 三水铝石（水铝氧石） | $\gamma - Al_2O_3 \cdot 3H_2O$ | $\gamma - Al_2O_3$<br>$H_2O$ | 101.9<br>54.0<br>155.9 | 65.4<br>34.6<br>100.0 | 1.000<br>0.530<br>1.530 | 1.885<br>1.000<br>2.885 | | 单斜 | 似六角 板状 | 2.3~2.4 | 2.5~3.5 | | | | | 170~250℃开始脱水成 $\gamma - Al_2O_3 \cdot H_2O$ | 铝土矿的主要组成，高铝耐火材料 |

续附录2

| 序号 | 矿物名称 | 化学式 | 成分 | 相对分子质量 | 质量分数/% | 成分比率 | | | | 晶系 | 形态 | 密度/g·cm⁻³ | 硬度 | 熔点/℃ | 线膨胀系数/℃⁻¹ | 热导率/W·(m·K)⁻¹ | 弹性模量/MPa | 其他性质 | 主要用途 |
|---|---|---|---|---|---|---|---|---|---|---|---|---|---|---|---|---|---|---|---|
| 24 | 叶蜡石 | $Al_2[Si_4O_{10}][OH]_2$ 或 $Al_2O_3 \cdot 4SiO_2 \cdot H_2O$ | $Al_2O_3$<br>$SiO_2$<br>$H_2O$ | 101.9<br>240.4<br>18.0<br>360.3 | 28.3<br>66.7<br>5.0<br>100.0 | 1.000<br>2.360<br>0.177<br>3.537 | 0.424<br>1.000<br>0.075<br>1.499 | 5.66<br>13.35<br>1.00<br>20.01 | | 单斜 | 片状或致密块状 | 2.66~2.9 | 1~1.5 | 700 | | | | 脱水温度500~700℃ | 陶瓷、耐火材料原料 |
| 25 | 顽火辉石 | $Mg[SiO_3]$ 或 $\beta - MgO \cdot SiO_2$ | $MgO$<br>$SiO_2$ | 40.3<br>60.1<br>100.4 | 40.1<br>59.9<br>100.0 | | | | | 斜方 | 短柱状粒状 | 3.21 | 5.5 | | 300~700℃时 12.0×10⁻⁶ | | | 于1260℃转变为原顽辉石，原顽辉石冷却到小于700℃转为顽辉石 | |
| 26 | 斜顽辉石 | $Mg[SiO_3]$ 或 $\alpha - MgO \cdot SiO_2$ | $MgO$<br>$SiO_2$ | | 40.1<br>59.9<br>100.0 | | | | | 单斜 | 短柱状粒状 | 3.19 | 6 | 1577 分解 | 300~700℃时 13.5×10⁻⁶ | | | | |
| 27 | 镁硅钙石（镁蔷薇辉石） | $3CaO \cdot MgO \cdot 2SiO_2$ | $MgO$<br>$CaO$<br>$SiO_2$ | 40.3<br>168.3<br>120.2<br>328.8 | 12.3<br>51.1<br>36.6<br>100.0 | | | | | 单斜 | 柱状或粒状 | | 3.15 | 1598 | 6×10⁻⁶ | | | | |

续附录 2

| 序号 | 矿物名称 | 化学式 | 成分 | 相对分子质量 | 质量分数/% | 成分比率 | 晶系 | 形态 | 密度/g·cm⁻³ | 硬度 | 熔点/℃ | 线膨胀系数/℃⁻¹ | 热导率/W·(m·K)⁻¹ | 弹性模量/MPa | 其他性质 | 主要用途 |
|---|---|---|---|---|---|---|---|---|---|---|---|---|---|---|---|---|
| 28 | 透辉石 | $CaMg[Si_2O_6]$ 或 $CaO \cdot MgO \cdot 2SiO_2$ | $CaO$<br>$MgO$<br>$SiO_2$ | 56.1<br>40.3<br>120.2<br>216.6 | 25.9<br>18.6<br>55.5<br>100.0 | | 单斜 | 短柱状 | | 3.27~3.38 | 1391 | $(5.5\sim6)\times10^{-6}$ | | | | |
| 29 | 镁铝尖晶石 | $MgAl_2O_4$ 或 $MgO \cdot Al_2O_3$ | $MgO$<br>$Al_2O_3$ | 40.3<br>101.9<br>142.2 | 28.3<br>71.7<br>100.0 | 1.00　0.395<br>2.53　1.000<br>3.53　1.395 | 等轴 | 八面体 | 3.5~3.7 | 7.5~8 | 2135 | 100~900℃时 $8.9\times10^{-6}$ | | | | 镁尖晶石质制品,尖晶石陶瓷 |
| 30 | 亚铁铬铁矿 | $FeCr_2O_4$ 或 $FeO \cdot Cr_2O_3$ | $FeO$<br>$Cr_2O_3$ | 71.8<br>152.0<br>223.8 | 32.1<br>67.9<br>100.0 | 1.00　0.473<br>2.11　1.000<br>3.11　1.473 | 等轴 | 八面体 | 5.09 | 5.5~6 | 2160 | 100~1100℃时 $8.2\times10^{-6}$ | | | | 铬质耐火材料 |
| 31 | 磁铁矿 | $Fe_3O_4$ 或 $FeO \cdot Fe_2O_3$ | $FeO$<br>$Fe_2O_3$ | 71.8<br>159.7<br>231.5 | 31.1<br>68.9<br>100.0 | 1.000　0.452<br>2.224　1.000<br>3.224　1.452 | 等轴 | 八面体 | 4.9~5.2 | 5.5~6 | 1538<br>(1590) | | | | 具强磁性,加热至580℃磁性消失,冷却磁性复显 | 主要的铁矿石之一 |
| 32 | 赤铁矿 | $Fe_2O_3$ | | | | | 三方 | 葡萄状肾状 | 5.0~5.3 | 5.5~6 | 1400~1565 | | | | | 主要的铁矿石之一 |

续附录2

| 序号 | 矿物名称 | 化学式 | 成分 | 相对分子质量 | 质量分数/% | 成分比率 | 晶系 | 形态 | 密度/g·cm⁻³ | 硬度 | 熔点/℃ | 线膨胀系数/℃⁻¹ | 热导率/W·(m·K)⁻¹ | 弹性模量/MPa | 其他性质 | 主要用途 |
|---|---|---|---|---|---|---|---|---|---|---|---|---|---|---|---|---|
| 33 | 镁铁矿 | $MgO \cdot Fe_2O_3$ | $MgO$<br>$Fe_2O_3$ | 40.3<br>159.7<br>200.0 | 20.1<br>79.9<br>100.0 | 1.00 0.252<br>3.97 1.000<br>4.97 1.252 | 等轴 | | 4.51 | 5.5~6.5 | 1770 | 100~1100℃时 13.2×10⁻⁶ | | | | |
| 34 | 菱镁矿 | $MgCO_3$ | $MgO$<br>$CO_2$ | 40.3<br>44.0<br>84.3 | 47.8<br>52.2<br>100.0 | 1.000 0.916<br>1.000 1.000<br>2.090 1.916 | 三方 | 菱面体 | 2.96~3.12 | 3.4~5 | | | | | 约在700℃有一个大的吸热反应 | 镁质耐火材料主要原料 |
| 35 | 白云石 | $CaMgCO_3$ | $MgO$<br>$CaO$<br>$CO_2$ | 40.3<br>56.1<br>88.0<br>184.4 | 21.9<br>30.4<br>47.7<br>100.0 | 1.000 0.724 0.459<br>1.388 1.000 0.637<br>2.178 1.569 1.000<br>4.466 3.293 2.096 | 三方 | 菱面体 | 2.87 | 3.5~4 | | | | | 约在790℃和940℃有吸热反应 | 白云石质耐火材料主要原料 |
| 36 | 方镁石 | $MgO$ | | | | | 等轴 | 立方体 八面体 | 3.58 | 5.5 | 2800 | 20~1000℃时 13.5×10⁻⁶ | 1000℃时 6.7 | 2.1 | | 镁质耐火材料主要矿物组成 |
| 37 | 镁橄榄石 | $Mg_2[SiO_4]$ 或 $2MgO \cdot SiO_2$ | $MgO$<br>$SiO_2$ | 80.6<br>60.1<br>140.7 | 57.2<br>42.8<br>100.0 | 1.000 1.34<br>0.747 1.00<br>1.747 2.34 | 斜方 | 短柱状 板状 | 3.22 | 6.5~7 | 1890 | 100~1100℃时 12.0×10⁻⁶ | | | | 镁橄榄石耐火材料、镁质陶瓷 |

续附录 2

| 序号 | 矿物名称 | 化学式 | 成分 | 相对分子质量 | 质量分数/% | 成分比率 | | | 晶系 | 形态 | 密度/g·cm⁻³ | 硬度 | 熔点/℃ | 线膨胀系数/℃⁻¹ | 热导率/W·(m·K)⁻¹ | 弹性模量/MPa | 其他性质 | 主要用途 |
|---|---|---|---|---|---|---|---|---|---|---|---|---|---|---|---|---|---|---|
| 38 | 橄榄石 | $(Mg,Fe)_2[SiO_4]$ $MgO \cdot FeO \cdot SiO_2$ | MgO FeO SiO$_2$ | | 45~50 8~20 24~43 | | | | 斜方 | 短柱状 板状 | 3.3~3.5 | | 1600 | | | | | |
| 39 | 钙镁橄榄石 | $CaMg[SiO_4]$ 或 $CaO \cdot MgO \cdot SiO_2$ | CaO MgO SiO$_2$ | 56.1 40.3 60.1 156.5 | 35.9 25.7 38.4 100.0 | 1.000 0.716 1.070 2.786 | 1.40 1.00 1.49 3.39 | 0.934 0.672 1.000 2.606 | 斜方 | 短柱状 板状 | 3.2 | 5~5.5 | 1490 分解 | | | | | |
| 40 | 铁橄榄石 | $Fe[SiO_4]$ 或 $2FeO \cdot SiO_2$ | FeO SiO$_2$ | 143.6 60.1 203.7 | 70.5 29.5 100.0 | 1.000 0.418 1.418 | 2.39 1.00 3.39 | | 斜方 | 短柱状 板状 | 4~4.35 | 6.5~7 | 1205 | | | | | |
| 41 | 蛇纹石 | $Mg_6[Si_4O_{10}][OH]_3$ 或 $3MgO \cdot 2SiO_2 \cdot 2H_2O$ | MgO SiO$_2$ H$_2$O | 120.9 120.2 36.0 277.9 | 43.6 43.4 13.0 100.0 | 1.000 0.995 0.300 2.295 | 1.004 1.000 0.300 2.304 | 3.354 3.338 1.000 7.692 | 单斜 | 层状 叶片状 纤维状 | 2.5~2.7 | 2.5~3 | 1557 | 100~1100℃ 时 10.2×10⁻⁶ | | | 脱水温度670℃ | 耐火材料、钙镁磷肥主要原料 |

续附录2

| 序号 | 矿物名称 | 化学式 | 成分 | 相对分子质量 | 质量分数/% | 成分比率 | | | 晶系 | 形态 | 密度/g·cm⁻³ | 硬度 | 熔点/℃ | 线膨胀系数/℃⁻¹ | 热导率/W·(m·K)⁻¹ | 弹性模量/MPa | 其他性质 | 主要用途 |
|---|---|---|---|---|---|---|---|---|---|---|---|---|---|---|---|---|---|---|
| 42 | 滑石 | Mg₃[Si₄O₁₀][OH]₂ 或 3MgO·4SiO₂·H₂O | MgO SiO₂ H₂O | 120.9 240.4 18.0 379.3 | 31.9 63.4 4.7 100 | 1.000 1.985 0.147 3.132 | 0.503 1.000 0.074 1.577 | 6.72 13.35 1.00 21.07 | 单斜 | 片状或致密块状集合体 | 2.7～2.8 | 1 | 1543 | | | | 脱水温度800～1000℃ | 陶瓷、耐火材料等工业 |
| 43 | 石灰（氧化钙） | CaO | | | | | | | 等轴 | 立方体 | 3.32 | 3.5 | 2570 | 0～1700℃时13.8×10⁻⁶ | | | 在水泥、炉渣及白云石质制品中都有 | |
| 44 | 硅酸三钙（阿里特） | 3CaO·SiO₂ | | | | | | | 单斜 | 柱状板状 | 3.15～3.224 | 5～6 | 2070 | | | | 在1250～2060℃的温度范围是稳定的 | 硅酸盐水泥主要矿物 |
| 45 | β-硅酸二钙（贝利特） | 2CaO·SiO₂ | CaO SiO₂ | 112.2 60.1 172.3 | 65.1 34.9 100.0 | 1.000 0.536 1.536 | 1.865 1.000 2.865 | | 单斜 | | 3.28 | | | | | | β-硅酸二钙稳定于1420～675℃，975℃以下半水稳定 | 硅酸盐水泥主要矿物 |
| 46 | 硅灰石 | Ca[SiO₃] 或 β-CaO·SiO₂ | CaO SiO₂ | 56.1 60.1 116.2 | 48.3 51.7 100.0 | | | | 三斜 | 板状针状纤维状集合体 | 2.8～2.9 | 4.5～5 | 1540 | | | | 1180℃以下稳定，于1180℃转变为假硅灰石（α-硅灰石） | 陶瓷原料 |

# 附录 3　氧化物之间互相形成液相的温度

（℃）

| 氧化物 | $Al_2O_3$ | BeO | CaO | $CeO_2$ | MgO | $SiO_2$ | $ThO_2$ | $TiO_2$ | $ZrO_2$ |
|---|---|---|---|---|---|---|---|---|---|
| $Al_2O_3$ | 2050 | 1900 | 1400 | 1750 | 1930 | 1545 | 1750 | 1720 | 1700 |
| BeO | 1900 | 2530 | 1450 | 1950 | 1800 | 1670 | 2150 | 1700 | 2000 |
| CaO | 1400 | 1450 | 2570 | 2000 | 2300 | 1440 | 2300 | 1420 | 1200 |
| $CeO_2$ | 1750 | 1950 | 2000 | 2600 | 2200 | 约1700 | 2600 | 1500 | 2400 |
| MgO | 1930 | 1800 | 2300 | 2200 | 2800 | 1540 | 2100 | 1600 | 1500 |
| $SiO_2$ | 1545 | 1670 | 1440 | 约1700 | 1540 | 1710 | 约1700 | 1540 | 1673 |
| $ThO_2$ | 1750 | 2150 | 2300 | 2600 | 2100 | 约1700 | 3050 | 1630 | 2680 |
| $TiO_2$ | 1720 | 1700 | 1420 | 1500 | 1600 | 1540 | 1630 | 1830 | 1750 |
| $ZrO_2$ | 1700 | 2000 | 2200 | 2400 | 1500 | 1675 | 2680 | 1750 | 2700 |

# 附录 4　筛孔尺寸规格

附表 4.1　筛孔尺寸标准对照表

| 英国标准 (B. S. S.) | | 美国标准 (ASTM) | | 前联邦德国标准 (DIN171) | | 日本标准 (JIS) | | 前苏联标准 (ГОСТ 3584—50) | |
|---|---|---|---|---|---|---|---|---|---|
| 目号 | 筛孔尺寸/mm | 筛号 | 筛孔尺寸/mm | 筛号 | 筛孔尺寸/mm | 筛号 | 筛孔尺寸/mm | 筛号 | 筛孔尺寸/mm |
|  |  | $3\frac{1}{2}$ | 5.66 | 1 | 6 | 6730 | 6.73 |  |  |
|  |  | 4 | 4.76 |  |  |  |  | 5 | 5 |
|  |  | 5 | 4.00 |  |  |  |  | 4 | 4 |
| 5 | 3.353 | 6 | 3.36 |  |  | 3360 | 3.36 | 3.3 | 3.3 |
| 6 | 2.812 | 7 | 2.83 | 2 | 3 |  |  | 2.8 | 2.8 |
| 7 | 2.411 | 8 | 2.38 |  |  | 2380 | 2.38 | 2.3 | 2.3 |
| 8 | 2.057 | 10 | 2.00 | 3 | 2 |  |  | 2 | 2 |
| 10 | 1.676 | 12 | 1.68 |  |  | 1680 | 1.68 | 1.7 | 1.7 |
| 12 | 1.405 | 14 | 1.41 | 4 | 1.5 |  |  | 1.4 | 1.4 |
| 14 | 1.204 | 16 | 1.19 | 5 | 1.2 | 1190 | 1.19 | 1.2 | 1.2 |
| 16 | 1.003 | 18 | 1.00 | 6 | 1.02 |  |  | 1 | 1 |
| 18 | 0.853 | 20 | 0.84 |  |  | 840 | 0.84 | 0.85 | 0.35 |

续附表 4.1

| 英国标准<br>（B. S. S.） | | 美国标准<br>（ASTM） | | 前联邦德国标准<br>（DIN171） | | 日本标准<br>（JIS） | | 前苏联标准<br>（ГОСТ 3584—50） | |
|---|---|---|---|---|---|---|---|---|---|
| 目号 | 筛孔<br>尺寸/mm | 筛号 | 筛孔<br>尺寸/mm | 筛号 | 筛孔<br>尺寸/mm | 筛号 | 筛孔<br>尺寸/mm | 筛号 | 筛孔<br>尺寸/mm |
| 22 | 0.699 | 25 | 0.71 | 8 | 0.75 | | | 0.7 | 0.7 |
| 25 | 0.599 | 30 | 0.58 | 10 | 0.60 | 590 | 0.59 | 0.6 | 0.6 |
| 30 | 0.500 | 35 | 0.50 | 12 | 0.49 | | | 0.5 | 0.5 |
| 36 | 0.422 | 40 | 0.42 | 14 | 0.43 | 420 | 0.42 | 0.42 | 0.42 |
| 44 | 0.353 | 45 | 0.35 | 16 | 0.385 | | | 0.35 | 0.35 |
| 52 | 0.295 | 50 | 0.297 | 20 | 0.30 | 297 | 0.297 | 0.3 | 0.3 |
| 60 | 0.251 | 60 | 0.250 | 24 | 0.25 | | | 0.25 | 0.25 |
| 72 | 0.211 | 70 | 0.210 | 30 | 0.2 | 210 | 0.210 | 0.21 | 0.21 |
| 85 | 0.178 | 80 | 0.177 | | | | | 0.18 | 0.18 |
| 100 | 0.152 | 100 | 0.149 | 40 | 0.15 | 149 | 0.149 | 0.15 | 0.15 |
| 120 | 0.124 | 120 | 0.125 | 50 | 0.12 | | | 0.125 | 0.125 |
| 150 | 0.104 | 140 | 0.105 | 60 | 0.102 | 105 | 0.105 | 0.105 | 0.105 |
| 170 | | 170 | 0.088 | 70 | 0.088 | | | 0.085 | 0.085 |
| 200 | 0.076 | 200 | 0.074 | 80 | 0.075 | 74 | 0.074 | 0.075 | 0.075 |
| 240 | 0.066 | 230 | 0.062 | 90 | 0.066 | | | 0.063 | 0.063 |
| 300 | 0.053 | 270 | 0.053 | 100 | 0.060 | 53 | 0.053 | 0.053 | 0.053 |
| | | 325 | 0.044 | | | | | 0.042 | 0.042 |

注：英国标准中的"目号"系指每英寸（in）筛长的筛孔数；前联邦德国标准的"筛号"系指每厘米（cm）筛长的筛孔数；日本标准的"筛号"系指筛孔尺寸的微米（μm）数；前苏联标准的"筛号"系指筛孔尺寸的毫米（mm）数。

**附表 4.2　我国某厂生产的标准筛筛目尺寸对照**

| 筛目 | 20 | 24 | 26 | 28 | 32 | 35 | 40 | 45 | 50 |
|---|---|---|---|---|---|---|---|---|---|
| 孔径/mm | 0.9 | 0.8 | 0.71 | 0.63 | 0.56 | 0.5 | 0.45 | 0.4 | 0.355 |
| 筛目 | 55 | 60 | 65 | 70 | 75 | 80 | 100 | 110 | 120 |
| 孔径/mm | 0.315 | 0.28 | 0.25 | 0.22 | 0.2 | 0.18 | 0.154 | 0.135 | 0.125 |
| 筛目 | 130 | 140 | 150 | 160 | 180 | 190 | 200 | 220 | 240 |
| 孔径/mm | 0.111 | 0.11 | 0.10 | 0.098 | 0.09 | 0.08 | 0.074 | 0.065 | 0.063 |
| 筛目 | 250 | 280 | 300 | 320 | 325 | 340 | 360 | 400 | 500 |
| 孔径/mm | 0.061 | 0.055 | 0.054 | 0.048 | 0.045 | 0.041 | 0.04 | 0.038 | 0.03 |

## 附录 5　非氧化物熔点、膨胀系数等性质（部分）

| 序号 | 名称 | 化学式 | 晶系 | 密度 /g·cm⁻³ | 莫氏硬度 | 熔点（或分解）温度/℃ | 线膨胀系数 /℃⁻¹ | 弹性模量 /MPa | 热导率 /W·(m·K)⁻¹ | 其他性质 | 主要用途 |
|---|---|---|---|---|---|---|---|---|---|---|---|
| 1 | 碳化硅 | $\alpha-SiC$ | 三方或六方 | 3.2（或3.1~3.26） | 9.5 | 3400分解（有资料2700分解） | 25~1000℃时 $4.7\times10^{-6}$ | 25℃下，$4.76\times10^{6}\,kg/cm^{2}$ 1500℃时，$2.8\times10^{6}\,kg/cm^{2}$ | 8.37 | 不溶于HF | 耐火材料、研磨材料、电阻发热体等 |
| | | $\beta-SiC$ | 等轴 | 3.216 | 9.5 | | | | | 存在于1450~1800℃，高于1800℃，细小$\beta-SiC$转化成$\alpha-SiC$ | |
| 2 | 碳化硼 | $B_4C$ | | 2.52 | >9~10（9.36） | 2450分解 | 20~1000℃时 $4.5\times10^{-6}$ | | 100℃时121.4，700℃时62.8 | 抗磨损 | 耐火材料添加剂 |
| 3 | 碳化钽 | TaC | | 14.3 | | 3880 | 20~1000℃时 $8.3\times10^{-6}$ | | 22.19 | | |
| 4 | 碳化铪 | HfC | | 12.2 | | 3890 | 20~1000℃时 $5.6\times10^{-6}$ | | 6.28 | | |
| 5 | 碳化钨 | WC | | 15.7 | | 2700 | 20~1000℃时 $5.2\times10^{-6}$（或温度25~1000℃） | | | | |

续附录5

| 序号 | 名称 | 化学式 | 晶系 | 密度 /g·cm⁻³ | 莫氏硬度 | 熔点（或分解温度）/℃ | 线膨胀系数 /℃⁻¹ | 弹性模量 /MPa | 热导率 /W·(m·K)⁻¹ | 其他性质 | 主要用途 |
|---|---|---|---|---|---|---|---|---|---|---|---|
| 6 | 碳化钛 | TiC | | 4.93 | | 3107 | 20~1000℃时 $7.74\times10^{-6}$，25~1000℃时 $7.4\times10^{-6}$ | | 24.28 | | |
| 7 | 碳化锆 | ZrC | | | | 3530 | 25~1000℃时 $6.7\times10^{-6}$ | | | | |
| 8 | 氮化硅 | $\alpha-Si_3N_4$ | 六方 | （真比重）3.184 | 9 | 1400~1600（或1400~1800） | 20~1000℃时 $2.8\times10^{-6}$ | | 20~250℃时 1.59~18.42 | 高温下（1400~1800℃）不可逆相变为 $\beta-Si_3N_4$ | 用作 SiC 耐火材料结合相等 |
| | | $\beta-Si_3N_4$ | 六方 | （真比重）3.187 | 9 | 1900 | 20~1000℃时 $3.0\times10^{-6}$ | | 20~250℃时 1.59~18.42 | | |
| | | $\beta-Sialon$（最稳定的多型体） | | | | | $[(3.3\sim3.6)\times10^{-6}]$ | | | | |
| 9 | 赛隆（Sialon） | | | | | 3000（2350 分解） | 20~1000℃时 $(2\sim3)\times10^{-6}$ | | 22（较高，高于 $\beta-Si_3N_4$） | 抗氧化性优于 $Si_3N_4$；优良抗熔渣侵蚀 | 耐火材料方面作结合相 |
| 10 | 氮化硼 | BN | | | | | | | | | |
| 11 | 氮化钛 | TiN | | | | 3205 | | | | | |

## 附录6　耐火材料原料及生产企业简介（部分）

附录6.1

# 广西扶绥县盛唐矿物材料
# 有限责任公司

广西扶绥县盛唐矿物材料有限责任公司是集开采、生产加工、销售广西维罗白泥于一体的股份制企业。公司现有员工132人，工程技术人员18人，占地面积210亩，年销售广西维罗白泥逾10万吨。公司主要生产经营广西著名商标"维罗"牌广西维罗白泥系列产品，并已通过ISO9001:2008国际质量管理体系认证。公司生产的"维罗"牌广西维罗白泥与欧美的"球黏土"有相似之处。

公司拥有2座白泥（球黏土）矿山开采权，储量150万吨；拥有3座方解石矿山开采权，储量50多万吨。

维罗白泥（球黏土）的主要化学成分$SiO_2$含量为45.3%~51.6%、$Al_2O_3$含量为26%~36.9%、$Fe_2O_3$含量为0.65%~2.2%、$K_2O+Na_2O$含量小于1.0%。维罗白泥（球黏土）是我国目前所发现质量最好、质量最纯的软质耐火黏土，维罗白泥（球黏土）具有特有的物理性能：可塑性好、流动性好、结合性好、质很纯。矿物成分主要为无序高岭石，矿物颗粒极细，$-2\mu m$的小于92%。所以维罗白泥（球黏土）是制造高质量耐火材料，是无水炮泥、喷补料及陶瓷器（尤其电瓷）等优先选择的黏土。同时，由于维罗白泥（球黏土）本身具有特殊的优良性能，它还是塑胶体增强、增白、增塑、增润，防止沉淀聚结的填充剂及功能材料，在某种程度上优于一般高岭石填充剂。

公司生产的维罗白泥（球黏土）系列产品所含铁质及其他杂质很低，除应用在高级耐火制品外，还在电瓷、陶瓷、橡胶、填充剂、塑料填充剂等领域使用。也可根据用户特殊需要生产其他球黏土产品。

公司2010年投资1500万元建成了国内独有的大型太阳能烘晒车间

附图6.1-1　广西维罗白泥原矿

附图 6.1-2  广西扶绥县盛唐矿物材料有限责任公司
大型（23000m²）太阳能烘晒车间

（23000m²），实现利用太阳能在常温下就能生产出低水（<5%）的产品，实现无CO₂排放生产，实现绿色环保生产，并且该产品黏性、可塑性更好，品质更优。

公司供应的产品理化指标见附表 6.1-1。

附表 6.1-1  广西扶绥县盛唐矿物材料有限责任公司供应的产品理化指标

| 牌号（品级） | $Al_2O_3$/% | $Fe_2O_3$/% | $SiO_2$/% | $K_2O+Na_2O$/% | 可塑性指数 | 水分 |
|---|---|---|---|---|---|---|
| 手选特级 | ≥34 | <1.2 | <50.0 | <1.0 | ≥34 | <11 |
| 精选特级（无水炮泥、喷补专用级） | ≥33 | <1.5 | <51.0 | <1.0 | ≥32 | <5 |
| 特级 | ≥32 | <1.8 | <52.0 | <1.0 | ≥30 | <11 |
| 一级 | ≥30 | <2.0 | <56.0 | <1.0 | ≥28 | <11 |
| 二级 | ≥28 | <2.5 | <58.0 | <1.0 | ≥26 | <11 |

持续满足客户需求是盛唐公司的使命；专业、专注、专一是盛唐公司的宗旨；目标明确，永不放弃是盛唐公司的精神；客户至上、全员参与、持续改进、追求卓越是盛唐公司的质量方针。公司将持续以"质量第一、客户至上，为客户创造价值"的经营理念，为客户提供一流的产品、提供优质的服务，为客户创造更大的便利和价值。

总经理  李生才
地  址  广西壮族自治区扶绥县昌平乡伏良村
邮  编  532113
电  话  0771-7500985/7500983
传  真  0771-7500985/3128265

# 山西道尔投资有限公司

　　山西道尔投资有限公司成立于 2010 年 10 月，是交口县委、县政府重点培育的一家集科研开发、铝土矿浮选、氧化铝生产、高温耐材生产、商贸物流、植物生态、社会敬老、房地产开发于一体的标杆示范型民营企业。

　　公司各类注册资本 7 亿元，下设 7 个分公司，共有员工 1200 多人，各类专业技术人员 160 多人。

　　公司针对交口县境内资源特点，拟对当地中低品位铝土矿进行综合开发。公司与中铝集团郑州研究院合作，利用无传动浮选脱硅技术建设了年产 200 万吨低品位铝土矿浮选分级综合利用项目。以该项目为龙头，道尔公司与国内外专家学者进一步合作，采用国际上最先进的多级超导除铁工艺，深度加工浮选精矿与尾矿产品。合理规划当地资源在氧化铝工业和耐火材料工业中的不同领域的分配利用，形成完整的中低品位铝土矿浮选分级、烧结合成的铝硅系高温原材料新工艺，走上了一条矿山资源综合利用、可持续发展的新型工业化道路。

　　第一期：从 2012 年 6 月到 2014 年 8 月，"2000kt/a 低品位铝土矿浮选分级综合利用项目"建成投产。

　　经过多方论证，结合建厂条件，浮选工厂最终选择"三段闭路破碎—原矿均化—两段磨矿—两次初选—两次扫选——次精选"工艺。精选泡沫作为最终高铝料，扫选尾矿作为最终低铝料。项目建成后，将实现年产 150 万吨铝硅比（A/S）大于 7.0 的高铝料。产品质量满足拜耳法生产氧化铝的要求，可为交口县境内的氧化铝厂提供部分原料。浮选部分产品经深度除铁后，用于合成高温耐火原料。选矿厂年产 50 万吨铝硅比（A/S）小于 1.35 的低铝尾矿，主要部分可用于生产石油支撑剂。

　　第二期：从 2015 年 3 月到 2016 年年底，将建设下游 30 万吨/年耐火级铝矾土均化料示范项目、15 万吨/年合成优质莫来石项目、35 万吨/年不定形耐火材料项目、10 万吨/年铝质定形耐火材料项目、20 万吨/年石油支撑剂项目。

　　上述项目建成后，将成为山西省最大的耐火材料生产基地。项目全部投资预

附图 6.2-1　山西道尔莫来石产品

附图 6.2-2  山西道尔人造刚玉产品、陶粒砂产品

附图 6.2-3  山西道尔耐火砖产品

算约 40 亿元，将实现年产值 20 亿元，利税 3 亿元，可安排 1500 人就业。

项目一期浮选工程已经投产，二期后续工程正在规划和建设之中。

公司目前的主要产品有：浮选精矿、浮选尾矿、低铁浮选精矿、低铁浮选尾矿、不同品位铝矾土熟料、铝矾土均化料等。

公司热忱欢迎各位朋友、专家、学者、企业家莅临指导、洽谈合作！

董事长  霍  平
总经理  李永全
地  址  山西省交口县温泉乡
邮  编  032400

附录 6.3 **江苏晶鑫新材料股份有限公司**

江苏晶鑫新材料股份有限公司（原江苏晶辉、晶鑫高温材料有限公司）是国家高新技术企业、江苏省管理创新示范企业、江苏省创新型企业、AAA 级资信企业。现有员工 210 人，其中大专以上学历人员 40 人，具有高级职称人员 10 人。厂区占地面积 9.78 万平方米，建筑面积 2.88 万平方米，企业总资产近 2 亿元。主要生产烧结合成莫来石、烧结刚玉、微孔刚玉、α-氧化铝微粉、锆刚玉、镁铝尖晶石等系列产品，设计年生产能力 10 万吨。产品应用于冶金、水泥、陶瓷、玻璃、化工等行业，"晶辉牌"系列产品市场覆盖全国 20 多个省（区）市，并远销中亚、欧美地区的 10 多个国家，外销额占 20% 以上。

企业建有高层次研发平台，通过了江苏省高温合成材料工程技术研究中心、江苏省企业技术中心和江苏省博士后创新实践基地认定。中心现有研发人员 22 人，外聘专家 6 人；拥有较为完善的检测与研发设备，总值逾 400 万元。企业与多家知名高校如西北工业大学、武汉科技大学、河南科技大学等建立了紧密的"产学研"合作关系。拥有多条 1900℃ 以上超高温竖窑生产线以及超微粉制备线。

企业坚持以创新为先导，以创新促发展，现拥有发明专利 6 项、实用新型专利 14 项；国家级新产品 1 个；省高新技术产品 6 个；扬州市科技进步奖 6 项；各类科技成果数十项。参加了国家冶金行业标准《烧结刚玉》《烧结莫来石》，以及国家标准《烧结镁铝尖晶石》的制订。具有完善的质量管理机制，通过了 ISO14001、ISO9001 和 QHSAS18001 质量管理体系认证。

附表 6.3-1 江苏晶鑫烧结莫来石系列理化指标

| 牌 号 | JMS-60 | JMS-70 | JMS-75 |
|---|---|---|---|
| $Al_2O_3$/% | 59~61 | 70~71 | ≥ 75 |
| $SiO_2$/% | 36~38 | ≤ 29 | ≤ 25 |
| $Fe_2O_3$/% | ≤ 0.5 | ≤ 0.4 | ≤ 0.35 |
| $TiO_2$/% | ≤ 0.8 | ≤ 0.5 | ≤ 0.4 |
| CaO/% | ≤ 0.3 | ≤ 0.25 | ≤ 0.2 |
| MgO/% | ≤ 0.25 | ≤ 0.2 | ≤ 0.15 |
| $K_2O$/% | ≤ 0.5 | ≤ 0.4 | ≤ 0.2 |
| $Na_2O$/% | ≤ 0.2 | ≤ 0.2 | ≤ 0.2 |
| 体积密度 /g·cm$^{-3}$ | ≥ 2.70 | ≥ 2.80 | ≥ 2.85 |
| 显气孔率 /% | ≤ 3 | ≤ 3 | ≤ 3 |
| 吸水率 /% | ≤ 0.5 | ≤ 0.5 | ≤ 0.5 |
| 耐火度 /℃ | 1790 | 1825 | 1850 |
| 莫来石相 /% | ≥ 85 | ≥ 95 | ≥ 90 |
| 刚玉相 /% | | 3~5 | 5~10 |
| 玻璃相 /% | 10~15 | | |
| 方石英相 /% | — | — | — |

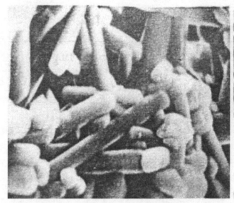 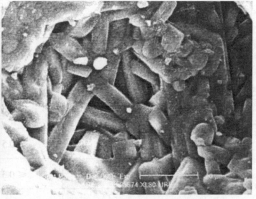

附图 6.3-1　JMS-60 莫来石显微结构　　　附图 6.3-2　JMS-70 莫来石显微结构

附表 6.3-2　江苏晶鑫烧结刚玉系列（烧结刚玉、微孔刚玉、改性刚玉）理化指标

| 牌号 | JGS-99 | | JWG-99 | | JXG-99 | |
|---|---|---|---|---|---|---|
| | 指标 | 典型值 | 指标 | 典型值 | 指标 | 典型值 |
| $Al_2O_3$/% | ≥ 99.4 | 99.55 | ≥ 99.0 | 99.36 | 96~99.5 | 96.52 |
| $SiO_2$/% | ≤ 0.15 | 0.09 | ≤ 0.2 | 0.16 | ≤ 0.16 | 0.12 |
| $Fe_2O_3$/% | ≤ 0.07 | 0.05 | ≤ 0.1 | 0.07 | ≤ 0.1 | 0.06 |
| $Na_2O$/% | ≤ 0.4 | 0.26 | ≤ 0.4 | 0.28 | ≤ 0.4 | |
| $X_nO_m$ | | | | | 0.5~4 | 2.87 |
| 体积密度 /g·cm⁻³ | ≥ 3.50 | 3.56 | ≤ 3.4 | 3.3 | ≥ 3.45 | 3.48 |
| 显气孔率 /% | ≤ 5 | 3.50 | ≤ 8 | 6.8 | ≤ 5.0 | 3.90 |
| 吸水率 /% | ≤ 1.5 | 0.6 | | | ≤ 1.5 | 0.63 |
| 磁性铁 /% | ≤ 0.02 | 0.01 | ≤ 0.02 | 0.01 | ≤ 0.02 | 0.01 |

 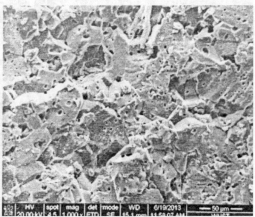

附图 6.3-3　烧结刚玉板状晶体形态　　　附图 6.3-4　微孔刚玉气孔分布显微结构

**附表 6.3-3 烧结尖晶石系列理化指标**

| 牌 号 | JMA-50 | JMA-66 | JMA-78 | JMA-90 |
|---|---|---|---|---|
| $Al_2O_3$/% | 49~51 | 64~66 | 76~79 | 89~92 |
| MgO/% | 47~50 | 32~34 | 21~24 | 8~11 |
| CaO/% | ≤ 0.6 | ≤ 0.5 | ≤ 0.3 | ≤ 0.25 |
| $SiO_2$/% | ≤ 0.5 | ≤ 0.3 | ≤ 0.2 | ≤ 0.15 |
| $Na_2O$/% | ≤ 0.2 | ≤ 0.25 | ≤ 0.3 | ≤ 0.3 |
| $Fe_2O_3$/% | ≤ 0.4 | ≤ 0.25 | ≤ 0.25 | ≤ 0.1 |
| 磁性铁 /% | ≤ 0.02 | ≤ 0.02 | ≤ 0.02 | ≤ 0.02 |
| 体积密度 /g·cm$^{-3}$ | ≥ 3.25 | ≥ 3.25 | ≥ 3.2 | ≥ 3.3 |
| 显气孔率 /% | ≤ 3 | ≤ 3 | ≤ 3 | ≤ 3 |
| 吸水率 /% | ≤ 1.0 | ≤ 1.0 | ≤ 1.0 | ≤ 0.8 |
| 尖晶石相 /% | 80~85 | ≥ 95 | ≥ 95 | 50~60 |
| 刚玉相 /% |  |  | 3~5 | 40~50 |
| 方镁石相 /% | 15 | 3~5 |  |  |

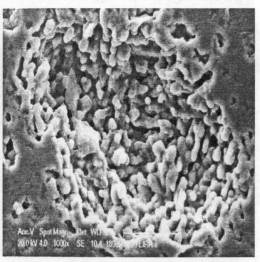

附图 6.3-5　JMA-50 烧结尖晶石晶体形貌　　附图 6.3-6　JMA-66 烧结尖晶石晶体形貌

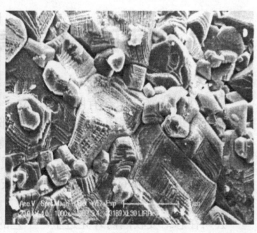

**附图6.3-7　JMA-78烧结尖晶石** 　　　**附图6.3-8　JMA-90烧结尖晶石台阶生长形貌**
　　　　　　**八面体晶体形貌**

董事长兼总经理　李正坤

技术副总经理　　张家勤

行政副总经理　　谈福桂

地　　址　江苏省扬州市江都区真武镇杨庄工业园区

邮　　编　225265

电　　话　0514-86236078/86278078/86236088

传　　真　0514-86278079/86236079

附录6.4

# 湖南靖州华鑫莫来石有限公司

湖南靖州华鑫莫来石有限公司成立于2005年3月，是一家现代民营企业。公司所处地理位置交通便利，209国道紧邻工厂，枝柳铁路傍厂而过，铁路专用线延伸至厂区。公司是以生产、销售烧结莫来石和电熔莫来石产品为主，莫来石质不定形浇注料为辅，以及新开发莫来石质型砂的现代企业，拥有自主进出口权。公司现拥有固定资产6000余万元，专业技术人员8人，大专以上学历管理人员15人，熟练员工120余人。

公司在总结吸收国内外先进生产工艺的基础上，创造性地设计出国内外最流畅、最合理、最先进的莫来石生产线工艺。公司拥有国内外唯一的最符合莫来石生产的优质铝土矿资源——靖州矾土。公司技术力量雄厚，员工素质高，产品质量指标超过国家现行标准，产品质量国内领先，国际先进，定位于国内外高端莫来石市场，产品畅销国内主要耐火材料生产厂家，并大量出口到日本、韩国、东南亚及欧洲等国家和地区，得到了用户的赞誉和好评。公司部分产品理化指标、显微结构及实物图见附表6.4-1及附图6.4-1~附图6.4-4。

**附表6.4-1　湖南靖州华鑫莫来石有限公司烧结莫来石产品理化指标**

| 规 格 | | 化学成分 | | | | | | 物理性质 | | | 耐火度/℃ | 莫来石相/% |
|---|---|---|---|---|---|---|---|---|---|---|---|---|
| | | $Al_2O_3$/% | $Fe_2O_3$/% | $TiO_2$/% | $R_2O$/% | CaO/% | MgO/% | 体积密度/g·cm$^{-3}$ | 显气孔率/% | 吸水率/% | | |
| 烧结莫来石 | SM70 | ≥ 68.0 | ≤ 1.40 | ≤ 2.80 | ≤ 0.3 | ≤ 0.10 | ≤ 0.25 | ≥ 2.85 | ≤ 3.0 | ≤ 1.0 | ≥ 1830 | ≥ 93.0 |
| | SM60 | ≥ 59.0 | ≤ 1.40 | ≤ 2.50 | ≤ 0.3 | ≤ 0.10 | ≤ 0.25 | ≥ 2.75 | ≤ 3.0 | ≤ 1.0 | ≥ 1790 | ≥ 86.0 |
| 电熔莫来石 | FM70 | ≥ 70.0 | ≤ 0.3 | ≤ 2.50 | ≤ 0.3 | ≤ 0.10 | ≤ 0.25 | ≥ 3.0 | ≤ 1.5 | ≤ 0.5 | ≥ 1850 | ≥ 95.0 |

附图6.4-1　湖南靖州华鑫SM60烧结莫来石
显微结构（武汉科技大学检测）
（玻璃相：13.79%，莫来石相：86.21%）

附图6.4-2　湖南靖州华鑫SM70烧结莫来石
显微结构（武汉科技大学检测）
（玻璃相：6.34%，莫来石相：93.66%）

附图 6.4-3　湖南靖州华鑫
FM70 电熔莫来石

附图 6.4-4　湖南靖州华鑫 SM70 烧结莫来石

总 经 理　单文春
副总经理　李述党
销售经理　张家理
地　　址　湖南省靖州县甘太工业园
邮　　编　418403

附录 6.5

# 郑州威尔特材有限公司
## 登封市少林刚玉有限公司

郑州威尔特材有限公司创建于 1992 年，是国家高新技术企业、河南省优秀耐火材料企业、河南省创新型试点企业、郑州市百高企业、郑州市优秀民营企业，其品牌"Whale"、"威尔"是河南省著名商标。

公司下辖 7 个分厂，拥有国内先进的 4000~10000kVA 电熔冶炼炉 9 座（其中流放炉 6 座、倾倒炉 3 座）以及生产加工线 10 多条，隧道窑生产线 1 条，公司现有职工 348 人，其中具有中高级以上职称的各类技术人员 65 人。公司占地 210 多亩，建筑面积 27650m$^2$，注册资金 3485 万元，年产棕刚玉、亚白刚玉、致密刚玉、莫来石、铝镁尖晶石等系列产品 4 万余吨，铝酸钙、硅酸钙、铁酸钙、覆盖剂等冶金辅料 5 万余吨。公司生产的"三宝"、"威尔"牌系列产品被评为河南省名优产品，产品质量高、信誉好，深受首钢、鞍钢、唐钢、武钢等几十家大中型企业的欢迎，并远销美国、日本、俄罗斯、墨西哥、土耳其、韩国等国家和地区。

公司与郑州大学、武汉科技大学、北京科技大学等院校建立了长期的合作关系，聘请了一批高科技人才，建立了经河南省商品检验检疫局认定的理化实验室，成立了硅酸盐电熔材料研究所，组建了郑州市刚玉工程研究中心、河南省企业技术中心，研制开发了一批具有国内领先水平的高科技产品，申请发明专利 40 多项。其中研制开发的矾土基电熔锆刚玉、莫来石系列，于 2003 年被河南省科技厅组织的专家鉴定为"该工艺属国际首创、产品性能达到世界先进水平"。该产品获国家专利，于 2005 年又被省科技厅定为高科技产品，并获省科技进步二等奖。公司于 2004 年 5 月一次性通过了 ISO2001:2000 质量管理体系的认证，2006 年通过了安全部门的安全现状评估。公司还是中国《耐火材料用电熔刚玉》行业标准制定单位、中国耐火材料行业协会刚玉分会副会长单位、中国金属学会理事单位。

公司立足国内，面向世界，紧追国际耐火材料行业新潮流，积极吸取国内外先进经验，按照公司制定的"以人为本、科学管理、安全环保、协调发展"的战略目标，创造更加辉煌的明天。

董 事 长　赵法焱
总 经 理　赵运录
副总经理　赵明阳
地　　址　河南省登封市卢店镇
联系电话　0371-62981398/62981298/62950888
传　　真　0371-62982298　　邮　编　452472
网　　址　www.dfslgy.com　　邮　箱　zhaofayan2006@sina.com

附图 6.5-1　棕刚玉

附图 6.5-2　高铝刚玉

附图 6.5-3　致密刚玉

### 附表 6.5-1　刚玉系列产品理化指标

| 名　称 | | 棕刚玉 | | 亚白刚玉（高铝刚玉） | 致密刚玉 | 锆刚玉 | |
|---|---|---|---|---|---|---|---|
| 主原料 | | 铝矾土 | | 铝矾土 | 工业氧化铝 | 铝矾土、锆英砂 | |
| 牌　号 | | 煅砂 | 粉料 | | | ZA-25 | ZA-40 |
| 化学成分/% | Al$_2$O$_3$ | 94.5~96 | ≥ 94.5 | ≥ 98.0 | ≥ 98.5 | ≥ 72 | ≥ 57 |
| | SiO$_2$ | | | ≤ 0.7 | ≤ 1.0 | ≤ 0.50 | ≤ 0.5 |
| | Fe$_2$O$_3$ | <0.3 | <0.5 | ≤ 0.2 | ≤ 0.3 | ≤ 0.05 | ≤ 0.05 |
| | TiO$_2$ | <3.0 | <3.0 | ≤ 1.0 | | ≤ 0.80 | ≤ 0.50 |
| | RO | | | | | CaO/MgO ≤ 0.50 / ≤ 0.20 | |
| | R$_2$O | | | ≤ 0.1 | ≤ 0.3 | | |
| | ZrO$_2$ | | | | | ≥ 24 | ≥ 40 |
| | 残 C | | | ≤ 0.11 | 0.04~0.06 | 磁性物≤ 0.15 | ≤ 0.10 |
| 体积密度/g·cm$^{-3}$ | | ≥ 3.9 | ≥ 3.9 | ≥ 3.9 | ≥ 3.8 | 4.2 | 4.3 |
| 真密度/g·cm$^{-3}$ | | | | | ≥ 3.9 | | |
| 耐火度/℃ | | | | | | ≥ 1850 | ≥ 1850 |

附图 6.5-4　电熔莫来石　　　　　　　　附图 6.5-5　锆莫来石

附图 6.5-6　电熔铝镁尖晶石

附表 6.5-2　电熔莫来石、锆莫来石、电熔铝镁尖晶石系列产品理化指标

| 名　称 | | 电熔莫来石 | | 锆莫来石 | 电熔铝镁尖晶石 | | |
|---|---|---|---|---|---|---|---|
| 主原料 | | | | 氧化铝、锆英砂 | 氧化铝、轻烧镁粉 | | 矾土级（典型值） |
| 牌　号 | | M75 | M70 | | AM-70 | AM-90 | |
| 化学成分/% | $Al_2O_3$ | 70~77 | 60~70 | ≥ 45 | 69~76 | 88~91 | 57.36 |
| | $SiO_2$ | 22~29 | 25~35 | ≤ 20 | ≤ 0.40 | ≤ 0.25 | 4.38 |
| | $Fe_2O_3$ | ≤ 0.2 | ≤ 0.8 | ≤ 0.5 | ≤ 0.50 | ≤ 0.50 | 1.04 |
| | $TiO_2$ | ≤ 0.1 | ≤ 2.0 | | | | |
| | $CaO$ | | | | ≤ 0.65 | ≤ 0.40 | 0.55 |
| | $MgO$ | | | | 22~27 | 8~9 | 34.68 |
| | $R_2O$ | ≤ 0.4 | ≤ 0.5 | ≤ 0.4 | | | |
| | $ZrO_2$ | | | ≥ 33 | | | |
| 体积密度 /g·cm⁻³ | | ≥ 2.9 | ≥ 3.0 | ≥ 3.5 | 粒度：3~5mm，1~3mm，0~1mm 粉：-80目，-100目，-240目，-320目 | | |
| 显气孔率 /% | | ≤ 5 | ≤ 4 | ≤ 3 | | | |
| 耐火度 /℃ | | ≥ 1850 | ≥ 1710 | | | | |

注：电熔莫来石，当产品粒度小于 0.088mm 时，M75 中 $Fe_2O_3$ ≤ 0.5%，M70 中 $Fe_2O_3$ ≤ 1.2%。

附表 6.5-3  铁酸钙系列冶金辅料理化指标 （%）

| 企业标准编号 | CaO | Fe$_2$O$_3$ | Al$_2$O$_3$ | SiO$_2$ | MgO | S | P |
|---|---|---|---|---|---|---|---|
| WCF-1 | 48~55 | 30~48 | 0.9~5.5 | <5 | 3.06 | <0.05 | <0.05 |
| WCF-2 | 34~39 | 53~76 | 0.9 | 2.15 | 3.06 | <0.05 | <0.05 |
| WCF-3 | 35~47 | 44~87 | 4~5.2 | 1.71 | 3.06 | <0.05 | <0.05 |
| 熔点 | 1250~1350℃ | | | 包装 | 按照用户要求包装 | | |
| 粒度 | 0~50mm（可按照用户要求加工各种粒度） | | | 说明 | 具体指标可以按用户要求进行调整 | | |

附表 6.5-4  硅酸钙系列冶金辅料理化指标 （%）

| 企业标准编号 | CaO | SiO$_2$ | Al$_2$O$_3$ | Fe$_2$O$_3$ | MgO | Na$_2$O | F(CaF$_2$) | P.S |
|---|---|---|---|---|---|---|---|---|
| WCS-1 | 48~55 | 38~43 | 2~3.5 | ≤ 0.3 | ≤ 1 | 0.6 ± 2 | ≤ 4 | ≤ 0.5 |
| WCS-2 | 25 ± 5 | 40 ± 5 | ≤ 2.5 | ≤ 0.3 | ≤ 1 | 30 ± 5 | ≤ 4 | ≤ 0.5 |
| WCS-3 | 30 ± 5 | 45 ± 5 | ≤ 4.5 | ≤ 0.5 | 10 ± 5 | 10 ± 5 | ≤ 4 | ≤ 0.5 |
| 熔点 | 1150~1250℃ | | | | 包装 | 按照用户要求包装 | | |
| 粒度 | 0~50mm（可按照用户要求加工各种粒度） | | | | 说明 | 具体指标可以按用户要求进行调整 | | |

附表 6.5-5  铝酸钙系列冶金辅料理化指标 （%）

| 企业标准编号 | CaO | Al$_2$O$_3$ | SiO$_2$ | TiO$_2$ | Fe$_2$O$_3$ | MgO | F(CaF$_2$) | P.S |
|---|---|---|---|---|---|---|---|---|
| WCA-1 | 40~50 | 33~42 | ≤ 2.5 | ≤ 0.08 | ≤ 0.6 | 0~12 | | <0.05 |
| WCA-2 | 45~55 | 35~43 | ≤ 4 | ≤ 1.2 | ≤ 1.8 | 0~3 | ≤ 5 | <0.05 |
| WCA-3 | 45~53 | 35~45 | ≤ 5.5 | ≤ 1.5 | ≤ 1.3 | 0~6 | 0~10 | <0.05 |
| 熔点 | 1250~1350℃ | | | | 包装 | 按照用户要求包装 | | |
| 粒度 | 0~50mm（可按照用户要求加工各种粒度） | | | | 说明 | 具体指标可以按用户要求进行调整 | | |

附图 6.5-7  郑州威尔硅酸钙　　附图 6.5-8  郑州威尔铁酸钙　　附图 6.5-9  郑州威尔铝酸钙

# 南阳市开元蓝晶石矿

南阳市开元蓝晶石矿始建于 1983 年，经过三十多年的发展，现已成为我国最大的蓝晶石生产及供应基地。

南阳市开元蓝晶石矿生产的产品分三大类：一是原矿粉，$Al_2O_3$ 含量 48%~55 %；二是精矿粉，即原矿粉经重选、浮选后，生产出 $Al_2O_3$ 含量 45%~58% 的不同粒度的蓝晶石精矿粉，一般钾、钠、铁等杂质的含量很低；三是用蓝晶石精矿粉煅烧莫来石，生产 M45、M50、M60 莫来石。

南阳市开元蓝晶石矿拥有两个矿区，矿石储量 2000 万吨以上，资源丰厚。矿石品质好、杂质少、膨胀率高，原矿 $Al_2O_3$ 含量 50% 以上，是世界上少有的高 $Al_2O_3$ 含量的蓝晶石矿，其理化指标见附表 6.6-1。

附表 6.6-1　蓝晶石理化指标

| 项　目 | | 普矿粉 | 精矿粉 | | | |
|---|---|---|---|---|---|---|
| | | LP48~LP55 | LJ58 | LJ55 | LJ50 | LJ45 |
| 化学成分 /% | $Al_2O_3$ | 48~55 | ≥ 58 | ≥ 55 | ≥ 50 | ≥ 45 |
| | $Fe_2O_3$ | ≤ 0.6 | ≤ 0.3 | ≤ 0.3 | ≤ 0.3 | ≤ 0.3 |
| | $TiO_2$ | ≤ 1.0 | ≤ 0.5 | ≤ 0.7 | ≤ 0.8 | ≤ 1.0 |
| | $Na_2O+K_2O$ | ≤ 0.8 | ≤ 0.3 | ≤ 0.3 | ≤ 0.4 | ≤ 0.4 |
| 灼减 /% | | ≤ 1.5 | ≤ 1.2 | ≤ 1.2 | ≤ 1.2 | ≤ 1.3 |
| 耐火度 /℃ | | ≥ 1760 | ≥ 1800 | ≥ 1800 | ≥ 1760 | ≥ 1760 |
| 水分 /% | | ≤ 1 | ≤ 1 | ≤ 1 | ≤ 1 | ≤ 1 |

开元蓝晶石矿拥有我国技术先进的蓝晶石选矿生产线，年处理蓝晶石原矿 10 万吨以上，选出精矿 5 万余吨。拥有全国唯一的用蓝晶石煅烧莫来石的生产线，年产 M45、M50、M60 莫来石 3 万吨，蓝晶石煅烧莫来石料理化指标及显微结构见附表 6.6-2。

开元蓝晶石矿是我国目前最大的蓝晶石供应商。年供货能力为普矿粉 3 万吨、精矿 2.5 万吨、莫来石 3 万吨，主要用户有：宜兴摩根热陶瓷、北京创导、大连派力固、大连科萌、洛阳中钢集团、青岛西海岸、平顶山新型耐材、河南春胜、郑州东方、河南鑫城等耐火材料企业。产品的各项技术指标均达到或超过国家标准和国际标准，得到广大用户的一致好评。

附图 6.6-1　河南南阳隐山蓝晶石矿石

**附表 6.6-2　蓝晶石煅烧莫来石料理化指标**

| 项　目 | | M45 | M50 | M60 |
|---|---|---|---|---|
| 化学成分 /% | $Al_2O_3$ | 44~46 | 49~51 | 59~61 |
| | $SiO_2$ | 50~52 | 45~47 | 35~37 |
| | $Fe_2O_3$ | ≤ 0.8 | ≤ 0.8 | ≤ 0.6 |
| | $Na_2O+K_2O$ | ≤ 0.5 | ≤ 0.5 | ≤ 0.3 |
| 体积密度 /g·cm$^{-3}$ | | ≥ 2.35 | ≥ 2.40 | ≥ 2.60 |
| 显气孔率 /% | | ≤ 5 | ≤ 5 | ≤ 6 |
| 莫来石主晶相 /% | | 65 | 70 | 80 |

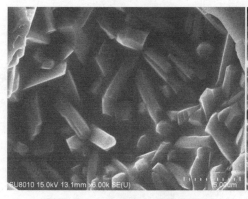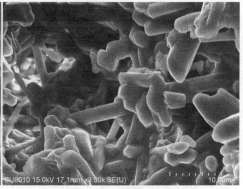

附图 6.6-2　南阳市开元蓝晶石矿 　　　附图 6.6-3　南阳市开元蓝晶石矿
M45 莫来石熟料显微结构 　　　　　　M50 莫来石熟料显微结构
（中国地质大学潘宝明检测） 　　　　　（中国地质大学潘宝明检测）

附图 6.6-4　南阳市开元蓝晶石矿 M60 莫来石熟料显微结构
（中国地质大学潘宝明检测）

　　南阳市开元蓝晶石矿宗旨："科技为先、质量第一、服务至上、合作共赢"。我们将继续努力，依靠郑州大学的中科院院士团队、武汉理工大学等高校的科技优势，使蓝晶石矿的开发应用迈上新台阶。

董事长　杨敬梅
总经理　杨文伟
地　址　河南省南阳市隐山
邮　编　473113

## 附录 6.7　邢台兴国蓝晶石制造有限公司

　　邢台兴国蓝晶石制造有限公司前身为邢台县蓝晶石加工厂，成立于 1988 年，是我国最早的蓝晶石生产厂家之一。2009 年经合并重组，改名为邢台兴国蓝晶石制造有限公司。公司旗下拥有铁矿、合成云母、达一特种纤维三个子公司。公司占地 380 亩，注册资金 2100 万元，拥有 5 座矿山和 2 个蓝晶石加工厂。蓝晶石储量大，属于大型矿床；蓝晶石晶体发育长柱状，大小为 1~2mm×5~8mm，如此完好的晶体，在国内外实属罕见。

附图 6.7-1　邢台蓝晶石矿石
（母岩为花岗片麻岩）

附图 6.7-2　邢台蓝晶石晶体

　　公司始终秉承科技为先，以创新促发展的理念，与中科院、北矿院、河北理工大学、保定实验中心、马鞍山矿山研究院等院校合作，全面提高蓝晶石的选矿技术综合利用能力。公司设有"邢台市蓝晶石特种功能材料工程技术研究中心"，是"中国质量诚信 AAA 品牌企业"。公司通过了 ISO 9001:2000 国际质量管理体系标准认证。

　　公司主导产品是蓝晶石系列精矿，并筹建蓝晶石深加工产品（如合成或煅烧成莫来石熟料）。此外，还可综合利用回收石英精矿、云母、石榴子石等。

附图 6.7-3　蓝晶石制成的产品

附图 6.7-4　高温
烧结后的蓝晶石

附图 6.7-5　LJ-60 混目蓝晶石
（Kyanite）

公司蓝晶石精矿，由于蓝晶石晶体发育纯正，本身杂质就少，加上合理、合适的选矿工艺流程，确保了精矿的品质，总杂质含量在 2.5% 左右，在国内外处于先进水平。产品除国内市场外，还出口韩国、英国、法国、日本及台湾地区，得到用户广泛好评，产品理化指标见附表 6.7–1。

附表 6.7–1　蓝晶石系列精矿理化指标

| 项　目 | | LJ–50 | LJ–52 | LJ–55 | LJ–58 | LJ–60 |
|---|---|---|---|---|---|---|
| $Al_2O_3$/% | | ≥ 50 | ≥ 52 | ≥ 55 | ≥ 58 | ≥ 60 |
| $Fe_2O_3$/% | | ≤ 1.5 | ≤ 1.5 | ≤ 1.5 | ≤ 1.4 | ≤ 1.3 |
| $TiO_2$/% | | ≤ 0.6 | ≤ 0.5 | ≤ 0.3 | ≤ 0.2 | ≤ 0.15 |
| $K_2O+Na_2O$/% | | ≤ 0.6 | ≤ 0.5 | ≤ 0.35 | ≤ 0.25 | ≤ 0.1 |
| 灼减 / % | | ≤ 1.5 | | | | |
| 含水量 / % | | ≤ 1 | | | | |
| 耐火度 / ℃ | | 约 1800 | | | ≥ 1800 | |
| 热膨胀率（1450℃）/ % | | | | | | |
| 典型值 | 40~80 目 | 8.4 | 11.5 | 13.6 | 15.4 | 16.4 |
| | 80~120 目 | 7.5 | 9.8 | 12.5 | 14.5 | 15.2 |

注：蓝晶石精矿可供粒度：40~80 目（0.45~0.18mm），80~120 目（0.18~0.125mm），120~200 目（0.125~0.074mm），325 目（≤ 0.045mm），特殊要求粒度，供需双方商定。

董事长　王兴国
总经理　温秀英
经　理　陈发策
地　址　河北省邢台市皇寺镇卫鲁村
邮　编　054008
电　话　0319–2810999（生产技术处）
　　　　15028888112（温经理）

附录 6.8

# 浙江金瓯实业有限公司

浙江金瓯实业有限公司成立于 2008 年，是一家以投资新兴产业、矿产及新能源、环保新材料，实现产、学、研一体化的综合性集团股份制企业，公司总部位于美丽的杭州市。浙江金瓯公司控股的子公司企业有甘肃金地矿业有限公司、浙江恩得路新材料科技有限公司、浙江大学金瓯红柱石研发中心等。

甘肃金地矿业有限公司拥有丰富的红柱石矿产资源，已探明保有储量超过 1 亿吨。现投资 1.3 亿元的第一条年产 3.5 万吨红柱石精品的生产线即将投产。浙江恩得路新材料科技有限公司是以甘肃漳县金地矿业公司的原料资源为依托，整合人才、市场、资源和资本等要素，致力于优质耐火材料、新型环保铸造材料及新型民用建筑和化工材料三大类产品的研发、生产和销售。浙江大学金瓯红柱石研发中心依托知名大学的技术团队和研发优势，与浙江大学、江西理工大学和中国地质科学院郑州矿产综合利用研究所等院校和科研机构合作，全面提高红柱石矿产资源的应用能力，强化从采、选、加工、研发到产品流通的全面可持续协调发展体系，逐步形成优质耐火材料、新型环保铸造材料及新型环保民用建材和化工材料三大系列产品的"集约化、规模化、多品种、环保型"的大产业格局，形成以红柱石矿产品生产、新材料研发和红柱石产品深加工为主的产业链。

附图 6.8-1 金地矿业生产的红柱石颗粒照片

公司主要耐火材料产品有：多种规格的红柱石粉料和颗粒料，用于生产定形和不定形耐火材料、捣打料、喷涂料和炉衬材料等优质耐火材料，其理化指标见附表 6.8-1。

附表 6.8-1 浙江金瓯实业有限公司耐火材料产品理化指标

| 项目 | Al$_2$O$_3$/% | Fe$_2$O$_3$/% | TiO$_2$/% | K$_2$O+Na$_2$O /% | 耐火度 /℃ | 水分 /% | 粒度 | 烧失量 /% |
|---|---|---|---|---|---|---|---|---|
| 理化指标 | ≥ 58 | ≤ 0.8 | ≤ 0.3 | ≤ 0.3 | ≥ 1820 | ≤ 1.0 | −200 目占 70% | 1.0 |
| | ≥ 56 | ≤ 1.0 | ≤ 0.4 | ≤ 0.4 | ≥ 1820 | | | |
| | ≥ 55 | ≤ 1.0 | ≤ 0.4 | ≤ 0.4 | ≥ 1820 | | | |
| | ≥ 54 | ≤ 1.2 | ≤ 0.4 | ≤ 0.5 | ≥ 1820 | | | |
| | ≥ 52 | ≤ 1.3 | ≤ 0.5 | ≤ 0.5 | ≥ 1800 | | 1~3mm | |
| | ≥ 50 | ≤ 1.4 | ≤ 0.6 | ≤ 0.6 | ≥ 1800 | | 0~1mm | |

主要铸造材料产品有：系列有色金属铸件用涂料、系列铸铁铸件涂料和系列铸钢件涂料；替代锆英砂和铬铁矿砂的特种砂；大型铸铁和铸钢件专用高强度覆膜砂、保温覆盖剂等环保型铸造材料。

主要新型建筑材料和化工材料产品有：轻质保温材料、保温砖和保温板；工业用耐蚀涂料、工业及民用防火涂料；耐磨防滑涂料、外墙涂料和橡胶制品添加剂等。

附图 6.8-2　使用恩得路公司红柱石涂料生产出的 60 多吨重的合金钢铸件　　附图 6.8-3　使用恩得路公司红柱石涂料生产的超低碳超临界高水平的大型水电铸钢件

浙江金瓯实业有限公司　董事长　缪维绥
甘肃金地矿业有限公司　经　理　王金龙
地　址　浙江省杭州市江干区秋涛北路 188 号
邮　编　310020
电　话　0932-4862401（金地矿业）
传　真　0932-4862401（金地矿业）

附录 6.9

# 北京创导工业陶瓷有限公司

　　北京创导工业陶瓷有限公司成立于 1998 年 3 月，是一家专业化生产堇青石 - 莫来石材料及其衍生品为主的北京市高新技术企业。公司现有两个制造工厂和一个研发中心，占地面积 75000 $m^2$，5 条生产线，其中全自动燃气隧道窑 4 条、特种连续式窑炉 2 条、高温梭式窑 6 座，液压成型机 36 台、高压真空挤出系统 12 套，微压和高压注浆线 2 条，年生产能力 14500 t，2014 年已成为全球最大的耐火窑具生产企业。针对堇青石 - 莫来石材料的特点，公司开发出了多种成型工艺方法如半干法压制、可塑法压制、高压真空挤出成型、压力注浆、振动注浆和 20 多套专用成型设备，配合以公司 CNC 数控模具加工中心，使北京创导能够生产各种形状的制品并成为全世界堇青石 - 莫来石窑具品种规格最为齐全的制造厂。

附图 6.9-1　各种工艺方法生产的
北京创导堇青石 - 莫来石窑具

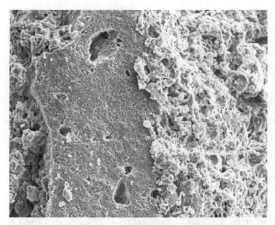

附图 6.9-2　堇青石 - 莫来石窑具典型微观结构
（左侧致密部分为莫来石，右侧多孔部分为堇青石）

　　北京创导于 2006 年 6 月与世界上历史最悠久的窑具生产企业——英国 Dyson 集团建立全面战略合作伙伴关系，通过技术共享、转移制造、联合研发、统一标准等将具有 200 年历史的英国窑具生产技术和质量控制体系引入北京创导；2007 年 11 月公司与德国 Emco Therm 公司签订协议，共同开发压力注浆成型工艺技术，并在北京创导建立 H-Cassette 和 U-Cassette 西式瓦窑具生产线，完全按照德国质量标准生产；公司还于 2009 年 3 月与澳大利亚 Ludowici 集团（现隶属于丹麦 FLSmidth 集团）旗下的 ROJAN 公司合作研发贵金属探矿分析用高热震坩埚（FAC），并在北京建立年产 1000 万支的全自动生产

线。北京创导于 2002 年 11 月通过
ISO9001 国际质量管理体系认证并
在 2008 年 5 月通过 ISO14001 环
境管理体系认证，以"精心设计 +
精细管理 + 精工制造 = 精品窑具"
为质量方针，通过广泛的国际交流
合作，再加上自身强大的研发能力，
使中国堇青石 – 莫来石窑具及其衍
生品的生产技术和产品质量时刻处
于世界先进水平。

附图 6.9–3　低膨胀复合原料中的柱状堇青石结晶

公司管理团队具有深厚的专业
技术背景，始终以"未来在于创导"
为创新理念，密切关注相关应用领
域的发展，不断开发具有前瞻性的
产品与应用技术。公司 2008 年建
成的"窑具与精细耐火材料研发中
心"，具有完善的耐火材料和工业
陶瓷化学性能、力学性能、高温性
能、矿物分析和微观结构等检测和
研究能力，先后有来自英国、德国、
法国和西班牙等国的高级研究人员
在研发中心开展共同研究，研究成
果与开发出的新产品令业界瞩目。

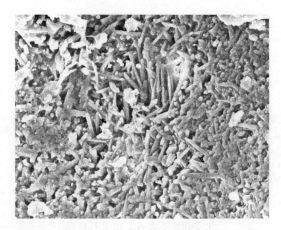

附图 6.9–4　低膨胀复合原料中的针状莫来石结晶

北京创导独创的"耐火窑具使用效
果测试与评价系统"处于世界先进水平，它可以模拟窑具在不同的使用条件下的
耐急冷急热性能和抗高温变形能力，从而在窑具投入使用前即可以对其预期使用
寿命进行判断，为客户选择窑具材料提供科学依据；同时也可以大大缩短改善现
有材料性能和开发新品种的研发周期。

北京创导不但是中国窑具行业的领导者，在国际市场也具有举足轻重的影响。
公司拥有一支国际化的经营团队，积累了丰富的窑具开发、设计、生产、售前和
售后经验，擅长于为客户提供窑具系统和窑炉结构耐火材料的全面解决方案。公
司与世界著名的陶瓷窑炉公司建立了战略合作伙伴关系，是全球主要陶瓷生产企
业的窑具指定供应商，其代理商和分销商遍布世界各主要工业国家，同时在英国、
德国、美国和澳大利亚设有仓库，以快速服务欧洲、北美洲和大洋洲客户，2014
年总产量的 46% 出口到 65 个国家和地区。

### 主要产品及性能

董青石－莫来石材料由于膨胀系数低且具多孔结构因而热震稳定性十分优异，是用于高温工业中经常经受温度剧变部位的理想材料，例如陶瓷工业、砖瓦及黏土制品工业、微晶玻璃石材、玻璃制品、粉末冶金、磁性材料、磨具磨料等工业中的各种窑具，太阳能和锂电池、粉体煅烧、贵金属探矿分析等行业中的匣钵和坩埚，食品工业中的炉具等，以及各种工业窑炉的窑体和窑车材料。北京创导公司生产的董青石－莫来石材料共分为七大系列，即 T、R、E、N、D、G 和 L 系列，它们在热震稳定性、抗高温变形能力（蠕变性能）、高温抗折强度、抗釉蒸气侵蚀能力以及工艺性能方面各具特点，适合于生产不同形状的制品和应用于不同的使用条件。各系列常用牌号的典型性能见附表 6.9-1。

附表 6.9-1　北京创导董青石－莫来石材料各系列常用牌号的典型性能

| 技术性能 | | 北京创导董青石－莫来石材料牌号 | | | | | | |
|---|---|---|---|---|---|---|---|---|
| | | TEN | RAC | RON | EOY | NUK | DOB | LON |
| 矿物组成 | | 董青石 莫来石 | 董青石 莫来石 | 董青石 莫来石 | 董青石 莫来石 | 董青石 莫来石 | 董青石 莫来石 | 董青石 莫来石 |
| 化学成分 /% | $Al_2O_3$ | 42 | 38 | 37 | 41 | 42 | 45 | 37 |
| | $SiO_2$ | 48 | 51 | 50 | 48 | 47 | 45 | 50 |
| | MgO | 7.0 | 8.0 | 8.0 | 7.0 | 7.5 | 6.5 | 8.0 |
| 体积密度 / $g \cdot cm^{-3}$ | | 1.92 | 1.85 | 1.85 | 2.00 | 1.92 | 2.00 | 1.85 |
| 显气孔率 / % | | 27 | 28 | 28 | 23 | 27 | 26 | 28 |
| 20℃时抗折强度 / MPa | | 13 | 14 | 15 | 13 | 15 | 15 | 15 |
| 1250℃时抗折强度 / MPa | | 14 | 11 | 13 | 15 | 15 | 16 | 10 |
| 25~1000℃时膨胀系数 / $K^{-1}$ | | $2.3 \times 10^{-6}$ | $2.5 \times 10^{-6}$ | $2.4 \times 10^{-6}$ | $2.2 \times 10^{-6}$ | $2.5 \times 10^{-6}$ | $2.8 \times 10^{-6}$ | $2.6 \times 10^{-6}$ |
| 20℃时的比热容 / $kJ \cdot (kg \cdot K)^{-1}$ | | 1.0 | 1.0 | 1.0 | 1.0 | 1.0 | 1.1 | 1.0 |
| 热震稳定性 | | ★★★★ | ★★★★ | ★★★★ | ★★★★ | ★★★ | ★★★ | ★★★ |
| 最高工作温度 /℃ | | 1280 | 1320 | 1320 | 1300 | 1300 | 1350 | 1280 |

### 低膨胀复合原料

由于堇青石 – 莫来石窑具形状复杂、生产工艺特殊且烧成后通常需要切割加工，利用窑具烧成过程中产生的残次品和加工余料经分级拣选加工而成的堇青石 – 莫来石复合原料，具有堇青石和莫来石结晶良好、膨胀系数低且均匀的特点，是制造高热震稳定性工业陶瓷、日用陶瓷、定形和不定形耐火材料、化工填料等的优质原料，典型的应用有：高抗热震耐火砖和轻质砖、陶瓷燃烧器、蜂窝陶瓷蓄热体、砂锅、抗剥落耐火浇注料、喷补料、捣打料等，还可以加入到大件卫生陶瓷制品配料中以降低其烧成收缩和坯体膨胀系数，提高干燥和烧成合格率。其典型性能见附表 6.9–2，常供粒度规格有 –180 目、–100 目、–60 目、0~0.5mm、0~0.7mm、0~1.0mm、1.0~3.0mm、3.0~5.0mm，其他粒度规格按客户要求加工。

**附表 6.9–2　低膨胀复合原料典型性能**

| 主要物质组成 / % | | 典型物理性能 | |
|---|---|---|---|
| $Al_2O_3$ | 38~42 | 体积密度 /g·cm$^{-3}$ | 1.8~2.0 |
| $SiO_2$ | 46~50 | 显气孔率 /% | 25~30 |
| MgO | 6.5~8.0 | 吸水率 /% | 15~20 |
| $Fe_2O_3$ | 0.7~1.1 | 莫氏硬度 | 6.0~7.0 |
| 堇青石 | 40~55 | 耐火度 /℃ | 1410~1430 |
| 莫来石 | 30~45 | 20℃时的比热容 / kJ·(kg·K)$^{-1}$ | 0.9~1.1 |
| 玻璃相 | 10~15 | 25~1000℃时膨胀系数 /K$^{-1}$ | $(2.2~2.9) \times 10^{-6}$ |

董事长　郭海珠
网　址　www.beijingtrend.com.cn

# 附录6.10  佛山市三水山摩无机材料有限公司
# 漳州市红兴新型材料有限公司

佛山市三水山摩无机材料有限公司是一家专业生产堇青石 – 莫来石高级窑具与异形耐火材料企业。公司拥有各规格大吨位压砖机 12 台、中高温辊道窑 2 条、隧道窑 1 条、$20m^3 \times 1600℃$ 高温梭式窑 2 座等先进的生产工艺设备,年产堇青石 – 莫来石窑具、异形耐火材料 15000t。

附图 6.10–1  多孔棚板　　　附图 6.10–2  开口匣钵　　　附图 6.10–3  棍棒孔砖

附图 6.10–4  球磨机混合系统　　　附图 6.10–5  合成堇青石烧成车间

公司与武汉科技大学建立了长期的科技合作关系,为新产品开发提供雄厚的技术支持。

公司产品已远销日本、韩国、泰国、印度、马来西亚等国,主要产品在国内同类产品市场占有率约20%,锂电池正极材料生产用匣钵市场占有率为30%~40%。产品主要应用于日用陶瓷、卫生洁具陶瓷、建筑装饰陶瓷、微晶玻璃、电子陶瓷、磁性材料、锂电池正极材料等领域,为用户生产节能、创造良好经济效益做出重要贡献。

公司的经营宗旨是“诚信与服务”；公司承诺“产品质量争先,全程跟踪产品服务”。公司热诚欢迎国内外客户惠顾、合作。

漳州市红兴新型材料有限公司是佛山市三水山摩无机材料有限公司的子公司，是国内最大的董青石合成专业生产（线）厂，年合成董青石产量 15000t，合成原料质量稳定，产品销往国内各地及中国台湾、韩国等国家和地区，深受用户好评。产品理化指标见附表 6.10-1。

**附表 6.10-1  合成董青石性能技术指标**

| 性能项目 | | FHJQS-1 | FHJQS-2 | FHJQS-3 |
|---|---|---|---|---|
| 化学成分 / % | $Al_2O_3$ | 32~34 | 32~34 | 33~35 |
| | $SiO_2$ | 48~50 | 48~50 | 48~50 |
| | MgO | 12.6~13.5 | 12.6~13.6 | 13.0~13.6 |
| | $Fe_2O_3$ | 0.8 | 0.8 | 0.6 |
| 体积密度 /$g·cm^{-3}$ | | 1.80 | 1.85 | 1.90 |
| 显气孔率 / % | | 15 | 12 | 7 |
| 线膨胀系数（20~1000℃）/$℃^{-1}$ | | $2.5 \times 10^{-6}$ | $2.3 \times 10^{-6}$ | $2.0 \times 10^{-6}$ |
| 董青石含量 /% | | 92 | 95 | 97 |
| 特 点 | | 白黄色 | 较致密 | 高纯，低膨胀 |
| 用 途 | | 低膨胀陶瓷 | 窑具 | 电子陶瓷 |

注：1. 可按用户要求加工粒度及粉末；
    2. 可按用户要求进行包装标示。

### 佛山市三水山摩无机材料有限公司

董事长  贺晓红
地  址  广东省佛山市三水区芦苞镇滕华西路 1 号
电  话  0757-87235388；13702907773
传  真  0757-87233838
网  址  http://www.chinasunmore.com
邮  箱  info@chinasunmore.com
        sunmoreltd@yahoo.com

### 漳州市红兴新型材料有限公司

总经理  林志兴
地  址  福建省漳州市平和县黄井工业园
传  真  0596-5298399
邮  箱  1914911275@qq.com

附录 6.11　# 河南五耐集团实业有限公司

河南五耐集团实业有限公司（原巩义市第五耐火材料总厂）创建于 1968 年，是以炼铁系统用耐火材料为主的现代化大型专业生产企业。

河南五耐集团实业有限公司下设八个分厂，拥有技术研发人员 200 余人，具有较强的自主研发能力。年产各种耐火材料 25 万余吨，广泛用于冶金、建材、陶瓷、石化、机械等行业的高温窑炉。

河南五耐集团实业有限公司始终坚持"以质量求生存，靠科技求发展"的方针。从 1986 年起先后与武汉科技大学、武汉钢铁设计研究院、洛阳耐火材料研究院、武汉冶金建材研究院、河南科技大学、北京科技大学等院校和科研单位建立了紧密的合作关系。先后开发出了高炉热风炉用低蠕变系列产品、高炉陶瓷杯系列产品、微孔模压碳砖、烧成微孔铝碳砖、铁水预处理用 $Al_2O_3$–SiC–C 系列、莫来石 – 堇青石砖及各种不定形耐火材料等。多种产品技术上居国内先进或国内领先水平，多项产品填补了国内空白。通过 GB/T 19001、ISO 9001:2000 质量体系认证，是河南省"高新技术企业"。拥有低蠕变砖、微孔刚玉砖、高导热微孔模压碳砖、铁水预处理用新型 $Al_2O_3$–SiC–C 砖、碳复合砖等 10 余项技术发明专利。

从 1986 年起公司聘请武汉科技大学林彬荫教授级高工为总工程师，技术实力不断提高，形成了以武汉科技大学和河南科技大学等知名院校的耐火材料专家为依托的研发队伍，以武汉钢铁设计研究院为依托的窑炉设计专家队伍和以一冶为依托的预砌施工专家队伍，为公司的生产、产品质量和现场服务提供了强有力的保证。1988 年研发的低蠕变砖实现了该产品的国产化，首次大批量生产并应用于国内大型高炉热风炉（武钢 5 号 3200m³ 高炉）。2001 年产品应用于国内第一座俄罗斯卡鲁金技术的莱钢 750m³ 高炉热风炉，为卡鲁金技术在我国的推广应用和高炉热风炉的长寿起到了较大的推动作用。

河南五耐集团实业有限公司至今已为宝钢、鞍钢、武钢、首钢、邯钢、太钢、唐钢、攀钢、马钢、本钢等现代化钢铁企业的近千座大型高炉、热风炉及炼钢系统生产供应了各种耐火材料，并承接了各大中型钢厂的球顶、管道、燃烧口、风口、铁口、渣口及陶瓷砌体的设计、生产和预砌组合，受到用户好评，并成为宝钢优秀供应商。国内 2000m³ 以上的高炉中，公司产品覆盖率达到 100%，1000~2000m³ 的高炉产品覆盖率达到 90%，450~1000m³ 的高炉产品覆盖率达到 75%。公司始终坚持"块块合格、户户满意、覆盖全国、永争第一"的质量目标，致力于高温窑炉长寿技术涉及的耐火材料的研发、生产和应用。诚望与新老用户交知心朋友，做合作伙伴，共赢市场，同创辉煌！

### 热风炉用耐火材料

公司于 20 世纪 80 年代与武汉科技大学（原武汉钢铁学院）林彬荫教授级高工合作，率先开发出的低蠕变系列产品，填补了国内空白，影响并推动了我国耐火材料的发展。在武钢 3200m³、昆钢 2039m³、邯钢 2000m³ 等高炉均取得一代炉役 16 年以上，使用后的耐火砖外形尺寸基本没有变化的良好效果。之后在低蠕变砖的基础上开发了管道等关键部位用抗热震低蠕变砖，获得了国家冶金科学技术进步奖并广泛应用于宝钢 4350m³、京唐 5500m³、武钢 3200m³、太钢 4350m³、鞍钢 3200m³ 等百余个单位的 200 余座高炉热风炉，是使高炉热风炉长寿的理想材料。

附图 6.11-1  武钢 3200m³ 高炉热风炉使用 16 年后格子砖及管道实物照片

### 铁水预处理用耐火材料

公司于 20 世纪 90 年代初与武汉科技大学合作，率先研制开发出了鱼雷罐及铁水罐用"三脱"及"不三脱"用不烧铝碳化硅碳砖、烧成铝碳砖及配套不定形耐火材料。该系列产品具有较好的抗炉渣侵蚀性、抗热震性，优良的抗氧化性、耐磨性及对铁水的低润湿性等特点，适用于不同容积的铁水预处理设备。已在宝钢 320t、武钢 320t、首钢 260t、邯钢 350t、天钢 260t、南钢 220t、柳钢 230t 等鱼雷罐上使用，同时还出口印度 350t 鱼雷罐用耐火材料，均取得较好的使用效果。

#### 附表 6.11-1　热风炉用抗热震低蠕变高铝系列产品理化性能指标

| 项目 | WH21 | WH22 | WH23 | WH231 | WH24 | WH25 | WHIMF | WML-72 |
|---|---|---|---|---|---|---|---|---|
| $Al_2O_3$/% | ≥ 75 | ≥ 80 | ≥ 65 | ≥ 65 | ≥ 65 | ≥ 65 | ≥ 70 | ≥ 72 |
| $Fe_2O_3$/% | ≤ 1.0 | ≤ 1.0 | ≤ 1.2 | ≤ 1.2 | ≤ 1.5 | ≤ 1.8 | ≤ 1.5 | ≤ 1.0 |
| 显气孔率/% | ≤ 21 | ≤ 21 | ≤ 21 | ≤ 20 | ≤ 22 | ≤ 22 | ≤ 22 | ≤ 24 |
| 体积密度/g·cm⁻³ | ≥ 2.70 | ≥ 2.75 | ≥ 2.60 | ≥ 2.60 | ≥ 2.50 | ≥ 2.45 | ≥ 2.50 | ≥ 2.70 |
| 常温耐压强度/MPa | ≥ 70 | ≥ 70 | ≥ 65 | ≥ 65 | ≥ 60 | ≥ 60 | ≥ 60 | ≥ 50 |
| 0.2 MPa 荷重软化开始温度/℃ | ≥ 1700 | ≥ 1700 | ≥ 1650 | ≥ 1650 | ≥ 1600 | ≥ 1550 | ≥ 1600 | ≥ 1550 |
| 重烧线变化率/% | 1500℃×4h ± 0.2 | 1500℃×4h ± 0.2 | 1500℃×4h ± 0.2 | 1450℃×3h ± 0.2 | 1450℃×3h ± 0.2 | 1450℃×3h ± 0.2 | 1500℃×4h ± 0.2 | 1500℃×4h ± 0.2 |
| 蠕变率（0.2MPa）/% | 1550℃×50h ≤ 0.8 | 1500℃×50h ≤ 0.8 | 1450℃×50h ≤ 0.8 | 1450℃×50h ≤ 0.8 | 1400℃×50h ≤ 0.8 | 1350℃×50h ≤ 0.8 | — | 1500℃×50h ≤ 0.8 |
| 热震稳定性 TSR（1100℃水冷）/次 | ≥ 15 | ≥ 15 | ≥ 15 | ≥ 30 | ≥ 15 | ≥ 15 | ≥ 25 | ≥ 40 |

注：热震稳定性指标可按用户要求调整。

#### 附表 6.11-2　铁水预处理用铝碳化硅碳砖理化指标

| 项　目 | F901 型 | 901 型 | P 型 |
|---|---|---|---|
| $Al_2O_3$/% | ≥ 50 | ≥ 52 | ≥ 54 |
| SiC/% | ≥ 9 | ≥ 8 | ≥ 7 |
| C/% | ≥ 8 | ≥ 8 | ≥ 8 |
| 体积密度/g·cm⁻³ | ≥ 2.65 | ≥ 2.6 | ≥ 2.55 |
| 显气孔率/% | ≤ 7.5 | ≤ 8 | ≤ 9 |
| 常温耐压强度/MPa | ≥ 45 | ≥ 45 | ≥ 40 |
| 高温抗折强度（1400℃×0.5h）/MPa | ≥ 4.5 | ≥ 4.3 | ≥ 3 |
| 使用部位 | 冲击区 | 渣线 | 大面 |

### 高炉用耐火材料

公司研制开发的微孔刚玉、刚玉莫来石、复合棕刚玉陶瓷杯系列产品及微孔模压碳砖、烧成微孔铝碳砖等产品在国内高炉得到了广泛应用，并取得了良好的使用效果。为进一步保证高炉的安全生产和健康长寿，公司与北京科技大学、河南科技大学合作研发了一种兼备碳砖和陶瓷杯优点的材料——碳复合砖。碳复合砖同时又克服了碳砖和陶瓷杯材料各自存在的不足，特别是很好地解决了碳砖的抗铁溶蚀性、抗氧化性和抗锌侵蚀性差的问题，成为高炉炉底炉缸内衬的换代产品，通过对结构的改进，形成了独特的"安全长寿炉底炉缸内衬及结构技术"。该技术已在 30 余座高炉得到应用，通过跟踪分析，该技术能够确保炉底炉缸部位温度梯度分布更为合理、热流强度适宜，充分发挥冷却系统的作用，有效提高该部位的安全性，实现高炉操作安全、生产高效、健康长寿。

山西通才 2 号高炉应用"安全长寿炉底炉缸内衬及结构技术"后，在运行 7 年后利用炉身上部维修的机会对高炉的下部进行检查，发现在炉缸内形成了较稳定的渣铁保护层，风口及以下部位几乎没有侵蚀，没有出现炉缸象脚状蚀损，也没有出现风口上翘、炉壳开裂等现象，目前该高炉已运行 9 年且仍在正常运行。

运行 7 年后炉缸内形成渣铁保护层，原砖几乎没有侵蚀　　　　风口带完整没有上翘现象

附图 6.11-2　山西通才 2 号高炉运行 7 年后炉缸内衬实物照片

董 事 长　张建武
技术经理　赵永安
地　　址　河南省巩义市北山口镇
邮　　编　451250
电　　话　0371-64111568/64123325
传　　真　0371-64111568/64123325
网　　址　www.hnwnjt.com
邮　　箱　29651@126.com

# 武汉威林科技股份有限公司

附录6.12

武汉威林科技股份有限公司成立于1998年，是专业从事耐火材料研究开发与应用的高新技术企业。公司建立了现代企业制度，公司运作规范、法人治理结构完善，于2013年7月2日在全国中小企业股份转让系统成功挂牌（证券代码：430241）。公司已通过ISO9001质量管理体系认证和ISO14001环境管理体系认证。

公司现有荆州银泰高温节能材料有限公司、武汉正固高炉维护技术工程有限公司、安徽合普热陶瓷有限公司和广西威林高温功能材料有限公司四家子公司，具有完整不定形耐火材料生产线、隔热定形制品生产线、耐热构件生产线。目前公司主要产品分为四大系列：（1）不定形耐火材料系列，可对钢铁行业炼铁、炼钢、轧钢三大系列中的各种热工设备所用不定形耐火材料产品进行总包；（2）新型节能耐热构件系列，主要有高炉送风支管、长寿命钢包盖、整体中间包盖等产品；（3）高炉、热风炉在线维护技术，为用户提出针对性维护解决方案，保证高炉安全稳定生产；（4）定形隔热耐火制品系列，开发生产出微孔高温隔热砖、轻质隔热砖、高强隔热砖等定形隔热制品，对高温热工设备进行节能改造，有重大的社会经济效益。

威林科技产品广泛用于冶金、建材、有色、电力、机械等行业的高温窑炉设施，与国内各大钢铁企业、钢铁设计院、建材企业、有色企业建立了长期稳定合作关系，目前公司产品成功应用于宝钢、武钢、首钢、马钢、华菱、柳钢、四川威钢、中冶赛迪等多家大中型企业，产品质量和服务受到用户好评。

威林科技始终坚持"科学是第一生产力"的原则，长期与高校进行科技合作，注重研发队伍的建设，形成了一支有较高学术水平、技术素质强的人员队伍。目前公司专业从事技术开发的人员均从各大专院校毕业，其中高级职称12人，中级职称20人。

公司坚持理论与实践相结合的原则，研发人员深入现场，紧密联系客户，为客户需求提供及时、有效的针对性解决方案。经过多年的发展取得了一批具有国内领先水平的耐火材料科研成果，获得多项专利技术，其中发明专利9项，实用新型专利10余项。威林科技是耐火材料标准委员会成员之一，参与编制了国家、省（部）级各类标准及规范20余项，其中ISO13765标准被列为国际标准，成为我国耐火材料行业第一个国际标准。参与编纂《筑炉手册》《工业炉筑炉工程施工及验收规范》《工业炉筑炉工程质量检验评定标准》的编写；公司主编的《高炉砌筑实用手册》和《炉窑环形砌砖设计计算手册》等专著已由冶金工业出版社公开出版发行，成为业内工程技术人员和大中专院校相关专业师生的重要参考资料。

威林科技具有较完备的耐火材料产品检测能力。公司成立了专业检测试验室，试验室检测设备比较齐全先进，可对耐火材料相关的物理性能、化学性能指标进行检测。试验室的检测保证了公司出厂产品质量，为公司产品研发、质量控制提供了强有力的支撑。

附图 6.12-1　低水泥浇注料　　　　　　　附图 6.12-2　转炉喷补料

附图 6.12-3　轻质隔热砖　　　　　　　附图 6.12-4　高炉送风支管

附图 6.12-5　中间包包盖　　　　　　　附图 6.12-6　环形加热炉烧嘴

联系人　苏伯平
地　址　武汉市新洲区阳逻经济开发区晶港路 1 号
邮　编　430415
电　话　027-86340372
传　真　027-86842106
网　址　www.luchen.cn
邮　箱　chn_luchen@sohu.com

附录 6.13　# 北京市昌河耐火材料有限公司

　　北京市昌河耐火材料有限公司始建于 1992 年，位于北京市昌平区。专业生产不定形耐火材料制品。主要产品有：耐火浇注料、喷涂料、喷补料、可塑料、捣打料、耐火泥浆等；并配套生产各种型号的干法、半干法及湿法喷补机。

　　公司成立之初，得到了北京冶金建筑材料研究院、武汉钢铁学院等国家专业院校的支持、帮助，在短时间内联合研制出具有技术领先地位的不定形耐火材料制品。其中，高炉用铁沟浇注料、炮泥在马鞍山钢铁公司 $2500m^3$ 高炉、宣化钢铁公司 $1260m^3$ 高炉使用，较同类产品质量明显提高、一次性通铁量提高了 30%。随着自身技术力量的增强，研制了引进"三石"材料的大型高炉、热风炉用系列喷涂料。在首钢京唐 $5500m^3$ 高炉、热风炉上成功使用，热震稳定性明显提高、反弹量由过去的 30% 降为 10%。2003 年与宣钢焦化厂联合研发的半干法喷补项目获得了河北省科技进步二等奖！

　　公司于 2002 年通过了 ISO 国际质量体系认证，2000 年以来被北京市工商行政管理局多次评为"重合同、守信用"单位。

　　北京市昌河耐火材料有限公司成立至今的二十几年来，为国内大中型钢铁企业提供了几十万吨的优质不定形耐火材料制品，并出口美国、日本、印度、土耳其等十多个国家。公司将秉承"诚信为本、质量第一"的经营理念继续为市场提供更加可靠、更加专业的产品服务！

附表 6.13-1　喷涂料

| 品　种 | 化学成分 w/% | | | 体积密度 /g·cm⁻³ | 耐压强度 /MPa | | 耐火度 /℃ |
|---|---|---|---|---|---|---|---|
| | $Al_2O_3$ | MgO | $SiO_2$ | | 110℃, 24h | 1400℃, 3h | |
| 黏土涂料 | ≥ 45 | — | — | ≥ 1.8 | 20 | 30 | ≥ 1650 |
| 高铝喷涂料 | ≥ 60 | — | — | ≥ 2.0 | 20 | 30 | ≥ 1670 |
| 镁质喷涂料 | — | ≥ 90 | ≤ 4 | ≤ 1.9 | 15 | 30 | ≥ 1690 |

附表 6.13-2　浇注料

| 品　种 | | 碱性浇注料 | 高铝碳化硅浇注料 | | |
|---|---|---|---|---|---|
| 牌　号 | | CGB | CAC-10 | CBC-10 | CBC-30 |
| 耐火度 / ℃ | | ≥ 1790 | — | — | — |
| 体积密度 / g·cm⁻³ | 1500℃, 3h | ≥ 2.7 | ≥ 2.6 | ≥ 2.2 | ≥ 2.5 |
| 烧后线变化率 / % | 1500℃, 3h | ± 1.5 | ± 0.8 | ± 1.0 | ± 0.8 |
| 耐压强度 / MPa | 110℃, 24h | ≥ 10 | ≥ 10 | ≥ 10 | ≥ 15 |
| | 150℃, 3h | ≥ 80 | ≥ 25 | ≥ 20 | ≥ 25 |
| $Al_2O_3$ / % | | ≥ 70 | ≥ 70 | ≥ 50 | ≥ 50 |
| SiC / % | | — | ≥ 10 | ≥ 8 | ≥ 30 |
| MgO / % | | ≥ 8 | — | — | — |
| 用　途 | | 钢包 | 高炉出铁沟 | 高炉出铁沟 | 出铁沟渣线 |

附表 6.13-3  水泥浇注料

| 品 种 | 超低水泥浇注料 | | | | |
|---|---|---|---|---|---|
| 牌 号 | CUC-180 | CUC-170 | CUC-169 | CUC-150 | CUC-140 |
| 最高使用温度 / ℃ | 1800 | 1700 | 1600 | 1500 | 1400 |
| 耐火度 / ℃ | ≥ 1790 | ≥ 1790 | ≥ 1790 | — | — |
| 体积密度 / $g \cdot cm^{-3}$ （110℃，24h） | ≥ 2.8 | ≥ 2.8 | ≥ 2.4 | ≥ 2.3 | ≥ 2.25 |
| 烧后线变化率 / % （1500℃，3h） | ± 1.0 | ± 1.0 | ± 1.0 | ± 1.0 （1400℃,3h） | ± 1.0 （1400℃,3h） |
| 耐压强度 / MPa  110℃，24h | ≥ 25 | ≥ 25 | ≥ 25 | ≥ 25 | ≥ 25 |
| 耐压强度 / MPa  1500℃，3h | ≥ 50 | ≥ 50 | ≥ 50 | ≥ 40 （1400℃,3h） | ≥ 40 （1400℃,3h） |
| 热态抗折强度 / MPa （1400℃，1h） | ≥ 4.5 | ≥ 3.0 | ≥ 3.0 | ≥ 1.5 | ≥ 1.0 |
| $Al_2O_3$ / % | ≥ 85 | ≥ 85 | ≥ 70 | ≥ 60 | ≥ 45 |
| 加水量 / % | 4 ~ 6 | 5 ~ 6 | 6 ~ 8 | 6 ~ 8 | 6 ~ 8 |
| 用 途 | 混铁车炉口 | 混铁车炉口 | 炉底 | 一般炉窑 | 一般炉窑 |

附表 6.13-4  水泥浇注料

| 品 种 | 低水泥浇注料 | | | | | |
|---|---|---|---|---|---|---|
| 牌 号 | CLC-170 | CLC-160 | CLC-150 | CLC-140 | CLC-140A | CLC-130 |
| 最高使用温度/℃ | 1700 | 1600 | 1500 | 1400 | 1400 | 1300 |
| 耐火度/℃ | ≥1790 | ≥1790 | ≥1790 | — | — | — |
| 体积密度/$g \cdot cm^{-3}$ （110℃，24h） | ≥2.70 | ≥2.50 | ≥2.30 | ≥2.20 | ≥2.10 | ≥2.1 |
| 烧后线变化/% （3h） | ± 1.0 （1500℃） | ± 1.0 （1500℃） | ± 1.0 （1400℃） | ± 1.0 （1300℃） | ± 0.5 （1300℃） | ± 1.0 （1300℃） |
| 耐压强度/MPa （110℃，24h） | ≥40 | ≥50 | 35 | ≥30 | ≥35 | ≥30 |
| 耐压强度/MPa （3h） | ≥50 （1500℃） | ≥60 （1500℃） | ≥50 （1400℃） | ≥40 （1300℃） | ≥25 （1100℃） | ≥40 （1300℃） |
| $Al_2O_3$/% | ≥65 | ≥70 | ≥55 | ≥50 | ≥42 | ≥37 |
| 加水量/% | 6 ~ 7 | 6 ~ 8 | 7 ~ 9 | 7 ~ 9 | 7 ~ 9 | 7 ~ 9 |
| 用 途 | 窑炉 高温区 | 水冷管、 混铁车 | 加热炉 | 一般窑炉 | 一般窑炉 | 一般窑炉 |

#### 附表 6.13–5　耐火泥浆

| 品　种 | 硅质耐火泥浆 | | | | | | | 高铝泥浆 |
|---|---|---|---|---|---|---|---|---|
| 牌　号 | RGN-94 | JGN-92 | JGN-85 | BGN-96 | BGN-94 | BGN-94 | BGN-92 | LN-75 |
| 耐火度/℃ | ≥1690 | ≥1670 | ≥1580 | ≥1710 | ≥1690 | ≥1690 | ≥1670 | ≥1790 |
| 抗折强度/MPa | | | | | | | | |
| 110℃，24h | ≥1.0 | ≥1.0 | ≥1.0 | ≥0.8 | ≥0.8 | ≥0.5 | ≥0.5 | ≥2.0 |
| 1400℃，3h | ≥3.0 | ≥3.0 | ≥3.0 | ≥0.5 | ≥2.0 | ≥1.5 | ≥1.5 | ≥6.0 |
| 荷重软化温度/℃ (0.2MPa,0.6%) | ≥1600 | ≥1500 | ≥1420 | ≥1620 | ≥1600 | — | — | ≥1450 |
| 凝结时间/s | 60～120 | 60～120 | 60～120 | 120～180 | 120～180 | 60～120 | 60～120 | 110～120 |
| $SiO_2$/% | ≥94 | ≥92 | ≥85 | ≥96 | ≥94 | ≥94 | ≥92 | |
| $Al_2O_3$/% | | | | ≤0.6 | ≤1.0 | | | ≥70 |
| 用　途 | 热风炉 | 焦炉 | 焦炉 | 玻璃窑 | 玻璃窑 | 隔热泥浆 | 隔热泥浆 | 热风炉 |

#### 附表 6.13–6　可塑料

| 品　种 | | 可　塑　料 | |
|---|---|---|---|
| 牌　号 | | CP-70 | CP-90 |
| 耐火度/℃ | | ≥1790 | ≥1790 |
| 体积密度/g·cm⁻³ | 1500℃，3h | ≥2.5 | ≥2.7 |
| 烧后线变化率/% | 1500℃，3h | ±1.0 | ±1.0 |
| 耐压强度/MPa | 110℃，24h | ≥40 | ≥50 |
| | 1500℃，3h | ≥60 | ≥80 |
| $Al_2O_3$/% | | ≥70 | ≥90 |
| 用　途 | | 窑炉修补 | 窑炉修补 |

#### 附表 6.13–7　焦炉用半干喷补料理化指标

| 牌　号 | | SP-85 | SP-145 | SP-140 | SP-150A | SP-150B | SP-125 |
|---|---|---|---|---|---|---|---|
| 粒度/mm | | 0～3 | 0～3 | 0～1 | 0～6 | 0～6 | 0～6 |
| 化学成分/% | $SiO_2$ | ≤53 | ≤50 | ≤37 | ≤41 | ≤42 | ≤52 |
| | $Al_2O_3$ | ≥35 | ≥40 | ≥51 | ≥33 | ≥51 | ≥32 |
| | $Fe_2O_3$ | ≤1.5 | ≤1.4 | ≤1.3 | ≤0.9 | ≤0.9 | ≤2.0 |
| 硬化温度/℃ | | 20 | 20 | 20 | 20 | 20 | 20 |
| 体积密度/g·cm⁻³ | | 1.8 | 1.9 | 1.8 | 1.8 | 2.0 | 1.9 |
| 抗压强度/MPa | 110℃，24h | ≥10 | ≥12 | ≥12 | ≥11 | ≥15 | ≥18 |
| | 1400℃，3h | ≥19 | ≥22 | ≥23 | ≥21 | ≥26 | ≥18 |
| 抗折强度/MPa | 110℃，24h | ≥2.0 | ≥2.5 | ≥3.0 | ≥2.5 | ≥3.5 | ≥2.0 |
| | 1400℃，3h | ≥6.5 | ≥7.5 | ≥8.8 | ≥7.0 | ≥8.5 | ≥6.0 |
| 使用温度/℃ | | ≤850 | ≤1450 | ≤1400 | ≤1500 | ≤1500 | ≤1250 |
| 使用部位 | | 斜烟道 | 炭化室 | 炭化室 | 炭化室 | 炭化室 | 炉头 |
| 备　注 | | 通用型 | 通用型 | 细粒 | 粗粒 | 特殊 | 粗粒 |

附图 6.13-1　土耳其 ISDEMR 工程施工现场　　附图 6.13-2　土耳其 ISDEMR 工程生产车间

附图 6.13-3　首钢曹妃甸 5500m³ 高炉　　　　附图 6.13-4　首钢迁安焦炉施工现场
　　　　　　施工现场

电　话　010-61709969
传　真　010-61707799
网　址　www.chref.com